Das Gelingen der künstlichen Natürlichkeit

Grenzgänge

Studien in philosophischer Anthropologie

Herausgegeben von
Reiner Anselm, Martin Heinze und
Olivia Mitscherlich-Schönherr

Band 3

Das Gelingen der künstlichen Natürlichkeit

—

Mensch-Sein an den Grenzen des Lebens mit disruptiven Biotechnologien

Herausgegeben von
Olivia Mitscherlich-Schönherr

DE GRUYTER

ISBN 978-3-11-127816-2
e-ISBN (PDF) 978-3-11-075643-2
e-ISBN (EPUB) 978-3-11-075651-7
ISSN 2570-0901

This work is licensed under a Creative Commons Attribution-NonCommercial-NoDerivatives 4.0 International License. For details go to https://creativecommons.org/licenses/by-nc-nd/4.0/

Library of Congress Control Number: 2021940555

Bibliografische Information der Deutschen Nationalbibliothek
Die Deutsche Nationalbibliothek verzeichnet diese Publikation in der Deutschen Nationalbibliografie; detaillierte bibliografische Daten sind im Internet über http://dnb.dnb.de abrufbar.

© 2023 bei den Autoren, Zusammenstellung © 2021 Olivia Mitscherlich-Schönherr, publiziert von Walter de Gruyter GmbH, Berlin/Boston
Dieser Band ist text- und seitenidentisch mit der 2021 erschienenen gebundenen Ausgabe.
Dieses Buch ist als Open-Access-Publikation verfügbar über www.degruyter.com.
Druck und Bindung: CPI books GmbH, Leck

www.degruyter.com

Inhalt

Olivia Mitscherlich-Schönherr
Editorial: Das Gelingen der Künstlichen Natürlichkeit
    Mensch-Sein an den Grenzen des Lebens unter den Bedingungen
    disruptiver Biotechnologien —— 1

Part I: **Menschliche Existenz in Therapie- und Pflegebeziehungen mit disruptiven Biotechnologien**

Heribert Kentenich
„Leihmutterschaft ist mit der Menschenwürde nicht vereinbar"
    Anmerkungen zum Statement der Bundesregierung. Medizinische und
    psychologische Überlegungen —— 23

Anca Gheaus
Die normative Bedeutung der Schwangerschaft stellt Leihmutterschaftsverträge in Frage —— 37

Mark Schweda
Mensch-Technik-Interaktion im demographischen Wandel
    Anthropologische Erwägungen zur Gerotechnologie —— 51

Constanze Giese
Überlegungen zum Einsatz der ‚Pflegerobotik' und technischer Innovationen in der pflegerischen Versorgung
    Ansätze und Wissensbestände aus Pflegepraxis, Pflegeethik und
    Pflegewissenschaft —— 71

Tobias Sitter
Neurotechnologien aus der Perspektive einer Theorie konkreter Subjektivität —— 95

Olivia Mitscherlich-Schönherr
Ethisch-anthropologische Weichenstellungen bei der Entwicklung von tiefer Hirnstimulation mit ‚Closed Loop' —— 117

Christoph Kehl
Möglichkeiten und Grenzen ethischer Technikgestaltung
    Das Beispiel der Mensch-Maschine-Entgrenzung —— 151

Part II: Biotechnologische Optimierung des menschlichen Lebens: Züchtung und Enhancement

Björn Sydow
Noch ein Versuch zu zeigen, wie uns moralisches Enhancement unserer Freiheit beraubt —— 173

Andreas Heinz, Assina Seitz
Neuroenhancement: Offene Fragen und Herausforderungen —— 193

Christina Schües
„Ein Thier heranzüchten, das versprechen darf"
    Eine paradoxe Aufgabe der pränatalen Diagnostik am Lebensanfang —— 213

Petra Schaper Rinkel
Weltentfremdung 4.0
    Politik, Verhalten und Handeln im Zeitalter von Künstlicher Intelligenz und Neuro-Enhancement —— 239

Part III: Die trans- und posthumanistischen Utopien von einer Verbesserung der menschlichen Lebensform durch technologisch kontrollierte Steuerung der Evolution

Tobias Müller
Die transhumanistische Utopie des Mind-Uploading und die Grenzen der technischen Manipulation menschlicher Subjektivität —— 265

Hans-Peter Krüger
Für die Integration künstlicher neuronaler Netzwerke in die personale Lebensform
    Eine philosophisch-anthropologische Kritik an der posthumanistischen Dystopie der Superintelligenz —— 289

Armin Grunwald
Technische Zukunft des Menschen?
    Eschatologische Erzählungen zur Digitalisierung und ihre
    Kritik —— 313

Oliver Müller
Von der Selbstüberschreitung zur Selbstersetzung
    Zu einigen anthropologischen Tiefenstrukturen des
    Transhumanismus —— 333

Jos de Mul
Transhumanismus aus Sicht der Philosophischen Anthropologie Helmuth Plessners —— 351

Part IV: **Anthropologischer Ausblick: Leiblich-geistige Verschränkungen unter den Bedingungen disruptiver Technologien**

Johannes F. M. Schick
Vom Analogen zum Digitalen und zurück
    Zur technischen Geste —— 369

Bibliographische Notizen —— 391

Personenregister —— 395

Sachregister —— 403

Olivia Mitscherlich-Schönherr

Editorial: Das Gelingen der Künstlichen Natürlichkeit

Mensch-Sein an den Grenzen des Lebens unter den Bedingungen disruptiver Biotechnologien

1 Zu den historischen Kontexten des Bandes

Die Aufsätze, die der vorliegende Band versammelt, sind im Laufe des Jahres 2020 bzw. im Frühjahr des Jahres 2021 entstanden. Sie stammen damit aus einer Zeit, die von der globalen Corona-Krise und den politischen Maßnahmen und soziokulturellen Praktiken ihrer Bewältigung bestimmt war.

Vor dem Hintergrund dieser Entwicklungen geht der Band Fragen nach dem Mensch-Sein unter den Bedingungen disruptiver Biotechnologien nach. Die disruptiven Biotechnologien, die sich der vorliegende Band zum Gegenstand macht, gehören zu den sogenannten Konvergenz- bzw. NBIC-Wissenschaften und -Technologien: den Nano-, Bio-, Info- und Kognitionswissenschaften incl. Neurowissenschaften und Hirnforschung (vgl. Coenen 2008, 107). Im Zentrum der Konvergenzen zwischen diesen Wissenschaften und Technologien stehen die Verzahnungen innerhalb der Hirn- und Computerwissenschaften: bei der Entwicklung ihrer Theorien der natürlichen und künstlichen neuronalen Netze, dem Bau von Künstlicher Intelligenz (künftig: KI), von bildgebenden Verfahren in der Hirnforschung, von Neuroimplantaten, Gehirn-Maschine-Schnittstellen. Die Kooperationen der NBIC-Wissenschaften und -Technologien werden seit der Jahrtausendwende in den Ländern des globalen Nordens politisch stark gefördert (vgl. ebd., 79–214). Dabei standen insbesondere die US-amerikanischen NBIC-Initiativen, die Anfang der Jahrtausendwende unter maßgeblicher Beteiligung der National Science Foundation, des Handelsministeriums und Teilen der Militärforschung ergriffen wurden, unter dem Vorzeichen transhumanistischer Utopien (vgl. ebd., 109–119). Mit Hilfe dieser neuartigen Technologien sollten das individuelle Mensch-Sein optimiert, ökonomisches Wachstum generiert und nationale Sicherheit garantiert werden. Innerhalb der NBIC-Wissenschaften und -Technologien sollten Projekte in der Landwirtschaft, im Verkehr, der Produktion und dem Militär verfolgt, neue Stützpunkte im Weltraum aufgebaut, Eingriffe in die neuronalen Prozesse von Menschen und in das Genom von Menschen, Tieren, Pflanzen vorgenommen werden.

∂ OpenAccess. © 2021 Olivia Mitscherlich-Schönherr, published by De Gruyter. [cc) BY-NC-ND] This work is licensed under the Creative Commons Attribution-NonCommercial-NoDerivatives 4.0 International License.
https://doi.org/10.1515/9783110756432-001

Zum Entstehungszeitpunkt des Bandes wurden für die Öffentlichkeit die gesamtgesellschaftlichen Weichen erfahrbar, die mit der breit angelegten Förderung der konvergierenden Nano-, Bio-, Info- und Kognitionswissenschaften gestellt worden sind. Die getroffenen Weichenstellungen wurden ablesbar an Berichten über die Erfolge bei der Entwicklung neuartiger Technologien – wie technischer Pflegeassistenzsysteme und Mensch-Maschine-Schnittstellen –, über die Durchführung neuer NBIC-Projekte – wie der Mars-Mission der NASA oder der Erzeugung von Embryonen aus Affen- und Menschenzellen – sowie an den Expert_innen-Anhörungen und Stellungnahmen von Ethikräten zu ebendiesen Forschungsvorhaben (vgl. etwa Deutscher Ethikrat 2020; 2021).

Vor allem wurde die Bedeutung der NBIC-Initiativen im Entstehungszeitraum des vorliegenden Bandes jedoch an den politischen und sozialen Praktiken zur Bewältigung der gesamtgesellschaftlichen Krisen unter der Corona-Pandemie offenbar. Mit ihren Maßnahmen zur Bekämpfung der Corona-Krise hat die politische Exekutive eine evidenzbasierte Politik ausgebildet: eine politische Praxis, die ihre politischen Entscheidungen mit dem Faktenwissen über die Pandemie gerechtfertigt hat, das in empirischer Forschung erreicht wurde. Der Einfluss der NBIC-Wissenschaften auf diese evidenzbasierte Politik ließ sich an der Zusammensetzung der Gremien ablesen, von denen sich die politische Exekutive bei ihren Analysen wissenschaftlich hat beraten lassen. Vom Beginn der Corona-Krise bis in das Frühjahr 2021 wurden in diese wissenschaftlichen Beratungsgremien primär Vertreter_innen der Biowissenschaften berufen: der Virologie, Epidemiologie, Mikrobiologie, Biophysik und bestimmten Fachrichtungen der Medizin. Die Bedeutung der Konvergenzentwicklung wurde nicht nur daran sichtbar, dass die politisch zurate gezogenen Biowissenschaftler_innen ihre empirische Erforschung des gesamtgesellschaftlichen Lebens in der Pandemie mit Hilfe von KI verfolgt haben; sie hat sich auch an den inhaltlichen Analysen gezeigt. So hat etwa Claudia Priesemann, die als Physikerin in der Hirnforschung arbeitet, in der Corona-Krise als Berater_in der Bundesregierung tätig war und für ihre Forschung zur Corona-Pandemie von der Max Planck-Gesellschaft ausgezeichnet worden ist, ihre einflussreiche epidemiologische Theorie über die Ausbreitung der Pandemie entwickelt, indem sie Theorien über die Informationsausbreitung in künstlichen und natürlichen neuronalen Netzen auf die Ausbreitung des Virus in der Bevölkerung übertragen hat (vgl. Max-Planck-Gesellschaft 2021a; 2021b). Genauso wie die politischen standen auch die sozialen Praktiken, die u. a. im Gesundheitswesen zur Pandemiebekämpfung ergriffen worden sind, unter dem Einfluss der NBIC-Wissenschaften. Man denke etwa an die KI-basierte Entwicklung von Corona-Impfstoffen, Medikamenten, Diagnose-Apps, die KI-basierte Verteilung von Schutzmaterialien, die breite Etablierung von Telemedizin und die Kontaktverfolgung mit Hilfe von Tracing-Apps.

Zugleich sind neben den Erfolgen der NBIC-Wissenschaften und -Technologien im Entstehungszeitraum des vorliegenden Bandes auch die Ambivalenzen ihrer breit angelegten Förderung und Nutzung zutage getreten. So ist etwa mit der Etablierung von Formen der Telemedizin im Zuge der Pandemiebekämpfung zugleich auch der Preis spürbar geworden, den die Digitalisierung der pflegerischen und medizinischen Begleitung abverlangt: leibliche Nähe – leibliche Berührungen, leibliches Ausdrucksverstehen – nicht oder nur in äußerst begrenztem Maße herstellen und auf diese Weise neue Formen der Entfremdung in der Begleitung generieren zu können.

Darüber hinaus ist der sozio-kulturelle Einfluss von transhumanistischen Utopien spürbar geworden, die ihre Attraktivität aus den unterschiedlichen Formen der Entgrenzung von Natur und Technik durch die NBIC-Wissenschaften und -Technologien ziehen. Transhumanistische Gedanken wurden zum Entstehungszeitpunkt des Bandes nicht nur in radikalen Versionen einer Erneuerung oder Ersetzung des Menschen durch Digitaltechnologien von schillernden Figuren wie Elon Musk vertreten, denen es immer auch um öffentliche Aufmerksamkeit und das Bedienen ihrer Investitor_innen geht. In gemäßigteren Versionen wirkten transhumanistische Vorstellungen vielmehr bis weit in die seriöse Politik und Wissenschaft hinein. Dies hat sich etwa an einem – vergleichsweise – unspektakulären Ereignis gezeigt, das ebenfalls in den Entstehungszeitraum des vorliegenden Bandes gefallen ist: an der Expert_innen-Anhörung des Deutschen Ethikrats zu KI und Mensch-Maschine-Schnittstellen (vgl. Deutscher Ethikrat 2021). Ein zentrales Anliegen dieser Anhörung hat der Möglichkeit von ‚starker KI' gegolten: der Frage, ob es in absehbarer Zukunft möglich werde, KI zu konstruieren, die in dem Sinne ‚stark' sei, dass sie die intelligenten Fähigkeiten von Menschen ausüben und damit in wirkliche Interaktionen mit Menschen eintreten könne. Die geladenen Expert_innen aus den Neurowissenschaften, der Theorie des maschinellen Lernens und der kognitiven Systeme sind allesamt davon ausgegangen, dass sich solche ‚starke KI' künftig werde bauen lassen. Der Einfluss des utopischen Transhumanismus auf die seriöse Wissenschaft wird an dem Umstand deutlich, dass die versammelten Expert_innen der NBIC-Wissenschaften diese Annahme im Wissen über die Grenzen ihres gegenwärtigen Wissens vertreten haben: sie haben angegeben, zum Zeitpunkt ihrer Stellungnahmen noch über kein Wissen darüber zu verfügen, *wie* solche ‚starke KI' künftig gebaut werden könne. Bei ihren Annahmen, *dass* menschengleiche künstliche Intelligenz gebaut werden könne, vertrauten sie vielmehr auf die Eigendynamik der KI-basierten KI-Entwicklung, von der sie kein Wissen hatten (vgl. ebd. 9, 19, 26, 34).

Schließlich sind die Ambivalenzen der NBIC-Förderung im Entstehungszeitraum des Bandes auch an den normativen Widersprüchen der evidenzbasierten ‚Corona-Politik' zutage getreten, die die politische Exekutive unter der – oben skizzierten – Anleitung der Biowissenschaften ausgeübt hat.[1] Im Verlauf der Corona-Krise hat sich das normative Leitbild als in sich widersprüchlich herausgestellt, dem die evidenzbasierte ‚Corona-Politik' verpflichtet war: das Ideal einer politischen Praxis, die rationaler sein sollte als politisches Klugheitswissen bzw. ein reflektiertes Beurteilen der konkreten Handlungssituation,[2] indem sie auf Basis von empirischem Tatsachenwissen die einzig richtigen politischen Entscheidungen trifft. In Widersprüche hat sich die evidenzbasierte Corona-Politik verstrickt, da sie dieses Ideal rationaler Politik realisiert hat, indem sie bei der Analyse der Corona-Krise die biowissenschaftliche Expertise überdehnt und sozial- und geisteswissenschaftliche Erkenntnisse abgeblendet hat.

In wissenschaftstheoretischer Hinsicht hat die politische Exekutive bei der Ableitung ihrer politischen Entscheidungen aus den Ergebnissen der biowissenschaftlichen Forschung nämlich die Abstraktheit der empirischen Forschungsergebnisse unterschätzt: dass die biowissenschaftlich erreichten Evidenzen nicht unmittelbar von den Sachen selbst abgelesen, sondern vielmehr in komplexen Prozesse der empirischen Forschung erreicht werden – und damit valides Wissen nur über den herausdestillierten Lebensaspekt vermitteln. Indem die evidenzbasierte Politik ihre politischen Entscheidungen mit den biowissenschaftlichen Erkenntnissen über die Corona-Pandemie begründet hat, wurde sie irrational, weil sie den Bezug der zugrunde gelegten Evidenzen auf die Erkenntnisperspektiven abgeblendet hat, in denen sie erreicht wurden – und die empirischen Evidenzen für wahres Wissen über die Corona-Krise selbst genommen hat.

Einhergehend mit dieser Überdehnung des empirischen Wissens sind der evidenzbasierten ‚Corona-Politik' reduktionistische Verkürzungen bei der inhaltlichen Deutung der Corona-Krise unterlaufen. Indem sie wertneutrale empirische Evidenzen zur Grundlage ihrer politischen Entscheidungen gemacht hat, hat diese politische Praxis das nicht-quantifizierbare, wertgebundene Wissen der Geistes- und Sozialwissenschaften über das gesamtgesellschaftliche Leben in der Corona-Krise von vornherein aus ihren Analysen ausgegrenzt. Deutliches Symptom dieser Ausgrenzung der genannten Wissensbestände aus ihren Analysen der Krise war der Umstand, dass die politische Exekutive in ihre wissenschaftlichen Beratungsgremien neben den Vertreter_innen der Biowissenschaften keine Vertreter_innen der Sozial- und Geisteswissenschaften berufen hat. Inhaltlich wurde damit etwa das Wissen der Kinder- und Jugendpsychologie und der Gerontologie über psycho-soziale Vulnerabilitäten von Kindern oder Bewohnern in Pflegeein-

---

[1] Zum Verständnis von internen Widersprüchen sozialer Praktiken und ihrer theoretischen Kritik vgl. Jaeggi 2014, 261–301; 356–391.
[2] Zum Verständnis des reflektierenden Urteilens als politisches Erkenntnisvermögen vgl. Arendt 2012.

richtungen oder das Wissen der Soziologie über die modernen – auf Wachstum gestellten – Gesellschaften abgeblendet, in deren Rahmen sich die Pandemie ereignet hat und deren Eigendynamiken eigene Gefahren hervorgebracht haben: etwa die besonderen Gefährdungen durch das Virus für Menschen, die in prekären Beschäftigungsverhältnissen arbeiten oder außerhalb des globalen Nordens leben.

Nur vor dem Hintergrund dieser wissenschaftstheoretischen und inhaltlichen Verkürzungen konnte die politische Exekutive bei ihren Analysen davon ausgehen, dass sich die Corona-Krise im Ausgang von den – quantitativ messbaren – biologischen Prozessen der Pandemie abschließend bestimmen lasse. Die (scheinbaren) Alternativlosigkeiten im politischen Entscheiden haben sich damit nicht – wie von der evidenzbasierten Politik beansprucht – aus der wahren Analyse der Krise gespeist, sondern vielmehr aus der fehlenden Reflexion auf die Praktiken, in denen die biowissenschaftliche Perspektive zur einzig richtigen erhoben wurde. Damit hat sich zugleich gezeigt, dass die evidenzbasierte Corona-Politik im Widerspruch zu ihrem eigenen Anspruch auf werturteilsfreies politisches Handeln ihrerseits Wertbindungen etabliert hat, ohne dies zu reflektieren: die Bindungen der politischen Krisenbewältigung an die NBIC-Wissenschaften als gesamtgesellschaftliche ‚Leitwissenschaften' und mittelbar damit zugleich an den Wert des Lebensschutzes als maßgeblicher Norm.

2 Zu Gegenstand, Fragestellung und methodischer Anlage des Bandes

Indem der vorliegende Band nach dem Mensch-Sein an den Grenzen des Lebens unter Bedingungen disruptiver Biotechnologien fragt, wählt er einen besonderen Fokus auf die NBIC-Wissenschaften und -Technologien. Er fokussiert auf solche Technologien, mit deren Hilfe in das körper-leibliche bzw. personale Leben von Menschen eingegriffen wird und dessen Grenzen in irgendeinem Sinne verschoben werden: auf neuartige Pränatal-, Neuro- und Gerotechnologien. Andere NBIC-Technologien und -Projekte, die gesellschaftlich nicht minder relevant sind und ebenfalls bereits Gegenstand der US-amerikanischen Forschungsinitiativen von 2001 waren, grenzt der Band dagegen aus: etwa KI-basierte Projekte in der Landwirtschaft oder neue Weltraum- und Militärprojekte.

In seiner Auseinandersetzung mit neuartigen Lebensformen mit disruptiven Biotechnologien bewegt sich der Band auf unterschiedlichen Ebenen. In einer ersten Hinsicht setzt er sich mit neuen Formen der Existenz an den Grenzen des Lebens – am Lebensanfang, am Lebensende und in Krisensituationen – im

Rahmen von Therapie- und Pflegebeziehungen mit neuartigen Biotechnologien auseinander. In einer zweiten Hinsicht fragt er nach Praktiken der Züchtung und des Enhancements bzw. der Leistungssteigerung von gesunden Menschen mit Hilfe von Biotechnologien. Und in einer dritten Hinsicht blickt er schließlich auf die trans- und posthumanistischen Utopien einer biotechnologischen Optimierung des Geistes, die die Grenzen der menschlichen Lebensform transzendiert. Der Band verbindet diese unterschiedlichen Ebenen der Auseinandersetzung in der Überzeugung, den Transformationen des Mensch-Seins nur mit Blick auf diese unterschiedlichen Technikverhältnisse gerecht werden zu können, die sich bei der Entwicklung und Nutzung disruptiver Biotechnologien durchdringen.

Wenn der Band die thematisierten Biotechnologien als disruptiv kennzeichnet, dann greift er auf einen Begriff zurück, der ursprünglich von dem Wirtschaftswissenschaftler Clayton M. Christensen geformt worden ist. Im Deutschen wurde dessen Ausdruck der „disruptive innovations" zunächst als „bahnbrechende Innovationen" übersetzt (vgl. Christensen 2011). Wie Christensen nimmt der Band eine pragmatistische Perspektive auf die Technologien ein und thematisiert sie in ihrer Verankerung in sozio-kulturellen Praktiken. Der disruptive Charakter entscheidet sich dergestalt nicht für sich genommen an den technologischen Innovationen, die die wissenschaftlich-technischen Konvergenzen ermöglichen, sondern an den sozio-kulturellen Praktiken, die mit den neuartigen Konvergenztechnologien möglich werden. Über Christensens ökonomisch verengte Perspektive auf den disruptiven Status technologischer Innovationen geht der Band jedoch hinaus. Im Unterschied zu Christensen versteht er technologische Innovationen nicht dann als disruptiv, wenn sie ökonomisches Wachstum generieren, sondern wenn sie bisher nicht gekannte Formen menschlichen Lebens eröffnen. Dabei werden auf den drei Ebenen der Therapie, des Enhancements und des Trans- bzw. Posthumanismus nicht nur unterschiedliche Technologien behandelt; es kommen auch unterschiedliche Menschenbilder und Vorstellungen über die Grenzen menschlichen Lebens und das Ineinandergreifen von Technologie und menschlicher Natur in den Blick; und es werden unterschiedliche Formen des biotechnologisch vermittelten Durchbrechens der Grenzen des Lebens diskutiert.

Methodisch führt der Band die Auseinandersetzung mit dem Leben mit disruptiven Biotechnologien in transdisziplinärer Perspektive. Er versammelt Beiträge aus unterschiedlichen Strömungen der philosophischen Anthropologie, Ethik und politischen Philosophie, aus unterschiedlichen Subdisziplinen der Medizin, aus der Medizinethik, den Pflegewissenschaften und der Pflegeethik sowie aus den Politikwissenschaften. Das Scharnier im transdisziplinären Dialog benennt im Titel des Bandes das Konzept der ‚künstlichen Natürlichkeit'. Dieses Konzept bringt die anti-dualistische Perspektive auf das Mensch-Sein mit disruptiven Technologien zum Ausdruck, die die versammelten Beiträge in all ihrer methodischen und inhaltlichen Vielfältigkeit teilen.

Unter dem Konzept der ‚künstlichen Natürlichkeit' sind die Aufsätze über disruptive Technologien der Therapie, des Enhancements und der trans- bzw. posthumanistischen Überwindung des Mensch-Seins auf der einen Seite in der Distanz zu naturalistischen Anthropologien vereint, die unter Vertreter_innen der NBIC-Technologien verbreitet sind. Solche naturalistischen Anthropologien beschränken die menschliche Natur auf Organ- und insbesondere Hirnfunktionen. Das psycho-soziale Leben von Menschen wird auf ein bloßes Epiphänomen der biologischen Prozesse reduziert. So sollen in naturalistischer Perspektive etwa Gefühlszustände, Stimmungen, Emotionen von den Hirnaktivitäten abgelesen werden. Vor dem Hintergrund solcher naturalistischen Verkürzungen wird der Anspruch erhoben, mit biotechnologischen Eingriffen in biologische Prozesse – in das menschliche Erbgut, molekularbiologische Prozesse, Hirnfunktionen – eine Veränderung, Optimierung oder Transzendierung der menschlichen Natur direkt bewirken zu können. Der vorliegende Band lässt solche naturalistischen Anthropologien im Wissen hinter sich, dass die Reduktion des psycho-sozialen Lebens auf Epiphänomene biologischer Prozesse weder dem erst- und zweitpersonalen Erleben noch dem sozio-kulturellen Miteinander und dem Status von Technik gerecht wird.

Auf der anderen Seite markiert das Konzept der ‚künstlichen Natürlichkeit' die Distanz des Bandes zu rationalistischen oder konstruktivistischen Menschenbildern. Solche rationalistisch-konstruktivistischen Anthropologien beschränken die menschliche Natur bzw. die menschliche Lebensform auf soziokulturelle Praktiken und Bilder. Komplementär zu den naturalistischen Reduktionismen werden das körper-leibliche Leben und Erleben von Menschen nun auf Epiphänomene sozio-kultureller Prozesse verkürzt. So soll aus dieser konstruktivistischen Perspektive etwa der Tod eines Menschen an den Verhaltensweisen – wie Explantieren, Beerdigen, Betrauern – abgelesen werden, die seine Mitwelt ihm entgegenträgt. Der vorliegende Band nimmt Distanz von solchen rationalistisch-konstruktivistischen Anthropologien, da die Reduktion des körper-leiblichen Lebens und Erlebens auf Epiphänomene sozio-kultureller Prozesse sowohl an der Eigendynamik biologischer Prozesse als auch am erst- und zweitpersonalen Erleben – Erfahrungen des eigenen Leibes, des Anderen – vorbeigeht.

Unter dem Konzept der ‚künstlichen Natürlichkeit' schlägt der Band aus den Einsichten in die Grenzen der naturalistischen und rationalistisch-kulturalistischen Reduktionismen nun allerdings auch kein Kapital für eine Verabsolutierung des unmittelbar leiblichen Erlebens: für solche Spielarten der Leibesphänomenologie, die das unmittelbare leibliche Leben und Erleben zum eigentlichen Mensch-Sein überhöhen, um biotechnologische Eingriffe als Formen der Entfremdung von der menschlichen Natur zu kritisieren. Abgeblendet wird in solchen Entfremdungstheorien nämlich nicht nur die motivationale Einsicht, dass in der Gegenwart wohl kaum jemand ganz auf die neuen Lebensmöglichkeiten verzichten mag, die die biotechnologische Medizin und Pflege eröffnen; übersehen wird darin vielmehr zugleich auch die anthropologische Erkenntnis, dass das unmittelbare leibliche Leben und Erleben in körperliche Organprozesse verschränkt und durch Kultur, Zivilisation und Technik vermittelt ist. In Distanz zu solchen Mythen der Unmittelbarkeit setzt sich der vorliegende Band vielmehr mit realisierten, angestrebten oder erträumten Formen menschlichen Lebens mit disruptiven Biotechnologien auseinander, in denen biologische Prozesse, leibliches und emotionales Erleben und sozio-kulturelle Praktiken und Bilder auf vielfältige Weise ineinandergreifen. In den Beiträgen zum Band werden die anthropologischen, ethischen und politischen Implikationen von neuartigen Lebensformen diskutiert, die mit disruptiven Biotechnologien ausgeübt werden (sollen), und in denen die Grenzen des menschlichen Lebens durchbrochen werden (sollen), das wir bisher kannten.

Mit der Frage nach dem Gelingen der künstlichen Natürlichkeit ist im Titel des Bandes schließlich sein normativer Einsatz markiert. Die Gelingensfrage verweist auf das Anliegen der Aufklärung, dem der Band verpflichtet ist. Jenseits von Technikvergottung und Technikverteufelung will er aus transdisziplinärer Perspektive zu Mündigkeit bei der Entwicklung, Zulassung und Nutzung disruptiver Biotechnologien beitragen. Dabei wählen die Autor_innen zum einen unterschiedliche Formen der Kritik. Im Band wird nicht nur Kritik an den naturalistischen Reduktionismen der transhumanistischen Utopien der Gegenwart geübt. Es werden auch die normalisierenden Festlegungen kritisiert, die die Nutzer_innen von bestimmten Pränatal-, Neuro- und Gerotechnologien erfahren können und die sich ihrerseits aus den Menschenbildern und ethischen Vorannahmen über ein gelingendes Leben speisen, die deren Macher_innen in diese Biotechnologien eingebaut haben. So werden etwa die Festlegungen einer Kritik unterzogen, die das Leben im Alter und die Altenpflege durch die Altersbilder erfahren können, die in technische Pflegeassistenzsysteme eingebaut werden. In Ergänzung zu solchen kritisch angelegten Aufsätzen gehen einige Autor_innen zum anderen in affirmativer Hinsicht den Fragen nach solchen Formen des technologisch vermittelten Mensch-Seins nach, in denen die Nutzer_innen durch die Modellierung der Biotechnologien nicht normalisierend festgelegt, sondern vielmehr zu pluralen Formen selbstbestimmten Lebens befähigt werden.

3 Zum inhaltlichen Aufbau des Bandes

In seinen drei Teilen thematisiert der Band die Transformationen des menschlichen Lebens durch die Nutzung disruptiver Biotechnologien in den oben unterschiedenen Hinsichten: die neu hervorgebrachten Existenzformen an den Grenzen des Lebens in Therapie- und Pflegebeziehungen mit disruptiven Pränatal-, Neuro- und Gerotechnologien, die neuartigen Formen der biotechnologischen Züchtung und Optimierung menschlichen Lebens und die Utopien eines trans- und posthumanen Lebens, das in technologisch kontrollierter Evolution hervorgebracht werden soll. Aufgrund seiner Breite muss der Band notwendigerweise Konzessionen bei der Ausführlichkeit der Auseinandersetzung mit seinen einzelnen Unterthemen machen und kann jeweils nur aussagekräftige Schlaglichter setzen.

3.1 Menschliche Existenz in Therapie- und Pflegebeziehungen mit disruptiven Biotechnologien

In seinem ersten Teil rückt der Band die menschliche Existenz an den Grenzen des Lebens in den Fokus: am Lebensanfang, am Lebensende und in Krisensituationen schwerer Erkrankung. Da die menschliche Existenz an den Grenzen des Lebens in den Ländern des globalen Nordens in das Gesundheitswesen eingebettet ist, nimmt er zusammen mit dem Gebären, Altern und Sterben sowie dem Leben mit schwerer Erkrankung auch deren Begleitung in Pflege- und Therapiebeziehungen in den Blick. Als neuartige Formen menschlicher Existenz setzen sich die Beiträge zu diesem ersten Schwerpunkt dementsprechend mit bisher nicht gekannten Formen des Gebärens, Alterns und Sterbens sowie des Lebens mit schwerer Erkrankung im Kontext von Therapie- und Pflegebeziehungen mit disruptiven Pränatal-, Gero- und Neurotechnologien auseinander. Dabei werden diese neuartigen Formen der Begleitung und der Existenz von den disruptiven Biotechnologien ermöglicht und in grundlegender Weise durchdrungen.

Der Band macht seinen Anfang mit dem Anfang des menschlichen Lebens: mit dem *Gebären und der Geburtshilfe mit disruptiven Pränataltechnologien.* Dabei wirft er ein exemplarisches Schlaglicht auf eine besondere Gestalt der Kinderwunschbehandlung und der reproduktionsmedizinisch ermöglichten Mutterschaft: auf die Leihmutterschaft, die in Deutschland verboten, in anderen Ländern innerhalb und außerhalb der EU dagegen erlaubt ist.[3] Für die Auseinandersetzung mit dem bio-

---

3 In Ergänzung sei auf den Schwerpunkt über Bioethik und Biopolitik der Pränataldiagnostik im

technologisch vermitteltem Lebensanfang ist die Leihmutterschaft von besonderem Interesse. Als therapeutische Praxis zur Behandlung von Sterilität nimmt die Leihmutterschaft disruptive Reproduktions- und Pränataltechnologien wie künstliche Befruchtung und vorgeburtliche Diagnostik in Anspruch. Zugleich wird das menschliche Gebären im Rahmen dieser therapeutischen Praxis grundlegend revidiert. Es wird nicht nur technologisch in die körper-leiblichen Prozesse der Befruchtung und Einnistung eingegriffen; auch das Eltern-Kind-Verhältnis wird grundlegend umgestaltet zu der ‚Dreiecksbeziehung' von Kind, austragender Frau und beauftragendem Paar. An den Eltern-Kind-Verhältnissen, die mit der Kinderwunschbehandlung der Leihmutterschaft etabliert werden, entzünden sich ethische und politische Debatten.

Im ersten Aufsatz des Bandes diskutiert Heribert Kentenich aus reproduktionsmedizinischer, psychotherapeutischer und medizinethischer Perspektive das Statement aus dem Koalitionsvertrag der großen Koalition aus dem Jahr 2013 zur Leihmutterschaft: dass Leihmutterschaft als mit der Würde des Menschen unvereinbar abzulehnen sei. Um diese These zu überprüfen, ordnet der Autor die Leihmutterschaft zunächst in den Kontext der Kinderwunschbehandlung ein und führt aus psychotherapeutischer Sicht eine differenzierte Auseinandersetzung mit dem Leiden an nicht erfülltem Kinderwunsch. In seiner Auseinandersetzung mit der Leihmutterschaft als Sterilitätstherapie für Frauen ohne Gebärmutter oder ohne funktionsfähige Gebärmutterschleimhaut kommt Kentenich – ähnlich wie die Leopoldina in ihrer Stellungnahme zu einer zeitgenössischen Fortpflanzungsmedizin – zu einer ambivalenten Einschätzung (vgl. Leopoldina 2019, 78–85). Vor diesem Hintergrund sind die behandelnden Ärzt_innen nach Kentenich mit hohen Anforderungen an eine umfassende juristische, psychotherapeutische und ethische Beratung konfrontiert.

In Ergänzung zu Kentenich setzt sich Anca Gheaus in ihrem Beitrag mit Leihmutterschaftsverträgen aus der Perspektive der philosophischen Ethik auseinander. Gheaus fragt angesichts von Fällen, in denen Leihmütter nach der Entbindung das Kind an das auftraggebende Paar nicht abgeben wollen, nach der moralischen Legitimität von Leihmutterschaftsverträgen. In ihren ethischen Überlegungen geht sie von phänomenologischen Studien über die Bindungen aus, die während der Schwangerschaft zwischen der Schwangeren und dem Kind entstehen. Vor dem Hintergrund dieser pränatalen Bindungen tritt sie dafür ein, dass der gebärenden Mutter das moralische Recht zukomme, das von ihr geborene Kind aufzuziehen. Rechtsphilosophisch fordert sie aus diesem Grund, Leihmut-

---

Band „Gelingende Geburt" verwiesen, den ich zusammen mit Reiner Anselm herausgegeben habe; vgl. Mitscherlich-Schönherr/Anselm 2021, 273–339.

terschaftsverträge bei Konflikten über die Abgabe des Kindes nach der Entbindung als nichtig anzusehen.

Der Band setzt seine Auseinandersetzungen mit der menschlichen Existenz unter Bedingungen disruptiver Biotechnologien mit Blick auf das Lebensende fort. Am Lebensende konzentriert er sich auf *das Leben im Alter in Pflegebeziehungen mit disruptiven Gerotechnologien*. An der Entwicklung und dem Einsatz von Gerotechnologien haben sich insbesondere angesichts der besonderen Vulnerabilität alter Menschen, den Gefahren der Vereinsamung im Alter und der Bedeutung von Interleiblichkeit für gute Pflegebeziehungen ethische Debatten entzündet. Im vorliegenden Band zeigt Mark Schweda aus der Perspektive philosophischer Anthropologie, dass in den gegenwärtigen Auseinandersetzungen über die Modellierung von Gerotechnologien Bilder und Praktiken menschlichen Lebens im Alter mitverhandelt werden. In seinem Aufsatz gibt Schweda zunächst einen Gesamtüberblick über den aktuellen Stand der Gerotechnologien, von neuartigen Modellen des Hausnotrufknopfs über Gesundheits-Apps bis zu technischen Pflegeassistenzsystemen – den sogenannten ‚Pflegerobotern' – und umfassenden Smart Home-Anlagen. Vor diesem Hintergrund leistet er nicht nur eine kritische Reflexion der Vorstellungen über menschliches Altern und seinen Status für das menschliche Leben, die in diesen Gerotechnologien in Anspruch genommen werden. Er zeigt darüber hinaus auch, dass unter der Anwendung dieser Technologien die eingebauten Annahmen über das Altern das Leben von älteren Menschen und die gesellschaftlichen Vorstellungen über ältere Menschen mitbestimmen.

In Ergänzung zu Schweda konzentriert sich Constanze Giese auf KI-basierte Pflegeassistenzsysteme. Aus den Perspektiven der Pflegewissenschaft und der Pflegeethik fragt Giese nach den Anforderungen an gute Pflege mit ebendiesen neuartigen technischen Systemen. Dafür entwickelt sie zum einen in deskriptiver Hinsicht ein differenziertes Verständnis von den pflegerischen Handlungsfeldern, in denen technische Assistenzsysteme zur Anwendung kommen können, sowie vom Setting der Nutzung und den potenziellen Nutzer_innen: von unterstützungsbedürftigen Personen über Angehörige bis zum Pflegefach- und Pflegehilfspersonal. In normativer Hinsicht skizziert sie zum anderen die Standards guter Pflege, die in den zeitgenössischen Pflegewissenschaften entwickelt worden sind. Vor dem Hintergrund dieser deskriptiven und normativen Wissensbestände wird es ihr am Ende ihrer Überlegungen möglich, Anforderungen an die Bildung der Pflegenden und an die Forschung, Entwicklung sowie den Einsatz von technischen Pflegeassistenzsystemen zu formulieren, um mit ihrer Hilfe gute Pflege zu gewährleisten.

Zum Abschluss seines ersten Teils wendet sich der Band Krisensituationen der personalen Existenz und deren therapeutischen Behandlung zu. Dabei konzentriert er sich auf *Krisen schwerer neurologischer bzw. psychologischer Erkrankung* und deren neurologische bzw. psychiatrische Therapien. Aufgrund dieser Schwerpunktsetzung rücken in technischer Hinsicht insbesondere *disruptive Neurotechnologien* und unter den Neurotechnologien wiederum die Tiefe Hirnstimulation in den Fokus des Interesses, mit denen neuronale bzw. zerebrale Funktionen manipuliert werden. Unter der Behandlung mit Neuroprothesen kommt es zu bisher nicht gekannten Formen des Ineinandergreifens der Technologien und der personalen Existenz ihrer Nutzer_innen: der behandelnden Ärzt_innen und der behandelten Patient_innen. Hieran entzünden sich Fragen nach den Menschenbildern und den Vorstellungen guter Medizin und gelingenden Lebens, die in die Neuroprothesen eingebaut werden, sowie nach der Konstruktion von guten Neuroprothesen und einer verantwortlichen Technikentwicklung.

Tobias Sitter geht in seinen Überlegungen von dem Phänomen aus, dass neurotechnologische Eingriffe in Hirnfunktionen häufig mit Veränderungen des psycho-sozialen Lebens der Betroffenen einhergehen. Angesichts solcher Korrelationen erarbeitet Sitter einen Reflexionsrahmen philosophischer Anthropologie, um die neurotechnologische Einflussnahme auf menschliche Lebensvollzüge mitsamt ihren psycho-sozialen Aspekten verstehen und konkrete Anwendungsfälle differenziert beurteilen zu können. In kritischer Absicht zeigt er, dass sich verbreitete Ansätze eines reduktiven Naturalismus zur Bewältigung dieser Aufgabe nicht eignen. In affirmativer Absicht entwickelt er eine Theorie konkreter Subjektivität, die die Form menschlichen Lebens in einer binnendifferenzierten Einheit findet, in der Bewusstsein und Organismus als zwei nicht aufeinander reduzierbare Aspekte verschränkt sind. Anhand ausgewählter Fallbeispiele zeigt Sitter, dass sich diese anthropologische Theorie als Reflexionsrahmen eignet, um neurotechnologische Einflussnahmen auf das menschliche Leben in all seinen – körper-leiblichen wie psycho-sozialen – Aspekten differenziert zu beurteilen.

In meinem eigenen Aufsatz beschäftige ich mich aus der Perspektive eines personalen Ansatzes innerhalb der philosophischen Anthropologie mit der Entwicklung und Anwendung einer bestimmten Neuroprothese: mit Tiefer Hirnstimulation (THS) mit geschlossenem Regelkreis bzw. ‚closed loop'. Obgleich die technologische Entwicklung dieser algorithmen-basierten Systeme erst am Anfang steht, ist vor dem Hintergrund der Technikentwicklung der vergangenen Jahre die Konstruktion von solchen THS-Systemen mit ‚closed loop'-Verfahren absehbar, in denen das Implantat als autopoetisches System funktioniert und die Anpassung der therapeutischen Stimulierung auf Basis der gemessenen Hirnfunktionen vornimmt. Um einen theoretischen Beitrag zur Entwicklung von solchen Systemen zu leisten, in denen die technischen Möglichkeiten des ‚closed loop'-Verfahren genutzt werden, ohne dafür den Preis normalisierender Festlegungen ihrer Nutzer_innen zu zahlen, setze ich mich kritisch mit den grundlegenden Optionen auseinander, gute THS mit ‚closed loop' zu bauen. Die Systeme können so gebaut werden, dass eine gute Diagnostik und Therapieanpassung während der Behandlung entweder durch den Algorithmus unter Umgehung der personalen Therapiebeziehung oder durch Einbau von Rückkoppelungsschleifen an die personale Therapiebeziehung sichergestellt werden sollen. Beide Optionen guter THS befrage ich in Bezug auf ihre ethischen und anthropologischen Voraussetzungen und ihre Implikationen für das Leben der Nutzer_innen – und votiere für den Bau von hybriden Modellen, in denen mit Hilfe einer eingebauten Alarmfunktion die Letztverantwortung für Diagnostik und Therapie unter der THS-Behandlung der personalen Therapiebeziehung überlassen bleibt.

Aus einer technikethischen und -politischen Perspektive fragt Christoph Kehl im dritten Aufsatz über disruptive Neurotechnologien schließlich nach den Möglichkeiten einer verantwortungsvollen Gestaltung und weiteren Entwicklung dieser Technologien. Dafür leistet er zunächst einen kritischen Abgleich der utopischen Visionen von Mensch-Maschine-Entgrenzungen durch disruptive Neurotechnologien mit den tatsächlichen Realitäten der Technologieentwicklung. In Anschluss daran skizziert er die Herausforderungen, die sich an eine vorausschauende Technikgestaltung aus den Spannungen von utopischen Spekulationen und einem relativ frühen Stand der Technologieentwicklung ergeben. Vor dem Hintergrund dieser Herausforderungen identifiziert Kehl grundsätzliche Ansatzpunkte einer ethischen Technikgestaltung und diskutiert deren Möglichkeiten und Grenzen. Dabei arbeitet er auch die zwiespältige Rolle von professioneller Ethik im Rahmen neuerer Ansätze zur Technology Governance zwischen Ethics Washing und Gestaltungsanspruch heraus.

3.2 Biotechnologische Optimierung des menschlichen Lebens: Züchtung und Enhancement

Während die Beiträge zum ersten Teil sich mit der Nutzung von Biotechnologien zu Zwecken der Therapie und Pflege auseinandergesetzt haben, beschäftigen sich die Beiträge zum zweiten Teil mit ihrer Nutzung zu Zwecken der Züchtung bzw. des Enhancements von gesunden Menschen. In technischer Hinsicht rücken Gen- und Neurotechnologien von Genome Editing über Gesundheits-Apps, Psychopharmaka, Neuroprothesen bis zu fiktiven ‚Moralpillen' in den Blick. Die versammelten Aufsätze setzen sich mit den Bestrebungen auseinander, durch biotechnologische Eingriffe in biologische Prozesse das Leben von gesunden Menschen vor oder nach der Geburt zu optimieren: die Grenzen ihrer Moral-, Glücks-, Erkenntnis- und Leistungsfähigkeiten biotechnologisch herauszuschieben, die bisher als naturgegeben bzw. als durch die menschliche Lebensform mitgegeben angesehen worden sind.[4] Dabei wenden sich Andreas Heinz und Assina Seitz und Björn Sydow primär den Konsequenzen von biotechnologischem Enhancement für die Einzelnen, Christina Schües und Petra Schaper-Rinkel primär seinen Konsequenzen für das intersubjektive Miteinander zu.

Björn Sydow macht sich die Verteidigung der lebensweltlichen Intuition zur Aufgabe, dass an biotechnologischem Enhancement moralisch relevanter Gefühle mit Hilfe einer fiktiven ‚Moralpille' in moralischer Hinsicht etwas nicht stimme. Sydow legt seinen Aufsatz als ethischen Lernprozess an. Im Verlauf seines Aufsatzes erarbeitet er die ethischen Erkenntnisse, mit deren Hilfe er eine biotechnologische Manipulation moralisch relevanter Gefühle als moralischen Fehler aufweisen kann. In einem ersten Schritt kritisiert er Positionen als zu voraussetzungsreich, die die Möglichkeiten prinzipiell leugnen, moralisches Handeln mit biotechnologischen Eingriffen zu optimieren. In einem zweiten Schritt wendet er sich Positionen zu, die sich allein einer Verpflichtung zum biotechnologischen Enhancement der Moral widersetzen. Er zeigt, dass Positionen, die die Einnahme einer Moralpille gegenüber mühevoller Auseinandersetzung mit den eigenen Gefühlen als wirkungsvoller anerkennen, scheitern, wenn sie eine Pflicht zum biotechnologischen Enhancement der Moral mit Bezug auf die individuelle Selbstbestimmung abwehren wollen. Dafür sei ihr verkürztes Verständnis von Selbstbestimmung verantwortlich. Demgegenüber arbeitet Sydow die Bedeutung von moralisch relevanten Gefühlen für individuelle Selbstbestimmung heraus. Vor diesem Hintergrund kann er verstehen, dass die Unterdrückung von Gefühlen, die moralisches Handeln erschweren, ein moralischer Fehler ist: darin werden nämlich die Möglichkeiten von individueller Selbstbestimmung preisgeben.

Andreas Heinz und Assina Seitz setzen sich aus Perspektive der Psychiatrie mit den Gefahren von Neuroenhancement für ihre Nutzer_innen auseinander. Dabei konzentrieren sie sich auf Neuroenhancement mit Hilfe von Medikamenten. Heinz und Seitz plädieren dafür, den Einsatz von Pharmaka zur kognitiven Leistungssteigerung weder bei Kindern noch bei gesunden Erwachsenen gesetzlich zuzulassen. Zur Begründung ihrer Position verweisen sie nicht nur auf das Suchtrisiko, das mit allen derzeit verfügbaren Medikamenten zur kognitiven Leistungssteigerung verbunden ist und sich wahrscheinlich auch bei der künfti-

---

4 Wer sich neben diesen Bestrebungen, die menschliche Existenz mit Hilfe von Biotechnologien qualitativ zu verbessern, auch für die Bestrebungen interessiert, sie quantitativ – im Sinne eines Enhancements der Lebensspanne durch die zeitgenössischen Alternswissenschaften und -technologien – zu verbessern, sei auf den Band „Länger leben" verwiesen, den Sebastian Knell und Marcel Weber 2009 besorgt haben.

gen Medikamentenentwicklung nicht beheben lassen wird. Vielmehr machen sie darüber hinaus auch auf die sozio-kulturellen Kontexte einer möglichen Zulassung von Psychopharmaka zur Steigerung der Leistungsfähigkeit aufmerksam. In neoliberalen Gesellschaften könne es zum sozialen Druck auf die Einzelnen kommen, Neuroenhancement trotz seines Suchtrisikos nach einer Freigabe in Bewerbungs- und Prüfungssituationen oder im Arbeitsleben zu nutzen. In Ergänzung weisen sie Spekulationen über die positiven Effekte des Neuroenhancement auf das gesellschaftliche Gefüge zurück. Die relative Zunahme der kognitiven Leistungsfähigkeit durch Neuroenhancement würde nach Heinz und Seitz kaum zu einer Verbesserung der gesellschaftlichen Ordnung, sondern vielmehr zu einer Steigerung sozialer Ungleichheiten führen – die wiederum negative Konsequenzen für die Entwicklung kognitiver Fähigkeiten hätten.

Christina Schües und Petra Schaper-Rinkel fragen in Anschluss an Überlegungen von Hannah Arendt nach den Konsequenzen von biotechnologischen Formen der Züchtung bzw. der Verhaltenslenkung für die Grundlagen von Moral und Politik. Christina Schües blickt aus einer Perspektive der philosophischen Anthropologie auf die Konsequenzen von gentechnologisch vermittelten Formen der Züchtung für die menschliche Fähigkeit, Versprechen zu geben und zu halten. Sie zeigt, dass die menschliche Fähigkeit zum Versprechen, die sie als Grundlage von Moral versteht, damit zu tun hat, wie die Gebürtlichkeit eines Menschen als mitmenschliches Beziehungsgeschehen anerkannt wird. Angesichts der Bedeutung des relationalen Angefangen-Werdens für Mit- und Zwischenmenschlichkeit untersucht Schües unterschiedliche historische Paradigmen der Züchtung und Lenkung von Fortpflanzung. Das moderne Züchtungsparadigma zehre von der modernen Genetik, die Erbmerkmale und genetische Dispositionen kennt. Züchtung werde in der Moderne in Hinwendung an das ‚biologische Substrat' von Menschen betrieben, das geteilt, eingefroren, weitergegeben, geprüft und verändert werde. Schües macht deutlich, dass das anthropotechnische Züchtungsprojekt der Moderne aufgrund seiner biologistischen Anlage Konsequenzen für die moralische Kategorie des Versprechens hat.

Petra Schaper-Rinkel extrapoliert aus Perspektive der Politikwissenschaften die Konsequenzen von Verhaltenssteuerung durch Psychopharmaka und Digitaltechnologien für die Demokratie. Die Grundlagen von Demokratie findet sie in der genuin politischen Tätigkeit des intersubjektiv geteilten Handelns. Im Miteinander-Handeln werde zwischen den Handelnden eine geteilte Welt gestiftet, die zur Ausübung von politischer Freiheit befähige. Vom Handeln unterscheidet Schaper-Rinkel das Verhalten als ein Tätig-Sein, dem politische Freiheit abgeht, da ihm der Bezug auf die mit Anderen geteilte Welt fehlt. In der Gegenwart wendet sie sich Praktiken der Verhaltenslenkung zu, die in Formen der Überwachung und Optimierung des Verhaltens mit Hilfe von Apps, Psychopharmaka, Neurofeedbacks, Implantaten ausgeübt werden. Unter der Nutzung solcher biotechnologischen Enhancement-Anwendungen wird nach Schaper-Rinkel der politisch zentrale Unterschied von Handeln und Verhalten diffus. Die Nutzung werde nämlich als selbstbestimmtes Handeln erfahren, in ihr setzten sich jedoch Imperative der Steuerung durch, die diesen Optimierungstechnologien eingeschrieben seien – und die Nutzung zu einem gesteuerten Verhalten formten. Schaper-Rinkel kann zeigen, dass mit dem Unterschied von Handeln und Verhalten mittelbar die Welt des geteilten Handelns und damit die Grundlagen von Demokratie unterminiert werden.

3.3 Die trans- und posthumanistischen Utopien von einer Verbesserung der menschlichen Lebensform durch technologisch kontrollierte Steuerung der Evolution

Die Beiträge zum dritten Teil des Bandes machen sich trans- und posthumanistische Utopien zum Gegenstand, in dessen Lichte sich die Entwicklung und Anwendung der NBIC-Wissenschaften und -Technologien vollzieht. Trans- und posthumanistische Utopien werden in unterschiedlichen Spielarten und in unterschiedlicher Radikalität der technologischen Optimierung oder Überwindung des gegenwärtigen Mensch-Seins vertreten. In ihrer Verschiedenheit teilen sie das Bestreben, mit Hilfe von Algorithmen-basierten Technologien nicht nur in das Leben von gesunden Menschen, sondern vielmehr in die Evolution einzugreifen. Es geht ihnen nicht nur darum, durch Manipulation biologischer Prozesse die Leistungsfähigkeit Einzelner zu optimieren, sondern vielmehr darum, durch technologisch kontrollierte Steuerung der Evolution die menschliche Lebensform zu verbessern. Als Telos dieser Entwicklung gilt den meisten Transhumanist_innen ein unsterbliches Bewusstsein.

Tobias Müller und Hans-Peter Krüger setzen sich in den ersten beiden Beiträgen zum Schwerpunkt mit zwei Leitgedanken des Trans- und Posthumanismus auseinander: mit den fiktiven Praktiken des Mind-Uploading und dem Ideal einer Allgemeinen Künstlichen Intelligenz. Mit Hilfe des Mind-Uploading soll der Schritt in die transhumanistische Lebensform gemacht werden; in der Allgemeinen Künstlichen Intelligenz soll das transhumanistische Leben erreicht sein. Tobias Müller zeigt in seinem Aufsatz die prinzipiellen Grenzen des transhumanistischen Projekts auf, indem er die Praktiken des Mind-Uploading einer kritischen Überprüfung unterzieht. Müller kritisiert diese Praktiken im Ausgang von dem Verständnis des Bewusstseins, dem sie verpflichtet sind. Bewusstsein werde darin mechanistisch als eine Art Datenstruktur vorgestellt, die auf einen Roboter transferiert werden soll. Auf diese Weise soll dem Bewusstsein ein nahezu unendliches Fortbestehen im Cyperspace eröffnet werden. Müller kann jedoch zeigen, dass darin die Abstraktheit der kausal-funktionalen Beschreibung des Bewusstseins verkannt wird. Diese Beschreibung habe zwar als Beschreibung eines Teilaspekts menschlicher Subjektivität eine gewisse Berechtigung. Die konkrete Subjektivität von Lebewesen könne jedoch nicht ohne ihre Einbettung in organische Lebenszusammenhänge gedacht werden. Müller macht auf diese Weise deutlich, dass die hypothetischen Praktiken, Bewusstsein auf ein technisches System zu übertragen, bei ihrer Durchführung notwendigerweise scheitern müssen, da sie einem abstrakten Verständnis von Bewusstsein aufsitzen.

Hans-Peter Krüger wendet sich in seinem Aufsatz künstlichen neuronalen Netzwerken zu, die in Nachahmung von neuronalen Netzen im Gehirn gebaut werden. Wie jede Form der KI versteht Krüger auch diese gegenwärtig fortgeschrittenste Form von KI als maschinelles situativ-rechnerisches Problemlösen. Krüger unterscheidet nun kritisch zwischen zwei Formen des Umgangs mit künstlichen neuronalen Netzwerken. Wenn künstliche neuronale Netzwerke in die personale Lebensform von Menschen integriert werden, dann können sie von großem Nutzen sein. Den Algorithmen werde dabei das Errechnen von Mustern überantwortet, worin sie schneller und sicherer als Menschen seien. Die qualitative Deutung der errechneten Muster werde dagegen von sachverständigen Personen ausgeübt. Da sie Verstehen impliziert und sich insofern nicht berechnen lasse, seien Menschen bei der qualitativen Deutung unersetzbar. Anstrengungen, künstliche neuronale Netzwerke zu einer Allgemeinen KI weiterzuentwickeln, die Menschen ersetzen soll, weist Krüger dagegen zurück. In anthropologischer Hinsicht speisten sich die Grenzen der Utopien über eine Ersetzung der Menschen durch eine Superintelligenz aus ihren unterkomplexen Vorstellungen von menschlicher Intelligenz. In politischer Hinsicht macht Krüger die posthumanistischen Utopien als Herrschaftsideologien ökonomischer und militärischer Oligopole durchsichtig.

Aus den Perspektiven philosophischer Anthropologie, Kultur- und Technikphilosophie verorten Armin Grunwald, Oliver Müller und Jos de Mul die transhumanistischen Utopien in längeren geistesgeschichtlichen Traditionen. Armin Grunwald unterscheidet in seinem Aufsatz zwischen technischen Visionen und eschatologischen Erzählungen in der Tradition religiöser Erlösungslehren. Der Schritt in Techniceschatologien werde gemacht, wenn etwa Geschichten von der Erlösung von Sterben und Tod oder von der Herstellung ewiger Gerechtigkeit durch KI erzählt werden. Auch wenn mit KI und Robotik autonome technische Systeme entwickelt worden sind, die immer weitere Aspekte menschlichen Verhaltens und menschlicher Leistung ersetzen können und dabei oft effizienter sind als Menschen, fehlt derartigen Hoffnungen nach Grunwald die Erkenntnisgrundlage. Obgleich Hoffnungen auf eine Erlösung durch Technik unberechtigt seien, haben sie nach Grunwald jedoch einen nicht zu unterschätzenden Einfluss darauf, wie Mensch-Sein in der Gegenwart gedeutet und gelebt werde.

Oliver Müller setzt an den menschlichen Selbstverhältnissen an. Er reiht das posthumanistische Programm, die Evolution gezielt zu steuern, um Menschen biotechnologisch zu optimieren, in die geistesgeschichtliche Tradition menschlicher Selbstvervollkommnung und -optimierung ein. Innerhalb dieser Tradition markiert er eine Entwicklung, die vom Konversionsgebot über das Selbsterschaffungspostulat zum Selbstevolvierungsmandat verlaufe. Im kritischen Vergleich des Transhumanismus mit dem Existenzialismus zeigt Müller, dass die transhumanistische Agenda in letzter Konsequenz die Selbstabschaffung des Menschen zum Ziel hat. Dabei arbeitet er grundlegende Unterschiede zwischen dem transhumanistischen Pathos des Herstellens und dem existenzialistischen Pathos des Handelns, zwischen dem transhumanistischen Selbst-Design und dem existentialistischen Selbst-Entwurf sowie zwischen den unterschiedlichen Deutungen existenzieller Grenzsituationen heraus, denen der Transhumanismus entkommen wolle, während der Existenzialismus sie als Bedingungen der Möglichkeit von Selbstwerdung verstehe.

In Ergänzung zu Oliver Müller fokussiert Jos de Mul auf den Vergleich zwischen extra-, trans- und posthumanistischen Utopien und der Philosophischen Anthropologie von Helmuth Plessner. Zwar stimmten die Transhumanisten und Plessner darin überein, den Dualismus von Natur und Kultur zu unterlaufen; während Plessner die ‚natürliche Künstlichkeit' jedoch als Grundgesetz der menschlichen Lebensform versteht, zielten die Transhumanismus darauf, die künstliche Durchdringung von Natur aktiv zu befördern, um auf diese Weise die menschliche in eine trans- oder postmenschliche Lebensform zu verwandeln. Aus einer an Plessner geschulten Perspektive tritt de Mul schließlich dafür ein, sich von den transhumanistischen Träumen einer Abschaffung unseres Mensch-Seins nicht begeistern zu lassen.

3.4 Anthropologischer Ausblick: Leiblich-geistige Verschränkungen unter den Bedingungen disruptiver Technologien

In Gestalt des Aufsatzes von Johannes Schick macht der Band an seinem Ende die Frage nach dem Verhältnis von leiblichem Leben und neuartigen Technologien auf. Schick versteht seinen Aufsatz als Beitrag der Aufklärung, um zur Mündigkeit im Verhältnis zu Digitaltechnologien zu befähigen. Dafür fokussiert er am leiblichen Leben auf die Gesten als die leiblichen Akte, mit denen technische Objekte manipuliert werden. Schick tritt dafür ein, dass es in einem emphatischen Sinne keine ‚natürlichen' Gesten gebe, sondern Gesten immer schon sozio-kulturell geformt seien. Bei ihrer Konstruktion werden in die technischen Objekte Weichenstellungen für die Gesten eingebaut, mit denen sie genutzt werden. Mittelbar werde dergestalt die Form der Gesellschaft durch die Art und Weise mitbestimmt, wie technische Objekte gestaltet, hergestellt und benutzt werden. Am Umgang mit *smart phones* erläutert Schick das Ineinandergreifen von geistig-mentalen und körper-leiblichen Operationen mit technischen Objekten: Gesten werden ausgeübt, um das *smart phone* logische Operationen ausführen zu lassen, die notwendig verborgen bleiben. Ein mündiges ‚Denken mit den Händen' könne im digitalen Zeitalter gewonnen werden, indem – jenseits von einfachen Dualismen zwischen Körper und Geist – diese Durchdringung der eigenen Gesten zur Manipulation des *smart phones* durch die logischen Operationen reflektiert werde, die auf dessen Mikrochips ablaufen.

Der vorliegende Band bildet den dritten Band der Reihe „Grenzgänge. Studien in philosophischer Anthropologie", die ich zusammen mit Reiner Anselm und Martin Heinze aufbaue. Die ersten beiden Bände haben sich das Gelingen des Sterbens (2019) bzw. das Gelingen der Geburt (2021) zum Gegenstand gemacht. Mit seiner Frage nach einem Gelingen der künstlichen Natürlichkeit führt der vorliegende Band ihre Auseinandersetzungen mit dem Gelingen des menschlichen Lebens an seinen Grenzen fort, das in den Debatten der zeitgenössischen Tugendethik unterbelichtet ist. Danken möchte ich an dieser Stelle allen Autorinnen und Autoren des Bandes für ihre klugen Aufsätze, Helena Hock für ihr sorgfältiges Korrekturlesen sowie Serena Pirrotta und Marcus Böhm vom de Gruyter Verlag für die reibungslose Zusammenarbeit.

Literatur

Arendt, Hannah (2012): Das Urteilen. Texte zu Kants politischer Philosophie, hg. v. Ronald Beiner, München/Zürich.
Christensen, Clayton M. (2011): The Innovator's Dilemma. Warum etablierte Unternehmen den Wettbewerb um bahnbrechende Innovationen verlieren, München.
Coenen, Christopher (2008): Konvergierende Technologien und Wissenschaften. Der Stand der Debatte und politischen Aktivitäten zu Converging Technologies, in: Büro für Technikfolgenabschätzung beim Deutschen Bundestag, Hintergrundpapier Nr. 16, https://www.itas.kit.edu/pub/v/2008/coen08a.pdf., zuletzt abgerufen am 26.4.2021.

Deutscher Ethikrat (2020): Stellungnahme: Robotik für gute Pflege, in: https://www.ethikrat.org/fileadmin/Publikationen/Stellungnahmen/deutsch/stellungnahme-robotik-fuer-gute-pflege.pdf, zuletzt abgerufen am 26.4.2021.

Deutscher Ethikrat (2021): Öffentliche Anhörung: Künstliche Intelligenz und Mensch-Maschine-Schnittstellen, in: https://www.ethikrat.org/anhoerungen/kuenstliche-intelligenz-und-mensch-maschine-schnittstellen/, zuletzt abgerufen am 26.4.2021.

Jaeggi, Rahel (2014): Kritik von Lebensformen, Berlin.

Knell, Sebastian/Weber, Marcel (Hg. 2009): Länger leben? Philosophische und biowissenschaftliche Perspektiven, Frankfurt a. Main.

Leopoldina (2019): Stellungnahme: Fortpflanzungsmedizin in Deutschland – für eine zeitgemäße Gesetzgebung, in: https://www.leopoldina.org/uploads/tx_leopublication/2019_Stellungnahme_Fortpflanzungsmedizin_web_01.pdf, zuletzt abgerufen am 26.4.2021.

Max-Planck-Gesellschaft (2021a): Von Corona angesteckt, in: https://www.mpg.de/besuch-bei-viola-priesemann, zuletzt abgerufen am 26.4.2021.

Max-Planck-Gesellschaft (2021b): Communitas-Preis für Viola Priesemann, in: https://www.mpg.de/16444679/communitas-preis-fuer-viola-priesemann, zuletzt abgerufen am 26.4.2021.

Mitscherlich-Schönherr, Olivia/Anselm, Reiner (Hg. 2021): Gelingende Geburt. Interdisziplinäre Erkundungen in umstrittenen Terrains, Berlin.

Part I: **Menschliche Existenz in Therapie- und Pflegebeziehungen mit disruptiven Biotechnologien**

Heribert Kentenich

„Leihmutterschaft ist mit der Menschenwürde nicht vereinbar"

Anmerkungen zum Statement der Bundesregierung. Medizinische und psychologische Überlegungen

Zusammenfassung: Leihmutterschaft als eine Form der Kinderwunschbehandlung und schließlich als Mutterschaft wird medizinisch, ethisch und psychosozial sehr kontrovers diskutiert. In Deutschland ist die Leihmutterschaft aufgrund des Embryonenschutzgesetzes verboten. Frauen aus Deutschland gehen zu einer Leihmutterschaftsbehandlung in Länder, die dieses entweder grundsätzlich erlauben oder eine Behandlung nur aus „altruistischen Gründen" akzeptieren.

Die vorhandene medizinische Literatur zu Schwangerschaft und Geburt bei Leihmutterschaft zeigt keine wesentlichen Besonderheiten im Vergleich zu Schwangerschaften nach anderen Formen der Sterilitätstherapie. Auch die psychologischen Nachuntersuchungen zu den Kindern, zu den auftraggebenden Eltern, aber auch zu den Leihmüttern sehen keine wesentlichen negativen Befunde. In der ethischen Diskussion steht vor allem die Frage im Vordergrund, wie es zu bewerten ist, wenn eine Schwangerschaft gegen eine finanzielle Kompensation ausgetragen wird, wobei die Belastung für die Leihmutter für die gesamte Schwangerschaftsdauer von 9 Monaten ansteht. Auch die „Übergabe des Kindes" an eine fremde Frau wird kontrovers diskutiert bezüglich der Frage, ob die Unterbrechung der Mutter-Kind-Beziehung durch die Geburt langfristige negative Auswirkungen für die Leihmutter und das Kind haben kann. Die reproduktionsmedizinischen Fachgesellschaften und ihre Ethikkommissionen sehen hierzu keine grundlegenden Probleme.

Die Nationale Akademie der Wissenschaft (Leopoldina) hat sich in einer Stellungnahme 2019 mit dem Thema befasst und notwendige Veränderungen sowohl bei Beibehaltung des Verbots der Leihmutterschaft als auch bei einer gesetzlichen Erlaubnis formuliert.

1 Einleitung

Bevor die medizinischen, ethischen und psychosozialen Fragen der Leihmutterschaft erörtert werden, sollen einige (grundlegende) Vorbemerkungen erfolgen.

Statement der Bundesregierung
Jede Bundesregierung hält in ihrem Regierungsprogramm zu Beginn der Amtszeit fest, welche politischen Probleme sie angehen will.

Zum Beginn der 18. Legislaturperiode (2013–2018) hielt die damalige Bundesregierung im Kapitel zu Gesetzesplänen im Bereich der Reproduktionsmedizin fest, dass es keine Veränderungen im Embryonenschutzgesetz geben soll.

Es findet sich dabei ein eindeutiges Statement: „Die Leihmutterschaft lehnen wir ab, da diese mit der Würde des Menschen unvereinbar ist". (Koalitionsvertrag 2013). Seit Bestehen des Embryonenschutzgesetz ist neben der Eizellspende auch die Leihmutterschaft nach Paragraph 1 eindeutig verboten (Embryonenschutzgesetz 1990).

Der Hinweis auf die Menschenwürde (§ 1 des Grundgesetzes) ist grundsätzlich ein gravierendes Argument. Es sollte jedoch hinterfragt werden, wessen Menschenwürde gemeint ist: die der austragenden Mutter, der auftraggebenden Mutter, des auftraggebenden Vaters oder des Kindes oder aller Beteiligten.

Wenngleich dies im Regierungsprogramm nicht näher dargestellt wird, so kann es doch Aufgabe der Mediziner, Ethiker und Sozialwissenschaftler sein, diese Aussage zu hinterfragen.

2 Kinderwunschbehandlung als Krankenbehandlung

Noch grundsätzlicher muss aber die Frage gestellt werden, wie eine Kinderwunschbehandlung – entweder mit eigenen Spermien und Eizellen oder auch mit fremden Gameten sowie bei Leihmutterschaft – im medizinischen und juristischen Sinne zu verorten ist. Ist sie vergleichbar mit einer Krankenbehandlung im Sinne der medizinischen Behandlung, z. B. des Bluthochdrucks, einer Zuckererkrankung, einer operativen Therapie von Tumoren, die allgemein auch über das Sozialgesetzbuch V im § 27 als „Krankenbehandlung" definiert sind – mit der Konsequenz, dass die gesetzliche Krankenversicherung diese auch komplett bezahlt?

Es lässt sich darüber streiten, ob Sterilität eine Krankheit ist. In jedem Fall leidet im psychischen Sinne das Paar an ungewollter Kinderlosigkeit, wenn es sich in eine medizinische Diagnostik und Therapie begibt. Man kann diese Form der Therapie aber durchaus auch als eine „wunscherfüllende Medizin" begreifen, denn im engeren Sinne sollen Wünsche (hier Kinderwunsch) behandelt werden und nicht unbedingt eine klar definierbare Krankheit. Der Gesetzgeber hat dies dadurch gelöst, dass er im Sozialgesetzbuch V einen isolierten § 27a (Künstliche

Befruchtung) aufgenommen hat, in dem er regelt, dass die gesetzlich versicherten Paare unter bestimmten Voraussetzungen (Ehestatus und Altersgrenzen) Anspruch auf (partielle) Bezahlung einer Kinderwunschbehandlung haben. Dieses gilt insbesondere für Maßnahmen der künstlichen Befruchtung (In-vitro-Fertilisation) und intrazytoplamatischen Spermieninjektion (ICSI), bei der eine einzelne Spermie in die Eizelle injiziert wird.

3 Sind Paare mit Kindern glücklicher?

Bei der Frage, ob eine Kinderwunschbehandlung eher die Behandlung eines Leidensdrucks oder einer Krankheit ist, sollte zugleich auch bedacht werden, wie es den Paaren nach erfülltem Kinderwunsch (Geburt eines Kindes) im Vergleich zu Paaren geht, die „erfolglos" geblieben sind. Hierüber gibt die AWMF-Leitlinie „Psychosomatisch orientierte Diagnostik und Therapie von Fertilitätsstörungen" (2020) Auskunft und hält im Statement fest:

> „Die langfristige Entwicklung der psychosozialen Situation von Paaren nach erfolgloser reproduktionsmedizinischer Behandlung zeigt, dass der unerfüllte Kinderwunsch oft noch eine große Rolle im Leben der Paare spielt. Infertilität wird von vielen Betroffenen als belastende Episode im Leben empfunden. Die meisten Paare bewältigen langfristig die Situation und sind in ihrem psychischen Wohlbefinden später nicht mehr beeinträchtigt.
> In der Lebensqualität und der Lebenssituation zwischen Kinderlosen und Personen mit Kindern nach Kinderwunschbehandlung bestehen langfristig nur geringe Unterschiede. Ungewollte Kinderlosigkeit bleibt jedoch für einige Betroffene ein Lebensereignis, welches immer wieder Gefühle des Bedauerns auslösen (z.B. in Lebensphasen wie Klimakterium oder Übergang Gleichaltriger in die Großelternschaft) und erneute Adaptationsleistungen erfordern kann.
> Die ungewollte Kinderlosigkeit wird zu einer andauernden Belastung, wenn die Fähigkeiten zur Entwicklung neuer Lebensperspektiven eingeschränkt sind. Diese Fähigkeiten werden von der psychischen Prädisposition sowie dem Verlauf der Infertilitätskrise, den Kinderwunschmotiven und der Kinderwunschintensität, der Partnerschaftszufriedenheit und der Ursachenzuschreibung beeinflusst. Als ungünstiger Prognosefaktor hat sich eine starke soziale Isolierung erwiesen."

Soweit zur Lebensqualität von Menschen mit Kinderwunsch.

Es stellt sich weiter die Frage, wie im weiteren Verlauf des Lebens generell die Lebensqualität der Paare mit oder ohne Kinder einzuschätzen ist – unabhängig von der Frage des Kinderwunsches. Eine soziologische Studie hält zu dieser Frage fest (Deaton/Stone 2014):

„Viele Leute denken, dass ihre Kinder ihr Leben verbessern. Aber viele Studien zeigen, dass Menschen ohne Kinder ihr Leben besser bewerten als Menschen mit Kindern. Allerdings gibt es einen kleinen Effekt, dass Menschen mit Kindern über günstigere Lebensbedingungen verfügen in Bezug auf ein besseres Leben. Eltern erfahren täglich mehr Freude, aber auch Stress als „Nicht-Eltern". Dieses zu interpretieren ist schwierig, da es um die grundsätzliche Frage einer Lebensentscheidung geht. Wenn es die grundsätzliche Entscheidung für oder gegen Elternschaft gab, dann gibt es kaum Gründe, dass die eine Lebensform besser ist als die andere Lebensform."

4 Möglichkeiten und Erfolge der Kinderwunschbehandlung

Wenngleich also die Einordnung einer ungewollten Kinderlosigkeit und der Sterilitätsmedizin im Gesundheitssystem schwierig ist, so lässt sich aber festhalten, dass mittlerweile die Diagnostik von Fertilitätsstörungen und insbesondere die Behandlung recht erfolgreich sind.

Standardverfahren sind eine Hormonkorrektur, wenn Hormonstörungen insbesondere bei der Frau vorliegen (zum Beispiel zu viel männliche Hormone, Schilddrüsenstörung).

Wenn Störungen der Eizellreifung vorhanden sind, so lässt sich dieses mit Medikamenten zur Hormonstimulation ebenfalls gut therapieren.

Seit der Geburt des ersten IVF-Kindes 1978 hat sich die In-vitro-Fertilisation (später im Zusammenhang mit der intrazytoplasmatischen Spermieninjektion (ICSI)) zu einem Standardverfahren entwickelt.

Wesentlich für die Paare sind die Erfolge im Sinne einer Geburtenrate pro Eizellentnahme, wenn nach hormoneller Vorbehandlung unter Narkose Eizellen entnommen werden, um sie mit dem Samen des Partners/Mannes oder fremden Samen zu befruchten. Mittlerweile liegen auch in Deutschland zufriedenstellende Zahlen vor: Pro Eizellpunktion kann die Patientin mit einer Geburtenrate von 20–22 % rechnen. (Die Schwangerschaftsrate liegt eindeutig höher: Hier sind aber die Fehlgeburten abzuziehen.) (DIR 2019).

5 Nochmal zu Verboten

Viele Formen der Kinderwunschbehandlung sind in Deutschland möglich.

In Deutschland ist allerdings neben der Leihmutterschaft weiterhin die Eizellspende vom Verbot betroffen. Deswegen gehen von Deutschland aus mehrere 1000 Frauen pro Jahr ins Ausland, um dort die entsprechende Behandlung durchführen zu lassen, wenn sie selbst keine oder nicht genügend Eizellen haben, um eine Schwangerschaft herbeizuführen. Von diesem Problem sind 2% aller Frauen bis zum 40. Lebensjahr betroffen.

Kommen wir auf den Ausgangspunkt zurück: Es steht die Frage im Vordergrund, ob sich das Statement der Bundesregierung, dass die Leihmutterschaft „nicht mit der Menschenwürde vereinbar ist", im Licht vorhandener medizinischer Daten, aber auch einer ethischen und psychosozialen Debatte aufrecht erhalten lässt. Dieses soll nachfolgend erörtert werden.

Im Hintergrund bleibt aber das Statement, dass Kinderwunschbehandlungen (incl. Leihmutterschaft) als „wunscherfüllende" Medizin anzusehen sind, so dass die Bedingungen dieser Medizin sowie die Eingebundenheit von allen Beteiligten näher zu beleuchten sind.

6 Allgemeine Grundlagen

Leihmutterschaft (Surrogacy) ist in einigen Ländern eine anerkannte Behandlungsmethode bei nicht erfüllbarem Kinderwunsch, bei der eine Frau eine Schwangerschaft für eine andere (auftraggebende) Frau austrägt.

In Deutschland ist die Leihmutterschaft verboten. Im Folgenden sollen Definition, Rechtslage, Indikation, medizinische und psychologische Aspekte sowie ethische Fragen erörtert werden.

6.1 Definition

Eine Leihmutter ist eine Frau, die für eine auftraggebende Frau oder ein Paar ein Kind austrägt.
Als Formen der Leihmutterschaft sind möglich (Tschudin/Griesinger 2012):
— *Vollumfängliche Leihmutterschaft*
  Hierbei ist keine genetische Verwandtschaft der Leihmutter mit dem Kind vorhanden. Die Gameten können von beiden auftraggebenden Eltern, von einem Elternteil oder von keinem Elternteil stammen (Embryonenspende). Die Schwangerschaft entsteht durch Embryotransfer.
— *Teilweise Leihmutterschaft*
  Es besteht eine genetische Verwandtschaft der Leihmutter mit dem Kind. Z. B. könnte die Schwangerschaft durch Insemination bei der Leihmutter entstanden sein.

Eine Leihmutterschaft ist auch innerhalb der Familie möglich (z. B. bei der Schwester oder von Mutter zu Tochter oder Tochter zu Mutter). Hier bestehen sehr hohe Anforderungen an Information, Aufklärung und Beratung (ESHRE Task Force on Ethics and Law 2011).

6.2 Rechtslage

Die Leihmutterschaft ist in Deutschland nach dem Embryonenschutzgesetz verboten. Grundsätzlich regelt § 1591 Bürgerliches Gesetzbuch (BGB) in Deutschland, dass die Mutter eines Kindes die Frau ist, die es geboren hat. Innerhalb Europas ist die Leihmutterschaft juristisch erlaubt u. a. in Großbritannien, Belgien, Griechenland, Spanien und den Niederlanden; außerhalb Europas ist sie u. a. in Israel, Australien, Russland sowie in den meisten Staaten der USA möglich.

Paare aus Deutschland gehen daher für eine mögliche Leihmutterschaft vor allem in diese Länder. Die Paare selbst machen sich nicht strafbar. Da die rechtliche Handhabung zur Leihmutterschaft innerhalb Europas und weltweit unterschiedlich ist, müssen die auftraggebenden Eltern und die Leihmütter die gesetzlichen Rahmenbedingungen des betreffenden Landes (insbesondere zur Adoption) berücksichtigen (Tschudin/Griesinger 2012, Kentenich 2018).

6.3 Indikationen

Die ESHRE Task Force on Ethics and Law (2005) sieht folgende mögliche Indikationen:
- fehlender Uterus (z. B. Mayer-Rokitansky-Küster-Hauser-Syndrom, Z.n. Hysterektomie (Gebärmutterentfernung) z. B. wegen Krebserkrankung)
- Uterus ohne funktionsfähiges Endometrium (z. B. nicht behandelbares Asherman-Syndrom mit Verlust der Gebärmutterschleimhaut)

Kontraindikationen:
- alle Kontraindikationen gegen eine Schwangerschaft aufgrund schwerwiegender Grunderkrankung der Leihmutter

In einigen Ländern werden auch Leihmutterschaften aus sozialen Gründen durchgeführt, ohne dass eine medizinische Indikation besteht. Dieses soll hier nicht erörtert werden.

Die Gameten können von den auftraggebenden Eltern, von der Leihmutter oder von Dritten stammen.

6.4 Grundsätzliche Überlegungen

Bei der Leihmutterschaft sind unterschiedliche Rechte und Gefahren für alle beteiligten Personen wie Leihmutter, Wunscheltern und Kind abzuwägen. Es besteht ein hohes Missbrauchspotential aufgrund der möglichen erheblichen sozialen Ungleichgewichte zwischen den auftraggebenden Eltern und den Leihmüttern. In einigen Ländern dient das Entgelt für die Leihmutterschaft der Finanzierung des Unterhalts einer ganzen Familie. Es ist daher ein erheblicher Unterschied, ob die Motivation aus eher altruistischen oder eher kommerziellen Motiven erfolgt. Wenngleich in der Befragung der Leihmütter oft auch altruistische Motive angegeben werden, so ist es wenig wahrscheinlich, dass das Austragen der Schwangerschaft für fremde Paare über neun Monate aus ausschließlich altruistischen Motiven erfolgt, ohne dass finanzielle Aspekte eine Rolle spielen.

In Ländern wie Großbritannien ist eine Leihmutterschaft nur möglich mit Beschränkung der finanziellen Kompensation. Die Kompensation liegt bei 10.000 bis 13.000 Pfund (HFEA 2016).

Es ist zu bedenken, dass die Leihmutter über mehrere Monate hinweg ihren Körper zum Austragen der Schwangerschaft zur Verfügung stellt. Sie kann durchaus in dieser Zeit ihre Meinung zum Austragen der Schwangerschaft ändern.

Ein Verbot der Leihmutterschaft wäre allerdings ein deutlicher Eingriff in das grundsätzlich geschützte Recht auf Fortpflanzungsfreiheit. Zugleich birgt das Verbot der Leihmutterschaft in Deutschland für viele Paare (sowohl heterosexuelle als auch homosexuelle Paare), die ins Ausland reisen, die Gefahr, dass das geborene Kind keine eindeutige rechtliche Zuordnung zu einem oder beiden (auftraggebenden) Elternteilen erhält.

6.5 Medizinische Aspekte zur Schwangerschaft

Für eine Leihmutter bestehen die üblichen mütterlichen Risiken einer Schwangerschaft (z. B. Entwicklung von Schwangerschaftshochdruck/ Präeklampsie) oder auch für die Schwangerschaft an sich (z. B. Fehlgeburt oder Eileiterschwangerschaft sowie Mehrlingsschwangerschaften) (Söderström-Anttila et al. 2016).

Grundsätzlich sollte nur ein Embryo übertragen werden, um Mehrlingsschwangerschaften zu vermeiden, da Mehrlingsschwangerschaften häufig zu Frühgeburten führen mit langfristigen negativen Folgen für die physische und psychische Gesundheit der Kinder.

Wenn die Eizellen der Leihmutter verwendet werden, so sollte dies aufgrund des Alters eine hinreichende Aussicht auf Erfolg bieten: Je älter eine Frau ist, von der die Eizellen stammen, umso geringer ist der Erfolg einer Geburt, da die Mehrzahl der Eizellen keinen korrekten („euploiden") Chromosomensatz haben.

Die Raten an Mehrlingsgeburten und Fehlgeburt scheinen mit anderen Schwangerschaften nach künstlicher Befruchtung vergleichbar zu sein (Söderström-Anttila et al. 2016). Neben den medizinischen Aspekten stehen psychologische Aspekte im Vordergrund, da die Leihmutter selbst entscheidet, ob und wie häufig sie pränatale Untersuchungen durchführt, ob sie sich entsprechend „schonend" verhält (z. B. kein Rauchen, kein Alkohol) und ob sie den üblichen Empfehlungen für den Schwangerschaftsverlauf und Geburtsmodus folgt (Vorsorgeuntersuchungen, Spontangeburt oder Sectio).

Diese Entscheidungen sind im Lichte ihrer eigenen Autonomie zu sehen. Letztlich kann die Leihmutter bei Vorliegen entsprechender juristischer Voraussetzungen sogar einen Schwangerschaftsabbruch durchführen lassen.

Die Zahl der Embryotransfere bei Leihmutterschaftsbehandlung stieg in den USA von 1957 (2 % aller IVF-Behandlungen) im Jahre 2007 auf 5521 im Jahre 2014 (4 % aller IVF-Behandlungen) (CDC 2016).

In Großbritannien lag die Zahl bei 0,4 % aller IVF-Behandlungen also deutlich niedriger (HFEA 2017), was mit der strengeren Regulierung zusammenhängen dürfte. Im Jahre 2016 wurden 232 Behandlungszyklen mit Leihmutterschaft in Großbritannien durchgeführt (HFEA 2016).

Es wird in einer Übersicht über klinische Schwangerschaftsraten von 19–33 % pro Embryotransfer berichtet. 30–70 % der auftraggebenden Paare wurden schließlich Eltern (Söderström-Antilla et al. 2016). Auf Grundlage dieser Daten handelt es sich um ein Verfahren, welches im Vergleich zu anderen Verfahren der künstlichen Befruchtung als relativ erfolgreich anzusehen ist. Schwangerschafts- und Geburtsraten entsprechen dem „normalen" IVF-Verfahren.

Daten zur weltweiten Übersicht der Reproduktionsmedizin (ICMART 2020) zeigen keine auswertbaren Zyklen zur Leihmutterschaft.

6.6 Psychologische Erwägungen

Die psychologischen Untersuchungen haben die psychosozialen Auswirkungen auf die betroffenen Parteien, insbesondere auf die auftraggebenden Eltern, das Kind sowie die Leihmutter (Tschudin/Griesinger 2012) zum Inhalt.

Van der Akker (2007) beschäftigte sich in einer Längsschnittuntersuchung mit dem Persönlichkeitsmerkmalen von Frauen, die als Leihmütter für eine andere Frau ein Kind austragen wollen und Frauen, die eine eigene Schwangerschaft austragen wollen. Die Studie startete vor der Schwangerschaft und erfasste auch den Zeitraum bis 6 Monate postpartal. Persönlichkeitsmerkmale und Ängstlichkeit waren nicht wesentlich unterschiedlich. Frauen mit „eigener Schwangerschaft" (keine Leihmutterschaft) waren am Ende der Schwangerschaft etwas ängstlicher, wenn der Foet im Ultraschall sichtbar wurde. Obwohl Leihmütter weniger ängstlich waren, so sieht die Autorin die Notwendigkeit der psychozialen Beratung und Unterstützung von Leihmüttern.

Die Arbeitsgruppe um Golombok führte Longitudinaluntersuchungen durch bezüglich der Kinder, die nach Leihmutterschaft geboren wurden, sowie der auftraggebenden Eltern. Diese wurden verglichen mit Familien nach Eizellspende und nach Spontankonzeption. Die Autoren fanden keine Hinweise, dass sich die Leihmutterschaft oder der fehlende genetische Hintergrund negativ auf die Eltern-Kind-Beziehung, auf das psychische Wohlergehen der Mütter, Väter und Kinder auswirken (Söderström-Anttila et al. 2016, Golombok et al. 2004, 2006 a, 2006 b, 2011, Jadva et al. 2012).

Etwa ein Drittel der Leihmütter berichtet über leichte und mäßige Schwierigkeiten bei der Übergabe des Kindes. Dieser Anteil war signifikant höher, wenn es sich bei den Leihmüttern um Frauen handelte, die den auftraggebenden Eltern schon vorher bekannt waren (Tschudin/Griesinger 2012). Knapp 10 % der Leihmütter suchten während oder nach der Schwangerschaft wegen psychologischer Probleme den Hausarzt oder einen Psychologen auf (Tschudin/Griesinger 2012; Jadva et al. 2003). Der Kontakt der Kinder zu den Leihmüttern wird als harmonisch beschrieben. Im Alter von 10 Jahren waren 90 Prozent der Kinder über die Art ihrer Konzeption (Leihmutterschaft) informiert. Dieses wirkte sich im Wesentlichen positiv auf die Beziehung zwischen den Kindern und Leihmüttern aus (Jadva et al. 2012).

Insgesamt ist die Datenlage zu Nachuntersuchungen bei Leihmutterschaft begrenzt. Die psychologischen Untersuchungen lassen aber den Schluss zu, dass die Eltern-Kinder-Beziehung und die Entwicklung der Kinder unauffällig zu sein scheinen. Problematisch kann ein kontrollierendes Verhalten der auftraggebenden Mutter/Eltern gegenüber der Leihmutter in der Schwangerschaft sein. Auch die Übergabe des Kindes von der Leihmutter auf die auftraggebenden Eltern kann psychische Schwierigkeiten beinhalten. Endgültige Aussagen sind allerdings wegen der begrenzten Anzahl der Untersuchungen nicht möglich (Söderström-Antilla et al. 2016).

6.7 Ethische Aspekte

Grundlage der Behandlung und Einwilligung ist das Prinzip der Autonomie, da die Freiwilligkeit als oberstes Prinzip anzuerkennen ist. Die ESHRE Task Force on Ethics and Law (2005) schätzt die bestehenden moralischen Einwände gegenüber einer Leihmutterschaft sowie die damit verbundenen Risiken und Komplikationen als nicht so schwerwiegend ein, dass sie ein gänzliches Verbot rechtfertigen würden (Tschudin/Griesinger 2012; ESHRE Task Force on Ethics and Law 2005). Ähnlich äußert sich das Ethic Committee der Amerikanischen Gesellschaft für Reproduktionsmedizin (2013).

Bedeutsam erscheinen die Aspekte der Bezahlung.

Grundlage sollte eine Leihmutterschaft auf altruistischer Basis sein. Dennoch sind die entstehenden Kosten und Mühen mit in die Festlegung eines finanziellen Entgelts einzubeziehen. Eine Instrumentalisierung oder Ausbeutung des menschlichen Körpers der Leihmutter und ihrer Persönlichkeit muss vermieden werden.

Insofern stehen die Aspekte der Information, Aufklärung, Beratung und die Herstellung eines informed consent im Vordergrund. Hierbei ist darauf zu achten, dass genügend Zeit für alle beteiligten Parteien im Beratungsprozess vor einer endgültigen vertraglichen Fixierung bleibt.

7 Aspekte der Beratung und Betreuung der Leihmutterschaft

Die Daten zu medizinischen, psychosozialen und juristischen Aspekten machen deutlich, dass die Beratungserfordernisse für alle Beteiligten im Zusammenhang mit einer Leihmutterschaft sehr hoch sind. Ärzte in Deutschland sollten bei einer Erörterung einer Leihmutterschaft mögliche Alternativen wie Verzicht auf ein Kind, die Möglichkeiten der Adoption im Inland und Ausland sowie von Pflegschaften in den Beratungsprozess mit einbeziehen. Der Arzt muss darauf hinweisen, dass die Leihmutterschaft in Deutschland verboten ist und er sollte eine juristische Beratung zu den entsprechenden juristischen Voraussetzungen des betreffenden Landes empfehlen, in dem das Paar eine Leihmutterschaft möglicherweise anstrebt. Zugleich sind rechtsphilosophische Bedenken zum Status von Leihmutterschaftsverträgen gegeben (s. Beitrag von Anca Gheaus).

Sollte der Arzt eine direkte medizinische Unterstützung durchführen, so läuft er Gefahr, dass er an einer Beihilfe zur Straftat beteiligt ist, die nach dem Embryonenschutzgesetz verboten ist (Bundesärztekammer 2016).

Zugleich sollte der Arzt insbesondere eine negative Stigmatisierung der Paare vermeiden, die bei medizinischer Unmöglichkeit ein eigenes Kind zu bekommen, eine Leihmutterschaft im Ausland erwägen und diese evtl. auch durchführen.

Es mehren sich die juristischen Stimmen in Deutschland, in einem Fortpflanzungsmedizingesetz die Leihmutterschaft zu erlauben und zu regeln

(Gassner et al. 2013), da die Verbotsgründe für die Zukunft nicht tragfähig genug erscheinen.

8 Stellungnahme der Nationalen Akademie der Wissenschaft (Leopoldina)

Die Leopoldina hat sich als Nationale Akademie der Wissenschaften mit dem Stand der Reproduktionsmedizin in einer ausführlichen Stellungnahme „Fortpflanzungsmedizin in Deutschland – für eine zeitgemäße Gesetzgebung" (2019) beschäftigt. Auf Grundlage der Erfahrungen mit dem Embryonenschutzgesetz und der raschen Weiterentwicklung von Wissenschaft und Medizin kommt sie zu der Einschätzung, dass bestimmte Festlegungen (keine Auswahlmöglichkeit von entstandenen Embryonen) zu der Situation führen, dass in Deutschland zu viele Embryonen in die Gebärmutter transferiert werden mit einer sehr hohen Rate an Zwillingsgeburten – mit allen negativen Konsequenzen für Mütter und Kinder. Auch das Verbot der Eizellspende wird hinterfragt und die Empfehlung ausgesprochen, dieses Verbot aufzuheben.

Die Leopoldina beschäftigt sich auch mit der Leihmutterschaft und sieht in der Aufarbeitung der Probleme durchaus Gründe, die für eine Aufrechterhaltung des Verbots sprechen, aber auch Gründe, die für eine Freigabe bzw. Regulierung der Leihmutterschaft sprechen.

Es erfolgt keine Festlegung einer Empfehlung, aber es gibt zwei verschiedene Handlungsoptionen.

In jedem Fall sollte „im Sinne des Kinderwohls [...] für im Ausland nach dem dortigen Recht legalerweise von einer Leihmutter geborene, jedoch in Deutschland aufwachsende Kinder, eine rechtlich sichere Zuordnung des Kindes zu den Wunscheltern ermöglicht werden, da von ihr zahlreiche Rechtsfolgen wie die elterliche Sorge, Unterhaltsansprüche und die Staatsangehörigkeit abhängen.

Eine in Deutschland angebotene und durchgeführte medizinische und psychosoziale Beratung zu den Problemen einer Leihmutterschaft sollte nicht strafbar sein."

Es wird aber auch eine Option für eine Erlaubnis der Leihmutterschaft formuliert. Hier werden im Wesentlichen folgende Forderungen erhoben:
- kein kommerzieller Anreiz, jedoch angemessene Aufwandsentschädigung
- sorgsame Auswahl der Leihmutter nach medizinischen und psychosozialen Kriterien
- die Leihmutter sollte nach der Geburt innerhalb einer Bedenkzeit von wenigen Wochen über die Abgabe des Kindes an die Wunscheltern entscheiden

können, bis zu diesem Zeitpunkt muss sie alle Entscheidungsrechte über sich und das Kind behalten
- umfassende medizinische und psychosoziale Vorbereitung und Begleitung bei Leihmutterschaft
- Notwendigkeit einer Begleitforschung aus medizinischer und psychosozialer Sicht

Folglich lässt die Leopoldina diese unterschiedlichen Optionen stehen und stellt sie zur Diskussion.

9 Zusammenfassende Erwägungen

Ebenso wie andere Formen der medizinischen Kinderwunschbehandlung ist auch die Leihmutterschaft als „wunscherfüllende" Medizin zu bewerten.

Die Erfahrungen mit Leihmutterschaft sind begrenzt, so dass die Bewertung kontrovers diskutiert wird.

Obwohl Leihmutterschaft in Deutschland verboten ist, kann sich für Frauen ohne Gebärmutter oder ohne funktionsfähige Gebärmutterschleimhaut (Asherman-Syndrom) die Frage nach der Durchführung einer Leihmutterschaft stellen.

Der beratende Arzt sollte auf mögliche Alternativen und die juristischen Voraussetzungen hinweisen und mit der Patientin die medizinischen und psychosozialen Besonderheiten besprechen.

Der Schwangerschafts- und Geburtsverlauf nach Leihmutterschaft und auch die psychologischen Nachuntersuchungen bei allen Beteiligten zeigen im Wesentlichen unauffällige Ergebnisse – bei begrenzter Datenlage.

Ethische Gesichtspunkte, dass eine andere Frau auf altruistischer Basis oder gegen Entgelt ihren Körper zum Austragen einer Schwangerschaft zur Verfügung stellt und das Kind dann später an die auftraggebenden Eltern übergibt, bedürfen einer intensiven Erörterung der Interessen aller Beteiligten.

Literatur

AWMF Leitlinie (2020): Psychosomatisch orientierte Diagnostik und Therapie bei Fertilitätsstörungen (016 – 003; Stand 16.12.2019, gültig bis 15.12.2024), www.awmf.org.

Bundesärztekammer (2016): Stellungnahme der zentralen Ethikkommission: „Umgang mit medizinischen Angeboten im Ausland ethische und rechtliche Fragen des „Medizintourismus", 25.11.20216; https://www.zentrale-ethikkommission.de/stellungnahmen/medizintourismus/

CDC (2016): Assisted Reproductive Technology. National Summary Report, https://www.cdc.gov/art/pdf/2016.

Deaton, Angus/Stone, Arthur A. (2014): Evaluative and hedonic wellbeing among those with and without children at home, in: Proceedings of the National Academy of Sciences of the United States of America 111/4, 1328–1333.

DIR (2019): Deutsches IVF-Register. Jahrbuch 2018, in: Journal für Reproduktionsmedizin und Endokrinologie, Sonderheft 1/2019.

Embryonenschutzgesetz (1990): Gesetz zum Schutz von Embryonen (ESchG) zuletzt geändert am 21. November 2011.

ESHRE Task Force on Ethics and Law 10 including Shenfield, Francoise/Pennings, Guido/Cohen, Jonathan /Devroey, Paul/de Wert, Guido/Tarlatzis, Basil (2005): Surrogacy, in: Human Reproduction 20/10, 2705–2707.

ESHRE Task Force on Ethics and Law including de Wert, Guido/Dondorp, Wybo/ Pennings, Guido/Shenfield, Francoise/Devroey, Paul/Tarlatzis, Basil/Barri, Pedro/ Diedrich, Klaus (2011): Intra-familial medically assisted reproduction, in: Human Reproduction 26/3, 504–509.

Ethics Committee of the American Society for Reproductive Medicine (2013): Consideration of the gestational carrier: a committee opinion, in: Fertility and Sterility 99/7, 1838–1841.

Gassner, Ulrich/Kersten, Jens/Krüger, Matthias/Lindner, Josef Franz/Rosenau, Henning/Schroth, Ulrich (2013): Fortpflanzungsmedizingesetz Augsburg-Münchner-Entwurf (AME-FMedG), Tübingen.

Gheaus, Anca: Die normative Bedeutung der Schwangerschaft stellt Leihmutterschaftsverträge in Frage, im vorliegenden Band.

Golombok, Susan/Murray, Christopher/Jadva, Vasanti/MacCallum, Fiona/Lycett Emma (2004): Families created through surrogacy arrangements: parent-child relationships in the 1st year of life, in: Developmental Psychology 40/3, 400–411.

Golombok, Susan/MacCallum, Fiona/Murray, Christopher/Lycett, Emma,/Jadva, Vasanti (2006a): Surrogacy families: parental functioning, parent-child relationships and children's psychological development at age 2, in: Journal of Child Psychology and Psychiatry 47/2, 213–222.

Golombok, Susan/Murray, Christopher/Jadva, Vasanti/Lycett, Emma/MacCallum, Fiona/Rust, John (2006b): Non-genetic and non-gestational parenting: consequences for parent-child relationships and the psychological wellbeing of mothers, fathers and children at age 3, in: Human Reproduction 21/7, 1918–1924.

Golombok, Susan/Readings, Jennifer/Blake, Lucy/Casey, Polly/Marks, Alex/Jadva, Vasanti (2011): Families created through surrogacy: mother-child relationships and children's psychological adjustment at age 7, in: Developmental Psychology 47/6, 1579–1588.

HFEA (2016): Fertility treatment 2014–2016 – Trends and Figures, März 2018, https://www.hfea.gov.uk/media/3188/hfea-fertility-trends-and-figures-2014–2016.pdf

HFEA (2017): Fertility treatment 2017 – Trends and Figures, Mai 2019, https://www.hfea.gov.uk/media/2894/fertility-treatment-2017-trends-and-figures-may-2019.pdf

ICMART (International Committee for Monitoring Assisted Reproductive Technologies), De Mouzon, Jaques/Chambers, Georgina M./Zegers-Hochschild, Fernando/Mansour, Ragaa/Ishihara, Osamu/Banker, Manish/Dyer, Silke/Kupka, Markus/Adamson, David G.

(2020): World report: assisted reproductive technology 2012, in: Human Reproduction 35/8, 1900–1913.
Jadva, Vasanti/Murray, Christopher/Lycett, Emma/MacCallum, Fiona/Golombok, Susan (2003): Surrogacy: the experiences of surrogate mothers, in: Human Reproduction 18/10, 2196–2204.
Jadva, Vasanti/Blake, Lucy/Casey, Polly/Golombok, Susan (2012): Surrogacy families 10 years on: relationship with the surrogate, decisions over disclosure and children's understanding of their surrogacy origins, in: Human Reproduction 27/10, 3008–3014.
Kentenich, Heribert (2018): Leihmutterschaft: Überlegungen aus medizinischer und psychosomatischer Sicht, in: Gynäkologische Praxis 44/1: 47–52.
Koalitionsvertrag zwischen CDU, CSU und SPD. Deutschlands Zukunft gestalten, 18. Legislaturperiode, 16.12.20213, https://www.cdu.de/sites/default/files/media/dokumente/koalitionsvertrag.pdf.
Leopoldina (Nationale Akademie der Wissenschaften) (2019): Stellungnahme: Fortpflanzungsmedizin in Deutschland – für eine zeitgemäße Gesetzgebung, März 2019, www.leopoldina.org.
Söderström-Anttila, Viveca/Wennerholm, Ulla-Britt/Loft, Anne et al. (2016): Surrogacy: outcomes for surrogate mothers, children and the resulting families – a systematic review, in: Human Reproduction Update 22/2, 260–276.
Tschudin, Sibil/Griesinger Georg (2012): Leihmutterschaft, in: Gynäkologische Endokrinologie 10, 135–138.
Van den Akker, Olga (2007): Psychological trait and state characteristics, social support and attitude to the surrogate pregnancy and baby, in: Human Reproduction 22/8, 2287–2295.

Anca Gheaus
Die normative Bedeutung der Schwangerschaft stellt Leihmutterschaftsverträge in Frage

Zusammenfassung: Gebärende Mütter haben in der Regel ein moralisches Recht, ihre Neugeborenen aufzuziehen. Dieses Recht gründet in der gegenseitigen Bindung, die während der Schwangerschaft zwischen der austragenden Mutter und dem Fötus entstanden ist. Diese Bindung ist zum Teil durch die Belastungen der Schwangerschaft entstanden und dient dem Interesse des Neugeborenen; aber auch die austragende Mutter hat ein starkes Interesse am Schutz dieser Bindung. Das Recht, das ausgetragene Kind aufzuziehen, kann aufgrund seiner moralischen Grundlagen nicht beliebig auf andere Personen übertragen werden, die als soziale Eltern des betreffenden Kindes fungieren wollen. Dies zeigt, dass Leihmutterschaftsverträge illegitim sind und daher als nichtig angesehen werden sollten.[1,2]

1 Einleitung

Eine Leihmutter (bzw. Surrogatmutter) ist eine Frau, die sich bereit erklärt, schwanger zu werden und dann ein Kind auszutragen und zur Welt zu bringen, für das andere als soziale Eltern fungieren werden.[3] In manchen Fällen ist die Leihmutter auch die genetische Mutter. In anderen Fällen ist das Kind genetisch nicht mit der Leihmutter, aber mit einem oder beiden der vorgesehenen sozialen Eltern verwandt. Viele Rechtsordnungen gestatten derzeit Einzelpersonen den Abschluss kommerzieller Leihmutterschaftsverträge (wie z. B. Indien, Russland und einige der Vereinigten Staaten), während andere die Leihmutterschaftsvereinbarungen auf die so genannte altruistische Leihmutterschaft beschränken; d. h.: auf Fälle, in

---

[1] Dieses Projekt wurde vom Europäischen Forschungsrat (ERC) im Rahmen des Forschungs- und Innovationsprogramms „Horizon 2020" der Europäischen Union finanziert (Grant Agreement Number:: 648610).
[2] Dieser Aufsatz wurde von Hannes Wendler ins Deutsche übersetzt und erschien zunächst in englischer Sprache unter Gheaus, Anca (2016): The normative importance of pregnancy challenges surrogacy contracts, in: *Analize – Journal of Gender and Feminist* Studies 6/20, 20–31.
[3] Zu einer Auseinandersetzung mit der Leihmutterschaft aus medizinischer und psychologischer Perspektive vgl. den Beitrag von Heribert Kentenich zum vorliegenden Band.

OpenAccess. © 2021 Anca Gheaus, published by De Gruyter. This work is licensed under the Creative Commons Attribution-NonCommercial-NoDerivatives 4.0 International License.
https://doi.org/10.1515/9783110756432-003

denen die Leihmutter ein Kind für eine andere Person – in der Regel einen Verwandten – aus nichtkommerziellen Interessen austrägt. Wieder andere Rechtsordnungen (wie z. B. Deutschland oder Quebec in Kanada) verbieten jegliche Leihmutterschaft oder erklären sie zumindest für ungültig. Darüber hinaus stellt sich die Frage der Durchsetzbarkeit von Leihmutterschaftsverträgen: Einige Rechtsordnungen versuchen Leihmutterschaftsverträge nicht durchzusetzen, so dass es der Leihmutter rechtlich freisteht, das Kind zu behalten, sollte sie ihre Meinung ändern (womöglich nach Rückzahlung etwaiger Gebühren und schwangerschaftsbezogener Kosten, die das auftraggebende Paar bereits übernommen hatte).

Ob es überhaupt Leihmutterschaftsverträge geben sollte und, falls ja, ob sie durchsetzbar sein sollten oder nicht, wird offenbar viele Fragen aufwerfen. Bisher wurde in der Literatur zum normativen Status der Leihmutterschaft vor allem erörtert, ob die Leihmutterschaft an sich ausbeuterisch oder anderweitig schädlich für die Leihmutter ist, und ob die bestehenden Leihmutterschaftspraktiken tatsächlich ausbeuterisch oder anderweitig schädlich für die Leihmutter sind. Eine andere Reihe von ebenso wichtigen Fragen, die sich mit dieser Angelegenheit befassen, betreffen die Art und Weise, wie Individuen ein moralisches Recht auf die Erziehung eines Kindes erwerben, und ob sie dieses Recht, sobald sie es erworben haben, willkürlich auf andere Individuen übertragen können.[4]

Dieser Aufsatz geht auf die letztgenannte Gruppe von Fragen ein, um zur Debatte über die Legitimität von Leihmutterschaftsverträgen und ihre Durchsetzbarkeit beizutragen. Ich argumentiere, dass die Schwangerschaft normativ relevant ist für die Frage, wer das moralische Recht haben sollte, ein bestimmtes Kind aufzuziehen. Zumindest solange nicht andere Menschen mit hoher Wahrscheinlichkeit bessere Eltern für das betreffende Kind abgeben und gewillt sind, es zu erziehen, erwirbt eine austragende Mutter das moralische Recht auf Elternschaft vermöge der Tatsache, dass sie das Kind ausgetragen hat. Darüber hinaus sind die Gründe für das Innehaben dieses Rechts so beschaffen, dass dieses Recht nicht auf andere Personen übertragen werden kann. Das von der austragenden Mutter erworbene moralische Recht ist selbstredend anfechtbar. Wie ich erläutern werde, wird das moralische Recht nichtig, wenn die betreffende Frau für ihr Kind kein hinreichend gutes Elternteil ist; und das Recht besteht gar nicht erst – zumindest nicht vermöge der Schwangerschaft –, für den Fall, dass es keine

---

4 In diesem Aufsatz verwende ich das nicht weiter qualifizierte Wort „Recht", um auf gesetzliche Rechte zu verweisen. Wenn ich mich auf moralische Rechte beziehe, mache ich es immer explizit – und der Großteil der Diskussion hier handelt von moralischen Rechten. Ich gehe davon aus, dass die Existenz eines moralischen Rechts auf x eine wichtige Grundlage für ein gesetzliches Recht auf x sein sollte, dass aber die Übersetzung nicht immer direkt sein muss.

gegenseitige Bindung zwischen der Mutter und dem Neugeborenen gibt.[5] Wenn Leihmütter aufgrund einer während der Schwangerschaft entstandenen Bindung ein moralisches Recht erwerben, die Kinder zu erziehen, dann sollten Leihmutterschaftsverträge nicht durchsetzbar sein, weil ihre Durchsetzung ein moralisches Recht der Leihmutter verletzen würde. Und wenn ein Teil der Erklärung für dieses moralische Recht die Bindung des Neugeborenen an ihre oder seine austragende Mutter ist, dann kann das moralische Elternrecht der Leihmutter prinzipiell nicht auf einen Dritten übertragen werden, weshalb Leihmutterschaftsverträge immer als nichtig angesehen werden sollten.

Einige Leihmütter weigern sich in der Tat, das von ihnen ausgetragene Kind abzugeben. Wenn das Paar, das die Leihmutter angeworben hatte, weiterhin wünscht, die sozialen Eltern des Kindes zu werden, wird es wahrscheinlich zu Sorgerechtsstreitigkeiten kommen, und verschiedene Rechtsordnungen werden in solchen Fällen unterschiedlich entscheiden. Manchmal ist das Gesetz auf der Seite der Leihmutter, indem es sie als rechtliche Mutter des Kindes anerkennt (was wiederum das Sorgerecht zur Folge haben kann). Aber in verschiedenen Rechtsordnungen kann der Grund für die Zuerkennung des Sorgerechts an die Leihmutter sehr unterschiedlich sein.

1988 wurde in einem der ersten Leihmutterschaftsfälle, die in den Vereinigten Staaten vor Gericht gebracht wurden, die Leihmutter Mary Beth Whitehead schließlich als gesetzliche Mutter des von ihr ausgetragenen Babys („Baby M") anerkannt, nachdem sie von dem Ehepaar William und Elizabeth Stern angeworben worden war (Sanger 2007). Baby M wurde durch künstliche Befruchtung gezeugt, und William Stern war ihr genetischer Vater. (Das Sorgerecht wurde letztlich dem Vater, William Stern, auf der Grundlage des Prinzips des Kindeswohls gewährt.) Wichtig ist in diesem Fall, dass Mary Beth Whitehead sowohl Eizellspenderin als auch austragende Mutter war. Ihre genetische Verwandtschaft mit dem Kind dürfte die Entscheidung beeinflusst haben. In der Tat ist in einigen Rechtsordnungen das wichtigste Kriterium, das zur Entscheidung von Streitigkeiten über den elterlichen Status herangezogen wird, die genetische Verwandtschaft.[6]

In anderen Fällen muss die genetische Verwandtschaft jedoch keine Rolle bei der Entscheidung über die Gewährung von Elternrechten an die Leihmutter

---

5 Es mag andere Fälle geben, in denen die austragende Mutter unter Berücksichtigung aller Umstände nicht das moralische Recht hat, das Kind, das sie ausgetragen hat, großzuziehen. Andernorts (Gheaus 2015b) erörtere ich die Möglichkeit, dass das moralische Recht, ein bestimmtes Kind großzuziehen, dem besten verfügbaren Elter zusteht (und wie sich dies zum Austragen eines Kindes verhält).
6 Für eine philosophische Analyse und Verteidigung hiervon siehe Richards (2010).

spielen. In einem jüngeren Fall aus dem Vereinigten Königreich hat eine Leihmutter, die ein Kind für ein Paar zur Welt gebracht hatte und ihre Meinung bezüglich des Verzichts auf das Kind geändert hatte, das Sorgerecht aufgrund der Bindung erhalten, die während der Schwangerschaft zwischen der werdenden Mutter und ihrem Neugeborenen entstanden ist. Mit den Worten von Richter Baker, der den Fall entschieden hat:

> „[T]here is a clear attachment between mother and daughter. To remove her from her mother's care would cause a measure of harm. The natural process of carrying and giving birth to a baby creates an attachment which may be so strong that the surrogate mother finds herself unable to give up the child." (Baker 2011)

Eben diese Unfähigkeit – oder, was wahrscheinlicher ist: der Unwille – der Leihmutter, das Kind aufzugeben, ist Teil dessen, was es für die Leihmutter wahrscheinlicher macht (unter sonst gleichen Bedingungen), bestmöglich für die emotionalen Bedürfnisse des Kindes zu sorgen als Dritte.

Ich nehme an, dass die Argumentation von Richter Baker stichhaltig ist – und die folgende Analyse der normativen Bedeutung der Schwangerschaft soll dies entfalten.

2 Wie Schwangerschaft normativ bedeutsam ist – ein phänomenologischer Ansatz[7]

Die Mehrheit der Schwangerschaften weist zwei allgemeine Merkmale auf, die für ein moralisches Recht von potentiell geeigneten Müttern sprechen, ihre Neugeborenen zu behalten und aufzuziehen. Erstens verursachen Schwangerschaften eine Vielzahl von Kosten: physische, psychische, soziale und finanzielle. Die meisten dieser Kosten können nur von schwangeren Frauen und bis zu einem gewissen Grad von dem sie unterstützenden Partner getragen werden, falls sie in einer Paarbeziehung leben. In diesem Zusammenhang bilden zweitens viele, möglicherweise die meisten, werdenden Mütter während der Schwangerschaft eine körper-leibliche, aber auch emotionale, intime Beziehung zu ihrem Fötus aus.[8]

---

[7] Dieser Abschnitt baut grundlegend auf Gheaus (2012) auf.
[8] Ein streng physikalistischer Ansatz würde die Bindung zwischen der schwangeren Frau und dem Fötus auf Oxytocin zurückführen: einer Substanz, die während der Schwangerschaft ausgeschüttet wird. Ob man zur Analyse der Bindung während der Schwangerschaft den phänomenologischen oder den physikalistischen Ansatz wählt, mag normativ einen Unterschied ma-

Die beiden hier diskutierten Merkmale der Schwangerschaft können – zusammen mit anderen Bedingungen[9] – ein moralisches Recht begründen, das selbstgeborene Kind zu behalten: ein Recht, das gleichzeitig im Interesse der Eltern und im Interesse des Kindes begründet ist.

Arbeiten zur Phänomenologie der Schwangerschaft sind sehr hilfreich für das Verständnis beider Merkmale. In der Auseinandersetzung mit beiden Merkmalen stütze ich mich auf die Arbeit mehrerer Feministinnen und beziehe mich dabei insbesondere auf Amy Mullins Buch „Reconceiving Pregnancy and Childcare".

Die Kosten einer Schwangerschaft sind vielfältig: körper-leiblich, emotional, sozial und finanziell. Sie bestehen in den Schmerzen beim Gebären und Entbinden, in der eingeschränkten Autonomie der Schwangeren, in den Gesundheitsrisiken, die Frauen eingehen, um ihr Kind auszutragen, in den Sorgen um die Gesundheit von Mutter und Kind und in der beängstigenden Gefahr einer Fehlgeburt.[10]

Die körper-leiblichen Belastungen der Schwangerschaft haben erhebliche Auswirkungen auf die Fähigkeit vieler schwangerer Frauen, ihr Leben wie gewohnt weiterzuführen:

> „Fatigue, high blood pressure, excessive water retention in one's hands and feet, nausea and vomiting, an inability to carry heavy objects, and other common symptoms of pregnancy do involve suffering and affect a pregnant woman's ability to carry out her daily tasks, whether in paid employment, domestic work, childcare or interactions with friends and family, regardless of how accommodating her environment may be." (Mullin 2005, 64)

Einige der wichtigsten Belastungen der Schwangerschaft ergeben sich aus dem Ausmaß und dem Tempo der Veränderungen, die schwangere Frauen durchmachen. Mullins Buch vermittelt einen sehr lebhaften Eindruck von den vielen körper-leiblichen Veränderungen, die schwangere Frauen „in visual acuity, pigment of her skin, the onset of rashes, nausea, heartburn, raised blood pressure, increased congestion, difficulty catching her breath, swollen hands and feet"

---

chen, aber nicht in diesem Zusammenhang. Eine Physikalistin bzw. ein Physikalist könnte zum Beispiel argumentieren, dass wir Oxytocin einsetzen könnten und in manchen Kontexten auch sollten, um die emotionale Beziehung zwischen nicht-leiblichen Eltern und Babys zu fördern. Aber dies würde das vorliegende Argument nicht betreffen, das besagt, dass die Schwangerschaft selbst diese Beziehung auf die eine oder andere Weise fördert und dass es daher moralisch falsch ist, Babys ihren leiblichen Eltern wegzunehmen.
9 Ich meine, kann dies hier aber nicht vollständig ausführen, dass diese Bedingungen damit zu tun haben, dass die in Frage kommende Mutter bestimmte Kriterien der elterlichen Eignung erfüllt.
10 Zu den schwerwiegenden Leiden, die eine Fehlgeburt für die schwangere Frau mit sich bringen kann, siehe Cahill/Norlock/Stoyles (2015).

(Mullin 2005, 39) durchmachen. Viele davon sind relativ geringfügig, aber zusammen können sie erhebliche Schmerzen und Störungen des normalen Lebens nach sich ziehen. Diese Veränderungen werden von der überwiegenden Mehrheit der schwangeren Frauen erlebt und tragen oft zu einem ausgeprägten Gefühl des Kontrollverlustes über das eigene Leben und zu einer verminderten Fähigkeit bei, während der Schwangerschaft und während der Erholung von der Geburt anderen Projekten und Interessen nachzugehen. Wie Mullin anmerkt, „at no other time will an otherwise healthy adult undergo such widespread, rapid and undesired change in the shape and size of her body, in the way she moves, eats and sleeps." (Mullin 2005, 67).

Viele schwangere Frauen zahlen auch ‚Verhaltenskosten' mit der Einschränkung dessen, was sie essen und trinken, welche Drogen sie konsumieren und welchem Sport und sonstigen körperlichen Aktivitäten sie nachgehen können. Es gibt soziale Kosten zu tragen, wie z. B. Bevormundung und ungebetene Vertraulichkeit: Schwangeren Frauen wird oft gesagt „that nothing they can do could be more important than their job of bringing a child to life" (Mullin 2005, 40). Im Allgemeinen verändert die Schwangerschaft die Beziehungen der werdenden Eltern zu ihrer unmittelbaren Familie, zu Freund_innen, Kolleg_innen und, wenn die Schwangerschaft sichtbar ist, sogar zu Fremden, auf unkontrollierbare Weisen. Es zählen wohl nicht *alle* dieser Veränderungen als Kosten, da in einigen Fällen schwangere Frauen willkommen geheißene Beziehungen entwickeln oder stärken, die z. B. auf Verbundenheit mit anderen Eltern beruhen. Aber viele der Veränderungen sind nicht wünschenswert und, was für das vorliegende Argument wichtig ist, viele der wünschenswerten Veränderungen basieren auf der Annahme, dass die schwangeren Frauen ihr leibliches Kind weiterhin erziehen werden. Darüber hinaus wären die Kosten der Schwangerschaft tatsächlich *höher*, wenn die gebärenden Mütter nicht wüssten, ob sie berechtigt sein werden, ihr leibliches Kind zu behalten. Ein häufig gegebener Trost für schwangere Frauen ist, dass die Elternschaft alle Mühen und Schmerzen wert ist.

Schließlich müssen werdende Mütter spezifische emotionale Belastungen auf sich nehmen, wie die Furcht vor einer Fehlgeburt oder die Furcht, über die Fortsetzung einer Schwangerschaft mit erheblichen gesundheitlichen Risiken entscheiden zu müssen. Eine schwangere Frau „needs to come to terms with her welcoming of a creature who is already transforming her body, her social interactions, and her habits, who will always radically transform her life and about whom she knows virtually nothing" (Mullin 2005, 43). Obgleich sie nicht alle diese Kosten übernehmen können, können die involvierten Partner in der Regel viele mittragen. Sie sind oft die Hauptquelle der emotionalen, praktischen und finanziellen Unterstützung ihrer schwangeren Partnerin: Sie können sie zu Arztbesuchen begleiten und sie während der Geburt unterstützen, sie können ihre Sorgen teilen und versuchen, sie zu mildern, sie von einem Teil ihrer regulären Arbeit entlasten und als Schnittstelle zwischen ihr und der nicht ausreichend entgegenkommenden Außenwelt dienen. Einige, aber nicht alle Kosten einer Schwangerschaft können sozial verhindert oder gemildert werden – darauf gehe ich im Folgenden näher ein.

Eine Schwangerschaft umfasst häufig neben den Kosten auch spezifische Vorzüge. Die Vorzüge und Freuden einer Schwangerschaft heben die Kosten jedoch nicht auf und machen die Schwangerschaft nicht zu einer intrinsisch wünschenswerten Erfahrung. Bestimmte Vorteile der Schwangerschaft, wie z. B. die erhöhte Aufmerksamkeit und Fürsorge, die schwangere Frauen häufig erhalten, sollen ihre Kosten abmildern: Wenn die Schwangerschaft nicht mit spezifischen Kosten verbunden wäre, würde es auch diese Vorteile nicht geben (in dieser Hinsicht ist die Schwangerschaft mit Krankheit und Behinderung vergleichbar). Andere Vorzüge der Schwangerschaft, wie z. B. die freudige Erwartung des Babys, sind nur dann wertvoll, wenn die Schwangere davon ausgeht, dass sie das Kind, das sie in sich trägt, behalten und aufziehen wird. Wichtig ist, dass die salientesten positiven Aspekte der Schwangerschaft von der Erwartung abhängen, am Ende der Schwangerschaft Mutter zu werden. Wenn sich entgegen den Behauptungen, die ich in diesem Abschnitt vorbringe, die Schwangerschaft als intrinsisch wertvoll erwiese, oder wenn die Vorzüge der Schwangerschaft ihre Belastungen überwögen, ohne von der Erwartung abzuhängen, das Baby zu behalten, dann würde eine Säule meines Arguments für ein moralisches Recht einbrechen, das ausgetragene Kind aufzuziehen.

Bestimmte Schwangerschaftserfahrungen, wie z. B. Schlafprobleme und unterbrochene Lebensgewohnheiten, können gerade aufgrund ihrer Entbehrungen werdende Eltern darauf vorbereiten, sich besser um ihre Babys zu kümmern. Einige Autor_innen sind der Meinung, dass die Schwangerschaft dazu beiträgt, die Mütter – und, wenn sie eng mit der Schwangerschaft verbunden sind, auch ihre Partner – auf die großen Veränderungen vorzubereiten, die die Kindererziehung mit sich bringt (Levesque-Lopman 1983, 256). Wenn dies richtig ist, dann bedeutet es *ceteri paribus*, dass leibliche Mütter besser darauf vorbereitet sind, sich um ein Baby zu kümmern, sodass ein Interesse des Kindes daran besteht, von einer Frau aufgezogen zu werden, die auch eine leibliche Mutter ist. Die Belastungen der Schwangerschaft führen dann zu einem auf dem Kindeswohl beruhendem moralischen Recht, bestimmte Babys zu erziehen.

Es besteht eine gewisse Ähnlichkeit zwischen der Rechtfertigung eines moralischen Rechts auf Elternschaft durch die Berufung auf die Kosten einer Schwangerschaft und dem libertären – oder proprietären – Argument, wonach Eltern eine Art Eigentumsanspruch an Kindern haben, weil Kinder aus der Arbeit ihrer Eltern resultieren (Narveson 2002). Meinerseits trete ich jedoch nicht dafür ein, dass die Kosten der Schwangerschaft, einschließlich der dafür erforderlichen Anstrengungen, einen starken eigentumsähnlichen Anspruchmit sich bringen.

Das Argument der Schwangerschaftskosten könnte eine *gewisse* Rechtfertigung für ein moralisches Recht darstellen, das ausgetragene Kind zu behalten und großzuziehen; es könnte unter Umständen aber hinter andere Gründe zurücktreten – etwa Erwägungen bezüglich ‚race'- oder Geschlechtergerechtigkeit.[11] Die Berufung auf die Kosten der Schwangerschaft *allein* kann legitimes ‚Babytauschen' zwischen allen austragenden Müttern nicht ausschließen. Die Belastungen der Schwangerschaft berechtigen potenziell geeignete Eltern, die gerade entbunden haben, ein Baby zu erziehen, aber nicht notwendigerweise das bestimmte Kind aufzuziehen, das sie geboren haben. Ebenso ist darauf hinzuweisen, dass die alleinige Berufung auf die Kosten der Schwangerschaft ein moralisches Recht auf Erziehung begründen würde, das seinerseits leicht auf Dritte übertragbar wäre und damit zugleich Leihmutterschaftsverträge legitimieren könnte. Wenn austragende Mütter das moralische Recht, ihr Neugeborenes zu erziehen, bloß aus den Schwangerschaftskosten erlangten – womöglich dank der Arbeit, die sie in diesen Prozess gesteckt haben –, gäbe es keinen offensichtlichen Grund, der dagegen spräche, dieses Recht anderen Personen zu verkaufen.

Das zweite Merkmal der Schwangerschaft leistet den Großteil der argumentativen Arbeit: die Tatsache, dass die Schwangerschaft das Entstehen einer intimen Beziehung zwischen der gebärenden Mutter und dem zukünftigen Kind erleichtert. Die beiden Merkmale der Schwangerschaft – ihre erheblichen Kosten und der durch sie ermöglichte Aufbau einer intimen Beziehung mit dem zukünftigen Baby – sind eng miteinander verzahnt. Mit der Schwangerschaft müssen schwangere Frauen – und manchmal ihre unterstützenden Partner – erhebliche Ressourcen investieren, um Kinder zur Welt zu bringen; dies ist oft ein bewusster, absichtlicher Prozess, ähnlich wie bei anderen Projekten, die Menschen verfolgen: Mit ihnen sind viel Antizipation und Planung, Denken und Hoffen, Imagination und Projektion verbunden. Zugegeben, im Falle von Leihmüttern können einige dieser psychologischen Prozesse fehlen: Wenn die werdende Mutter nicht erwartet, das Kind zu erziehen, kann sie gezielt versuchen, sich *nicht* auf Vorfreude und Planen, Denken und Hoffen einzulassen. Es ist jedoch nicht klar, ob es möglich ist, ein solches Engagement zu vermeiden; auch Leihmütter können –

---

11 Bei der Beantwortung der Frage, wer das moralische Recht hat, ein bestimmtes Kind zu erziehen, müssen alle relevanten Aspekte berücksichtigt werden. Für Argumente zugunsten der „Babylotterie", siehe Gheaus (2012) und Earl (2015), Manuskript.

wenngleich unfreiwillig und möglicherweise unbewusst – Antizipation, Hoffnung und Projektion erleben.

Durch ihre körper-leibliche Verbindung mit dem Baby und ihre vielfältigen psychologischen Investitionen bauen schwangere Frauen normalerweise eine Beziehung zu ihrem zukünftigen Baby auf: eine Beziehung, die manchmal hochemotional ist und bereits bei der Geburt recht weit entwickelt ist. Die gebärende Mutter und ihre Neugeborenen haben bereits eine gemeinsame Geschichte einschließlich zahlreicher leiblich geteilter Erfahrungen („Du hast mich am ersten März getreten", „Du hast mir Sorgen bereitet", „Du hast mich vor Glück weinen lassen"). Die Schwangerschaft formt damit einen Prozess, in dessen Verlauf sich eine zugleich körper-leibliche und emotionale Bindung der Schwangeren an das Kind in besonderem Maße entwickeln kann. Caroline Whitbeck ist so weit gegangen, dafür einzutreten, dass die Zuneigung zu eigenen Kindern, die oft mit Bezug auf einen mütterlichen/elterlichen 'Instinkt' erklärt wird, eigentlich auf leiblichen Erfahrungen basiert: „parental affection or attachment is influenced by experience, and this experience is not confined to socialization experience but includes, in a large measure, bodily experiences that are the same cross-culturally; i.e. all women have special bodily experiences that are likely to enhance those feelings, attitudes and fantasies, which induce people to generally care for their infants" (Whitbeck 1984, 191). Diese Erfahrungen umfassen Schwangerschaft, Wehen, Geburt und postnatale Erholung, welche allesamt einzigartig für die gebärende Mutter sind. Whitbeck kommt zu dem Schluss, dass, obwohl der mütterliche ‚Instinkt' selbst ein Mythos ist, die Biologie – durch leiblich geteilte Erfahrung – eine sehr wichtige Rolle beim Bindungsaufbau zwischen Neugeborenen und ihren Müttern spielt. Dieses Argument könnte bald überprüfbar sein, wenn es genügend Menschen gibt, deren austragende Mütter sich von ihren genetischen Müttern unterscheiden. Wenn Whitbecks Argument stimmt, dann verweist es auf die wichtige Rolle, die die Biologie in Eltern-Kind-Beziehungen dank der körper-leiblichen Prozesse der Elternschaft und unabhängig von genetischen Verbindungen spielt.

Wie bei der Übernahme der Schwangerschaftskosten können die begleitenden Partner während der Schwangerschaft direkt am Prozess der Herausbildung der Beziehung der Schwangeren zum Baby teilnehmen. Mit Hilfe der Medizintechnik können sie – genauso früh wie die werdende Mutter – den Fötus sehen und seinen Herzschlag hören; in den letzten Phasen der Schwangerschaft können sie das Baby fühlen, mit ihm sprechen und von ihm gehört werden. Genau wie die Mutter können sie die Ängste, Hoffnungen und Phantasien erleben, die der heranwachsende Fötus auslöst.

Die Phänomenologie der Schwangerschaft zeigt nicht, dass *alle* Schwangerschaften zu intimen Beziehungen zwischen gebärenden Müttern und ihren Neugeborenen führen. Sie zeigt nur, dass eine Schwangerschaft zu einer Bindung führen kann und wahrscheinlich auch führen wird; die Wahrscheinlichkeit ist dabei sehr groß, denn eine Bindung kann auch dann entstehen, wenn die Schwangere weiß, dass sie das Kind nicht behalten darf, wie wir aus Fällen von Leihmüttern wissen, die eine starke Bindung zu ihrem ungeborenen und dann neugeborenen Kind entwickelt haben. Die Bindung während der Schwangerschaft liefert einen überaus belastbaren Grund, weshalb die Weitergabe von Babys an Dritte als soziale Eltern wahrscheinlich bereits bestehende, intime Beziehungen zwischen Neugeborenen und ihren austragenden Eltern zerstören würde.

Die Tatsache, dass die Beziehung zum eigenen, zukünftigen Kind während der Schwangerschaft beginnt, stellt den fehlenden Schritt in der Rechtfertigung dar, die einige Philosoph_innen zugunsten des moralischen Rechts entwickelt haben, das gezeugte Kind zu behalten und aufzuziehen. Dieselbe Bindung, die im Zusammenhang mit der Schwangerschaft entstanden ist, bietet eine Antwort auf die allgemeinere Frage danach, wie man das moralische Recht bestimmt, ein bestimmtes Kind zu erziehen. (Die Antwort ist allgemein, aber nicht universell: In einigen Fällen stirbt die werdende Mutter bei der Geburt oder ist nicht willens, ihr moralisches Recht auszuüben, das von ihr geborene Kind aufzuziehen. In diesen Fällen werden andere Erwägungen darüber entscheiden, wer das moralische Recht hat, das Kind aufzuziehen.) Einige Philosoph_innen – vor allem Ferdinand Shoeman (1980) sowie Harry Brighouse und Adam Swift (2006; 2014) –, haben auf die Unzulässigkeit verwiesen, bereits etablierte intime Beziehungen zwischen Eltern und Kindern zu stören, um dafür einzutreten, dass alle zur Elternschaft geeigneten Erwachsenen ein moralisches Recht hätten, soziale Eltern der betreffenden Kinder zu werden. Die Gründe dafür liegen sowohl im Wohlergehen der Eltern als auch der Kinder. Es wurde jedoch kein Grund angegeben, warum sich solche Beziehungen überhaupt erst haben entwickeln dürfen – vor allem: wenn andere Personen ebenfalls dazu bereit gewesen wären, als soziale Eltern der betreffenden Kinder zu fungieren. Mein Ansatz zum normativen Wert der Schwangerschaft füllt diese Lücke: Wenn derselbe Prozess, der Babys auf die Welt bringt, auch deren erste intimen Beziehungen zu Erwachsenen mit sich bringt, bedürfen die Beziehungen zwischen leiblichen Eltern und ihren Babys keiner Rechtfertigung: Sie bestehen von Anfang an.

Es ist wichtig, zu dieser Analyse die Perspektive des Babys hinzuzufügen, das sich in der Regel auch an seine Mutter bindet: deren Stimme, Herzschlag usw. es in der letzten Phase der Schwangerschaft erkennen kann (DeCasper/Fifer 1980; Beauchemin et al. 2011).[12] Dass herkömmlicherweise auch das Neugeborene an

---

[12] Ich bin Jake Earl dankbar dafür, mich auf diese Artikel aufmerksam gemacht zu haben.

die werdende Mutter gebunden ist – soweit wir das beurteilen können, und soweit von einem Neugeborenen ausgesagt werden kann, dass es gebunden ist –, liefert eine zusätzliche, kindzentrierte Rechtfertigung für das moralische Recht, das ausgetragene Kind zu erziehen.

Zusammenfassend ist die besondere Art und Weise, in der wir zur Welt kommen, wesentlich, um zu bestimmen, wer das moralische Recht hat, uns aufzuziehen. Wenn wir alle in Laboratorien zur Welt kämen, geschaffen von Wissenschaftler_innen, gäbe es wenig Grund, den Menschen, die das genetische Material zur Verfügung gestellt haben, ein Recht auf unsere Erziehung einzuräumen.[13] In der Tat habe ich andernorts dafür argumentiert, dass es Gerechtigkeitsgründe für eine Umverteilung von Babys zwischen allen potenziellen, adäquaten Eltern gibt, und in bestimmten sozialen Kontexten würde ein ‚Babytauschen' dazu beitragen, historische und tief verwurzelte Assoziationen zwischen ‚race' oder Geschlecht und Bevorteilung anzugehen (Gheaus 2012).

Um dieser Herausforderung zu begegnen, habe ich einen Ansatz dafür entwickelt, wie Menschen das Recht erwerben, ein bestimmtes Baby zu erziehen. Ein Element eines derartigen Rechtserwerbs besteht im moralischen Recht, das ausgetragene Kind zu behalten und aufzuziehen. Wenn zum Zeitpunkt der Geburt geeignete, austragende Mütter (und manchmal auch ihre beteiligten Partner_innen) bereits beträchtliche Kosten dafür bezahlt haben, Eltern zu werden, und zum Teil aufgrund dieses Prozesses eine erste intime Beziehung zu dem Kind entwickelt haben, dann sind sie mehr als andere, gleichermaßen geeignete, potenzielle Eltern berechtigt, das Kind, das sie geboren haben, zu erziehen. Dieser Unterschied zwischen geeigneten, austragenden Müttern und anderen geeigneten, potentiellen Eltern kann die notwendige Rechtfertigung dafür liefern, ein fundamentales moralisches Recht auf Elternschaft im Allgemeinen (wie es von Shoeman, Brighouse und Swift verteidigt wird) in ein moralisches Recht austragender Mütter auf die Elternschaft ihres geborenen Kindes zu übersetzen.

3 Konklusionen für Leihmutterschaftsverträge

Wie genau Erwachsene das moralische Recht erwerben können, ein bestimmtes Kind zu erziehen, ist eine kontroverse Frage, die mit diesem kurzen Artikel nicht geklärt werden sollte.[14] Zu den verfügbaren Optionen gehören die Berufung auf

---

13 Hierfür argumentiere ich andernorts (Gheaus 2015a) ausführlich.
14 Für eine diesbezüglich hilfreiche Diskussion siehe Swift und Brighouse (2014).

die Interessen des Kindes, die Berufung auf die Interessen der Erwachsenen, die soziale Eltern werden wollen, und die Berufung auf beide Arten von Interessen. Hier habe ich argumentiert, dass die mit der Schwangerschaft einhergehenden Tatsachen – d.h. die ihr inhärenten Kosten und die hohe Wahrscheinlichkeit, dass die Schwangerschaft ein Prozess darstellt, in dessen Verlauf die austragende Mutter und ihr Fötus eine gegenseitige Bindung formen – darauf hindeuten, dass austragende Mütter sehr wahrscheinlich ein *pro tanto* moralisches Recht auf die Elternschaft ihrer Neugeborenen haben. Dabei kann eine Vielzahl von Ansätzen darüber berücksichtigt werden, wie man das moralische Recht auf Elternschaft erwirbt. (Eine bemerkenswerte Ausnahme ist der Ansatz, nach dem es der Beitrag des eigenen genetischen Materials ist, der das moralische Recht auf Elternschaft begründet. Dieser Ansatz ist sehr einflussreich – sowohl in der Populärmoral als auch in der Rechtspraxis – allerdings, wie ich meine, auch sehr unplausibel.)[15]

Sicherlich haben austragende Mütter nicht immer das moralische Recht, ihr leibliches Kind zu erziehen, weil die Schwangerschaft selbst nicht das Recht dazu verleiht: Vielmehr erhalten austragende Mütter das Recht aufgrund der Bindung, die sie gewöhnlich mit dem Kind eingehen, und diese Bindung besteht nicht immer. Darüber hinaus können andere Umstände das moralische Recht nichtig werden lassen – wie z. B. in Fällen, in denen die austragende Mutter kein ausreichend geeignetes Elternteil abgäbe.

Aber das Recht ist notwendigerweise ein ‚stumpfes Instrument', das nicht alle normativ relevanten Merkmale jedes Falles berücksichtigen kann, den es abdeckt. Wenn das Recht einer austragenden Mutter in der Regel nicht unterlaufen wird, dann sollten Leihmutterschaftsverträge nicht gegen den Wunsch der austragenden Mutter, das Kind selbst zu erziehen, durchgesetzt werden. (Es sei denn, dass besondere Umstände – wie die oben genannten – vorliegen.) Da das moralische Recht zudem aufgrund einer gegenseitigen Bindung besteht und da diese Bindung dem Interesse des Neugeborenen dient, kann das Recht nicht nach Belieben auf andere Personen übertragen werden, die als soziale Eltern des betreffenden Kindes fungieren möchten. Dies weist darauf hin, dass Leihmutterschaftsverträge illegitim und daher nichtig sind.

Literatur

Baker, Jonathan (2011): CW v NT and another [2011] EWHC 33, Family Law Week, 2011 Archiv. Online verfügbar unter: http://www.familylawweek.co.uk/site.aspx?i=ed79071 (Zuletzt abgerufen: 05.04.2016).

---

15 Hierfür argumentiere ich andernorts (Gheaus 2015a) ausführlich.

Beauchemin, Maude et al. (2011): Mother and Stranger: An Electrophysiological Study of Voice Processing in Newborns, in: *Cerebral Cortex* 21/8, 1705–1711.
Brighouse, Harry/Swift, Adam (2006): Parents' Rights and the Value of the Family, in: *Ethics* 117/1, 80–108.
Brighouse, Harry/ Swift, Adam (2014): Family Values. The Ethics of Parent-Child Relationships, Princeton.
Cahill, Ann J/Norlock, Kathryn J./Stoyles, Byron J. (2015): Miscarriage, Reproductive Loss, and Fetal Death, in: *Journal of Social Philosophy* 46, 2015.
DeCasper, Anthony J./Fifer, William P. (1980): Of Human Bonding: Newborns Prefer Their Mothers' Voices, in: *Science* 208 (4448), 1174–1176.
Earl, Jake (2015): The Baby Lottery (Konferenzbeitrag in: Close Personal Relationships, Children and the Family, Universität Umea, 9–10.09.2015).
Gheaus, Anca (2012): The right to parent one's biological baby, in: *Journal of Political Philosophy* 20, 432–455.
Gheaus, Anca (2015a): Biological parenthood: gestational not genetic (Workshopbeitrag in: MANCEPT workshop series, Universität Manchester, 02.2015.)
Gheaus, Anca (2015b): The best available parent (Konferenzbeitrag in: Close Personal Relationships, Children and the Family, Universität Umea, 9–10.09.2015).
Kentenich, Heribert: „Leihmutterschaft ist mit der Menschenwürde nicht vereinbar". Anmerkungen zum Statement der Bundesregierung. Medizinische und psychologische Überlegungen, im vorliegenden Band.
Levesque-Lopman, Louise (1983): Decision and experience: a phenomenological analysis of pregnancy and childbirth, in: *Human Studies* 6, 247–277.
Mullin, Amy (2005): Reconceiving Pregnancy and Childcare. Ethics, Experience and Reproductive Labor, Cambridge.
Narveson, Jan (2002): Respecting Persons in Theory and Practice, Lanham, MD.
Richards, Norvin (2010): The Ethics of Parenthood, Oxford.
Sanger, Carol (2007): Developing markets in baby-making, in: *Harvard Journal of Law and Gender* 30, 67–97.
Shoeman, Ferdinand (1980): Rights of children, rights of parents and the moral basis of the family, in: *Ethics* 91/1, 6–19.
Whitbeck, Caroline: (1984): The Maternal Instinct, in: Treblicot, Joyce (Hg.): Mothering: Essays in Feminist Theory, Totowa, NJ, 185–191.

Mark Schweda
Mensch-Technik-Interaktion im demographischen Wandel

Anthropologische Erwägungen zur Gerotechnologie

Zusammenfassung: Angesichts der steigenden Lebenserwartung, der Auflösung traditioneller Sorgestrukturen sowie des Fachkräftemangels in der professionellen Pflege wird für die Lebensgestaltung im höheren Alter und die pflegerische Versorgung älterer Menschen verstärkt auf technische Lösungen gesetzt. Der Beitrag nähert sich der damit einhergehenden Entwicklung der Mensch-Technik-Interaktion im demographischen Wandel aus dem Blickwinkel der philosophischen Anthropologie. Ziel ist es, die Bedeutung anthropologischer Aspekte und Dimensionen für die Auseinandersetzung mit so genannten Gerotechnologien auszuloten. Dazu gebe ich zunächst einen orientierenden Überblick über das Spektrum und die Entwicklungsperspektiven technischer Assistenzsysteme für ältere Menschen. Im Anschluss wird die Rolle individueller und gesellschaftlicher Altersbilder in der Diskussion und Anwendung dieser Gerotechnologien beleuchtet. Vor diesem Hintergrund werden schließlich einige grundlegende anthropologische Fragen und Desiderate der Mensch-Technik-Interaktion im Alter angesprochen. Sie betreffen insbesondere die Gesichtspunkte der körperlichen Verfasstheit, der zeitlichen Erstreckung und Verlaufsstruktur sowie der relationalen Ausrichtung und Einbettung menschlichen Seins.

1 Einleitung

Im antiken Ödipus-Mythos fragt die Sphinx auf der Stadtmauer von Theben die Vorübergehenden nach einem Wesen, das „am Morgen vierfüßig, am Mittag zweifüßig, am Abend dreifüßig" (Schwab 1986, 259) sei. Erst Ödipus gelingt es, das Rätsel aufzulösen: Es ist der Mensch, „der am Morgen seines Lebens, solange er ein Kind ist, auf zwei Füßen und zwei Händen kriecht. Ist er stark geworden, geht er am Mittag seines Lebens auf zwei Füßen, am Lebensabend, als Greis, bedarf er der Stütze und nimmt den Stab als dritten Fuß zu Hilfe" (ebd.).

Es erscheint reizvoll, das Rätsel der Sphinx als mythische Urszene und kulturgeschichtliches Leitmotiv einer anthropologischen Auseinandersetzung mit technischer Assistenz im Alter auszulegen. Es verknüpft die Frage nach dem Menschen sowohl mit dem Vorgang des Alterns und der Stufe des höheren Le-

OpenAccess. © 2021 Mark Schweda, published by De Gruyter. This work is licensed under the Creative Commons Attribution-NonCommercial-NoDerivatives 4.0 International License.
https://doi.org/10.1515/9783110756432-004

bensalters als auch mit der bereits in der griechischen Antike geläufigen Deutung der Technik als Mittel zum Ausgleich natürlicher Unzulänglichkeiten. Das Bemerkenswerte und anthropologisch Kennzeichnende an der Geschichte ist nicht allein, dass der Mensch altert und hinfällig wird, sondern dass er sich dabei in Gestalt des Stabes auf ein – im weitesten Sinne – technisches Hilfsmittel zu stützen vermag.

Freilich hat das Thema in den letzten beiden Jahrzehnten beträchtlich an Aktualität und Konkretion gewonnen. Im Zeichen der steigenden Lebenserwartung, der Auflösung traditioneller familialer Sorgestrukturen sowie des Fachkräftemangels in der professionellen Pflege wird für die Lebensgestaltung im höheren Alter und die pflegerische Versorgung älterer Menschen verstärkt auf technische Lösungen gesetzt (Schmidt/Wahl 2019). Tracking- und Monitoringgeräte erlauben die fortlaufende Überwachung und Kontrolle vitaler Parameter, körperlicher Bewegungsabläufe und alltäglicher Lebensvollzüge. Neue Entwicklungen im Bereich der Robotik stellen den Einsatz assistiver Technologien zur Unterstützung von Aktivitäten des täglichen Lebens oder pflegerischen Arbeitsvorgängen in Aussicht. Umfassende Ambient-Assisted-Living-Anlagen verwandeln das gesamte Wohn- und Lebensumfeld älterer Menschen in eine vernetzte intelligente Umwelt, ein ‚Technotop', das ein selbstständiges und bedürfnisgerechtes Leben bis ins hohe Alter ermöglichen soll.

Das Aufkommen dieser „Gerotechnologien" (Wahl 2016) wirft vielfältige moralische und politische Fragen auf. Die Auseinandersetzung mit ihnen bewegt sich bislang weitgehend auf der Grundlage anderweitig bewährter normativer Grundsätze und Maßstäbe, die auf die neuen technologischen Entwicklungen angewendet werden (Schicktanz/Schweda 2021). Während die Seite der Technik in der Mensch-Technik-Interaktion im Alter so inzwischen bis in Einzelheiten ausgeleuchtet wird, erscheint der Part des (alten) Menschen allerdings noch immer eigentümlich unbestimmt. Das mag nicht zuletzt darauf zurückzuführen sein, dass philosophische wie angewandte Ethik von anthropologischen Voraussetzungen ausgehen, in denen das menschliche Alter(n) kaum grundsätzlich und systematisch mitgedacht wird (Schweda/Coors/Bozzaro 2020; Holm 2013). Stattdessen finden vielfach überkommene und fragwürdige Bilder und Vorstellungen des Alter(n)s bzw. alter Menschen ungeprüft Eingang in die Auseinandersetzung. Verbreitet tritt ein abstraktes Standardsubjekt auf, hinter dem sich bei näherem Zusehen ein selbständiges und unabhängiges Individuum im mittleren Erwachsenenalter verbirgt. Sowohl Kindheit als auch höheres Lebensalter kommen in einer solchen ‚adultistischen' Sichtweise von vornherein allenfalls als randständige und abweichende, wenn nicht gar defizitäre Formen des Menschseins in den Blick (Jecker 2020).

Vor diesem Hintergrund nähert sich der vorliegende Beitrag dem Thema der Mensch-Technik-Interaktion im höheren Lebensalter aus dem Blickwinkel der philosophischen Anthropologie. Ziel ist es, die Bedeutung anthropologischer Aspekte und Dimensionen für die Auseinandersetzung mit der Gerotechnologie auszuloten und in dieser Hinsicht einige grundsätzliche Fragen und theoretische Perspektiven aufzuzeigen. Der Begriff der philosophischen Anthropologie ist dabei weder mit der Zuordnung zu einer bestimmten Schule oder Strömung noch mit dem Anspruch einer feststellenden oder gar abschließenden Bestimmung des (alten) Menschen als solchen verbunden. Er umreißt hier vielmehr eine allgemeine Betrachtungsweise, die auf die Erörterung grundlegender Annahmen des menschlichen Selbst- und Weltverständnisses im Horizont umfassenderer geistes- und kulturgeschichtlicher Deutungsmuster ausgerichtet ist (Fischer 2008, 9). Der Beitrag gibt zunächst einen orientierenden Überblick über das Spektrum und die gegenwärtigen Entwicklungsperspektiven technischer Assistenzsysteme für alternde Gesellschaften. Er beleuchtet vor diesem Hintergrund sodann die Rolle individueller und gesellschaftlicher Altersbilder in der Diskussion und Anwendung dieser Gerotechnologien. Im Anschluss werden einige grundlegende anthropologische Fragen und Desiderate der Mensch-Technik-Interaktion im Alter angesprochen. Wie dabei deutlich wird, verdienen insbesondere die Gesichtspunkte der körperlichen Verfasstheit, der zeitlichen Erstreckung und Verlaufsstruktur sowie der relationalen Ausrichtung und Einbettung menschlichen Seins eine eingehendere Auseinandersetzung.

2 Das Spektrum der Gerotechnologien

Im Zuge der digitalen Transformation hat sich der Bereich technischer Assistenzsysteme für das Alter(n) in den zurückliegenden 20 Jahren geradezu explosionsartig entwickelt. Aus dem – mutmaßlich hölzernen – Stab, von dem im mythischen Rätsel der Sphinx die Rede war, ist in der Zwischenzeit eine kaum mehr zu überschauende Vielzahl an technischen Verfahren, Gerätschaften und Vorrichtungen geworden, die die selbstständige Lebensführung im höheren Alter unterstützen und die pflegerische Versorgung älterer Menschen erleichtern und verbessern sollen. Das Spektrum reicht von fortgeschrittenen Varianten des herkömmlichen Hausnotrufknopfs über einschlägige Gesundheitsanwendungen auf der Smart Watch bis hin zum humanoiden Pflegeroboter oder der umfassenden Smart Home-Anlage. Hinsichtlich ihres Zwecks und ihrer Funktionsweise lassen sich verschiedene Arten solcher technischen Systeme unterscheiden (Byrne/Collier/O'Hare 2018).

Tracking- und Monitoringsysteme nutzen Ortungs- und Sensortechnologien, um das alltägliche Leben und die gesundheitliche Verfassung älterer Menschen zu ‚überwachen' und unerwünschte Ereignisse oder Entwicklungen frühzeitig zu erkennen und gegenzusteuern. Sie können unmittelbar am Körper oder der Kleidung getragen (wearable) oder im Lebensumfeld der Nutzenden (ambient) installiert werden. Dazu gehören etwa Vorrichtungen zur Sturzerkennung mit Tiefenkameras, Infrarotsensoren zur Überwachung der körperlichen Bewegung und Lage einer Person im Raum oder Bodendrucksensoren, die längere Zeiträume der Reglosigkeit erkennen können (Chaudhuri/Thompson/Demiris 2014). Ein weiteres Anwendungsgebiet ist die Unterstützung der räumlichen Orientierung und ‚Navigation' der Nutzenden durch GPS- oder Radartechnologien sowie die Einhegung von ‚Weglauftendenzen' durch Geofencing bei älteren Menschen mit kognitiven Beeinträchtigungen (Ray/Dash/De 2019). Monitoringsysteme lassen sich je nach eingesetzter Sensorik zur Kontrolle von Vitalparametern, physiologischen Funktionen und Verhaltensmustern einsetzen (Stavropoulos et al. 2020). So gibt es Wearables, die kontinuierlich physiologische Parameter wie Puls, Blutdruck und Blutzuckerspiegel messen und bei Abweichung von individualisierten Normwerten einen Alarm auslösen. Darüber hinaus werden Systeme mit ambienter Sensorik eingesetzt, die über die Auswertung von Bewegungsdaten oder Wasser- und Stromverbrauch auch Aktivitäten des täglichen Lebens wie Aufstehen, Körperpflege, Ernährung und Bewegung überwachen und bei Bedarf ein Eingreifen ermöglichen sollen (Pol et al. 2013).

Ein weiteres rasch wachsendes Gebiet bildet die *Robotik* (s. Giese in diesem Band). Allgemein sind Roboter Automaten, die Sensor-, Prozessor- und Aktuatortechnologien verbinden, um gezielt in die physische Welt einzugreifen. Im gerotechnologischen Kontext umfassen sie sowohl physische Bewegungshilfen als auch Service- und Begleitroboter für spezifische Pflege- oder Haushaltsaufgaben (Maalouf et al. 2018). Als Bewegungshilfen sollen Robotertechnologien genutzt werden, um das Bewegungsvermögen körperlich beeinträchtigter älterer Menschen zu unterstützen, z. B. durch intelligente Gehhilfen oder Greifvorrichtungen. Hierher gehören auch Neuroprothesen und Exoskelette, die über Muskelbewegungen oder Gehirn-Computer-Schnittstellen gesteuert werden und die körperliche Beweglichkeit und Mobilität der Tragenden verbessern können (Cangelosi/Invitto 2017). Einige Robotersysteme sollen eine umfassende physische Unterstützung von Aktivitäten des täglichen Lebens, der Gesundheitsversorgung und der Haushaltsführung bieten. Eine spezielle Teilgruppe stellen sozial unterstützende Roboter dar. Diese Service- und Begleitroboter übernehmen emotionale und soziale Assistenzfunktionen, indem sie zum Beispiel Spiel und Unterhaltung oder Freizeitaktivitäten anregen und unterstützen (Abdi et al. 2018). Schließlich ist auch der Bereich der Pflegerobotik zu nennen, in dem Assistenztechnologien insbesondere beschwerliche pflegerische Aufgaben wie das Heben, die Lagerung oder die Mobilisierung älterer Menschen unterstützen oder übernehmen sollen, etwa durch am Pflegebett angebrachte bewegliche Roboterarme (Madara Marasinghe 2016).

Ambient Assisted Living-Systeme (AAL) bilden schließlich umfassende technische Infrastrukturen, die Verfahren des Trackings bzw. Monitorings und Ansätze aus dem Bereich der Robotik im Rahmen von Smart Home-Konzepten kombinieren (Blackman et al. 2016). Sie zielen darauf ab, das gesamte Alltagsleben und Wohnumfeld älterer Menschen unauffällig und bedürfnisgerecht zu überwachen und zu unterstützen, um ihnen die Aufrechterhaltung eines möglichst unabhängigen Lebens in den eigenen vier Wänden zu erlauben (Meyer/ Mollenkopf 2010). So verbinden AAL-Anlagen etwa Funktionen des Gesundheitsmonitorings, der technischen Unterstützung von körperlicher Beweglichkeit und Aktivitäten des täglichen Lebens, der umfassenden Regulierung von Komfort- und Sicherheitsaspekten der Haushaltsführung sowie der Ermöglichung von Unterhaltung, Kommunikation und Teilhabe am gesellschaftlichen Leben (Morris et al. 2013). Beispielsweise lassen sich mit Hilfe von AAL-Technologien zugleich Vitalwerte überwachen und kontrollieren, die Ausführung von Aktivitäten des alltäglichen Lebens wie Kochen, Ankleiden oder Körperpflege durch visuelle oder akustische Aufforderungen, Informationen oder Erinnerungen anleiten und unterstützen und die regelmäßige Reinigung der Wohnung, die flexible Einstellung der Raumtemperatur oder das zuverlässige Schließen von Türen und Fenstern regulieren (Blackman et al. 2016). Dabei fügen sich theoretische Konzepte und technische Ansätze des Ambient Assisted Living in die Vision des ‚Aging in Place', sicher, unabhängig und selbstbestimmt im angestammten Wohn- und Lebensumfeld alt werden zu können (Callahan Jr. 2019).

Allen diesen Technologien ist gemeinsam, dass sie Mensch-Technik-Interaktion einschließen. Sie lassen sich daher auch als sozio-technische Systeme beschreiben, deren Entwicklung und Implementierung nicht nur technologische Expertise aus Bereichen wie Informatik und Ingenieurswesen, sondern auch psychologisches, soziologisches und – im Falle des Einsatzes im höheren Lebensalter – gerontologisches Fachwissen erfordern (Schulz et al. 2015). Betrachtet man die allgemeine Struktur und Funktionsweise der Mensch-Technik-Interaktion noch eingehender, so lassen sich assistive Technologien für das Alter(n) zusätzlich nach unterschiedlichen Automatisierungsgraden klassifizieren, die Art und Ausmaß der Interaktion bestimmen und die jeweiligen Rollen und Zuständigkeiten der beiden Seiten im sozio-technischen System festlegen (Kaber 2018). Dabei wird das untere Ende der Skala durch weitgehend passive technische Geräte markiert, derer sich die Nutzerinnen und Nutzer wie bloßer Werkzeuge bedienen. In dieser Hinsicht unterscheidet sich etwa ein Badewannenlift, der mit

Hilfe einer Fernbedienung gesteuert wird, letztlich allenfalls nach Graden technischer Komplexität von dem stützenden Stab aus dem Rätsel der Sphinx. Am anderen Ende der Skala stehen hingegen vollständig automatisierte und in diesem Sinne autonome Systeme, die auf der Grundlage von Verfahren der Künstlichen Intelligenz (KI) und des Maschinellen Lernens (ML) in der Lage sein sollen, ihren Einsatz eigenständig zu steuern, und somit keinerlei aktive Intervention von Seiten des menschlichen Parts mehr erfordern. Zwischen diesen beiden Endpunkten bilden verschiedene Stufen teilautomatisierter Systeme ein breites Mittelfeld. Sie weisen einerseits eine gewisse Fähigkeit zur Selbststeuerung auf, sind aber auf der anderen Seite in unterschiedlichem Maße auf menschliche Entscheidungen und Eingaben angewiesen. Auch wenn jede Form von Techniknutzung interaktive Aspekte haben mag, ist die Interaktion von Mensch und Technik hier also in einem funktional-operativen Sinne dezidiert vorgesehen und erforderlich.

3 Altersbilder im Kontext der Gerotechnologie

Indem es die letzte Stufe des menschlichen Lebens durch einen stützenden Stab kennzeichnet, vermittelt das Rätsel der Sphinx ein bis heute geläufiges, geradezu emblematisches Bild des Alter(n)s. Noch auf Verkehrswarnschildern vor zeitgenössischen Senioreneinrichtungen in den USA wird das fortgeschrittene Lebensalter der abgebildeten Fußgängerinnen und Fußgänger unverkennbar durch einen Gehstock signalisiert. Der alte Mensch erscheint vorrangig als körperlich beeinträchtigt und hinfällig. Die im Verlauf der individuellen wie gattungsgeschichtlichen Entwicklung entscheidende Befähigung zum aufrechten Gang scheint ihm wieder abhanden zu kommen. Dabei ist es das technische Hilfsmittel selbst, das seine Nutzerin bzw. seinen Nutzer als im wahrsten Sinne ‚unselbstständig' ausweist.

Die Bedeutung solcher Altersbilder ist auch im Zusammenhang der Entwicklung, Anwendung und öffentlichen Diskussion aktueller Gerotechnologien keineswegs zu unterschätzen (Durrick et al. 2013). So besteht eine entscheidende Hürde für die Akzeptanz der betreffenden Assistenzsysteme bei ihrer eigentlichen Zielgruppe zeitgenössischer Seniorinnen und Senioren in deren Befürchtung, durch die technische Assistenz eben als ‚alt' markiert zu werden (McNeill/Coventry 2015). Dahinter steht ein umfassenderer Wandel individueller und gesellschaftlicher Altersbilder, in dem traditionelle, defizitorientierte Vorstellungen des Alter(n)s an Boden verlieren und verstärkt neue, an den Ressourcen und Potenzialen älterer Menschen ausgerichtete Leitbilder späteren Lebens aufkommen (van Dyk/Lessenich 2009).

Allgemein sind unter Altersbildern individuelle und gesellschaftliche Vorstellungen des höheren Lebensalters als Zustand, des Alterns als Prozess oder älterer Menschen als Gruppe zu verstehen (Rossow 2012, 11–12). Es kann sich demnach sowohl um psychisch-mentale als auch um soziokulturelle Gegebenheiten handeln, etwa um individuelle Ansichten bzw. Einstellungen oder um kollektive soziale bzw. kulturelle Darstellungen oder Deutungsmuster. Dabei sind Altersbilder allerdings keineswegs bloß im Sinne einfacher Tatsachenbehauptungen über das Alter(n) oder alte Menschen aufzufassen, die sich kurzerhand mit der Wirklichkeit vergleichen und auf diese Weise als wahr oder falsch erweisen ließen. Sie eröffnen vielmehr umfassendere Deutungshorizonte, die auch evaluative und normative Annahmen einschließen.

Als solche können Altersbilder beträchtliche Wirkungen entfalten. Sozialwissenschaftliche Untersuchungen zeigen etwa, dass sie im Wirtschaftsleben und auf dem Arbeitsmarkt eine wichtige Rolle spielen und z. B. einen weitreichenden Einfluss auf Einstellungsentscheidungen und Personalpolitik von Unternehmen haben können (Dordoni/Argentero 2015). Auch im kommerziellen Kundenverkehr und dem öffentlichen Dienstleistungssektor kommt die Macht solcher Altersbilder zur Geltung, etwa in der Art der Ansprache und Beratung (Westberg/Reid/Kopanidis 2019). Schließlich zeigen gerontologische Studien, dass defätistische, defizitorientierte Auffassungen des Alter(n)s auch das Selbstverständnis, das Leistungsvermögen und die Lebensgestaltung älterer Menschen und damit letztlich sogar ihre Gesundheit negativ beeinflussen können (Wurm 2020).

Im Kontext der Gerotechnologie können Altersbilder zunächst in den einschlägigen *Diskursen* zum Ausdruck kommen. So wird in der akademischen Diskussion, politischen Auseinandersetzung und medialen Berichterstattung über Mensch-Technik-Interaktion im demographischen Wandel immer wieder das erwähnte defizitorientierte Bild des Alter(n)s im Zeichen von Niedergang und Verfall beschworen. Ältere Menschen erscheinen hier vorzugsweise als schwach, unselbstständig und hilfsbedürftig (Vines et al. 2015). Darüber hinaus herrscht die Einschätzung vor, sie wiesen per se eine geringere Technikaffinität und Technikkompetenz auf als jüngere Personen (Künemund 2016). Entsprechend verbreitet ist die Vorstellung, es seien mit Blick auf das Alter besondere Anstrengungen zu unternehmen, um die ‚Technik zum Menschen bringen' (BMBF) zu können (Knowles et al. 2019).

Über ausdrücklichen Zuschreibungen hinaus sind allerdings auch visuelle Repräsentationen des Alter(n)s zu berücksichtigen. So fällt etwa auf, dass mediale Abbildungen des Einsatzes von Pflegerobotik meist überhaupt keine Mitglieder desjenigen Personenkreises zeigen, den diese Technologien vorrangig adressieren. Die eigentliche Zielgruppe der pflegebedürftigen, multimorbiden und gebrechlichen hochbetagten Menschen tritt visuell kaum in Erscheinung. Stattdessen werden häufig Dummies, jüngere Menschen oder Vertreter der so genannten ‚jungen', also fitten und aktiven Alten abgebildet. Diese ‚optische Verzerrung' mag mit ethischen und rechtlichen Anforderungen des Schutzes vulnerabler Gruppen in frühen Stadien der Technikentwicklung oder der Sorge Herstellender um die Werbewirksamkeit realistischer Abbildungen ihrer Produkte mit Menschen im höchsten Lebensalter zu tun haben. Allerdings fügen sie sich auch in eine verbreitete gesellschaftliche Tendenz, das höchste Alter sozial auszuschließen, institutionell abzukapseln oder kulturell auszublenden und so gleichsam unsichtbar zu machen (Higgs/Gilleard 2014).

Des Weiteren können gesellschaftliche Altersbilder auch schon auf einer grundlegenderen, allen expliziten Aussagegehalten vorgelagerten Ebene die Rahmung, Ausrichtung und Akzentuierung öffentlicher Diskurse über Gerotechnologie beeinflussen. So stellt sich grundsätzlich die Frage, warum die Debatte überhaupt eine derartige Breite und Prominenz erlangt hat. Schließlich haben wir es auch mit Blick auf die Pflege und Betreuung von Säuglingen und Kleinkindern mit ähnlichen Veränderungen und Herausforderungen traditioneller Versorgungsstrukturen zu tun, ohne dass bislang eine vergleichbare öffentliche Diskussion über den Einsatz technischer Assistenzsysteme in diesem Bereich aufgekommen wäre. Hier mögen Bilder des Alter(n)s im Spiel sein, die in beiden Fällen eine unterschiedliche Plausibilität und Akzeptabilität technischer Lösungsansätze nahelegen (Sharkey/Sharkey 2010). Allgemein sind politische und mediale Debatten über technische Assistenz im Alter(n) oft von einer apokalyptischen Hintergrundmetaphorik geprägt, in der sich demographische Krisenszenarien gesellschaftlicher ‚Überalterung' mit kulturpessimistischen Zeitdiagnosen sowie professions- und sozialpolitischen Notstandsrhetoriken verbinden (Neven/ Peine 2017). So ist etwa von ‚Digitalisierung gegen die Überalterung' oder ‚technischen Innovationen gegen den Pflegenotstand' die Rede. Das Alter(n) erscheint dabei von vornherein unter negativen Vorzeichen, als individuelles und gesellschaftliches Problem, das mit technischen Mitteln zu bewältigen ist. Individuelle Ressourcen und gesellschaftliche Potenziale alter Menschen bleiben in dieser einseitig defizitorientierten Perspektive weitgehend ausgeblendet.

Neben diesen diskursiven Manifestationen werden Altersbilder auch *auf der Ebene der Technisierung des alltäglichen Lebens* und *der pflegerischen Versorgung* selbst unmittelbar *praktisch* aktualisiert (Wanka und Gallistl 2018). Schon die Entscheidung von Angehörigen oder Pflegeeinrichtungen über den Einsatz technischer Assistenzsysteme ist nicht zuletzt von Vorstellungen von den Bedürfnissen und Bedarfen älterer Menschen bzw. den Anforderungen ihrer pflegerischen Versorgung geprägt. Je nachdem, wie etwa die Problematik der Einsamkeit im Alter aufgefasst wird, dürfte das Urteil über die Eignung eines sozialen Begleitroboters als Lösungsansatz unterschiedlich ausfallen (Pirhonen et al. 2020). Auch unterschiedliche Verständnisse der besonderen Aufgaben und Anforderungen der Pflege älterer Menschen legen jeweils andere Einschätzungen der Möglichkeit ihrer technischen Unterstützung nahe (Parviainen/Turja/van Aerschot 2018). Des Weiteren scheint auch die konkrete Nutzung technischer Assistenzsysteme im Alltagsleben sowie der pflegerischen Praxis häufig von Altersbildern geprägt zu sein. So ist aus sozialwissenschaftlichen Studien bekannt, dass im pflegerischen Handeln traditionell so genannte Dependency-Support-Scripts zum Tragen kommen, die alten Menschen pauschal Abhängigkeit und Hilfsbedürftigkeit unterstellen und in der Folge selbstständige Verhaltensweisen unterbinden und unselbstständiges Verhalten fördern (Baltes/Wahl 1996). Unterdessen sind freilich eher Vorstellungen einer aktivierenden Pflege in den Vordergrund getreten, die die Ressourcen und Potentiale älterer Menschen zu Selbstständigkeit in den Mittelpunkt rücken. Es bleibt empirisch zu untersuchen und ethisch zu reflektieren, wie technische Assistenzsysteme dabei in die pflegerische Interaktion und die sie leitenden Verhaltensskripte eingebunden werden (Endter 2016).

Schließlich können sich Altersbilder auch *auf der Ebene der technischen Artefakte* selbst manifestieren und in diesen gewissermaßen *materialisieren* (Höppner/Urban 2018). Schon die Entscheidung zur Entwicklung eines Pflegeroboters setzt Annahmen über die spezifischen Probleme und Bedarfe älterer Menschen und ihrer pflegerischen Versorgung sowie über die Möglichkeiten technischer Lösungsstrategien voraus. Lange mangelte es in diesem Bereich an systematischer empirischer Forschung zu den Präferenzen der Betroffenen selbst, etwa in Form von nutzerorientierten Bedarfsstudien oder einer partizipativen Zielgruppenbeteiligung, sodass vielfach stereotype Altersbilder in die Technologieentwicklung und damit auch in die konkrete Bauweise technischer Assistenzsysteme eingehen konnten (Mannheim et al. 2019). Der Mechanismus lässt sich schon am Beispiel eines Seniorenhandys verdeutlichen, in dessen bedienungsfreundlichem Design mit übersichtlichem Display und wenigen großen Tasten ein bestimmtes Bild der Fähigkeiten und Schwierigkeiten älterer Nutzender materialisiert ist. Entsprechend können auch in der Struktur und Funktionsweise einer Neuroprothese oder eines Pflegeroboters Annahmen über die besonderen Bedarfe und Anforderungen älterer Menschen verkörpert sein. Das betrifft etwa Vorstellungen dazu, welches Maß an Gesundheit, Funktionalität und Leistungsfähigkeit oder welche Tätigkeiten und Vorhaben im höheren Lebensalter als normal, sinnvoll und wünschenswert gelten können und entsprechend durch technische Assistenz ermöglicht bzw. unterstützt werden sollten (Durick et al. 2013). Allerdings sind keineswegs nur funktionale Aspekte von Bedeutung. Auch in der ästhetischen Gestaltung der Technologie mögen Altersbilder zur Geltung kommen. Mitunter wird dem Roboter ein retrofuturistisches Design verpasst, das die prägenden Technikvorstellungen einer bestimmten Geburtskohorte ansprechen soll. In anderen Fällen wird er als menschliches Gegenüber, eine Art Haustier oder ein kindlich anmutendes Phantasiewesen gestaltet. In alle diese Gestaltungsentscheidungen mögen neben funktionalen Anforderungen auch Annahmen über die Ansprüche und ästhetischen Präferenzen älterer Menschen gegenüber der Technik einfließen (Lee et al. 2016).

4 Mensch-Technik-Interaktion im Alter als anthropologisches Problem und Desiderat

Fast hat es den Anschein, als sei die im mythischen Rätsel der Sphinx aufscheinende frühe Einsicht in die entscheidende Bedeutung des Alter(n)s für das Verständnis menschlichen Seins rasch wieder in Vergessenheit geraten (Schweda/Coors/Bozzaro 2020). Schon in der klassischen griechischen Philosophie zielte die Frage nach dem Menschen jedenfalls vorrangig auf eine allgemeine Begriffsbestimmung ab, in der das menschliche Wesen wie ein in sich abgeschlossenes, gegenständlich vorhandenes Seiendes ein für alle Mal definitorisch erfasst werden sollte. Der Mensch galt fortan etwa als ‚zôon politikon', ‚animal rationale' oder ‚homo faber'. Veränderungen über die Zeit konnten in diesem ‚substanzanthropologischen' Bezugsrahmen allenfalls als teleologische Entfaltung oder akzidentelle Oberflächenerscheinung der zu Grunde liegenden Wesensform aufgefasst werden (Trappe 2002). Selbst in der Philosophischen Anthropologie und Existenzphilosophie des beginnenden 20. Jahrhunderts, die sich dezidiert von diesem traditionellen anthropologischen Substanzdenken verabschiedeten, fand zunächst kaum eine systematische Auseinandersetzung mit dem Alter(n) statt (Schweda/Coors/Bozzaro 2020). Erst in jüngerer Zeit wird dem Thema verschiedentlich eine zentrale Bedeutung für die philosophische Verständigung über grundlegende Bedingungen und wesentliche Dimensionen der menschlichen Existenz beigemessen (s. dazu die Übersicht in Schweda 2018).

Das lange vorherrschende ‚gerontologische Desiderat' der Anthropologie scheint allerdings noch in der zeitgenössischen Auseinandersetzung mit der Gerotechnologie nachzuwirken. Schließlich muss jede theoretische oder praktische Beschäftigung mit Mensch-Technik-Interaktion immer schon ein gewisses Verständnis der beiden hier interagierenden Größen voraussetzen und damit letzten Endes unweigerlich auch anthropologische Annahmen in Anspruch nehmen, etwa grundlegende Überzeugungen hinsichtlich der Anlagen und Fähigkeiten des Menschen, der entscheidenden Bedingungen seiner Erhaltung und seines Gedeihens sowie seines Verhältnisses zu technischen Verfahren und Gebilden. Sofern das Alter(n) in den entsprechenden anthropologischen Perspektiven nicht mitgedacht wird, eröffnet sich in der Betrachtung der Mensch-Technik-Interaktion im demographischen Wandel gleichsam eine theoretische Leerstelle, in die subjektiv naheliegende oder soziokulturell gängige Altersbilder Eingang finden können. Gerade ‚substanzanthropologische' Betrachtungsweisen scheinen eine Sicht des Alterns als eines Prozesses der fortschreitenden Zersetzung und Auflösung dessen nahezulegen, was den Menschen eigentlich und wesentlich ausmacht, sodass das höhere Lebensalter als ein Zustand verminderten, defizitären und gleichsam zerfallenden Menschseins erscheint.

Eine eingehendere Auseinandersetzung mit dem Aufkommen der neuen Gerotechnologien wirft vor diesem Hintergrund letztlich die grundsätzliche Frage nach der Bedeutung von Altern und Alter im Zusammenhang menschlichen Seins im Ganzen auf. Dabei kann sich die angesprochene defizitorientierte Sichtweise auf eine lange, ehrwürdige Tradition berufen. Folgt man der schon in der Antike bekannten philosophie- und kulturgeschichtlichen Überlieferung der ‚Altersklage', so heißt Alter(n) für den Menschen in erster Linie Abbau, Niedergang und Verfall, ein fortschreitender Verlust wesentlicher menschlicher Eigenschaften, Fähigkeiten und Möglichkeiten (Birkenstock 2008, 21f.). Das äußere Erscheinungsbild verfällt und die körperliche und geistige Kraft, Funktions- und Leistungsfähigkeit lassen nach, es mehren sich Beschwerden, Krankheiten und Gebrechen. Der alternde Mensch wird hilfsbedürftig und abhängig und erscheint in der Folge als eine Last und Bürde für sein näheres Umfeld oder sogar für die Gemeinschaft als Ganze. Das menschliche Leben wird zunehmend mühsam, beschwerlich und neigt sich unaufhaltsam dem Ende. Das hier umrissene Defizitmodell des Alter(n)s hat auch durchaus weitreichende Bedeutung für die grundlegende Einschätzung technischer Assistenz im höheren Lebensalter. Diese erhält in seinem Licht an erster Stelle eine substitutive und kompensatorische Bestimmung: Technik erscheint hier wesentlich als ein Notbehelf, ein Ersatz oder Ausgleich angesichts altersbedingter Funktionsausfälle und Leistungseinbußen menschlichen Seins.

Eine grundlegend andere Sichtweise eröffnet sich dagegen, wenn man der mindestens ebenso alten Tradition des ‚Alterslobes' folgt, die die Vorzüge und Segnungen des Älterwerdens und die Tugenden des höheren Lebensalters in den Vordergrund rückt (Birkenstock 2008, 26f.). Nicht selten wird das Alter(n) hier nach dem Muster jahreszeitlicher Kreisläufe und entsprechender vegetativer Wachstumsprozesse in der agrarischen Welt im Sinne einer Reifung und Vollendung gedeutet und mit Zugewinnen an Lebenserfahrung, Besonnenheit und Gelassenheit in Verbindung gebracht: Es ermöglicht die Befreiung vom ziellosen Ungestüm, den Unsicherheiten und Torheiten der Jugend, insbesondere den noch kaum zu zügelnden Leidenschaften und körperlichen Trieben. Die gesammelte

Lebenserfahrung vermittelt innere Festigung und abgeklärte Distanz, gelassene Übersicht und Weisheit. In einer solchen Sicht des Alter(n)s im Sinne einer Reifung und Vollendung menschlichen Seins mag auch der Sinn und Zweck von Gerotechnologien in einem grundsätzlich anderen Licht erscheinen. Das gilt zumal, wenn ein dialektischer Bedingungszusammenhang zwischen der mit dem Alter(n) einhergehenden Konfrontation mit den Limitationen, Fragilitäten und Kontingenzen des Menschen auf der einen und dem persönlichen Wachstum auf der anderen Seite hergestellt wird (Kruse 2017). In einer Betrachtungsweise, die das Altern als „Radikalisierung der menschlichen Grundsituation" und „Werden zu sich selbst" (Rentsch 2000) begreift, kann der eigentliche Sinn technischer Assistenz jedenfalls nicht vorrangig in der möglichst weitgehenden Vermeidung oder gar Beseitigung alter(n)sbezogener Erfahrungen der Verletzlichkeit, Begrenztheit und Endlichkeit liegen.

Diese im wahrsten Sinne maßgebende Bedeutung anthropologischer Perspektiven auf das Alter(n) für die Auseinandersetzung mit Mensch-Technik-Interaktion im demographischen Wandel tritt vielleicht besonders deutlich mit Blick auf die *körperliche Verfasstheit menschlichen Seins* zu Tage. So legt eine defizitorientierte Sicht, die im Alter(n) vorrangig Niedergang und Verlust wesentlicher menschlicher Eigenschaften und Fähigkeiten erblickt, eher die Berechtigung bzw. Notwendigkeit einer technischen Wiederherstellung früherer Niveaus körperlicher Funktions- und Leistungsfähigkeit nahe (Wigan 2013). Demnach müssten beispielsweise die physiologischen Standardwerte, die ein Monitoringsystem bei der Kontrolle von Puls, Blutdruck oder Zuckerspiegel zu Grunde legt, denen eines Menschen im mittleren Erwachsenenalter entsprechen (Izaks/Westendorp 2003). Auch die konzeptionelle Anlage technischer Mobilitätshilfen hätte idealerweise vergleichbare Freizeitaktivitäten oder sogar sportliche Leistungen zu ermöglichen wie in früheren Jahren (Loy 2020). Aus Sicht eines transhumanistischen Denkens, das die technische Verbesserung der ‚natürlichen Grundausstattung' des Menschen über das durch die Gesundheit definierte Normalmaß hinaus propagiert, müssten selbst diese Zielpunkte noch willkürlich und letzten Endes hinfällig erscheinen. Hier beginnen die Grenzen zwischen Rehabilitation und Enhancement, Wiederherstellung und Optimierung zu verschwimmen (Karpin/Mykitiuk 2008; s. Grunwald in diesem Band). Demgegenüber hätte eine Sichtweise, für die im Alter(n) eher die konstitutive Zerbrechlichkeit des Menschen als solchen zur Geltung kommt, durchaus Raum für körperliche Verletzlichkeits- und Unzulänglichkeitserfahrungen zu lassen. Die ‚normale speziestypische Funktionsfähigkeit' (Boorse), auf die die technische Assistenz ausgerichtet ist, wäre gleichsam mit einem Altersgradienten zu versehen. Grundsätzlich ist in beiden Perspektiven zu beachten, dass sich das Verhältnis des Individuums zu seiner eigenen Körperlichkeit mit fortschreitendem Lebensalter verändert. Die für die spezifische ‚Lebenslage' des Menschen allgemein kennzeichnende „exzentrische Positionalität" (Plessner 1928), der „‚Abstand vom Körper im Körper'" (Fischer 2008, 597), wird im höheren Alter gleichsam akut. Der alternde Körper wird zunehmend in seiner unverfügbaren Materialität und Widerständigkeit erlebt und mag so irgendwann im wahrsten Sinne als ‚Fremdkörper' erscheinen (Coors 2020, 49–98). Entsprechend wird das Altern auch als ‚Körperwerdung des Menschen' beschrieben, in der die prekäre physische Verfasstheit menschlichen Seins besonders radikal zu Tage tritt (Rentsch 2000). Mit Blick auf die Entwicklung im Bereich der Gerotechnologien gewinnt vor diesem Hintergrund die Frage nach den Auswirkungen technischer Assistenzsysteme auf das Verhältnis des alternden Menschen zu seinem eigenen Körper an Bedeutung und Brisanz. Das gilt insbesondere mit Blick auf invasivere Ansätze wie zum Beispiel die der Neuroprothetik, die tief in die spannungsvolle leib-körperliche Einheit menschlichen Seins eingreifen (Ihde 2008).

Die anthropologische Auseinandersetzung mit den Veränderungen menschlicher Körperlichkeit im Lebensverlauf lässt auch die grundlegende Bedeutung von *Zeit und Zeitlichkeit* für die Beschäftigung mit der Mensch-Technik-Interaktion im demographischen Wandel hervortreten. Das Defizitmodell des Alter(n)s setzt letztlich das mittlere Erwachsenenalter stillschweigend als eine Art menschlichen Normalzustand voraus, gegenüber dem das höhere Lebensalter gleichsam abfällt und als unvollkommenes und minderwertiges Verfallsstadium menschlichen Seins erscheint, dessen Unzulänglichkeiten mit technischen Mitteln so weit wie möglich auszugleichen sind. Tatsächlich sind die konstitutiven Mängel des ‚Mängelwesens' Mensch (Gehlen 1986 [1940]) keineswegs allesamt zu jedem Zeitpunkt seiner Existenz gleichermaßen ausgeprägt. Auch sie haben jeweils ihre eigene Zeit. So hatte schon Gehlen das ‚extrauterine Frühjahr' (Portmann) als anthropologisches Charakteristikum betrachtet, weil die besondere entwicklungsbiologische Vulnerabilität und Hilflosigkeit des gleichsam unfertig geborenen Menschen zugleich seine spezifische Weltoffenheit und Kulturbedürftigkeit bedinge (ebd., 45). In loser Analogie wurde in der zeitgenössischen Gerontologie der Gedanke formuliert, im Alterungsprozess trete die „unvollendete Architektur der menschlichen Ontogenese" zu Tage, die im höheren Lebensalter zunehmend Strategien der „Selektion, Optimierung und Kompensation" (Baltes 1997) erforderlich mache. Blickt man allein auf den Aspekt der Adaptivität oder Funktionalität des Individuums, scheinen sich vor diesem Hintergrund zunächst in der Tat Entsprechungen zwischen früher Kindheit und höherem Lebensalter abzuzeichnen, wie sie im Topos des Alters als ‚zweiter Kindheit' zum Ausdruck kommen (Covey 1993). Allerdings vernachlässigt eine derartige zeitindifferente Betrachtungsweise, dass die betreffenden Erscheinungen zu unterschiedlichen Punkten im Lebensverlauf des Individuums auftreten und auch entwicklungslogisch ganz anders perspektiviert sind. Auch die Entwicklung des alternden Menschen weist mithin unweigerlich nach vorn und lässt sich nicht angemessen als Regression in ein kindliches Stadium deuten. Dieser spezifische Zeithorizont des Alter(n)s hat auch Bedeutung für die Auseinandersetzung mit der Gerotechnologie. So droht eine zeitenthobene, vom lebensgeschichtlichen Zusammenhang abstrahierende Perspektive auf Funktionalität und ihre Einschränkungen nicht nur einer Infantilisierung älterer Menschen Vorschub zu leisten, wie sie etwa im Design gewisser Emotive oder Companion-Robots für ältere Menschen mit kognitiven Beeinträchtigungen zum Ausdruck kommt (Schweda/Jongsma 2018). Sie verkennt auch die konkrete lebensgeschichtliche Situiertheit und Ausrichtung der fraglichen Grenzsituationen, mit denen sich bis zuletzt spezifische Potenziale und Perspektiven menschlicher Entwicklung und persönlichen Wachstums auftun (Kruse 2017). Auf sie kann gerade eine dynamisch ‚mitalternde' technische Assistenz nicht nur substitutiv oder kompensatorisch, sondern auch ermöglichend und fördernd bezogen sein (Nimrod 2020). Das gilt beispielsweise mit Blick auf die praktische Entfaltung der besonderen spirituellen Anliegen und Transzendenzbezüge hochaltriger Menschen (Kang et al. 2019).

Vergleichbar weitreichende Implikationen für die Betrachtung von Gerotechnologien ergeben sich schließlich auch mit Blick auf die anthropologische Bedeutung von *Beziehungen und sozialer Verbundenheit* im Horizont menschlichen Seins. So scheint dem Defizitmodell des Alter(n)s vielfach eine individualistische Anthropologie zu Grunde zu liegen, die den Menschen als ein wesentlich selbstständiges und unabhängiges Wesen begreift, das gleichsam sekundär und optional auch Beziehungen zu anderen aufnehmen und unterhalten kann. In diesem Licht erscheint das Alter(n) anthropologisch leicht als ein degenerativer Prozess bzw. ein defizitärer Zustand, der mit einem fortschreitenden Verlust an Selbständigkeit und einer wachsenden Angewiesenheit auf die Hilfe und Unterstützung anderer einhergeht. Assistive Technologien erhalten in der Perspektive eines solchen anthropologischen Individualismus von vornherein wie selbstverständlich die Bestimmung einer möglichst weitreichenden Wiederherstellung und Aufrechterhaltung individueller Selbständigkeit und Unabhängigkeit. Technische Assistenz dient vorrangig der Unterstützung von individuellen Fähigkeiten, die für eine eigenständige Lebensführung notwendig sind. Auf dieser Sichtweise fußt auch eine ideologische Lesart des Schlagworts vom ‚Ageing in Place', in der Technisierung letztlich ihre strategische Ausrichtung im Zusammenhang gesellschaftlicher Individualisierungsprozesse und ökonomischer Einsparpotenziale einer aktivierenden Sozial- und Alterspolitik erhält (Kenner 2008). Demgegenüber legen anthropologische Ansätze, die die ursprünglich relationale Natur des Menschen in den Vordergrund rücken und seine wesentliche Bezogenheit auf andere sowie die konstitutive Bedeutung sozialer Beziehungen für das menschliche Leben betonen, eine vollkommen andere Sicht des Alter(n)s nahe. Abhängigkeit und Angewiesenheit erscheinen nicht als defizitäre Modi des Menschseins, mit denen das alternde Individuum seinem näheren sozialen Umfeld oder einer sozialrechtlich unterstellten ‚Solidargemeinschaft' zur Last fällt, sondern als Ausdruck einer ursprünglichen menschlichen Bezogenheit und Verbundenheit (Rüegger 2020). Damit eröffnen sich auch andere Perspektiven auf die Bedeutung und Zielsetzung von Gerotechnologien. So wäre technische Assistenz etwa in den sozialen Zusammenhang eines Lebens in wechselseitigen Sorgebeziehungen einzubetten, die sich nicht dem Muster einer egoistisch motivierten strategischen Assoziation atomistischer Individuen fügen, sondern als Ausdruck einer anthropologisch konstitutiven Relationalität menschlichen Seins erscheinen. Eine praktische Konsequenz dieser Betrachtungsweise könnte in der Akzentuierung technologischer Ansätze bestehen, die zwischenmenschliche Hilfs- und Sorgebeziehungen ermöglichen oder unterstützen, etwa im Bereich der Kommunikations- oder Pflegetechnologien. Demgegenüber wäre eine mechanistische und funktionalistische Perspektive zu problematisieren, die die betreffenden Hilfsleistungen kurzerhand auf technisch substituierbare Assistenzfunktionen reduziert (Manzeschke 2019). Eine solche Sicht würde nicht nur die anspruchsvollen Voraussetzungen von Sorgeprozessen systematisch ausblenden, sondern alten Menschen und Pflegenden auch jeweils einseitig die Rolle von Empfängern bzw. Erbringern mechanischer Dienstleistungen zuweisen und so beide Seiten auf je andere Weise von der anthropologisch grundlegenden Erfahrung der Reziprozität menschlicher Sorgebeziehungen abschneiden (Assadi/Manzeschke/Kemmer 2020).

5 Schluss

Mit dem Verweis auf den Menschen, die Stufenfolge seines Lebens und den im höheren Alter zur Hilfe genommenen Stab hat Ödipus das Rätsel der Sphinx gelöst. Daraufhin stürzt sich das gefürchtete Ungeheuer von der Stadtmauer Thebens in den Tod. Die überlegene Kraft menschlicher Selbsterkenntnis hat die politische Gemeinschaft aus dem Bann der archaischen Mächte des Mythos zu Vernunft und Autonomie befreit.

Auch in dieser Hinsicht mag die kurze Geschichte zunächst sinnbildlich erscheinen für die Relevanz anthropologischer Fragestellungen in der Auseinandersetzung mit der Gerotechnologie. In der Tat erweist sich die grundsätzliche Frage nach der Bedeutung des Alter(n)s im Ganzen menschlichen Seins als maßgeblich für das Verständnis und die Bewertung technischer Assistenzsysteme für ältere Menschen. Dabei ist ihr insbesondere im Hinblick auf die körperliche

Verfasstheit, zeitliche Ausrichtung sowie soziale Bezogenheit des Menschen weiter nachzugehen. Auf diese Weise werden Gesichtspunkte menschlicher Begrenztheit, Entwicklung und Relationalität erhellt, die auch weitreichende Implikationen für ethische und politische Diskussionen über die Mensch-Technik-Interaktion im demographischen Wandel haben.

Dabei kann es freilich keineswegs darum gehen, diese großen, grundsätzlichen Fragen nach der Natur des Menschen und den Bedingungen seiner Existenz kurzerhand abschließend zu beantworten, um vom Mythos überkommener Altersbilder geradewegs zum Logos einer wissenschaftlich fundierten Theorie über das Wesen des (alternden) Menschen fortzuschreiten. Vielmehr liegt die Bedeutung der anthropologischen Perspektive letztlich darin, einen begrifflich-theoretischen Rahmen und geistesgeschichtlichen Horizont für die systematische Analyse und Reflexion der in der Auseinandersetzung mit der Mensch-Technik-Interaktion im Alter(n) zu Grunde liegenden Vorstellungen menschlichen Seins zu eröffnen (ähnlich Schulz-Nieswandt 2018). Dabei hat sie allerdings zugleich in Rechnung zu stellen, dass das Aufkommen der Gerotechnologien auch seinerseits unser Verständnis und Erleben menschlichen Alter(n)s prägt und verändert. Auf diese Weise lässt sich schließlich vergegenwärtigen, was in der Auseinandersetzung letzten Endes im Spiel ist und auf dem Spiel steht: unser historisch gewachsenes und philosophisch ausbuchstabiertes Selbstverständnis als Menschen.

Literatur

Abdi, Jordan/Al-Hindawi, Ahmed/Ng, Tiffany/Vizcaychipi, Marcela P. (2018): Scoping review on the use of socially assistive robot technology in elderly care, in: BMJ Open 8/2, e018815.

Assadi, Galia/Manzeschke, Arne/Kemmer, Dominik (2020): Gutes Leben im Alter? Ethische und anthropologische Anmerkungen zu technischen Assistenzsystemen, in: Woopen, Christiane/Jahnsen, Anna/Mertz, Marcel/Genske, Anna (Hg.): Alternde Gesellschaft im Wandel. Zur Gestaltung einer Gesellschaft des langen Lebens, Berlin, 191–203.

Baltes, Margaret M./Wahl, Hans-Werner (1996): Patterns of communication in old age: The dependence-support and independence-ignore script, in: Health Communication 8/3, 217–231.

Baltes, Paul B. (1997): Die unvollendete Architektur der menschlichen Ontogenese: Implikationen für die Zukunft des vierten Lebensalters, in: Psychologische Rundschau 48/4, 191–210.

Birkenstock, Eva (2008): Angst vor dem Altern? Zwischen Schicksal und Verantwortung, Freiburg i. Br./München.

Blackman, Stephanie/Matlo, Claudine/Bobrovitskiy, Charisse/Waldoch, Ashley/Fang, Mei Lan/Jackson, Piper/Mihailisdis, Alex/Nygård, Louise/Astell, Arlene/Sixsmith, Andrew

(2016): Ambient assisted living technologies for aging well: A scoping review, in: Journal of Intelligent Systems 25/1, 55–69.

Byrne, Caroline A./Collier, Rem/O'Hare, Gregory M. P. (2018): A review and classification of assisted living systems, in: Information 9/7, 2078–2489.

Callahan Jr, James J. (Hg.) (2019): Aging in Place, Abingdon.

Cangelosi, Angelo/Invitto, Sara (2017): Human-robot interaction and neuroprosthetics: A review of new technologies, in: IEEE Consumer Electronics Magazine 6/3, 24–33.

Chaudhuri, Shomir/Thompson, Hilaire/Demiris, George (2001): Fall detection devices and their use with older adults: A systematic review, in: Journal of Geriatric Physical Therapy 37/4, 178–196.

Coors, Michael (2020): Altern und Lebenszeit. Phänomenologische und theologische Studien zu Anthropologie und Ethik des Alterns, Tübingen.

Covey, Herbert C. (1993): A return to infancy: Old age and the second childhood in history, in: The International Journal of Aging and Human Development 36/2, 81–90.

Dordoni, Paola/Argentero, Piergiorgio (2015): When age stereotypes are employment barriers: A conceptual analysis and a literature review on older workers stereotypes, in: Ageing International 40/4, 393–412.

Durick, Jeannette/Robertson, Toni/Brereton, Margot/Vetere, Frank/Nansen, Bjorn (2013): Dispelling ageing myths in technology design, in: Proceedings of the 25th Australian Computer-Human Interaction Conference, 467–476. https://doi.org/10.1145/2541016.2541040.

Endter, Cordula (2016): Skripting age – the negotiation of age and aging in ambient assisted living, in: Domínguez-Rué, Emma/Nierling, Linda (Hg.): Ageing and Technology: Perspectives from the Social Sciences, Bielefeld, 121–140.

Fischer, Joachim (2008): Philosophische Anthropologie: Eine Denkrichtung des 20. Jahrhunderts, München.

Gehlen, Arnold (1986 [1940]): Der Mensch. Seine Natur und seine Stellung in der Welt, Wiesbaden.

Giese, Constanze: Überlegungen zum Einsatz der 'Pflegerobotik' und technischer Innovationen in der pflegerischen Versorgung, im vorliegenden Band.

Higgs, Paul/Gilleard, Chris (2014): Frailty, abjection and the 'othering' of the fourth age, in: Health Sociology Review 23/1, 10–19.

Höppner, Grit/Urban, Monika (2018): Where and how do aging processes take place in everyday life? Answers from a new materialist perspective, in: Frontiers in Sociology 3/7. doi: 10.3389/fsoc.2018.00007.

Holm, Søren (2013): The implicit anthropology of bioethics and the problem of the aging person, in: Schermer, Maartje/Pinxten, Wim (Hg.): Ethics, Health Policy and (Anti-)aging: Mixed Blessings, Dordrecht, 59–71.

Ihde, Don (2008): Aging: I don't want to be a cyborg!, in: Phenomenology and the Cognitive Sciences 7/3, 397–404.

Izaks, Gerbrand J./Westendorp, Rudi G. J. (2003): Ill or just old? Towards a conceptual framework of the relation between ageing and disease, in: BMC Geriatrics 3:7.

Jecker, Nancy S. (2020): Ending Midlife Bias: New Values for Old Age, Oxford.

Kaber, David B. (2018): Issues in human-automation interaction modeling: Presumptive aspects of frameworks of types and levels of automation, in: Journal of Cognitive Engineering and Decision Making 12/1, 7–24.

Kang, Samantha L./Endacott, Camillee G./Gonzales, Gabrielle G./Bengtson, Vern L. (2019): Capitalizing and compensating: Older adults' religious and spiritual uses of technology, in: Anthropology and Aging 40/1, 14–31.

Karpin, Isabel/Mykitiuk, Roxanne (2008): Going out on a limb: Prosthetics, normalcy and disputing the therapy/enhancement distinction, in: Medical Law Review 16/3, 413–436.

Kenner, Alison Marie (2008): Securing the elderly body: Dementia, surveillance, and the politics of „aging in place", in: Surveillance & Society 5/3, 252–269.

Knowles, Bran/Hanson, Vicky L./Rogers, Yvonne/Piper, Anne Marie/Waycott, Jenny/Davies, Nigel (2019): HCI and aging: Beyond accessibility, in: Extended Abstracts of the 2019 CHI Conference on Human Factors in Computing Systems. https://doi.org/10.1145/3290607.3299025.

Kruse, Andreas (2017): Lebensphase hohes Alter: Verletzlichkeit und Reife, Berlin/Heidelberg.

Künemund, H. (2016). Wovon hängt die Nutzung technischer Assistenzsysteme ab? Expertise zum Siebten Altenbericht der Bundesregierung, Berlin. https://nbn-resolving.org/urn:nbn:de:0168-ssoar-49994-1.

Lee, Hee Rin/Tan, Haodan/Šabanović, Selma (2016): That robot is not for me: Addressing stereotypes of aging in assistive robot design, in: 25th IEEE International Symposium on Robot and Human Interactive Communication (RO-MAN). IEEE, 2016, 312–317.

Loy, Jennifer (2020): Centenarian transhumanism aging in place, in: Biloria, Nimish (Hg.): Data-driven Multivalence in the Built Environment, Cham, 141–156.

Maalouf, Noel/Sidaoui, Abbas/Elhajj, Imad H./Asmar, Daniel (2018): Robotics in nursing: A scoping review, in: Journal of Nursing Scholarship 50/6, 590–600.

Madara Marasinghe, Keshini (2016): Assistive technologies in reducing caregiver burden among informal caregivers of older adults: A systematic review, in: Disability and Rehabilitation: Assistive Technology 11/5, 353–360.

Mannheim, Ittay/Schwartz, Ella/Xi, Wanyu/Buttigieg, Sandra C./McDonnell-Naughton, Mary/Wouters, Eveline J./Van Zaalen, Yvonne (2019): Inclusion of older adults in the research and design of digital technology, in: International Journal of Environmental Research and Public Health 16/19, 3718.

Manzeschke, Arne (2019): Roboter in der Pflege. Von Menschen, Maschinen und anderen hilfreichen Wesen, in: EthikJournal 5/1, 1–11.

McNeill, Andrew/Coventry, Lynne (2015): Can we design stigma out of assistive walking technology?, in: First International Conference on Human Aspects of IT for the Aged Population 1.

Meyer, Sibylle/Mollenkopf, Heidrun (Hg.) (2010): AAL in der alternden Gesellschaft. Anforderungen, Akzeptanz und Perspektiven, Berlin/Offenbach.

Morris, Meg E./Adair, Brooke/Miller, Kimberly/Ozanne, Elizabeth/Hanson, Ralf/Pearce, Alan J./Santamaria, Nick/Viega, Luan/Long, Maureen/Said, Catherine M. (2013): Smart-home technologies to assist older people to live well at home, in: Journal of Aging Science 1/1, 1–9.

Neven, Louis/Peine, Alexander (2017): From triple win to triple sin: How a problematic future discourse is shaping the way people age with technology, in: Societies 7/3, 26.

Nimrod, Galit (2020): Aging well in the digital age: Technology in processes of selective optimization with compensation, in: The Journals of Gerontology: Series B 75/9, 2008–2017.

Parviainen, Jaana/Turja, Tuuli/van Aerschot, Lina (2018): Robots and human touch in care: Desirable and non-desirable robot assistance, in: Ge, Shuzhi Sam/Cabibihan, John-John/Salichs, Miguel A./Broadbent, Elizabeth/He, Hongsheng/Wagner, Alan R./Castro-González, Álvaro (Hg.): International Conference on Social Robotics, Cham, 533–540.

Pirhonen, Jari/Tiilikainen, Elisa/Pekkarinen, Satu/Lemivaara, Marjut/Melkas, Helinä (2020): Can robots tackle late-life loneliness? Scanning of future opportunities and challenges in assisted living facilities, in: Futures 124, 102640.

Plessner, Hellmuth (1928): Die Stufen des Organischen und der Mensch, Berlin.

Pol, Margriet C./Poerbodipoero, Soemitro/Robben, Saskia/Daams, Joost/van Hartingsveldt, Margo/de Vos, Rien/de Rooij, Sophia E./Kröse, Ben/Buurman, Bianca M. (2013): Sensor monitoring to measure and support daily functioning for independently living older people: A systematic review and road map for further development, in: Journal of the American Geriatrics Society 61/12, 2219–2227.

Ray, Partha Pratim/Dash, Dinesh/De, Debashis (2019): A systematic review and implementation of IoT-based pervasive sensor-enabled tracking system for dementia patients, in: Journal of Medical Systems 43/9, 287.

Rentsch, Thomas (2000): Altern als Werden zu sich selbst. Philosophische Anthropologie und Ethik der späten Lebenszeit, in: ders. (Hg.): Negativität und praktische Vernunft, Frankfurt a. M., 151–179.

Rossow, Judith (2012): Einführung: Individuelle und kulturelle Altersbilder, in: Berner, Frank/Rossow, Judith/Schwitzer, Klaus-Peter (Hg.): Individuelle und kulturelle Altersbilder, Wiesbaden, 9–24.

Rüegger, Heinz (2020): Beyond control. Dependence and passivity in old age, in: Schweda, Mark/Coors, Michael/Bozzaro, Claudia (Hg.): Aging and Human Nature: Perspectives from Philosophical, Theological and Historical Anthropology, Cham, 47–57.

Schicktanz, Silke/Schweda, Mark (2021): Aging 4.0? – Rethinking the ethical framing of technology-assisted eldercare, in: History and Philosophy of the Life Sciences (forthcoming).

Schmidt, Laura/Wahl, Hans-Werner (2019): Alter und Technik, in: Hank, Karsten/Schulz-Nieswandt, Frank/Wagner, Michael/Zank, Susanne (Hg.): Alternsforschung, Berlin, 537–556.

Schulz, Richard/Wahl, Hans-Werner/Matthews, Judith T./De Vito Dabbs, Annette/Beach, Scott R./Czaja, Sara J. (2015): Advancing the aging and technology agenda in gerontology, in: The Gerontologist 55/5, 724–734.

Schulz-Nieswandt, Frank (2018): Zur Metaphysikbedürftigkeit der empirischen Alter(n)ssozialforschung, Berlin.

Schwab, Gustav (1986): Sagen des klassischen Altertums, Frankfurt a. M.

Schweda, Mark (2018): Alter(n) in Philosophie und Ethik, in: Schroeter, Klaus/Vogel, Claudia/Künemund, Harald (Hg.): Handbuch Soziologie des Alter(n)s, Wiesbaden. https://doi.org/10.1007/978-3-658-09630-4_3-1.

Schweda, Mark/Coors, Michael/Bozzaro, Claudia (2020): Introduction, in: Schweda, Mark/Coors, Michael/Bozzaro, Claudia (Hg.): Aging and Human Nature: Perspectives from Philosophical, Theological and Historical Anthropology, Cham, 1–9.

Schweda, Mark/Jongsma, Karin (2018): ‚Rückkehr in die Kindheit'oder ‚Tod bei lebendigem Leib'? Ethische Aspekte der Altersdemenz in der Perspektive des Lebensverlaufs, in: Zeitschrift für Praktische Philosophie 5/1, 181–206.

Sharkey, Noel/Sharkey, Amanda (2010): The crying shame of robot nannies: An ethical appraisal, in: Interaction Studies 11/2, 161–190.

Stavropoulos Thanos G./Papastergiou, Asterios/Mpaltadoros, Lampros/Nikolopoulos, Spiros/Kompatsiaris, Ioannis (2020): IoT wearable sensors and devices in elderly care: A literature review, in: Sensors 20/10, 2826.

Trappe, Tobias (2002): Vom Alter. Vorüberlegungen zur Substanzanthropologie (II), in: Phänomenologische Forschungen, 109–130.

Van Dyk, Silke/Lessenich, Stephan (Hg.) (2009): Die jungen Alten. Analysen einer neuen Sozialfigur, Frankfurt a. M.

Vines, John/Pritchard, Gary/Wright, Peter/Olivier, Patrick/Brittain, Katie (2015): An age-old problem: Examining the discourses of ageing in HCI and strategies for future research, in: ACM Transactions on Computer-Human Interaction (TOCHI) 22/1, 1–27.

Wahl, Hans-Werner (2016): Gero-Technologie. Hintergrundpapier zum Positionspapier der Deutschen Gesellschaft für Gerontologie und Geriatrie DGGG e.V. https://www.dggg-online.de/fileadmin/user_upload/201607_Hintergrundpapier_Positionspapier_Alter-und-Technik_DGGG.pdf.

Wanka, Anna/Gallistl, Vera (2018): Doing age in a digitized world – A material praxeology of aging with technology, in: Frontiers in Sociology 3, 6.

Westberg, Kate/Reid, Mike/Kopanidis, Foula (2020): Age identity, stereotypes and older consumers' service experiences, in: Journal of Services Marketing https://doi.org/10.1108/JSM-10–2019–0386.

Wigan, Marcus (2013): Constructing age and technology as augmentation, not degradation: Exploring what the aged themselves think they need, not what is decided for them, in: 2013 IEEE International Symposium on Technology and Society (ISTAS): Social Implications of Wearable Computing and Augmediated Reality in Everyday Life, 136–143.

Wurm, Susanne (2020): Altersbilder und Gesundheit. Grundlagen – Implikationen – Wechselbeziehungen, in: Frewer, Andreas/Klotz, Sabine/Herrler, Christoph/Bielefeldt, Heiner (Hg.): Gute Behandlung im Alter? Menschenrechte und Ethik zwischen Ideal und Realität, Bielefeld, 25–42.

Constanze Giese

Überlegungen zum Einsatz der ‚Pflegerobotik' und technischer Innovationen in der pflegerischen Versorgung

Ansätze und Wissensbestände aus Pflegepraxis, Pflegeethik und Pflegewissenschaft

Zusammenfassung: In den „Überlegungen zum Einsatz der „Pflegerobotik" und technischer Innovationen in der pflegerischen Versorgung" wird das Potential der embodied AI explizit vor dem Hintergrund pflegespezifischer Wissensbestände diskutiert. Zunächst (1) wird geklärt, auf welche technischen Systeme und welche Einsatzbereiche sich die Ausführungen beziehen, da in der weiteren Argumentation der Weg auch über exemplarische Konkretionen an Hand ausgewählter pflegerischer Handlungsfelder genommen wird. Der zentrale Beitrag pflegerischer Expertise für die Bewertung und die Nutzung der Technologien unter dem Anspruch „guter Pflegequalität" wird herausgearbeitet und Letztere als zentraler Maßstab der Legitimation des Technikeinsatzes präsentiert. Dafür sind aktuelle Anforderungen an Pflegeexpertise und -kompetenz zu berücksichtigen (2). Es werden Grundzüge eines Begriffs von Pflegequalität vorgestellt, der pflegeethische wie pflegewissenschaftliche Erkenntnisse integriert und damit über die Instrumente und Argumentationswege allgemeiner Technikfolgenabschätzung hinausweist. Solche allgemeinen Diskurse der Technikfolgenabschätzung (wie etwa zur Kundenzufriedenheit oder Akzeptabilität) sind durch bereichsspezifische Bewertungsmaßstäbe und Argumente aus der Logik der Fachexpertise zu ergänzen (3). Es wird ein Zugang vorgeschlagen, der neben den Einsatzbereichen und Handlungsfeldern auch die unterschiedlichen Nutzer_innen und Settings in die Betrachtung aufnimmt (4). Mit der Bezugnahme auf exemplarisch ausgewählte ‚Aktivitäten des täglichen Lebens' (ATL), einer pflegespezifischen Systematik zur Abbildung des pflegerischen Handlungsfeldes, können mögliche Konsequenzen des *Einsatzes der Technologie* in der Pflege aber gerade auch *der Diskurse über sie*, in ihren Auswirkungen auf das Handlungsfeld Pflege und seine Wahrnehmung in der Öffentlichkeit skizziert werden (5). Im Fazit werden die resultierenden Anforderungen an Pflegebildung, Forschung und Entwicklung sowie an den Einsatz der robotischen Systeme thesenhaft angerissen.

Vorbemerkung

Dieser Beitrag beruht auf einem Vortrag mit gleichlautendem Titel, der am 10.7. 2019 im Rahmen des Forums „Philosophische Anthropologie der Grenzfragen menschlichen Lebens: Das Gelingen der künstlichen Natürlichkeit. Mensch-Sein und menschliche Würde an den Grenzen des Lebens unter den Bedingungen disruptiver Technologien", gehalten wurde. Die Überarbeitung für diese Publikation steht auch unter dem Eindruck der ‚Corona-Krise', die gerade für die Versorgung von auf Pflege und Unterstützung angewiesene Menschen in stationären Pflegeeinrichtungen eine außerordentlich große, angesichts des bereits vorher bestehenden Mangels an kompetentem Pflegepersonal eigentlich nicht zu bewältigende, Herausforderung darstellt(e). (AEM 2020; HiA 2020; Giese 2020) Die Infektionsschutzmaßnahmen, die vielfältig und mit massiver Eingriffstiefe in das Leben und die Rechte der sogenannten Bewohner_innen verhängt wurden, wiesen und weisen eine Gemeinsamkeit auf: Sie reglementieren und unterbinden vor allem soziale Kontakte (‚Kontaktsperren', Besuchsverbote, Einschränkungen der Bewegungsfreiheit in üblicherweise gemeinsam genutzten Sozialräumen) und schaffen körperliche Distanz; insbesondere leibliche Nähe und Berührung werden soweit irgend möglich unterbunden.[1] Diese Extremsituation beeinflusst die Perspektive und lenkt zusätzliche Aufmerksamkeit auf das Potential technischer Assistenzsysteme zur Pflegeunterstützung aber auch zum Einsatz und als Ersatz zur Befriedigung sozialer Bedürfnisse. Nicht selten wird der Einsatz insbesondere robotischer Systeme[2] *gerade jetzt* aus hygienischen Gründen empfohlen.[3] Das Potential sogenannter Pflegerobotik wird zum Teil außerordentlich euphorisch eingeschätzt und beschrieben, ungeachtet der selbst aus der Branche artikulierten Zurückhaltung bezüglich zeitnaher Einsatzmöglichkeiten: „Eine Analyse der Marktsituation zeigt, dass aktuell noch keine marktreifen, universellen Service- oder Pflegeroboter existieren. [...] Die überwiegende Zahl der Serviceroboter befindet sich aktuell im Prototypenstadium. Die derzeitige Generation an Assistenzrobotik hat den Nachweis einer Wirksamkeit oder breiten praktischen Anwendung noch nicht erbracht." (Haddadin et al. 2020, 94)

---

[1] Sehr persönlich dazu: Aschenbrenner 2020, 50; Spieker 2020.
[2] In diesem Beitrag wird ausschließlich auf verkörperte künstliche Intelligenz beziehungsweise Robotik in Einsatzfeldern der pflegerischen Versorgung eingegangen, diese Einsatzfelder werden später noch konkretisiert.
[3] „Sie husten nicht, sie niesen nicht und übertragen auch keinen Virus: die Roboter. Die Corona-Pandemie könnte ihnen nun zum Durchbruch verhelfen – vor allem dort, wo die Ansteckungsgefahr groß ist. Erleben wir jetzt die schleichende ‚Roboterisierung'?" (boerse.ARD.de 2020)

Der reflexhafte Verweis auf den möglichen Einsatz robotischer Systeme anstelle von (leibnahen) Pflegehandlungen durch Menschen offenbart ein anthropologisch interessantes Phänomen der ‚Leibvergessenheit', welches hier offensichtlich bis in den Bereich der Pflege hinein wirkt. Das sollte gerade in der Pflegeszene irritieren, denn es hat sich inzwischen durchgesetzt, die berufliche Pflege als „Beziehungs- und Berührungsberuf" zu verstehen. (Uzarewicz/Uzarewicz 2005, 177) Es gibt vielleicht keine andere berufliche Tätigkeit, die in dieser Weise und mit dieser Selbstverständlichkeit mit leiblicher Nähe identifiziert wird wie die berufliche Pflege – mit allen daraus resultierenden (Miss-)Verständnissen bezüglich des sich daraus ergebenden Anforderungsprofils: sei es bezogen auf die scheinbare Alltäglichkeit[4] (Giese/Heubel 2015, 42 ff.) oder auf die immer noch nicht selten unterstellte Nähe zu anderen intimen oder sexuellen Dienstleistungen (Giese 2011, 132; Giese 2019, 313 f.; Welt 2007).[5] „Der Leib hat eine unhintergehbare Relevanz in der Pflege" (Schnell 2002a in Anlehnung an Remmers) und doch fällt es schwer, ihn in seiner Bedeutung im Kontext der leibnahen Dienstleistung Pflege und ihrer möglichen Substituierbarkeit durch robotische Systeme angemessen zur Sprache zu bringen.

Der folgende Beitrag fokussiert die pflegespezifischen Grundlagen und Wissensbestände sowie die Bedeutung aktueller Pflegeexpertise für die Entwicklung, den Einsatz und die Bewertung von embodied AI.

Wie zuletzt auch vom deutschen Ethikrat vorgeschlagen bietet ein reflektierter Begriff von Pflegequalität dabei eine Bewertungs- und Legitimationsgrundlage (Ethikrat 2020, 21 ff.).

1 Robotische Systeme und technische Assistenzsysteme in der Pflege: zur Begriffsverwendung

Der gelegentlich verwendete Begriff der ‚Pflegerobotik' kann bis auf Weiteres nur in Anführungszeichen stehen. Roboter pflegen nicht, sie führen dem Pflegeprozess zugehörige Verrichtungen bzw. bestimmte, daraus ausgliederbare Abläufe

---

[4] Bis heute fällt es gerade im deutschsprachigen Raum vielen schwer zu verstehen, warum eine so alltägliche, körpernahe Dienstleistung wie die Pflege eine komplexe Ausbildung oder gar ein Studium erfordert.
[5] Die scheinbare auch sexuelle Verfügbarkeit von insbesondere weiblichen Pflegefachkräften zeigen die vielen Übergriffe auf diesen Personenkreis, die immer noch als alltäglich hingenommen werden. (Giese 2019, 318, 320; Depauli 2016)

aus. Damit können sie Prozesse verändern und auch die Wahrnehmung dessen, was pflegerische Prozesse ausmacht, aber sie können nicht pflegen.[6]

Im Folgenden wird es primär um solche robotischen Systeme gehen, die Verrichtungen bzw. Praktiken übernehmen (sollen), die in das pflegerische Kerngeschäft fallen, in den Bereich, den Pflege eigenverantwortlich durchführt, die sogenannte Grundpflege, die Pflege nicht im ärztlichen Auftrag (sogenannte Behandlungspflege) ausübt und die auch nicht im Rahmen ärztlicher Assistenz ausgeübt wird.[7] Dieser eigenverantwortliche Bereich der Pflege, der sogenannte Pflegeprozess und dessen bedürfnisgerechte Planung, Durchführung und Evaluation, stellt eine Vorbehaltsaufgabe dar, mit der gemäß § 4 Pflegeberufegesetz (PflBG) nur Pflegefachpersonen betraut werden dürfen. Den Nutzen und das Potential des Technikeinsatzes in pflegerischen Anwendungsbereichen allgemein und in individuellen Versorgungssituationen konkret zu beurteilen, bedarf es der pflegefachlichen Kompetenz vor dem Hintergrund eines Pflegeverständnisses und Pflegequalitätsverständnisses auf dem aktuellen Stand der Diskussion. Da in der pflegerischen Versorgung Fachkräfte fehlen und ein wachsender Bedarf postuliert wird,[8] sind hier die Begehrlichkeiten bezüglich eines Einsatzes von robotischen Systemen besonders drängend.

2 Grundlagen der Entwicklung pflegerischer Expertise und pflegerischer Sozialisation

Die geforderten Kompetenzen und die pflegefachliche Expertise, die von Pflegefachkräften erwartet werden kann, regelt in Deutschland das Pflegeberufegesetz (PflBG) und im Detail die zugehörige Ausbildungs- und Prüfungsverordnung (PflAPrV) in der aktuellen Fassung aus dem Jahr 2017. Pflegefachmännern und

---

6 Hierin wird den Ausführungen des deutschen Ethikrates gefolgt, der es „vermeidet [...], von *Pflegerobotern* zu sprechen. Dieser Begriff könnte als Prognose missverstanden werden, Roboter würden künftig gleichrangig neben oder anstelle von menschlichen Pflegekräften agieren. Ein solches Szenario ist nach Überzeugung des Deutschen Ethikrates nicht realistisch – und auch nicht wünschenswert." (Ethikrat 2020, 11)

7 Der Begriff der „Grundpflege" gilt in der Pflegewissenschaft und Pflegebildung vielen als veraltet, er hält sich jedoch hartnäckig gerade auch im sozialrechtlichen Bereich, wenn es etwa um die Regelung von Ansprüchen an häusliche Pflegeleistungen und deren Finanzierung über SGB V (Krankenversicherung, grob zugeordnet: Behandlungspflege) oder SGB XI (Pflegeversicherung, grob zugeordnet: Grundpflege) geht.

8 Prognos gibt in einer Studie verschiedene Hochrechnungen wieder, die bis 2030 eine Personallücke von bis zu 517000 Fachkräften für die Pflege voraussagen. (Prognos 2018, 8).

Pflegefachfrauen[9] wird demzufolge die *Verantwortung* für den gesamten Pflegeprozess als Vorbehaltsaufgabe zugeschrieben. Dazu gehört auch die Entscheidung über den Einsatz geeigneter technischer Hilfsmittel sowie die entsprechende Beratung der Nutzerinnen und Nutzer vor dem Hintergrund aktueller pflegewissenschaftlicher Erkenntnisse und einer professionellen Ethik.[10]

Die Ausbildung von Pflegefachkräften erfolgt derzeit theoriegestützt unter Bezugnahme auf holistische, an alltäglichen Bedürfnissen und Aktivitäten des Menschen orientierte Modelle, eines der bekanntesten ist das der sogenannten ATLs. Diese Abkürzung geht auf die weit verbreitete traditionelle Diktion des Modells von Sr. Liliane Juchli (Juchli 1993) zurück, gebräuchlich ist auch das Modell der Life Activities (LA) nach Roper, Logan und Tierney (Roper/Logan/Tierney 2016) sowie das Modell der Aktivitäten, Beziehungen und existenziellen Erfahrungen, kurz ABEDL-Modell, nach Monika Krohwinkel, nachdem vielfach ausgebildet wurde und zum Teil noch wird. (Krohwinkel 2013)

Es handelt sich hierbei um bedürfnisorientierte und leibbezogene Modelle mit holistischem Anspruch, die jeweils eine Systematik von Alltagsaktivitäten zugrunde legen: essen und trinken, atmen, ruhen und schlafen, sich bewegen, sich waschen und kleiden sowie kommunikative, beziehungsorientierte Aktivitäten, aber auch spirituelle Bedürfnisse (Umgang mit Sinnfragen und existenzi-

---

9 Pflegefachmann bzw. Pflegefachfrau ist die aktuelle Berufsbezeichnung für generalistisch ausgebildete Pflegefachkräfte in Deutschland, die umgangssprachlich immer noch verbreitete Berufsbezeichnung „Krankenschwester" bzw. „Krankenpfleger" galt bis 2004, ab da bis 2017 wurde die Bezeichnung Gesundheits- und Krankenpfleger/in, Gesundheits- und Kinderkrankenpfleger/in eingeführt, die sich außerhalb der Berufsgruppe aber nie durchgesetzt hat. Parallel existierte das Berufsbild der Altenpflege mit der Bezeichnung Altenpfleger/in weiter. Die beschränkt weiterhin möglichen, separaten Qualifikationen zur Altenpfleger/in oder Kindergesundheits- und krankenpfleger/in verlieren auf europäischer Ebene mit dem aktuellen Pflegeberufegesetz allerdings die Anerkennung als Pflege*fach*beruf.
10 Die PflAPrV beschreibt die zu erwerbenden Kompetenzen zum Techikeinsatz in Anlage 1, I.6c (Zwischenprüfung) und in Anlage 2, 1.6c (für die staatliche Abschlussprüfung), darin heißt es: „Die Absolventinnen und Absolventen [...] tragen durch rehabilitative Maßnahmen und durch die Integration technischer Assistenzsysteme zum Erhalt und zur Wiedererlangung der Alltagskompetenz von Menschen aller Altersstufen bei und reflektieren die Potenziale und Grenzen technischer Unterstützung." (PflAPrV Anlage 2) Anlage 5 der PflAprV für die hochschulische Primärqualifikation („Pflegestudium') verlangt auf der Grundlage von wissenschaftlichen Erkenntnissen und berufsethischen Werthaltungen und Einstellungen die Entwicklung folgender Kompetenzen: „Die Absolventinnen und Absolventen 1. erschließen und bewerten gesicherte Forschungsergebnisse und wählen diese für den eigenen Handlungsbereich aus, 2. nutzen forschungsgestützte Problemlösungen *und neue Technologien* (Hervorhebung C.G.) für die Gestaltung von Pflegeprozessen." (PflAPrV Anlage 5)

ellen Erfahrungen), die, wenn sie pflegerischer Interventionen bedürfen, letztlich auch als leibliche Interaktionen gefasst werden können. (Giese 2016, 216)

Diese ATLs durchdringen seit Jahrzehnten bis heute die pflegerische Primärqualifikation, zum Beispiel indem sie die Kapitelstruktur für weit verbreitete Lehrbücher[11] oder zumindest für einzelne Abschnitte darin zum Pflegeprozess bieten, denen viele Schulen in ihrer Systematik folgen. Der Mensch wird als Bedürfniswesen präsentiert, das, obwohl es immer einmaliges Individuum und in seiner Ganzheit und Integrität wahrzunehmen ist, so doch mit vielfältigen verleiblichten Bedürfnissen begegnet und gepflegt werden soll.[12]

Für Ausbildung und Studium der Pflege wird die wissenschaftliche Fundierung zunehmend in ihrer Relevanz anerkannt, was weit über die oben genannten tradierten Pflegemodelle hinausgeht und auch mitnichten auf die medizinische Wissenschaft beschränkt bleibt. Die wissenschaftliche Durchdringung des eigenen Aufgabenbereiches bezieht sich auf den originären Gegenstand: die Pflege des Menschen. Für die Pflegewissenschaft gilt, wie Schnell formuliert hat, dass „es Pflege nur gibt, weil jeder Mensch ein leibliches Wesen ist. Einen Leib zu haben bedeutet für den Menschen älter zu werden, hinfällig und möglicherweise pflegebedürftig. Kriterien zur Definition von Pflegebedarf verweisen deshalb auf die Bereiche Körperpflege, mundgerechte Zubereitung von Nahrung und leibliche Mobilität. Als gleich wichtig muss auch die zweite Annahme gelten: pflegerisches Handeln ist – wie überhaupt jedes Handeln – ‚leibliches Handeln' [Ch.Taylor]". (Schnell 2002b, 286–287) Und ganz konkret:

> „Wenn eine Pflegeperson jemanden unter die Arme greift, die Hand hält, einen Löffel in den Mund schiebt, mit einem Waschlappen den Fuß wäscht oder zu einer Person mit freundlichem Ton in der Stimme *Guten Tag* sagt, setzt die Pflegeperson ihren Leib ein und kommuniziert als Leib mit dem Leib des zu pflegenden Menschen." (Schnell 2002b, 287)

---

11 Die ATL Systematik bietet bis heute eine zentrale Kapitelstruktur in der Ausbildung und explizit z. B. im Lehrbuch Thiemes Pflege (Schewior-Popp/Sitzmann/Ullrich 2017). In aktuellen Lehrbüchern wie Pflege Heute (Elsevier 2019) scheinen diese Aktivitäten weiterhin in der Systematik einzelner Kapitel auf.
12 Einen etwas anderen Weg gehen die neuerdings zunehmend verbreiteten „I care" Werke zur Pflegeausbildung aus dem Thieme Verlag, die jeweils von der Bedeutung eines Pflegeanlasses für den Menschen ausgehen, das Konzept wird wie folgt vorgestellt: „Der Patient im Mittelpunkt. I care versetzt dich in die Perspektive des Patienten. Wie fühlt er sich, wenn er auf Station kommt? Welche Fragen beschäftigen ihn? Du lernst mit welchen konkreten Pflegemaßnahmen du dem Patienten helfen kannst. Wie du ihn und seine Angehörigen zur Gesundheitsförderung und Alltagsbewältigung berätst." (Thieme 2020)

Im Folgenden stehen solche robotischen Systeme im Fokus, die in diesem pflegerischen Handlungsbereich alltäglicher Aktivitäten zum Einsatz kommen (sollen), also in Prozessen leibnaher Interaktion Verwendung finden, nicht solche Systeme, die reine Assistenz bzw. Service für Pflegebedürftige oder für Pflegekräfte übernehmen, wie etwa der Pflegewagen, der selbständig Pflegeutensilien und Pflegedaten bereit hält. Technologien zur intelligenten Gestaltung des Wohnumfeldes (AAL) werden hier nicht weiter betrachtet, wenngleich AAL mit ihren primär an Überwachung ausgerichteten Tools, insofern eine klassische Pflegeaufgabe übernimmt, als sie Teile der Patientenbeobachtung und der Sorge für die Sicherheit realisieren soll.[13] Um soziale beziehungsweise emotionale Robotik, auch sogenannte Gefährten, geht es, insofern sie von Pflegenden oder in Pflegesettings zum Einsatz gebracht werden. (Ethikrat 2020, 19; Haddadin et al. 2020, 94). Auch hier ist die Bandbreite sehr groß und die ethische Problematik sehr differenziert zu betrachten.[14] Unterhaltung, Animation (mit Übergängen zur Gesundheitsförderung oder im Rahmen von Rehabilitation) sind ebenso Einsatzbereiche wie die Unterstützung im Alltag durch Erinnerungsfunktionen für Termine, Medikamente etc. und Vorschläge zur Alltagsstrukturierung. Sozialer Robotik werden auch die sogenannten Emotions- oder auch Kuschelroboter zugeordnet, die zumeist in Tierform (Robbe, Hund, Katze) angeboten werden. Sie werden im Pflegealltag bereits eingesetzt. Insbesondere wenn soziale und emotionale Bedürfnisse befriedigt werden sollen, treten hier nicht einfach zu lösende ethische und psychologische Fragestellungen auf, die in die Verwendung in der Pflege hineinreichen, jedoch diese auch weit überschreiten. (Remmers 2019, 418–419; Ethikrat 2020, 19)[15]

---

[13] Hier ist der Übergang fließend. Der Ethikrat weist zu Recht darauf hin, dass das sogenannte *Monitoring* nicht nur im Bereich AAL stattfindet, sondern auch von robotischen Systemen übernommen werden kann, die beispielsweise mit Kameras ausgestattet visuelle Informationen über den Pflegebedürftigen aufzeichnen und senden können oder Vitalzeichen messen und Handlungsbedarfe daraus ableiten sollen. (Ethikrat 2020, 18)

[14] Einen Überblick über Formen und Einsatzbereiche von Unterstützungstechnologien für ältere Menschen gibt der Beitrag Mensch-Technik-Interaktion im demographischen Wandel. Anthropologische Erwägungen zur Gerotechnologie von Mark Schweda im selben Band.

[15] Die ethischen Probleme, die den Einsatz von Robotik zur Befriedigung sozialer und emotionaler Bedürfnisse betreffen, liegen schwerpunktmäßig im Bereich der „Einseitigkeit" der Beziehung, der fehlenden Authentizität auf Seiten des „Roboters", dessen Verhalten menschliches nur nachahmt. Das Interesse an der menschlichen Person ist somit technisch nur simuliert und wird von einigen Autoren als Irreführung abgelehnt, insbesondere im Einsatz bei Personen, die die Künstlichkeit des Roboters nicht mehr klar erkennen können. (Remmers 2019, 418) Diese Anfrage an menschliche Beziehungen mit technischen Artefakten betrifft aber auch ganz andere Einsatzgebiete wie beispielsweise die der sogenannten Sexroboter. (Döring 2018, 261)

Die Abgrenzung verschiedener robotischer Systeme und technischer Assistenzsysteme in der Pflege ist hinsichtlich ihrer ethischen Bewertung für den Einsatz in der Pflegepraxis somit stets nur eine vorläufige, die Übergänge sind fließend.

3 Die Ergänzungsbedürftigkeit allgemeiner Technikfolgenabschätzung durch pflegespezifische Erkenntnisse

Die Technikfolgenabschätzung wird für den Bereich der sogenannten Pflegerobotik im Ergebnis als unsicher und wage beschrieben (Kehl 2018, 148), was zu eher überstürzten Erprobungsversuchen in der Praxis führt, da man sich so weitere Erkenntnisse primär über die Akzeptabilität der Systeme erhofft. Die Akzeptanz der ‚Kunden' soll dann entscheiden über die Tauglichkeit der Technik, wenn Mindestanforderungen an Sicherheit (inklusive Hygiene) und Funktionalität vorab geklärt zu sein scheinen. (Exemplarisch: Youtube 2018) Die Leitfrage zum Einsatz von Robotik in der Pflege ist aber eine weitergehende, wie vom Ethikrat auf den Punkt gebracht: Ist gute Pflege mit robotischer Unterstützung oder durch Roboter möglich? (Ethikrat 2020, 21–28) Diese Frage lässt sich in weitere Teilfragen unterteilen und ist damit keine Ja/Nein-Frage mehr. Inwiefern? Unter welchen Umständen? Für wen? In welchen Einsatzbereichen?[16] Und allem vorangestellt: was sind konsensfähige Kriterien guter Pflege jenseits des rein subjektiven Empfindens (Akzeptanz und die sogenannte Kundenzufriedenheit) und mit Hilfe welcher Indikatoren können sie festgestellt oder gemessen werden?

Die allgemeine Technikfolgenabschätzung und allgemeine Fragen zu Robotik in ethischer Perspektive bedürfen einer Ergänzung durch die pflegespezifischen Erkenntnisse. Pflegeprofessionelle, pflegethische und pflegewissenschaftliche Erkenntnisse und Diskurse zum Verständnis von guter Pflege und Werten, die der Pflege inhärent sind, müssen die Entwicklung, den Einsatz und die Evaluation von sogenannter Pflegerobotik flankieren. (van Wynsberghe 2013, 413–420; Hülsken-Giesler/Daxberger 2018, 133–135; Giese 2020, 156) Van Wynsberghe wählt als normativen pflegespezifischen Hintergrund den Zugang von Joan Tronto, die eine Care-ethische Perspektive auf die Pflege einnimmt und darin

---

[16] Mit den vorläufigen Fragen: „Wer unterstützt wen worin und mit welchem Ziel?" fordert auch Manzeschke (2019, 4) eine nach Einsatzbereich und Ziel zu differenzierende ethische Betrachtung der Robotik im Gesundheitsbereich. Was die robotischen Systeme angeht, schlägt er die Unterscheidung in Servicerobotik und Soziale Robotik vor. (Manzeschke 2019, 3)

Fürsorge (Care), als Proprium der Pflege und als Zugang zu einem adäquaten Pflege(qualitäts-)verständnis versteht. Im Anschluss an Tronto schlägt van Wynsberghe als fundamentale Werte jeder Pflegepraxis Achtsamkeit, Verantwortung, Kompetenz und eine als Responsivness bezeichnete Beziehungsorientierung vor. (Van Wynsberghe 2013, 418). Erst in diesem Fürsorge-zentrierten Rahmen lässt sich die Bedeutung und Qualität von Pflegehandlungen bestimmen und in ihm die Einsatzmöglichkeiten von robotischen Systemen bewerten. Diese ideellen und eher abstrakten Werte finden ihre Konkretion in der Berührung, die ein zentrales Moment von Pflege ausmacht, wie van Wynsberghe im Anschluss an Gadow ausführt:

> „Touch is an important action in care that is valued on its own as well as a means for manifesting other values like respect, trust and intimacy. Touch is the symbol of vulnerability, which invokes bonds and subjectivity [...]." (Van Wynsberghe 2013, 416)

Es ist somit möglich, über Pflege und die Möglichkeiten des Einsatzes von Robotik *vorab* deutlich mehr zu wissen als auf der Basis *allgemeiner Ethik* und *Technikfolgenabschätzung* und es ist aus mindestens drei Gründen erforderlich, mehr wissen zu wollen, bevor die konkrete Erprobung der Technologieentwicklung und ihre Weiterentwicklung im Feld erfolgt:

1. weil die von der Technologie Betroffenen nicht selten einer vulnerablen Gruppe angehören, der wesentliche Kundenmerkmale fehlen. Technikerprobung mit Bewohner_innen von Altenheimen bezieht gezielt vulnerable Personen mit ein. In Altenpflegeheimen leben heute mehrheitlich Menschen, die dementiell verändert sind, multimorbid und oder in einer palliativen Situation.[17]
2. Diese Personengruppe für die Erprobung der Technologien auszuwählen, ist zudem nicht immer der Tatsache geschuldet, dass sie oder zumindest Personen in der gleichen Situation besonders wahrscheinlich von der Technik

---

[17] Für Bayern wird von einer Quote an demenziell veränderten Menschen von mindestens 60 % aller Heimbewohner_innen ausgegangen (LGL 2019, 4). Die Verweildauer in den Heimen wird seit Jahren als sinkend angegeben, wenngleich die Zahlen hier variieren, so zitiert Bibliomed Pflege (2015) eine Studie, der zufolge: „Deutlich wird [...], dass Männer früher und schneller im Altenheim sterben. Sie werden im Schnitt etwa 81 Jahre alt und sterben nach eineinhalb Jahren im Heim. Frauen dagegen werden etwa 87 und verbringen durchschnittlich knapp drei Jahre dort." Für Ballungszentren werden schon länger noch deutlich kürzere Verweildauern angegeben, so beispielsweise für Berlin: „Im Schnitt beträgt heute das Alter bei Eintritt in ein stationäres Pflegeheim 84 Jahre und die Verweildauer nur noch sechs bis acht Monate, früher waren es drei Jahre. ‚Der stationäre Pflegebereich entwickelt sich zunehmend zu Sterbehäusern', sagte Klaus Kaiser, Projektleiter Soziale Dienste beim Malteser Hilfsdienst Berlin." (Hamberger 2013)

profitieren werden. Vielmehr gilt das Setting, in dem sie leben, aufgrund seiner Baulichkeiten als besonders gut für Roboter geeignet, da es barrierefrei ist, worauf nicht nur die Senioren, sondern auch die Roboter angewiesen sind.
3. Selbst wenn – wie für die Erprobung von Unterhaltungsrobotern bislang offensichtlich praktiziert – Bewohner_innen rekrutiert werden können, die von ihrem mentalen Status her als einwilligungsfähig angesehen werden und die Situation mit dem Roboter verstehen und die zugleich auch körperlich noch nicht hinfällig sind, so dass sie interagieren können, bleibt ein Faktum, das aus der langjährigen Diskussion zur Pflegequalitätsüberprüfung bekannt ist: Ob Pflege gut ist oder nicht, kann nicht nur und nicht ausschließlich aus der Perspektive der sogenannten Kunden- oder Nutzerinnenzufriedenheit bewertet werden, diese ist vielmehr nur ein Faktor neben anderen. Die Akzeptanz der potentiellen Nutzergruppe ist nur ein Kriterium zur Legitimation des Technikeinsatzes. Sie entscheidet nicht allein darüber, ob eine Pflegehandlung als gut oder nicht gut zu bewerten ist. (Ethikrat 2020, 21)

Im Pflegequalitätsdiskurs werden formal und inhaltlich wiederkehrende Aspekte inzwischen weitgehend konsensual als einschlägig beschrieben:

Formal: In der internen und externen Qualitätsüberprüfung und -bewertung der Langzeitpflege werden formal folgende Qualitätsdimensionen herangezogen: Strukturqualität, Prozessqualität und Ergebnisqualität. Sie können den systematischen Rahmen zur Beantwortung der Frage nach den Auswirkungen des Einsatzes von Robotik auf die Qualität der Pflege darstellen. Derzeit bilden sie die Struktur in den Expertenstandards des DNQP (Deutsches Netzwerk für Qualitätsentwicklung in der Pflege).[18]

Inhaltlich: Mindestens vier inhaltliche Aspekte sind für die Qualität der Pflege als relevant beschrieben:
– Die sichere und fachlich korrekte Durchführung der Verrichtung (Dallmann/Schiff 2016,11; Ethikrat 2020, 22–23)
– Die individuelle Planung des Pflegeprozesses mit und für die Pflegeempfänger_innen und die situative Anpassung dieser Planung gemäß sich verändernder Bedürfnisse und Prioritäten unter

---

[18] Das DNQP erstellt für zentrale Handlungsbereiche der Pflege Expertenstandards. Es folgt dabei stets der Trias der Struktur,- Prozess- und Ergebnisqualität. Exemplarisch in: DNQP 2019, 31.

- Berücksichtigung der externen und internen Evidenz in Planung, Durchführung und Evaluation der Pflegemaßnahmen (Behrens/Langer 2016, 51–87; Ethikrat 2020, 26)
- Die Gestaltung der Pflegebeziehung als zentrales Qualitätsmerkmal verbunden mit dem Vorrang des Paradigmas der leiblichen Interaktion vor der Verrichtungsorientierung. (Brown et al. 2010 in Hielscher/Kirchen-Peters/Sowinski 2015, 8–12)

Ausgangspunkt muss ein Verständnis guter Pflege sein, in dem Qualität auch unter dem Gesichtspunkt der Beziehungsqualität erfasst wird, das mit dem Menschenbild der holistischen Pflegemodelle kompatibel ist und das selbstverständlich für die jeweiligen Einsatzbereiche auch die definierten DNQP-Standards berücksichtigt, da in ihnen das aktuelle Pflegewissen zusammengefasst ist.

Dabei gilt es für die Pflege alter Menschen grundsätzlich zu beachten, dass alle Formen von Altersstereotypisierung oder altersdiskriminierende Pauschalierungen unterbleiben.[19] Die häufig unterschwellige Unterstellung, pflegebedürftige Menschen, insbesondere ältere pflegebedürftige Menschen, seien einander so ähnlich, dass eine technische Lösung für alle Menschen mit derselben physischen oder psychischen Einschränkung geeignet sei, ist in dieser wie in jeder anderen Alterskohorte nicht realistisch: Not one fits all![20]

4 Beachtlich: Die Vielgestaltigkeit der Anwendung, der Nutzergruppen und der Settings

Die Vielgestaltigkeit der Anwendungen – und die Unterschiedlichkeit der Zielgruppen sowie der je individuellen Nutzer_innen in den unterschiedlichen Settings – machen eine einheitliche ethische Bewertung nahezu unmöglich. Dennoch können Kriterien für die mögliche Eignung bestimmter robotischer Systeme in bestimmten Settings für konkrete Einsatzbereiche oder Zielgruppen gefunden

---

[19] Zur Problematik einseitiger, negativer beziehungsweise defizitorientierter Altersbilder und deren Reproduktion in Diskursen zu Unterstützungstechnologien im Alter ausführlicher im Beitrag von Mark Schweda im selben Band.
[20] Die High-Level Expert Group on Artificial Intelligence formuliert in ihren Ethics Guidelines for Trustworthy AI (allerdings mit etwas allgemeinerer Stoßrichtung): „AI systems should not have a one-fits-all approach and should consider Universal Design principles addressing the widest possible range of users,[…]." (High-Level Expert Group on Artificial Intelligence 2019, 19)

werden, die dann vor ihrer Verwendung in konkreten Pflegesituationen von den jeweiligen Nutzer_innen – bei Pflegefachpersonen im Rahmen der Pflegeplanung oder der Prozessgestaltung – individuell zu überprüfen wären.

Grundlegend unterscheiden sich die Einsatzbereiche, bzw. Settings:
- häuslich / privat
- institutionalisiert / stationäre Pflegeeinrichtung-Langzeitpflege / Akutklinik

Sie verfügen über unterschiedliche örtliche Gegebenheiten wie Stolperfallen oder Barrierefreiheit, Tür- und Durchgangsbreiten, Statik und Raumpotential, die den Technikeinsatz grundsätzlich einschränken oder ermöglichen.

Zu differenzieren sind auch, wie unter 1. bereits angerissen, die Anwendungsmöglichkeiten in der Pflege, die durch das robotische System übernommen oder von ihm unterstützt werden sollen:
- ATL-Unterstützung und -Übernahme
- Rehabilitation, Motivation, Unterhaltung
- Sozioassistive Systeme, Kommunikationsassistenz, „Gefährten"

Die Abgrenzung hier ist fließend, wie unten exemplarisch gezeigt werden soll. Scheinbar unbedenkliche, eher mechanische Verrichtungen und scheinbar rein kommunikative oder sozio-emotionale Funktionen gehen in der Realität ständig ineinander über. Mobilisation ist ein Kernthema der ATLs, kann aber auch im Kontext der Rehabilitation oder der Unterhaltung und bei Beschäftigungsangeboten eine Rolle spielen. Das Anreichen von Getränken dient der Flüssigkeitsversorgung, ist aber zugleich Anlass einer wichtigen sozialen Interkation im Alltag vieler pflegebedürftiger Menschen.

Unterschiedliche Nutzergruppen stellen sehr unterschiedliche Anforderungen an die Technik:
- Pflege- bzw. unterstützungsbedürftige Person
- Laienhelfer / Ehrenamtliche Unterstützer / Angehörige
- Pflegefach- und Pflegehilfspersonal

Es macht einen deutlichen Unterschied, ob die pflegebedürftige Person selbst oder eine Person, die sie pflegt, das Gerät einsetzen soll und ob sie es direkt in der Pflegehandlung an Patient_innen einsetzt, indem sie ein Exoskelett nutzt oder einen Lifter einsetzt oder patientenfern zu ihrer eigenen Unterstützung auf einen robotischen Hol-und-Bring-Dienst zugreift. Handelt es sich um Pflegende, so stellen professionell oder beruflich Pflegende, die im Einsatz der Technik geschult sind, in der Regel andere Anforderungen an Nutzerfreundlichkeit und Bedienung als pflegende Angehörige oder andere Laien, die in einem einzigen privaten

Setting damit[21] konfrontiert werden. Pflegebedürftige, die die Technik selbst für sich nutzen (sollen), sind unterschiedlich technikaffin, kognitiv und emotional in ihren Erwartungen und Bedürfnissen zunächst völlig heterogene Gruppen.

Zudem sind mechanische oder physische Unterstützungssysteme, z. B. Exoskelette oder Hilfen zur Alltagsbewältigung oder in der Rehabilitation, für steuerungsfähige, ausschließlich physisch eingeschränkte Menschen anders zu bewerten als Roboter, die der Unterhaltung, Kommunikation oder Gesellschaft dienen. Wieder anders verhält es sich mit Systemen, die gezielt in einem therapeutischen Setting und in Präsenz von Pflegenden eingesetzt werden, um etwa psychisch veränderten Menschen die Kontaktaufnahme zu erleichtern, wenn diese mit üblichen Formen v. a. gemeinsamer Interaktion oder sprachlicher Kontaktaufnahme überfordert sind. Hierzu werden unter anderem die Kuschel-Roboterrobbe Paro, die Roboterhunde AIBO oder Biscuit (GB) aber auch humanoide Roboter wie Pepper angeboten und entwickelt. (Schmitt-Sausen 2019)

Zu diskutieren ist auch die Zielsetzung und Funktion der sogenannten soziale Gefährten, „Sozioassistive Systeme" oder auch „Freunde" genannt, sie ergänzen und substituieren soziale Beziehungen. Bekannt sind Alice aus dem niederländischen Film Ik ben Alice (Burger 2017) oder Care-O-Bot mit dem Anspruch im Alltag zu unterstützen. (Hülsken-Giesler/Daxberger 2018, 132–133) Sie sollen Lebensqualität fördern, Einsamkeit lindern und Gesundheit fördern, indem sie zum Trinken oder zur Medikamenteneinnahme auffordern, indem sie Bewegungsanimation und Kommunikation anbieten. Sie dienen der Unterhaltung als Mitspieler, aber auch der Förderung bzw. dem Erhalt kognitiver und motorischer Fähigkeiten. Für soziale oder emotionale Robotik ist einerseits, um überhaupt Funktionsfähigkeit zu erlangen, die Simulation von Empathie gefordert, denn nur so sprechen sie die Nutzer_innen an[22]: „Zwar können Maschinen keine echte Empathie fühlen, dennoch sollten sie dazu in der Lage sein, ein entsprechendes Verhalten nachzubilden." (Janowski et al. 2018, 67) Andrerseits wird gerade dies, vor allem im Umgang mit Menschen mit Demenz, als Täuschung und Verletzung der Würde der betreffenden Person problematisiert. Die pflegebedürftigen Menschen, die mit dem Roboter oder mit seiner Unterstützung kommunizieren (sollen), bauen eine Beziehung zu ihm auf. (Remmers 2018,174; Ethikrat 2020, 37–39) Ob und inwiefern dies die Würde der Person verletzt, hängt wiederum von vielen

---

21 Für die Unterstützung von Angehörigen werden derzeit noch vor allem Systeme zur Überwachung der Pflegebedürftigen bei Abwesenheit, Beratung bei auftretenden Fragen, aber auch zur Hebeunterstützung/ Lifter angeboten und entwickelt.
22 So zum Beispiel der Roboter Reeti, der in der Kund_innenbetreuung und Patient_innenbegleitung eingesetzt werden könnte und über eine bewegliche, empathische Mimik und Kommunikation verfügen soll. (Marsiske 2019)

Faktoren ab und sollte nicht pauschal postuliert werden. Glaubt die Person, die simulierten Gefühle des Roboters seien „echtes Interesse" an ihr, oder kann sie das technische Artefakt als solches erkennen? Wird der Roboter in einer Gruppe von Personen eingesetzt, um über ihn leichter miteinander ins Gespräch zu kommen, wird er therapeutisch verwendet, um eine Person an die Interaktion mit anderen Menschen wieder heranzuführen oder wird er substituierend anstelle eines menschlichen Gegenübers in einer eins zu eins Situation verwendet:

> „Whether Paro (or some other device) should be put to use is to a large degree context-dependent. This is not to say, however, that there cannot be social robots more appropriate to this purpose than Paro. One has, for instance, to examine carefully whether the robot seal evokes mismatched expectations. [...] But in these cases, the problem of design is not an ethical shortcoming. Ethics comes in when the *values of care* (Hervorhebung C.G.) and therapy are concerned, and how they may best be implemented in a technical device." (Misselhorn/Pompe/Stapleton 2013, 131)

Letztlich ist eine differenzierte Betrachtung der konkreten sozialen und individuellen Umstände für die ethische Bewertung unumgänglich. (Hülsken-Giesler/Daxberger 2018, 130; Van Wynsberghe 2013, 415 ff) Die Grundlagen für die Bewertung des Technikeinsatzes in der Pflege lassen sich zusammenfassend auf der Basis eines von Fachexpertise getragenen Pflege- und Qualitätsverständnisses wie folgt konkretisieren:
– Die Dimensionen der Beziehungsqualität und der Berührung sind von zentraler Bedeutung. (Uzarewicz/Uzarewicz 2005, 177; Van Wynsberghe 2013, 416)
– Das leibliche Erleben der beteiligten Akteure, der Menschen, die gepflegt werden wie der Menschen, die sie pflegen, ist über die körperliche Bedürfnisbefriedigung hinaus stets relevant. (Remmers in Großklaus-Seidel 2002, 96)

Der Werthorizont der Pflege, die „Nursing Values" nach van Wynsberghe in Anlehnung an Tronto (a.a.O.), gelten auch für die Bewertung möglicher Nutzung von Robotik. (Van Wynsberghe 2013, 418)

Wird zudem nicht nur die steigende Zahl der Pflegebedürftigen in ihrer gesellschaftlichen Dringlichkeit betrachtet, sondern werden auch die hauptsächlichen Anlässe für den Verlust der Selbstständigkeit (mit zunehmender Pflegebedürftigkeit bis hin zum Heimeinzug) in den Blick genommen, dann lässt sich ein realistischer Blick auf den möglichen Beitrag der Robotik zu guter Pflege im Kontext des Pflegefachkräftemangels gewinnen. Als Hauptanlass für schwere Pflegebedürftigkeit und für die Notwendigkeit stationärer Pflege gelten heute, nachdem über Jahrzehnte das Paradigma ambulant vor stationär erfolgreich in der Pflegepolitik umgesetzt wurde:

- physischer und psychischer Kontrollverlust
- Einsamkeit und soziale Deprivation.

Robotik kann in vielen Fällen als Beitrag zu guter Pflege weiterentwickelt werden, sie wird jedoch nicht die mannigfaltigen Probleme des Fachkräftemangels lösen können. Es wird darauf zu achten sein, dass nicht diejenigen pflegebedürftigen Nutzer_innen, die sowieso schon unter Einsamkeit und sozialer Deprivation leiden, durch die Technik weitere Anlässe sozialer Interaktion verlieren.[23] (Remmers 2018,171) Robotik trägt tendenziell dann zu guter Pflege bei, wenn diejenigen, die mehr an mangelnder Selbständigkeit als an Einsamkeit leiden, durch die Technik ihre Selbständigkeit ein Stück weit zurück gewinnen können[24] oder wenn Pflegende bei schweren körperlichen Tätigkeiten entlastet werden, ohne dass dadurch die pflegerische Beziehung und Berührung verloren ginge.[25]

---

[23] Dies ist beispielsweise dann der Fall, wenn Menschen in Pflegeeinrichtungen zu den Mahlzeiten nicht mehr in die Tischgemeinschaft integriert werden, sondern aus Arbeits- und Zeitersparnis (der Transport in den Speisesaal entfällt) mit einem System, das sie beim Essen und Trinken unterstützt, allein in ihrem Zimmer, vielleicht sogar im Bett die Mahlzeit einnehmen müssen. Zu denken wäre hier an Systeme wie MySpoon. Exakt diese Entwicklung lässt sich derzeit schon für Personen beobachten, die über PEG-Sonden ernährt werden, in vielen Einrichtungen unterbleiben wegen der Sondenversorgung die Versuche, sie an den gemeinsamen Mahlzeiten zu beteiligen, auch wenn sie noch selbst kleine Mengen essen könnten. Dass durch diese Zeitersparnis mehr Gelegenheit für Zuwendung und Kommunikation genutzt würde, ist nicht erkennbar. (Giese 2020, 165)

[24] Hier ist zum Beispiel an Personen zu denken, die aufgrund einer hohen Querschnittslähmung auf ständige Präsenz eines Menschen und bei jedem Handgriff auf Hilfe angewiesen sind. Robotische Systeme, die sie selbst steuern und die ihnen Speisen oder Getränke anreichen können, können hier ein hohes Maß an Lebensqualität bedeuten, weil sie etwas Unabhängigkeit von anderen Menschen ermöglichen.

[25] Van Wynsberghe macht das am Beispiel des Exoskeletts deutlich, das Pflegende beim Heben unterstützen kann, dessen Einsatz im Patiententransfer je nach Einzelfall völlig anders zu bewerten ist, als ein robotisches Liftersystem, das nur von der Pflegeperson gesteuert einen Transfer komplett übernimmt, wodurch die direkte Berührung („touch", s.o.), die auch Sicherheit vermitteln kann, entfällt. (Van Wynsberghe 2013, 426)

5 Die Folgen der Diskussion um den Einsatz der Robotik auf Pflegeverständnis und Menschenbild

Die Art und Weise, wie der Einsatz von Robotern in der Pflege diskutiert wird, ist nicht nur von einem derzeit in der Öffentlichkeit immer noch stark verrichtungsorientierten Pflegeverständnis geprägt, auch die Robotik-Diskussion selbst und einige darin immer wieder vorgebrachte Argumente verstärken ihrerseits dieses reduktionistische Pflegeverständnis. Das betrifft neben dem Entlastungsargument, das nicht selten eine Reduktion des Pflegeprozesses auf ausgliederbare Verrichtungen beinhaltet, auch das zutiefst ambivalente Aufwertungsargument.

Das Entlastungsargument

Eine angestrebte Entlastung des Pflegepersonals durch Robotik (wie durch andere Technik) ist an sich zunächst ethisch neutral oder je nach Kontext auch positiv zu sehen.

Problematisch wird das Entlastungsargument, wenn es mit einer roboterzentrierten, technologiegetriebenen Diskussion einhergeht, wie sie derzeit noch oft geführt wird und deren primärer Fokus die Frage ist: „Was können Roboter in der Pflege heute oder bald schon übernehmen?" Eine solch einseitige Perspektive hat Konsequenzen für das Verständnis von Pflege und läuft Gefahr, bestehende Deprofessionalisierungstendenzen zu verstärken und einem reduktionistischen, verrichtungsorientierten Pflegeverständnis Vorschub zu leisten. (Hülsken-Giesler/Daxberger 2018, 134; Becker 2020, 264–265) Im Hintergrund sind unausgesprochen reduktionistische Vorstellungen des Pflegeprozesses und der Pflegebeziehung zu sehen, die auch in anthropologischer Perspektive zu problematisieren sind. Dies ist etwa dann der Fall, wenn vorgeschlagen wird, künftig sollten Roboter durch Pflegeheime rollen, um alte Menschen an das Trinken zu erinnern und implizit diese Tätigkeit als eher lästige Routine der Pflegenden skizziert wird, von der diese besser zu entlasten seien. Dass das „Trinken" nicht nur „vergessen" wird, sondern eingebettet in soziale Interaktion mit mehr Genuss und Freude geschieht, und dass die Gestaltung des Umfeldes und die begleitende Interaktion selbstverständlicher Teil der Pflege im Kontext einer existenziellen ATL ist, wird dabei vergessen und das Trinken auf reine Flüssigkeitszufuhr („Einfuhr") reduziert.[26] Das Entlastungsargument hat im Einzelfall seine Berechtigung, zu klären bleibt die Frage: Entlastung für wen und von was? (Hielscher/Kirchen-Peters/Sowinski 2015, 15)

Die Pflegequalität nimmt nicht zu, wenn Pflege weniger Anlässe für Kontakt mit den Bewohner_innen hat. Entlastung von Pflegetätigkeiten wie Unterstützung bei der Nahrungsaufnahme, bei der Körperpflege oder bei der Mobilisation kann Anlässe für Pflegekontakt reduzieren. Pflege ist nicht Psychotherapie oder Seelsorge – sie ist das alles manchmal auch – Pflege ist vor allem leibliche Interaktion und wenn der Anlass der leiblichen Interaktion entfällt, weil er durch technische Assistenzsysteme ersetzt wird (bspw. Getränke oder Medikamente anreichen), findet Pflege dadurch nicht qualitativ verbessert oder entlastet statt – sondern Pflege findet dann schlicht nicht statt (Kreis 2018, 218 in Anlehnung an Sharkey 2010). Pflege ist Begegnung und Beziehung – aber im Rahmen alltäglicher Aktivitäten des Essens und Trinkens, der Unterstützung bei der Mobilität wie zum Beispiel dem Aufstehen. Pflege ist nicht oder nur sehr begrenzt Begegnung um der Begegnung willen. Pflegende sind keine Gesellschafter_innen, sie begegnen Menschen, weil der Mensch einen Leib hat, für den zu sorgen ist und durch den Begegnung erst möglich wird.

Das Aufwertungsargument

Ähnlich ambivalent ist das Aufwertungsargument, das besagt, Pflege werde als Beruf attraktiver, abwechslungsreicher und spreche neue und weitere Bewerberkreise an, wenn sie künftig mit moderner Robotertechnik assoziiert wird (Huhn 2020, 252). Dieses Argument wird in seiner Grundstruktur für den Technikeinsatz in der Pflege seit den 70er Jahren vorgebracht. (Hielscher/Kirchen-Peters/Sowinski 2015, 8 in Bezugnahme auf Windsor 2007) Aber: Die Reduktion der Pflegearbeit auf Verrichtungen, die der Roboter übernehmen kann, hat eine verschärfte Arbeitsteilung und Zerstückelung des Pflegeprozesses zur Folge und kann damit Deprofessionalisierungsprozesse verstärken. Das in diesem Beitrag zugrunde gelegte, normativ aufgeladene, holistische Pflegeverständnis, das durch Ausbildung und Studium die berufliche Identität Pflegender und das heutige Pflegequalitätsverständnis prägt, steht seit längerem unter Druck durch

---

26 Der Expertenstandard Ernährung des DNQP geht an verschiedenen Stellen darauf ein, so z.B: „Forschungsergebnisse zeigen, dass Pflegende großen Einfluss auf das Ernährungsverhalten pflege- bedürftiger Menschen nehmen können. So kann Appetitlosigkeit schwerkranker und alter Menschen durch die Umgebungs- und Beziehungsgestaltung maßgeblich vermindert werden." (DNQP 2017,12) Dazu auch: Heubel 2007; Agbih et al. 2010, 75 – 96; Bühler 2008.

Pflegepersonal- und Qualifikationsmangel, Mangel an Sprach- und Sprechfähigkeit und der Tendenz zur Standardisierung als Lösung all dieser Probleme. Dennoch rekurriert es auf ein Menschenbild, das nicht einfach zugunsten eines reduzierteren aufgeben werden kann.

Der Mensch ist demzufolge ein mit Würde und Einmaligkeit ausgestattetes Wesen und zugleich kontingent und vulnerabel. (Arndt 2008, 188) In jeder Phase seines Lebens, auch der Pflegebedürftigkeit, bleibt der Mensch ein soziales, auf andere angewiesenes Wesen. (Kather 2007, 67 in Anlehnung an Buber zit. nach Lenk 2011, 425; Juchli 1993; Krohwinkel 2013; Remmers 2018, 165; Becker 2020, 269) Er begegnet stets als leibliches Wesen, die Pflege der körperlichen Bedürfnisse ist *immer* mehr als „satt und sauber", Leiblichkeit ist mehr als bloße Körperlichkeit. Es geht in jeder ATL *auch* um Begleitung, Zuwendung, Aufmerksamkeit und Nähe.

6 Fazit und Anforderungen an Pflegefachkräfte bei der Integration technischer Innovation

Dieses anthropologisch fundierte Pflegeverständnis hat Konsequenzen für pflegerisches Handeln und Techniknutzung. Marianne Arndt formuliert dies für Einrichtungen in christlicher Trägerschaft: „In den christlichen Einrichtungen des Gesundheitswesens haben wir eine doppelte Verantwortung: Es geht wohl um Heilung, aber es geht auch um Heil." (Arndt 2008, 188) Es ist fraglich, ob dieser Anspruch in nicht-christlichen Einrichtungen tatsächlich weniger gilt, vor allem im Bereich stationärer Langzeitpflege, wo etwa Fragen nach einem guten Leben und Sterben täglich genauso virulent sind wie in Häusern christlicher Trägerschaft. Das vorgestellte Verständnis von Pflege und Pflegequalität gilt letztlich in allen Pflegesettings, ambulant wie stationär.[27] Abschließend lassen sich auf der Basis der bisherigen Überlegungen für die drei Bereiche Bildung, Forschung und Entwicklung sowie Einsatz von sogenannter Pflegerobotik folgende Thesen formulieren:

---

[27] Kirchliche Einrichtungen sind aber möglicherweise mit besonderen Erwartungen konfrontiert, wie das Zitat einer Angehörigen zeigt: „Ich möchte, dass meine Mutter in Ihr Pflegeheim kommt. Hier wird sie es gut haben. *Sie glauben doch noch an etwas.*" (Zitat der Stimme einer Tochter ohne christlichen Hintergrund, aus Grüneberg 2008, 68)

Zum Bildungsbedarf

Die Verfügbarkeit neuer robotischer Technologien für die Pflege erfordert eine Anpassung der Bildungsinhalte in Aus-, Fort-, und Weiterbildung derjenigen, die den Technikeinsatz vor Ort verantwortlich steuern und begleiten sollen. Das betrifft den gesamten Pflegeprozess, nicht nur die Steuerung der Geräte. Damit einher gehen jedoch nicht, anders als manchmal vermutet, neue pflegerische Berufsbilder[28] (Huhn 2020, 252), sondern das Ensemble technischer Möglichkeiten der Pflegeunterstützung wird erweitert. Schon heute soll der Pflegeprozess von der Pflegeplanung über die Durchführung und Evaluation individuell, biographisch und situativ angepasst erfolgen, unter Integration aktueller technischer Möglichkeiten zur Förderung der Autonomie, Selbständigkeit und Lebensqualität. (Hülsken-Giesler/Daxberger 2018, 134–135) Gebraucht werden folglich durch die neuen technischen Möglichkeiten nicht per se weniger Pflegefachkräfte, es bedarf für einen individuell angemessenen Technikeinsatz zunächst einer ausreichenden Anzahl hochqualifizierter Pflegender.

Zu Forschung und Entwicklung

Je leibnäher der Einsatz der Technik geplant ist, desto mehr sollte für die Erprobung mit pflegebedürftigen Menschen in der Entwicklung die Vorsichtsregel gelten, die Hans Jonas grundsätzlich für Humanexperimente formuliert hat: „[...] je ärmer an Wissen, Motivation und Entscheidungsfreiheit die Subjektgruppe [...], desto behutsamer, ja widerstrebender sollte das Reservoir benutzt werden, und desto zwingender muss deshalb die aufwiegende Rechtfertigung durch den Zweck sein." (Jonas 1989, 245) Soll zuletzt die Wirkung des (assistiven, sozialen oder emotionalen) robotischen Systems auf nicht einwilligungsfähige Menschen und deren Akzeptanz erprobt werden, muss „[...]eine Abschätzung erfolgen, ob und in welchem Maße eine Teilnahme vulnerabler Personen an einem Forschungsprojekt mit dem Schutz ihrer Rechte vereinbar ist." (Ziegler/Treffurth/Bleses 2015, 39) Eine partizipative Mitgestaltung der Technikentwicklung und Überwachung der Passung durch Pflegende ist unerlässlich. (Hielscher/Kirchen-Peters/Sowinski 2015, 5; Manzeschke 2019, 10)

---

28 Ein gelegentlich diskutiertes, mögliches neues Berufsbild des Pflege*technikers* in Analogie zum Medizin*techniker* ist davon unbenommen, es sind dies aber keine neuen *Pflege*berufe.

Zum Einsatz robotischer Systeme in der Pflege

Je vulnerabler und abhängiger der pflegebedürftige Mensch ist, desto anspruchsvoller und fachlich fundierter wird die individuelle Bewertung des patientennahen Einsatzes Pflege-unterstützender und Pflege-substituierender Technologien durch die Pflegefachkräfte. Die autonomen Willensäußerungen und Präferenzen der zu pflegenden Personen sind so weit möglich in die Entscheidung über den Technikeinsatz einzubeziehen und zu fördern.

In einem von Deprofessionalisierung bedrohten pflegerischen Umfeld kann der unreflektierte Einsatz von Pflege-unterstützenden und Pflege-substituierenden Technologien („Pflegerobotik") ein reduziertes Pflegeverständnis im Sinne von „satt und sauber" weiter fördern. Hier ist Vorsicht und eine kritische Prüfung technikgetriebener Entwicklungen geboten.

Die Vision, sozialer Deprivation, Kommunikationsmangel und Einsamkeit durch Empathie-simulierende Technologien (sozio-assistive Systeme, „Gefährten") begegnen zu können, stellt nicht nur Einrichtungen in christlicher Trägerschaft vor Fragen nach ihrem Auftrag und Menschenbild.

Literatur

AEM (Akademie für Ethik in der Medizin) (2020): Pflegeethische Reflexion der Maßnahmen zur Eindämmung von Covid-19. Diskussionspapier der Akademie für Ethik in der Medizin (Stand 12.05.2020), in: https://www.aem-online.de/fileadmin/user_upload/2020_05_12_Pflegeethische_Reflexion_Papier.pdf Stand 1.7.2020.

Agbih, Sylvia et al. (2010): Essen und Trinken im Alter, Berlin, 75–96.

Arndt, Sr. Maria Benedikta (2008): Christlich pflegen und die Pflegewissenschaft, in: Dorschner, Stephan/Meussling-Sentpali, Annette (Hrsg.): Elisabeth bewegt – Christen in der Pflege, Jena, 179–193.

Aschenbrenner, Cord (2020): Ganz weit weg, in: SZ 18./19. Juli Nr. 164, 50.

Becker, Patrick (2020): Eine Frage des Weltbildes? Zum christlichen Menschenbild und seinen Implikationen für die Bewertung technischen Fortschritts, in: Mokry, Stephan/Rückert, Maximilian Th. L. (Hg.): Roboter als (Er-)Lösung? Paderborn, 256–270.

Behrens, Johann/Langer, Gero (2016): Evidence based Nursing and Caring. Methoden und Ethik der Pflegepraxis und Versorgungsforschung – Vertrauensbildende Entzauberung der „Wissenschaft", Bern.

Boerse.ARD.de, o.A. (2020): Corona treibt Roboter-Nachfrage, in: https://boerse.ard.de/anlagestrategie/branchen/corona-treibt-roboter-nachfrage100.html Stand 1.7.2020.

Bühler, Pierre (2008): Essen und Trinken – Ein Geschenk Gottes?, in: Druckpunkt 4/2008, 28–29.

Burger, Sander (2017): Ik ben Alice, in: https://vimeo.com/ondemand/ikbenalicegerman Stand 1.7.2020.

Dallmann, Hans-Ulrich/Schiff, Andrea (2016): Ethische Orientierung in der Pflege, Frankfurt am Main.
Depauli, Claudia (2016): Sexuelle Übergriffe und Belästigungen. „Stopp! Ich möchte das nicht!", in: Die Schwester/der Pfleger 4, https://www.bibliomed-pflege.de/sp/artikel/24000-stopp-ich-moechte-das-nicht Stand 1.7.2020.
DNQP (Deutsches Netzwerk für Qualitätsentwicklung in der Pflege) (2017): Expertenstandard Ernährungsmanagement zur Sicherung und Förderung der oralen Ernährung in der Pflege, in:
https://www.dnqp.de/fileadmin/HSOS/Homepages/DNQP/Dateien/Expertenstandards/Ernaehrungsmanagement_in_der_Pflege/Ernaehrung_Akt_Auszug.pdf Stand 1.7.2020.
DNQP (Deutsches Netzwerk für Qualitätsentwicklung in der Pflege) (2019): Expertenstandard „Beziehungsgestaltung in der Pflege von Menschen mit Demenz", in: https://www.dnqp.de/fileadmin/HSOS/Homepages/DNQP/Dateien/Expertenstandards/Demenz/Demenz_AV_Auszug.pdf Stand 1.7.2020.
Döring, Nicola (2018): Sollten Pflegeroboter auch sexuelle Assistenzfunktionen bieten?, in: Bendel, Oliver (Hg.): Pflegeroboter, Wiesbaden, 249–267.
Elsevier, o.A. (2019): Pflege Heute, München.
Ethikrat (2020): Robotik für gute Pflege. Stellungnahme, Berlin.
Giese, Constanze (2011): Pflegebildung zwischen Entprofessionalisierung und Akademisierung, in: Soziale Arbeit April 2011/60. Jg, 129–137.
Giese, Constanze (2016): Spiritualität in der Pflege, in: Spiritual Care 5/3, 215–220.
Giese, Constanze (2019): Antinomie statt Autonomie. Iris Marion Youngs Theorie der „Fünf Formen der Unterdrückung" als Beitrag zum Verständnis der Widersprüche der Pflege und Pflegebildungspolitik, in: Ethik in der Medizin 31, 305–323.
Giese, Constanze (2020): Menschenrechte in der Pflege angesichts Covid 19 – und das Recht Pflegender, sich im Arbeitsalltag nicht schuldig zu machen oder schuldig zu fühlen, in: Pflegewissenschaft. Sonderausgabe: die Corona-Pandemie, https://www.hpsmedia-verlag.de/home/info/corona_special_hps1.pdf Stand 1.7.2020.
Giese, Constanze/Heubel, Friedrich (2015): Pflege als Profession, in: Heubel, Friedrich (Hg.): Professionslogik im Krankenhaus, Frankfurt a.M., 35–50.
Großklaus-Seidel, Marion (2002): Ethik im Pflegealltag, Stuttgart.
Grüneberg, Eberhard (2008): Christlich Pflegen ohne Christen?, in: Dorschner, Stephan/Meussling-Sentpali, Annette (Hg.): Elisabeth bewegt – Christen in der Pflege, Jena, 60–69.
Haddadin, Sami et al. (2020): Geriatronik – Assistenzroboter für ein selbstbestimmtes Leben, in: Mokry, Stephan/Rückert, Maximilian Th.L. (Hg.): Roboter als (Er-)Lösung? Orientierung der Pflege von morgen am christlichen Menschenbild, Paderborn, 91–103.
Hamberger, Beatrice (2013): Endstation Pflegeheim, in: https://www.gesundheitsstadt-berlin.de/endstation-pflegeheim-1634/ Stand 1.7.2020.
Heubel, Friedrich (2007): Lebt der Mensch vom Brot allein?, in: Ethik in der Medizin 19, 55–56.
HiA (Ethikbeirat der Hilfe im Alter) (2020): Pflege nicht auf eine rein körperliche Lebens- und Gesunderhaltung reduzieren, Stellungnahme des Ethikbeirats der Hilfe im Alter, in: https://www.im-muenchen.de/fileadmin/Menschen_im_Alter/spes/StellungnahmeEthikbeirat_2020.pdf des Ethikbeirats der Hilfe im Alter Stand 1.7.2020.
Hielscher, Volker/Kirchen-Peters, Sabine/Sowinski, Christine (2015): Technologisierung der Pflegearbeit?, in: Pflege und Gesellschaft 20/1, 5–19.

High-Level Expert Group on Artificial Intelligence (2019): Ethics Guidelines for Trustworthy AI, in: https://ec.europa.eu/digital-single-market/en/news/draft-ethics-guidelines-trustworthy-ai Stand 29.12.2020

Hülsken-Giesler, Manfred/Daxberger, Sabine (2018): Robotik in der Pflege aus pflegewissenschaftlicher Perspektive, in: Bendel, Oliver (Hg.): Pflegeroboter, Wiesbaden, 125–139.

Huhn, Alexander (2020): Perspektiven zur Pflegerobotik, in: Mokry, Stephan/Rückert, Maximilian Th.L. (Hg.): Roboter als (Er-)Lösung? Orientierung der Pflege von morgen am christlichen Menschenbild, Paderborn, 245–255.

Janowski, Kathrin et al. (2018): Sozial interagierende Roboter in der Pflege, in: Bendel, Oliver (Hg.): Pflegeroboter, Wiesbaden, 63–87.

Jonas, Hans (1989): Humanexperimente, in: Sass, Hans-Martin (Hg.): Medizin und Ethik, Stuttgart, 232–253.

Juchli, Liliane (1993): Krankenpflege – Praxis und Theorie der Gesundheitsförderung und Pflege Kranker, Stuttgart.

Kehl, Christoph (2018): Wege zu verantwortungsvoller Forschung und Entwicklung im Bereich der Pflegerobotik: Die ambivalente Rolle der Ethik, in: Bendel, Oliver (Hg.): Pflegeroboter, Wiesbaden, 141–160.

Kreis, Jeanne (2018): Umsorgen, überwachen, unterhalten – sind Pflegeroboter ethisch vertretbar?, in: Bendel, Oliver (Hg.): Pflegeroboter, Wiesbaden, 213–228.

Krohwinkel, Monika (2013): Fördernde Prozesspflege mit integrierten ABEDLs. Forschung, Theorie und Praxis, Bern.

Lenk, Hans (2011): Das flexible Vielfachwesen, Göttingen.

LGL (2019): Bayerisches Landesamt für Gesundheit und Lebensmittelsicherheit Gesundheitsreport Bayern 2/2019 – Update Demenzerkrankungen, in: https://www.lgl.bayern.de/downloads/gesundheit/gesundheitsberichterstattung/doc/gesundheitsreport_2_2019.pdf Stand 1.7.2020.

Manzeschke, Arne (2019): Roboter in der Pflege. Von Menschen, Maschinen und anderen hilfreichen Wesen, in: EthikJournal 5/1, 1–11.

Marsiske, Hans-Arthur (2019): KI-Konferenz AAMAS: Mit Warmherzigkeit und Ironie gelingt der Roboter-Dialog, in: https://www.heise.de/newsticker/meldung/KI-Konferenz-AAMAS-Mit-Warmherzigkeit-und-Ironie-gelingt-der-Roboter-Dialog-4423282.html Stand 1.7.2020.

Misselhorn, Catrin/Pompe, Ulrike/Stapleton, Mog (2013): Ethical Considerations Regarding the Use of Social Robots in the Fourth Age, in: The Journal of Gerontopsychology and Geriatric Psychiatry 26/2, 121–133.

Prognos (2018): Strategien gegen den Fachkräftemangel in der Altenpflege, in: https://www.bertelsmann-stiftung.de/fileadmin/files/Projekte/44_Pflege_vor_Ort/VV_Endbericht_Fachkraeftemangel_Pflege_Prognos.pdf Stand 1.7.2020.

Remmers, Hartmut (2019): Pflege und Technik. Stand der Diskussion und zentrale ethische Fragen, in: Ethik in der Medizin 31, 407–430.

Remmers, Hartmut (2018): Pflegeroboter: Analyse und Bewertungen aus Sicht pflegerischen Handelns und ethischer Anforderungen, in: Bendel, Oliver (Hg.): Pflegeroboter, Wiesbaden, 161–179.

Roper, Nancy/Logan, Winifred W./Tierney, Alison J. (2016): Das Roper-Logan-Tierney-Modell: Basierend auf den Lebensaktivitäten (LA), Göttingen.

Schewior-Popp, Susanne/Sitzmann, Franz/Ullrich, Lothar (2017): Thiemes Pflege, Stuttgart.

Thieme, o.A. (2020): I care Konzept, in: https://www.thieme.de/de/pflege/I-care-Konzept-71238.htm Stand 1.7.2020.
Schmitt-Sausen, Nora (2019): Pflege: Pepper bezaubert in Unterfranken, in: aerzteblatt.de, https://www.aerzteblatt.de/archiv/206944/Pflege-Pepper-bezaubert-in-Unterfranken Stand 1.7.2020.
Schnell, Martin W. (2002a): Leiblichkeit – Verantwortung – Gerechtigkeit – Ethik, in: Schnell, Martin W. (Hg): Pflege und Philosophie, Bern, 9–22.
Schnell, Martin W. (2002b): Ethik als Lebensentwurf und Schutzbereich – Einleitung zu einem Dialog zwischen Pflegewissenschaft und Philosophie, in: Schnell Martin W. (Hg.): Pflege und Philosophie, Bern, 285–296.
Schweda, Mark: Mensch-Maschine-Interaktion im demographischen Wandel, im vorliegenden Band.
Spieker, Michael (2020): Zwischen uns die Plexiglaswand, in: der Freitag Nr. 23/4.6.2020, 5
Uzarewicz, Charlotte/Uzarewicz, Michael (2005): Das Weite suchen, Stuttgart.
Van Wynsberghe, Aimée (2013): Designing Robots for Care: Care Centered Value-Sensitive Design, in: Science and Engineering Ethics 19, 407–433.
Welt, o.A. (2007): Eine neue Chance für Prostituierte, in: https://www.welt.de/vermischtes/article812779/Eine-neue-Chance-fuer-Prostituierte.html Stand 1.7.2020.
Youtube (2018): Pepper spricht im Seniorenheim mit den Bewohnern, in: https://www.youtube.com/watch?v=aNSGlqPa2Vc Stand 1.7.2020.
Ziegler, Sven/Treffurth, Tanja/Blese, Helma M. (2015): Entsprechend dem (mutmaßlichen) Willen?, in: Pflege und Gesellschaft 20/1, 37–52.

Tobias Sitter
Neurotechnologien aus der Perspektive einer Theorie konkreter Subjektivität

Zusammenfassung: Die Manipulation neuronaler Strukturen durch Neurotechnologien geht gerade bei Anwendungen am Gehirn oftmals mit intendierten oder unerwünschten Einflüssen auf geistig-psychische Aspekte menschlicher Lebensvollzüge einher. Daher sind für ein fundiertes Verständnis neurotechnologischer Entwicklungen und Anwendungen anthropologische Überlegungen über das Verhältnis des Bewusstseins zu den technisch manipulierbaren organismischen Strukturen bzw. über die psycho-physische Konstitution des Menschen unumgänglich. Vor diesem Hintergrund verfolgt der vorliegende Beitrag das Ziel, durch die Skizze einer Theorie konkreter Subjektivität einen allgemeinen anthropologischen Reflexionsrahmen für das Feld der Neurotechnologie zu entwickeln, der einerseits den spezifischen irreduziblen Eigenschaften des menschlichen Bewusstseins und andererseits der realen Möglichkeit seiner Beeinflussung durch Neurotechnologien Rechnung tragen kann. Hierfür wird zunächst die irreduzible Grundstruktur des Bewusstseins aufgezeigt. Indem sie dabei zugleich als unhintergehbare Voraussetzung für das Erfüllen von Rationalitätsstandards lebensweltlicher und wissenschaftlicher Praktiken ausgewiesen wird, können die – gerade auch in den Neurowissenschaften – weit verbreiteten reduktiv-naturalistischen Deutungen des Bewusstseins, die seine vollständige Reduzierbarkeit auf physische kausal-funktionalen Strukturen behaupten, als unzulänglich zurückgewiesen werden. Den Kern der Theorie konkreter Subjektivität bildet die anschließende Bestimmung des Menschen als binnendifferenzierte Einheit, in der Bewusstsein und Organismus als zwei zu unterscheidende, *nicht* aufeinander reduzierbare und einander bedingende Momente verschränkt sind. Da somit einerseits die spezifischen irreduziblen Charakteristika des Bewusstseins, andererseits seine konstitutive Einbettung in organismische Strukturen und damit auch in einen technisch manipulierbaren Naturzusammenhang berücksichtigt werden, erweist sich diese anthropologische Perspektive als geeigneter Reflexionsrahmen, um das allgemeine Verständnis der neurotechnologischen Einflussnahme auf menschliche Lebensvollzüge mitsamt ihren geistig-psychischen Aspekten schärfen sowie konkrete Anwendungsfälle differenziert beurteilen zu können – beides wird in einem abschließenden Teil exemplarisch demonstriert.

1 Das Phänomen der Neurotechnologie – anthropologischer Reflexionsbedarf

Die enormen Fortschritte moderner Neurowissenschaften in der Ergründung der Struktur und Funktion des menschlichen Gehirns ebneten den Weg für das sich dynamisch entwickelnde Feld der Neurotechnologie.[1] Damit steht eine Entwicklung im Raum, die einen fundamentaleren Zugriff auf den Menschen als jede andere technische Entwicklung zuvor zu ermöglichen scheint. Denn bei der technischen Manipulation neuronaler Strukturen (vor allem des Gehirns) geht es nicht mehr wie in anderen biotechnischen Kontexten vorrangig um die Beeinflussung rein physiologischer Prozesse. Sondern insofern das Gehirn „der zentrale Ort bewusstseinsrelevanter physiologischer Prozesse" (Fuchs 2013, 68) ist, geht es um die Beeinflussung des Menschen in seinem personalen Dasein als psychisch-geistiges, sich seiner selbst bewusstes, selbstbestimmtes und handelndes Subjekt.

Solche Einflüsse auf mental-psychische Aspekte zeigen sich zum einen als ungewollte Nebenwirkungen im Rahmen etablierter neurotechnologischer Therapieansätze in der Medizin. Beispielsweise können beim Einsatz der Tiefen Hirnstimulation[2] zur Behandlung motorischer Störungen gravierende Auswirkungen auf kognitive Fähigkeiten oder das affektive Erleben der Patienten auftreten (vgl. z. B. Gharabaghi/Freudenstein/Tatagiba 2005, 65 f.). Zum anderen gibt es neurotechnologische Anwendungen und Entwicklungsziele, bei denen ein bestimmter Einfluss auf die Psyche bzw. das Bewusstsein gerade intendiert wird. Dabei weisen solche anvisierten – teils schon realisierten, teils noch visionären – Manipulationen mental-psychischer Aspekte ein weites Spektrum auf, das sowohl therapeutisch-wiederherstellende als auch bestimmte Funktionen verbessernde bzw. erweiternde Eingriffe umfasst: von neuen Therapieansätzen psychischer Erkrankungen (z. B. therapierefraktärer Depressionen) durch das Verfahren Tiefer Hirnstimulation (vgl. z. B. Holtzheimer/Mayberg 2011; Mi 2016) über die ange-

---

1 Unter dem Begriff *Neurotechnologie* seien im Folgenden alle technischen Mittel und Methoden verstanden, die einen direkten Kontakt zwischen einem technischen Element und dem Nervensystem ermöglichen. Der Kontakt basiert dabei auf einer elektrisch stimulierenden oder bioelektrische Signale decodierenden Elektrode. In ‚integrierten Systemen' werden beide Verfahren kombiniert (siehe für einen Überblick z. B. Clausen 2008, 40–45; Müller/Rotter 2017).
2 Bei der *Tiefen Hirnstimulation* werden je nach Indikation verschiedene subkortikale, ‚tiefe' Hirnstrukturen durch eine implantierte Elektrode stimuliert. Siehe für eine Auseinandersetzung mit dieser Methode auch Olivia Mitscherlich-Schönherrs Beitrag zum vorliegenden Band.

strebte Wiederherstellung und Verbesserung kognitiver Fähigkeiten[3] bis hin zu Visionen, die von einer so großen technischen Kontrollierbarkeit des Bewusstseins ausgehen, dass etwa Erinnerungen auf einen implantierten ‚Gedächtnis-Chip' gespeichert oder das ganze Bewusstsein auf einen Computer geladen werden könnte (vgl. z. B. Hansmann 2018, 46 f.; Hildt 2005, 134).

In Anbetracht solcher Zugriffe auf zentrale Aspekte unseres personalen Daseins sind anthropologische Überlegungen für das Feld der Neurotechnologie von besonderer Relevanz. Die Deutung der Einflussnahme neurotechnologischer Anwendungen auf mental-psychische Aspekte, ihre ethische Beurteilung, die Einschätzung ihrer Grenzen und Möglichkeiten sowie die davon abhängige Ausrichtung der neurowissenschaftlichen Forschung hängen maßgeblich von anthropologischen Vorannahmen darüber ab, wie man Bewusstsein in seiner Abhängigkeit von neuronalen Prozessen bzw. die psycho-physische Konstitution des Menschen begreift. Anders gesagt steht im Kontext der Neurotechnologien hinter jeder ethischen Reflexion, hinter jedem neuen Entwicklungsziel und hinter jedem therapeutischen oder verbessernden „Zugriff auf das Gehirn [...] jeweils schon ein bestimmtes Menschenbild" (Clausen/Müller/Maio 2008, 8), das zur adäquaten Beurteilung eines Eingriffs oder eines anvisierten Ziels expliziert werden muss.

Dabei lässt sich beobachten, dass solchen Beurteilungen und Überlegungen im Kontext der Neurowissenschaften und Neurotechnologie häufig ein reduktiv-naturalistisches Menschenbild zugrunde liegt, gemäß dem sich alle Aspekte des Menschseins, auch die mental-psychischen (Emotionen, kognitive Fähigkeiten etc.), auf materielle physiologische bzw. neuronale Abläufe zurückführen lassen, also ein Subjekt letztlich nicht mehr als und identisch mit seinem Gehirn ist:

> „You are your brain. The neurons interconnecting in its vast network, discharging in certain patterns modulated by certain chemicals, controlled by thousand feedback networks – that is you. And in order to be you, all of those systems have to work properly." (Gazzaniga 2005, 31)

Somit werden etwa psychische Krankheiten als reine Störungen des Gehirns verstanden, die man folglich im Zuge des wissenschaftlichen Fortschritts allein durch medizinisch-technische Manipulationen neuronaler Strukturen heilen könne (vgl. z. B. Elger et al. 2004, 36).

Solche reduktionistischen anthropologischen Vorannahmen im Feld der Neurotechnologie basieren auf der weit verbreiteten – sicherlich durch den Erfolg der modernen Naturwissenschaften motivierten – ontologischen Grundhaltung,

---

[3] So gibt es beispielsweise Versuche, einen ‚Hippocampus-Chip' für die Wiederherstellung des Langzeitgedächtnisses bei hippocampalen Degenerationen zu entwickeln (vgl. Berger et al. 2005).

dass alles Wesentliche der Wirklichkeit naturwissenschaftlich erfasst werden könne (vgl. z. B. Beckermann 2012, 6) und sich somit in physischen wirkkausal-funktionalen Strukturen erschöpfe. Alles, was sich hingegen dem methodisch auf kausal-funktionale Kategorien beschränkten naturwissenschaftlichen Weltzugang entzieht – etwa ein Gedanke oder ein Sinneseindruck –, wird als ontologisch sekundäres und kausal irrelevantes Phänomen angesehen, das von der ontologisch fundamentalen Ebene der naturwissenschaftlich fassbaren (also kausal-funktionalen) Naturzusammenhänge vollständig bestimmt und insofern auf diese zurückführbar sei.[4] Wirklichkeit wird demnach als rein wirkkausal-funktionales „Geschehen bzw. die Folge eines bloßen Geschehens" (Cramm 2008, 44) verstanden, wobei den fundamentalen physischen Strukturen exklusive Kausalkräfte zukommen, die bottom-up alle anderen Phänomene – also auch mental-psychische Aspekte des Menschen – vollständig bestimmen (vgl. Müller 2018, 91).

Diese reduktiv-naturalistische Auffassung der Wirklichkeit und des Menschen sieht sich jedoch mit erheblichen Schwierigkeiten konfrontiert: Zum einen bedeutet sie einen fundamentalen Bruch mit unserem lebensweltlichen Selbstverständnis, nicht ausschließlich durch physische Abläufe determinierte materielle Konglomerate, sondern wesentlich auch psychisch verfasste Subjekte zu sein, die sich denkend und prinzipiell frei an Zwecken und Gründen orientieren können (vgl. Müller 2015, 31–33). Zum anderen wird, wie wir noch sehen werden, eine naturalistische Reduktion des Bewusstseins auf ein ‚blind' ablaufendes Naturgeschehen den Rationalitätsstandards lebensweltlicher und wissenschaftlicher Praktiken nicht gerecht, also auch nicht der auf rational-wissenschaftlichen Erkenntnissen aufbauenden Entwicklung und Anwendung von Neurotechnologien.[5]

Angesichts dieser Probleme reduktiv-naturalistischer Deutungen möchte ich im Folgenden einen anthropologisch adäquateren Reflexionsrahmen für das Feld der Neurotechnologie vorstellen, der nicht nur der realen Möglichkeit neurotechnologischer Einflussnahme auf den Menschen und sein Bewusstsein, sondern auch unserem lebensweltlichen Selbstverständnis und einem zu rationalen Praktiken befähigendem Denkvermögen – der Voraussetzung erfolgreicher neurotechnologischer Entwicklungen – Rechnung tragen kann. Hierfür wird in einem ersten Schritt eine Theorie konkreter Subjektivität skizziert, die den Menschen als psycho-physische Einheit begreift, in der Bewusstsein und Organismus als zwei konstitutive, einander bedingende und *nicht* aufeinander reduzierbare Momente

---

4 Siehe zum Zusammenhang von erfolgreicher naturwissenschaftlicher Wirklichkeitsbeschreibung und ontologischen reduktiv-naturalistischen Positionen auch Hoffmann 2013, 28–30 und Müller 2015, 32.
5 Darauf werde ich am Ende des Abschnitts 2.1 näher eingehen.

verschränkt sind. Anschließend wird in einem zweiten Schritt exemplarisch demonstriert, dass sich eine solche Theorie konkreter Subjektivität eignet, um neurotechnologische Anwendungen und Entwicklungen aus anthropologischer Perspektive zu beleuchten, sei es, um das allgemeine Verständnis ihrer Grenzen und Möglichkeiten zu schärfen, sei es, um Deutungen konkreter Anwendungsfälle differenziert beurteilen zu können.

2 Skizze einer Theorie konkreter Subjektivität

Die vorliegende Skizze einer Theorie konkreter Subjektivität basiert vorrangig auf Überlegungen der Philosophen *Wolfgang Cramer* und *Thomas Fuchs*. Während mit Cramers transzendentalphilosophischem Ansatz die irreduzible Grundstruktur des Bewusstseins und seine gleichzeitig konstitutive Einbettung in einen Organismus aufgewiesen werden kann, liefert Fuchs, der phänomenologische und empirische Aspekte stärker berücksichtigt, das geeignete Instrumentarium, um die mit Cramer begründeten Bedingungsverhältnisse von Bewusstsein, Organismus und Natur zu konkretisieren.

2.1 Die irreduzible Grundstruktur des Bewusstseins: Phänomenales Erleben und Denken als genuin aus und rückbezüglich für sich produzierende Aktivität eines Subjekts

> „But no matter how the form may vary, the fact that an organism has conscious experience *at all* means, basically, that there is something it is like to *be* that organism. There may be further implications about the form of the experience; there may even (though I doubt it) be implications about the behavior of the organism. But fundamentally an organism has conscious mental states if and only if there is something that it is like to *be* that organism – something it is like *for* the organism." (Nagel 1974, 436)

Thomas Nagel weist hier in seinem berühmten Aufsatz „What Is It Like to Be a Bat?" auf zwei konstitutive Aspekte eines jeden erlebten Bewusstseinszustandes hin: Der erste ist die phänomenale Qualität, die sich darin zeigt, dass es immer irgendwie ist bzw. *sich immer irgendwie anfühlt*, in einem Bewusstseinszustand zu sein, sei es einen Farbeindruck, eine leibliche Empfindung, einen abstrakten Gedanken oder alles gleichzeitig zu haben. Der zweite Aspekt geht notwendig mit dem ersten einher und ist das strukturelle Moment, dass ein Bewusstseinszustand und seine phänomenalen Qualitäten immer *für* ein konkretes Lebewesen sind, das diesen hat und dabei qualitativ erlebt.⁶ Das heißt zugleich, dass erlebte Bewusstseinszustände fundamental privat, also *nur für* das Subjekt sind, das sie erlebt, und sich nicht in eine öffentliche Dritte-Person-Perspektive übersetzten lassen (vgl. Brüntrup 2012, 13 f.).

Dieser Für-es-Sein-Aspekt bedeutet nichts anderes, als dass es phänomenale Erlebensqualitäten (z. B. Farbeindrücke) *nur* insofern gibt, als ein Subjekt existiert, das sie erlebt. Anders gesagt existieren sie nicht als dem erlebenden Subjekt transzendente und von ihm unabhängige Eigenschaften des Naturzusammenhangs, auf die es sich im Sinne eines naiven Realismus einfach hinbeziehen könnte, sondern sie kommen *nur innerhalb* des Erlebens eines sie erlebenden Subjekts vor. Ein Baum mag dem Erleben transzendent sein, aber nicht der Farbeindruck seiner grünen Blätter. Da somit das Verhältnis von Erleben und erlebten Gehalten nicht so verstanden werden kann, dass Letztere schon außerhalb des Erlebens eines Subjekts existieren oder entstehen und sekundär auf welche Weise auch immer in dessen Erleben hineinkommen, muss das erlebende Subjekt zugleich der Ursprung der von ihm erlebten Gehalte sein (vgl. Cramer 1999, 28; 2012, 116). Erleben ist folglich als rückbezüglicher Zusammenhang zu verstehen, in dem das erlebende Subjekte die Gehalte, die es erlebt, genuin aus und aktiv für sich erzeugt (vgl. ders. 2012, 91–95).

Da sich diese rückbezüglich produzierende Aktivität kategorial von einem kausal-funktionalen Naturgeschehen unterscheidet, erweist sich Erleben als eigener, irreduzibler Modus von Wirklichkeit (vgl. ders. 1999, 32 f.). Das heißt im Umkehrschluss, dass die oben skizzierte reduktiv-naturalistische Perspektive den spezifischen Eigenschaften des Erlebens nicht gerecht werden kann: Versucht man, Erleben auf die Ebene kausal-funktionaler Naturabläufe zurückzuführen und allein durch das Zusammenspiel physischer Kausaldispositionen zu erklären, so lassen sich weder der qualitative Charakter und die Privatheit des Erlebens noch die grundlegende rückbezügliche Struktur einholen, dass Erlebensgehalte *für* ein sie erlebendes Subjekt sind.

Nicht nur anhand des phänomenalen Erlebens, sondern auch anhand des Denkens, des Bewusstseinsmodus des begrifflichen Bestimmens, kann begründet werden, dass sich Bewusstsein als genuin aus und für sich produzierende Aktivität eines Subjekts charakterisieren lässt, die sich einer naturalistischen Reduktion auf wirkkausal-funktionale (neuronale) Strukturen entzieht. Denn jedes *rationale* Urteilen, Erkennen und Handeln setzt ein denkendes Subjekt voraus, das als genuiner Ursprung seiner Gedanken deren Inhalt und Richtung prinzipiell

---

6 Siehe z. B. auch Fuchs 2020, 37: „Es ist *für mich*, dass ich Schmerzen habe, wahrnehme, verstehe oder denke."

frei bzw. spontan bestimmen kann (vgl. Cramer 1999, 22, 65 f.; Stekeler-Weithofer 2012, 112). Nur durch die so verstandene Aktivität des freiheitlich gelenkten Gedankenhervorbringens kann es seine Gedankengänge und Entscheidungen im Sinne genuin mentaler Verursachung mit intentionalem Bezug zum semantischen Gehalt von Zwecken, Gründen und (epistemischen) Normen – also anhand inhaltlicher und logischer Kriterien – entwickeln, in einem metastufigen Reflexionsprozess vorgegebene Gründe und Normen hinterfragen und somit „epistemische Verantwortung" (Cramm 2008, 56) als Akteur im Raum der Gründe übernehmen.

An dieser Stelle lässt sich das schon angesprochene Problem verdeutlichen, mit dem sich die in den Neurowissenschaften vorherrschenden reduktiv-naturalistischen Auffassungen des Bewusstseins konfrontiert sehen. Sie können die hier skizzierten Eigenschaften des Denkens, die konstitutiv für alle *Rationalität* in lebensweltlichen und wissenschaftlichen Kontexten sind, nicht einholen und somit nur auf Kosten eines performativen Selbstwiderspruchs rationale Geltung in eigener Sache beanspruchen oder den nicht von der Hand zu weisenden Fortschritt der eigenen Disziplin in der Entwicklung von Neurotechnologien erklären. Denn weil im Rahmen reduktiv-naturalistischer Auffassungen jeder physische und jeder mentale Zustand (im Sinne seiner Reduzierbarkeit) durch eine hinreichende physische Ursache vollständig festgelegt ist und dabei die problematische Möglichkeit systematischer Überdetermination[7] ausgeschlossen wird, sodass es neben dieser einen hinreichenden physischen Ursache für ein (physisches oder mentales) Ereignis keine zweite und damit auch keine mentale Ursache geben kann, bleibt kein Raum für genuin mentale Verursachung bzw. die kausale Relevanz mentaler Gehalte (z. B. Gründe). Gedankengänge wären durch die ‚blinden' Dispositionen des fundamentalen (neuronalen) Naturgeschehens vollständig festgelegt. Von dem für rationale Zusammenhänge unverzichtbaren Vermögen, Gedankengänge gemäß mentaler Verursachung anhand *inhaltlicher* Kriterien frei entwickeln zu können, könnte keine Rede mehr sein (vgl. Müller 2013, 137–139).

2.2 Bewusstsein – Organismus – Natur: Die Bedingungsverhältnisse konkreter Subjektivität

Dass Subjektivität in ihrer rückbezüglichen Bewusstseinsstruktur keine unmittelbaren Relationen zu etwas ihr Äußerem hat, heißt wiederum nicht, dass sie in einem solipsistischen Sinne in sich gefangen ist und überhaupt keinen Bezug zur

---

[7] Siehe zu den Problemen systematischer Überdetermination Brüntrup 2012, 49 f.

bewusstseinsunabhängigen Wirklichkeit hat. Zwar zeichnet sich das zur Rationalität befähigende Denkvermögen ja gerade durch eine starke Spontaneität aus, sodass ein denkendes Subjekt Inhalt und Richtung seiner Gedankengänge prinzipiell frei von Einflüssen bestimmen kann, die außerhalb des Wirklichkeitsmodus des Bewusstseins bzw. Denkens stehen. Jedoch – und hier liegt ein entscheidender Unterschied zwischen Denken und Erleben – steht es einem erlebenden Subjekt nicht frei, *dass* und *was* es erlebt. Auch wenn ein Subjekt, das Schmerzen und eine Rotwahrnehmung hat, diese Erlebensgehalte im Modus des Bewusstseins aktiv produziert, kann es in dieser konkreten Situation nicht willkürlich beeinflussen, dass es keine Schmerzen und keine oder eine andere Farbwahrnehmung hat (vgl. Cramer 1999, 28). Für die konkrete Inhaltlichkeit des Erlebens kann somit nicht die Bewusstseinsaktivität des Subjekts, sondern nur eine Instanz verantwortlich gemacht werden, die selbst kein Moment dieser Aktivität bzw. des Modus des Bewusstseins ist, aber dennoch mit diesem so verschränkt ist, dass sie die Erlebensinhalte bedingen kann. Diese für jedes erlebende Subjekt konstitutive Instanz ist sein Organismus. Der notwendige Bezug des Erlebens auf ein externes, seine Inhaltlichkeit bedingendes Moment bedeutet also, dass sich Subjektivität nicht in reiner Bewusstseinsaktivität erschöpft, sondern immer eingebettet in einen konkreten Organismus ist, mithin Subjektivität nur als konkrete, verkörperte Subjektivität in Form konkreter Lebewesen – Pflanzen, Tiere, Menschen – auftritt (vgl. ders. 1999, 34–41; 2012, 103f.).

Da der Organismus dabei nicht nur als lebendiger Leib eines Lebewesens unauflöslich mit dessen Erleben verschränkt ist, sondern zugleich als Körper mit anderen raumzeitlichen Entitäten in Verbindung steht, stellt er die vermittelnde Schnittstelle zwischen Subjektivität in ihrer irreduziblen Bewusstseinsstruktur und der bewusstseinsunabhängigen Natur dar (vgl. ders. 1999, 43–45). Auch wenn sich ein Subjekt im rückbezüglichen Modus des Erlebens nicht direkt auf die subjektunabhängige Wirklichkeit beziehen kann, so nimmt es sie doch insofern *mittelbar* wahr, als es seine Erlebensgehalte immer abhängig von seiner leiblichen Verschränkung mit organismischen Strukturen produziert, die ihrerseits in direkter Wechselwirkung mit der subjektexternen Natur stehen (vgl. ders. 1999, 45–47; 2012, 116f.).[8] Der nur menschlichen Subjekten zukommende Bewusst-

---

[8] Dieses an Wolfgang Cramer orientierte Verständnis der äußeren Wahrnehmung ist durchaus kompatibel mit phänomenologischen Auffassungen, wie sie etwa bei Thomas Fuchs zu finden sind. Zwar stellt Fuchs die Beziehung des verkörperten Subjekts zur ihm begegnenden Umwelt ins Zentrum der Welterfahrung. Doch in einer gewissen Ähnlichkeit zu Cramer bestimmt er einerseits dem Subjekt zuzuschreibende „Wahrnehmungsvermögen" und andererseits „Objekteigenschaften" der subjektunabhängigen Natur als konstitutive Momente für die Entstehung konkreter Wahrnehmungsgehalte. Dabei wird das „Zusammenwirken" dieser beiden Momente – ganz im

seinsmodus des Denkens steht wiederum mit dem ihm vorausgesetzten Erleben in einem derartigen Bedingungsverhältnis, dass ein denkendes Subjekt seine Gedanken prinzipiell in Bezug auf Erlebtes, also auch äußerlich Perzipiertes, lenken und dieses dadurch begrifflich bestimmen kann (vgl. ders. 1999, 72). Dieses dreifache Bedingungsverhältnis (Natur – Organismus – Erleben – Denken) ermöglicht einen indirekten Bezug des Denkens auf die subjektunabhängige Wirklichkeit und ist somit auch konstitutive Voraussetzung für jede rationale Erkenntnis über diese.

Es ist also die Leiblichkeit bzw. die konstitutive Verschränkung mit organismischen Strukturen, die ein Subjekt so in der Welt verortet, dass es sie wahrnehmen, sich auf sie beziehen und auch mit ihr interagieren kann (vgl. Fuchs 2013, 31 f., 40). Das heißt, dass der Organismus nicht nur – wie im Falle der äußeren Wahrnehmung – den indirekten Einfluss der subjektexternen Natur auf das Erleben vermittelt, sondern auch andersherum das Wirken des Bewusstseins auf die Natur über organismische Aktivität ermöglicht. Nur wenn ein Lebewesen abhängig von seinem Erleben, etwa einem Hungergefühl oder dem Wahrnehmen einer Gefahrenquelle, seinen Organismus spontan zu Aktivitäten bestimmen kann, kann es sich in eine für seine Selbsterhaltung erfolgreiche Interaktion mit der Welt bzw. dem ihm Begegnenden begeben, das durch das Wechselspiel von erlebensbedingtem Verhalten und verhaltensbedingtem Erleben zu seiner ihm spezifischen und bedeutsamen Umwelt konstituiert wird: Durch sein Verhalten verändert es seine Umwelt und bringt sich in immer neue Beziehungen zu ihr, sodass es immer neue Außenwahrnehmungen und Leibesempfindungen hat, die wiederum sein Verhalten beeinflussen (vgl. Cramer 1999, 47–50; 2012, 117 f.; Fuchs 2013, 113–116). Dabei ermöglicht die skizzierte Spontaneität des Denkens menschlichen Subjekten, aus ihrer ursprünglichen Eingebundenheit in dieses Wechselspiel heraustreten zu können. Durch das prinzipiell freie Lenken der Gedanken müssen sie ihr Tun nicht unmittelbar an Eigen- und Umweltwahrnehmungen ausrichten, sondern können die je konkrete Situation und die eigene Stellung in ihr bedenken, verschiedene Optionen abwägen und sich aufgrund von Zwecken, Werten und Gründen, die möglicherweise nichts mit der aktuellen Umwelterfahrung zu tun haben, zu Handlungen bestimmen (vgl. Cramer 1999, 74; Fuchs 2013, 119). Schließlich sei darauf hingewiesen, dass man in seinem Erleben, Denken, Verhalten und Handeln nicht nur in einer Beziehung zu seiner je eigenen Umwelt steht, sondern auch in intersubjektive Interaktionen mit anderen konkreten Subjekten tritt, wodurch sich ein gemeinsamer Sozialraum bzw. eine so-

---

Sinne Cramers – durch die Verkörperung des Subjekts, also durch seine Verschränkung mit organismischen Strukturen, ermöglicht bzw. vermittelt (vgl. Fuchs 2013, 46 f.).

ziale Mitwelt mit geteilten sozio-kulturellen Praktiken formt (vgl. Fuchs 2013, 187f., 265).

Die Möglichkeit psycho-physischer Wechselwirkungen, wie sie etwa im Erleben der Umwelt oder in der Aktualisierung eines Gedankens zu einer in der Welt wirksamen Handlung zum Tragen kommen, gründet auf einem Verhältnis von Bewusstsein und Organismus, dessen formale Bestimmung als notwendige Korrelation zu kurz greift. Eine solche konstatiert zwar zutreffend, dass das eine niemals ohne das andere sein kann, lässt aber dennoch – bei aller Notwendigkeit des korrelativen Auftretens – die unzureichende Möglichkeit eines Substanzdualismus offen, der Bewusstsein und Organismus nicht nur als aufeinander irreduzible, sondern auch als völlig getrennte Wirklichkeitszusammenhänge versteht und somit deren Wechselwirkung nicht plausibel fassen kann.[9]

Entscheidend ist vielmehr, dass Subjektivität in ihrem spezifischen Bewusstseinsmodus notwendig *aus sich selbst heraus* – nämlich durch die inhaltliche Bedingtheit des Erlebens – auf ihren Organismus als für sie konstitutives Moment verweist. Durch diese *inhärente* Differenz erweist sich verkörperte Subjektivität nicht als sekundäre Verbindung von Bewusstsein und Körper, sondern primär als *binnendifferenzierte Einheit* zweier zu unterscheidender (aber nicht getrennter), unaufhebbarer und aufeinander bezogener Momente. Sind Bewusstsein und Organismus nach diesem Verständnis zwei miteinander verschränkte Momente einer zugrundeliegenden Einheit, nämlich des konkreten Lebewesens, lässt sich ihre Wechselwirkung formal als gegenseitiges Bedingungsverhältnis bestimmen, das die Differenz *in* der Einheit gewissermaßen konstituiert. So tritt Bewusstsein immer nur als ein Moment im Rahmen der psycho-physischen Einheit eines Lebewesens auf und ist, wie gezeigt, konstitutiv durch das physische Moment, den Organismus, bedingt. Dieser wiederum ist als Moment eines Lebewesens nicht *nur* physisch bzw. nicht *nur* ‚bloße' Natur. Sondern er ist dadurch zu einem *lebendigen Leib* spezifizierte Natur, dass er einerseits das Bewusstseins-Moment des Lebewesens bedingt und andererseits selbst durch dieses bedingt wird, also organismische Prozesse nicht nur durch physische, sondern auch durch psychische Faktoren, z.B. die Herzfrequenz von erlebtem Stress, mitbestimmt werden.[10]

---

9 Siehe zum Problem der psycho-physischen Wechselwirkung in substanzdualistischen Positionen Brüntrup 2012, 44–64.
10 Vgl. ausführlich zur Bestimmung des konkreten Subjekts bzw. Lebewesens als binnendifferenzierte Einheit zweier sich bedingender Momente Cramer 1999, 41–45.

2.3 Die Verschränkung psychischer und physischer Aspekte in gesamtorganismischen Lebensvollzügen

Für die anschließenden Überlegungen zu Neurotechnologien ist es von Interesse, diese formalen Verhältnisbestimmungen zu konkretisieren und dabei das Phänomen psycho-physischer Wechselwirkung jenseits substanzdualistischer Klüfte adäquat zu fassen. Mentales und Physisches stehen sich nicht als konkurrierende Kausalfaktoren zweier getrennter Bereiche gegenüber, sondern sind in gesamtorganismischen Lebensprozessen eines Lebewesens verschränkte Aspekte und werden durch diese gewissermaßen zu einer differenzierten Einheit integriert, wobei sie mit ihren kausalen Dispositionen die sie integrierenden Lebensprozesse beeinflussen. Dass solche gesamtorganismischen Lebensvollzüge folglich nicht allein durch physische Faktoren bedingt sind und daher nicht rein wirkkausal beschrieben werden können, sieht man schon daran, dass physische Prozesse, die in einen lebendigen Organismus eingebettet sind, anders ablaufen als in der ‚bloßen' außerorganismischen Natur.[11]

Vielmehr weisen solche gesamtorganismischen Lebensvollzüge, mit denen ein verkörpertes Subjekt im Spannungsfeld psychischer und physischer Bedürfnisse in eine dynamische Interaktion mit seiner Umwelt tritt, spezifische Kausalstrukturen auf, die sich mit Thomas Fuchs' Konzept *zirkulärer Kausalität* (vgl. Fuchs 2013, 121–132) näher bestimmen lassen.

Gemäß der *vertikalen zirkulären Kausalität* lassen sich in einem Lebewesen – vom Organismus als Ganzen, über physiologische Systeme und Organe bis hin zu Zellen, Molekülen und Atomen – verschiedene Ebenen unterscheiden, die in einer vertikalen Hierarchie zueinander stehen und sich wechselseitig beeinflussen. Durch vertikale Kausalschleifen wirkt jede Ebene bottom-up auf die nächst höhere Ebene und über diese immer weiter bis auf den Gesamtorganismus in seinen Lebensvollzügen, während gleichzeitig dieser und jede andere Ebene auch top-down auf die niedrigeren Ebenen wirken (vgl. ebd., 122 f.). Dabei genießt jede Ebene eine gewisse Autonomie und trägt zum übergeordneten Ganzen bei (z. B. zelluläre Prozesse zur Organfunktion), während dieses umgekehrt die Funktion seiner Komponenten beeinflusst und erst ermöglicht (z. B. das Organ die Prozesse seiner Zellen) (vgl. ebd., 112, 122). Der top-down-Richtung der Kausalschleifen ist vorrangig eine *formierende Wirkung* auf die untergeordneten Teile zuzusprechen

---

11 Während beispielsweise Eisen normalerweise irreversibel oxidiert, ist es durch seine Hämoglobin-Bindung im Rahmen organismischer Strukturen dazu fähig, Sauerstoff reversibel zu binden.

und genau hier ist auch die Wirksamkeit mentaler Aspekte, sofern man diese überhaupt isoliert betrachten kann, anzusiedeln (vgl. ebd., 123 f.).

Durch diese kausalen Verschränkungen lassen sich Veränderungen des organismischen Gesamtzustandes durch verschiedene Manipulationen herbeiführen, die sich sowohl hinsichtlich des Moments (mental oder physisch) als auch hinsichtlich der vertikalen Ebene unterscheiden können, an dem bzw. auf der sie ansetzten. So lässt sich etwa ein Angstzustand, gewissermaßen ein Aspekt des gesamtorganismischen Zustands, Psychopharmaka mildern, deren unmittelbare Wirkung auf den Neurotransmitterhaushalt subkortikaler Hirnstrukturen sekundär zu Veränderungen höherstufiger neuronaler Prozesse führt (bottom-up) und dabei im Sinne der psycho-physischen Verschränkung das emotionale Erleben beeinflusst. Andersherum setzt ein beruhigendes Gespräch primär am mentalen Moment an, mildert über eine veränderte kognitive Einschätzung top-down den Angstzustand und führt gleichzeitig über die psycho-physische Verschränkung zu physiologischen Veränderungen, die sich ebenfalls top-down von kortikalen über subkortikale bis hin zu vegetativen Abläufen fortsetzten (vgl. ebd., 125, 285–287).

Auch die zweite Form zirkulärer Kausalität, nämlich die *horizontale zirkuläre Kausalität*, unterscheidet sich grundlegend von linearen Ursache-Wirkungs-Zusammenhängen, die in naturwissenschaftlichen Erklärungen und naturalistischen Deutungen eine zentrale Rolle einnehmen. Zum einen zeigt sie sich in den zirkulären Wechselwirkungen, die auf den verschiedenen organismischen Ebenen, etwa in Form hormoneller Rückkopplungsschleifen, stattfinden. Zum anderen bezeichnet sie die Dynamik, in der diese Ebenen mit der Umwelt wechselwirken, sei es basal den Stoffwechsel oder sei es Interaktionen des gesamten Lebewesens mit seiner Umwelt betreffend (vgl. ebd., 125 f.). Gerade Letzteres zeigt in seinem oben genannten Wechselspiel aus erlebensbedingtem Verhalten und verhaltensbedingtem Erleben sowohl die Verschränkung psychischer und physischer Aspekte in Lebewesen und ihren Vollzügen als auch die Nicht-Linearität organismischer Kausalzusammenhänge.

Integrale zirkuläre Kausalität bezeichnet den Zusammenhang, dass in einem verkörperten Subjekt sowohl horizontale als auch vertikale Kausalschleifen mit all ihren physischen und psychischen Aspekten zu teils angeborenen, teils erlernten *Vermögen* integriert sind, die in Anlehnung an Aristoteles als gesamtorganismische Fähigkeiten verstanden und vom verkörperten Subjekt aktiv aktualisiert werden können. So werden etwa in Handlungs- und Verhaltenskontexten neuronale Strukturen, zelluläre Transmissionen, Muskeln, Sehnen usw. in vertikaler Kausalität zu einer funktionalen Einheit gebündelt, die das Lebewesen für eine bestimmte horizontale Interaktion mit der Umwelt aktivieren kann (vgl. ebd. 126–128). Freilich müssen beim Erlernen und Vollzug von Vermögen auch Aspekte integriert werden, die vorrangig dem mentalen Moment des Lebewesens zuzuordnen sind: etwa auditive, visuelle und propriozeptive (d. h. die räumliche Stellung des Leibes betreffende) Erlebensgehalte beim Erlernen und Spielen eines Instruments.

Wie sich in diesen gesamtorganismischen Lebensvollzügen die Funktion des Gehirns, dem zentralen Ansatzpunkt von Neurotechnologien, charakterisieren lässt, kann hier nur angedeutet werden.[12] Insofern sich Bewusstsein nicht vollständig auf neuronale bzw. organismische Strukturen zurückführen lässt, kann das Gehirn nicht in einem neurokonstruktivistischen Sinne als Produzent des Bewusstseins begriffen werden. Vielmehr ist es als Organ eines psycho-physischen Lebewesens immer schon eingebettet in den unhintergehbaren Zusammenhang von Subjektivität, Organismus und Umwelt. Dabei stellt es mit seinen komplexen neuronalen Verschaltungen und zahlreichen (z. B. neuroendokrinen) Rückkopplungsschleifen zu verschiedensten organismischen Ebenen die notwendigen Strukturen zur Verfügung, damit etwa Einflüsse verschiedener Kausalebenen und -schleifen wechselseitig übertragen oder diese zu größeren integralen Einheiten als Grundlagen bestimmter Vermögen gebündelt werden können. Kurz gesagt fungiert das Gehirn in den zirkulär-kausalen Lebensprozessen als zentrales „Vermittlungsorgan" (z. B. Fuchs 2013, 131; 2020, 195), in dem „alle Kreisprozesse zusammenlaufen und verknüpft werden" (ders. 2013, 152).

Nehmen wir zum Abschluss dieser Skizze konkreter Subjektivität vor dem Hintergrund der gerade erfolgten kausaltheoretischen Konkretisierungen der Bedingungsverhältnisse von Bewusstsein, Organismus und Natur noch einmal die formale Bestimmung des Bewusstseins als genuin aus und für sich produzierende Aktivität eines Subjekts in den Blick. Sie erweist sich nun als Aktivität eines verkörperten Subjekts, das immer schon in dynamische Lebensprozesse und Interaktionen mit seiner Umwelt eingebettet ist (vgl. ebd., 153). Anders gesagt ist das Zeugen von Bewusstseinsgehalten integraler Bestandteil gesamtorganismischer zirkulär-kausaler Lebensvollzüge und dabei durch andere mentale Momente (z. B. Gedanken) und physische Faktoren (z. B. neuronale Strukturen) bedingt. Die auf diese Weise produzierten Bewusstseinsgehalte gehen dann ihrerseits als kausal relevante Aspekte in die gesamtorganismischen Lebensprozesse ein, wobei sie über zirkulär-kausale Zusammenhänge auf andere mentale und physische Aspekte wirken. Am Beispiel des Klavierspielens lässt sich die kausale Relevanz mentaler Gehalte im Sinne genuin mentaler Verursachung dann so denken, dass ein Pianist im gesamtorganismischen Vollzug des Spielens sein Bewusstsein aktiv auf den Notentext lenkt und abhängig von den je wahrgenommenen Notenzeichen über integral-kausale Verknüpfungen die entspre-

---

[12] Siehe für eine ausführliche Darstellung Fuchs 2013, 133–184.

chenden Handlungsvermögen aktiviert. Zudem passt er diese an seine im Vollzug erzeugten Höreindrücke – neue kausal relevante Bewusstseinsgehalte – an.

Auch der Bewusstseinsmodus des Denkens lässt sich nur als Aktivität verstehen, die in gesamtorganismische Vollzüge integriert ist (vgl. ebd., 65f., 107, 227). Dass er dabei von anderen Momenten dieser Vollzüge beeinflusst werden kann, zeigt sich, wenn man beispielsweise abhängig von seinem Hungergefühl über die nächste Mahlzeit nachdenkt. Gleichzeitig ermöglicht Denken als Aktivität des *freiheitlich* gelenkten Gedankenhervorbringens, wie oben schon angedeutet, dass ein verkörpertes Subjekt aus seiner Einbettung in den je konkreten Lebensvollzug gewissermaßen heraustreten und sich von diesem distanzieren, mithin trotz Hungergefühl über den Satz des Pythagoras nachdenken kann (vgl. Cramer 1999, 74).

Diese Fähigkeit zur Distanzierung vom je konkreten Lebensvollzug verbürgt zugleich die lebensweltliche Freiheitserfahrung, nicht – wie von reduktiv-naturalistischen Auffassungen nahegelegt – vollständig durch wirkkausale Faktoren des (neuronalen) Naturgeschehens determiniert zu sein, sondern sich an Gründen, Zwecken und Werten orientierend in einem libertarischen Sinne so frei entscheiden zu können, dass man eine echte zukunftsoffene Wahlmöglichkeit zwischen nicht festgelegten Handlungsoptionen hat, also in einer gegebenen Situation so oder anders handeln kann (vgl. Müller 2018, 90–93). Freilich ist ein verkörpertes Subjekt in seinem Tun und Entscheiden motiviert durch zahlreiche Faktoren seines konkreten Lebensvollzugs, etwa durch Leibesempfindungen, Triebe, Neigungen, Emotionen, die individuelle Lerngeschichte oder gesellschaftliche Konventionen. Doch das Vermögen, Inhalt und Richtung seiner Gedanken prinzipiell frei bestimmen zu können, ermöglicht es, sich in ein kritisch reflektierendes Verhältnis zu solchen Motiven setzten und sich von ihnen distanzieren zu können, sie also nicht unmittelbar handlungswirksam werden lassen zu müssen, sondern sie verwerfen oder sich ihnen bewusst überlassen, oder seinem Tun und Entscheiden gar andere, nicht unmittelbar durch den konkreten Lebensvollzug bedingte Gründe und Zwecke geben zu können (vgl. Cramer 1999, 77–80; Keil 2018, 134f., 139f.).

3 Neurotechnologien im Kontext konkreter Subjektivität

Dadurch dass die skizzierte Theorie konkreter Subjektivität einerseits Bewusstsein in seiner irreduziblen Grundstruktur und andererseits seine konstitutive Einbettung in organismische Strukturen und damit in einen technisch manipulierbaren

Naturzusammenhang berücksichtigt, erweist sie sich als eine anthropologisch adäquate Perspektive, um den Einfluss neurotechnologischer Anwendungen auf den Menschen in seiner psycho-physischen Verfasstheit und somit auch auf spezifische und irreduzible Eigenschaften von Subjektivität in den Blick zu nehmen.

Es wurde dafür argumentiert, dass sich der spezifische Zusammenhang des Bewusstseins nicht vollständig auf neuronale bzw. wirkkausal-funktionale Prozesse reduzieren lässt. Demnach ist auch bei noch so großem neurowissenschaftlichem und technischem Fortschritt eine direkte und vollständig kontrollierende Einflussnahme auf geistig-psychische Aspekte menschlicher Lebensvollzüge (kognitive Fähigkeiten, Emotionen etc.) prinzipiell nicht möglich. Anders gesagt können alle Forschungsziele und Vorstellungen, die eine vollständige Reduktion des Bewusstseins auf kausal-funktionale Strukturen voraussetzten, – etwa eingangs angedeutete Visionen eines wechselseitigen Transfers von Bewusstseinsinhalten zwischen Gehirn und Chips bzw. Festplatten – mit dem Verweis auf ihre prinzipiell unmögliche Realisierbarkeit zurückgewiesen werden.[13]

Der Einfluss einer neurotechnologischen Anwendung auf geistig-psychische Aspekte kann also nicht in einem direkten, linear-kausalen Zusammenhang gedacht werden, sondern muss vielmehr über das Bedingungsverhältnis von Organismus und Bewusstsein bzw. ihre dynamische Verschränkung in zirkulärkausalen Lebensprozessen verstanden werden.[14] Da nun gerade das Gehirn in besonderem Maße relevant für spezifische Bewusstseinsaspekte (kognitive Fähigkeiten, Wahrnehmungen, Emotionen etc.) ist, lassen sich diese freilich durch Neurotechnologien beeinflussen. Weil solche Bewusstseinsaspekte aber immer in gesamtorganismische Lebensvollzüge eingebettet sind, bei denen zahlreiche neuronale, aber auch andere organismische Strukturen, andere psychische Aspekte und Umwelteinflüsse über zirkuläre Kausalschleifen beteiligt sind, moduliert die technische Manipulation einer neuronalen Struktur nur einen von vielen, sich dynamisch bedingenden Faktoren, sodass eine gezielte und steuerbare Einflussnahme etwa auf kognitive Fähigkeiten oder Wahrnehmungen zumindest nicht unproblematisch ist.

---

13 Ein solcher Bewusstseinstransfer würde im allgemeinen reduktiv-naturalistischen Rahmen entweder eine Form der Identitätstheorie oder des metaphysischen Funktionalismus voraussetzen, die sich beide mit unüberwindbaren Schwierigkeiten konfrontiert sehen (vgl. ausführlich Tobias Müllers Beitrag im vorliegenden Band).

14 Man denke an das oben genannte Beispiel der anxiolytischen Pharmakotherapie, bei der eine direkte Modulation physiologischer Abläufe indirekt auf das mit ihnen verschränkte affektive Erleben wirkt.

Es verwundert daher nicht, dass Neurotechnologien momentan vor allem im Kontext eines medizinischen *Störungsbeseitigungs-* oder *Störungsvermeidungswissens* eingesetzt werden: Wenn es im Falle einer *spezifischen* Störung des Lebensvollzugs gelingt, diese auf eine möglichst *isolierte* Fehlfunktion einer physiologischen Struktur zurückzuführen, die sich somit als eine notwendige Bedingung für den gestörten Aspekt des Lebensvollzugs erweist, kann durch medizinisch-technische Mittel versucht werden, die Fehlfunktion auf physiologischer Ebene und damit die Störung des Lebensvollzugs zu beheben (vgl. Janich 2013, 94 f.).

Genau so lässt sich beispielsweise der erfolgreiche Einsatz von Cochlea-Implantaten verstehen. Wenn der Hörverlust, eine spezifische Störung des Lebensvollzugs, allein durch den isolierten Ausfall des Innenohrs bedingt ist, kann ein Cochlea-Implantat diesen Ausfall zumindest teilweise kompensieren und zum Wiedererlangen des Gehörs führen, indem es akustische Signale registriert, verarbeitet und abhängig davon den Hörnerv stimuliert. Dabei sollte dieser Zusammenhang nicht im reduktiv-naturalistischen Sinne gedeutet werden, also dass im Menschen als rein kausal-funktionales Gefüge ein gestörter Teil ausgetauscht wurde und nun am Ende einer wiederhergestellten Kausalkette erneut eine Hörwahrnehmung verursacht wird, die nicht mehr als das Epiphänomen eines neuronalen Wirkverlaufs ist. Vielmehr bedeutet vor dem Hintergrund konkreter Subjektivität der Hörverlust zunächst die Unfähigkeit, ein spezifisches Vermögen auszuüben, das in die zirkulär-kausale Interaktion eines verkörperten Subjekts mit seiner Umwelt eingebunden ist. Durch den Innenohrschaden wird eine für das Hörvermögen notwendige horizontale Kausalschleife an dem spezifischen Punkt unterbrochen, an dem der Naturzusammenhang in Form von Schallwellen auf den Organismus wirkt. Durch das Cochlea-Implantat wird die Lücke in der Kausalschleife gewissermaßen geschlossen, sodass das Subjekt wieder über das Vermögen verfügt, abhängig von auf seinen Organismus einwirkenden Schallwellen Hörwahrnehmungen aktiv zu erzeugen. Obwohl das Implantat Schallwellenmuster nicht ansatzweise so differenziert in eine Erregung des Hörnervs umwandeln kann wie ein funktionierendes Innenohr, lernt das Subjekt, auch abhängig von diesen gröberen Einflüssen auf seinen Organismus für sich so klare Höreindrücke zu produzieren, dass sie zum Verständnis gesprochener Sprache ausreichen (vgl. z. B. Clausen 2017, 153).

Ein weiteres Erfolgsbeispiel neurotechnologischer Anwendungen ist die Tiefe Hirnstimulation beim Morbus Parkinson. Bei dieser Erkrankung kann es aufgrund multifokaler Degenerationen des Gehirns, entsprechend seiner zentralen Rolle im menschlichen Lebensvollzug, zu verschiedenen Störungen desselben, nämlich von psychischen Erkrankungen und kognitiven Einschränkungen über motorische und vegetativ-autonome Störungen bis hin zu Schlaf-, Geruchs- und Geschmackstörungen kommen (vgl. z. B. Berg 2019, 590). In diesem weiten Spektrum an Symptomen ist es gelungen, die motorischen Beschwerden, die sich u. a. in einem starken Zittern und einer Verlangsamung willkürlicher Bewegungen äußern, mit einer isolierten Störung einer Funktionsschleife in einem Kerngebiet des Gehirns, den Basalganglien, in Verbindung zu bringen. Durch eine elektrische Stimulation an entsprechender Stelle wird die unterbrochene Kausalschleife zumindest so geschlossen, dass der Patient wieder flüssigere Bewegungen ausführen kann. Bei dieser Anwendung wird der Zusammenhang des Störungsbeseitigungswissens insofern besonders deutlich, als man die genaue Wirkung der elektrischen Stimulation auf die entsprechende Hirnstruktur nicht nachvollziehen kann bzw. nicht kennt (vgl. z. B. Christen 2017, 123; Gharabaghi/Freudenstein/Tatagiba 2005, 64), jedoch durch die Beseitigung der Störung des Lebensvollzugs weiß, dass sie wirkt.

Der Rolle des Gehirns, zwischen verschiedenen an unterschiedlichen Aspekten des Lebensvollzugs beteiligten Kausalschleifen zu vermitteln, entspricht die komplexe Vernetzung seiner Strukturen. So weist auch die beim Morbus Parkinson stimulierte Funktionsschleife zahlreiche Verbindungen zu anderen Hirnstrukturen auf (vgl. z. B. Gharabaghi/Freudenstein/Tatagiba 2005, 60 – 63) und es sollte weder verwundern, dass es durch die Hirnstimulation zu unerwünschten Auswirkungen auf verschiedene, auch geistig-psychische Aspekte des Lebensvollzugs (z. B. kognitive Fähigkeiten, affektives und emotionales Erleben) kommen kann, noch dass diese Auswirkungen individuell stark, etwa von depressiven bis hin zu manischen Stimmungen, variieren (vgl. Davis et al. 2017). Denn gerade Aspekte des affektiven, emotionalen und leiblichen Erlebens sind im dynamischen Gesamtzusammenhang eines in der Welt agierenden Lebewesens durch so viele physische und psychische Faktoren bedingt, dass man Veränderungen dieser Erlebensaspekte im Rahmen Tiefer weder sicher vorhersehen noch im Nachhinein eindeutig auf diese zurückführen kann. So sollte bei der Beurteilung von Einzelfällen auch Vorsicht walten, wenn es um die Charakterisierung einer Stimmungs- oder Verhaltensänderung als klare Nebenwirkung einer Stimulationstherapie geht. Führt etwa ein Patient mit einem Hirnstimulator ein in bisher unbekannter Weise aktives Nachtleben mit Strip-Club-Besuchen (vgl. Christen/Müller 2015, 161, Case 3), könnte das zwar an einer durch die Stimulation bedingten Veränderung seiner sexuellen Appetenz liegen – allgemein formuliert führte in diesem Fall die technische Modulation zu einem veränderten leiblichen Erleben, dem das Subjekt mit dem Ausüben einer durch seine konkrete soziokulturelle Einbettung nahegelegten Praktik begegnet. Aber genauso gut könnte diese Verhaltensänderung durch eine Verbesserung einer latent depressiven Stimmung motiviert sein. Und darüber, ob diese Verbesserung wiederum hauptsächlich durch die Tiefe Hirnstimulation oder durch bestimmte lebensweltliche

Erfahrungen des Patienten bedingt ist, sollte nicht vorschnell geurteilt werden. Von einer gar ‚erzwungenen' Verhaltensänderung durch Hirnstimulationen kann, wenn überhaupt, erst dann die Rede sein, wenn nachweislich das Reflexionsvermögens als Grundlage des skizzierten Freiheitsvermögens gestört ist, also man sich etwaige durch die Therapie beeinflusste Veränderungen des Erlebens (z. B. eine gesteigerte sexuelle Appetenz) nicht mehr reflektierend zu Bewusstsein bringen und sich somit nicht mehr von Handlungsimpulsen, die durch diese Veränderungen bedingt sind, distanzieren kann. Diese kurzen Überlegungen sollten verdeutlichen, inwiefern sich der Ansatz konkreter Subjektivität auch als Reflexionsrahmen für konkrete Fälle eignet, um etwa Verhaltens- oder Stimmungsänderungen eines Patienten im Rahmen einer neurotechnologischen Anwendung differenziert beurteilen zu können.

Zuletzt seien noch die Versuche genannt, gelähmten Menschen zu ermöglichen, durch in das Gehirn implantierte Elektroden externe Prothesen (z. B. eine Roboterhand) anzusteuern (vgl. Duncan 2005). Liegt die organische Ursache der Lähmung nicht in der primär-motorischen Hirnrinde, ist also die Kausalschleife willkürlicher Bewegungen distaler, etwa auf Höhe des Rückenmarks, unterbrochen, weist diese Hirnregion nach wie vor spezifische Erregungsmuster auf, wenn der gelähmte Mensch versucht, eine Bewegung zu initiieren. Durch implantierte Elektroden, so das Ziel, können die mit Handlungsintentionen einhergehenden Erregungsmuster decodiert, an einen Computer weitergegeben, verarbeitet und letztlich zur Steuerung einer externen Prothese genutzt werden. Der Ansatz konkreter Subjektivität eröffnet die Möglichkeit, die ersten erzielten Erfolge so zu deuten, dass es der Patient mittels seiner Handlungsintentionen (im Sinne genuin mentaler Verursachung) schafft, die Prothese zu steuern. Handlungsintentionen sind demnach als kausal wirksame mentale Zustände mit physischen Aspekten in den Kausalschleifen willkürlicher Bewegungen verschränkt, und im Falle des primär-motorischen Kortex gelingt eine einigermaßen konsistente korrelative Zuordnung zwischen physischen Erregungsmustern und mentalen Intentionen, sodass er sich als Ansatzpunkt für besagte decodierende Elektroden eignet. Auch wenn die Erfolge solcher Anwendungen sicher nicht als empirischer Beweis für die Realität mentaler Verursachung gelten dürfen, wäre eine naturalistische Deutung, die Intentionen jegliche kausale Relevanz abspricht, zumindest problematischer als die hier vorgestellte (vgl. dazu auch Falkenburg 2013, 60).

4 Resümee

Der naturwissenschaftliche Zugang zur Ergründung des Menschen basiert auf einer spezifischen Perspektive, die allein aus methodischen Gründen nur wirkkausal-funktionale Zusammenhänge thematisieren kann und daher auf anatomisch-physiologische Strukturen fokussiert. Zweifelsohne ist diese Perspektive die Basis für den Erfolg der modernen Medizin, bestimmte dieser kausal-funktionalen Zusammenhänge durch technisch-medizinische Mittel gezielt modulieren und so Krankheiten therapieren zu können (vgl. Maio 2008, 216f.). Dass die naturwissenschaftliche Perspektive dabei sowohl geistig-psychische Aspekte des Menschen als auch deren leibliche Verschränkung mit organismischen Strukturen ausblendet, mag in vielen medizinischen Kontexten eine untergeordnete Rolle spielen. Doch bei der neurowissenschaftlichen Erforschung des Gehirns und dem damit einhergehenden medizinisch-technischen Zugriff auf neuronale Strukturen stellt sich die Frage nach dem Status des menschlichen Bewusstseins mit besonderer Dringlichkeit.

Dabei rechtfertigt der Erfolg der naturwissenschaftlich-technischen Beherrschung des Menschen und seines Gehirns keineswegs, sein psychisches Moment auf kausal-funktionale, neuronale Abläufe zu reduzieren bzw. das Bewusstsein vollständig zu naturalisieren. Im Gegenteil: Es ist gerade der sich jeder Reduktion entziehende Zusammenhang des menschlichen Denkvermögens, der im frei gelenkten Gedankenhervorbringen eine rationale Wissenschaftspraxis und damit einen erfolgreichen technischen Zugriff auf den Menschen überhaupt erst ermöglicht.

Möchte man solche Zugriffe aus anthropologischer Perspektive begleiten, was gerade bei technischen Anwendungen am Gehirn, dem in besonderem Maße bewusstseinsrelevanten Organ, unverzichtbar ist, darf der Abstraktionsgrad der naturwissenschaftlichen Perspektive nicht übersehen und diese nicht zu einem reduktiv-naturalistischen Menschenbild verabsolutiert werden. Vielmehr muss der Mensch in seiner psycho-physischen Verfasstheit mitsamt den irreduziblen Eigenschaften seines Bewusstseins betrachtet werden. Wie das gelingen kann, haben die Überlegungen zur konkreten Subjektivität gezeigt.

Begreift man den Menschen als verkörpertes Subjekt, also als binnendifferenzierte Einheit, in der Bewusstsein und Organismus als zwei einander bedingende Momente verschränkt sind, eröffnet sich die Möglichkeit, den Einfluss neurotechnologischer Anwendungen auf den ganzen Menschen, seine physischen und psychischen Aspekte in den Blick zu nehmen, ohne letztere durch eine naturalistische Reduktion ihrer spezifischen Charakteristika zu berauben. Dabei bietet diese anthropologische Perspektive Raum, um bei der Beurteilung heutiger und künftiger neurotechnologischer Interventionen sowohl neue empirische Erkenntnisse über den Menschen und sein Gehirn als auch weiterführende leib-, bewusstseins- und subjektphilosophische Überlegungen berücksichtigen zu können.

Literatur

Berg, Daniela (¹⁴2019): Krankheiten der Basalganglien, in: Hacke, Werner (Hg.): Neurologie, Berlin/Heidelberg, 589–623.

Berger, Theodore et al. (2005): Restoring lost cognitive function. Hippocampal-cortical neural prostheses, in: IEEE Engineering in Medicine and Biology Magazine 24/5, 30–44.

Brüntrup, Godehard (⁴2012): Das Leib-Seele-Problem. Eine Einführung, Stuttgart.

Christen, Markus (2017): Klinische und ethische Fragen der Neuromodulation, in: Erbguth, Frank/Jox, Ralf (Hg.): Angewandte Ethik in der Neuromedizin, Berlin, 117–128.

Christen, Markus/Müller, Sabine (2015): Effects of brain lesions on moral agency. Ethical dilemmas in investigating moral behavior, in: Current Topics in Behavioral Neurosciences 19, 159–188.

Clausen, Jens (2008): Gehirn-Computer-Schnittstellen. Anthropologisch-ethische Aspekte moderner Neurotechnologien, in: Ders./Müller, Oliver/Maio, Giovanni (Hg.): Die ‚Natur des Menschen' in Neurowissenschaft und Neuroethik, Würzburg, 39–58.

Clausen, Jens (2017): Neuroprothesen und Gehirn-Computer-Schnittstellen, in: Erbguth, Frank/Jox, Ralf (Hg.): Angewandte Ethik in der Neuromedizin, Berlin, 151–161.

Clausen, Jens/Müller, Oliver/Maio, Giovanni (2008): Vorwort, in: Dies. (Hg.): Die ‚Natur des Menschen' in Neurowissenschaft und Neuroethik, Würzburg, 7f.

Cramer, Wolfgang (⁴1999): Grundlegung einer Theorie des Geistes, Frankfurt a.M.

Cramer, Wolfgang (2012): Die absolute Reflexion. Schriften aus dem Nachlass, Frankfurt a.M.

Cramm, Wolf-Jürgen (2008): Zur kategorialen Differenz von Vernunft und Natur, in: Ders./Keil, Geert (Hg.): Der Ort der Vernunft in einer natürlichen Welt. Logische und anthropologische Ortsbestimmungen, Weilerswist, 44–57.

Davis, Rachel et al. (2017): Disambiguating the psychiatric sequelae of parkinson's disease, deep brain stimulation, and life events. Case report and literature review, in: American Journal of Psychiatry 174/1, 11–15.

Duncan, David (2005): Hirnimplantate. Fernsteuerung durch Gedanken, in: Technology Review 3, 72–78.

Elger, Christian et al. (2004): Das Manifest. Elf führende Neurowissenschaftler über Gegenwart und Zukunft der Hirnforschung, in: Gehirn und Geist 6, 30–37.

Falkenburg, Brigitte (⁴2013): Was heißt es, determiniert zu sein? Grenzen der naturwissenschaftlichen Erkärung, in: Sturma, Dieter (Hg.): Philosophie und Neurowissenschaften, Frankfurt a.M., 43–74.

Fuchs, Thomas (⁴2013): Das Gehirn – ein Beziehungsorgan. Eine phänomenologisch-ökologische Konzeption, Stuttgart.

Fuchs, Thomas (2020): Verteidigung des Menschen. Grundfragen einer verkörperten Anthropologie, Berlin.

Gazzaniga, Michael (2005): The ethical brain, New York.

Gharabaghi, Alireza/Freudenstein, Dirk/Tatagiba, Marcos (2005): Wiederherstellung der Funktion. Modulation von Hirnfunktionen durch Neuroprothesen, in: Engels, Eve-Marie/Hildt, Elisabeth (Hg.): Neurowissenschaften und Menschenbild, Paderborn, 57–75.

Hansmann, Otto (2018): Begriff und Geschichte des Transhumanismus, in: Göcke, Benedikt/Meier-Hamidi, Frank (Hg.): Designobjekt Mensch. Die Agenda des Transhumanismus auf dem Prüfstand, Freiburg, 25–51.

Hildt, Elisabeth (2005): Computer, Körper und Gehirn. Ethische Aspekte eines Wechselspiels, in: Engels, Eve-Marie/Dies. (Hg.): Neurowissenschaften und Menschenbild, Paderborn, 121–137.

Hoffmann, Thomas (2013): Hermeneutischer Naturalismus, in: Gerhard, Myriam/Zunke, Christine (Hg.): Die Natur denken, Würzburg, 27–55.

Holtzheimer, Paul/Mayberg, Helen (2011): Deep brain stimulation for psychiatric disorders, in: Annual Review of Neuroscience 34/1, 289–307.

Janich, Peter (^{4}2013): Der Streit der Welt- und Menschenbilder in der Hirnforschung, in: Sturma, Dieter (Hg.): Philosophie und Neurowissenschaften, Frankfurt a. M., 75–96.

Keil, Geert (^{2}2018): Willensfreiheit und Determinismus, Stuttgart.

Maio, Giovanni (2008): Medizin und Menschenbild. Eine Kritik anthropologischer Leitbilder der modernen Medizin, in: Ders./Clausen, Jens/Müller, Oliver (Hg.): Mensch ohne Maß? Reichweite und Grenzen anthropologischer Argumente in der biomedizinischen Ethik, Freiburg/München, 215–229.

Mi, Kuanqing (2016): Use of deep brain stimulation for major affective disorders (Review), in: Experimental and Therapeutic Medicine 12/4, 2371–2376.

Mitscherlich-Schönherr, Olivia: Ethisch-anthropologische Weichenstellungen bei der Entwicklung von tiefer Hirnstimulation mit ‚Closed Loop', im vorliegenden Band.

Müller, Oliver/Rotter, Stefan (2017): Neurotechnology. Current developments and ethical issues, in: Frontiers in Systems Neuroscience 11/93, 1–5.

Müller, Tobias (2013): Zu Möglichkeit und Wirklichkeit mentaler Verursachung, in: Philosophisches Jahrbuch 120/1, 131–143.

Müller, Tobias (2015): Naturwissenschaftliche Perspektive und menschliches Selbstverständnis. Eine wissenschaftsphilosophische Analyse zur Unverzichtbarkeit lebensweltlicher Qualitäten, in: Ders./Schmidt, Thomas (Hg.): Abschied von der Lebenswelt? Zur Reichweite naturwissenschaftlicher Erklärungsansätze, Freiburg/München, 31–52.

Müller, Tobias (2018): Der moderne Naturbegriff, unser lebensweltliches Freiheitsverständnis und die Grenzen der Freiheit, in: Jahrbuch Praktische Philosophie in globaler Perspektive 2, 89–110.

Müller, Tobias: Die transhumanistische Utopie des Mind-Uploading und die Grenzen der technischen Manipulation menschlicher Subjektivität, im vorliegenden Band.

Nagel, Thomas (1974): What is it like to be a bat?, in: The philosophical review 83/4, 435–450.

Stekeler-Weithofer, Pirmin (2012): Denken. Wege und Abwege in der Philosophie des Geistes, Tübingen.

Olivia Mitscherlich-Schönherr
Ethisch-anthropologische Weichenstellungen bei der Entwicklung von tiefer Hirnstimulation mit ‚Closed Loop'[1]

Zusammenfassung: In den inner- wie außerakademischen Debatten über Künstliche Intelligenz und Neurotechnologien besteht ein breiter Konsens darüber, dass diese neuartigen Technologien anthropologisch und ethisch nicht neutral, sondern von Menschenbildern und Auffassungen über das gute Leben durchdrungen sind. Ebenfalls ist seit einigen Jahren von verschiedenen Seiten die Forderung nach guter Künstlicher Intelligenz bzw. guten Neurotechnologien zu hören. In meinem Aufsatz setze ich mich aus der Perspektive einer personalen Anthropologie mit Systemen der Tiefen Hirnstimulation (THS) mit geschlossenem Regelkreis bzw. ‚closed loop' auseinander. Obgleich die technologische Entwicklung dieser Systeme erst am Anfang steht, ist vor dem Hintergrund der Technikentwicklung der vergangenen Jahre die Konstruktion von solchen THS-Systemen mit ‚closed loop'-Verfahren absehbar, in denen das Implantat als autopoetisches System funktioniert und während der Behandlung die diagnostische Überwachung der Hirnfunktionen und die Therapieanpassung übernimmt. Ich mache den ethischen und anthropologischen Einsatz dieser neuartigen Neuroprothesen durchsichtig und leiste einen kritischen Vergleich der beiden grundlegenden Optionen, gute Tiefe Hirnstimulation mit ‚closed loop' zu bauen: die Gewährleistung guter Diagnostik und Therapie entweder dem Algorithmus unter Umgehung der personalen Therapiebeziehung oder umgekehrt der personalen Therapiebeziehung durch Einbau von Rückkoppelungsschleifen zu überantworten. Beide Optionen befrage ich in Bezug auf ihre ethischen und anthropologischen Voraussetzungen und ihre Implikationen für das Leben der Nutzer_innen. Auf diese Weise möchte ich – im Sinne einer antizipatorischen Governance der Technikentwicklung – einen theoretischen Beitrag dazu leisten, dass solche THS-Systeme gebaut werden, in denen die technischen Möglichkeiten des ‚closed loop'-Verfahren genutzt werden können, ohne dafür den Preis einer naturalisierenden Determinierung ihrer Nutzer_innen zu zahlen.

---

[1] Ich danke Armin Grunwald (Karlsruhe), Sami Haddadin (TU München), Helena Hock (HFPH / LMU München) und Surjo Soekadar (Charité Berlin) für ihre gründlichen Lektüren meines Aufsatzes. Ihre Anfragen an meine Überlegungen aus den Perspektiven der Technikphilosophie, der Maschinenintelligenz, der Medizin und insbesondere der Klinischen Neurotechnologie haben mich zu einigen wichtigen Revisionen veranlasst.

∂ OpenAccess. © 2021 Olivia Mitscherlich-Schönherr, published by De Gruyter. This work is licensed under the Creative Commons Attribution-NonCommercial-NoDerivatives 4.0 International License.
https://doi.org/10.1515/9783110756432-007

1 Tiefe Hirnstimulation mit ‚closed loop' als Gegenstand philosophischer Bioethik

Im Schatten des Großdiskurses über den Transhumanismus[2] nimmt mit der Entwicklung der Neurotechnologien eine Technikentwicklung seit Jahren an Fahrt auf, in der Tatsachen geschaffen werden und darüber mitentschieden wird, wie wir in den kommenden Jahren unser Mensch-Sein an den Grenzen des Lebens leben und verstehen werden. Die Fortschritte bei der Entwicklung neuartiger Neurotechnologien verdanken sich einem Ineinandergreifen von Hirn-, Kognitions-, Nano- und Computerwissenschaften. Die interdisziplinäre Zusammenarbeit zwischen diesen unterschiedlichen Wissenschaften wurde möglich, indem seit Mitte des 20. Jahrhunderts die Theorie der kybernetischen bzw. autopoietischen Systeme als „gemeinsame Theoriesprache" (Manzei 2003, 208) entwickelt wurde. Unter Abstraktion von ihrer Materie werden in dieser Perspektive unterschiedlichste Gegenstandsbereiche mit Blick auf die Selbstorganisation des Systems im Verhalten der Bestandteile zueinander und zum Ganzen begriffen (vgl. ebd.): der lebendige Körper genauso wie Computerprogramme als ‚künstliche neuronale Netzwerke'. Dabei kommt es nicht nur im theoretischen Verständnis zu Angleichungen zwischen den Deutungen des lebendigen Organismus auf der einen und von Computern auf der anderen Seite. In Gestalt von Neuroprothesen werden auch Maschinen gebaut und angewandt, um die Selbstorganisation des menschlichen Organismus bei Fehlfunktionen oder Funktionsausfällen wiederherzustellen. Unter Behandlung mit Neuroprothesen wird der menschliche Körper als ein System gestaltet, in dem Bestandteile unterschiedlichsten Materials zusammenwirken (vgl. Clausen 2017, 156).

Auf dieser Verschränkung von biologischen Organen und technischen Artefakten beruht die These von Menschen mit Neuroprothesen als ‚Cyborgs', die in den öffentlichen Debatten immer wieder geäußert wird und transhumanistische Phantasien beflügelt (vgl. Grunwald 2019, 131–146). Allerdings sollten die Grenzen dieser ‚Cyborgisierung' nicht unterschätzt werden. Bei der Behandlung mit den verschiedenen Neuroprothesen geht es um die Therapie von Fehlfunktionen bzw. um die Restitution von ausgefallenen Funktionen im Gesamtsystem des menschlichen Organismus. Wenn eine Überwindung der Conditio humana durch die Behandlung mit Neuroprothesen erhofft oder gefürchtet wird, dann wird angenommen, dass letztere genauso zu Zwecken des Enhancement wie zu Zwecken

---

[2] Zur Auseinandersetzung mit dem Transhumanismus vgl. die Beiträge von Armin Grunwald, Hans-Peter Krüger, Jos de Mul, Oliver Müller und Tobias Müller zum vorliegenden Band.

der Therapie bzw. der Restitution verwendet werden können.[3] Diese Annahme beruht allerdings auf einer verkürzten Vorstellung über das Verhältnis von technischem System und Organismus: auf der Vorstellung, dass die Neuroprothese als Solitär funktioniere und das Setting, in das sie hineinwirke, beliebig manipulieren könne. Diese Vorstellung trifft das Funktionieren der Neuroprothesen nicht: wirken letztere doch nicht nur auf den menschlichen Organismus ein, sondern setzen ihn dabei zugleich auch als ein sich selbst regulierendes System voraus.

1.1 Zur Technologie der Tiefen Hirnstimulation mit ‚closed loop'-Verfahren

In meinen Überlegungen werde ich mich innerhalb der Neuroprothesen auf Systeme der Tiefen Hirnstimulation (künftig: THS) mit geschlossenem Regelkreis bzw. ‚closed loop' (künftig: CL-THS) konzentrieren, mit deren Konstruktion gegenwärtig begonnen wird. Wie Herzschrittmacher, künstliche Bauchspeicheldrüsen, Cochlea- oder Retina-Implantate gehören die herkömmliche THS und die neuartige CL-THS zu den sog. Neuroimplantaten (vgl. Clausen 2017). Neuroimplantate werden zu Zwecken der Therapie bzw. Restitution in den Organismus eingeführt, um zielgenau bestimmte Organe durch Abgabe von elektrischen Impulsen zu stimulieren. Die THS bezeichnet ein Verfahren, bei dem ein Stimulator in bestimmte Areale des Gehirns implantiert wird. Als ‚tief' wird dieser Eingriff bezeichnet, da er subkortikal in das Gehirn vordringt. Gegenwärtig wird THS zur Therapie von schweren neurologischen Störungen verwendet, die mit Fehlfunktionen oder Funktionsausfällen auf physiologischer Ebene korrelieren: neben dem Hauptanwendungsfeld der Parkinsonschen Erkrankung wird THS auch zur Therapie von essentiellem Tremor, Dystonie und Epilepsie angewandt. Die Eingriffe in das Gehirn sollen das leibliche Leben der Betroffenen – etwa: das Zittern bei Parkinsonscher Erkrankung – zum Besseren verändern. Dabei werden grundlegende Veränderungen des psychischen Erlebens im Rahmen neurologischer Anwendung als „Nebenwirkungen" in Kauf genommen (vgl. DFG 2017, 61 f.). Psychiatrische Anwendungen, in denen auf das psycho-soziale Leben der Betroffenen vermittels Stimulation des Gehirns eingewirkt werden soll, befinden sich in verschiedenen Stadien der Erforschung und Erprobung: zur Therapie von psychosomatischen Erkrankungen wie Depressionen, Essstörungen, Schizophrenie, Demenz und Substanzen-Missbrauch (vgl. Coenen et al. 2015; 2019). Mit

---

[3] Zur Diskussion aktueller Anstrengungen des Neuroenhancement vgl. die Beiträge von Andreas Heinz und Assina Seitz sowie von Petra Schaper-Rinkel zum vorliegenden Band.

Hilfe der Manipulation des Gehirns soll folglich nicht nur in das Gesamtsystem des menschlichen Organismus, sondern damit zugleich auch in das leibliche und psycho-soziale Leben der betroffenen Personen eingegriffen werden. Der Bezugsrahmen, innerhalb dessen die THS funktioniert und in den sie eingreift, erweitert sich damit vom Organismus zum personalen Leben der betroffenen Patient_innen.

Neuartige Modelle der THS sollen mit ‚closed loop'-Verfahren funktionieren. Während ‚closed loop'-Modelle bei Herzschrittmachern bzw. künstlichen Bauchspeicheldrüsen bereits auf dem Markt sind, ist dieses Verfahren im Fall der THS noch in der Erforschung bzw. vor-klinischen Erprobung.[4] Dabei meint ‚closed loop' einen geschlossenen Regelkreis, in dem die Stimulation eines Organs durch das Implantat algorithmenbasiert an die Daten über die Organtätigkeit rückgekoppelt wird, die ein Sensor misst. Die diagnostische Überwachung und Therapieanpassung wird damit der Neuroprothese überantwortet. Bei der CL-THS soll neben dem Stimulator ein Sensor in das Gehirn implantiert und beides durch eine Software gesteuert werden. Dabei soll durch eine teilautomatische Lokalisation nicht nur die Verortung der Implantate im Gehirn gegenüber herkömmlichen Modellen der THS verbessert werden (vgl. Horn et al. 2016); indem der Computer in CL-THS-Systemen die Aktivitätsmuster des Gehirns anhand von den – mit Hilfe des Sensors gemessenen – Daten errechnet[5] und die Höhe der Impulsabgabe in Abhängigkeit von dem errechneten Aktivitätsmuster bestimmt, soll darüber hinaus eine bessere Überwachung der Hirnaktivitäten und eine bessere Anpassung der Stimulierung an Veränderungen der Hirnaktivitäten erreicht werden (vgl. Parastarfeizabadi/Kouzani 2017). Letzteres ist insbesondere deswegen gefordert, da sich das Gehirn aufgrund seiner Plastizität an die Stimulierung abpasst.

---

4 Das in den folgenden Abschnitten referierte Wissen aus der klinischen Neurotechnologie verdanke ich neben den zitierten Quellen Surjo Soekadar.

5 Wenn ich vom Rechnen oder Messen des Computers bzw. des Algorithmus spreche, dann verwende ich diese Formulierungen allein metaphorisch: so wie man etwa auch davon spricht, dass das Thermometer die Temperatur misst. Nicht-metaphorisch wäre von diesen Handlungen als Handlungen zu sprechen, die die Nutzer_innen mit Hilfe der Maschine ausüben; wobei die Nutzer_innen zur Ausübung dieser Handlung durch die Macher_innen der Maschine befähigt werden. Im Falle der THS sind behandelnde Ärzt_innen – und mittelbar die behandelten Patient_innen – die Nutzer_innen der Maschine. Die behandelnden Ärzt_innen werden durch die Konstrukteur_innen der THS dazu befähigt, das Gehirn der behandelten Patient_innen mit Hilfe der Neuroprothese zu stimulieren. Im Fall von CL-THS greifen sie dabei auf die Möglichkeiten einer lückenlosen Überwachung der Hirnfunktionen und einer Koppelung der Stimulierungsanpassung an die gemessenen Hirnaktivitäten zurück, die die Macher_innen in die Prothese eingebaut haben. Hier verdanke ich Sami Haddadin wichtige Hinweise aus der Maschinenintelligenz.

Bei den CL-THS-Systemen, die gegenwärtig gebaut werden, funktioniert die Parametrisierung der Algorithmen noch über sehr einfache ‚outcome measures' wie etwa den Tremor bei Parkinson. Weitere leibliche und psycho-sozialen Aspekte des Lebens unter der Behandlung mit CL-THS-Systemen werden noch nicht berücksichtigt. Und auch die Therapieanpassung an die gemessenen Daten funktioniert innerhalb der THS-Systeme mit ‚closed loop' bisher nur in Form eines An- und Ausschaltens – und noch nicht in Formen der Veränderung der Stimulierung. Allerdings lässt sich bei der Geschwindigkeit der gegenwärtigen Technikentwicklung und den aktuellen Tendenzen, THS zur Therapie für ein breites Spektrum neurologischer und psychologischer Erkrankungen zu erproben, die weitere technische Entwicklung absehen: die Entwicklung von CL-THS-Systemen, die bei der Behandlung neurologischer und psychologischer Erkrankungen als autopoietische Systeme funktionieren, in denen die Art der Stimulierung an die gemessenen Hirnfunktionen rückgekoppelt ist.

Unter der Behandlung mit solchen ausgereifteren Modellen der CL-THS wird eine neuartige Form des Mensch-Maschinen-Verhältnisses geschaffen. Zwar besteht auch dann noch ein klares Abhängigkeitsverhältnis zwischen beiden Systemen, indem der menschliche Organismus den Rahmen bildet, innerhalb dessen die Neuroprothese funktioniert. Weiterhin wird mit der CL-THS Restitution bzw. Therapie und kein Enhancement bezweckt. Gleichwohl wird ein neues Niveau im Ineinandergreifen von menschlichem Leben und technischem Artefakt erreicht, indem diese künftigen CL-THS-Systeme darauf ausgerichtet sind, mittelbar über das Gehirn Einfluss auf das leibliche bzw. psycho-soziale Leben der Betroffenen zu nehmen und dabei als autopoetische Systeme funktionieren. Die Rückbezüglichkeiten des personalen Lebens und der Neuroprothese greifen untrennbar ineinander.

1.2 Zum ethischen und anthropologischen Einsatz von CL-THS-Systemen

In den letzten Jahren hat sich inner- wie außerakademisch die Einsicht durchgesetzt, dass Künstliche Intelligenz (künftig: KI) und Neurotechnologien anthropologisch und ethisch nicht neutral, sondern von Auffassungen über unser Mensch-Sein und das gute Leben durchdrungen sind (vgl. Misselhorn 2018, 7 ff.). Zugleich wird eine verantwortungsvolle Technikentwicklung gefordert, in der ‚gute' KI und Neurotechnologien gebaut werden sollen (vgl. etwa OECD 2020; sowie die Beiträge von Christoph Kehl und Petra Schaper-Rinkel zum vorliegenden Band).

Modelle künftiger THS, die als autopoetische Systeme zu Zwecken der neurologischen und psychiatrischen Therapie funktionieren, haben grundlegende anthropologische und ethische Implikationen. Dies zeigt sich, wenn man den Umstand ins Auge fasst, dass diesen Neuroprothesen in Gestalt von Überwachung und Therapieanpassung während der Behandlung medizinische Kernaufgaben überantwortet werden; bzw. präziser formuliert: dass die behandelnden Ärzt_innen im Rahmen einer CL-THS-Therapie bestimmte medizinische Kernaufgaben mit Hilfe der Neuroprothese ausüben und die standardisierten Vorabeinstellungen der Prothese dabei die Weichen stellen werden, wie sie diese Aufgaben werden ausüben können.

Zum einen geht die medizinische Überwachung, die dem THS-System mit ‚closed loop' übertragen werden kann, nämlich nicht im Messen von Hirnaktivitäten auf. In ihrem geschlossenen Regelkreis misst die Neuroprothese dann nicht nur die Hirnaktivitäten, sondern kann die gemessenen Daten auch auswerten, die für sich genommen nur eine statistische Größe bilden: ob es sich bei den aktuellen Hirnaktivitäten um krankhafte Normabweichungen handelt, die mit einer Verschlechterung des neurologischen bzw. psychologischen Krankheitszustands korrelieren. Dergestalt bildet die digitale Überwachung eine Aktualisierung der medizinischen Diagnose in der konkreten Behandlungssituation. Der Algorithmus kann die Überwachung im Rahmen der Behandlung übernehmen, wenn er – auf Basis einer neurologischen oder psychiatrischen Theorie – von seinen Konstrukteur_innen auf die standardisierte Erkennung krankhafter Normabweichungen an den Hirnaktivitäten programmiert wird. Auf die personale Therapiebeziehung bezogen bedeutet das: wenn die behandelnden Ärzt_innen den Krankheitsverlauf der Patient_innen mit Hilfe des THS-Systems überwachen, dann stecken die Einstellungen des Algorithmus die Möglichkeiten ab, in denen sie ihre Diagnosen aktualisieren können.

Zum anderen kann künftigen Modellen des THS-Systems mit integriertem ‚closed loop' in Gestalt der Justierung der Stimulierung eine weitere genuin medizinische Aufgabe übertragen werden: die Therapieanpassung. Genauso wenig wie das Überwachen im Erheben von Daten über die Hirnaktivitäten aufgeht, leitet sich die Therapieanpassung unmittelbar aus der diagnostischen Auswertung der erhobenen Daten als krankhafter Normabweichung ab. Die Stimulierungsanpassung impliziert vielmehr eine Entscheidung darüber, wie eine krankhaft veränderte Hirnaktivität – als Korrelat einer neurologischen bzw. psychologischen Erkrankung – therapiert werden soll. Diese Entscheidung legen die Konstrukteur_innen bei der künftigen Programmierung des Algorithmus fest. Dabei sind in Fragen guter Behandlung medizinische von medizinethischen Fragen nicht zu trennen: Fragen, wie bei therapeutischen Entscheidungen und Anwendungen insb. die Prinzipien des Respekts vor der Patient_innenautonomie, des Wohltuns, der Nichtschädigung und der Gerechtigkeit zu berücksichtigen sind (vgl. Beauchamp/Childress 2019). Der Algorithmus kann die Stimulierung an die ausgewerteten Hirnaktivitäten anpassen, indem ihn seine Konstrukteur_innen auf Basis einer Theorie guter medizinischer Behandlung programmiert haben: auf die Koppelung bestimmter Therapieanpassungen an die möglichen Normabweichungen, die an den Hirnaktivitäten festgestellt werden können. Auf die personale Therapiebeziehung bezogen bedeutet dies wiederum: wenn die behandelnden Ärzt_innen die Stimulierung des Gehirns der Patient_innen mit Hilfe des CL-THS-Systems an eine aktualisierte Diagnose anpassen, dann steckt der Algorithmus ihre Möglichkeiten ab, die Therapie fortzusetzen.

Indem der Algorithmus die Weichen stellt, in denen die behandelnden Ärzt_innen ihre Diagnose- und Therapieanpassungen ausüben können, zeichnen sich Fragen nach gut programmierten CL-THS-Systemen ab. Es stellt sich die Frage, ob die Vorabeinstellungen den behandelnden Ärzt_innen eine gute Ausübung ihres Berufs ermöglichen oder verunmöglichen. Dabei lassen sich die Fragen guter Neurotechnologie nicht von den Fragen guter Neurologie und Psychiatrie trennen. Unterschiedliche Optionen gute Neurotechnologie zu bauen, sind von unterschiedlichen neurologischen und psychiatrischen Berufsbildern, unterschiedlichen Auffassungen von neurologischen und psychologischen Erkrankungen und darin wiederum von unterschiedlichen Menschenbildern durchdrungen.

Mit meinen folgenden Überlegungen verfolge ich das Ziel, einen Beitrag personaler Maschinenethik zu einer „antizipatorischen Governance" (vgl. Grunwald 2015; sowie den Beitrag von Christoph Kehl zum vorliegenden Band) der technischen Entwicklung von THS-Systemen mit ‚closed loop'-Verfahren zu leisten. Unter einer personalen Maschinenethik verstehe ich eine Ethik nicht für die Maschinen,[6] sondern für menschliche Personen[7] – die Konstrukteur_innen und

---

[6] Mit diesem Ansatz personaler Maschinenethik widersetze ich mich der Bestimmung von Maschinenethik als einer „Ethik *für* Maschinen" in Abgrenzung von der Technikethik als einer „Ethik für Menschen im *Umgang mit* Maschinen", die Catrin Misselhorn in ihrer einflussreichen Schrift über die Maschinenethik vertritt (vgl. Misselhorn 2018, 8). Mit Misselhorn teile ich die Einsicht, dass eine Technikethik, die sich allein als Ethik für Menschen bei der Nutzung von Maschinen versteht, angesichts der anthropologischen und ethischen Implikationen der Maschinen immer schon zu spät kommt. Im Unterschied zu Misselhorn leite ich hieraus jedoch nicht den Schluss ab, die Maschinen zu ethischen Subjekten zu erhöhen. Aus dem Zu-spät-Kommen einer Technik-Nutzens-Ethik ziehe ich vielmehr die Konsequenz, über die Nutzung die Konstruktion der Maschinen als weitere technikethisch relevante Praxis und neben den Nutzer_innen die Konstrukteur_innen der Maschinen als ethische Subjekte in den Blick zu rücken.

Nutzer_innen der Maschinen – in ihren durch die Maschinen vermittelten interpersonalen Beziehungen. Antizipatorisch sind meine Überlegungen, indem sie die grundlegenden Optionen ins Auge fassen, die beim Bau künftiger CL-THS-Systemen offenstehen: eine gute diagnostische Überwachung und gute Stimulierungsanpassung im Rahmen einer CL-THS-Behandlung entweder dadurch sicherzustellen, dass der Algorithmus auf Prinzipien guter Medizin programmiert wird, oder dadurch, dass in ihn Rückkoppelungsschleifen an die personale Therapiebeziehung eingebaut werden – so dass die Diagnose- und Therapieanpassung entweder standardisiert durch das THS-System erfolgt oder aber Grenzfälle zur Überprüfung den behandelnden Ärzt_innen vorgelegt werden. Meine Überlegungen sollen den Prozess der CL-THS-Entwicklung kritisch begleiten, indem sie beide Optionen guter Technologie kritisch reflektieren und vergleichen: sowohl in den anthropologischen und medizinischen Vorannahmen, die die Konstrukteur_innen in die Maschinen einbauen, als auch in den ethischen Konsequenzen, die beide Modelle guter CL-THS – aufgrund dieser Implikationen – für das Leben ihrer Nutzer_innen zeitigen.

2 Die Normalisierungstendenzen von CL-THS-Modellen, die auf Prinzipien guter Medizin programmiert werden

Eine erste Option, gute THS mit ‚closed loop' zu bauen, wird künftig darin bestehen, den Algorithmus des Systems auf Prinzipien guter Medizin zu programmieren. Dabei wird die Diagnose- und Therapieanpassung im Rahmen des geschlossenen Regelkreises in formaler Hinsicht als *bestimmendes Beurteilen* des Einzelfalls bzw. als dessen Subsumtion unter allgemeine Regeln aufgefasst.[8] Gute

---

[7] Ich nehme darin das Verständnis der personalen Lebensform in Anspruch, das Helmuth Plessner in seiner Philosophischen Anthropologie entwickelt hat. Näher werde ich darauf im Abschnitt 3.2. eingehen.

Im vorliegenden Band wählen Hans-Peter Krüger und Jos de Mul – in ihren Auseinandersetzungen mit dem Transhumanismus – ebenfalls Perspektiven, die (auf unterschiedliche Weise) durch Plessners Philosophische Anthropologie geschult sind. Im Beitrag von Tobias Sitter wirkt das Plessnersche Denken indirekt – in Vermittlung durch die Philosophische Anthropologie von Thomas Fuchs – fort.

[8] Ich greife hier auf Kants Unterscheidung zwischen dem bestimmenden und dem reflektierenden Urteilen zurück, die Daniel Kersting in der philosophischen Bioethik jüngst wiedererinnert hat (vgl. Kant 1983, B XXVI; Kersting 2017, 301 f.). Beim bestimmenden Urteilen werden allgemeine Prinzipien vorausgesetzt und ein besonderer Fall beurteilt, indem er unter ebendiese allgemeinen

Diagnose- und Therapieanpassungen sollen dann – unter Umgehung der personalen Therapiebeziehung – durch Programmierung des Algorithmus auf medizinische Standards sichergestellt werden. Als Modellierung eines guten KI-basierten THS-Systems liegt dessen Programmierung auf Prinzipien guter Medizin aus der Perspektive unterschiedlicher sozio-kultureller Strömungen nahe. Sie entspricht nicht nur der transhumanistischen Vorstellung von der rationalen und moralischen Überlegenheit der Maschine über den Menschen (vgl. den Beitrag von Armin Grunwald zum vorliegenden Band); und einer maschinen-zentrierten Auffassung von Maschinenethik, die sich als „Ethik *für* Maschinen" (Misselhorn 2018, 8) versteht und dabei das THS-System selbst zum ethischen Subjekt erklärt.

Ein CL-THS-System, dessen Diagnose- und Therapieanpassung auf Prinzipien guter Medizin programmiert ist, kann sich auch aus der Perspektive breiter naturwissenschaftlich geprägter Strömungen innerhalb der Neurologie und Psychiatrie als attraktiv darstellen. Es handelt sich um solche Strömungen, die Medizin – nach dem Vorbild der Naturwissenschaften – als theoretische Wissenschaft auffassen und ausüben. Das medizinische Urteilen bei der Diagnose- und Therapiefindung wird dabei in formaler Hinsicht als bestimmendes Beurteilen des Einzelfalls im Rückgriff auf eine allgemeine Regel betätigt. Das Erstellen von präzisen Diagnosen rückt ins Zentrum des medizinischen Handelns (vgl. Wieland 2015, insb. 45–55); und die Diagnose wird als Subsumtion des Einzelfalls unter die stark differenzierten und präzise definierten Krankheitsbilder manualisierter, kontextunabhängiger Diagnosesysteme ausgeübt. Die Therapiefindung wird in einem zweiten, nachgeordneten Schritt – wiederum in Form bestimmenden Urteilens – als ‚Ableitung' der Therapie aus der Diagnose getätigt. Objekte der Diagnose und Therapie sind in diesen naturwissenschaftlich geprägten Strömungen der Neurologie und Psychiatrie die neuronalen Netze insbesondere im Gehirn. Diese inhaltliche Fokussierung ist der Annahme verpflichtet, dass „subjektive Erlebnisse wie Gefühle, Gedanken, Wünsche oder Intentionen" – mit Thomas Fuchs gesprochen – „letztlich nur Epiphänomene von Gehirnprozessen" seien (Fuchs 2020a, 260). Erkrankungen wie Epilepsie, Zwangsstörungen, Schizophrenie oder Depressionen sollen als „Hirnfunktionsstörungen" (Fuchs 2020a, 256) erklärt, mit digitalen Verfahren „objektiv diagnostizier[t]" (ebd.) und durch Stimulierung des Gehirns direkt beeinflusst werden (vgl. ebd., 269 f.; sowie den Beitrag von Tobias Sitter zum vorliegenden Band).

Gesetze subsumiert wird (vgl. Kant 1983, B XXVIf.). Beim reflektierenden Urteil wird dagegen vom besonderen Fall ausgegangen, um das Gesetz, das ihn ordnet, allererst zu suchen (vgl. ebd.). Auch das reflektierende Urteilen ist damit kein willkürliches ‚irgendwie' Urteilen. Der konkrete Einzelfall wird vielmehr im Lichte seines Gesetzes beurteilt, das es allererst aufzufinden gilt.

Für diese ‚zerebrozentrische' Perspektive kann sich die Programmierung des Algorithmus auf medizinische Standards der Diagnose- und Therapieanpassung aus mehreren Gründen als attraktiv darstellen. Die lückenlose Überwachung, die breite Erhebung von Daten über die Gehirnaktivitäten der betroffenen Patient_innen sowie über analoge Krankheitsbilder versprechen Treffsicherheit bei der Subsumtion des Einzelfalls unter die Krankheitsbilder der medizinischen Manuale. Die direkte – der personalen Therapiebeziehung entzogene – Kopplung der Stimulierung an die aktualisierte Diagnose verspricht eine zeitnahe therapeutische Reaktion auf Änderungen im Krankheitsverlauf. Dagegen dürfte für diese Gehirn-zentrierte Psychiatrie und Neurologie der Ausschluss von Möglichkeiten der Überprüfung der technischen Diagnose- und Therapieanpassung durch alternative reflektierend-verstehende Formen des medizinischen Urteilens kaum ins Gewicht fallen. In diesen medizinischen Strömungen ist das reflektierend-verstehende Beurteilen, das Ärzt_innen in der direkten interpersonalen Begegnung mit den Patient_innen bei der Diagnose- und Therapiefindung ausüben, der bestimmenden Subsumtion des Einzelfalls unter allgemeine Regeln ohnehin nachgeordnet (vgl. Fuchs 2020a, 255–259).

In den folgenden Abschnitten des vorliegenden Kapitels werde ich zunächst (unter 2.1.) näher auf das medizinische Beurteilen des Einzelfalls blicken, das mit Hilfe eines CL-THS-Modells ausgeübt wird, das auf Prinzipien guter Medizin programmiert ist. In Anschluss daran werde ich mich (unter 2.2.) den anthropologischen Festlegungen zuwenden, die in dieses Modell eingebaut werden. Am Ende des Kapitels (unter 2.3.) werde ich dafür eintreten, dass CL-THS-Systeme, die unter Umgehung der personalen Therapiebeziehung auf Prinzipien guter Medizin programmiert werden, zur Normalisierung ihrer Nutzer_innen tendieren: zu einer Festlegung der behandelnden Ärzt_innen und behandelten Patient_innen auf die Leitbilder von medizinischer Praxis und von einem Leben mit schwerer neurologischer bzw. psychologischer Erkrankung, denen die Macher_innen dieser Neuroprothese verpflichtet sind.

2.1 Das medizinische Bestimmen des Einzelfalls mit Hilfe von CL-THS-Modellen, die auf Prinzipien guter Medizin programmiert werden

Die Konstruktion von CL-THS-Modellen mit implementierten Prinzipien guter Medizin bewegt sich nicht nur in den etablierten Bahnen einer naturwissenschaftlich geprägten Neurologie und Psychiatrie, die medizinisches Urteilen bei der Diagnose- und Therapiefindung als Subsumtion des Einzelfalls unter die

Krankheitsbilder medizinischer Manuale versteht und praktiziert. Die Konstruktion dieser CL-THS-Modelle würde die Möglichkeiten eines alternativen reflektierenden Urteilens in der Medizin noch weiter beschneiden. Neben der Abschottung des geschlossenen Regelkreises der THS gegen die personale Therapiebeziehung ist hierfür die Gestalt verantwortlich, die das bestimmende Beurteilen bei der Diagnose- und Therapieanpassung durch das technische System annimmt. Da Algorithmen nicht verstehen, was sie rechnen, müssen beim Bau der CL-THS-Systeme spezifische ‚Übersetzungsleistungen' vorgenommen werden, damit die Prothese das bestimmende Beurteilen des Einzelfalls übernehmen kann. Die Anwendung von allgemeinem medizinischem Wissen auf den Einzelfall muss in einen Prozess ‚übersetzt' werden, den künftig der Algorithmus leisten kann – und d.h.: in eine Anwendung von quantifizierten Prinzipien auf den Einzelfall.

Die quantifizierenden ‚Übersetzungsaufgaben' betreffen zum einen die diagnostische Auswertung der gemessenen Hirndaten. Damit die Prothese dieses Urteilen übernehmen kann, müssen ihre Macher_innen zunächst eine neurowissenschaftliche Theorie über das Verhältnis der zu behandelnden neurologischen und psychologischen Erkrankungen zu den korrelierenden Veränderungen der Hirnaktivitäten aufstellen. Auf Basis dieser neurowissenschaftlichen Theorie wären alle idealtypischen Fälle von – messbaren – Hirnaktivitäten Veränderungen in den neurologischen oder psychiatrischen Erkrankungen zuzuordnen. Bei der Programmierung des Algorithmus wäre dann jedem Fall von gemessenen Hirnaktivitäten eine geordnete Menge an Daten zuzuweisen, die angibt, ob und in welchem Maße er eine krankhafte Veränderung von Hirnfunktionen darstellt. Auf dieser Basis könnte der Algorithmus des CL-THS-Systems das diagnostische Urteilen übernehmen: bei der Überwachung die gemessenen Hirnfunktionen auswerten und die Diagnose aktualisieren. Mit dem CL-THS-System würden dessen Macher_innen den behandelnden Ärzt_innen folglich ein Diagnoseinstrument zur Verfügung stellen, mit dessen Hilfe diese ihre Diagnose aktualisierten, ob sich die Erkrankung der behandelten Patient_innen nach Maßgabe der Diagnosemanuale verbessert, verschlechtert oder gleichbleibt – ohne dass die Ärzt_innen die gemessenen Hirnaktivitäten ihrerseits noch auswerteten oder die technisch aktualisierte Diagnose überprüften.

Die ‚Übersetzungsaufgaben' der Konstrukteur_innen betreffen zum anderen das medizinische Urteilen bei der Therapieanpassung in Reaktion auf die aktualisierte Diagnose. Damit der Algorithmus das ärztliche Urteil über eine Anpassung der Therapie 'fällen' kann, müssen ihn seine Macher_innen auf medizinische und medizinethische Prinzipien der Therapiefindung programmieren. Die Anforderungen an die Konstruktion des technischen Systems ergeben sich aus der Verfasstheit des therapeutischen Urteilens. Dieses lässt sich – in Anlehnung an Tom L. Beauchamp und James F. Childress – als Prozess eines ärztlichen ‚Überlegungsgleichgewichts' verstehen, in den unterschiedliche Formen des medizinischen Urteilens einbezogen werden (vgl. Beauchamp/Childress 2019, 443–452). Innerhalb dieses Urteilsprozesses wird in einem ersten Schritt der zu therapierende Einzelfall durch Subsumtion unter das medizinisch verfügbare Wissen über mögliche Therapieoptionen und unter die Prinzipien der Medizinethik bestimmt. Insbesondere Fälle, in denen es zu Konflikten zwischen unterschiedlichen medizinethischen Prinzipien – etwa des Wohltuns und der Gerechtigkeit[9] – kommt, widersetzen sich jedoch einer einfachen Therapiesetzung durch Subsumtion unter das allgemeine medizinische Wissen. Aus diesem Grund werden in einem zweiten Schritt des ärztlichen Urteilens auch wohlüberlegte Präzedenzurteile über analoge Fälle zu Rate gezogen. Das ‚Überlegungsgleichgewicht' meint nun den ergebnisoffenen Prozess, in dem bei der Therapieentscheidung Formen eines deduktiv-bestimmenden und eines analog-reflektierenden Beurteilens des Einzelfalls aufeinander bezogen, aneinander überprüft und korrigiert werden – um eine therapeutische Behandlung des Einzelfalls zu finden, in der die unterschiedlichen Formen seiner Beurteilung übereinstimmen.

Die Herausforderung an die Macher_innen von CL-THS-Systemen besteht nun darin, dass dem reflektierenden Beurteilen eines konkreten Einzelfalls im Lichte analoger Präzedenzfälle deren inhaltliches *Verständnis* wesentlich ist. Wenn die Konstrukteur_innen den Algorithmus der Prothese auf medizinische und medizinethische Prinzipien programmieren, dann beantworten sie diese Herausforderung auf eine folgenreiche Weise: Sie deuten den Gesamtprozess des ‚Überlegungsgleichgewichts' als einen Prozess eines allein *bestimmenden Urteilens* und ‚übersetzen' den Urteilsprozess in einen quantifizierbaren Prozess, der sich technisch repräsentieren lässt. Mit Bezug auf einen Ethikalgorithmus, den Michael und Susan L. Anderson für ein technisches Pflegesystem konzipiert haben, skizziert Catrin Misselhorn, wie solch eine ‚Übersetzung' des medizinethischen ‚Überlegungsgleichgewichts' in einen Algorithmus aussehen kann (vgl. 2018, 142 ff.). Damit der Ethikalgorithmus die Subsumtion des Einzelfalls unter die Prinzipien der Medizinethik übernehmen kann, werde jedem möglichen therapeutischen Eingriff – in unserem Fall also: Aufnahme, Erhöhung, Reduktion, Abbruch der Stimulierung bei Feststellung bestimmter Hirnaktivitäten – „eine geordnete Menge an Werten zugeordnet, die angeben, ob eine Prima-facie-Pflicht

---

[9] Ein exemplarischer Fall, in dem es zur Kollision zwischen diesen beiden Prinzipien kommt, wird in der Debatte der THS-Therapie behandelt: die Frage, ob Menschen, die unter einer schweren Parkinsonschen Erkrankung leiden, mit THS behandelt werden sollen, wenn ihre pädophile Veranlagung bekannt ist, da es unter dieser Therapie zu einer Steigerung ihrer sexuellen Appetenz kommen könne (vgl. Müller et al. 2014).

[der Medizinethik; OMS] erfüllt oder verletzt wird und in welchem Maße dies der Fall ist" (ebd., 143). Die Gesamtbilanz ergebe dann die Therapieempfehlung. Zugleich werde in der Gesamtbilanz auch die Repräsentation des analogen Beurteilens des Einzelfalls im Ausgang von Präzedenzfällen ermöglicht. Es bestehe nämlich ein Spielraum zur unterschiedlichen Gewichtung der Einzelvariablen. Auf die Gewichtung der Einzelvariablen werde der Algorithmus ‚trainiert'. Dabei übernehmen „Ethikexperten" (ebd., 144) während des ‚Trainings' mit Hilfe von Fallbeispielen – die nach dem Vorbild von Präzedenzurteilen konstruiert werden – die Gewichtung der Einzelwerte. Durch induktive Logikprogrammierung könne der Ethikalgorithmus ein Bewertungsprinzip ableiten, das er nach dem Ende des ‚Trainings ' bei der Gewichtung der Einzelvariablen innerhalb der ethischen Gesamtbilanz einer anstehenden Therapieoption anwenden könne. Im Rahmen eines CL-THS-Systems könnte die errechnete Therapieempfehlung dann zur Umsetzung gleich an das Implantat weitergegeben werden.

In Bezug auf eine künftige CL-THS-Behandlung eines Parkinson-Patienten, dessen pädophile Neigung bekannt ist, ließe sich exemplarisch folgendes Zukunftsszenario ausmalen: Der medizinisch und medizinethisch programmierte Algorithmus ist auf einen Abgleich der Prinzipien der Gerechtigkeit, des Wohltuns und der Autonomie so ‚trainiert', dass er die Werte, die das Prinzip der Nicht-Gefährdung Dritter repräsentieren, in Fällen möglicher Pädophilie gegenüber den Werten stärker gewichtet, die die Prinzipien des Wohltuns und der Autonomie zugeordnet sind. Zu einem Zeitpunkt während der Behandlung stellt das CL-THS-System an den gemessenen Hirnaktivitäten Muster fest, die auf eine Verstärkung der Parkinsonschen Erkrankung hinweisen. Der Algorithmus errechnet aus den Werten für das Wohltun durch Erhöhung der Stimulierung und für den Schutz Dritter durch Verzicht auf eine Veränderung der Stimulierung die Gesamtbilanz der Therapieoption. Da diese aufgrund seines Gewichtungsprinzips negativ ausfällt, nimmt das CL-THS-System keine Erhöhung der Stimulierung vor.

Vor dem Hintergrund der vorangegangenen Skizze lassen sich erste Grenzen einer Modellierung von CL-THS-Systemen absehen, mit der eine gute Diagnose- und Therapieanpassung durch Programmierung des Algorithmus auf medizinische Prinzipien sichergestellt werden soll. Sie speisen sich aus der Urteilsform, auf die der Algorithmus in diesem Modell programmiert werden soll: bei der Diagnose- und Therapieanpassung den Einzelfall durch seine Subsumtion unter eine quantifizierbare Regel zu bestimmen. In den Urteilsprozessen, auf die der Algorithmus programmiert wird, könnte damit nur berücksichtigt werden, was sich quantitativ bestimmen lässt. Zugleich könnte das quantitative Bestimmen des Einzelfalls, das mit Hilfe des Algorithmus ausgeübt würde, aufgrund der Abschließung des Regelkreises gegen die personale Therapiebeziehung nicht durch alternative Urteilsformen ergänzt werden: durch Formen eines reflektirenden Beurteilens bei der Diagnose- und Therapieanpassung, in denen die behandelnden Ärzt_innen die nicht-quantifizierbare Aspekte des erst- und zweitpersonalen Erlebens berücksichtigen.

2.2 Die anthropologischen Festlegungen von CL-THS-Modellen, die auf Prinzipien guter Medizin programmiert werden

Wie zu Beginn des Kapitels erwähnt, bewegt sich die Konstruktion von CL-THS-Modellen mit implementierten Prinzipien guter Medizin in den Bahnen einer ‚zerebrozentrischen' Neurologie und Psychiatrie, die neurologische und psychologische Erkrankungen als „Hirnfunktionsstörungen" (Fuchs 2020a, 256) auffasst und behandelt. Die Konstruktion dieser CL-THS-Modelle würde den ‚Zerebrozentrismus' insofern weitertreiben, als sie diese naturalisierenden Reduktionismen[10] in die Neuroprothese einbaute und damit die Weichen für die Möglichkeiten ärztlicher Behandlung mit den Neuroprothesen stellte.

Die Festlegung dieses CL-THS-Modells auf reduktionistische Annahmen über das Verhältnis von Hirnprozessen und leiblichen bzw. psycho-sozialen Lebensvorgängen lässt sich im Vergleich mit Modellen der digitalen Diagnostik bzw. der THS gut verdeutlichen, die ohne geschlossenen Regelkreis gebaut werden.[11] Die Macher_innen von herkömmlichen Modellen der digitalen Diagnostik bzw. von THS-Modellen ohne ‚closed loop' mögen reduktionistischen Vorstellungen verpflichtet sein. Ihre anthropologischen Auffassungen fließen jedoch nicht in die Konstruktion der Neurotechnologien ein. Im Aufbau dieser Modelle bleiben die anthropologischen Fragen über das Verhältnis vom menschlichen Organismus bzw. vom Gehirn als dem menschlichen Zentralorgan auf der einen und dem leiblich-psycho-sozialen Leben auf der anderen Seite *offen*. Mit Hilfe von digitalen Diagnosesystemen können in der neurologischen bzw. psychiatrischen Diagnostik etwa veränderte Hirnfunktionen aufgefunden werden, die mit neurologischen

---

10 Im Folgenden verwende ich die Begriffe ‚reduktionistisch' und ‚naturalistisch' zur Kennzeichnung bestimmter Anthropologien. Dabei verstehe ich den Naturalismus als eine besondere Spielart einer reduktionistischen Anthropologie; nämlich: einer solchen Anthropologie, die das menschliche Person-Sein auf biologische Prozesse reduziert. Der Rationalismus, der alle wesentlichen Dimensionen menschlichen Person-Seins auf Verstandestätigkeiten zurückführte, wäre eine andere Spielart einer reduktionistischen Anthropologie.
11 Unten wird sich zeigen, dass auch beim Bau von CL-THS-Systemen auf reduktionistische Vorannahmen verzichtet werden kann, indem in diese Neuroprothesen Rückkoppelungsschleifen an die Lebenswelt eingebaut werden.

oder psychologischen Krankheitsbildern *korrelieren* (vgl. Fuchs 2017, 267 ff.). Genau hierin besteht der Nutzen dieser Systeme: Neurolog_innen und Psychiater_innen bei ihrer Diagnose Wissen über die Hirnfunktionen der behandelten Patient_innen zu vermitteln. Die digitalen Diagnosesysteme machen dabei keine Angaben über den Status dieser Korrelationen: ob es sich bei den aufgefundenen Hirnfunktionsstörungen um *notwendige* Korrelata, ob es sich um die *einzigen* Korrelata einer neurologischen bzw. biologischen Erkrankung oder gar um deren *Ursachen* handelt. Analog dazu kann die Stimulation des Gehirns im Rahmen von neurologischen oder psychiatrischen Therapien dazu genutzt werden, um bestimmte neurologische bzw. psychologische Erkrankungen zu behandeln. Der Nutzen der THS besteht dabei darin, dass es unter einer Behandlung mit dieser Neuroprothese zu einer Besserung bestimmter neurologischer und psychologischer Krankheitssymptome kommt. Mit der Stimulation des Gehirns werden jedoch wiederum keine anthropologischen Annahmen über das Verhältnis zwischen der Stimulierung des Gehirns und der Restitution verlorener leiblicher und psychischer Lebensmöglichkeiten gemacht: Die Stimulierung wird nicht zum *einzigen* Therapeutikum innerhalb der Somatotherapie oder gar zur *Ursache* der leiblichen bzw. psycho-sozialen Restitution verabsolutiert. Für den Bau und den Gebrauch dieser Neuroprothesen ist es – wie bei herkömmlichen Medizinprodukten – nur entscheidend, *dass*, nicht *warum* sie ‚anschlagen'.

In dem hier zur Diskussion stehenden Modell guter CL-THS-Systeme würden die skizzierten anthropologischen Zusammenhänge nicht mehr offengehalten. Bei der diagnostischen Überwachung würde über die Korrelationen von Hirnfunktionsstörungen und neurologischer bzw. psychologischer Erkrankung, bei der Therapieanpassung über die Korrelation der Hirnstimulation und den Veränderungen des leiblichen oder psycho-sozialen Lebens unter der Stimulierung entschieden. Indem die Diagnose- und Therapieanpassung unter Umgehung der personalen Therapiebeziehung durch Programmierung der Neuroprothese gewährleistet werden soll, würden beide Korrelationen im Sinne eines reduktionistischen Naturalismus zu Verhältnissen der Wirkkausalität geformt. Damit würden bei der diagnostischen Überwachung, die der Algorithmus im Rahmen des ‚closed loop'-Verfahrens leistet, die Hirnfunktionsstörungen zu den *einzigen* Korrelata der neurologischen bzw. psychologischen Erkrankungen überhöht. Und parallel dazu würde in diesen CL-THS-Systemen die Hirnstimulation zum *alleinigen* Therapeutikum verabsolutiert.

Vor dem Hintergrund dieser anthropologischen Skizze lassen sich die naturalisierenden Festlegungen absehen, die in CL-THS-Systeme eingebaut würden, in denen Diagnostik und Therapieanpassung dem Algorithmus überantwortet und die personalen Therapiebeziehungen umgangen werden. Genauso wenig wie erstpersonale und sozio-kulturelle Aspekte der neurologischen und psychologischen Erkrankungen in die diagnostische Überwachung einfließen könnten, könnten dialogische Aspekte der personalen Beziehung zwischen den behandelnden Ärzt_innen und den betroffenen Patient_innen in die therapeutische Behandlung durch die Stimulierung des Gehirns integriert werden. In Überwachung und Therapie könnten nur mehr Hirnfunktionsstörungen als einzige Korrelata psychologischer Erkrankung in Erscheinung treten und behandelt werden. Damit würden in dem – gegen die Therapiebeziehung abgeschotteten – geschlossenen Regelkreis des THS-Systems Hirnfunktionen den Status von *Ursachen* der Erkrankung und die Stimulierung des Gehirns den Status *direkter ursächlicher Einflussnahme* auf das leibliche bzw. psycho-soziale Leben der Patient_innen annehmen.

2.3 Die normalisierenden Konsequenzen für die Nutzer_innen von CL-THS-Modellen, die auf Prinzipien guter Medizin programmiert werden

In den vorangegangenen Abschnitten haben sich die quantifizierenden und naturalisierenden Verkürzungen von CL-THS-Modellen gezeigt, in denen das medizinische Urteilen bei der Diagnose- und Therapieanpassung dem Algorithmus überantwortet werden soll. Wenn derartige CL-THS-Modelle gebaut und zur klinischen Anwendung gebracht werden sollten, dann hätten die eingebauten Reduktionismen problematische Implikationen für die Nutzer_innen dieser technischen Systeme. Unter der Behandlung würde es zu normalisierenden Festlegungen sowohl der behandelnden Ärzt_innen als auch der betroffenen Patient_innen kommen: zu Festlegungen auf die Leitbilder der Neurologie und Psychiatrie bzw. eines personalen Lebens mit neurologischer oder psychologischer Erkrankung, denen die Macher_innen der Prothesen verpflichtet sind und die sie in die Neuroprothese einbauen.[12]

Die normalisierenden Festlegungen durch die hier diskutierten CL-THS-Modelle zeigen sich vor dem Hintergrund der Kritik, die in der Philosophie seit

---

[12] Die Stoßrichtung meiner Kritik an den normalisierenden Festlegungen durch die CL-THS-Modelle ist eine andere als die der Kritik an der „Tyrannei des Normalen", die seitens der „Disability"-Bewegung an Neuroprothesen – wie dem Cochlea-Implantat – geübt wird: dass abweichende körperliche Fähigkeiten an die speziestypischen Fähigkeiten angepasst werden sollen (vgl. dazu Clausen 2017, 159 f.). Meine Kritik fokussiert nicht auf eine mögliche Anpassung der Patient_innen an speziestypische *körperliche* Fähigkeiten, sondern auf eine mögliche Anpassung der Patient_innen wie Ärzt_innen an Vorstellungen über *personale* Lebensführung, die die Konstrukteur_innen in die CL-THS-Systeme einbauen.

langem am ‚zerebrozentrischen' Reduktionismus geübt wird: dass zentrale Aspekte der leiblichen Lebensäußerungen, des psychischen Erlebens und der geistigen Bewusstseinsakte nicht verstanden werden können, wenn diese bloß als Epiphänomene von Gehirnfunktionen erklärt werden sollen. Insbesondere die Intentionalität des subjektiven Erlebens und der leiblichen Lebensäußerungen, die Qualitäten bzw. Bedeutungen des Erlebten und des Geäußerten und die Intersubjektivität geistiger Erkenntnisprozesse werden in einem ‚zerebrozentrischen' Reduktionismus abgeblendet (vgl. die Beiträge von Hans-Peter Krüger, Tobias Müller und Tobias Sitter zum vorliegenden Band). Wenn die digitale Überwachung im Rahmen von CL-THS-Systemen ausschließlich Hirnfunktionsstörungen berücksichtigen soll, dann würden die Einflüsse des erst-personalen Erlebens, des personalen Selbstverhältnisses sowie der sozio-kulturellen Faktoren bei der Ausbildung von neurologischen und psychologischen Krankheiten abgeblendet (vgl. Fuchs 2020a, 260 ff.; ders. 2017, 281 ff.). Analoge Verkürzungen bestimmten die therapeutische Unterstützung, die in diesen CL-THS-Systemen allein in Form der Hirnstimulierung geleistet wird. Darin wird vom Einfluss der subjektiven Einstellung der Betroffenen und dem therapeutischen Beziehungsgeschehen zwischen Patient_innen und Ärzt_innen auf die Wirkung der Therapie abstrahiert (vgl. ebd., 293).

Die skizzierten quantifizierenden und naturalisierenden Verkürzungen von diagnostischer Überwachung und Therapieanpassung würden in der Anwendung der CL-THS-Systeme zu normalisierenden Festlegungen ihrer Nutzer_innen führen. Die behandelnden Ärzt_innen würden in der Ausübung ihrer Diagnose- und Therapiemöglichkeiten mit dem THS-System durch ebendieses System – und damit mittelbar: durch dessen Macher_innen – eingeschränkt. In der Diagnostik käme diese normalisierende Festlegung dadurch zustande, dass der Regelkreis aus Überwachung und Therapiejustierung nicht nur in sich geschlossen, sondern damit zugleich auch gegen die Therapiebeziehung abgeschlossen wäre. Unter der Behandlung würde es den behandelnden Ärzt_innen damit unmöglich, die Auswertung der Daten zu überprüfen, die der Algorithmus bei der Überwachung der Hirnfunktionen leistet – und bei der Aktualisierung der Diagnose auf andere, nicht quantifizierbare Erkenntnisse aus der personalen Begegnung mit den Patient_innen zurückzugreifen. Zugleich wären den behandelnden Neurolog_innen und Psychiater_innen therapeutische Möglichkeiten verschlossen: weder könnten sie in die Therapieanpassung innerhalb des geschlossenen Regelkreises eingreifen und alternative Therapieoptionen zur Anpassung der Stimulierungsstärke in Betracht zu ziehen; noch könnten sie die Patient_innen in Situationen, in denen der Algorithmus die Stimulierung – ohne Rückkoppelung an die Therapiebeziehung – stark verändert, durch andere Formen der therapeutischen Behandlung begleiten. Die behandelnden Ärzt_innen liefen Gefahr, medizinische Begleitung –

unter Ausschluss der dialogischen und leiblichen Aspekte ihres Berufs – allein als Sachverständige für das technische System ausüben zu können.

Die naturalistischen Festlegungen der behandelnden Ärzt_innen in ihren Diagnose- und Therapiemöglichkeiten unter einer laufenden Behandlung mit dem CL-THS-System hätten auch Konsequenzen für die behandelten Patient_innen. Unter der Behandlung würden sie komplementäre normalisierende Festlegungen auf das naturalistische Menschenbild erfahren, das die Konstrukteur_innen in die Neuroprothese einbauen. Da bei der Diagnose- und Therapieanpassung durch das technische System von den leiblichen und psychosozialen Aspekten ihrer neurologischen oder psychologischen Erkrankung abstrahiert würde und da die behandelnden Ärzt_innen diese Lücke aufgrund der Abschottung des technischen Regelkreises nicht schließen könnten, wäre die neurologische bzw. psychologische Erkrankung der Betroffenen im Rahmen der Therapie allein als Hirnfunktionsstörung präsent. Andere denn zerebral-physiologische Formen, ihr Leben und Erleben mit ihrer Erkrankung auszudrücken, wären den Patient_innen verschlossen. Unter der laufenden Behandlung könnten sie den behandelnden Ärzt_innen nicht durch leiblichen Ausdruck – etwa durch fahrige Bewegungen oder fehlende Konzentration – zu verstehen geben, wenn sie einer alternativen Behandlung bedürften: einer anderen Stimulierungsstärke, des Abbruchs oder der Ergänzung der Behandlung durch andere Formen der Therapie.

Mit dem skizzierten Modell setzten die Konstrukteur_innen der CL-THS folglich eine ‚self-fulfilling prophecy' ihrer Vorstellung von naturalistischer Determinierung ins Werk. Dabei wäre diese Determinierung nicht durch die natürliche Verfasstheit unseres Mensch-Seins begründet: weil wir ‚von Natur her' in unserem leiblichen und psycho-sozialen Leben durch unsere Gehirnfunktionen bestimmt wären. Die naturalistische Determinierung der betroffenen Patient_innen wäre vielmehr sozio-kultureller bzw. technischer Art. Sie würde durch die Modellierung des CL-THS-Systems *künstlich hervorgebracht* bzw. gebaut: indem technisch der Einfluss aller nicht-quantifizierbaren personalen Lebensaspekte der Betroffenen aus der Diagnose ausgeschlossen und eine kritische Aneignung der CL-THS-Therapie im Rahmen der personalen Therapiebeziehung unmöglich gemacht würde – so dass Ärzt_innen und Patient_innen die Erkrankung nur mehr als Hirnerkrankung verstehen und behandeln können.[13]

---

[13] Im Hintergrund der These von der künstlichen Konstruktion der naturalistischen Determinierung steht ein anthropologischer Reflexionsbegriff, den wir Helmuth Plessner verdanken: die Auffassung von der Unergründlichkeit der menschlichen Natur; vgl. Plessner 1981, 175–185.

3 Die Eröffnung neuer Lebensmöglichkeiten mit Hilfe von hybriden CL-THS-Systemen

Mit Blick auf technische Pflegeassistenz-Systeme, deren Konstruktion und Reflexion gegenüber den CL-THS-Systemen schon weiter fortgeschritten sind,[14] lässt sich eine alternative Option absehen, gute KI zu entwickeln: statt technische Systeme zu bauen, die die menschliche Praxis ersetzen sollen, auf Systeme zu setzen, die die Menschen in ihrer Praxis unterstützen (vgl. den Beitrag von Constanze Giese zum vorliegenden Band). Beim Bau autopoetischer CL-THS-Systems ginge es dann künftig nicht darum, den Algorithmus unter Ausschluss der Therapiebeziehung auf Prinzipien guter Medizin zu programmieren, damit standardisiert *jeder* Fall der Diagnose- und Therapieanpassung vom technischen System übernommen würde. Es ginge künftig vielmehr darum, das THS-System so zu konstruieren, dass es die neurologische bzw. psychiatrische Praxis in all ihren Aspekten unterstützt: beim umfassenden – reflektierenden wie bestimmenden – medizinischen Urteilen und bei einer therapeutischen Begleitung, die in Ergänzung zur Stimulierung des Gehirns das gesamte Spektrum der Therapieoptionen ausschöpft. Die standardisierte Diagnose- und Therapieanpassung durch das technische System wäre in eine umfassendere Diagnostik und Therapie zu integrieren, die in der personalen Therapiebeziehung geleistet wird. Technisch müsste ein hybrides Modell gebaut werden. Der Algorithmus der Prothese wäre nicht nur auf Prinzipien des bestimmenden Beurteilens, sondern darüber hinaus auch auf die Erkennung von kritischen Behandlungssituationen zu programmieren, in denen die Diagnose- und Therapieanpassung der personalen Therapiebeziehung zur Überprüfung überantwortet werden muss.

Im Folgenden möchte ich dafür eintreten, dass hybride CL-THS-Modelle den Nutzer_innen – den behandelnden Neurolog_innen und Psychiater_innen wie den betroffenen Patient_innen mit schweren neurologischen oder psychologischen Erkrankungen – neue Lebensmöglichkeiten erschließen können. Bevor ich diese These im letzten Abschnitt des Unterkapitels (unter 3.3.) näher ausführen kann, werde ich zunächst (unter 3.1.) auf das Verständnis personaler Neurologie und Psychiatrie blicken, das bei der Konstruktion hybrider Modelle in Anspruch

---

14 Beim Bau und in der Diskussion von KI-basierten Pflegeassistenzsystemen zeichnet sich ein Umdenken im Verständnis von ethisch guten Maschinen ab: Sollten zunächst ‚Pflegeroboter' mit implantiertem Ethikalgorithmus gebaut werden (vgl. Misselhorn 2018, 136–154), wird nun zusehends auf Pflegeassistenzsysteme zur Unterstützung der personalen Pflege gesetzt, die das Beurteilen von ethisch relevanten Fragen den behandelnden Pflegekräften überantworten (vgl. den Beitrag von Constanze Giese zum vorliegenden Band).

genommen wird; und im Anschluss daran (unter 3.2.) die Anforderungen skizzieren, die sich an die Konstruktion von CL-THS-Systemen richten, damit diese in Behandlungen personaler Medizin angewandt werden können.

3.1 Das Verständnis personaler Medizin, das hybride CL-THS-Modelle voraussetzen

In hybriden Modellen von technischen Medizin- oder Pflegesystemen wird die letzte Verantwortung für die medizinische oder pflegerische Begleitung den Nutzer_innen überantwortet. Dahinter steht die Überzeugung, dass in personalen Behandlungsbeziehungen Urteils- und Therapieformen ausgeübt werden, die nicht standardisiert der Neuroprothese überantwortet werden können – für eine gute Diagnostik und Therapie in der Neurologie und Psychiatrie jedoch von zentraler Bedeutung sind. Im Folgenden werde ich die personale Neurologie und Psychiatrie ausleuchten, die mit Hilfe von hybriden CL-THS-Modellen ausgeübt werden sollen. Dafür werde ich auf das Menschenbild, das Krankheitsverständnis und die Auffassung von guter Neurologie und Psychiatrie blicken, die die personale Medizin prägen.

In seiner Grundlagenschrift definiert Gerhard Danzer personale Medizin – englisch: ‚person-centered medicine' – als „Heilkunde von Personen für Personen" (Danzer 2012, 7) und verweist auf ihre integrative Anlage: „Die Tradition und die Errungenschaften der abendländisch-naturwissenschaftlichen Heilkunde bilden das Fundament der personalen Medizin. Sie ist als Ergänzung der, keineswegs jedoch als Konkurrenzunternehmen zur etablierten somatischen Medizin konzipiert" (ebd.). Damit unterläuft personale Medizin den Dualismus von erklärender Naturwissenschaft und verstehender Geisteswissenschaft, der innerhalb der Medizin insbesondere die Psychiatrie seit ihrem Entstehen geprägt hat (vgl. Fuchs 2020a, 255). Die Auffassungen von Krankheit und Therapie, denen die personale Medizin verpflichtet ist, speisen sich aus ihrem personalen Menschenbild. Danzer wie Fuchs explizieren das Verständnis der personalen Lebensform, das die personale Medizin voraussetzt, in Anschluss an Helmuth Plessners Konzept der „exzentrischen Positionalität" (vgl. Danzer 2012, 23–56, insb. 33f.; Fuchs 2017, 190f.; 229–273; 301–315; Plessner 1975, 288–293). Die exzentrische Form personalen Lebens zeichnet sich nach Plessner durch einen „unaufhebbaren Doppelaspekt" des „Sein[s] innerhalb des eigenen Leibes" und des „Sein[s] außerhalb des Leibes" aus (ebd., 292). Menschen üben diese in sich gebrochene, personale Existenz nach Plessner im Plural zusammen mit Anderen aus (vgl. ebd., 299–308). Unter dieser Existenzform leben sie „diesseits und jenseits des Bruches, als Seele und als Körper *und* als die psychophysisch neutrale

Einheit dieser Sphären" (ebd.). Sie sind „Körper, im Körper (als Innenleben oder Seele) und außer dem Körper als Blickpunkt, von dem aus [... sie] beides" sind (ebd., 293). Mit dieser Theorie vom personalen Leben im „Doppelaspekt" (ebd., 292) unterläuft Plessner grundlegende Dualismen der neuzeitlichen Anthropologie: die dualistische Entgegensetzungen zwischen dem erklärbaren Körper und der verstehbaren Psyche, dem Einzelnen und der Gemeinschaft, zwischen dem unmittelbaren psychischen Erleben bzw. den unmittelbaren Lebensäußerungen und vermittelnden Kulturleistungen bzw. Ausdrucksleistungen (vgl. ebd., 288–246; sowie den Beitrag von Hans-Peter Krüger zum vorliegenden Band).

In unserem Kontext der neurologischen und psychiatrischen Behandlung mit Stimulation des Gehirns ist die personale Theorie über das Verhältnis der menschlichen Gehirnfunktionen auf der einen und des leiblichen und psychosozialen Lebens auf der anderen Seite von besonderer Relevanz, die Thomas Fuchs in Anschluss an Plessners Theorie der exzentrischen Positionalität entwickelt hat (vgl. Fuchs 2017; Plessner 1975, 249–261; 288–293). Jenseits neuzeitlicher Dualismen – in deren Bahnen entweder das leibliche, emotionale und geistige Leben naturalistisch auf ein Epiphänomen der Hirnfunktionen oder aber Gehirn und Gesamtorganismus rationalistisch auf ein Werkzeug des Geistes zur Manipulation der Umwelt reduziert werden – rückt Fuchs die körper-leiblich-seelisch-geistige Entwicklung von Personen ins Zentrum und versteht das Gehirn als „ein *Vermittlungs-*, ein *Beziehungsorgan*" (vgl. Fuchs 2020b, 195). Seine Vermittlungsfunktionen kann das Gehirn – nach Fuchs – aufgrund „seiner hochgradigen Plastizität" erfüllen (vgl., 161). Bei der menschlichen Geburt unbestimmt, entwickle es seine Muster der Reizverarbeitung und -weitergabe in Interaktion mit dem Begegnenden. Dabei fungiere das Gehirn sowohl im Körper-Leib-Verhältnis bzw. im Verhältnis zwischen dem Gesamtorganismus und den subjektiven Leib-Erfahrungen als auch im Verhältnis mit dem Begegnenden als Vermittlungsorgan. Innerhalb des Gesamtorganismus betätige es sich durch Verarbeitung und Aussendung von Signalen von bzw. an die Peripherie als Zentralorgan der Selbstorganisation (vgl. ebd., 136–148). Im Verhältnis zur begegnenden Umwelt bestehe die Vermittlungsleistung des Gehirns darin, die körperleibliche Sensomotorik und die Umweltstrukturen in Kohärenz zu bringen (vgl. ebd., 148–189); und im mitweltlichen Verhältnis vermittle das Gehirn schließlich interpersonale Beziehungen (vgl. ebd., 192–228). Damit sind die Gehirnleistungen für diese personale Perspektive in die Bezüge des Gesamtorganismus, der Welt und der Mitwelt eingelassen und von diesen mitgeformt. Dementsprechend stellt sich auch nicht das isolierte Gehirn, sondern die körper-leiblich-seelische Individualentwicklung der Person in der Welt und in Beziehung zu Anderen als Voraussetzung von Geist und Bewusstsein dar (vgl. ebd., 227). Innerhalb der komplexen Individualgenese bildet auf Organebene wiederum nicht das Gehirn, sondern „die *fortwährende ‚Re-*

sonanz' von Gehirn und Organismus [...] die Voraussetzung für bewusstes Erleben. Durch sie wird der lebendige physische Körper zum subjektiven Leib" (ebd., 147).

Vor dem Hintergrund dieses personalen Menschenbildes wird in der personalen Neurologie und Psychiatrie – in Abgrenzung zu den oben skizzierten reduktionistischen Strömungen – ein personal-integratives Verständnis menschlicher Krankheit vertreten. Schwere neurologische wie psychologische Krankheiten, die gegenwärtig bereits mit THS behandelt werden oder in zeitnaher Zukunft behandelt werden sollen, stellen sich aus dieser Perspektive als Erkrankungen der ganzen Person dar: als „Störung" (Fuchs 2017, 280) bzw. „Unordnung" (Danzer 2012, 97) des personalen Lebens, die subjektive Leiderfahrung, organische Krankheitszustände und Einschränkungen der sozialen Teilhabe umfasst (vgl. Fuchs 2017, 280 ff.; Heinz 2014, 15). Die Pathogenese von psychologischen Erkrankungen wird dementsprechend – jenseits eines „Entweder-Oder von biogener bzw. psychogener Ätiologie" (Fuchs 2017, 289) oder einer bloßen Addition multipler Faktoren (vgl. ebd.) – als „zirkuläre [...] Kausalität biologischer und psychosozialer Prozesse" (ebd.) verstanden (vgl. auch Schaper-Rinkel 2009). Die Rolle des Gehirns besteht in der Pathogenese aus Sicht der personalen Medizin darin, das Ineinandergreifen von neurobiologischen Störungen und psychosozialen Störungen zu vermitteln. Dabei ist es in seinen Vermittlungsleistungen zugleich seinerseits von diesen Störungen mitgeprägt (vgl. Fuchs 2017, 287).

Als „Heilkunde von Personen für Personen" (Danzer 2012, 7) wird in der personalen Medizin nicht nur Krankheit als „Störung" des körper-leiblich-psychosozialen Person-Seins verstanden, sondern komplementär dazu auch die ärztliche Praxis als eine genuin personale Praxis gedeutet und ausgeübt. Gute ärztliche Praxis bemisst sich aus dieser Perspektive daran, „die ambivalente Grundstruktur der Medizin" (Fuchs 2017, 278) nicht einseitig – in ein bloß verstehendes oder bloß erklärendes Vorgehen – aufzulösen. Da im gesamtpersonalen Gefüge von neurologischen und psychologischen Erkrankungen physiologische und psycho-soziale Aspekte ineinandergreifen und Veränderungen auf der einen Seite den je anderen Aspekt mitbetreffen, will personale Neurologie und Psychiatrie gute Diagnostik und Therapie gewährleisten, indem sie sich in beiden Aspekten bewegt: indem sie in der Diagnostik leibliche Lebensäußerungen und das psychosoziale Leben genauso wie organische Funktionsstörungen – insbesondere Hirnfunktionsstörungen – in Betracht zieht; und indem sie in der Therapie – in Abhängigkeit von der diagnostizierten Erkrankung in unterschiedlicher Gewichtung – Formen der Psycho- und der Somatotherapie kombiniert (vgl. Fuchs 2017, 278–298). Bei der konkreten Diagnostik und Therapiefindung nimmt das ärztliche ‚Überlegungsgleichgewicht' die Gestalt eines ergebnisoffenen dialogischen Urteilsprozesses an – der sich nicht quantifizieren lässt, da in ihn neben bestimmenden Urteilsformen auch verstehend-reflektierende Urteilsformen einbezogen sind. Die behandelnden Ärzt_innen suchen die richtige Diagnose und die beste Therapie, indem sie im Dialog mit den Patient_innen medizinische Erkenntnisse aus unterschiedlichen Quellen, medizinethische Prinzipien und maßgebliche Präzedenzurteile in Betracht ziehen. Im Verlauf des – mit den Patient_innen geteilten – Abgleichs dieser unterschiedlichen bestimmenden und reflektierenden Urteilspraktiken werden die Ärzt_innen allererst in einem umfassenden – technisch nicht repräsentierbaren – Sinne in Bezug auf den konkreten Einzelfall urteilsfähig: Sie lernen, welche Aspekte sie berücksichtigen müssen, um bei der Diagnose das ‚Gesetz' der individuellen Erkrankung zu verstehen und um eine Therapie zu finden, die den Patient_innen in ihrer individuellen Besonderheit hilft.

Die Somatotherapie, zu der auch die Therapie mit THS-Systemen gehört, wird in der personalen Medizin damit – genauso wie die Psychotherapie – als eine interpersonal geteilte Praxis verstanden und ausgeübt: als eine Behandlung, für deren Wirkung „die subjektiven Einstellungen des Patienten und des Arztes, ihre Beziehung zueinander und weitere Kontextbedingungen" eine „zentrale Rolle [...] spielen" (Fuchs 2017, 923). Dabei wird das Einwirken auf das leibliche bzw. psycho-soziale Leben der behandelten Patient_innen mit Hilfe von Hirnstimulation – im Unterschied zu naturalistischen Kurzschlüssen – nicht als ein direktes, sondern als ein mehrfach vermitteltes, indirektes Einwirken gedeutet und praktiziert. Auf organischer Ebene wird die Stimulierung des Gehirns als Anstoß für eine selbstständige Wiederherstellung des Resonanzgefüges von Gehirn und Gesamtorganismus getätigt (vgl. Fuchs 2017, 292). Auf gesamtpersonaler Ebene soll dieses Einwirken in das organismische Gefüge eine leibliche bzw. psycho-soziale Neuausrichtung ermöglichen: etwa die Überwindung des Zitterns unter einer Parkinsonschen Erkrankung. Dabei ist die Art, wie dieser Anlass zur Neuausrichtung erlebt und gelebt wird, in biographische, interpersonale und sozio-kulturelle Kontexte eingebunden. Wenn Parkinson-Patient_innen unter einer THS-Behandlung etwa gesteigerte sexuelle Appetenz spüren, dann handelt es sich – aus der Perspektive personaler Anthropologie – um die zuständliche Gestimmtheit, die sie als leiblich-gefühlsmäßigen Aspekt ihrer gesamtorganischen Neuorientierung unter der Behandlung entwickeln. Emotional-erotische Bedeutung erreichen diese Stimmungen für die Betroffenen in den Kontexten ihrer – individuell und sozio-kulturell ausgebildeten – erotischen Bilder und Praktiken (vgl. dazu auch den Beitrag von Tobias Sitter im vorliegenden Band).[15]

---

[15] Zum Unterschied zwischen Gefühlszuständen und intentionalen Gefühlen bzw. Emotionen, der in der zeitgenössischen Philosophie der Emotionen wiederentdeckt wurde, vgl. bereits Max Scheler 1927, 260–272.

3.2 Anforderungen an die Technik der CL-THS-Modelle aus der Perspektive personaler Medizin

Im vorangegangenen Abschnitt hatte sich gezeigt, dass personale Neurologie und Psychiatrie reduktionistische Festlegungen unterlaufen, die in autopoetische CL-THS-Modelle mit einem implementierten Algorithmus guter Medizin eingebaut würden. Personale Medizin setzt nämlich zum einen deren reduktionistischen Menschenbild ein personales Menschenbild entgegen, in dem zwischen Hirnfunktionen und dem leiblich-psycho-sozialen Leben kein Verhältnis der Wirkkausalität, sondern vielmehr ein Verhältnis der vielfältigen Vermittlung angenommen wird. Und zum anderen können gute diagnostische Überwachung und Stimulationsanpassung aus Sicht der personalen Medizin nicht durch Programmierung der Neuroprothese auf quantifizierbare Prinzipien, sondern allein im Rahmen einer dialogisch-interpersonalen Therapiebeziehung sichergestellt werden. Wenn künftig autopoetische CL-THS-Systeme gebaut werden sollen, die im Rahmen einer personalen Somatotherapie eingesetzt werden können, dann müssen sie sich in dieses Verständnis guter Medizin einfügen, bzw. dessen Ausübung möglich machen. Die THS-Systeme mit integriertem technischem Regelkreis müssen so gebaut werden, dass die Diagnose- und Therapieanpassung von den behandelnden Ärzt_innen kritisch überprüft und die Behandlung mit der Neuroprothese durch andere dialogische Therapieformen ergänzt werden können.

Im folgenden Abschnitt möchte ich zentrale Anforderungen an die technische Modellierung der CL-THS-Modelle skizzieren, die sich aus dem Verständnis guter Diagnostik und Therapie in personaler Neurologie und Psychiatrie ergeben. Wenn CL-THS-Systeme in personaler Neurologie und Psychiatrie angewendet werden können sollen, dann dürfen sie nicht unter Ausschluss, sondern müssen gerade in Rückbindung an die Lebenswelt der Nutzer_innen konstruiert werden. In technischer Hinsicht wäre also zunächst zu verlangen, in das THS-System mit geschlossenem Regelkreis Rückkoppelungsschleifen an die personale Therapiebeziehung einzubauen. Mit Hilfe solcher technischen Rückkoppelung ließen sich die Aktualisierungen der Diagnose und der therapeutischen Hirnstimulation im geschlossenen Regelkreis des THS-Systems zur kritischen Überprüfung und Ergänzung der personalen Therapiebeziehung überantworten. Gleichwohl dürfte der Einbau von Rückkoppelungsschleifen den geschlossenen Regelkreis nicht einfach aufbrechen bzw. außer Kraft setzen – gingen dadurch doch auch die Vorteile verloren, die dieses Verfahren gegenüber herkömmlichen Modellen der THS bietet: neben einer präziseren Verortung des Implantats insbesondere die fortlaufende Überwachung der Hirnaktivitäten und die zeitnahe Anpassung der Stimulierung an gemessene Veränderungen der Hirnaktivitäten. Wenn die Vorteile des ‚closed loop'-Verfahrens gewahrt bleiben und zugleich die Gefahren einer normalisierenden Festlegung durch die Behandlung unterlaufen werden sollen, dann wäre beim Bau des Systems zwischen unterschiedlichen Behandlungssituationen zu unterscheiden: zwischen Standardsituationen auf der einen Seite, in denen der geschlossene Regelkreis nicht unterbrochen werden sollte, um die Vorteile zu nutzen, die er der THS-Behandlung bietet; und kritischen Grenzsituationen auf der anderen Seite, in denen sich im geschlossenen Regelkreis der THS-Behandlung von den behandelnden Ärzt_innen unbemerkt naturalisierende Festlegungen ereignen könnten.[16] In Bezug auf solche Grenzsituationen der CL-THS-Behandlung wäre nicht nur an stärkere Veränderungen der Erkrankung unter der Behandlung, sondern u. a. auch an große Behandlungsspannen ohne direkte personalen Begegnung von Ärzt_innen und Patient_innen oder an personelle Veränderungen auf Seiten der behandelnden Ärzt_innen zu denken. Um die Vorteile zu nutzen und den Gefahren zu begegnen, die eine Modellierung als autopoetisches System für Standard- bzw. Grenzsituationen einer THS-Behandlung zeitigt, wäre folglich ein hybrides Modell zu konzipieren.

Im Ausgang von ihren unterschiedlichen Anwendungsfällen lassen sich nähere Anforderungen an die Konstruktion von hybriden CL-THS-Modellen formulieren. Wie im Fall von CL-THS-Modellen, die auf Prinzipien guter Medizin programmiert werden sollen, ginge es auch in diesen Alternativmodellen zunächst darum, den Algorithmus auf medizinische Standards der diagnostischen Auswertung von gemessenen Hirndaten und der Anpassung der Hirnstimulierung an die diagnostizierten Hirnfunktionen zu programmieren. Der entscheidende Unterschied zu ersteren Modellen, betrifft das ‚Training' des Algorithmus. Dabei ginge es nun gerade nicht darum, den Algorithmus auf die Durchführung einer quantifizierten Fassung des ‚Überlegungsgleichgewichts' zu ‚trainieren', damit dieser *alle* möglichen Fälle einer Erkrankung durch Subsumtion unter die allgemeinen Regeln bestimmt. Es ginge vielmehr darum, den Algorithmus auf das Einschalten der behandelnden Ärzt_innen in *kritischen Grenzfällen der Behandlung* zu ‚trainieren'. Es müsste eine Alarmfunktion in das System eingebaut werden, die in kritischen Grenzfällen der THS-Behandlung die behandelnden Ärzt_innen verständigte. Um dies bei der Entwicklung des hybriden CL-THS-Systems zu bewerkstelligen, müssten zunächst alle kritischen Grenzsituationen einer neurologischen bzw. psychiatrischen Behandlung mit diesen Neuroprothesen erkannt werden, in denen es in der Abschottung der CL-THS-Therapie von der

---

16 Den von Karl Jaspers geprägten Begriff der Grenzsituation hat Theda Rehbock für die zeitgenössische Medizinethik fruchtbar gemacht. Rehbock unterscheidet dabei unterschiedliche Bedeutungen, die dem Begriff der Grenzsituation in der Medizin zukommen; vgl. Rehbock 2005, 20–44.

personalen Therapiebeziehung zu normalisierenden Festlegungen kommen kann. Dabei wären die Grenzsituationen zu definieren, die vom Algorithmus festgestellt werden müssten. In erste Linie beträfe dies wohl starke Veränderungen an der Erkrankung unter der Behandlung. Das Verständnis der relevanten Grenzsituationen wäre so aufzuarbeiten bzw. zu ‚übersetzen', dass der Algorithmus auf ihre Erkennung ‚trainiert' werden kann. Bei den Veränderungen der Erkrankung wäre auf die korrelierenden Hirnaktivitäten zu fokussieren. An den Hirnaktivitäten wären Schwellenwerte festzulegen, ab denen die CL-THS-Behandlung zur Überprüfung den behandelnden Ärzt_innen überantwortet werden muss. Mit Hilfe von Präzedenzfällen wäre der Algorithmus dann darauf zu ‚trainieren', diese kritischen Grenzfälle der Behandlung an den gemessenen Hirnfunktionen festzustellen. Ergänzt werden kann die Alarmfunktion des technischen Systems freilich durch herkömmliche Formen der Routine-Untersuchungen, in denen die behandelnden Ärzt_innen in direkter persönlicher Begegnung die laufende THS-Therapie überprüfen.

An dieser Stelle mag sich der Einwand erheben, dass sich das oben skizzierte Problem einer normalisierenden Festlegung der behandelnden Ärzt_innen durch das CL-THS-System bzw. dessen Macher_innen auf eine ‚zerebrozentrische' Ausübung ihres Berufs wiederholte: legte das Hybridmodell doch die Schwellenwerte fest, an denen die behandelnden Ärzt_innen allererst zurate gezogen würden, und fokussierte es dabei doch notwendigerweise wiederum nur auf die quantifizierbaren Hirnaktivitäten. Solche normalisierende Festlegung ist jedoch nicht zwingend. Im Hybridmodell wird der Algorithmus nämlich nicht nur auf die Beurteilung anderer Grenzsituationen ‚trainiert' als im Modell mit implantierten medizinischen Prinzipien: auf Grenzsituationen der THS-Behandlung und nicht auf Grenzsituationen der neurologischen bzw. psychischen Erkrankung. Dem Algorithmus wird auch eine andere Aufgabe zugewiesen: nicht die Aufgabe, kritische Grenzfälle der Erkrankung nach quantifizierten Regeln zu bestimmen; sondern vielmehr gerade die Aufgabe, innerhalb einer laufenden THS-Therapie kritische Grenzfälle des quantitativen Bestimmens bei der Diagnose- und Therapieanpassung zu erkennen. Diese Aufgabe scheint sich nun auch ohne Erkenntnisverlust quantifizieren zu lassen. Dem Algorithmus wird dabei nämlich nur eine ärztliche Handlung überantwortet, bei der sich die behandelnden Ärzt_innen auch bei herkömmlichen THS-Behandlungen (ohne geschlossenen Regelkreis) bereits an quantifizierbaren Parametern orientieren: an den Veränderungen der Gehirnaktivitäten starke Abweichungen zu erkennen, an denen eine laufende THS-Behandlung unter Berücksichtigung von nicht-quantifizierbaren Aspekte der personalen Therapiebeziehung überprüft werden muss.

Gleichwohl *kann* es zu normalisierenden Festlegungen auch durch hybride Modelle kommen. Dies wäre dann der Fall, wenn die Schwellenwerte starker

Abweichungen auf problematische Weise festgesetzt würden, ab denen die personale Therapiebeziehung zurate zu ziehen wäre. Insbesondere zwei problematische Festlegungen der Schwellenwerte sind denkbar, die Formen der Normalisierung unter einer Behandlung mit einem hybriden CL-THS-System zeitigen könnten. In ihrem Lichte sind Ansprüche an die Entwicklung dieser Neuroprothese zu richten. Zum einen könnte es zu normalisierenden Festlegungen unter einer Behandlung mit einem hybriden CL-THS-Modell kommen, wenn bei der Festlegung der Schwellenwerte nicht alle Grenzsituationen der Behandlung berücksichtigt werden, in denen der Algorithmus die behandelnden Ärzt_innen informieren muss. Unentdeckte Grenzfälle der Behandlung entzögen sich einer Überprüfung in der personalen Therapiebeziehung. Damit würden nicht nur die Diagnose- und Therapiemöglichkeiten der behandelnden Ärzt_innen eingeschränkt; sondern eine fortgesetzte Stimulierung könnte sich auch in eine naturalisierende Festlegung der behandelten Patient_innen verkehren – wenn sie nach Maßgabe einer gesamtpersonalen Diagnose hätte revidiert oder abgebrochen werden müssen. Um diesem Problem entgegenzuwirken, ist an die Entwicklung der Neuroprothese der Anspruch zu stellen, frühzeitig Vertreter_innen unterschiedlicher neurologischer und psychiatrischer Strömungen sowie Betroffenenvertreter_innen zu integrieren. Nur auf diese Weise könnten bei der technischen Entwicklung nämlich das derzeit verfügbare Wissen über die Grenzen der digitalen Diagnostik und der algorithmenbasierten Therapieanpassung berücksichtigt werden (zu den Schwierigkeiten vorausschauender Entwicklung von Neurotechnologien vgl. Kehl 2018; sowie ders. im vorliegenden Band). Zum anderen könnten normalisierende Festlegungen unter einer Therapie mit einem hybriden CL-THS-System entstehen, wenn die Macher_innen der Neuroprothese bei ihrem ‚Training' von einem allgemeinen Verständnis von möglichen Grenzsituationen der Behandlung ausgehen, das die besonderen Grenzsituationen einer konkreten Therapiebeziehung nicht trifft. Um diesem Problem entgegenzuwirken, dürfte das ‚Training' nicht „Ethikexperten" (Misselhorn 2018, 144) überantwortet werden, die dem Algorithmus idealtypische Fallbeispiele vorlegen. Ähnlich wie hybride Pflegeassistenz-Systeme (vgl. ebd., 150 f.) müssten hybride CL-THS-Systeme vielmehr so gebaut werden, dass ihre Nutzer_innen – Ärzt_innen und Patient_innen – bereits in die ‚Trainingsphase' einbezogen werden. Auf diese Weise könnte der Algorithmus auf individualisierte Schwellenwerte ‚trainiert' werden, an denen die Prothese solche Grenzsituationen erkennt, in denen das ‚closed loop'-Verfahren bei der Behandlung der jeweiligen Patient_innen problematisch wird.

3.3 Die Eröffnung von neuen Lebensmöglichkeiten in einer Therapie mit hybriden CL-THS-Systemen

Im vorangegangenen Abschnitt hat sich gezeigt, dass mit dem Bau von hybriden Modellen normalisierende Festlegungen der Nutzer_innen durch autopoetische CL-THS-Systeme unterlaufen werden können. Gleichwohl wären freilich auch hybride CL-THS-Systeme anthropologisch und ethisch nicht neutral. Sie wären den Auffassungen von guter Diagnostik, guter Therapiefindung und guter therapeutischer Behandlung der personalen Medizin verpflichtet. Im letzten Schritt meiner Auseinandersetzung mit den hybriden CL-THS-Systemen möchte ich auf die Implikationen blicken, die dies für deren Nutzer_innen hätte. Ich möchte die These vertreten, dass hybride CL-THS-Modelle den Nutzer_innen – den behandelnden Neurolog_innen und Psychiater_innen wie den betroffenen Patient_innen – neue Lebensmöglichkeiten erschließen könnten.

Die behandelnden Ärzt_innen würden mit diesen Systemen ein neuartiges Instrument der Somatotherapie gewinnen, mit dessen Hilfe sie neurologisch bzw. psychologisch schwer erkrankte Menschen in personalen Therapiebeziehungen behandeln könnten. Dabei bliebe ihre direkte personale Beziehung zu den Patient_innen – durch die Programmierung und das ‚Training' der Prothese – als eigentlicher Ort der Behandlung erhalten: als der Ort, an dem u. a. mit Hilfe des CL-THS-Systems in umfassenden medizinischen Urteilsprozessen die Diagnose und Therapie gefunden und aktualisiert und in der therapeutischen Begleitung in Ergänzung zur Stimulierung des Gehirns weitere Therapieoptionen ausschöpft werden. Dabei wäre die standardisierte Diagnose- und Therapieanpassung durch das technische System in die ganzheitlichen Praktiken der Diagnostik und Therapie integriert, die in der personalen Therapiebeziehung geleistet werden. In Standardsituationen einer laufenden Behandlung könnte das integrierte ‚closed loop'-Verfahren des THS-Systems für die behandelnden Ärzt_innen von Nutzen sein, indem es gegenüber herkömmlichen Modellen Verbesserungen der diagnostischen Überwachung und der Anpassung der therapeutischen Stimulierung verspricht. Und zugleich ermöglichte die Alarmfunktion dieses CL-THS-Systems den behandelnden Neurolog_innen und Psychiater_innen, kritische Grenzsituationen in den Blick zu bekommen, in denen im Rahmen des geschlossenen Regelkreises keine gute diagnostische Überwachung und Therapieanpassung sichergestellt werden kann. Sie wären damit in die Möglichkeit versetzt, bei der Aktualisierung ihrer Diagnose in diesen Grenzfällen der Behandlung neben den Hirnfunktionen weitere Aspekte des personalen Lebens der Patient_innen einzubeziehen, die Stimulierung des Gehirns in direkter interpersonaler Kommunikation zu begleiten und im Dialog mit den betroffenen Patient_innen andere

Formen der Therapie als Ergänzung oder Ersetzung der Hirnstimulation in Betracht zu ziehen und auszuüben.

Auf der anderen Seite könnten Menschen mit schwerer neurologischer oder psychologischer Erkrankung im Rahmen einer Somatotherapie mit einem hybriden CL-THS-System verloren gegangene Lebensmöglichkeiten zurückgewinnen. Die betroffen Patient_innen könnten im Rahmen von personaler Neurologie bzw. Psychiatrie mit hybriden CL-THS-Systemen in den verschiedenen Ebenen ihres personalen Lebens Anstöße für und Unterstützung bei einer Erneuerung ihres gesamtpersonalen Lebens in all seinen neurobiologischen und leiblich-psycho-sozialen Aspekten erhalten und auf diese Weise Lebensmöglichkeiten zurückgewinnen, die sie im Rahmen ihrer Erkrankung verloren haben.

In Bezug auf eine künftige CL-THS-Behandlung eines Parkinson-Patienten, dessen pädophile Neigung bekannt ist, lässt sich nun ebenfalls ein exemplarisches Zukunftsszenario skizzieren. Das CL-THS-System ist unter Einbezug der behandelnden Ärztin und des betroffenen Patienten darauf ‚trainiert', starke Amplituden innerhalb der gemessenen Hirnaktivitäten zu erkennen, die u. U. mit einer gesteigerten sexuellen Appetenz des Patienten korrelieren können. Zu einem Zeitpunkt unter der Behandlung stellt das CL-THS-System fest, dass die gemessenen Hirnaktivitäten den festgelegten Normbereich überschreiten. Es meldet dies der behandelnden Ärztin. Letztere kann dann zusammen mit dem betroffenen Patienten über die veränderten Hirnaktivitäten hinaus dessen leiblich-emotionales Erleben in den Blick nehmen und einen Therapieplan entwickeln, bei dem die Stimulierung durch die THS nach Maßgabe seines körper-leiblichen Wohlergehens angepasst und zugleich durch andere Formen der therapeutischen Behandlung ergänzt wird, die den Patienten darin unterstützen, einen guten Umgang mit seiner möglicherweise massiv gesteigertem sexuellen Appetenz zu entwickeln (vgl. Müller et al. 2014).

Damit wird deutlich: Wie im Fall der CL-THS-Systeme, die auf Prinzipien guter Medizin programmiert werden sollen, würde auch im Fall der hybriden Alternativ-Systeme eine ‚self fulfilling prophecy' des Mensch-Seins in neurologischen und psychologischen Grenzsituationen gebaut. Die ‚self fulfilling prophecy', die durch die Programmierung und das ‚Training' der hybriden CL-THS-Systeme ins Werk gesetzt würde, wäre allerdings von prinzipiell anderer Natur. Es handelte sich um eine ‚self fulfilling prophecy' nicht der biologistischen Determination, sondern vielmehr der sozio-kulturell-technischen Befähigung ihrer Nutzer_innen zur individuellen Ausgestaltung ihres Lebens: ihres Berufs als Neurolog_in bzw. Psychiater_in oder ihres Lebens mit ihrer Erkrankung. Dabei muss eine individuelle Ausgestaltung freilich nicht immer eine gute Ausgestaltung sein. So könnten z. B. die behandelnden Ärzt_innen bei der kritischen Überprüfung der aktualisierten Diagnose, zu der sie das technische System auffordert, auch weiterhin zentrale Aspekte an der Erkrankung der betroffenen Patient_in übersehen.

4 Schluss: Gute CL-THS-Therapie in der anthropologisch-ethischen Perspektive personaler Maschinentechnik

Im Laufe meiner vorausgegangenen Überlegungen sollte sich gezeigt haben, dass in CL-THS-Modelle nicht nur die Menschenbilder und die Auffassungen guter Medizin einfließen, denen ihre Macher_innen verpflichtet sind, sondern dass diese Implikationen auch darüber mitentscheiden, wie die Nutzer_innen derartiger Systeme künftig werden leben können. Damit steht die Entwicklung dieser Technologien in den kommenden Jahren an einem Scheidepunkt. Gerade da beide Optionen der CL-THS-Modellierung von anthropologischen und ethischen Annahmen durchdrungen sind, entscheidet über die Richtung der Technologieentwicklung nicht allein werturteilsfreie empirische Erkenntnis. Die Technologieentwicklung ist vielmehr aufgrund ihrer anthropologischen und ethischen Implikationen unhintergehbar auch von sozio-kulturell vorherrschenden Menschenbildern und Vorstellungen des guten Lebens, von politischen Entscheidungen und öffentlichen Debatten mitbestimmt.

An dieser Stelle drohen die eigentlichen Gefahren der transhumanistischen Utopien. Diese Utopien dürften sich kaum verwirklichen lassen, indem Bewusstsein als Datenstruktur auf eine Cloud geladen oder eine ‚allgemeine künstliche Intelligenz' gebaut und damit die uns bekannten Formen des Mensch-Seins überwunden würden (vgl. dazu die Beiträge von Tobias Müller und Hans-Peter Krüger im vorliegenden Band). Jedoch wirkt der Transhumanismus auf das geistige Klima der Gegenwart ein, in dem die Auseinandersetzungen und Entwicklungen KI-basierter Neurotechnologien stattfinden. Er trägt zur breiten Verankerung eines reduktionistischen Naturalismus bei, der die Möglichkeiten neurobiologischer Erklärungen überschätzt, die Grenzen der Einwirkungen auf die Hirnfunktionen übersieht und die Relevanz von nicht quantifizier- und im technischen System nicht repräsentierbaren Aspekten neurologischer und psychiatrischer Diagnostik und Behandlung ignoriert. Auf diese Weise haben die transhumanistischen Utopien mittelbar Einfluss auf die Technikentwicklung der kommenden Jahre, die neben der ‚öffentlichen Hand' insbesondere von den großen privaten ‚Tech-Unternehmen' finanziert wird. Sie befördern eine Technikentwicklung, in der solche CL-THS-Systeme gebaut werden, unter deren Anwendung es zu naturalisierenden Festlegungen ihrer Nutzer_innen kommt.

Ziel meiner Überlegungen ist es, diesen Tendenzen entgegenzuwirken. Mir ist es darum zu tun, einen theoretischen Beitrag zu gesamtgesellschaftlichen Lernprozessen zu leisten: zu Lernprozessen, in denen wir gesamtgesellschaftlich eine Haltung der „digitalen Mündigkeit" (Grunwald 2019, 29; 242 f.) im Verhältnis zu diesen neuartigen Neurotechnologien einüben. Mittelbar will ich auf diese Weise an einer antizipatorischen Governance der CL-THS-Entwicklung mitwirken: damit – jenseits von technikfeindlichen Ängsten und technikvergottenden Hoffnungen – solche THS-Systeme gebaut werden, in denen die technischen Möglichkeiten der neuartigen ‚closed loop'-Verfahren genutzt werden können, ohne dafür den Preis einer naturalistischen Determinierung entrichten zu müssen.

Literatur

Beauchamp, Tom L./Childress, James F. (2019): Principles of Biomedical Ethics, Oxford.
Clausen, Jens (2017): Neuroprothesen und Gehirn-Computer-Schnittstellen, in: Erbgut, Frank/Jox, Ralf J. (Hg.): Angewandte Ethik in der Neuromedizin, 151–161.
Coenen, Volker A. et al. (2015): Tiefe Hirnstimulation bei neurologischen und psychiatrischen Erkrankungen, in: Dtsch Arztebl Int 2015, 519–526.
Coenen, Volker A. et al. (2019): Superlateral medial forebrain bundle deep brain stimulation in major depression: a gateway trial, in: Neuropsychopharmacology 44, 1224–1232.
Danzer, Gerhard (2012): Personale Medizin, Bern.
DFG (2017): Tiefe Hirnstimulation. Stand der Wissenschaft und Perspektiven, Bonn.
Fuchs, Thomas (2017): Das Gehirn – ein Beziehungsorgan. Eine phänomenologisch-ökologische Konzeption, Stuttgart.
Fuchs, Thomas (2020a): Zwischen Psyche und Gehirn. Zur Standortbestimmung des Psychischen, in: ders.: Verteidigung des Menschen. Grundfragen einer verkörperten Anthropologie, Frankfurt a. Main, 255–277.
Fuchs, Thomas (2020b): Person und Gehirn. Zur Kritik des Zerebrozentrismus, in: ders.: Verteidigung des Menschen. Grundfragen einer verkörperten Anthropologie, Frankfurt a. Main, 179–201.
Giese, Constanze: Überlegungen zum Einsatz der ‚Pflegerobotik' und technischer Innovationen in der pflegerischen Versorgung – Ansätze und Wissensbestände aus Pflegepraxis, Pflegeethik und Pflegewissenschaft, im vorliegenden Band.
Grunwald, Armin (2015): Die hermeneutische Erweiterung der Technikfolgenabschätzung, in: TATuP – Zeitschrift für Technikfolgenabschätzung in Theorie und Praxis 24/2, 65–69.
Grunwald, Armin (2019): Der unterlegene Mensch. Die Zukunft der Menschheit im Angesicht von Algorithmen, künstlicher Intelligenz und Robotern, München.
Grunwald, Armin: Technische Zukunft des Menschen? Eschatologische Erzählungen zur Digitalisierung und ihre Kritik, im vorliegenden Band.
Heinz, Andreas (2014): Der Begriff der psychischen Krankheit, Frankfurt a. Main.
Heinz, Andreas /Seitz, Assina: Neuroenhancement: Offene Fragen und Herausforderungen, im vorliegenden Band.

Horn, Andreas et al. (2016): Forschung: Tiefe Hirnstimulation – Methodische Umbrüche, in: Dtsch Artebl 2016, 113.
Kant, Immanuel (1983): Kritik der Urteilskraft, in: ders.: Werke, Bd. 8: Kritik der Urteilskraft und Schriften zur Naturphilosophie, Darmstadt, 233–620.
Kehl, Christoph (2018): Wege zu verantwortlicher Forschung und Entwicklung im Bereich der Pflegerobotik: Die ambivalente Rolle der Ethik, in: Bendel, Oliver (Hg.): Pflegeroboter, Wiesbaden, 141–161.
Kehl, Christoph: Möglichkeiten und Grenzen ethischer Technikgestaltung: Das Beispiel der Mensch-Maschine-Entgrenzung, im vorliegenden Band.
Kersting, Daniel (2017): Tod ohne Leitbild? Philosophische Untersuchungen zu einem integrativen Todeskonzept, Paderborn.
Krüger, Hans-Peter: Für die Integration künstlicher neuronaler Netzwerke in die personale Lebensform. Eine philosophisch-anthropologische Kritik an der posthumanistischen Dystopie der Superintelligenz, im vorliegenden Band.
Manzei, Alexandra (2003): Eingedenken der Lebendigkeit im Subjekt? – Kritische Theorie und die anthropologischen Herausforderungen der biotechnologischen Medizin, in: Böhme, Gernot/Manzei, Alexandra (Hg.): Kritische Theorie der Technik und der Natur, München, 2003.
Misselhorn, Catrin (2018): Grundfragen der Maschinenethik, Stuttgart.
De Mul, Jos: Transhumanismus aus Sicht der Philosophischen Anthropologie Helmuth Plessners, im vorliegenden Band.
Müller, Oliver: Von der Selbstüberschreitung zur Selbstersetzung. Zu einigen anthropologischen Tiefenstrukturen des Transhumanismus, im vorliegenden Band.
Müller, Sabine et al. (2014): When benefitting a patient increases the risk for harm for third persons – the case of treating pedophilic Parkinsonian patients with deep brain stimulation, in: International Journal of Law and Psychiatry 37/3, 295–303.
Müller, Tobias: Die transhumanistische Utopie des Mind-Uploading und die Grenzen der technischen Manipulation menschlicher Subjektivität, im vorliegenden Band.
OECD (2020): Recommendation of the Council on Responsible Innovation in Neurotechnology. OECD/LEGAL/0457.
Parastarfeizabadi, Mahboubeh/Kouzani, Abbas Z. (2017): Advances in closed-loop deep brain stimulation devices, in:
https://jneuroengrehab.biomedcentral.com/articles/10.1186/s12984-017-0295-1.
Plessner, Helmuth (1975): Die Stufen des Organischen und der Mensch. Einleitung in die philosophische Anthropologie, Berlin/New York.
Plessner, Helmuth (1981): Macht und menschliche Natur. Ein Versuch zur Anthropologie der geschichtlichen Weltansicht, in: ders.: Gesammelte Schriften, Bd. V: Macht und menschliche Natur, Frankfurt a. Main, 135–234.
Rehbock, Theda (2005): Personsein in Grenzsituationen. Zur Kritik der Ethik medizinischen Handelns, Paderborn.
Schaper-Rinkel, Petra (2009): Neuro-Enhancement Politiken. Die Konvergenz von Nano-Bio-Info-Cogno zur Optimierung des Menschen, in: Schöne-Seiffert, Bettina et al (Hg.): Neuro-Enhancement, a.a.O., 295–320.
Schaper-Rinkel, Petra: Weltentfremdung 4.0. Politik, Verhalten und Handeln im Zeitalter von Künstlicher Intelligenz und Neuro-Enhancement, im vorliegenden Band.
Scheler, Max (1927): Der Formalismus in der Ethik und die materiale Wertethik, Halle.

Sitter, Tobias: Neurotechnologien aus der Perspektive einer Theorie konkreter Subjektivität, im vorliegenden Band.
Wieland, Wolfgang (2015): Diagnose. Überlegungen zur Medizintheorie, Berlin.

Christoph Kehl
Möglichkeiten und Grenzen ethischer Technikgestaltung

Das Beispiel der Mensch-Maschine-Entgrenzung

Zusammenfassung: Fortschritte im Bereich der Neurotechnologien, der künstlichen Intelligenz (KI) und Robotik eröffnen Anwendungsperspektiven, die auf einer fortschreitenden Verschmelzung von Mensch und Maschine beruhen und das Potenzial haben, das Mensch-Technik-Verhältnis ganz neu zu definieren. So werden immer leistungsfähigere, zunehmend „lernfähige" Roboterprothesen entwickelt, die – interaktiv gekoppelt an das menschliche Gehirn resp. Nervensystem – auch Anwendungsperspektiven jenseits therapeutischer Maßnahmen eröffnen. Entsprechende Entwicklungen der Mensch-Maschine-Entgrenzung wecken in der Gesellschaft weitreichende visionäre Erwartungen und werfen sehr grundsätzliche moralische wie anthropologische Herausforderungen auf. Der Beitrag geht vor diesem Hintergrund der Frage nach, wie sich auf gesellschaftspolitischer Ebene eine verantwortungsvolle Gestaltung der Entgrenzungstechnologien und ihrer weiteren Entwicklung erreichen lässt, wobei insbesondere die Bedeutung und der mögliche Beitrag der Ethik im Fokus stehen. Nach einem kurzen Überblick über Visionen und Technologien der Mensch-Maschine-Entgrenzung wird erst, basierend auf den Ergebnissen eines Projekts des Büros für Technikfolgen-Abschätzung beim Deutschen Bundestag (TAB), der Realitätsgehalt leitender Technikvisionen einer kritischen Bewertung unterzogen. Anschließend werden die Herausforderungen einer vorausschauenden Technikgestaltung skizziert, die sich vor dem Hintergrund futuristischer Spekulationen einerseits und dem frühen Entwicklungsstand der Technologien andererseits ergeben. Dabei wird auf die wichtige, aber durchaus auch zwiespältige Rolle der Ethik im Rahmen neuerer Konzepte zur Technology Governance eingegangen und es werden grundsätzliche Ansatzpunkte ethischer Technikgestaltung identifiziert und ihre Grenzen und Möglichkeiten diskutiert.

1 Einleitung

Seit Jahrtausenden machen sich Menschen technische Artefakte zunutze, um sich damit der Welt zu bemächtigen. Etwas stand dabei nie infrage: nämlich die klare hierarchische Abgrenzung des Menschen als zwecksetzende Instanz zu den von ihm geschaffenen Werkzeugen. Mit aktuellen Entwicklungen in den Bereichen künstliche Intelligenz (KI), Robotik sowie den Neurotechnologien befinden wir uns heute jedoch möglicherweise an einem Wendepunkt, der diesbezüglich ein fundamentales Umdenken erfordert.

Dank fortschrittlicher Sensorik und algorithmenbasierter Datenverarbeitung sind moderne Maschinen inzwischen in der Lage, weitgehend „autonom" zu agieren. Sie können damit auch komplexere Aufgaben, selbst unter veränderlichen Bedingungen, unabhängig von menschlicher Steuerung selbstständig durchführen. Eine wichtige Voraussetzung dafür ist die „Lernfähigkeit", eine kognitive Eigenschaft, die bislang vor allem mit höheren Lebewesen in Verbindung gebracht wurde, inzwischen aber auch Maschinen zugeschrieben wird („maschinelles Lernen"). Begleitet wird diese Entwicklung von einer zunehmend anthropomorphen Gestaltung der Maschinen, mit dem humanoiden Roboter als Inbegriff des menschenähnlichen Maschinenwesens.

Gleichzeitig findet eine zunehmende Verschmelzung technischer Artefakte mit dem menschlichen Körper statt. Die Rede ist von neurotechnologischen Entwicklungen, welche maschinelle Systeme mittels neuronaler Schnittstellen direkt an das menschliche Nervensystem koppeln, was ungeahnte Möglichkeiten eröffnet, mit dem Menschen und seinem Gehirn technologisch zu interagieren. So lässt sich die Aktivität von Nervenzellen auf maschinellem Wege, nämlich durch die Verabreichung elektrischer Impulse, gezielt stimulieren. Dieser Mechanismus wird etwa dazu genutzt, um mittels sensorischer Neuroprothesen wie dem Cochlea-Implantat Sinneseinbußen technologisch zu kompensieren. Daneben kann die aus dem Körper abgeleitete neuronale Aktivität aber auch zur Steuerung von Maschinen eingesetzt werden, wobei hier vor allem künstliche Gliedmaßen im Fokus stehen. In beiden Fällen (stimulierenden sowie ableitenden Verfahren) haben wir es mit Technik zu tun, die buchstäblich unter die Haut geht.

Jedes dieser beiden Entwicklungsfelder – KI/Robotik einerseits, Neurotechnologien andererseits – fordert das traditionelle Mensch-Technik-Verhältnis bereits für sich genommen heraus. Ihre besondere Brisanz entfalten diese technologischen Trends aber nun gerade durch ihre zunehmende Konvergenz, die an der Forschungsfront immer deutlicher zutage tritt und ganz neue technische Lösungen hervorbringt – etwa „intelligente", „lernfähige" Roboterprothesen, welche die Bewegungsabsichten des Trägers aus dessen Hirnaktivitäten auslesen, in Bewegung umsetzen und die gewonnenen Tastreize als sensorische Empfindung an das Gehirn zurücksenden (siehe dazu die Beiträge von Tobias Sitter und Olivia Mitscherlich-Schönherr in diesem Band). Angesichts derartiger „autonomer" Technik, die quasi dem Menschen einverleibt wird und bidirektional mit dessen Nervensystem interagiert, lässt sich schwerlich noch von einer eindeutigen Trennlinie zwischen Mensch und Maschine sprechen. Vielmehr verschmelzen „Mensch und

Maschine zu einer zunehmend schwerer auflösbaren Einheit", mit dem Ergebnis, dass „in letzter Konsequenz nicht mehr eindeutig unterscheidbar ist, ob der Mensch die Maschine steuert oder umgekehrt" (Kehl/Coenen 2016, 142). Dieses Phänomen wird im Folgenden als Mensch-Maschine-Entgrenzung (MME) bezeichnet.

Auch wenn konkrete Anwendungsmöglichkeiten derzeit noch eher unscharf erscheinen, wirft diese Entwicklung zweifelsohne drängende moralische Fragen auf. Dass der Ethik bei der Technikgestaltung eine wichtige Rolle zukommen sollte, liegt deshalb eigentlich auf der Hand – wie ich im Folgenden zeigen möchte, ist jedoch alles andere als klar, wie sich eine ethische Governance der Technikentwicklung umsetzen lässt. Der Artikel hat folgenden Aufbau: In einem ersten Schritt werde ich die Ergebnisse eines 2016 abgeschlossenen Projekts des Büros für Technikfolgen-Abschätzung beim Deutschen Bundestag (TAB) vorstellen, in dem Visionen und Technologien der Mensch-Maschine-Entgrenzung thematisiert wurden.[1] Ausgehend davon werde ich zweitens anhand aktueller Ansätze der Technology Governance die Herausforderungen einer verantwortungsvollen Technikgestaltung diskutieren, wie sie in emergierenden Technikfeldern wie der MME zutage treten, bevor ich mich abschließend der Rolle der Ethik zuwende.

2 Visionen und Technologien der Mensch-Maschine-Entgrenzung

Robotik/KI und Neurotechnologien bilden die beiden technologischen Pole, zwischen denen sich die beschriebene Entgrenzungsdynamik konstituiert und die von jeweils unterschiedlicher Seite eine Angleichung, man könnte auch sagen „Symmetrisierung" (Dickel 2019, 230 ff), zwischen Mensch und Maschine bewirken. Während Maschinen durch Robotik/KI immer menschenähnlicher werden (nicht nur in Gestalt und Aussehen, sondern vor allem auch im Verhalten und den kognitiven Fertigkeiten[2]), sorgen die Neurotechnologien für die zunehmende

---

[1] Das TAB ist eine selbstständige wissenschaftliche Einrichtung, die den Deutschen Bundestag und seine Ausschüsse in Fragen des wissenschaftlich-technischen Wandels berät. Das Projekt zur Mensch-Maschine-Entgrenzung wurde von 2014 bis 2016 im Auftrag des Ausschusses für Digitale Agenda durchgeführt und befasste sich mit den technologischen Grundlagen und visionären Implikationen aktueller Entwicklungen im Bereich Robotik und Neurotechnologien (https://www.tab-beim-bundestag.de/de/untersuchungen/u106001.html). Die Ergebnisse wurden im TAB-Arbeitsbericht Nr. 167 veröffentlicht (Kehl/Coenen 2016).
[2] Wobei nach wie vor relevante Unterschiede zwischen künstlicher und menschlicher Intelligenz bestehen bleiben, vgl. dazu die Beiträge von Tobias Müller und Hans-Peter Krüger in diesem Band.

technologische Bemächtigung des menschlichen Gehirns. Verbunden damit sind Vorstellungen von natürlicher Künstlichkeit einerseits sowie künstlicher Natürlichkeit andererseits, die im gesellschaftlichen Diskurs mit sehr weitreichenden Anwendungsvisionen und Zukunftsbildern verbunden sind. Fiktionale Schilderungen superintelligenter Maschinen, die zumeist als dystopische Gegenspieler des Menschen in Szene gesetzt werden, sind in Film und Literatur allgegenwärtig und haben das öffentliche Bild von KI und Robotik tiefgreifend geprägt (vgl. Irsigler/Orth 2018). Dass der Begriff „Roboter" einem literarischen Werk entnommen ist – nämlich Karel Čapeks „R.U.R." (Rossum's Universal Robots) aus dem Jahr 1920 –, steht symptomatisch dafür. Auch mit übernatürlichen Kräften ausgestattete Maschinenmenschen, sogenannte Cyborgs, sind häufig in der Science-Fiction anzutreffen. In gesellschaftlichen Debatten zu den Anwendungsperspektiven der Neurotechnologien findet sich entsprechend oft die Erwartung, dass am Ende die technische Optimierung des Menschen steht. Es geht also nicht mehr nur um die medizinische Bekämpfung individueller körperlicher Defizite, sondern um die technologische Weiterentwicklung der menschlichen Spezies als Ganzes – eine Vision, die unter dem Schlagwort „Human Enhancement" insbesondere in bioethischen Diskursen einen starken Niederschlag gefunden hat (Ach/Lüttenberg 2013; hierzu auch der Beitrag von Armin Grunwald in diesem Band).

Futuristische Debatten rund um KI/Robotik sowie neurotechnologisches Human Enhancement sind jedoch keineswegs ein neues Phänomen. Ihre Ursprünge reichen mindestens 100 Jahre zurück (vgl. Coenen 2015). So entwarf bspw. der Physiker John D. Bernal bereits im Jahr 1929 die Vision einer massiven, auch neurotechnologisch ermöglichten Cyborgisierung des menschlichen Körpers. Durch die Digitalisierung und den technologischen Fortschritt haben derartige Zukunftsvisionen in den letzten Jahren einen neuen Aufschwung erfahren, wobei insbesondere Vertreterinnen und Vertreter des Silicon Valley (wie der Paypal-Gründer Elon Musk oder der ehemalige Google-Mitarbeiter Ray Kurzweil) sie weiter popularisiert und entsprechende Forschungen teils finanziell gefördert haben. Wie die Analyse des TAB zeigt, fungiert der Transhumanismus dabei als ein übergreifendes Deutungsmuster, das Debatten zur maschinellen Superintelligenz wie zum neurotechnologischen Human Enhancement miteinander verbindet (Kehl/Coenen 2016, 37 ff.).

Dreh- und Angelpunkt transhumanistischen Denkens ist die Bestimmung des Menschen als Mängelwesen, die gepaart mit einer radikal technikoptimistischen Sichtweise zur Schlussfolgerung führt, dass der sterbliche menschliche Körper einer grundlegenden technologischen „Überarbeitung" bedarf – bis hin zu einer kompletten Überwindung des Menschen in einer posthumanen Zukunft, die von künstlichen Superintelligenzen bevölkert wird (Loh 2018; vgl. auch den Beitrag von Armin Grunwald in diesem Band). Inzwischen haben derartige Ideen über transhumanistische Zirkel hinaus Verbreitung gefunden und werden auch in den Massenmedien breit diskutiert. Der gesellschaftliche Diskurs rund um Entwicklungen in Robotik/KI sowie den Neurotechnologien ist somit im Endeffekt stark futuristisch geprägt, wobei transhumanistische Erlösungsvisionen auf Horrorszenarien maschineller Übermacht treffen. Dystopische und utopische Deutungen transhumanistischer Zukünfte, so konträr sie auch sind, sind sich dabei in einem Punkt einig: dass nämlich die formulierten Zukunftserwartungen nicht nur eine abstrakte Möglichkeit darstellen, sondern ein durchaus realistisches Szenario sind (Dickel 2016).

Doch ist diese Annahme tatsächlich so gerechtfertigt? Um dieser Frage auf den Grund zu gehen, sind wir im TAB-Projekt dem Realitätsgehalt leitender Technikvisionen nachgegangen, und zwar auf Basis einer fundierten Analyse des gegenwärtigen Standes von Forschung und Technik. Das Ergebnis lautet, dass nach derzeitigem wissenschaftlich-technischen Entwicklungsstand die in den Zukunftsdiskursen formulierten Erwartungen weitgehend spekulativ sind. Sehr grob zusammengefasst stellt sich die Situation in den einzelnen Technikbereichen wie folgt dar (Kehl/Coenen 2016, 55 ff.):

1) *Invasive Neuroprothesen:* Hier gibt es zwar vereinzelte medizinische Anwendungen (wie das Cochlea-Implantat bei Gehörlosigkeit oder die tiefe Hirnstimulation bei Parkinson und bestimmten psychiatrischen Krankheitsbildern), die jedoch neben der Kompensation von Sinneseinschränkungen oder der Linderung schwerer körperlicher resp. psychischer Beschwerden kaum einen Zusatznutzen für gesunde Menschen bieten und teils mit starken Nebenwirkungen einhergehen können. Bei der invasiven Prothesensteuerung gibt es erste, teils spektakulär anmutende experimentelle Erfolge (Andersen 2020), eine verbreitete Anwendung scheitert derzeit aber u. a. noch an den operativen Risiken sowie der oft mangelhaften Langzeitstabilität der Implantate und Zuleitungen.

2) *Nichtinvasive Gehirn-Maschine-Schnittstellen* (basierend z. B. auf Elektroenzephalografie) sind im Unterschied zu invasiven Neurotechnologien in der Regel gesundheitlich unbedenklicher, da sie keine chirurgischen Eingriffe erfordern. Massetaugliche Systeme, etwa für die Spielesteuerung, sind schon auf dem Markt erhältlich. Allerdings ist die erreichbare Datenrate nichtinvasiver Neurotechnologien grundsätzlich begrenzt, sodass die Anwendungsmöglichkeiten insbesondere mit Blick auf ein mögliches Human Enhancement wenig vielversprechend erscheinen.

3) *„Starke" KI und Robotik:* Die teils spektakulären Erfolge der KI-Forschung in den letzten Jahren beruhen primär auf statistischen Verfahren der Datenanalyse wie dem Deep Learning. Erfolgreiche Anwendungen beschränken sich vorerst auf (vor-)strukturierte Umgebungen und spezialisierte Einsatz-

gebiete. Die Realisierbarkeit einer „starken", bewusstseinsfähigen KI ist derzeit völlig unklar.

Diese Einschätzungen erscheinen auch heute, vier Jahre nach Abschluss des TAB-Projekts, noch gültig. Zu konstatieren ist, dass zwischen den sich abzeichnenden Anwendungsmöglichkeiten der MME-Technologien und den propagierten Anwendungsvisionen eine deutliche Diskrepanz besteht. Damit offenbart sich auch im Diskurs zur MME ein Muster, das für die gesellschaftliche Verhandlung anderer neuer Technologien (wie der Gen- oder der Nanotechnologien) durchaus typisch ist: Mehr oder weniger grell ausgemalte Technikzukünfte werden als „Medium gesellschaftlicher Selbstverständigung" (Grunwald 2012, 27) genutzt, wobei die Plausibilität der Szenarien für deren Zugkraft gar nicht mal so sehr entscheidend ist – was sich schon daran zeigt, dass sehr ähnliche Zukunftserwartungen immer wieder bei ganz unterschiedlichen Technologien ins Spiel gebracht werden (Dickel 2016). Die Emergenz neuer Technologien und die sich damit eröffnenden Möglichkeitsräume dienen vielmehr als Projektionsfläche für die Verhandlung des alten biopolitischen Menschheitstraums, die Begrenzungen des menschlichen Körpers ein für alle Mal zu überwinden (Coenen 2015).

3 Herausforderungen einer vorausschauenden Technikgestaltung

Die hohe Zukunftsrelevanz der Mensch-Maschine-Entgrenzung steht auch jenseits transhumanistischer Spekulationen außer Frage. Sensorische Neuroprothesen, Gliedmaßenprothesen oder Anwendungen wie die Tiefenhirnstimulation versprechen hunderttausenden Patientinnen und Patienten Linderungen bei körperlichen Defiziten, die mit schwersten Einschränkungen der Lebensqualität einhergehen. Dabei gilt es allerdings den therapeutischen Nutzen sorgfältig mit den teils gravierenden gesundheitlichen Risiken und Nebeneffekten (u. a. Persönlichkeitsveränderungen) abzuwägen, die mit den jeweiligen Eingriffen verbunden sein können. Zu fragen ist auch, inwiefern grundlegende Persönlichkeitsrechte durch die zunehmende Verbreitung derartiger Technologien bedroht sind (z. B. Verletzung der Intimsphäre durch Aufzeichnen neuronaler Daten; Drew 2019). Schließlich stellen sich – vor allem mit Blick auf die personale Autonomie und Verantwortungsfähigkeit des Menschen – auch grundsätzliche anthropologische Fragen, wenn Mensch und Maschine zunehmend zu einer „hybriden Handlungseinheit" verschmelzen (Kehl/Coenen 2016, 148; vgl. Müller 2010).

Der Verantwortungsbegriff wird aber noch in einem anderen Sinne virulent. Auf einer übergeordneten Handlungsebene stellt sich nämlich die Frage, wie ein angemessener Umgang mit Entwicklungen der Mensch-Maschine-Entgrenzung gefunden werden kann. Dass „eine frühzeitige Auseinandersetzung mit den gesellschaftlichen Konsequenzen, aber auch Rahmenbedingungen der Entgrenzungsdynamik [...] dringend erforderlich" erscheint, so die Schlussfolgerung im TAB-Bericht, ist vor dem Hintergrund der skizzierten ethischen Implikationen absolut naheliegend (Kehl/Coenen 2016, 150). Doch wer ist für die Beherrschung des technischen Fortschritts eigentlich die verantwortliche Instanz? Wie der Blick zurück auf den Umgang mit den Folgen und Nebenfolgen technischer Entwicklungen seit Mitte des 20. Jahrhunderts zeigt, haben sich entsprechende institutionalisierte Praktiken der Verantwortungszuschreibung kontinuierlich gewandelt (Grunwald 2020; Rip 2014).

Dass der technologische Fortschritt nicht einfach sich selbst überlassen werden sollte, rückte spätestens ab den 1950er Jahren immer stärker ins gesellschaftliche Bewusstsein. Die damaligen Debatten um die aufkommende Gentechnik oder die militärische sowie zivile Nutzung der Kernenergie stehen exemplarisch für ein sich veränderndes gesellschaftliches Risikobewusstsein. Waren es anfänglich vor allem die beteiligten Wissenschaftlerinnen und Wissenschaftler selbst, die ihr eigenes Handeln kritisch zu reflektieren begannen (z. B. im Manhattan-Projekt oder im Rahmen der Asilomar-Konferenz von 1975 zu gentechnisch veränderten Organismen), rückte nach und nach die Verantwortung des Staates und der Politik in den Vordergrund. Das in den 1970er Jahren entwickelte Vorsorgeprinzip, das verlangt, Risiken für Umwelt und Gesundheit vorbeugend zu begegnen und möglichst zu vermeiden, spielt bis heute als Leitlinie politischen Handelns in Deutschland und der EU eine zentrale Rolle. Mit der Technikfolgenabschätzung (TA) entstand etwa zur gleichen Zeit eine wissenschaftliche Beratungsdisziplin, die sich prospektiv mit den Wirkungen und Nebenwirkungen wissenschaftlich-technischer Entwicklungen beschäftigte, um politischen Entscheidungsträgern als „Frühwarnung vor technikbedingten Gefahren" zu dienen (Paschen/Petermann 1992).

Die Institutionalisierung der TA vollzog sich zunächst im Rahmen der Parlamente, wobei das ursprüngliche Selbstverständnis als neutrale wissenschaftliche Beratungsinstanz sich in der Herangehensweise widerspiegelte (Dobroć et al. 2018): Spezifische Folgen konkreter Technologien sollten durch expertenbasierte Prognosen aufgespürt werden, um unerwünschte Konsequenzen durch entsprechende Gegenmaßnahmen unterbinden zu können. Die Gewissheit allerdings, dass sich Technikfolgen prognostisch beherrschen lassen, löste sich im Laufe der Zeit immer mehr auf (Bora/Kollek 2011, 22 f.). Es wurde deutlich, dass Technologien sich erstens nicht in quasi deterministischer Weise entfalten, sondern ihre Genese selbst sozial geformt ist; dass zweitens ihre gesellschaftlichen Auswirkungen von vielschichtigen, interessengeleiteten Anwendungszusammenhängen bestimmt sind und die Bewertung möglicher Technikfolgen somit notgedrungen nicht nur mit großen epistemischen, sondern auch normativen Unsicherheiten behaftet ist. Die Entwicklung partizipativer und konstruktiver TA-Ansätze in den 1990er Jahren ist Ausdruck der Bemühung, die neu erkannte Komplexität soziotechnischer Wechselwirkungen angemessen abzubilden. Verbunden damit ist gewissermaßen eine Verantwortungsdiffusion: Eine Pluralität von Akteurinnen und Akteuren mit ihren je eigenen Perspektiven wirkt in der einen oder anderen Form an der Herstellung von Technikzukünften mit, weshalb es kaum noch sinnvoll erscheint, eine zentrale Steuerungsinstanz für den technischen Fortschritt prospektiv in die Verantwortung zu nehmen (von Schomberg 2013, 13).

Mit dem jüngsten Ruf (seit ca. 2010) nach „Responsible Research and Innovation" (RRI) wird dieser Gedanke nun auf die Spitze getrieben: Nicht mehr nur „Fragen von technologie- und innovationsinduzierten Risiken und deren reaktiv-regulative Einhegung [stehen] im Zentrum [...], sondern die möglichst demokratische, inklusive Verständigung darüber, welche Zukunft durch Innovation befördert werden soll" (Lindner et al. 2016, 8). Das vor allem auf der EU-Ebene stark geförderte RRI-Konzept (unter anderem wurde es als Leitbild im Forschungsrahmenprogramm Horizont 2020 verankert) ist dabei vor allem als Antwort auf große gesellschaftliche Herausforderungen (sog. „Grand Challenges") wie die Digitalisierung oder den Klimawandel zu verstehen, welche mit disruptiven Veränderungen auf globaler Ebene einhergehen. In Anbetracht dessen ist es das erklärte Ziel von RRI, das Innovationsgeschehen als Ganzes (statt einzelner Technologien) einer proaktiven Gestaltung zuzuführen und an übergeordneten gesellschaftlichen Zielen auszurichten. Es ist folglich nur konsequent, die Verantwortung dafür nicht Einzelnen mit ihren Partikularinteressen zu überlassen, sondern im Sinne kollektiver Verantwortung die Gesellschaft als Ganzes in der Pflicht zu sehen (von Schomberg 2013).

Was heißt das nun für den verantwortungsvollen Umgang mit dem Phänomen der Mensch-Maschine-Entgrenzung? Gerade das vom TAB diagnostizierte Spannungsfeld zwischen relativ unterentwickelten Anwendungen einerseits und weitreichenden Anwendungsvisionen andererseits verweist auf die latenten Schwierigkeiten bei der Umsetzung einer vorausschauenden Technik- und Innovationsgestaltung im Sinne von RRI. Drei kritische Punkte sind dabei besonders hervorzuheben:

1. Eckpfeiler einer proaktiven Steuerung von Innovationsprozessen ist nach wie vor die *Antizipation* potenzieller Technikfolgen, da nur auf dieser Basis eine reflektierte gesellschaftliche Auseinandersetzung mit möglichen Entwick-

lungspfaden machbar ist. Damit stellt sich nun aber die Frage nach dem richtigen Zeitpunkt eines „upstream engagement", wie es im Rahmen von RRI gefordert wird (Lindner et al. 2016, 66). Eine möglichst frühzeitige gesellschaftliche Intervention in den Forschungs- und Innovationsprozess scheint zwar geboten, da sich nur dann die erhofften Gestaltungsspielräume bieten, wirft aber gleichzeitig das Problem auf, dass die Anwendungsperspektiven und Technikfolgen meist noch völlig diffus erscheinen und sich eben kaum sinnvoll antizipieren lassen. Dieses Kontrolldilemma ist altbekannt und wurde bereits in den 1980er Jahren formuliert (Collingridge 1982). Mit Blick auf die zwar besonders zukunftsträchtigen, aber meist noch sehr frühen Entwicklungen im MME-Bereich werden also, wie bei anderen emergierenden Technologien auch, die Grenzen eines antizipativen Governanceansatzes deutlich (Grunwald 2015). Dies ist umso mehr der Fall, als diesen Technologien häufig eine disruptive Qualität unterstellt wird, womit Zukunft endgültig zur Chiffre für das Unbekannte wird (vgl. Nordmann 2014).

2. Dass die gesellschaftlichen Debatten rund um die Emergenz der neuen Entgrenzungstechnologien von sehr weitreichenden, äußerst konträr bewerteten Zukunftsvisionen bestimmt sind, ist plastischer Ausdruck davon. Wesentlich ist: Die propagierten Zukünfte sind zwar gesellschaftlich äußerst wirkmächtig und von anhaltender Faszination, sie sagen aber wenig Gehaltvolles über zukünftige Entwicklungen aus (Coenen 2015) – es handelt sich vom Charakter her um Prophezeiungen ohne prognostischen Wert (vgl. Grunwald 2012, 113). Gleichwohl werden die imaginierten soziotechnischen Zukünfte oft als unausweichlich dargestellt, was einer gewissen Eigenlogik futuristischen Denkens geschuldet ist (Grunwald 2012, 106 ff.). Im Besonderen gilt das für den Transhumanismus, der dem technischen Fortschritt eine nicht zu hinterfragende Eigengesetzlichkeit unterstellt („myth of progress", vgl. Burdett 2014). Angesichts dieser Konstellation besteht die Gefahr, dass durch die unkritische Verbreitung derartiger Zukunftsnarrative (wie bspw. im iHuman-Bericht der Royal Society (2019) geschehen; vgl. Lancet 2019) der Blick auf näherliegende Herausforderungen (wie sie eingangs dieses Abschnitts skizziert wurden) und sich daraus ergebende Gestaltungsmöglichkeiten der Entwicklung verstellt wird. Dies konterkariert ein reflexives „Denken in Alternativen", wie es für „die aktive Gestaltung von Innovationsprozessen" unerlässlich ist (Dobroć et al. 2018).

3. Zu beachten ist schließlich, dass hinter den technikvisionären Verheißungen oft auch handfeste ökonomische Interessen stecken und „visionäre Spekulationen" auch gerne eingesetzt werden, um im Sinne „technovisionären Marketings" Aufmerksamkeit (und Fördergelder) für aufkommende Technologien zu generieren (Coenen 2009). Wie gezeigt entstammen viele transhu-

manistische Vordenker dem Umfeld der Tech-Branche, die selbst die Forschung zu technikvisionären Themen massiv vorantreibt – Beispiele sind Elon Musks Firma Neuralink sowie Facebook, das vor kurzem das Neurotech-Start-up CTRL-Lab übernommen hat (Holzki 2019).[3] In verheißungsvollen Forschungsfeldern wie der KI oder auch den Neurotechnologien ist davon auszugehen, dass viele Akteurinnen und Akteure kein gesteigertes Interesse an demokratischer Kontrolle haben oder sich dieser sogar ganz bewusst zu entziehen versuchen. Neben dem Privatsektor gehört dazu insbesondere das US-Militär, das ebenfalls seit vielen Jahren intensiv an einem neurotechnologischen Enhancement forscht (Benedikter et al. 2017; Moreno 2012). Bislang ist es eine weitgehend offene Frage, wie verantwortungsvolle Forschung und Innovation auch in Sphären institutionalisiert werden kann, die nicht primär am Gemeinwohl orientiert sind, und wie angesichts divergierender Interessen überhaupt eine gesellschaftliche Verständigung über Ziele möglich ist (Blok/Lemmens 2015; Stahl 2018).

In visionären, diskursiv geformten Feldern wie der MME gibt es somit keinen archimedischen Punkt außerhalb des Geschehens, von dem aus sich der wissenschaftlich-technische Fortschritt in eine wünschenswerte Zukunft steuern lässt (Dupuy/Grinbaum 2004). Jeglicher Versuch, Zukunft zu antizipieren, verändert unser Bild derselben und beeinflusst damit den weiteren Gang der Ereignisse. Vor diesem Hintergrund ist in der TA-Community aktuell eine Wende hin zur kritischen Befassung mit Zukunftserwartungen zu beobachten, im Sinne eines sog. Vision assessments. Ziel ist gewissermaßen eine Entzauberung allzu einseitig präsentierter Visionen, um „überzogene Erwartungen und ausgeschlossene Alternativen aufzuzeigen sowie Machtkonstellationen und stillschweigend vorausgesetzte Normalitäten zu hinterfragen" (Lösch et al. 2016, 16). Die Ethik spielt bei diesem Unterfangen eine wichtige, aber durchaus ambivalente Rolle.

4 Die Rolle der Ethik: Zwischen Ethics Washing und Gestaltungsanspruch

Auch wenn die genaue Definition von RRI immer noch Gegenstand laufender Debatten ist und bezüglich der konkreten Umsetzung noch viele Fragen offen sind

---

[3] Sowohl Neuralink als auch CTRL-Lab arbeiten laut eigener Aussage an neuartigen Mensch-Maschine-Schnittstellen, mit denen es möglich sein soll, über neuronale Signale mit Computern, Smartphones und anderen Geräten zu interagieren.

(vgl. Lindner et al. 2016, 34 ff.; Novitzky et al. 2020), fanden sowohl im Rahmen des EU-Forschungsrahmenprogramms Horizont 2020 als auch darüber hinaus zahlreiche RRI-Aktivitäten zu konvergenten Entwicklungen im Bereich KI sowie den Neurotechnologien statt (Nuffield Council on Bioethics 2013; Royal Society 2019). Hervorzuheben sind diesbezüglich jüngst erschienene OECD-Empfehlungen (OECD 2020), die auf einem mehrjährigen Konsultationsprozess beruhen (vgl. Garden/Winickoff 2018) und mit denen erstmals versucht wird, international gültige Prinzipien für die verantwortungsvolle Innovationsgestaltung im Bereich der Neurotechnologien zu etablieren.[4] Voraussetzung dafür ist den OECD – neben dem Aufbau antizipativer Kapazitäten, einer Beförderung der interdisziplinären Zusammenarbeit sowie der deliberativen Debatte (und weiterer Aspekte) – insbesondere die Integration ethischer Überlegungen sowie die Berücksichtigung von „public values and concerns" bereits in der Planungs- und Designphase von neuen Technologien (OECD 2020).

Die Forderung, Ethik bereits in frühen Phasen der Technikentwicklung einzubeziehen, ist selbstverständlich keineswegs neu. Bereits im Zuge des Humangenomprojekts wurde in den 1990er Jahren die sogenannte ELSI-Forschung breit implementiert, die sich mit ethischen, rechtlichenund sozialen Implikationen biomedizinischer Innovationen beschäftigte. Konzipiert waren klassische ELSI-Programme hauptsächlich als eine Form der Begleitforschung, die zwar ethische Folgeprobleme biotechnologischer Forschung in Echtzeit reflektieren sollte, letztlich aber, so eine verbreitete Kritik, primär deren „möglichst sozialverträglichen und ethisch korrekten Realisierung und Anwendung" diente (Rehmann-Sutter 2011, 54). Begründet wurde dies mit der großen finanziellen und inhaltlichen Abhängigkeit der öffentlich geförderten ELSI-Forschung zu den Programmen, an die sie angegliedert war, was sich u. a. in einem Mangel an kritischer Distanz äußerte (Zwart/Landeweerd/van Rooij 2014). Im RRI-Konzept kommt der Ethik nun aber, im Prinzip zumindest, ein ganz anderer, deutlich höherer Stellenwert zu: Indem Forschung und Innovation zentral am Gemeinwohl und gesellschaftlichen Werten ausgerichtet werden sollen, rückt die Ethik von einer der Innovation nach- und hinterher-denkenden in eine deutlich aktivere Position (vgl. Gransche/Manzeschke 2020, 12). Ethische Reflexion soll nicht mehr nur begleitend/absichernd in Forschung und Entwicklung einbezogen werden, sondern deren Motor sein.

---

4 Eine zusätzliche Relevanz gewinnen derartige Aktivitäten vor dem Hintergrund von forschungspolitischen Großprojekten in der EU („Human Brain Project") und den USA („Brain Initiative"), in denen die Funktionsprinzipien des Gehirns unter Einsatz massiver öffentlicher Mittel enträtselt werden sollen, unter anderem mit dem Ziel, neue medizinische und neurotechnologische Anwendungsfelder zu erschließen.

Mit Bogner (2013) lässt sich hier von einer „Ethisierung der Technology Governance" sprechen, wobei RRI den vorläufigen Höhepunkt einer längeren Entwicklung darstellt, die wie gezeigt spätestens in den 1990er Jahren an Fahrt aufgenommen hat. Die anhaltende Konjunktur der Ethik ist, so Bogner, Ausdruck davon, dass gesellschaftliche Technikkontroversen zunehmend als Wertekonflikte gerahmt würden, womit der ethische Diskurs zur maßgeblichen Konfliktarena wird. Der Modus, in dem Technikkonflikte ausgetragen werden, sei dann nicht mehr derjenige der Forschung (wie beim Risikodiskurs), sondern derjenige der Deliberation. Dies passt zur Feststellung aus dem letzten Abschnitt, dass man es bei emergierenden Technologien (wie bei der Mensch-Maschine-Entgrenzung) mit Entwicklungen zu tun hat, die diskursiv geprägt und mit starken normativen Wertungen belegt sind.

Ethikkommissionen und -komitees, ethische Leitlinien und Kodizes sind ebenso wie ethische Begleitforschung in allen angewandten Forschungsbereichen inzwischen allgegenwärtig und zeugen vom offenbar wachsenden Einfluss ethischer Expertise. Dieser Ethik-Boom wird allerdings nicht nur positiv kommentiert. Die Rede ist von „ethics washing", also der Instrumentalisierung ethischer Rhetorik durch die Industrie zur gesellschaftlichen Durchsetzung ihrer ökonomischen Interessen (Bietti 2020). Tatsächlich ist zu beobachten, dass in den Komitees und Fachgremien, die mit der Ausarbeitung ethischer Leitlinien und Kodizes befasst sind, die Fachethik eher marginal vertreten ist.[5] Der Vorwurf lautet, dass auf diese Weise „Ethikdebatten als elegante öffentliche Dekoration für eine groß angelegte Investitionsstrategie" benutzt werden (Metzinger 2019). All dies wirft die Frage auf, wie denn nun Ethik ihrer wachsenden Bedeutung tatsächlich gerecht werden und in produktiver Weise Forschung und Innovation in normativ hochsensiblen Feldern wie der Mensch-Maschine-Entgrenzung mitgestalten kann. Grundsätzlich lassen sich zwei hauptsächliche Ansatzpunkte identifizieren:

1. *Ethische Technikgestaltung:* Dass Technik nicht wertneutral ist, sondern in das Design und die Entwicklung technischer Artefakte viele Wertsetzungen einfließen, ist in der Technikethik weitgehend unbestritten (van de Poel 2013). Diese Wertsetzungen bereits im Designprozess sichtbar zu machen und zu reflektieren und Technologien somit einer ethischen Gestaltung zuzuführen, ist deshalb ein naheliegender Gedanke, der jedoch in der Umsetzung auf viele Schwierigkeiten trifft. Umstritten ist insbesondere, wie stark Ethi-

---

5 Ein prominentes Beispiel dafür ist die High-Level Expert Group on Artificial Intelligence, die von 2018 bis 2020 im Auftrag der EU-Kommission Ethikrichtlinien zum Umgang mit KI erarbeitete. Unter den 52 Mitgliedern dominierten die Vertreterinnen und Vertreter der Industrie, während nur vier Ethikerinnen und Ethiker vertreten waren (Metzinger 2019).

kerinnen und Ethiker im Labor in die konkrete Design- und Entwicklungsarbeit einbezogen werden sollen resp. können. Etablierte Ansätze wie etwa das aus der Computer- und Informationstechnik stammende Value Sensitive Design (VSD) sind hier eher zurückhaltend und überlassen die ethische Reflexion primär den beteiligten Ingenieursdisziplinen (Flanagan/Howe/Nissenbaum 2005). VSD ist deshalb aus ethischer Perspektive als unzureichender, zu technokratischer Ansatz kritisiert worden (van Wynsberghe/Robbins 2014). Die direkte Beteiligung der Ethik am Entwicklungs- und Designprozess scheitert hingegen oft an Übersetzungsproblemen zwischen abstrakten ethischen und den sehr spezifischen technischen Fragen und setzt von allen Beteiligten die Bereitschaft (und die Fähigkeit!) voraus, diese Barrieren zu überwinden (ebd.). „Ethics on the laboratory floor" ist deshalb von einer breiteren Umsetzung noch weit entfernt. Erfolgversprechender erscheinen diskursethische Modelle, wie sie vor allem im Bereich der partizipativen, bedarfsorientierten Technikgestaltung erprobt worden sind. Ein Beispiel ist das vom BMBF initiierte MEESTAR („Modell zur ethischen Evaluation soziotechnischer Arrangements"), das vor allem bei der Entwicklung von neuen Pflegetechnologien zum Einsatz kommt. MEESTAR soll „den verschiedenen Akteuren in diesem Feld (Forschung & Entwicklung, Anbietern und Nutzern) in einer strukturierten Weise Reflexionsräume eröffnen, um die eigene ethische Urteilskraft zu stärken" (Manzeschke 2015, 319). Wesentlich ist, dass hier Ethikerinnen und Ethiker nicht mehr primär als Gestaltende, sondern in einer Art Moderatorenrolle auftreten. Ihre Aufgabe ist es, die interaktive Aushandlung „situierter Normativität" zwischen den verschiedenen Beteiligten begleitend zu unterstützen (Klausner/Niewöhner 2020). Gleichwohl besteht auch bei diesem Ansatz die Gefahr – durch die Einbettung in spezifische F&E-Projekte mit vorgegebenen Zielen –, ethische Reflexion proceduralistisch zu verengen (Nordmann 2013).

2. Deshalb gilt es zusätzlich bei den *diskursiven Rahmenbedingungen* anzusetzen, um Pfadabhängigkeiten bei der Zukunftsgestaltung durchbrechen und den gesellschaftlichen Blick für Alternativen öffnen zu können. Der Grund, wieso dem demokratischen Diskurs und der Partizipation von Stakeholdern in Governanceansätzen wie RRI so große Bedeutung zukommt, ist darin zu sehen, dass in einem deliberativen Modell letztlich nur die Gesellschaft die normative Instanz sein kann, die über gesellschaftliche Zielvorstellungen und wünschenswerte Zukünfte entscheiden kann. Bogners (2011) Feststellung, dass im Zuge dieser Ethisierung ein Formwandel der Expertise resultiert, bei der es primär um die Vermittlung von unterschiedlichen Sichtweisen und Deutungsangeboten geht (verbunden mit einer tendenziellen Abwertung der autoritativen fachethischen Expertise), ist deshalb nur folgerichtig. Aller-

dings ergibt sich daraus ein Spannungsfeld: Werte sind nicht deshalb gültig, weil sie sozial breit akzeptiert werden – das zu folgern, wäre ein Fehlschluss. Vor diesem Hintergrund wird deutlich, inwiefern der Fachethik nach wie vor eine unerlässliche Rolle zukommt, wenn es um den Aufbau gesellschaftlicher Reflexions- und Kritikkapazitäten geht: Sichtbarmachen und genaues Hinterfragen ethischer Prämissen in Forschungsprogrammen (vgl. Salles/Evers/Farisco 2019) und technovisionären Diskursen, Aufzeigen moralischer Ambivalenzen und Dilemmata, Begründung und Differenzierung von Moralprinzipien und Grundwerten (wie der Menschenwürde) sowie nicht zuletzt die kritische Reflexion konfligierender Menschenbilder angesichts neuer Mensch-Technik-Verhältnisse sind genuine Aufgaben der professionellen Ethik bei der gemeinsamen Verständigung über „gute Gesellschaft" (Bietti 2020). Der Blick auf den nanoethischen und bioethischen Fachdiskurs offenbart jedoch auch die möglichen Fallstricke diesbezüglicher ethischer Befassung, gerade wenn es um neue und emergierende Technologien geht, die mit sehr futuristischen Zukunftsvisionen belegt sind.[6] Durch die fraglose und plakative Übernahme futuristischer Annahmen und spekulativer Visionen des Human Enhancement in die eigenen Überlegungen, ohne die Realisierungsmöglichkeiten und -bedingungen der hypothetischen Szenarien kritisch zu hinterfragen, kann ethisches Denken zu einer gesellschaftlichen Verbreitung und Konsolidierung technovisionärer Spekulationen beitragen – so die Kritik an der „spekulativen Ethik", die von Nordmann und anderen vorgebracht wurde (Hedgecoe 2010; Nordmann 2007). Für den Aufbau reflexiver Kapazitäten ist das alles andere als förderlich – eine derartige Praxis steht vielmehr im krassen Widerspruch zu einem kritischen Vision assessment, wie es von der TA angestrebt wird (Ferrari et al. 2012).

Die Einbindung der ethischen Expertise in die Technology Governance ist folglich mit einer Grundspannung konfrontiert: Auf der einen Seite ist die Ethik – als wissenschaftliche Disziplin, die systematisch über Moral nachdenkt – eine der maßgeblichen Instanzen zur kritischen Reflexion von Technisierungsprozessen. Auf der anderen Seite wird von ihr zunehmend verlangt, in institutionalisierten Verfahren einen Beitrag zur Lösung konkreter Problemlagen zu leisten – sei es im Rahmen der wertebasierten Technikentwicklung, sei es bei der Formulierung ethischer Leitlinien (im Sinne politischer Handlungsempfehlungen). Der technische Fortschritt ist aber voller Ambivalenzen und entzieht sich somit einer eindeutigen ethischen Bewertung. Bei der Institutionalisierung der Ethik in Verfah-

---

6 Ähnliche Tendenzen zeigen sich auch im ethischen Diskurs über Pflegeroboter (Kehl 2018).

ren der Technology Governance besteht somit die Gefahr, dass die Ethik ihre kritische Distanz zum Gegenstand verliert und sie als „Entlastungs- und Delegationsinstanz" instrumentalisiert wird (Wiegerling 2015).

Die Lösung gesellschaftlicher (Werte-)Konflikte und die Gestaltung des technischen Fortschritts sind keine genuin ethischen, sondern primär politische Aufgaben. Deshalb wäre es verfehlt, die Ethik mit allzu großen Gestaltungsansprüchen zu überfordern, was einer technokratischen Verengung ihrer eigentlichen Aufgabe gleichkäme: nämlich der Reflexion der Handlungsprobleme und moralischen Fragen, die sich aus bestimmten (insbesondere politischen) Gestaltungsansprüchen ergeben (Bietti 2020).

5 Fazit

Die zunehmende Verschmelzung von Mensch und Maschine ist eine Entwicklung, die sich bereits in Ansätzen zu konkretisieren beginnt, deren weitreichende Implikationen sich am Horizont aber erst unscharf abzuzeichnen beginnen. Wie der TAB-Bericht zeigt, schließt der Diskurs über MME relativ nahtlos an ältere Debatten zu technofuturistischen Enhancement-Vorstellungen an. Zweifelsohne wirft das Phänomen der MME ganz grundsätzliche Fragen zur Zukunft des Menschen auf, die jetzt gestellt und diskutiert werden müssen. Die Orientierung an sehr weitreichenden Technisierungsvisionen und Zukunftserwartungen ist dabei jedoch eher hinderlich, da diese visionären Fixpunkte aufgrund unsicheren Zukunftswissens gerade keine Orientierung bieten, sondern mit ihren impliziten deterministischen Annahmen einem reflektierten Diskurs über das Mach- und Wünschbare und die inhärenten Gestaltungsmöglichkeiten der Entwicklung im Wege stehen.

Ethischen Überlegungen kommt bei der Bestimmung des gesellschaftliche Wünschbaren und damit der verantwortungsvollen Gestaltung der Entwicklung eine Schlüsselrolle zu. Das gilt jedoch nicht unbedingt für die Fachethik, deren Rolle im Rahmen von ethisierten Governanceansätzen wie RRI noch der genaueren Klärung bedarf. RRI zielt durch die Orientierung am „gemeinsamen Guten", im Sinne kollektiver Verantwortung, auf die demokratische Gestaltung von Forschung und Innovation, was zu einer Aufwertung von partizipativen und deliberativen Verfahren führt. Ethikgremien und -kommissionen repräsentieren entsprechend nicht primär den fachethischen Sachverstand, sondern dienen dazu, den gesellschaftlichen Moraldiskurs im Kleinen abzubilden, durch den Einbezug möglichst pluraler Perspektiven.

Gremien dieser Art sind ebenso wie Bemühungen zur ethischen Technikgestaltung wichtige Bausteine einer ethischen Governance des technischen Fortschritts. Allerdings, so habe ich zu argumentieren versucht, sind sie dafür nicht ausreichend. Bei institutionalisierten Verfahren dieser Art lässt sich eine gestaltungsoptimistische Engführung ethischer Reflexion kaum vermeiden, da sie in der Regel in das Korsett konkreter Technisierungsprogramme eingebettet ist. Um ein „Denken in Alternativen" zu ermöglichen, sind die spezifischen Fortschrittslogiken dieser Programme mit ihren impliziten normativen Prämissen und Zielvorstellungen sichtbar zu machen und gesellschaftlich zu diskutieren. Der Ethik, gemeint ist hier die philosophische Fachethik, kommt dabei eine wichtige Funktion zu: Philosophisch begründete Konzepte wie die Menschenwürde oder Grundwerte wie Gerechtigkeit müssen im Lichte des technischen Fortschritts immer wieder neu ausgelegt und interpretiert werden. Was es heißen kann, den Menschen in den Mittelpunkt zu stellen – so der BMBF-Slogan zum Forschungsprogramm „Technik zum Menschen bringen" –, ist angesichts vielfältiger Wertekonflikte hochgradig unklar. Als Reflexionsdisziplin hat die Ethik die Aufgabe, die gesellschaftliche Aushandlung entsprechender Fragen durch begriffliche und argumentative Arbeit zu unterstützen – nicht im Sinne einer Auflösung, sondern einer *Differenzierung* der Debatte.

Insbesondere bei der Entzauberung futuristischer Spekulationen kann die Ethik einen wichtigen Beitrag leisten – wie die Beiträge von Hans-Peter Krüger, Tobias Müller, Armin Grunwald und Olivia Mitscherlich-Schönherr in diesem Band zeigen –, indem sie deren impliziten Wertungen aufdeckt und kritisch reflektiert. Für eine antizipative Governance ist ein entsprechendes Vision assessment wie gezeigt von großer Bedeutung. Allerdings stößt hier die abstrakt denkende Ethik an die Grenzen ihrer Möglichkeiten. Ihr Hang zu hypothetischen Gedankenexperimenten und der Rekurs auf sehr allgemeine Prinzipien ist für die Aufklärung visionärer Debatten oft sogar kontraproduktiv. Denn eine Bewertung der Visionen, losgelöst von deren sozialen Entstehungs- und Verbreitungskontexten, läuft Gefahr, spekulatives Denken zu befördern statt zu entmystifizieren. Es wäre deshalb zu wünschen (hier folge ich Ferrari et al. 2012), dass sich die angewandte Ethik verstärkt der Zusammenarbeit mit der Technikfolgenabschätzung und der sozialwissenschaftlichen Wissenschafts- und Technikforschung öffnet – nicht zuletzt, um die eigene Rolle in gesellschaftlichen Technikdebatten selbstkritisch hinterfragen zu können.

Literatur

Ach, Johann S./Lüttenberg, Beate (2013): Human Enhancement, in: Grunwald, Armin (Hg.): Handbuch Technikethik, Stuttgart, 288–292.
Andersen, Richard (2020): Die Intentionsmaschine, in: Spektrum der Wissenschaft 4, 36–42.

Benedikter, Roland/Coenen, Christopher/Kreowski, Hans-Joerg/Ranisch, Robert/Reymann, Alexander/Sorgner, Stefan Lorenz (2017): Transhumanismus und Militär. Dossier Nr. 85, in: Wissenschaft & Frieden 4.

Bietti, Elettra (2020): From Ethics Washing to Ethics Bashing. A View on Tech Ethics from Within Moral Philosoph. FAT*, 20: Proceedings of the 2020 Conference on Fairness, Accountability, and Transparency, 210–219.

Blok, Vincent/Lemmens, Pieter (2015): The Emerging Concept of Responsible Innovation. Three Reasons Why It Is Questionable and Calls for a Radical Transformation of the Concept of Innovation, in: Koops, Bert-Jaap/Oosterlaken, Ilse/Romijn, Henny/ Swierstra, Tsjalling/van den Hoven, Jeroen (Hg.): Responsible Innovation 2, Cham, 19–35.

Bogner, Alexander (2011): Die Ethisierung von Technikkonflikten. Studien zum Geltungswandel des Dissenses, Weilerswist.

Bogner, Alexander (2013): Ethisierung oder Moralisierung? Technikkontroversen als Wertekonflikte, in: Bogner, Alexander (Hg.): Ethisierung der Technik – Technisierung der Ethik. Der Ethik-Boom im Lichte der Wissenschafts- und Technikforschung, Baden-Baden, 51–65.

Bora, Alfons/Kollek, Regine (2011): Der Alltag der Biomedizin – Interdisziplinäre Perspektiven, in: Dickel, Sascha/Franzen, Martina/Kehl, Christoph (Hg.): Herausforderung Biomedizin. Gesellschaftliche Deutung und soziale Praxis, Bielefeld, 11–42.

Burdett, Michael S. (2014): The Religion of Technology: Transhumanism and the Myth of Progress, in: Mercer, Calvin/Trothen, Tracy J. (Hg.): Religion and Transhumanism. The Unknown Future of Human Enhancement, Westport, 131–147.

Coenen, Christopher (2009): Zauberwort Konvergenz, in: TATuP – Zeitschrift für Technikfolgenabschätzung in Theorie und Praxis 18/2, 44–50.

Coenen, Christopher (2015): Der alte Traum vom mechanischen Menschen, in: Spektrum der Wissenschaft Spezial Physik – Mathematik – Technik 2, 67–73.

Collingridge, David G. (1982): The social control of technology, London.

Dickel, Sascha (2016): Der Neue Mensch – ein (technik)utopisches Upgrade. Der Traum vom Human Enhancement, in: Aus Politik und Zeitgeschichte 37–38, 16–21.

Dickel, Sascha (2019): Infrastruktur, Interface, Intelligenz, in: Heyen, Nils B./Dickel, Sascha/Brüninghaus, Anne (Hg.): Personal Health Science, Wiesbaden, 219–239.

Dobroć, Paulina/Krings, Bettina-Johanna/Schneider, Christoph/Wulf, Nele (2018): Alternativen als Programm, in: TATuP – Zeitschrift für Technikfolgenabschätzung in Theorie und Praxis 27/1, 28–33.

Drew, Liam (2019): Agency and the algorithm, in: Nature 571, 19–21.

Dupuy, Jean-Pierre/Grinbaum, Alexei (2004): Living with Uncertainty: Toward the Ongoing Normative Assessment of Nanotechnology, in: Techné 8/2, 4–25.

Ferrari, Aarianna/Coenen, Christopher/Grunwald, Armin (2012): Visions and Ethics in Current Discourse on Human Enhancement, in: NanoEthics 6/3, 215–229.

Flanagan, Mary/Howe, Daniel C./Nissenbaum, Helen (2005): Values at play, in: van der Veer, Gerrit (Hg.): Proceedings of the SIGCHI Conference on Human Factors in Computing Systems, New York, 751.

Garden, Hermann/Winickoff, David (2018): Issues in neurotechnology governance. OECD Science, Technology and Industry Working Papers 2018/11.

Gransche, Bruno/Manzeschke, Arne (2020): Das geteilte Ganze. Einleitende Überlegungen zu einem Forschungsprogramm, in: Gransche, Bruno/Manzeschke, Arne (Hg.): Das geteilte Ganze, Wiesbaden, 1–36.

Grunwald, Armin (2012): Technikzukünfte als Medium von Zukunftsdebatten und Technikgestaltung. Karlsruher Studien Technik und Kultur Band 6, Karlsruhe.

Grunwald, Armin (2015): Die hermeneutische Erweiterung der Technikfolgenabschätzung, in: TATuP – Zeitschrift für Technikfolgenabschätzung in Theorie und Praxis 24/2, 65–69.

Grunwald, Armin (2020): Verantwortung und Technik: zum Wandel des Verantwortungsbegriffs in der Technikethik, in: Seibert-Fohr, Anja (Hg.): Entgrenzte Verantwortung, Berlin/Heidelberg, 265–283.

Grunwald, Armin: Technische Zukunft des Menschen? Eschatologische Erzählungen zur Digitalisierung und ihre Kritik, im vorliegenden Band.

Hedgecoe, Adam (2010): Bioethics and the reinforcement of socio-technical expectations, in: Social studies of science 40/2, 163–186.

Holzki, Larissa (2019): Warum das Start-up CTRL-Labs so interessant für Facebook ist, in: Handelsblatt vom 13.11.2019.

Irsigler, Ingo/Orth, Dominik (2018): Zwischen Menschwerdung und Weltherrschaft: Künstliche Intelligenz im Film, in: Aus Politik und Zeitgeschichte 6–8, 39–46.

Kehl, Christoph (2018): Wege zu verantwortungsvoller Forschung und Entwicklung im Bereich der Pflegerobotik: Die ambivalente Rolle der Ethik, in: Bendel, Oliver (Hg.): Pflegeroboter, Wiesbaden, 141–160.

Kehl, Christoph/Coenen, Christopher (2016): Technologien und Visionen der Mensch-Maschine-Entgrenzung. Sachstandsbericht zum TA-Projekt „Mensch-Maschine-Entgrenzungen: zwischen künstlicher Intelligenz und Human Enhancement". Büro für Technikfolgen-Abschätzung beim Deutschen Bundestag, Arbeitsbericht Nr. 167, Berlin.

Klausner, Martina/Niewöhner, Jörg (2020): Integrierte Forschung – ein ethnographisches Angebot zur Ko-Laboration, in: Gransche, Bruno/ Manzeschke, A. (Hg.): Das geteilte Ganze, Wiesbaden, 153–169.

Krüger, Hans-Peter: Für die Integration künstlicher neuronaler Netzwerke in die personale Lebensform, Eine philosophisch-anthropologische Kritik an der posthumanistischen Superintelligenz, im vorliegenden Band.

Lindner, Ralf/Goos, Kerstin/Güth, Sandra/Som, Oliver/Schröder, Thomas (2016): „Responsible Research and Innovation" als Ansatz für die Forschungs-, Technologie- und Innovationspolitik – Hintergründe und Entwicklungen. Büro für Technikfolgen-Abschätzung beim Deutschen Bundestag, Hintergrundpapier Nr. 22, Berlin.

Loh, Janina (2018): Transhumanismus und technologischer Posthumanismus, in: Heßler, Martina/Liggieri, Kevin (Hg.): Technikanthropologie. Handbuch für Wissenschaft und Studium, Baden-Baden, 277–282.

Lösch, Andreas/Böhle, Knud/Coenen, Christopher/Dobroć, Paulina/Ferrari, Arianna/Heil, Reinhard/Hommrich, Dirk/Sand, M./Schneider, Christoph/Aykut, Stefan/Dickel, Sascha/Fuchs, Daniela/Gransche, Bruno/Grunwald, Armin/Hausstein, Alexandra/Kastenhofer, Karen/Konrad, Kornelia/Nordmann, Alfred/Schaper-Rinkel, Petra/Scheer, Dirk/Schulz-Schaeffer, Ingo/Torgersen, Helge/Wentland, Alexander (2016): Technikfolgenabschätzung von soziotechnischen Zukünften. Diskussionspapiere Nr. 03, Karlsruhe.

Manzeschke, Arne (2015): Angewandte Ethik organisieren: MEESTAR – ein Modell zur ethischen Deliberation in sozio-technischen Arrangements, in: Maring, Matthias (Hg.): Vom Praktisch-Werden der Ethik in interdisziplinärer Sicht. Ansätze und Beispiele der Institutionalisierung, Konkretisierung und Implementierung der Ethik, Karlsruhe, 315–330.

Metzinger, Thomas (2019): Ethik-Waschmaschinen made in Europe, in: Tagesspiegel Background vom 07.04.2019.

Mitscherlich-Schönherr, Olivia: Ethisch-anthropologische Weichenstellungen bei der Entwicklung von tiefer Hirnstimulation mit 'Closed Loop', im vorliegenden Band.

Moreno, Jonathan D. (2012): Mind wars. Brain science and the military in the twenty-first century, New York.

Müller, Oliver (2010): Zwischen Mensch und Maschine. Vom Glück und Unglück des Homo faber, Berlin.

Müller, Tobias: Die transhumanistische Utopie des Mind-Uploading und die Grenzen der technischen Manipulation menschlicher Subjektivität, im vorliegenden Band.

Nordmann, Alfred (2007): If and Then: A Critique of Speculative NanoEthics, in: NanoEthics 1/1, 31–46.

Nordmann, Alfred (2013): Nanotechnologie, in: Grunwald, Armin (Hg.): Handbuch Technikethik, Stuttgart, 338–342.

Nordmann, Alfred (2014): Responsible innovation, the art and craft of anticipation, in: Journal of Responsible Innovation 1/1, 87–98.

Novitzky, Peter/Bernstein, Michael J./Blok, Vincent/Braun, Robert/Chan, Tung Tung/Lamers, Wout/Loeber, Anne/Meijer, Ingeborg/Lindner, Ralf/Griessler, Erich (2020): Improve alignment of research policy and societal values, in: Science 369/6499, 39–41.

Nuffield Council on Bioethics (2013): Novel neurotechnologies. Intervening in the brain, London.

OECD (2020): Recommendation of the Council on Responsible Innovation in Neurotechnology. OECD/LEGAL/0457.

Paschen, Herbert/Petermann, Thomas (1992): Technikfolgenabschätzung – ein strategisches Rahmenkonzept für die Analyse und Bewertung von Technikfolgen, in: Petermann, Thomas (Hg.): Technikfolgen-Abschätzung als Technikforschung und Politikberatung, Frankfurt a. M., 19–42.

Rehmann-Sutter, Christoph (2011): Gesellschaftliche, rechtliche und ethische Implikationen der Biomedizin. Zu der Rolle und den Aufgaben der ELSI-Begleitforschung, in: Dickel, Sascha/Franzen, Martina/Kehl, Christoph (Hg.): Herausforderung Biomedizin. Gesellschaftliche Deutung und soziale Praxis, Bielefeld, 49–66.

Rip, Arie (2014): The past and future of RRI, in: Life sciences, society and policy 10/17.

Royal Society (2019): IHuman. Blurring lines between mind and machine, London.

Salles, Arleen/Evers, Kathinka/Farisco, Michele (2019): Neuroethics and Philosophy in Responsible Research and Innovation: The Case of the Human Brain Project, in: Neuroethics 12/2, 201–211.

von Schomberg, René (2013): A Vision of Responsible Research and Innovation, in: Owen, Richard/Bessant, John/Heintz, Maggy (Hg.): Responsible Innovation, Chichester, 51–74.

Sitter, Tobias: Neurotechnologien aus der Perspektive einer Theorie konkreter Subjektivität, im vorliegenden Band.

Stahl, Bernd (2018): RRI in Industry, in: The ORBIT Journal 1/3, 1–11.

Lancet (2019): iHuman: a futuristic vision for the human experience, in: The Lancet 394/10203, 979.

van de Poel, Ibo (2013): Werthaltigkeit der Technik, in: Grunwald, Armin (Hg.): Handbuch Technikethik, Stuttgart, 133–137.

van Wynsberghe, Aimee/Robbins, Scott (2014): Ethicist as designer: a pragmatic approach to ethics in the lab, in: Science and engineering ethics 20/4, 947–961.

Wiegerling, Klaus (2015): Grenzen und Gefahren der Institutionalisierung von Bereichsethiken, in: Maring, Matthias (Hg.): Vom Praktisch-Werden der Ethik in interdisziplinärer Sicht. Ansätze und Beispiele der Institutionalisierung, Konkretisierung und Implementierung der Ethik, Karlsruhe, 393–405.

Zwart, Hub/Landeweerd, Laurens/van Rooij, Arjan (2014): Adapt or perish? Assessing the recent shift in the European research funding arena from ‚ELSA' to ‚RRI', in: Life sciences, society and policy 10/11.

Part II: **Biotechnologische Optimierung des menschlichen Lebens: Züchtung und Enhancement**

Björn Sydow
Noch ein Versuch zu zeigen, wie uns moralisches Enhancement unserer Freiheit beraubt

Zusammenfassung: Moralisches Enhancement wird in diesem Beitrag anhand der Fiktion einer Moralpille verhandelt, deren Einnahme die Fähigkeit zum moralischen Handeln verbessert, indem sie durch die Manipulation unserer Gefühle dafür sorgt, dass diese dem moralischen Handeln nicht mehr in die Quere kommen. In der jüngeren bioethischen Diskussion um diese der Rezeption neuropharmakologischer Forschungsergebnisse entsprungene Idee spielt die Frage der Vereinbarkeit einer solchen Verbesserung der Moral mit unserer Freiheit eine zentrale Rolle. Der Beitrag setzt sich mit zwei Versuchen auseinander, ausgehend von diesem Zusammenhang zu einer moralischen Bewertung des moralischen Enhancements zu gelangen: Zum einen wird der Gedanke untersucht, die Einnahme der Moralpille sei unzulässig, weil damit die Freiheit des moralischen Handelns verloren ginge, zum anderen die Ansicht, dass zumindest nicht von einer moralischen Pflicht zu ihrer Einnahme die Rede sein könne, weil eine solche Handlung als supererogatorisch zu gelten habe. Dabei wird zunächst gezeigt, wie eine plausible Erläuterung von moralischem Handeln und Freiheit weder den einen noch den anderen Schluss zulässt, sondern vielmehr für eine Pflicht zur Einnahme der Moralpille zu sprechen scheint. Auf diese Weise wird der Blick frei für eine tragfähigere Kritik an einer solchen Pflicht. So wird dargelegt, dass wir die Möglichkeit der Selbstbestimmung preisgeben, wenn wir es nicht mehr zulassen, auch Gefühlen ausgesetzt zu sein, durch die das moralische Handeln erschwert wird. Anstatt sie durch eine Moralpille einfach abzuschneiden, müssen wir lernen, mit ihnen umzugehen.

1

Wir werden von Gefühlen heimgesucht, die uns in unserer Fähigkeit zum moralischen Handeln beeinträchtigen. Wenn Gier, Neid oder Hass in uns aufsteigen, wenn Gleichgültigkeit und Verachtung sich in uns breitmachen oder starke Wünsche von uns Besitz ergreifen, laufen wir Gefahr, zu verkennen, was moralisch von uns gefordert ist und es wird schwerer, die Kraft aufzubringen, das Richtige auch zu tun, sofern wir es noch erkennen. Umgekehrt machen Gefühle wie Zuneigung und Sympathie es in vielen Fällen leichter, der Moral zu genügen.

OpenAccess. © 2021 Björn Sydow, published by De Gruyter. [CC BY-NC-ND] This work is licensed under the Creative Commons Attribution-NonCommercial-NoDerivatives 4.0 International License.
https://doi.org/10.1515/9783110756432-009

Für die Verfassung unserer Fähigkeit zum moralischen Handeln sind wir moralisch verantwortlich. Wir dürfen uns beispielsweise nicht ohne Weiteres durch den Konsum von Alkohol in einen Zustand manövrieren, in dem wir nicht mehr klarsehen und im Handeln die falschen Schlüsse ziehen. (Aristoteles 1985, 56f.) Ob wir in diese alkoholbedingte Beeinträchtigung unserer Fähigkeit zum moralischen Handeln geraten, können wir normalerweise recht einfach kontrollieren. Dagegen ist die Kontrolle unserer Gefühle eine recht aufwendige Angelegenheit: Wir müssen auf sie aufmerksam werden, müssen die moralische Fragwürdigkeit der Dinge erkennen, zu denen sie uns veranlassen möchten, und wir müssen unseren Willen durch Übung stärken. Das Resultat dieser Auseinandersetzung mit den eigenen Gefühlen bleibt dabei stets fragil, sodass die Verantwortung für unsere moralische Verfassung uns fortlaufend Bemühungen abverlangt.[1]

In der jüngeren Diskussion um die biotechnologische Verbesserung des Menschen werden Ergebnisse aus den Neurowissenschaften so gedeutet, dass sie die Möglichkeit in Aussicht stellen, moralisch relevante Gefühle mit biotechnologischen Mitteln zu kontrollieren. (Savulescu/Persson 2015) Ich möchte vereinfachend von dem Bild ausgehen, dass wir durch die Einnahme eines Pharmazeutikums, nennen wir es: Moralpille (Archer 2018, 490), Gefühle, die uns am moralischen Handeln hindern, abschwächen oder auflösen und solche, die es befördern, hervorbringen können. Angesichts der Anstrengung und der unsicheren Ergebnisse der Arbeit an unseren Gefühlen scheint die Einnahme einer solchen Moralpille der gebotene Weg, um unserer Verantwortung für unsere moralische Verfassung gerecht zu werden.

Ich werde den Eindruck nicht los, dass mit dieser Idee etwas nicht stimmt, dass eine Person vielmehr etwas falsch macht, wenn sie die motivationalen Grundlagen ihres moralischen Handelns künstlich mit biotechnologischen Mitteln herstellt oder verändert. Den Möglichkeiten, der Verantwortung für seine Verfassung als moralisches Subjekt nachzukommen, scheint hier eine moralische Grenze gezogen.

Ziel der folgenden Überlegungen ist es, den Gehalt und die Grundlagen dieser offenbar moralischen Intuition genauer darzulegen. Dazu werde ich mich mit Überlegungen aus der jüngeren bioethischen Diskussion auseinandersetzen und zwar zunächst mit solchen, die leugnen, dass es auf pharmakologischem Weg überhaupt zu einer Verbesserung unserer Fähigkeit zum moralischen Handeln kommen kann. Dadurch soll das hier vorausgesetzte Verständnis moralischen

---

[1] Zur komplexen Herausforderung, Menschen unter den Bedingungen pränataler Diagnostik moralfähig werden zu lassen, vgl. Schües (in diesem Band).

Handelns geschärft werden. (2.) Im nächsten Schritt werde ich mich dann mit einem Vorschlag beschäftigen, der moralische Verbesserung, wie sie unsere Moralpille ermöglichen würde, als supererogatorisch auszuweisen versucht. Moralische Verbesserung ist nach diesem Vorschlag zwar moralisch gut, aber nur soweit verpflichtend, wie sie mit einem selbstbestimmten Leben vereinbar bleibt. Ich werde darlegen, dass die Begrenzung moralischer Pflichten von der Selbstbestimmung her zwar einleuchtet, damit die Möglichkeit einer Verpflichtung zur Einnahme der Moralpille jedoch nicht ausgeschlossen wird. (3.) Im Anschluss daran werde ich ein Verständnis von Selbstbestimmung erläutern, nach dem zur Selbstbestimmung die Festlegung darauf gehört, einen Wunsch in unserem Leben zur Geltung kommen zu lassen. Weil das einschließt, auch jenen Gefühlen Raum zu lassen, die aus dem aufgegriffenen Wunsch sowie seiner gelungenen oder gescheiterten Verwirklichung hervorgehen, handeln wir gemäß dieser Konzeption der Selbstbestimmung gegen unsere eigene Festlegung, wenn wir in den Bereich der Gefühle mit biotechnologischen Mitteln intervenieren. (4.) In einem letzten Schritt werde ich überprüfen, ob es auf diese Weise tatsächlich gelingt, den Einsatz der Moralpille als *moralischen* Fehler auszuweisen. (5.)

2

Doch beginnen wir damit, die Fragestellung gegen den Vorwurf zu verteidigen, ‚moral enhancement', also die Verbesserung des Menschen in moralischer Hinsicht und mit biotechnologischen Mitteln, sei keine sinnvolle Option, weil auf diesem Weg die Fähigkeit zum moralischen Handeln gar nicht verbessert werden könne. So ist Harris (2015) der Ansicht, dass es zwar durchaus sinnvoll sei, nach Verbesserungen im Bereich der kognitiven Komponenten des Vermögens zum moralischen Handeln zu suchen. Darin sieht er jedoch kein spezifisch moralisches Enhancement und auch keine tiefergehenden moralischen Herausforderungen. Moralisches Enhancement richte sich vielmehr auf die Umsetzung der moralischen Einsicht im Handeln und setze an den moralgefährdenden und moralfördernden Gefühlen an. Diese zu stärken und jene aufzulösen zerstöre jedoch die Freiheit, moralische Fehler zu begehen, womit eine wesentliche Komponente moralischen Handelns verloren gehe. (Harris 2015, 181) Gerade diese Komponente sei jedoch der Bezugspunkt von Lob und Tadel und verleihe moralischem Handeln seinen spezifischen Wert. (ebd., 199)

Harris ist nicht sehr explizit, was die Erläuterung der vorausgesetzten Konzeption von moralischem Handeln und die Bedrohung der Freiheit durch moralisches Enhancement angeht. Ich deute seinen Vorschlag so, dass er davon ausgeht, die moralisch problematischen Gefühle eröffneten dem menschlichen

Handeln einen Spielraum, den es ohne sie nicht hätte. Durch diese Gefühle kommen wir auf die Idee, gegen das zu handeln, was uns die Vernunft als richtig vorgibt, und sie statten uns mit der motivationalen Kraft aus, in diese falsche Richtung zu gehen. Ohne sie wären die moralischen Verfehlungen also keine wirkliche Option und wir gerieten nicht in die Lage, zwischen der moralischen und der unmoralischen Handlung entscheiden zu müssen. Gerade in dieser Entscheidung haben wir nach Harris die Möglichkeit, uns als „tugendhaft" (ebd., 181) zu erweisen. Nur wenn man Harris so versteht, dass die moralisch problematischen Gefühle effektiv dazu beitragen, den Spielraum für diese Entscheidung zu eröffnen, wird verständlich, weshalb moralisches Enhancement, das auf ihre Auflösung gerichtet ist, die Freiheit und damit den Wert des moralischen Handelns untergräbt.

Das in der Exposition unseres Problems zunächst unterstellte Verständnis moralischen Handelns ist demgegenüber weniger komplex. Einzusehen, was richtig ist, und diese Einsichten im Handeln umzusetzen, erfordert nicht, sich noch einmal in einem Akt der Entscheidung auf die Seite der Moral zu schlagen. Als frei und selbstbestimmt kann moralisches Handeln in dieser Konzeption gelten, weil es ein Handeln ist, das ganz durch die eigenen Einsichten bestimmt wird. Diese Freiheit wird nicht durch die Ab-, sondern vielmehr durch die Anwesenheit von Gefühlen gefährdet, die das Subjekt zu Handlungen gegen seine Einsichten drängen. Gegen Harris' Ansicht, moralisches Handeln enthalte die zusätzliche Komponente einer Entscheidung für die Realisierung moralischer Einsichten, spricht der Bedeutungsgehalt dieser Einsichten. Denn festzustellen, dass eine Handlung richtig ist und ausgeführt werden muss, bedeutet ja gerade, dass kein Spielraum bleibt, sich für oder gegen ihre Ausführung zu entscheiden. Dass Harris eine problematische Erweiterung des Vorgangs moralischen Handelns vornimmt, wird auch daran deutlich, dass die mit dem moralischen Handeln verknüpfte Praxis von Lob und Tadel auf fragwürdige Weise angereichert wird. Die Funktion dieser Praxis lässt sich im Anschluss an unsere einfachere Konzeption moralischen Handelns darin sehen, dass wir einander die Angemessenheit unserer Handlungen zurückspiegeln und uns auf diese Weise wechselseitig als moralische Subjekte anerkennen. Harris hat eine weitere Dimension der lobenden Wertschätzung im Blick, die der Entscheidung für (oder gegen) die Verwirklichung der moralischen Einsicht gilt. Michael Hauskeller vertritt die Ansicht, diesem Verständnis von Tugendhaftigkeit läge die unausgesprochene Voraussetzung einer göttlichen Instanz zu Grunde, der gegenüber sich der Tugendhafte auszeichnet. (Hauskeller 2017, 372) Dafür spricht, dass man den Entscheidungsspielraum als Möglichkeit betrachten kann, sich gewissermaßen reflexiv zu der in den moralischen Einsichten erfassten Ordnung zu bekennen, was sinnvoll wäre, wenn dieses Bekenntnis gegenüber einer Instanz erfolgte, die man für die Quelle dieser Ordnung hielte.

Harris' Verdacht, Enhancement zerstöre die Fähigkeit zum moralischen Handeln, lässt sich allerdings in leicht veränderter Form auf der Grundlage des hier favorisierten einfacheren Verständnisses dieser Fähigkeit wiederholen. Denn man kann diese Grundlage akzeptieren und herausstellen, dass die biotechnologische Arbeit an den Gefühlen ja eine Arbeit im Bereich dessen ist, was der Fähigkeit zum moralischen Handeln in die Quere kommen oder sie befördern kann, aber nichtsdestotrotz außerhalb dieser Fähigkeit selbst liegt. (Vgl. di Nucci 2015) Wenn problematische Gefühle einfach verschwinden, dann haben wir nicht die Fähigkeit entwickelt, trotz dieser Gefühle aus vernünftiger Einsicht zu handeln. Und wenn moralförderliche Gefühle in uns entstehen, dann haben wir nicht die Fähigkeit entwickelt, auch ohne diese Gefühle moralisch zu handeln. Die Fähigkeit zum moralischen Handeln bestünde in ihrer besten und in diesem Sinne tugendhaften Verfassung gerade darin, sich angesichts von heteronomen Einflüssen aus dem Bereich der Gefühle richtig zu verhalten.[2] Die moralisch problematischen Gefühle einfach biotechnologisch auszuschalten, anstatt zu lernen, mit ihnen moralisch zu sein, verhindert gerade die Entwicklung der Fähigkeit zum moralischen Handeln.

Doch die Fähigkeit zum moralischen Handeln muss nur dann auch die Fähigkeit zur Überwindung der problematischen Gefühle in sich tragen, wenn die moralisch Handelnden diesen Gefühlen ausgeliefert sind. Ließen sich diese Gefühle anders kontrollieren oder aus der Welt schaffen, dann wäre diese anspruchsvolle Ausbildung der Fähigkeit wohl hinfällig und eine in Bezug auf Gefühle weniger widerstandsfähige Verfassung ausreichend. Stellen wir uns vor, wir würden uns mit anderen in eine Situation begeben, in der nicht mit medizinischer Unterstützung gerechnet werden kann. Wenn wir uns auf eine solche Situation wissentlich einlassen, sind wir verpflichtet, unser medizinisches Grundwissen zu vertiefen, um gegebenenfalls unserer Hilfspflicht nachkommen zu können. Diese Pflicht besteht nicht, wenn wir sicher sein können, dass uns innerhalb kurzer Zeit professionelle Rettungskräfte unterstützen werden. Das macht deutlich, dass mögliche Hindernisse, auf die wir in der Befolgung des moralisch Gebotenen stoßen können, nur dann in das moralische Vermögen mit aufgenommen sein müssen, wenn es einigermaßen wahrscheinlich ist, dass wir ihnen begegnen. Wenn moralunterlaufende Gefühle von vornherein ausgeschaltet werden können, muss die Fähigkeit, ihnen zu widerstehen, folglich nicht zur Moralfähigkeit ge-

---

2 Dieses Tugendverständnis teilen aristotelische und kantische Ansätze. Vgl. zu einem aristotelischen Verständnis etwa Halbig (2018, 118), zu einem kantischen Cohen (2018).

hören. Der Vorwurf, die Moralpille zerstöre die Möglichkeit echter Perfektionierung des Moralvermögens, geht also von einem Verständnis dieses Vermögens aus, das mit der Möglichkeit der Moralpille gerade hinfällig wird. Es mag noch gute Gründe geben, dem anspruchsvolleren Ideal moralischer Exzellenz nachzustreben, aber die beziehen sich nicht mehr auf die Frage, wie wir beschaffen sein müssen, um moralische Anforderungen zu erkennen und umzusetzen und dadurch frei zu sein.

Ich habe mich in diesem Abschnitt mit dem Gedanken auseinandergesetzt, dass die biotechnologische Kontrolle unserer Gefühle die Fähigkeit zum moralischen Handeln nicht verbessert, sondern vielmehr untergräbt. Dieser Gedanke wird in zwei Varianten vertreten, nämlich einmal aufgrund der Ansicht, mit den moralischen Gefühlen ginge die Möglichkeit verloren, unmoralisch zu handeln und damit die für das moralische Handeln unabdingbare Freiheit, sich für oder gegen die richtige Handlung zu entscheiden. Zweitens wird behauptet, die biotechnologische Veränderung der Gefühle bliebe der Fähigkeit zum moralischen Handeln äußerlich, weil diese eigentlich daran wachse, diese Gefühle als etwas, das kontrolliert werden kann, in sich aufzunehmen. Ich habe deutlich gemacht, dass in beiden Ansichten die Fähigkeit zum moralischen Handeln mit Komponenten angereichert wird, durch die von einem moralischen Subjekt mehr verlangt wird, als unter den gegebenen Bedingungen aus moralischer Einsicht zu handeln. Daher möchte ich daran festhalten, dass moralisches Enhancement im Sinne einer biotechnologischen Einwirkung auf moralisch relevante Gefühle zunächst einmal möglich scheint. Bislang wurde noch kein Grund gefunden, der verständlich machen könnte, warum wir nicht zur Einnahme der Moralpille verpflichtet sein sollten, da sie wirkungsvoller und direkter moralgefährdende Gefühle aus dem Weg zu räumen verspricht, als es die mühevolle Auseinandersetzung und willensstarke Kontrolle dieser Gefühle könnte. Genau dieser Herausforderung versucht Alfred Archer (2018) zu begegnen, mit dessen Überlegungen ich mich im nächsten Abschnitt auseinandersetzen werde.

3

Im Hintergrund von Archers Überlegungen steht die Diskussion um die Frage, ob die Moral uns nicht zu viel, nämlich ein Leben als moralisch Heilige abverlange. Unter einer moralisch Heiligen wird dabei eine Person verstanden, deren gesamtes Handeln der Moral gewidmet ist. Archer schlägt sich auf die Seite derjenigen, die diese Frage positiv beantworten, weil er der Ansicht ist, dass in einem ausschließlich von der Moral bestimmten Leben besonders wertvolle Dinge zu kurz kämen, beispielsweise bewundernswerte Talente gar nicht entfaltet werden könnten. (Archer 2018, 495) Die moralischen Handlungen, die damit unvereinbar sind, seien nichtsdestoweniger gut begründet. Seines Erachtens könne man an diesen beiden auf den ersten Blick unvereinbaren Überzeugungen festhalten, weil die Menge der moralischen Handlungen zerfalle in solche, die notwendig, und in solche, die supererogatorisch seien. (Archer 2018, 498) Das setzt ein Prinzip der moralischen Überlegung voraus, anhand dessen wir feststellen können, ob es uns erlaubt ist, eine moralisch begründete Handlung nicht auszuführen. Archer stellt zwei dieser Prinzipien vor, ich möchte hier nur das stärkere aufgreifen: Moralische Handlungen seien gemäß dem „Freedom View" nur solange notwendige Forderungen, wie sie Raum ließen, „to choose one's own projects". (Archer 2018, 499)

Den Einsatz der Moralpille betrachtet Archer nun im Rahmen der moralisch gut begründeten Handlung, seine moralischen Fähigkeiten so umfassend wie möglich zu verbessern, also „given that becoming morally perfect is what there is most moral reason to do". (Archer 2018, 500) Da diese Verbesserung zu einem ausschließlich der Moral gewidmeten Leben führt, verschließt sie den zur Selbstbestimmung nötigen Spielraum, sodass sie, obgleich moralisch begründet, nicht als obligatorisch angesehen werden kann. Archer macht das am Beispiel einer leidenschaftlichen Musikerin deutlich: Die Einnahme der Moralpille führt dazu, dass sie stets die moralisch wertvolleren Handlungen verfolgt, wodurch ihr keine Zeit mehr bleibt für die Verwirklichung ihrer Leidenschaft. (Archer 2018, 500) Das bedeutet natürlich auch, dass einer Person mit einer starken Vorliebe für die Moral nicht verboten sein kann, sich mit Hilfe der Moralpille in die Lage zu versetzen, sich im Handeln ganz der Moral zu widmen. Im Folgenden möchte ich darlegen, dass ich einerseits zwar Archers Voraussetzung für überzeugend halte, die Legitimität moralischer Pflichten an ihre Vereinbarkeit mit der Möglichkeit freier Selbstbestimmung zu binden, dass ich andererseits jedoch nicht davon überzeugt bin, eine mögliche Pflicht zur Einnahme der Moralpille lasse sich aus dem Weg räumen, indem sie als supererogatorisch ausgewiesen wird.

Im vorangehenden Abschnitt wurde das moralische als ein von der Vernunft bestimmtes Handeln als Ausdruck von Freiheit und Selbstbestimmung dargelegt. Ich möchte diese Konzeption der *allgemeinen* Selbstbestimmung terminologisch von der hier zur Beschränkung moralischer Ansprüche in Anschlag gebrachten Freiheit als *individueller* Selbstbestimmung unterscheiden. In dieser wird der Inhalt des Handelns nicht wie in jener durch die mit allen geteilten Vernunft festgelegt, sondern durch individuelles Begehren und individuelle Wahl, was Archer in der Wendung „to choose one's own projects" zusammengefasst hat. Wenn Archer nun davon ausgeht, moralische Verpflichtungen seien nur dann gerechtfertigt, wenn sie mit individueller Selbstbestimmung vereinbar seien, sollte man ihn nicht so verstehen, dass er einen moralbefreiten Bereich einfordert. Damit die Inhalte unseres Handelns nicht von der Moral vorgegeben werden, muss es lediglich einen Bereich geben, in dem moralische Erwägungen nicht zu einer Antwort auf die Frage führen, was zu tun ist, was nicht ausschließt, dass moralische Erwägungen den Möglichkeiten, diese Frage zu beantworten, klare Grenzen setzen. Berücksichtigt man diese Einschränkungen, so scheint es durchaus plausibel, die Legitimität moralischer Anforderungen danach zu beurteilen, ob sie mit individueller Selbstbestimmung vereinbar sind. Ein Beispiel dafür ist die Verantwortung potentieller Eltern zu Beginn einer Schwangerschaft. Die Idee einer Verpflichtung gegenüber dem entstehenden menschlichen Leben wird zurückgewiesen, weil damit der Spielraum für ein selbstbestimmtes Leben allzu sehr eingeschränkt würde.[3] Eine ähnliche Überlegung findet sich im Zusammenhang mit der Idee spezieller Verpflichtungen aus familiären Verhältnissen, wo argumentiert wird, dass Verbindlichkeit auf Freiwilligkeit beruhen müsse. (Vgl. Scheffler 2008) Über beides soll hier nicht entschieden werden, daran soll lediglich deutlich werden, dass das Prinzip, Moral von der Freiheit her zu beschränken, offenbar einen wichtigen Bezugspunkt in der Bestimmung unserer moralischen Verpflichtungen bildet.

Problematisch an Archers Argumentation ist nun, dass er lediglich die Frage beantwortet, ob die Einnahme der Moralpille im Rahmen moralischer Perfektionierung mit dem Ziel, der Moral möglichst umfassend gerecht zu werden, geboten sein kann. Allerdings kann die Verbesserung unserer moralischen Verfassung in Fällen, in denen wir von starken moralunterlaufenden Gefühlen heimgesucht werden, auch geboten sein, ohne dass dabei das Ziel verfolgt wird, sich bis zur moralischen Vollkommenheit hin zu perfektionieren. Falls im Rahmen dieser Verpflichtung die Einnahme einer Moralpille angezeigt ist, wird diese Handlung trotz der Einschränkung in Bezug auf die moralische Vervollkommnung zur Pflicht.

Ein Handelnder beispielsweise, dessen Bedürfnis nach Anerkennung in sozialen Situationen dazu führt, dass er die Schwächen anderer herausstellt, um seine Stärken hervorzukehren, hat die Pflicht, sich mit diesem Bedürfnis auseinanderzusetzen, weil es seine Fähigkeit zum moralischen Handeln untergräbt. Dass er es tut, wird zwar Staunen auslösen, weil es bei uns nicht sehr verbreitet ist, diese moralische Verantwortung tatsächlich wahrzunehmen. Das ist jedoch kein Grund, davon abzusehen, dass es sich um eine echte moralische Schwäche handelt und nicht um eine Verbesserungsmöglichkeit, mit der unser Handelnder sich beschäftigen kann oder auch nicht. Die Verantwortung für die eigene mo-

---

3 Zu den Konsequenzen, Reproduktion mit biomedizinischen Mitteln als Spielraum elterlicher Selbstbestimmung zu begreifen, vgl. Schües (in diesem Band, 232ff.)

ralische Verfassung ist in diesem Zusammenhang etwa in der Pflicht enthalten, sich keine Vorteile zulasten anderer zu verschaffen.

Ich denke, dass es sich zumindest bei den Gründen im Kernbereich der Moral, der sich als ein normatives Verhältnis von Rechten und Pflichten erläutern lässt, generell so verhält, dass wir mit den konkreten Handlungspflichten stets zugleich unter die Pflicht gestellt sind, unsere Verfassung so zu beeinflussen, dass wir in einem vernünftigen Ausmaß bereit und in der Lage sind, diese Pflicht zu erfüllen. Selbstverständlich verhält es sich beispielsweise bei dem Versprechen, einem Freund beim Umzug zu helfen, nicht so, dass wir peinlichst darauf zu achten hätten, uns bis zum Umzugstag keine Verletzung zuziehen. Aber ein solches Versprechen zu geben und dann allerlei riskanten und körperlich strapazierenden Beschäftigungen nachzugehen, die es wahrscheinlich machen, dass man am Umzugstag nicht den erwarteten Einsatz leisten kann, scheint doch nicht miteinander vereinbar. Dasselbe gilt etwa in Bezug auf den Ärger über eine andere Umzugshelferin, den man nicht so weit in sich wachsen lassen darf, dass man zu einer Teilnahme am Umzug, der ein Zusammentreffen bedeuten würde, nicht mehr in der Lage ist, zumindest wenn es nicht gute, etwa selbst moralische Gründe für diesen Ärger gibt. Wenn wir also von diesem Kernbereich der Moral aus Rechten und Pflichten ausgehen, dann ist keine eigene Begründung der Verantwortung für seine moralische Verfassung und damit unter Umständen auch für die Pflicht zur Überwindung moralzersetzender Gefühle erforderlich, dann können wir eine solche Pflicht haben, ohne dass dazu eine eigenständige Pflicht zur Vervollkommnung vorausgesetzt werden müsste.

Anders als die allgemeine Arbeit an moralischer Vervollkommnung, im Ausgang von der Archer Verbesserung als supererogatorisch ausweist, werden die in den vorangehenden Beispielen angeführten konkreten Pflichten zur Verbesserung nicht davon in Frage gestellt, dass in der Moral ausreichend Raum sein muss für die Möglichkeit der Selbstbestimmung. Dass wir unsere Eitelkeit im Zaum halten müssen, um nicht über andere hinwegzugehen, oder unsere Unlust und unseren Ärger, um ein Versprechen zu erfüllen, zerstört nicht unseren Spielraum, unser Leben aus uns selbst heraus zu gestalten. Denn die Pflichten, aus denen sich diese Anforderungen ergeben, sind in einer Moral der wechselseitigen Rechte und Pflichten selbst am besten so zu verstehen, dass sie uns die Möglichkeit eröffnen, auf eine Weise zusammenzuleben, die jedem Einzelnen erst einen solchen Spielraum bietet. Und wenn schließlich gilt, dass die Moralpille ein besonders effektives Mittel ist, diesen konkreten Verbesserungspflichten nachzukommen, dann ist ihre Einnahme nicht supererogatorisch und optional, sondern moralisch geboten.

Blicken wir zurück: Ausgangspunkt war die Frage, ob wir der Verantwortung für unsere moralische Verfassung nicht durch den Einsatz einer Moralpille nachkommen müssten, die moralunterlaufende Gefühle in uns auflöst und moralfördernde installiert. Ich habe im letzten Abschnitt zunächst dargelegt, dass der Einsatz der Moralpille nicht die Fähigkeit des moralischen Handelns untergräbt. In diesem Abschnitt habe ich mich kritisch mit einer Verteidigung der These auseinandergesetzt, das biotechnologische Enhancement falle in den Bereich supererogatorischer Handlungen. Dabei habe ich die ursprüngliche Erläuterung einer moralischen Verantwortung für die eigene Verfassung erweitert, indem ich mich auf der Grundlage von Beispielen dafür ausgesprochen habe, dass diese Verantwortung zumindest in der Moral der Rechte und Pflichten aus unseren konkreten Verpflichtungen hervorgeht. So bedarf sie keiner zusätzlichen Erklärung, etwa aus einer allgemeinen Pflicht zur moralischen Perfektionierung, die dann ihren supererogatorischen Charakter an ihre Verwirklichung mittels der Einnahme der Moralpille weitergeben würde. Zugleich habe ich den Gedanken eingekreist, dass die Gültigkeit moralischer Verpflichtungen für uns damit verknüpft ist, dass die Ordnung der moralischen Gründe unter normalen Umständen ausreichend Raum für ein selbstbestimmtes Leben im individuellen Sinne lässt. In den folgenden Abschnitten soll eine detailliertere Entwicklung der Möglichkeit individueller Selbstbestimmung aufdecken, dass aus ihr ein Verbot der biotechnologischen Auflösung moralisch problematischer Gefühle entspringt.

4

Bei der individuellen Selbstbestimmung geht es darum, dass wir im Handeln nicht nur der Vernunft folgen, sondern aus uns heraus den Inhalt unseres Handelns bestimmen. Das könnte nun einfach bedeuten, dass wir tun, was uns gerade einfällt. Schon dieses Verständnis von Selbstbestimmung macht deutlich, dass der Akt der Bestimmung so gedacht werden muss, dass das Subjekt darin von etwas ausgeht, d. h. sich im Bestimmen von etwas bestimmen lässt. (Vgl. Seel 2002) Dieser Umstand wird in der Rede von einer Bestimmung aus uns selbst heraus zum Ausdruck gebracht. Wenn wir tun, was uns gerade einfällt, wird die Grundlage der Selbstbestimmung in aktuellen Eingebungen, wie auch immer entstandenen und gerade zu Bewusstsein kommenden Handlungsabsichten gesehen. Mit dieser Grundlage scheint man jedoch dem Wesen der Selbstbestimmung noch nicht gerecht zu werden. Sich dem Spiel der Einfälle, Impulse und Launen zu überlassen, gewährleistet nämlich nicht, dass unsere Wünsche, in denen wir auf die Welt ausgerichtet sind und durch die wir in der Interaktion mit der Welt Erfüllung erfahren können, im Handeln zur Geltung kommen. Das scheint mir im Zentrum der Idee der individuellen Selbstbestimmung zu liegen:

dass wir im Handeln aufgreifen können, was uns grundlegend und umfassend erfüllt.

Es wäre wohl allzu naiv, davon auszugehen, dass es einen transparenten Kern individuellen Begehrens gäbe, der der Handelnden problemlos zugänglich wäre. Aber auch wenn das Begehren dynamisch und schwer zu fassen ist, vielleicht auch der Prozess des Zugangs formierende Anteile enthält, so halte ich es doch für richtig, davon auszugehen, dass es sich immer wieder zu stabilen Einheiten verdichtet, die ich hier, hilflos vereinfachend, als Wünsche bezeichne. Man könnte an dieser Stelle vermuten, der anvisierte Einwand gegen die biotechnologischen Eingriffe in unsere Gefühle liefe darauf hinaus, darin eine Gefährdung der Authentizität oder natürlichen Ursprünglichkeit der Grundlage der Selbstbestimmung zu sehen. Ich halte diese Strategie allerdings nicht für sehr erfolgversprechend, weil man sich dabei dem Verdacht aussetzt, aus Vorlieben und Ängsten heraus den in seinem normativen Gehalt fragwürdigen Begriff der Natürlichkeit aufzurufen, um der Entstehung neuer Praktiken Einhalt zu gebieten. Im Zuge des hier entwickelten Gedankengangs muss die aktive Gestaltung der Wünsche Beschränkungen unterliegen, weil sie nicht moralisches Handeln unmöglich machen dürfen und weil diese Arbeit an den Wünschen auch zu solchen Wünschen führen muss, die beispielsweise eine gewisse Dauer und Widerstandsfähigkeit haben, um als Grundlage selbstbestimmter Lebensgestaltung dienen zu können. Doch davon abgesehen, scheint mir das mit der Moral verknüpfte Modell der Selbstbestimmung zunächst auch mit künstlich erzeugten Wünschen vereinbar.

Kehren wir zurück zu unserer Auseinandersetzung mit der individuellen Selbstbestimmung. Wir haben uns vor Augen geführt, dass sie eine Grundlage benötigt, und dafür plädiert, dass diese Grundlage in unserem je individuellen Begehren in der Gestalt besteht, die es in unseren Wünschen angenommen hat. Selbstbestimmtes Handeln kann nun nicht darin bestehen, dass Wünsche einfach ihre Wirkung entfalten. Wünsche können sich nicht selbst verwirklichen, vielmehr müssen Handlungssubjekte sie aufgreifen und im Handeln bestimmend werden lassen. (Vgl. Nagel 1999, 152) Dazu gehört, sich darauf festzulegen, den Inhalt genau dieses Wunsches zu verwirklichen, also Mittel zu seiner Verwirklichung zu ergreifen und an dieser Zielsetzung festzuhalten. (Vgl. Bratman 2012) Mit dem Aufgreifen des Wunsches verändert sich die normative Situation des Handlungssubjekts nun dahingehend, dass eine ganze Reihe von Handlungen den Charakter praktischer Notwendigkeit angenommen haben. Eine neue Quelle von Fehlern ist entstanden, weil das Subjekt sich widersprechen würde, wenn es nicht täte, worauf es sich festgelegt hat. Man könnte einwenden, dass es nicht möglich ist, sich auf diese Weise selbst einen normativen starken Handlungsgrund zu geben, schließlich könne man seine Entscheidung jederzeit zurücknehmen. Doch es scheint mir angemessener, davon auszugehen, dass unser Begriff des Entscheidens eine solche Beliebigkeit gerade nicht erlaubt. Zwar können Entscheidungen aufgehoben oder zurückgenommen werden, aber es hängt vom Gegenstand der Entscheidung und von der konkreten Entscheidungssituation ab, nach welchem Zeitraum und unter welchen Bedingungen das möglich ist. Entscheidet sich beispielsweise jemand, einen Sport auszuüben, dann wird er zumindest erstmal das Training aufnehmen müssen, bevor er über Gründe verfügen kann, die Entscheidung aufzugeben. Ohne das normative Element des Entscheidens jedenfalls ließe sich die Bestimmung des Handelns aus unseren Wünschen heraus nicht erläutern, weil die dynamische Ordnung der Wünsche, die verknüpft ist mit der Dynamik der Stimmungen, Bedürfnisse und Gefühle, nicht aus sich heraus dafür sorgen könnte, dass ein bestimmter Wunsch im Vordergrund bleibt und bis zu seiner Verwirklichung verfolgt werden könnte. (Vgl. Korsgaard 2012, 196 ff.)

Entscheidend in unserem Zusammenhang ist nun, dass wir uns im Aufgreifen eines Wunsches nicht nur darauf festlegen, den Inhalt des Wunsches zu verwirklichen, sondern zugleich darauf, diesen Wunsch als einen komplexen und dynamischen Zustand eines menschlichen Handlungssubjekts zur Entfaltung kommen und unser Dasein bestimmen zu lassen. Dazu gehört, dass wir uns im Handeln von der motivationalen Kraft dieses Wunsches tragen lassen, dass wir ihn hineinwirken lassen in unsere Haltung zur Welt, ihn auch zum Ausdruck kommen lassen in den Dingen, die wir sonst noch so tun müssen, weil es ja meist nicht möglich sein wird, sich dem Wunsch durchgängig zu widmen. Wir würden der Festlegung auf den Wunsch nicht gerecht, wenn wir nach einer Unterbrechung nicht berücksichtigten, dass er möglicherweise wieder geweckt werden muss, dass Zeit nötig ist, damit der Wunsch wieder das ist, was unserem gegenwärtigen Erleben von uns selbst und der Welt seinen konkreten Charakter gibt. Der Unterschied zwischen der Festlegung auf die bloße Verwirklichung des Inhalts und derjenigen auf den Wunsch wird auch an der Wunscherfüllung deutlich, weil das Er- und Durchleben der Erfüllung schon alleine zeitlich über den bloßen Zeitpunkt hinausgeht, an dem der Inhalt umgesetzt wird. Noch deutlicher wird dieser Unterschied aber, wenn die Verwirklichung misslingt. Je nach Inhalt und Intensität, je nach Erwartung und Wahrscheinlichkeit der Verwirklichung geht der Wunsch über in eine Vielzahl von Gestalten der Enttäuschung und Frustration. Und auch dabei wäre es falsch, diesem Erleben nicht Raum zu lassen, wieder, versteht sich, in einem gewissen Verhältnis zur Beschaffenheit des Wunsches.[4]

---

4 Vgl. Wollheim (2001), der diesen Zusammenhang systematisch in einer Theorie der Gefühle fruchtbar zu machen versucht. Mir geht es hier nicht um eine solche Theorie, sondern um die phänomenalen Sachverhalte, an denen sie ansetzt.

Neben dem Gefühl der Wunscherfüllung können zum Wünschen Gefühle der Enttäuschung gehören und deren Nachwirkungen in Gefühlen von Neid, Ressentiment oder einfach nur Niedergeschlagenheit. Würden wir diese Gefühle und Stimmungen und auch die daraus entstehenden moralunterlaufenden Wünsche einfach abschneiden, wie es die Technik der Moralpille vorsieht, dann würden wir ebenso widersprüchlich gegen unsere Entscheidung für den Wunsch handeln wie in dem Fall, dass wir einer Entscheidung niemals Taten folgen lassen oder Dinge tun, die dazu führen, dass das, worauf unser Wunsch gerichtet ist, unerreichbar wird. Die biotechnologische Einwirkung in den Bereich der Gefühle ist also falsch, wenn sie sich gegen Gefühle richtet, die sich aus einem Wunsch ergeben, den das Subjekt zuvor aufgegriffen hatte. Eine Person, die gewissermaßen aus dem Nichts von Hass oder Aggression heimgesucht wird, hätte Grund, sich dieser moraluntergrabenden Gefühle auch mittels der Moralpille zu entledigen. Eine Person dagegen, bei der diese Gefühle im Zusammenhang mit enttäuschten Wünschen stehen, stünde dieser Weg nicht offen. Um ihrer Entscheidung für den entsprechenden Wunsch gerecht zu werden, müsste sie sich mit ihren Gefühlen auseinandersetzen, sie müsste genau überlegen, welche Situationen, aus denen moralische Anforderungen entstehen, sie sich zumuten kann und sich ihre Anfälligkeit vor Augen führen, um sie allmählich vergehen zu lassen.

Auch wenn man vielleicht geneigt ist, mir zuzugestehen, dass in den für die Moral problematischen Gefühlen enttäuschte Wünsche stecken, so ist man vielleicht weniger bereit dazu, mir auch in der Ansicht zu folgen, zur individuellen Selbstbestimmung gehöre es, solche Gefühle durchleben zu müssen, wodurch es erst möglich wird, die Einnahme der Moralpille als falsch anzusehen. Man könnte einwenden, dass es doch vollkommen ausreichend sei, sich von den Wünschen Handlungsziele geben zu lassen, ohne sie weiter als Zustände zu berücksichtigen, die mit einer eigenen Dynamik unser Wahrnehmen und Erleben verändern und unser Handeln tragen können.

Doch in der individuellen Selbstbestimmung, so hatten wir gesagt, geht es darum, aus dem eigenen Begehren heraus zu handeln, d.h. das Begehren selbst im Handeln zur Entfaltung kommen zu lassen, und das ist mehr, als sich einfach die Handlungsziele vorgeben zu lassen. Es ist mehr in dem Sinne, dass es uns drängt, als Mangel spürbar ist und auf ein Erleben und Genießen der Erfüllung verweist.

Darauf ließe sich erwidern, dass es doch durchaus im Geiste unserer Erläuterung der Selbstbestimmung aus Wünschen läge, die negative Auswirkung von Wünschen abzuschneiden. Auf diese Weise würde das Aufgreifen von Wünschen nicht auf die bloße Verwirklichung des Inhalts gekürzt, weil so nicht verhindert würde, dass wir im Wünschen aufgehen und uns in der Arbeit an der Verwirklichung ganz von diesem Wunsch tragen lassen könnten. Meines Erachtens ist jedoch diese bloß teilweise Modifikation der Praxis des Wünschens nicht möglich, weil sie mit einer Einstellung verknüpft wäre, die das Wünschen unweigerlich auflösen müsste. Dabei gehe ich davon aus, dass unsere Erläuterung des Wünschens es erfordert, den Wunsch als etwas zu begreifen, dem man ausgesetzt ist, sodass an der Nicht-Erfüllung etwas hängt, nämlich die Bedrängnis der Frustration und die Ausbreitung der Enttäuschung. Der Übergang in diese niederdrückenden Nachwirkungen muss in einem Zustand der Ausrichtung auf ein bestimmtes Ziel als Möglichkeit schon mit enthalten sein, damit dieser Zustand als Wunsch gelten kann. Wenn von vornherein feststünde, dass die negativen Auswirkungen abgeschnitten würden, dann ginge dieser dem Wünschen wesentliche Aspekt verloren und die resultierende Praxis wäre keine mehr, die als Aufgreifen von Wünschen angesehen werden dürfte.

Wenn individuelle Selbstbestimmung und Moral vereinbar sein sollen, dann müssen wir also eine Gefährdung unseres moralischen Handelns als Nachwirkung des Wünschens hinnehmen. Die entstehenden Gefühle liefern dabei keine Gründe für unmoralische Handlungen, vielmehr machen sie das moralische Handeln anstrengender, sie verlangen dem moralischen Subjekt eine gesteigerte Aufmerksamkeit ab und binden Kräfte, die man vielleicht für eine vollkommenere Verwirklichung moralischer Anforderungen oder andere Ziele einsetzen könnte. Sich diesen Gefühlen auszusetzen, ist der Preis dafür, Wünschen nachgehen und sie zur Erfüllung kommen lassen zu können, der Preis also für individuelle Selbstbestimmung. Nur eine Person, die von der Möglichkeit, Wünsche aufzugreifen, keinen Gebrauch macht, liefe nicht Gefahr, sich durch die biotechnologische Einwirkung auf ihre Gefühle in einen Widerspruch zu verstricken. Im Rahmen unseres Gedankengangs scheint dieser Fall jedoch nicht eingehender untersucht werden zu müssen, denn wem es einleuchtet, dass Moral individuelle Selbstbestimmung in Gestalt des Aufgreifens von Wünschen ermöglichen muss, der wird schon immer dabei sein, seine Wünsche aufzugreifen und darum zu ringen, dem gerecht zu werden, worauf er sich dabei festgelegt hat.

Ziel unserer Überlegungen war es, die Einnahme der Moralpille als falsch auszuweisen, und es lag nahe, das als Verteidigung der Behauptung zu deuten, es ließe sich hierbei von einem ernsthaften moralischen Vergehen sprechen. Die Auseinandersetzung mit Archer, der gegen die durchaus moralisch verstandene Pflicht zur Einnahme der Pille argumentiert, wird diese Auffassung noch befeuert haben. Im Vergleich mit dieser Zielsetzung ist der aufgedeckte Fehler, der mit der Einnahme der Moralpille begangen wird, in zwei Hinsichten nicht ganz befriedigend. Erstens bleibt Raum für die Einnahme der Moralpille, sofern es als sicher gelten kann, dass sie gegen die Nachwirkung von Wünschen gerichtet ist, die nicht aufgegriffen wurden. Diesem Mangel möchte ich lediglich mit dem Hinweis begegnen, dass diese Bedingung nicht leicht zu sichern sein dürfte. Wir haben schon Probleme dabei, uns reflexiv Klarheit über unsere Gefühle zu verschaffen und hier wäre nun auch noch gefordert, ihren Zusammenhang und ihr Zusammenwirken genau durchschauen zu können. Zweitens wurde der Fehler als einer der individuellen Selbstbestimmung erläutert und damit gerade nicht als moralischer Fehler. Im letzten Abschnitt möchte ich untersuchen, ob sich auf diesen Mangel reagieren lässt.

5

Moral hatten wir oben als den Bereich der Handlungen beschrieben, die wir einander schulden. Unsere Pflichten korrespondieren darin den Ansprüchen und Rechten anderer. Für den Versuch, den Fehler der konsequenten Selbstbestimmung als einen moralischen Fehler zu verstehen, eröffnet das zwei Möglichkeiten: Entweder versucht man die Treue zu seinen Festlegungen als etwas zu erläutern, worauf andere direkt oder indirekt einen Anspruch haben. Das scheint mir zwar in speziellen zwischenmenschlichen Verhältnissen der Fall sein zu können, aber es scheint mir nicht in den allgemeinen moralischen Verhältnissen angelegt. Der zweite Weg könnte in dem Versuch bestehen, die konsequente Realisierung der individuellen Selbstbestimmung als eine Pflicht nicht gegen andere, sondern gegen sich selbst auszuweisen. Ob dieser Weg erfolgversprechend ist, hängt davon ab, ob es überhaupt möglich ist, von Pflichten gegen sich selbst auszugehen. Darüber hinaus kann man drittens überlegen, ob nicht die Fähigkeit zum moralischen Handeln, für deren Unversehrtheit wir verantwortlich sind, in Mitleidenschaft gezogen wird, wenn wir unsere eigenen Festlegungen in der individuellen Selbstbestimmung nicht ernst nehmen.

Um die Möglichkeit von Pflichten gegen sich selbst nachzuweisen, werden vor allem zwei Strategien verfolgt. Die erste besteht darin, Subjekt und Objekt im Falle von Pflichten gegen sich selbst nicht einfach zusammenfallen zu lassen. Kant realisiert diese Idee bekanntlich mithilfe der Unterscheidung von phänomenalem und noumenalem Ich. (Kant 1991, 550) In kantischem Geiste bewegt sich der aktuelle Vorschlag von Paul Schofield (2015 und 2019), nach dem eine Handelnde mehrere praktische Identitäten vereinigt, aus denen legitime Ansprüche hervorgehen. Wenn ein Subjekt beispielsweise die praktische Identität einer Philosophin ausgebildet hat, dann ergeben sich daraus legitime Ansprüche, die sie etwa in ihrem Handeln als Hobbygärtnerin zu berücksichtigen hat. Während es hier noch die Möglichkeit gibt, die Verpflichtung loszuwerden, indem man die praktische Identität aufgibt, aus der sie entspringt, scheint es praktische Identitäten zu geben, die sich nicht einfach zurückweisen lassen und die uns, aus welcher Perspektive wir auch immer handeln, mit Pflichten gegen uns selbst belegen.

(Schofield 2019, 228) Den Vorzug seiner Lösung sieht der Autor darin, dass er es vermeidet, im intrapersonalen Verhalten zwei metaphysisch unterschiedene Entitäten anzunehmen, wie es Kant offenbar tut. Doch dabei nimmt er meines Erachtens zu wenig Rücksicht darauf, dass für das Verhältnis der Rechte und Pflichten tatsächlich zwei distinkte Individuen erforderlich sind. Dass man nicht nur gegen eine Norm, sondern gegen ein Recht verstößt, bedeutet auch, dass sich dadurch das normative Verhältnis zwischen zwei Personen verändert. Wenn ich ein Versprechen breche, dann muss ich versuchen, mich zu entschuldigen und bin dabei abhängig davon, dass der andere meine Entschuldigung annimmt und mir vielleicht einen Weg der Wiedergutmachung eröffnet. Derjenige, den ich in seinem Recht auf das Versprochene verletzt habe, ist berechtigt, mir Vorwürfe zu machen, Wiedergutmachung einzufordern, vielleicht kann man sogar sagen, mich aus einer Art von suspendierter Mitgliedschaft in der moralischen Gemeinschaft wieder zu einem vollwertigen Mitglied zu machen. Es scheint mir kaum möglich, dieses Verhältnis auf unterschiedliche praktische Identitäten zu verteilen, noch weniger auf solche, deren Wirklichkeit in der Zukunft liegt, wie Schofield (2015) es für die Möglichkeit diachroner intrapersonaler Pflichten möchte.[5]

Meines Erachtens leidet die zweite Strategie an demselben Mangel. Sie geht von der Überlegung aus, Pflichten gegen sich selbst seien aufgrund einer Eigenschaft problematisch, die sich gut an Pflichten deutlich machen lässt, die aus Versprechen resultieren. Wenn mir ein Freund verspricht, mir beim Umzug zu helfen, dann habe ich die Möglichkeit, ihn von diesem Versprechen zu entbinden, also mein Recht auf und seine Pflicht zur Hilfe aufzuheben. Kann ich nun auf dieselbe Weise meine Rechte gegen mich aufheben und mich von meinen Pflichten gegen mich selbst entbinden, ist es so, als hätte ich gar keine Pflichten, weil das Verbindlichkeiten sind, die gerade nicht in meinem Belieben stehen. Wenn sich jedoch Rechte denken lassen, die nicht einfach aufgehoben werden können, dann müssen Pflichten gegen sich selbst als nicht weiter problematisch gelten. Weiter wird so vorgegangen, dass im Bereich der Pflichten gegen andere nach nicht aufhebbaren Pflichten gesucht und dann gezeigt wird, dass es inkonsequent wäre, solche Pflichten nicht auch als Pflichten gegen sich selbst zu denken. So versucht Hills (2003, 135 ff.) deutlich zu machen, dass unsere Pflicht zur Hilfe sich nicht einfach dadurch aufheben lässt, dass eine Person in Not uns signalisiert, auf die Hilfe verzichten zu wollen. Schaber (2010, 65–80) plädiert dafür, dass der Anspruch der Würde nicht durch seinen Träger aufgehoben wer-

---

5 Auch Hauskeller (2017, 374) stützt sich in seinem Versuch, Habermas' Gedanken einer aus vorgeburtlicher genetischer Manipulation entstehenden interpersonalen Asymmetrie in den intrapersonalen Bereich zu wenden, auf dieses problematische Verhältnis.

den kann und daher selbsterniedrigende Akte diese grundlegende Pflicht gegen sich selbst verletzen. Doch die tiefere Frage danach, wie es überhaupt möglich sein kann, sich selbst gegenüber einen Anspruch zu verletzen, sich zu entschuldigen oder umgekehrt Wiedergutmachung zu fordern oder zu verzeihen, wird meines Erachtens nicht überzeugend beantwortet. In unterschiedlichen Facetten taucht immer wieder das Problem auf, dass zu dem Zusammenhang von Rechten und Pflichten gehört, dass man von einem fremden, zweiten Willen abhängig ist. Verzeihen oder eine Entschuldigung annehmen kann der Täter nicht selbst, er ist darauf angewiesen, dass ihm die Möglichkeit gegeben wird und zwar von dem, dessen Rechte er verletzt hat.

Ich denke also, man muss denjenigen Recht geben, die die Möglichkeit von Pflichten gegen sich selbst grundsätzlich zurückweisen. Abschließend möchte ich daher den dritten der oben unterschiedenen Wege einschlagen und darlegen, weshalb es nicht möglich ist, Moral und individuelle Selbstbestimmung gemeinsam als zentralen Gehalt unserer menschlichen Vernunft zu begreifen, ohne dabei den Festlegungen aus der Selbstbestimmung und damit dem Verbot moralischen Enhancements den Charakter moralischer Anforderungen zuzuschreiben. Dafür, dass unsere Vernunft diese substantielle Gestalt hat, wurde hier nicht eigens argumentiert, die vorangehenden Überlegungen sind gewissermaßen als Vorschlag zu verstehen, diesen von innen heraus zu explizieren.

Moralischen Fehlern ist mit dem Fehler der inkonsequenten individuellen Selbstbestimmung gemeinsam, dass es sich in beiden Fällen um dieselbe Art des Versagens als vernünftiges Subjekt handelt. Sowohl moralische Verpflichtungen als auch Entscheidungen machen Handlungen notwendig, sodass den handelnden Subjekten kein Spielraum bleibt, sich noch für oder gegen die entsprechende Handlung zu entscheiden. Angesichts der Einsicht, dass der andere Anspruch auf Hilfe hat, kann man beispielsweise überlegen, ob es Umstände zu berücksichtigen gilt, die die daraus entspringende Verpflichtung auflösen. Aber wenn man zu dem Schluss kommt, dass der Anspruch des anderen tatsächlich Hilfshandlungen erforderlich macht, dann kann man sich aus dieser Verpflichtung nicht noch einmal lösen und erwägen, ob man den Handlungen nun nachkommen sollte. Dasselbe gilt im Fall einer Entscheidung, aus der eine Festlegung folgt. Man kann die Spielräume zu nutzen versuchen, die zur Verfügung stehen, um die Entscheidung wieder loszuwerden. Wenn die Bedingungen dafür aber nicht erfüllt sind, dann gibt es auch hier keinen Standpunkt, auf den man sich zurückziehen könnte, um zu überlegen, ob man denn nun entsprechend handeln sollte oder nicht. Die Möglichkeit, die Situation wieder zu öffnen, indem man sich fragt, ob man denn nun so umfassend vernünftig sein muss oder sich in diesem Fall nicht doch einmal eine Ausnahme gestatten könnte, steht nur um den Preis zur Verfügung, dass man allgemein unterstellt, die eignen, augenblicklichen Tendenzen seien zulässige Handlungsgründe. Sowohl die Idee der Verpflichtung als auch die Idee einer Entscheidung schließen gerade das aus. Auch wenn wir natürlich das in sich widersprüchliche Handeln im Falle eines moralischen Fehlers anders, heftiger kritisieren, so kann das nicht bedeuten, dass es mehr Freiheit dazu gibt, sich im Fall der individuellen Selbstbestimmung zu widersprechen.

Sowohl im moralischen Handeln als auch im Handeln im Anschluss an das Aufgreifen von Wünschen stehen wir als vernünftige Subjekte auf dem Spiel. Fehlerhaft zu handeln offenbart in beiden Fällen eine Schwäche des Vermögens, praktisch vernünftig zu sein und damit eine Schwäche in dem, was wir oben als allgemeine Selbstbestimmung bezeichnet haben. Diese Gemeinsamkeit kann erklären, weshalb wir bei der Einnahme der Moralpille, die wir als Fehler in der individuellen Selbstbestimmung entwickelt haben, die Anmutung eines moralischen Fehlers haben. Denn wenn die Quelle des Fehlers in einer Schwäche des Vernunftvermögens liegt, dann verweist er immer auch auf ein moralisches Ungenügen. Die Einnahme der Moralpille, die das Moralvermögen stärken soll, indem sie Gefühle, die seine Ausübung verhindern, aus dem Weg schafft, würde selbst schon eine Schwäche im Moralvermögen zum Ausdruck bringen.

Eine umfassende Praxis der biotechnologischen Herstellung und Beseitigung unserer Gefühle auszubilden und dadurch den Vollzug von individueller Selbstbestimmung auszuhöhlen, wird überdies das Bewusstsein moralischer Pflichten destabilisieren. Wenn nämlich nicht mehr verständlich ist, dass es in der Ordnung unserer Gründe darum geht, dass wir aus uns heraus leben, dann kann auch nicht mehr recht verständlich sein, weshalb wir voreinander Rechte haben und die Quelle von Pflichten sind. Das verleiht nicht-therapeutischen, pharmakologischen Eingriffen, die in unsere Gefühle hineinwirken, generell den Charakter disruptiver Technologien, weil sie einen Bruch mit der menschlichen Ordnung der Gründe mit sich bringen. Mir scheint, dass es für uns, für die diese Ordnung noch Gültigkeit hat, keine offene Frage ist, über die mit gattungsethischen Gründen zu entscheiden wäre, wie Habermas (2001, 124 f.) überlegt, sondern dass aus dieser Ordnung die Verantwortung entspringt, dafür zu sorgen, dass sie Menschen weiter zugänglich bleibt.

Literatur

Archer, Alfred (2018): Are We Obliged to Enhance for Moral Perfection?, in: Journal of Medicine and Philosophy 43, 490–505.
Aristoteles (1985): Nikomachische Ethik, Hamburg.

Bratman, Michael (2012): Absichten und Zweck-Mittel-Überlegungen, in: Halbig, Christoph/Henning, Tim (Hg.): Die neue Kritik der instrumentellen Vernunft, Berlin, 58–74.
Cohen, Alix (2018): Kant on Moral Feelings, Moral Desires and the Cultivation of Virtue, in: Emundts, Dina/Sidgwick, Sally (Hg.): Begehren/ Desire, Berlin, 3–18.
di Nucci, Ezio (2015): Besser ist besser? Enhancement der Moral aus einer handlungstheoretischen Perspektive, in: van Riel, Raphael/di Nucci, Ezio/Schildmann, Jan (Hg.): Enhancement der Moral, Münster, 77–84.
Habermas, Jürgen (2001): Die Zukunft der menschlichen Natur, Frankfurt a. M..
Halbig, Christoph (2018): Das Recht [...], sich befriedigt zu finden (RPh § 124), in: Emundts, Dina/Sidgwick, Sally (Hg.): Begehren/ Desire, Berlin, 97–125.
Harris, John (2015): Moralisches Enhancement und Freiheit, in: van Riel, Raphael/di Nucci, Ezio/Schildmann, Jan (Hg.): Enhancement der Moral, Münster, 176–201.
Hauskeller, Michael (2017): Is it desirable to be able to Do the Undesirable?, in: Cambridge Quarterly of Healthcare Ethics 26, 365–376.
Hills, Alison (2003): Duties and Duties to the Self, in: American Philosophical Quarterly 40/2, 131–142.
Kant, Immanuel (1991): Die Metaphysik der Sitten, Werkausgabe Band VIII, Frankfurt a. M..
Korsgaard, Christine (2012): Die Normativität der instrumentellen Vernunft, in: Halbig, Christoph/Henning, Tim (Hg.): Die neue Kritik der instrumentellen Vernunft, Berlin, 153–212.
Nagel, Thomas (1999): Wünsche, Motive der Klugheit und die Gegenwart, in: Gosepath, Stefan (Hg.): Motive, Gründe, Zwecke. Theorien der praktischen Rationalität, Frankfurt a. M., 146–167.
Savulescu, Julian/Persson, Ingmar (2015): Enhancement der Moral, Freiheit und die Gottmaschine, in: van Riel, Raphael/di Nucci, Ezio/Schildmann, Jan (Hg.): Enhancement der Moral, Münster, 51–76.
Schaber, Peter (2010): Instrumentalisierung und Würde, Paderborn.
Scheffler, Samuel (2008): Beziehungen und Verpflichtungen, in: Honneth, Axel/Rössler, Beate (Hg.): Von Person zur Person, Frankfurt a. M., 26–54.
Seel, Martin (2002): Sich bestimmen lassen. Ein revidierter Begriff von Selbstbestimmung, in: Ders. (Hg.): Sich bestimmen lassen: Studien zur theoretischen und praktischen Philosophie, Frankfurt a. M., 279–298.
Schofield, Paul (2015): On the Existence of Duties to the Self (and Their Significance for Moral Philosophy), in: Philosophy and Phenomenological Research 90/3, 505–528.
Schofield, Paul (2019): Practical Identity and Duties to the Self, in: American Philosophical Quarterly 56/3, 219–232.
Schues, Christina: „Ein Thier heranzüchten, das versprechen darf" – eine Paradoxe Aufgabe der pränatalen Diagnostik am Lebensanfang, 213–238, im vorliegenden Band.
Wollheim, Richard (2001): Emotionen. Eine Philosophie der Gefühle, München.

Andreas Heinz, Assina Seitz*
Neuroenhancement: Offene Fragen und Herausforderungen

Zusammenfassung: Wir diskutieren Möglichkeiten und Risiken des medikamentösen Neuroenhancements. Dabei weisen wir darauf hin, dass alle Pharmaka, die derzeit mit dem Ziel des kognitiven Enhancements verwendet werden, aufgrund ihrer Auswirkungen auf das sogenannte dopaminerge Belohnungssystem des Gehirns das Risiko bergen, eine Suchterkrankung auszulösen. Aufgrund der wichtigen Rolle der dopaminergen Neurotransmission für die kognitive Leistungsfähigkeit warnen wir, dass es wahrscheinlich nicht möglich ist, die Lerngeschwindigkeit zu erhöhen, ohne in dieses motivational relevante System einzugreifen, das eine entscheidende Rolle bei der Entstehung von Suchterkrankungen spielt. Es trifft nicht zu, dass solche Suchtrisiken vernachlässigt werden könnten, da sie nur ‚psychische', nicht aber ‚physische' Aspekte der Abhängigkeit betreffen würden. Tatsächlich ist ein solcher Dualismus theoretisch überholt und empirisch irreführend. Aus evolutionärer Sicht ist zu bezweifeln, dass es nebenwirkungsfreie Methoden zur ‚Optimierung' der Kognition gibt, da die entsprechenden Mechanismen ansonsten einen Selektionsvorteil böten und weit verbreitet wären. Daher ist bei jedem Versuch, in komplexe neuronale Funktionen lebender Organismen einzugreifen, mit unbeabsichtigten negativen Konsequenzen zu rechnen. Wir erläutern Unterschiede zwischen dem Einsatz von Pharmaka zur Behandlung von Krankheiten und zur Optimierung der Leistungen gesunder Personen und adressieren Fragen der sozialen Gerechtigkeit einschließlich des möglichen sozialen Drucks, Neuroenhancement nach dessen Freigabe in Bewerbungs- oder Prüfungssituationen sowie im Arbeitsleben zu nutzen. Angesichts des Suchtrisikos, das mit allen derzeit diskutierten Medikamenten zur kognitiven Leistungssteigerung verbunden ist, lehnen wir ihren Einsatz bei Kindern ab und plädieren dafür, ihre Nutzung auch bei gesunden Erwachsenen gesetzlich nicht zu ermöglichen.

---

* Acknowledgement: Wir danken Frau PD Dr. Sabine Müller für hilfreiche Kommentare und Anmerkungen und der Deutschen Forschungsgemeinschaft (SFB-TRR 265) für finanzielle Förderung.

OpenAccess. © 2021 Andreas Heinz, Assina Seitz, published by De Gruyter. This work is licensed under the Creative Commons Attribution-NonCommercial-NoDeriviates 4.0 International License.
https://doi.org/10.1515/9783110756432-010

1 Einführung

Unter Neuroenhancement werden Verbesserungen der „kognitiven Leistungsfähigkeit oder psychischen Befindlichkeit" verstanden, „mit denen keine therapeutischen oder präventiven Absichten verfolgt werden und die pharmakologische oder neurotechnische Mittel nutzen" (Galert et al. 2009). Laut Greely und anderen (2008) verwenden bis zu einem Viertel der Studierenden an amerikanischen Universitäten Psychostimulanzien zur Leistungssteigerung. In Deutschland hatten rund 7 % der befragten Erwerbstätigen im Erwachsenenalter bereits einmal Medikamente zur Steigerung der geistigen Leistungsfähigkeit eingenommen (DAK 2015). Um die Nutzung von Interventionen zum Neuroenhancement entspannt sich eine komplexe Debatte, die im Folgenden bezüglich der in medizinischer bzw. neurowissenschaftlicher Sicht adressierbaren Fragen entfaltet werden soll. Deren philosophisch-anthropologische Perspektiven werden in die Diskussion einbezogen, aufgrund der genannten thematischen Begrenzung werden diese jedoch nur mit Bezug auf die empirisch adressierbaren Fragen erörtert. Der Schwerpunkt der vorliegenden Darstellung ruht zudem auf dem Bereich der pharmakologischen Interventionen. In den letzten Jahren wurde eine zunehmende Zahl von Studien zu Verfahren der nicht-invasiven Hirnstimulation publiziert. Die Effekte sind in der Regel nur gering ausgeprägt und bedürfen weiterer methodenzentrierter Forschung, da sich auch Hinweise auf nachteilige Wirkungen bei Individuen finden, die bereits exzellente kognitive Leistungen aufweisen (Schutter/Wischnewski 2016; Krause et al. 2019). Die mit der Diskussion der Medikamentenwirkungen verbundenen Fragen der Suchtentwicklung stellen sich aber möglicherweise bei nicht-invasiven Hirnstimulationsverfahren nicht oder in veränderter Weise.

2 Neuroenhancement im gesellschaftlichen Kontext

In vielen Diskussionen zu Neuroenhancement unterliegt den befürwortenden Stellungnahmen eine positive Bewertung der kognitiven Leistungsfähigkeit. Auf den ersten Blick erscheint das selbstverständlich, ist es denn nicht ein allgemein wünschenswertes Ziel, schneller Gedächtnisinhalte zu bilden beim Lernen, die dann entsprechend abrufbar sind, oder die kognitive Leistungsfähigkeit im Sinne der Verarbeitungsgeschwindigkeit neuer Informationen zu steigern? Wenn wie behauptet soziale Probleme mehr mit der niedrigen kognitiven Leistung der Betroffenen zu tun haben als mit dem Einkommen der Eltern (Herrnstein/Murray

1994, 127 ff.), sollte dann Neuroenhancement nicht sogar sehr breit eingesetzt werden, um die Gesellschaft insgesamt zu verbessern? Auf den zweiten Blick ergeben sich hier aber deutliche Zweifel. Selbst in Publikationen, die jenseits des wissenschaftlichen Mainstreams die gesellschaftspolitische Bedeutung der Intelligenzleistung betonen und diese unter anderem als Argument für die Aufrechterhaltung sozialer Hierarchien verwenden, wird im Kleingedruckten der statischen Angaben eingeräumt, dass die individuelle Leistung in Intelligenzquotienten-(IQ-)Tests bezüglich lebensweltlicher Problematik nur eine sehr beschränkte Aussagekraft hat. So korreliert die IQ-Testleistung junger Erwachsener in den USA laut Herrnstein und Murray (1994) bei über zehntausend jungen Erwachsenen zwar signifikant mit dem erfolgreichen Erwerb eines Bachelor-Abschlusses und erklärt zusammen mit dem Einkommen der Eltern und dem Alter 37 % dieser akademischen Leistung. Der beste Prädiktor für diesen akademischen Abschluss war allerdings das Alter der Studierenden (je älter, desto eher kein Abschluss) und nicht die kognitive Testleistung (Herrnstein/Murray 1994, 598–599). Die weitere berufliche Produktivität wird zudem nur zu 16 % durch die IQ-Testleistung erklärt (Herrnstein/Murray 1994, 72). Bezüglich sozialer Probleme ist der Erklärungswert individueller IQ-Testleistungen noch geringer, der IQ gilt nur deshalb als guter Prädiktor, weil andere Faktoren noch weniger Aussagekraft haben und individuelle Bedingungen meist über 90 % der auftretenden Probleme bedingen (Gebhardt/Heinz/Knöbel 1996).

Hinzu kommt noch ein anderer, viel grundsätzlicherer Einwand gegen die These, dass ein niedriger IQ direkt zu sozialen Problemen beiträgt, die es nicht gäbe, wenn die kognitive Leistungsfähigkeit der Menschen – zum Beispiel durch den breiten Einsatz von Neuroenhancement – besser wäre: So ist die Testleistung in Intelligenztests seit dem Zweiten Weltkrieg um mehr als eine Standardabweichung angestiegen (Flynn 1987; Kaminski et al. 2018), ohne dass soziale Probleme entsprechend abgenommen hätten (Herrnstein/Murray 1994, 700 FN 21; Heinz 2012, 56 ff.). Dieser weltweit beobachtete Anstieg der IQ-Testleistung ist dramatisch und bedeutet, dass Personen, die zur Zeit des Zweiten Weltkrieges in der unteren Hälfte der Normalverteilung Testergebnisse erhielten, jetzt zu einem beträchtlichen Prozentsatz im Bereich der kognitiven Einschränkung testen würden. Dieser sogenannte Flynn-Effekt findet sich auf allen Kontinenten und ist mit der generellen Testleistung verbunden, die eigentlich zu großen Teilen als genetisch bedingt verstanden wird; wahrscheinlich beruht er auf besserer Ernährung, Gesundheitsversorgung und Bildung (Flynn 1987; Kaminski et al. 2018). Wäre die durchschnittliche Intelligenzleistung einer gegebenen Gesellschaft tatsächlich mit dem Ausmaß der auftretenden sozialen Probleme verbunden, müsste ein so dramatischer Anstieg in wenigen Jahrzehnten zu einer ebenso dramatischen Abnahme der sozialen Probleme führen, die mit der absoluten Höhe des durchschnittlichen IQ in Verbindung gebracht wurden – das ist aber eben nicht der Fall, wie selbst Murray und Herrnstein (1994, 700 FN 21) einräumen, allerdings nur in einer kurzen Fußnote.

Zu beachten ist auch, dass die in der Öffentlichkeit häufig diskutierte ‚Erblichkeit' des IQ sich in Wirklichkeit auf den Beitrag der Genetik zu *individuellen* Unterschieden in der Testleistung *innerhalb einer bestimmten Population* und *zu einem gegebenen Zeitpunkt* bezieht. Verändert sich das Gruppenmittel, wie Flynn (1987) das bezüglich der IQ-Testleistung im 20. Jahrhundert nachweisen konnte, dann ist die ‚Erblichkeit' innerhalb der jeweils bestehenden Unterschiede dennoch weiterhin gegeben, auch wenn der Unterschied zwischen den Gruppen oder Populationen selbst komplett durch Umweltbedingungen erklärt werden kann. Ein Beispiel für solche Veränderungen ist die Körpergröße, die in heute lebenden Populationen gegenüber dem Mittelalter und sogar dem 19. Jahrhundert deutlich zugenommen hat, obwohl die Erblichkeit der individuellen Unterschiede *innerhalb* jeder Population zu jedem Zeitpunkt zu über neunzig Prozent erblich bedingt waren: Bezüglich der Gruppenunterschiede zeigte sich, dass im 19. Jahrhundert noch nachweisbare, deutliche Unterschiede in der Körpergröße zwischen versklavten Afroamerikanern und ‚Weißen' gegen Ende des 20. Jahrhunderts nicht mehr auftraten, wobei die Körpergröße beider Gruppen angestiegen war (Marmot 2015, 52). Auch Gruppenunterschiede in der IQ-Testleistung *zwischen* sozial diskriminierten und bevorzugten Gruppen können in Gänze durch Umweltfaktoren bedingt sein, während relative Unterschiede *innerhalb* jeder dieser Gruppen wiederum zu einem erheblichen Ausmaß genetischen Einflüssen unterliegen können. Tatsächlich wurde beobachtet, dass sowohl Armut also auch Vereinsamung oder soziale Ausschließung die IQ-Testleistung negativ beeinflussen (Baumeister/Twenge/Nuss 2002; Mani et al. 2013; Boss/Kang/Branson 2015).

Wird also trotz eines deutlichen Anstiegs der durchschnittlichen Intelligenzleistung in westlichen und anderen Gesellschaften keine deutliche Abnahme sozialer Probleme nachgewiesen, so könnte dies daran liegen, dass nicht die absolute Höhe der Intelligenzleistung, sondern die mit relativen Unterschieden *innerhalb* einer Gesellschaft verbundenen Möglichkeiten gesellschaftlicher Teilhabe für eine Vielzahl sozialer Probleme ausschlaggebend sind, die sich dann bei den gesellschaftlich benachteiligten Personen und insbesondere bei rassistisch diskriminierten Gruppen häufen (Gebhardt/Heinz/Knöbel 1996). Tatsächlich bestätigen Beobachtungen zum Einfluss relativer versus absoluter Armut auf die psychische Gesundheit die Annahme, dass *relative* Unterschiede zwischen Personen und Gruppen innerhalb einer Gesellschaft wichtiger sind als die *absolute* Höhe der kognitiven Testleistung oder des Einkommens: Demnach ist der Unterschied der Einkommensverhältnisse *innerhalb* einer Gesellschaft direkt damit korreliert, wie ausgeprägt die psychischen Probleme in einer gegebenen Gesellschaft beziehungsweise in einem Nationalstaat sind (Pickett/Wilkinson 2010). Passend dazu beobachteten Ridley und andere (2020), dass Sozialprogramme zur Verringerung der Armut direkt zur Reduktion des Ausmaßes depressiver Erkrankung in einer gegebenen Gesellschaft führen. Die absolute Höhe der Armut ist wiederum offenbar nicht mit dem Ausmaß psychischer Erkrankungen verbunden, die kontinuierliche Zunahme der Bruttosozialprodukte westlicher Gesellschaften war entsprechend nicht mit einer Abnahme von psychischen Störungen assoziiert (Wittchen et al. 2011).

All diese Überlegungen weisen darauf hin, dass die relative Zunahme der kognitiven Leistungsfähigkeit durch Neuroenhancement innerhalb der Gesamtgesellschaft – wenn diese überhaupt möglich ist – nicht per se zu einer Verbesserung der gesellschaftlichen Situation führen würde. Vielmehr könnte eine Zunahme der Ungleichheit innerhalb einer Gesellschaft, z. B. aufgrund unterschiedlicher Verträglichkeit der Psychopharmaka zur Steigerung der Leistungsfähigkeit, differenter Zugänglichkeit dieser Medikamente aufgrund unterschiedlicher finanzieller Ressourcen, oder individuell verschiedenartige Erwägung für oder gegen die pharmakologische Manipulation des eigenen Gehirns die sozialen Diskrepanzen einer Gesellschaft verstärken und so zu deren Problemen und nicht zu ihrer Lösung beitragen. Dieser soziale Hintergrund sollte nicht übersehen werden, wenn die individuellen Vor- und Nachteile des Neuroenhancements erwogen werden.

3 Argumente für eine freie Nutzung von Substanzen zum Neuroenhancement: Romantische Verklärung der Natürlichkeit versus freie Selbstoptimierung?

Befürworterinnen und Befürworter der Freigabe und Nutzung von Neuroenhancement kritisieren, dass ‚Pillen' in der Öffentlichkeit oft als minderwertig gegenüber einer ‚kommunikativen' Veränderung der eigenen Leistungsfähigkeit verstanden werden (Galert et al. 2009). Dieser Abwertung läge eine ‚funktional dualistische Prämisse' zugrunde. Dem gegenüber betonen Galert und andere (2009), dass ‚bloßes Nachdenken' sich immer auch ‚neurobiologisch' manifestiere: „Eindeutige Hierarchien sind hier nicht auszumachen". Die genannten Autorinnen und Autoren sind allerdings nicht grundsätzlich für die freie Nutzung jeder Art von Psychopharmaka, so hegen sie deutliche Vorbehalte gegen den Einsatz von Amphetaminen und anderen Medikamenten mit Suchtpotenzial. Einerseits sprächen hier ‚gravierende Nebenwirkungen' gegen den Einsatz dieser Medikamente, andererseits sei die ganze Diskussion zu aufgeregt, da es entgegen der meisten Befürchtungen und Hoffnungen gegenwärtig kaum wirksame Medikamente zum Neuroenhancement gäbe. Eine Ausnahme wird nur bezüglich des Modafinils gesehen, das ‚akuten Schlafmangel' kurzfristig kompensieren könne (Galert et al. 2009).

Die genannten Autorinnen und Autoren adressieren auch die Frage einer möglichen Persönlichkeitsveränderung durch Pharmaka, die mit dem Ziel des Neuroenhancements eingesetzt werden. Dabei postulieren sie, dass solche Veränderungen nicht an sich inakzeptabel seien, „da es auch positive Persönlichkeitsveränderungen gibt, die sogar das erklärte Ziel eines Neuro-Enhancements sein können" (Galert et al. 2009). Die genannten Autorinnen und Autoren kritisieren in diesem Zusammenhang, dass die Grenze zwischen Kaffeekonsum, Meditation und Medikamenten zum Neuroenhancement willkürlich gezogen werde und dass die vermeintliche ‚Selbstentfremdung' durch Medikamente von der gesellschaftlichen Stigmatisierung abhänge. Sofern allerdings eine Suchtgefahr gegeben sei, raten die Autorinnen und Autoren davon ab, solche Medikamente zu nutzen, zumindest dann, wenn eine ‚körperliche Abhängigkeit' auftreten könne. Eine sogenannte ‚psychische Abhängigkeit' sei dagegen kein überzeugendes Argument gegen den Einsatz von Medikamenten zum Neuroenhancement. Denn ‚psychische Abhängigkeit' trete häufig auf, etwa wenn ein Objekt ‚irrationaler Weise' begehrt würde und ‚erhebliches Unbehagen' empfunden wird, wenn es nicht verfügbar ist. Als Beispiele für solche psychischen Abhängigkeiten nennen die Autorinnen und Autoren dann die romantische Liebe, die Nutzung von Handys oder des Internets im Sinne der sogenannten ‚Online-Sucht'. Es sei nahezu unmöglich, ein Leben frei von solchen sogenannten ‚psychischen Abhängigkeiten' zu führen. Galert und andere (2009) betonen, dass der (demokratisch verfasste) Staat zu Recht nur sehr begrenzte Möglichkeiten habe, „Bürger zu ihrem vermeintlichen Glück zu zwingen, indem er sie von potenziell süchtig machenden Substanzen und Tätigkeiten abschirmt".

Die genannten Autorinnen und Autoren gehen weiterhin auf die Frage der Abwägung des Kosten-Nutzen-Verhältnisses beim Einsatz von Medikamenten zum Neuroenhancement ein. Ihrer Ansicht nach sei es die Entscheidung jeder einzelnen Person, ob sie bestimmte Fähigkeiten und Merkmale – auch auf Kosten anderer Kompetenzen oder Charaktereigenschaften – steigern will oder nicht. So möge ein melancholischer Dichter vielleicht ausgesprochen wertvolle Arbeit leisten, diejenigen, die dessen ‚Leiden' nicht selbst erleben, hätten aber ‚gut reden' und es sei eben der Freiheit der betroffenen Person überlassen, ob sie ihre Stimmung verändern möchte oder nicht und welche Mittel sie hierzu einsetzen will (Galert et al. 2009).

Als weitere Problematik adressieren Galert und andere die Frage des Leistungsdrucks, der subjektiv zunehmen könnte, wenn Mittel zum Neuroenhancement zugelassen würden. Die genannten Autorinnen und Autoren räumen ein, dass eine „durchgängige Ausrichtung des Lebens auf Leistung und Effizienz inhuman und ausgrenzend" wäre. Neuroenhancement könnte aber auch Potenzial schaffen für Lebensfreude und Mitgefühl und damit für eine bessere Bewältigung der Leistungsanforderungen (Galert et al. 2009). Die genannten Argumente werden in dieser Reihenfolge diskutiert, sofern sie sich auf empirisch nachvollziehbare Befunde stützen.

4 Pillen versus Kommunikation: Just another cup of coffee?

Galert und andere (2009) kritisieren eine veraltete und wissenschaftlich längst überholte Trennung zwischen Geist und Psyche, die sich in der positiven Bewertung von Selbstveränderungsprozessen ausdrücke, die hart erarbeitet werden, während der schnelle und vermeintlich leichte Weg der Persönlichkeitsänderung durch Medikamente traditionell abqualifiziert würde. Haben denn Lernprozesse nicht ebenso wie Genuss-Stoffe (Kaffee) und Drogen immer auch zentralnervöse Auswirkungen? Wer will hier einen Unterschied machen? Aus neurophysiologischer Sicht sind solche generalisierenden Aussagen allerdings angreifbar. Denn die zur Verfügung stehenden Medikamente einschließlich des Modafinils greifen, anders als traditionelle Selbstveränderungsprozesse, nicht vermittelt über Sinnesorgane und damit ‚physiologisch' in den Hirnstoffwechsel ein. Vielmehr handelt es sich um Pharmaka, deren Angriffsort direkt im Gehirn liegt. Dies lässt sich am Beispiel der sogenannten ‚Aufputschmittel', also der Psychostimulanzien, und des von Galert und anderen (2009) ebenfalls thematisierten Modafinils darlegen: Sogenannte natürliche Verstärker, also soziale Interaktionen, sexuelle Erfahrungen oder die Nahrungsaufnahme, wirken auf das Gehirn ein und setzten unter anderem den Botenstoff Dopamin frei, dessen Freisetzung wiederum all jene Verhaltensweisen verstärkt, die zur Freisetzung geführt haben (Heinz 2017). Medikamente einschließlich der genannten Drogen umgehen aber die üblichen ‚Schutzbarrieren' des Organismus, also die Sinnesorgane und die Blut-Hirn-Schranke, und wirken direkt auf das Gehirn ein. So setzt das Psychostimulans Amphetamin den Botenstoff Dopamin frei, indem es direkt an die sogenannten Dopamin-Transporter im Gehirn bindet, die der Wiederaufnahme des Botenstoffes nach Ausscheidung im Nervensystem dienen. Diese werden blockiert oder in ihrer Funktion sogar umkehrt, sodass sie selbst Dopamin freisetzten, und zwar etwa zehnmal so viel, wie das bei Nahrungsaufnahme oder sexueller Betätigung der Fall ist (Heinz 2017, 131). Auch Modafinil wirkt direkt im Gehirn auf diese Dopamin-Transporter (Volkow et al. 2009). Diese Medikamente umgehen also die natürlichen ‚Schutzbarrieren' des Körpers und wirken direkt auf das Gehirn ein, und zwar deutlich stärker als alle natürlichen Verstärker bzw. Belohnungen wie eben die Essensaufnahme, Sexualität oder auch interessante Interaktionen.

Noch bedeutsamer ist aber die Beobachtung, dass natürliche Verstärker bei wiederholtem Auftreten bzw. Konsum rasch an Wirkung verlieren. Jede Person, die ihr Lieblingsessen wiederholt zu sich nimmt, wird diesen Effekt unmittelbar bemerken. Dasselbe gilt für soziale Interaktionen oder Sexualität, aber eben nicht in gleicher Weise für die genannten Psychopharmaka: Diese setzen bei wiederholter Gabe allein schon aufgrund ihrer mechanischen Einwirkung auf das zentrale Nervensystem wiederholt Dopamin frei. Auch Modafinil wirkt deutlich stärker als sogenannte natürliche Verstärker wie etwa die Nahrungsaufnahme oder Sexualität (Heinz 2012). Dementsprechend ist auch Modafinil durchaus mit der Gefahr der Abhängigkeitsentwicklung verbunden, auch wenn diese auf Grund seiner gegenüber Amphetamin oder Kokain eher schwach ausgeprägten pharmakologischen Wirkung deutlich geringer ausgeprägt ist als bei den letztgenannten Drogen (Heinz et al. 2014; EMA 2011). Modafinil ist keine Ausnahmesubstanz, die als interessanter Kandidat für Neuroenhancement gewertet werden kann (wie das etwa bei Galert et al. 2009 der Fall ist), sondern ein mild wirksames Psychostimulans, das auch bei generellen Befürworterinnen und Befürwortern einer Freigabe des Neuroenhancement unter das Verdikt fallen müsste, dass Substanzen mit Abhängigkeitspotenzial zum Neuroenhancement nicht eingesetzt werden sollen (Greely et al. 2008; Galert et al. 2009).

Der in diesen Diskussionen wiederholt genannte Kaffee ist ein ganz schlechtes Beispiel, da Koffein anders als Drogen kein Dopamin im ventralen Striatum freisetzt, was als der zentrale Angriffsort für die verhaltensverstärkende Wirkung dieses Botenstoffes gilt (Acquas/Tanda/Di Chiara 2002). Substanzen, die hier kein Dopamin freisetzen, gelten nicht als Drogen (Heinz et al. 2019). Dementsprechend wird Kaffee in der neuen Krankheitsklassifikation der WHO (ICD-11) nur noch als Substanz beschrieben, die beim Absetzen Entzugssymptome verursachen kann, was allerdings für fast viele chronisch applizierte Medikamente inklusive der Bluthochdruckmittel gilt (Reidenberg 2011), und nicht mehr als Droge mit Abhängigkeitspotenzial. Die Verharmlosung der Einnahme von potenziell abhängig machenden Drogen durch den unangemessenen Vergleich mit Kaffee ist damit zurückzuweisen. Es mag pharmazeutische Unternehmen geben, die ein finanzielles Interesse an der Vermarktung ihrer Substanzen als Neuroenhancern haben – gerade deshalb ist darauf zu achten, dass die möglichen Risiken dieser Substanzen sachgerecht berichtet werden und nicht durch neurobiologisch unangemessene Vergleiche verharmlost werden.

5 Sind wir nicht alle ein bisschen Bluna? Psychische Abhängigkeit als überholtes Konstrukt

Trotz der von Galert und anderen (2009) beklagten, traditionell dualistischen Differenzierung zwischen hart erarbeiteten Veränderungen einerseits und medikamentösem Einwirken auf das Gehirn andererseits verfällt auch dieses Manifest einem unreflektierten Dualismus, wenn es darauf hinweist, dass eine ‚psychische' von einer ‚körperlichen Abhängigkeit' unterschieden werden könne, wobei die Erstere allgegenwärtig sei und deshalb kein Argument gegen die Nutzung von Neuroenhancern abgäbe. Im Bereich der Symptome einer Suchterkrankung ist die Trennung in sogenannte ‚körperliche' und ‚psychische Abhängigkeit' aber ebenso überholt wie unsinnig. Denn die hier jeweils genannten Symptome, einerseits die Gewöhnung an die Substanz und das Auftreten von Entzugssymptomen (das früher als ‚körperliche Abhängigkeit' bezeichnet wurde, weil Schwitzen und Zittern im Entzug eben am Körper beobachtbar sind), und andererseits das starke Verlangen und die Kontrollminderung in dem Umgang mit der Droge (als vermeintliches Zeichen einer ‚psychischen Abhängigkeit'), haben selbstverständlich jeweils nachweisbare Korrelate im Gehirn (e. g. Volkow et al. 2007; Heinz 2017). Dass in älteren Publikationen das eine als ‚psychisch' und das andere als ‚körperlich' bezeichnet wird, ist einem unwissenschaftlichen Dualismus zu verdanken, der das zentrale Nervensystem und die mit diesem Organ verbundenen Funktionen offenbar außerhalb des Körpers anzusiedeln beliebt. Zur Ehrenrettung der dualistischen Rede von ‚körperlichen' und ‚psychischen' Symptomen der Drogenabhängigkeit könnte man darauf abheben, ob diese Symptome eher erfragt werden (wie beim Verlangen) oder von außen beobachtbar sind (wie Zittern und Schwitzen). Beide Arten von Symptomen haben aber eben ein nachweisbares biologisches Korrelat (Volkow et al. 2007; Heinz 2017). Es wäre deshalb ebenso unsinnig wie falsch, zu postulieren, dass eine ‚psychische Abhängigkeit' kein organisches Korrelat habe und deswegen harmlos sei, während nur die ‚körperlich' beobachtbaren Veränderungen im Entzug ein beobachtbares zentralnervöses Korrelat aufweisen und deshalb als ‚ernstzunehmende' Komplikationen einer Drogennutzung zu vermeiden seien.

Auch wenn die Abgrenzung der ‚psychischen' von der ‚körperlichen Abhängigkeit' überholte Dualismen reproduziert, berührt der Vergleich des suchtartigen

Verlangens mit der leidenschaftlichen Begierde einen wichtigen Punkt: Drogen wie natürliche Verstärker wirken auf das sogenannte dopaminerge ‚Belohnungssystem' und je nach Stärke ihres Effekts ist die Dopaminfreisetzung mit einem ‚leidenschaftlichen' Verlangen nach der Substanz, Erfahrung oder Tätigkeit verbunden, die diese Freisetzung bewirkt hat (Heinz 2017, 131). Leidenschaftliches Verlangen allein ist aber kein hinreichendes Kriterium für die Diagnose einer Suchterkrankung und es wäre fatal, wenn alle menschlichen Leidenschaften pathologisiert würden. Auch deshalb ist die ‚Online-Sucht' bis heute in keinem der offiziell anerkannten Krankheitskataloge zu finden. Falls sich das angesichts der zunehmenden Tendenz zur Selbstoptimierung einmal ändert, könnte das Aufnehmen einer solchen Krankheitsdiagnose politisch unintendierte, aber dennoch äußerst nachteilige Auswirkungen haben. Denn dann könnte jede kritische Bloggerin oder jeder kritische Blogger, die in einer Diktatur leben und sich nächtens unter Gefährdung ihrer sozialen Existenz an die Weltöffentlichkeit wenden, als suchtkrank bezeichnet und in eine Entzugsklinik gesperrt werden. Wer also die Rede von ‚psychischen Abhängigkeiten' pflegt und behauptet, es sei „nahezu unmöglich, sein Leben frei von psychischen Abhängigkeiten im erläuterten Sinn zu führen" (Galert et al. 2009), repliziert nicht nur einen überholten Dualismus, sondern läuft zudem Gefahr, dass ein solcherart ausgeweiteter Suchtbegriff für die Einschränkung statt für die Ausweitung persönlicher Freiheit genutzt wird.

6 Sollten und können wir alle unsere Persönlichkeit nach Belieben formen? Neoliberale Hybris oder kreatürliche Bescheidenheit?

Ein grundsätzliches Argument der Befürworterinnen und Befürworter einer freien Anwendung des Neuroenhancements besteht in der Annahme, dass Menschen das Recht haben, ihre Persönlichkeit selbst zu formen, auch weit jenseits der normalerweise erreichbaren Leistungsgrenzen. Komme es dabei zur Selbstentfremdung, sei dieses Problem nicht durch das Mittel (die Substanz), sondern durch die gesellschaftliche Stigmatisierung gegeben (Galert et al. 2009). Ein Gegeneinwand könnte auf religiöse Vorannahmen (oder Vorurteile) bezüglich der eigenen Kreatürlichkeit verweisen, die von Gott gegeben sei und nicht verändert werden dürfe. Solche Argumente haben angesichts der Diversität religiöser Überzeugungen und der hart erkämpften Unabhängigkeit der Wissenschaft von religiösen Vorannahmen allerdings keinen Platz in einer medizinisch oder neurowissenschaftlich orientierten Debatte. Auch daran angelehnte Argumentationsketten mit Bezug auf ein gutes Leben, in dem harte Arbeit der Selbstveränderung vorausgeht und dann zum Genuss der damit erreichten Veränderungen beiträgt, können ethisch sehr unterschiedlich bewertet werden (Kipke 2010; Hoyer/Slaby 2014). Eine medizinisch und neurowissenschaftlich informierte Kritik kann auch zu diesen Argumenten wenig beitragen. Sie kann allerdings auf die Möglichkeiten und Beschränkungen einer externen Optimierung der zentralnervösen Leistungsfähigkeit verweisen. Aus der oben genannten Diskussion um die Zunahme des Intelligenzquotienten lässt sich entnehmen, dass es seit dem Zweiten Weltkrieg im Rahmen kulturell-zivilisatorischer Veränderungen und gegebenenfalls der damit verbundenen besseren medizinischen Versorgung zu einer deutlichen Zunahme der intellektuellen Leistungsfähigkeit in der allgemeinen Bevölkerung gekommen ist (Flynn 1987). Die Prozesse, die hier beteiligt sind, sind bisher nicht im Einzelnen bekannt. Gegenüber solchen generellen Steigerungen der intellektuellen Kapazität sind individuelle Optimierungstechniken abzugrenzen. In diesem Zusammenhang sei aber an das oben ausgeführte Argument erinnert, dass eine individuell unterschiedliche Steigerung der Leistungsfähigkeit auch zu sozialen Ungleichheiten und damit verbundenen Problemen beitragen kann. Dies gilt insbesondere dann, wenn die Optimierungstechniken nicht allen Personen gleichermaßen zugänglich sind, sei es, weil sie teuer sind oder weil ein Teil der Bevölkerung die damit verbundenen Risiken wie etwa die Entwicklung suchtartigen Verhaltens nicht riskieren möchte.

Aus neurowissenschaftlicher Sicht sind noch andere Bedenken anzuführen: So stellt sich die Frage, warum eine solche Optimierung der zentralnervösen Leistungsfähigkeit nicht längst durch evolutionäre Selektion stattgefunden hat, und ob ein Grund dafür ist, dass sich Vor- und Nachteile einer solchen Steigerung einzelner Funktionsfähigkeiten die Waage halten. Könnte also angesichts der evolutionär entstandenen Komplexität des lebendigen Organs Gehirn die gezielte Steigerung bestimmter Funktionsfähigkeiten durch externe Eingriffe vielleicht sogar notwendigerweise auf Kosten anderer gehen? Wenn also eine Substanz wie Amphetamin den Botenstoff Dopamin in verschiedenen Hirnregionen freisetzt und damit die Wachheit oder Konzentrationsfähigkeit erhöht, gibt es neben der möglichen Suchtentwicklung noch weitere Nachteile? Warum haben wir nicht alle von Natur aus hohe Dopaminlevel, wenn das der Konzentration dient? Einen Hinweis gibt die Diskussion um die Auswirkungen genetischer Varianzen, die den Metabolismus catecholaminerger Botenstoffe wie Dopamin und Noradrenalin beeinflussen. So sind unterschiedliche Allele (Funktionsformen) des Gens, das das Enzym COMT kodiert, mit unterschiedlichen Funktionsfähigkeiten dieses Enzyms im frontalen Kortex verbunden, so dass dort der Botenstoff Dopamin schneller oder langsamer abgebaut wird. Wenn eine genetische Variante dieses Enzyms nun Dopamin im frontalen Kortex schneller abbaut, beeinflusst das die Funktion dieses Hirnareals und ist statistisch mit einer etwas schlechteren Leistung des Arbeitsgedächtnisses verbunden (Egan et al. 2001; Smolka et al. 2005). Wäre es also sinnvoll, zum Beispiel durch Einnahme von Medikamenten, die die Wirkungsweise dieses Enzyms (oder die Dopaminlevel direkt) beeinflussen, einen vermeintlichen genetischen Nachteil zu kompensieren und das eigene Hirngleichgewicht in Richtung der für das Arbeitsgedächtnis optimalen Bedingungen zu verschieben? Offenbar nicht, denn gegen eine solche medikamentöse Selbstoptimierung sprechen Befunde, wonach derselbe Genotyp, der mit einer besseren Arbeitsgedächtnisleistung verbunden ist, auch zu erhöhter Ängstlichkeit und Grübelneigung beitragen kann (Enoch et al. 2003; Lochner et al. 2008).

Aus evolutionärer Sicht ist es durchaus plausibel anzunehmen, dass in der Bevölkerung verbreitete, unterschiedliche genetische Konstellationen jeweils mit Vor- und Nachteilen verbunden sind. In dem genannten Fall wäre es – vereinfacht gesprochen – nicht in jedem Fall hilfreich, den frontalen Kortex verstärkt dafür nutzen zu können, sich momentan bestimmte Informationen zu merken und diese samt ihrer entsprechenden neurobiologischen Korrelate aufrechtzuerhalten. Denn dieselbe genetische Disposition führt eben offenbar nicht nur zu einer etwas besseren Leistung des Arbeitsgedächtnisses, sondern auch zu erhöhter Ängstlichkeit und in deren Folge auch zu einer Zunahme der Suchterkrankungen (Enoch et al. 2003). Umgekehrt ist dieselbe genetische Disposition, die zu einer etwas schlechteren Leistung des Arbeitsgedächtnisses führt, mit weniger Ängstlichkeit und Grübelneigungen und vielleicht sogar mit einem geringeren Risiko verbunden, eine Suchtkrankheit zu entwickeln. Wäre eine der genetischen Varianzen uneingeschränkt positiv, müsste man eigentlich davon ausgehen, dass sie sich längst weltweit durchgesetzt hätte.

Die Frage des externen Eingriffs in solche Botenstoffsysteme stellt sich also in Hinblick auf die Frage, ob Menschen hier wirklich klüger sein wollen als ihre eigene Evolution. Nun ist die genetische Evolution nicht notwendigerweise ‚der Weisheit letzter Schluss', es kann genetische Dispositionen geben, die in einer modernen Gesellschaft nicht mehr hilfreich oder vielleicht sogar schädlich sind. Es sei aber mit Hinblick auf die bisher genannten Wirkungen der Psychopharmaka darauf hingewiesen, dass unsere derzeitigen Interventionen dem Versuch ähneln, ein komplexes Spinnennetz mittels einer Kneifzange zu optimieren. Die Eingriffe der Psychopharmaka ins Gehirn sind wie bereits geschildert unphysiologisch stark. Sie wirken repetitiv, ohne den bei natürlichen Verstärkern üblichen, rasch einsetzenden Gewöhnungsprozess. Und sie führen längerfristig zu adaptiven Veränderungen im Gehirn, die den ursprünglichen Gleichgewichtszustand trotz Medikamenten- oder Drogenwirkung wiederherstellen. So führt die durch

Medikamente oder Drogen (wie Modafinil, Amphetamine oder Kokain) bewirkte Dopaminfreisetzung bei wiederholter Gabe zur gegenregulatorischen Verminderung der Andockstellen für das freigesetzte Dopamin, also der Dopamin D2-Rezeptoren (Heinz 2017, 113 ff.). Diese ist bei vielen Suchterkrankungen nachweisbar und trägt wahrscheinlich über die damit verbundenen Einschränkungen der Vorfreude und des Lernens aus belohnenden Erfahrungen dazu bei, dass Suchterkrankungen aufrechterhalten werden (Heinz 2017, 124 ff.).

Hinzu kommt, dass auch der fluide IQ, der vermeintliche ‚heilige Gral' der Intelligenzforschung, offenbar direkt von der durch Umwelt- und Stressfaktoren beinflussbaren Dopaminfreisetzung beeinflusst wird (Schlagenhauf et al. 2013; Kaminski et al. 2018). Damit ist aber genau das Botenstoffsystem am belohnungsabhängigen Lernen und an der kognitiven Leistungsfähigkeit beteiligt, das auch direkt mit Suchterkrankungen und Psychosen verbunden sein kann, sofern es unphysiologisch ausgelenkt wird (Heinz 2017, 130). Auch hier stellt sich also die Frage nach den unintendierten Nebenwirkungen einer gezielten Veränderung unseres zentralen Nervensystems. Eine vermeintlich einfache Art der ‚Optimierung' der dopaminergen Neurotransmission, wie sie durch die vergleichsweise kruden Wirkungen der Psychostimulanzien ausgelöst werden kann, hat also potentiell gravierende Nachteile, was auch erklärt, warum sich vergleichbar wirksame Mutationen bisher evolutionär nicht durchgesetzt haben.

Aus neurobiologischer Sicht sei noch angemerkt, dass auch jenseits der Optimierung der kognitiven Fähigkeiten andere Eigenschaften medikamentös manipuliert werden könnten. Allerdings ergeben beispielsweise Versuche zur Steigerung des Mitgefühls mit Substanzen, die etwa die Konzentration von Oxytozin erhöhen, neurowissenschaftlich kein einheitliches Bild. So ist eine einfache Steigerung der Oxytozin-Ausschüttung nicht per se fördernd für Empathie und soziale Interaktionsfähigkeit, sondern könnte auch die Aggressivität gegenüber Fremden erhöhen (Dubljević/Racine 2017). Für kontext- und personen-spezifische Effekte des Oxytozin (Bartz et al. 2011) spricht auch dessen erhöhte Freisetzung bei Patientinnen und Patienten mit schizophrenen Psychosen, bei denen eigentlich ein Defizit dieser zentralnervösen Systeme und ihrer psychischen Korrelate angenommen wird (Speck et al. 2018). Auch hier stellt sich wieder die Frage, warum sich nicht längst erhöhte Oxytozin-Konzentrationen evolutionär durchgesetzt haben, wenn eine einfache Steigerung dieser Substanz so vorteilhaft wäre. Offenbar gibt es gute Gründe für die bestehende Variabilität unserer individuellen Neurobiologie, die sich – wie das Beispiel der Vor- und Nachteile unterschiedlicher genetischer Konstitutionen und Funktionen der COMT zeigt – nicht einfach durch Medikamente optimieren lässt. Auch ohne religiöse Konstruktionen empfiehlt sich ein gewisser Respekt gegenüber unserer ‚natürlichen' organischen Beschaffenheit.

7 Ist der Leistungsdruck in neoliberalen Gesellschaften unvermeidbar und müssen wir deshalb Neuroenhancement zulassen?

Ein wichtiges Argument der Befürworterinnen und Befürwortern des Neuroenhancements verweist auf die negative Freiheit von Einschränkungen, die Betroffene in einem liberalen Rechtssystem zu Recht einfordern können, bezüglich der eigenen Spielräume der Selbstgestaltung. Ein Problem dieser Freiheit von Einschränkungen beim Gebrauch von Neuroenhancern wird allerdings auch von Befürworterinnen und Befürwortern des Neuroenhancements wie Galert und anderen (2009) durchaus eingeräumt: Bei unterschiedlicher Zugänglichkeit der genannten Substanzen oder bei Vorbehalten in auf vermeintlich natürliche Lebensführung ausgerichteten Bevölkerungsgruppen kann es zu Ungleichheiten kommen, wenn durch Neuroenhancement optimierbare Testleistungen zu einer besseren sozialen Positionierung führen. Diesen absehbaren Nachteilen wird allerdings entgegengehalten, dass jede Person für sich selber entscheiden solle, ob sie beispielsweise unter Melancholie leide oder nicht, und dementsprechend sollte auch jede Person frei sein, Mittel zur Optimierung der kognitiven Leistungsfähigkeit zu nutzen.

An dieser Stelle werden allerdings therapeutisch wirksame Psychopharmaka-Gaben zur Behandlung eines Leidenszustands unangemessen vermengt mit der Optimierung einer gesunden Person zur Steigerung der eigenen Leistungsfähigkeit. Denn gerade der ‚melancholische Dichter' leidet ja wahrscheinlich an einer der vielen, in dem modernen Krankheitsklassifikationssystem leider inflationär diagnostizierbaren psychischen Störungen, für die eine medikamentöse Therapie durchaus zugelassen ist, auch wenn sie häufig nicht hilft (Heinz 2017, 147). Unabhängig von der Bewertung dieser therapeutischen Fehlallokation antidepressiver Medikamente für breite Bevölkerungsschichten mit Lebensproblemen sei allerdings ganz grundsätzlich betont, dass bei Vorliegen einer psychischen Störung der Nachteil, den diese Störung für die Betroffenen bildet, einen Ausgleich bietet für die Nachteile, die sich aus den Nebenwirkungen einer Substanz ergeben können. Dies gilt in ganz entscheidender Weise auch für die Testung von Medikamenten bei solchen Personengruppen: Jede einzelne Person kann freiwillig entscheiden, ob sie an einer Medikamententestung teilnimmt, die Frage, ob eine Medikation überhaupt zur Testung zugelassen wird, ist aber unter anderem abhängig von der möglichen Verbesserung eines allgemein als krankheitswertig angesehenen Zustandes. Das subjektive Leiden der Betroffenen, aber auch objektivierbare Einschränkung in der Leistungsfähigkeit und der sozialen Teilhabe werden also abgewogen gegen die möglichen Nebenwirkungen der Medikation. Dementsprechend ist die nicht-zulassungsgemäße Verschreibung eines Medikaments in Deutschland nicht erlaubt, sofern sie nicht innerhalb enger Kriterien erfolgt, zu denen nicht nur die Zustimmung der betroffenen Personen gehört.

Auch die von Galert und anderen (2009) vorgeschlagene Freigabe von Neuroenhancern für die Anwendung bei Kindern und der generelle Ruf nach mehr Forschung zu Neuroenhancern muss in diesem Zusammenhang kritisch gesehen werden. Denn hier stehen bei jeweils gesunden Kindern beziehungsweise gesunden Erwachsenen fehlende Einschränkungen durch eine Beeinträchtigung den möglichen Nachteilen inklusive der Erzeugung einer Abhängigkeitserkrankung durch die Neuroenhancer gegenüber. Gerade bei Kindern erscheint eine solche Propagierung des Neuroenhancements als besonders verantwortungslos, da sie sich noch weniger als Erwachsene gegenüber einem gesellschaftlich vorherrschenden Leistungsdruck wehren können und zudem aufgrund ihrer rechtlichen Situation und ihrer tatsächlichen Abhängigkeit von den Erziehungsberechtigten in einer noch viel schlechteren Position als erwachsene Personen sind, um sich einer solchen pharmakologischen Manipulation zu entziehen. Die Gabe von Medikamenten bei erkrankten Personen ist also grundsätzlich nicht mit der Optimierung der Leistungsfähigkeit im individuellen Interesse Einzelner zu vergleichen.

8 Zusammenfassung und Ausblick

Gegen den Einsatz pharmakologisch verfügbarer Substanzen zum Neuroenhancement sprechen also verschiedene Erwägungen. Zum einen die real gegebene Suchtgefahr, die bei allen bisher propagierten Substanzen nachweisbar ist und auch das Medikament Modafinil betrifft, das unter vielen unzureichend wirksamen und mit Suchtgefahr verbundenen Substanzen noch am ehesten von unterschiedlichen Befürworterinnen und Befürwortern des Neuroenhancements propagiert wird (Galert et al. 2009). Aus ganz grundsätzlichen Überlegungen, nämlich aufgrund der engen Verknüpfung der dopaminergen Neurotransmission mit der kognitiven Kapazität (Schlagenhauf et al. 2013; Kaminski et al. 2018), lässt sich die Befürchtung ableiten, dass auch andere kognitiv wirksame Substanzen direkt oder indirekt auf Botenstoffsysteme Einfluss nehmen müssen, die zur Suchtentwicklung beitragen können. Eine veraltete Trennung zwischen körperlichen und psychischen Aspekten der Suchterkrankung ist neurobiologisch unsinnig und sollte in der Debatte nicht weiter Verwendung finden, schon gar nicht zur Verharmlosung einer Suchterkrankung (Heinz et al. 2014).

Bezüglich legaler Restriktionen gegenüber der Formbarkeit eigener Eigenschaften sind staatlichen Eingriffen in demokratischen Gesellschaften zu Recht enge Grenzen gesetzt. Die Frage der rechtlichen Einschränkungen muss aber von ethischen Bedenken bezüglich der eigenen Lebensführung getrennt erörtert werden. Auch ohne Rückgriff auf religiös gefärbte Annahmen der Kreatürlichkeit oder einer Konzeption ‚des guten Lebens' kann eine evolutionär ausgerichtete Forschung darauf verweisen, dass die komplexen Gegebenheiten des menschlichen Gehirns sich medikamentösen Optimierungsversuchen weitgehend entziehen. Aber selbst wenn hier künftig wirksamere Methoden gefunden werden sollten, ist zu erwarten, dass auch gegebenenfalls feiner adjustierte Manipulationen nur auf Kosten von unerwünschten Wirkungen möglich sind. Denn wäre das nicht so, würden also bei einer Veränderung der zentralnervösen Gegebenheiten nur positive und keinerlei negative Effekte auftreten, wäre davon auszugehen, dass sich die genannten biologischen Veränderungen längst evolutionär durchgesetzt hätten, da dann keinerlei Selektionsnachteil mit ihnen verbunden wäre.

Weitgehend unterbelichtet in der Diskussion um individuelle Rechte und Freiheiten im Umgang mit Neuroenhancement sind die negativen Auswirkungen auf die ‚positive Freiheit' der Teilhabe an einer Gesellschaft (Taylor 1992). Häufig werden die Folgen sozialer Ungleichheit, die durch Neuroenhancement zunehmen könnte, unterschätzt oder vernachlässigt angesichts oft unkritisch geäußerter Hoffnungen auf die gesellschaftliche Bedeutung der Intelligenzsteigerung einzelner Personen oder ganzer Populationen. Der sozial weitgehend verpuffte Flynn-Effekt einer deutlichen Intelligenzsteigerung in allen menschlichen Gesellschaften seit dem Zweiten Weltkrieg falsifiziert aber solche Überlegungen. Vielmehr sprechen die deutlichen Hinweise auf die negativen Auswirkungen sozialer Ungleichheiten innerhalb einer Gesellschaft auf die psychische Gesundheit der jeweiligen Bevölkerung (Marmot 2015, 62 ff.) dafür, dass ein selektives Doping von Bevölkerungsgruppen, die es sich leisten können und dazu bereit sind, das Risiko des Neuroenhancements einzugehen, erhebliche soziale Verwerfungen nach sich ziehen kann. Unterschiedliche Zugangsmöglichkeiten zum Neuroenhancement könnten allerdings durch die generelle Freigabe der Substanzen und das unentgeltliche Anbieten von Neuroenhancern für große Bevölkerungsgruppen, gegebenenfalls auch für Kinder, vermieden werden (Galert et al. 2009). Hier sei aber wieder auf Kosten-Nutzen-Balance, die besondere Vulnerabilität der Kinder und das Risiko unerwünschter Wirkungen beim Neuroenhancement verwiesen.

Abschließend sei betont, dass mit der Weiterentwicklung nicht-invasiver Stimulationsverfahren, die gezielt zum Lernen einzelner Sachverhalte oder zur momentanen Aufmerksamkeitssteigerung eingesetzt werden könnten, möglicherweise ein Teil der suchterzeugenden Wirkungen von Psychopharmaka nicht auftritt (zur Vertiefung siehe Beitrag von Mitscherlich-Schönherr im vorliegenden Band). Wie einleitend betont, sind die hier vorliegenden Studien allerdings bisher noch nicht abschließend bewertbar, und zumindest bei bereits sehr leistungsfähigen Personen zeigten sich auch negative Effekte, die darauf verweisen, dass sich Hirnfunktionen nicht beliebig optimieren lassen (Krause et al. 2019). Da mittlerweile auch Großkonzerne in die invasive Hirnstimulation investieren und hier weitgehende Eingriffe in Individuen möglich werden könnten, ist eine Sichtung der empirischen Befunde und eine vertiefte ethische Diskussion unabdingbar.

Literatur

Acquas, Elio/Tanda, Gianluigi/Di Chiara, Gaetano (2002): Differential Effects of Caffeine on Dopamine and Acetylcholine Transmission in Brain Areas of Drug-naive and Caffeine-pretreated Rats, in: Neuropsychopharmacology 27, 182–193.

Bartz, Jennifer A. et al. (2011): Social effects of oxytocin in humans: context and person matter, in: Trends in Cognitive Sciences 15/7, 301–309.

Baumeister, Roy F./Twenge, Jean M./Nuss, Christopher K. (2002): Effects of social exclusion on cognitive processes: Anticipated aloneness reduces intelligent thought, in: Journal of Personality and Social Psychology 83/4, 817–827.

Boss, Lisa/Kang Duck-Hee/Branson, Sandy (2015): Loneliness and cognitive function in the older adult: a systematic review, in: International Psychogeriatrics 27/4, 541–553.

DAK (2015): Gesundheitsreport 2015 Update: Doping am Arbeitsplatz. Abgerufen von https://www.dak.de/dak/bundesthemen/gesundheitsreport-2015-2109048.html#/ am 12.03.2021.

Dubljević Veljko/Racine, Eric (2017): Moral enhancement meets normative and empirical reality: assessing the practical feasibility of moral enhancement neurotechnologies, in: Bioethics 31/5, 338–348

Egan, Michael F. et al. (2001): Effect of COMT Val108/158 Met genotype on frontal lobe function and risk for schizophrenia, in: Proceedings of the National Academy of Sciences 98/12, 6917–6922.

Enoch, Mary-Anne et al. (2003): Genetics of Alcoholism Using Intermediate Phenotypes, in: Alcoholism: Clinical & Experimental Research 27/2, 169–176.

European Medicines Agency (EMA) (2011): Assessment report for modafinil containing medicinal products. Abgerufen von https://www.ema.europa.eu/en/documents/referral/modafinil-h-31-1186-article-31-referral-assessment-report_en.pdf am 15.03.2021.

Flynn, James R. (1987): Massive IQ gains in 14 nations: what IQ tests really measure, in: Psychological Bulletin 101/2 171–191.

Galert, Thorsten et al. (2009): Das optimierte Gehirn, in: Gehirn & Geist 11/2009, 40–48.

Gebhardt, Thomas/Heinz, Andreas/Knöbel, Wolfgang (1996): Die gefährliche Wiederkehr der „gefährlichen Klassen", in: Kriminologisches Journal 28/2, 82–106.

Greely, Henry (2008): Towards responsible use of cognitive-enhancing drugs by the healthy, in: Nature 456, 702–705.

Heinz, Andreas (2012): Intelligenz versus Integration? Die gefährliche Konstruktion der ‚gefährlichen' Klassen, in: Heinz, Andreas/Kluge, Ulrike (Hg.): Einwanderung – Bedrohung oder Zukunft. Mythen und Fakten zur Integration, Frankfurt a. M.

Heinz, Andreas et al. (2014): True and false concerns about neuroenhancement: a response to 'Neuroenhancers, addiction and research ethics', by D M Shaw, in: Journal of Medical Ethics 40/4, 286–287.

Heinz, Andreas (2017): A New Understanding of Mental Disorders: Computational Models for Dimensional Psychiatry, Boston.

Heinz, Andreas et al. (2019): Addiction theory matters—Why there is no dependence on caffeine or antidepressant medication, in: Addiction Biology 25/2, 1–5.

Herrnstein, Richard J./Murray, Charles (1994): The Bell Curve: Intelligence and Class Structure in American Life, New York.

Hoyer, Armin/Slaby, Jan (2014): Jenseits von Ethik. Zur Kritik der neuroethischen Enhancement-Debatte, in: Deutsche Zeitschrift für Philosophie 62/5, 823–848.

Kaminski, Jakob A et al. (2018): Epigenetic variance in dopamine D2 receptor: a marker of IQ malleability?, in: Translational Psychiatry 8, 1–11.

Kipke, Roland (2010): Was ist so anders am Neuroenhancement? Pharmakologische und mentale Selbstveränderung im ethischen Vergleich, in: Jahrbuch für Wissenschaft und Ethik 15/1, 69–100.

Krause, Beatrix et al. (2019): Neuroenhancement of High-Level Cognition: Evidence for Homeostatic Constraints of Non-invasive Brain Stimulation, in: Journal of Cognitive Enhancement 3, 388–395.

Lochner, Christine et al. (2008): Cluster analysis of obsessive-compulsive symptomatology: identifying obsessive-compulsive disorder subtypes, in: The Israel journal of psychiatry and related sciences 45/3, 164–176.

Mani, Anandi et al. (2013): Poverty Impedes Cognitive Function, in: Science 341/6149, 976–980.

Marmot, Michael (2015): Status Syndrome: How Your Place on the Social Gradient Directly Affects Your Health (New ed), London.

Mitscherlich-Schönherr, Olivia (2021): Ethisch-anthropologische Weichenstellungen bei der Entwicklung von tiefer Hirnstimulation mit 'closed loop', im vorliegenden Band.

Pickett, Kate E./Wilkinson, Richard G. (2010): Inequality: an underacknowledged source of mental illness and distress, in: British Journal of Psychiatry 197/6, 426–428.

Reidenberg, Marcus M. (2011): Drug Discontinuation Effects Are Part of the Pharmacology of a Drug, in: Journal of Pharmacology and Experimental Therapeutics 339/2, 324–328.

Ridley, Matthew et al. (2020): Poverty, depression, and anxiety: Causal evidence and mechanisms, in: Science 370/6522, 1–12.

Schlagenhauf, Florian et al. (2013): Ventral striatal prediction error signaling is associated with dopamine synthesis capacity and fluid intelligence, in: Human Brain Mapping 34/6, 1490–1499.

Schutter, Dennis J. L. G./Wischnewski, Miles (2016): A meta-analytic study of exogenous oscillatory electric potentials in neuroenhancement, in: Neuropsychologia 86, 110–118.

Smolka, Michael N. et al. (2005): Catechol-O-Methyltransferase val158met Genotype Affects Processing of Emotional Stimuli in the Amygdala and Prefrontal Cortex, in: Journal of Neuroscience 25/4, 836–842.

Speck, Lucas G. et al. (2018): Endogenous oxytocin response to film scenes of attachment and loss is pronounced in schizophrenia, in: Social Cognitive and Affective Neuroscience 14/1, 109–117.

Taylor, Charles (1992): Negative Freiheit? Zur Kritik des neuzeitlichen Individualismus, Frankfurt a. M.

Volkow, Nora et al. (2007): Dopamine in Drug Abuse and Addiction, in: Archives of Neurology 64/11, 1575–1579.

Volkow, Nora D. et al. (2009): Effects of modafinil on dopamine and dopamine transporters in the male human brain: clinical implications, in: JAMA 301/11, 1148–54.

Wittchen, Hans-Ulrich et al. (2011): The size and burden of mental disorders and other disorders of the brain in Europe 2010, in: European Neuropsychopharmacology 21/9, 655–679.

Christina Schües
„Ein Thier heranzüchten, das versprechen darf"
Eine paradoxe Aufgabe der pränatalen Diagnostik am Lebensanfang

Zusammenfassung: Dem Lebensanfang galt schon frühzeitig die gestalterische Aufmerksamkeit, denn mit ihm ist immer wieder mit entschieden wie willkommen ein Mensch in die Gemeinschaft aufgenommen wird. Entsprechend hat der Begriff der Züchtung eine wechselvolle Geschichte hinter sich, die bereits in der Antike einsetzt, über das 19. Jahrhundert bis letztendlich in das 21. Jahrhundert fortgeführt wird. Traditionell wird Zucht und Züchtung im gesellschaftlichen Kontext des Verhaltens und der Erziehung benutzt, gleichwohl wusste man schon früh von der möglichen Lenkung der Fortpflanzung.

Eines der wichtigsten Grundelemente der Moral, wie Hannah Arendt befand, ist das Versprechen. Es liegt sowohl im Anfang, aber es ermöglicht auch Anfänge. Im Gegensatz zum Motiv des Züchtens, das immer schon den Vergleich mit Tieren und ihrer agrarindustriellen Nutzung in sich trägt, bleibt das Versprechen in einer anthropozentrischen Ethikkonzeption verhaftet. Auf welche Weise verändern Züchtungsparadigmen oder die rezenten Anthropotechnologien am Lebensanfang der Menschen die moralische Fähigkeit zu versprechen und Versprechen zu halten? Wie können wir diese rezenten Anthropotechnologien am Lebensanfang verstehen? Mit der modernen Genetik des 20. Jahrhunderts, die Erbmerkmale und genetische Dispositionen kennt, formiert sich das *anthropotechnische Projekt* mit seinem Fokus auf das ‚biologische Substrat' des Menschen und auf Möglichkeiten, dieses zu teilen, einzufrieren, weiterzugeben, zu prüfen und zu verändern.

1 Einleitung

In einer *Genealogie der Moral* rechnet Friedrich Nietzsche mit der abendländischen Moralphilosophie und dem Christentum ab. Hierbei setzt er die Erziehung der Menschen und ihre Fähigkeit bzw. die Forderung an sie, Versprechen geben zu können, in Beziehung. Im Zuge dieser Auseinandersetzung verweist er auf eine paradoxe Aufgabe, die letztendlich dem Menschen gestellt wird. Die Paradoxie besteht darin, dass einerseits Menschen zur Moral erzogen und dressiert werden, andererseits aber frei sein sollen, um überhaupt sinnvoll handeln oder gar etwas versprechen zu können. Nur Menschen, die als moralische Wesen verstanden werden, können versprechen. Aber können auch Wesen, die gezüchtet werden, versprechen? Wird gar der Mensch – das *animal rationale* – nur wie ein Tier verstanden, dann scheint diese Paradoxie aufgelöst. Ein Tier kann nicht versprechen, es hätte aus unserer Sicht keine Möglichkeit, überhaupt ein Versprechen zu formulieren. Wir würden ihm so eine moralische Angelegenheit nicht zutrauen. In einer Abhandlung über „Schuld", „schlechtes Gewissen" und Verwandtes setzt Nietzsche mit einer wegweisenden Frage und Problemstellung ein: „Ein Thier heranzüchten, das v e r s p r e c h e n darf – ist das nicht gerade jene paradoxe Aufgabe selbst, welche sich die Natur in Hinsicht auf den Menschen gestellt hat? ist es nicht das eigentliche Problem v o m Menschen? [...]" (Schreibung jeweils sic! Nietzsche [1887] 1988, 291) Jene Aufgabe, ein Thier heranzuzüchten, schließt eigentlich, wie er ausführt, Bedingungen und Vorbereitungen ein, die Menschen im gewissen Sinne gleichförmig, auch berechenbar machen. Gleichwohl soll sich am Ende des Prozesses der Züchtung – und hierin liegt die paradoxe Aufgabe – ein souveränes Individuum, dem wir die Macht und das Freiheits-Bewusstsein unterstellen, ergeben. Also ist nicht das Tier, sondern der Mensch hier gemeint. Der Mensch ist – wie Nietzsche weiter ausführt – durch Vergesslichkeit geprägt. Sie ist sein „aktives, [...] positives Hemmungsvermögen", welches bisweilen die „Thüren und Fenster des Bewußtseins" schließt, „um Platz für etwas Neues, Vornehmes, für Regieren, Voraussehen, Vorausbestimmen zu schaffen" (Nietzsche [1887] 1988, 291; Merleau-Ponty 1966, 105 ff.). Dem Menschen alleine, der von Menschen gezeugt und einer Frau geboren wird, obliegt es zu versprechen. Dem Tier, das gezüchtet und geworfen wird, bleibt der Zugang zur Mitmenschlichkeit und zur Moral des Versprechens verwehrt (vgl. Schües 2011). Angesichts der Geschichte der Eugenik und der heutigen Interventionsmöglichkeiten der Reproduktionsmedizin und Gentechnologie könnte vermutet werden, dass der Prozess des Werdens der Menschen dem der Züchtung ähnelt. Mit den rezenten Anthropotechnologien hat die Biomedizin einen Zugriff auf die biologische Substanz und kann abwägen, wie genau Embryonen oder Föten geprüft und welche von ihnen auf die Welt gebracht werden sollten. Den heutigen Pränataldiagnostiken und gentechnologischen Interventionsmöglichkeiten geht eine Geschichte der Züchtung und Eugenik voraus. Wenn moralphilosophisch betrachtet nur der Mensch *als* Mitmensch, der frei ist, versprechen darf, dann stellt sich die Frage, ob und inwiefern Züchtung, Eugenik und rezente Anthropotechnologien auch die Fakultät des Versprechens beeinflussen. Wie also hängen das Versprechen und das Züchten bzw. 'künstliche' biomedizinische Eingriffe zusammen?

Die Grundfrage, die es in diesem Beitrag zu verhandeln gilt, richtet sich auf die Frage wie der Lebensanfang eines Menschen, der ja letztendlich als ein angefangener Anfang aufzufassen ist, gestaltet wird. Welche Versprechen birgt er bzw. wie hängen Versprechen und Natalität zusammen? Und wer darf überhaupt versprechen? Welche genealogischen und generativen Vorgeschichten haben Mitmenschlichkeit und Zwischenmenschlichkeit im Zeitalter der genetischen pränatalen Testung, deren negatives Resultat oft erst dazu führt, dass eine Schwangerschaft fortgesetzt wird? Auf dem Spiel steht der Mensch, der Versprechen geben und halten kann. Wie ein Mensch verfasst ist und auf welcher Grundlage er Versprechen geben kann, hat damit zu tun, wie dessen Gebürtlichkeit entsprechend als mitmenschliches Beziehungsgeschehen anerkannt wird. Wie Menschen angefangen werden können, ist gesellschaftlich geformt, medizinisch unterstützt und kulturell normiert. Deshalb werde ich zuerst auf diese Grundlage eingehen und dann eine grobe Auswahl von drei Formen der ‚Züchtung' und Eugenik vorstellen. Diese Beschreibungen dienen als Grundlage für die abschließende Betrachtung der heutigen Anthropotechnologien, die im Unterschied zu diesen Techniken des Züchtens, ihren Fokus auf das innere ‚biologische Substrat' des Menschen richten und deshalb auch Konsequenzen haben für die moralische Kategorie des Versprechens.

2 Natalität und Versprechen

Wenn die menschliche Fortpflanzung und Reproduktionsmedizin in den Blick kommen, dann ist immer mit zu bedenken, dass Menschen von anderen angefangen worden sind. Dieser angefangene Anfang des Anfangens geht – vom geborenen Individuum aus gedacht – der bewussten Existenz voraus und kann daher von ihm selbst nicht erinnert werden. Sein Anfang kann ihm jedoch von anderen als Geschichte erzählt werden und dadurch für ihn nachvollziehbar werden. Weder der Lebensanfang noch der Anfang auf der Welt ist der geborenen Person selbst zuzuschreiben. Sie ist aus einer zwischenmenschlichen Beziehung entstanden. Ob allerdings diese Beziehung eine glückliche oder unglückliche gewesen ist, bleibt den Erzählungen überlassen. Egal wie und unter welchen Umständen eine Person entstanden ist, sie ist immer auf die Geschichten und Zeugnisse anderer angewiesen, um etwas über ihre Herkunft zu erfahren. So wie Erfahrungen immer in Beziehungen gemacht werden, so ist auch Ethik nur im Ausgang von mitmenschlichen Beziehungen, also der *Zwischenmenschlichkeit*, wirklich denkbar. Die Gestaltung mitmenschlicher Beziehungen und gesellschaftlicher Verhältnisse obliegt unterschiedlichen Verantwortungsbereichen, etwa dem des Rechts, der Politik und Ethik. Das Recht ist der am strengsten geregelte und engste Verantwortungsbereich, der Verantwortungsbereich der Politik ist am weitesten und der der Ethik wohl am schwersten zu verstehen und zu tragen. Spezifische mitmenschliche Phänomene sind besonders geeignet, eine Beziehungsethik zu entfalten. Zu dieser zählt ganz elementar die Verantwortung, das Verzeihen und besonders das Versprechen. „Alle Moral lässt sich wirklich auf Versprechen und Halten des Versprochenen reduzieren. Dies hat nicht zu tun mit der konkreten Frage von Recht und Unrecht einerseits und den ‚Zehn Geboten' andererseits." (Arendt 2002, 54) Verantwortung, Verzeihen und Versprechen, diese Grundelemente von Politik und Ethik, besetzen durch Fragen, Rückfragen und Einmischen einen Ort und eröffnen einen Beziehungsraum zwischen den Menschen. Ihr jeweiliger Einsatzort ist – horizontal gedacht – zwischen den Menschen in der Gesellschaft und – vertikal gedacht – zwischen den Menschen und Generationen, die derzeitig leben und zukünftig leben werden.

Dieser Beziehungsraum zwischen den Menschen, der immer wieder neu im Handeln und Sprechen als Ort, als *zwischenmenschlicher Einsatzort*, initiiert werden kann und soll, ist einer der Responsivität im Sinne des Antwortens und Verantwortens. Es ist also ein Ort, der nicht einfach da ist, er muss immer wieder neu initiiert und zum Einsatz gebracht werden. Somit deutet dieser Einsatzort auf eine ethische und politische Herausforderung, aber auch auf eine sozial-ontologische Dimension der Beziehung und auf die existential-anthropologische Dimension der Gebürtlichkeit (Natalität). Beide Dimensionen sind von der Überzeugung getragen, dass Kinder in eine gemeinsame Welt hineingezeugt, -getragen und -geboren werden – eine Welt, die von Beziehungen und Sprache, Gegenständen und Symbolen geprägt ist. Somit wird der Neuankömmling durch die Geburt in ein ‚Inter-esse', an den Ort des Zwischen, in den Zwischenraum des mitmenschlichen Beziehungsgefüges gebracht. Dieses *primäre Beziehungsgefüge* bildet den Beginn *in* der Welt eines jeden Menschen. Es ist – im besten Falle – ein Ort der Fürsorge, in dem die Neuankömmlinge Verantwortung erfahren und in die Welt hineinwachsen können. Wird dieser Ort der Beziehungen einem Menschen gleich nach der Geburt entzogen, so beginnt das mitmenschliche Hineinwachsen in die Welt mit einem Beziehungsabbruch.[1] Der Weltbezug wird gestört (bleiben).

Die Natalität beruht auf der primären Beziehung zwischen Geburt und Existenz, sie begründet die Initiative für das Handeln in der Welt und sie fordert zur Verantwortung als Antwort auf das Geborensein auf und wird so in den Stand einer grundlegenden menschlichen Kategorie erhoben. Wie Arendt formuliert, „philosophisch gesprochen ist Handeln die Antwort des Menschen auf das Geboren-

---

[1] Das hier mögliche Beispiel von Leihmutterschaft wird in diesem Band von Anca Gheaus diskutiert.

werden als eine der Grundbedingungen seiner Existenz: da wir alle durch Geburt als Neuankömmlinge und als Neu-Anfänger auf die Welt kommen, sind wir fähig, etwas Neues zu beginnen [...]." (Arendt 1994, 81) Und weil wir durch das Angefangen-worden-sein befähigt werden, uns politisch in die Welt handelnd und sprechend einzumischen, also Initiative zu ergreifen, können wir in Freiheit politische Pluralität und Beziehungen mit anderen Menschen verwirklichen. Deshalb wurzelt in der Natalität sogar ein Versprechen in einem doppelten Sinne: Zum einen wurzelt in ihr ein Zukunftsversprechen im Sinne einer strukturellen Möglichkeit, zum anderen im Sinne eines Vermögens des Versprechens. Das *strukturelle Versprechen*, das in der Natalität begründet ist, hat das Potential des Unterbrechens von Prozessen und des Neuanfangens. Das Vermögen des Versprechens ist mit der Fähigkeit des Anfangenkönnens, die Initiative zu ergreifen, verbunden. Diese Fähigkeit nicht einfach als eine Eigenschaft zu verstehen, sondern als ein *Antworten* auf eine Beziehungskonstellation in der Welt. Handeln, was auch ein Versprechen geben und halten ist, ist ein Antworten auf eine konkrete Beziehungskonstellation des Anfangs. „Sprechend und handelnd schalten wir uns in die Welt der Menschen ein, die existierte, bevor wir in sie geboren wurden, und diese Einschaltung ist wie eine *zweite* Geburt, in der wir die nackte Tatsache des Geborenseins bestätigen, gleichsam die Verantwortung dafür auf uns nehmen." (Arendt 1987, 165)

Die Geburt ist zwar der Anfang eines Menschen auf der Welt, aber sie ist nicht der Anfang des Menschen. Sein pränatales Sein, verstanden als Ausrichtung des Seins-zum Dasein-auf-der-Welt, sein generativer Zusammenhang in seiner familialen Geschichtlichkeit und weltlichen Existenz, seine kulturelle, soziale Vorgeschichte und seine biomedizinische Beurteilung und biologische Disposition gehen einem geborenen Menschen bereits voraus. Menschen werden von anderen angefangen; dieser angefangene Anfang des Anfangens liegt der bewussten Existenz voraus und kann nicht erinnert werden, gleichwohl als Geschichte – wenigstens zum Teil – erzählt werden.

3 Techniken des angefangenen Anfangs

Der angefangene Anfang eines Menschen als Mitmensch wurde, historisch betrachtet, sehr unterschiedlich diskutiert und gehandhabt. Denn wer als Mitmensch zu einem Gemeinwesen, zu einem Kollektiv oder einer Gesellschaft zugelassen wird, war selten arbiträr. Ein traditioneller Weg wie Menschen als Mitmenschen Teil der Gemeinschaft werden konnten, ist der der Zeugung und Geburt. Es ist ein Weg, der die Verhältnisse von Kultur und Natur, Leib und Vernunft, Ich und Gesellschaft bereits in der Ideengeschichte vielfältig durchmischte.

Stets hat die Fortpflanzung die Menschen fasziniert. Diese Faszination, etwa auch Erfahrungen und Gesetze der Tierzüchtung auf die eigene Gattung zu übertragen, also Menschen zu züchten, hat eine lange Geschichte. Die Faszination, mit Hilfe von Techniken und Praktiken die eigene Gattung zu verbessern, die Gesellschaft zu lenken, also Bevölkerungspolitik zu betreiben, das ‚schlechte Erbgut' für zukünftige Generationen zu beseitigen, diese sogar zu verbessern – all diese Entwicklungen in Biologie, Medizin und Genetik, machen eine inhärente Verschränkung von Wissen und Werten, von Wissenschaft und Politik deutlich sichtbar. Die auf Verbesserung des Erbguts zielenden ‚Wissenschaften' – die Rassentheorie, Eugenik und Rassenhygiene – wurden besonders im 19. und 20. Jahrhundert befördert.

Im Folgenden möchte ich auf einige ideengeschichtliche Szenarien und Begriffsvarianten von Zucht, Züchtung und Eugenik hinweisen, denn die Motive und die Realisierung der heutigen pränatalen Gendiagnostik ist m. E. nur zu verstehen, wenn einige begriffs- und motivgeschichtliche Hintergründe wenigstens angedeutet werden und der Weg nachgezeichnet wird, inwiefern eine ‚Züchtungspolitik' von Menschen bereits seit Platon immer schon im Diskurs über Fortpflanzung und Reproduktionsmedizin mitschwingt. Die stets im Hintergrund dieses Textes mitschwingenden Fragen lauten: Wie wird ein Mensch in die mitmenschliche Gesellschaft aufgenommen? Ist es ein Mensch, der Versprechen geben darf? Züchtungsszenarien und ihre Motive zeigen, wie Menschen sich einerseits selbst und andererseits eine ideale Menschengemeinschaft gedacht haben. Der Grundgedanke ist, dass die Überwachung, Regelung und Steuerung der Reproduktion die ‚ideale Gemeinschaft' herstellen und sichern könnte. Der Blick auf die ‚ideale Gesellschaft' setzt die Prüfung und Auswahl der Individuen sowie Kenntnisse und Vergleiche aus der Tierzüchtung voraus.

3. 1 Zuchtauswahl und Utopien

Wer die Idee der Züchtung mit der Gemeinschaft zusammendenkt, muss auch Kenntnis von der Fortpflanzung haben. Von dieser Kenntnis und Macht des Züchtens wurde bereits in der Hebräischen Bibel berichtet. Jakob vermehrt die ihm vom Laban übergebenen besonders gefleckten Schafe und wurde „über die Maßen reich". „So wurden die schwächlichen Tiere dem Laban zuteil, aber die kräftigen dem Jakob." (1. Mose 30.) Kenntnisse, wie eine Tierherde gebildet werden kann und wie die Tiere hierfür zusammengebracht werden sollten, gibt es bereits seit Jahrtausenden. Die *techné*, die Kunst des Züchtens, besteht aus der Musterung und positiven Auswahl vermeintlich notwendiger Kriterien, die dem Weg der Gestaltung des Lebendigen und seiner Verbesserung dienlich sind.

Diese Kenntnisse, die Tiere anhand von äußeren Merkmalen und ihrem Verhalten zur qualitativen Verbesserung einer Herde auszuwählen, wurde in der Literatur der Utopie auf Menschen übertragen. In der Tradition der Philosophie und politischen Theorie viel diskutiert wurde Platons berühmter Entwurf eines idealen Gemeinwesens, die *Politeia*. Platon spricht durch die Figur des Sokrates und lässt diesen im Gespräch, das über weite Strecken eher einem Monolog gleicht, eine institutionalisierte Zuchtwahl für die Fortpflanzung entwickeln. (Platon 1991a, 458c) Für die Herstellung eines Idealstaats, solle der einzelne Mensch dem Kollektiv unterworfen werden. In geschlechtlicher Notwendigkeit sollen die Besten zueinander „getrieben werden, [um] sich miteinander zu vermischen." (Platon 1991a, 458c–d) Wie bei einer Herde edler Tiere soll dabei die Entstehung des Nachwuchses nicht ohne Ordnung geschehen, vielmehr „jeder Trefflichste der Trefflichen am meisten beiwohnen, die Schlechtesten aber ebensolchen umgekehrt; und die Sprößlinge jener sollen aufgezogen werden, dieser aber nicht, wenn die Herde recht edel bleiben soll." (Platon, 1991a, 459d)

Platon geht von der sozial-politischen Vorstellung aus, dass die *polis*, also der ideale Staat exakt 5040 Wohnungen haben soll. Aufgrund dieser bevölkerungspolitischen Forderung dürfen im Staat nicht zu viele und nicht zu wenige Nachkommen gezeugt bzw. geboren werden. Die Mutter stiftet die Zugehörigkeit zur Gemeinschaft und die Geburt wird zu einem entscheidenden Bindeglied zwischen den Generationen, die von Platons pädagogischen Eingriffen und staatlichen Erziehungsversuchen geformt und umgeben sind. Maßnahmen, wie die Strafe oder Belohnung für Nichtverheiratete (Kinderlose) oder Kindesaussetzungen, konnten entsprechend demographischer Erfordernisse variieren. (Platon, 1991a 460b–461e; 1991b 740d). Das Fortpflanzungskollektiv mit elternloser Aufzucht gab gesunden Kindern die Chance zur Aufnahme in die Gemeinschaft. Verstümmelte Geborene jedoch werden die Kinderwärterinnen „verbergen", und zwar „wie es sich ziemt, an einem unzugänglichen und unbekannten Ort". (Platon, 1991a 460c)

Die Züchtungslogik folgt hier einem Kontinuum von züchterischer Lenkung, physischer Ertüchtigung und der Bildung (*paideia*), die als eine „Umlenkung der Seele" verstanden wird (Platon 1991a, 521c). Diesem Kontinuum angehängt werden verschiedene Mythen zur Stützung der Erziehung und des Ständewesens. So etwa erzählt Platon die zu erzieherischen Gründen erfundene Geschichte der Menschen als „Erdgeborene", denen jeweils verschiedene Erze, Gold, Silber oder Eisen, beigemischt sind, um diese sogleich in die jeweiligen Stände zu sortieren (ebd. 1991, 414b–415d). Hervorzuheben ist, dass mit der „Züchtung [...] die Bildung" beginnt. (Gehring 2006, 156) Wenngleich uns Platons Körperpolitik und seine quasi biologischen Überlegungen heute fremd geworden sind, so bleiben doch seine Grundmotive als impliziter Referenzhorizont historisch lebendig.

Aus der Spätantike oder dem Mittelalter sind Erwähnungen von Züchtungen des Menschen für das Kollektiv nicht bekannt, so die Historikerin Maren Lorenz in ihrem Buch *Menschenzucht. Frühe Ideen und Strategien 1500–1870* (2018). Das heißt aber nicht, dass es vielleicht doch Kindsweglegungen oder -aussetzungen (im Sinne der Tötung und nicht der Weitergabe) gegeben hat. Historisch oder ideengeschichtlich betrachtet können wir nur wissen, was tatsächlich gesellschaftlich reflektiert und formuliert wurde.

Auch in der utopischen Literatur des 17. Jahrhunderts, etwa in Campanellas *Civis Solis*, dem Sonnenstaat von 1623, wird – ähnlich wie von Platon – eine edle Herkunft betont. Allerdings wird hier eine Familienpolitik auf dem Boden einer gelebten Elternschaft gegründet, die bestimmten Eheregelungen der Hygiene, auch der zielführenden Vergnügungen für eine gesunde Fortpflanzung vorsieht. Diese sollen die natürlichen Anlagen des Kollektivs sichern.

Mit Francis Bacons Utopie einer Wissensgesellschaft, der *Nova Atlantis* von 1683, bleibt die Verbesserung der Natur der Einwohnerschaft mit Hilfe von Verhaltensregularien zentral, eine körperliche Manipulation am Menschen selbst ist noch nicht vorgesehen. Gleichwohl unternimmt Bacon Tierversuche, um durch sie „Einblick in den menschlichen Körper zu gewinnen, […] um ihn besser schützen zu können" (1960, 208). Bacon beginnt mit experimentellen Methoden in die Natur einzugreifen, bleibt dabei aber ergebnisoffen. Er propagiert, der Mensch könne die Natur durch seine Werke bändigen. Mit diesem Glauben läutet er die Moderne ein. Mit seinem Ansatz werden Menschen nicht mehr unter dem Vorzeichen einer Herde betrachtet, sondern im Rahmen eines wissenschaftlich logischen Experimentes, welches auch über die Natur triumphieren könnte. Für Bacon (1990, 81) war es das Ziel von Wissen, Macht zu erlangen, die er im Zusammenhang einer „keuschen, heiligen und legalen Ehe" (2000, 201) beschrieb, in der die Natur vom Forscher mit Hilfe einer komplexen „sexuellen Dialektik" untertan gemacht werden soll. (2000, 201; Keller 1986, 42) In seinem nicht mehr zu Lebzeiten veröffentlichten Spätwerk *Die männliche Geburt der Zeit* ruft Bacon aggressiv und polemisch die „männliche Geburt" einer virilen Wissenschaft aus, die die vergangene „Dunkelheit der Antike" – impliziert wird Impotenz und Verweiblichung – ablöst und die Natur zähmt, unterwirft und formt. (Bacon 2000, 200)[2] Die Unterwerfung der Natur bezwecke eine Stärkung der männlichen Autonomie und verneine die Abhängigkeit von der Mutter. Ist die Natur kontrolliert und unterworfen, so überzeuge sie nicht mehr als positive Legitimationsbasis von

---

[2] Weiterhin schreibt er: „Ich bin in wahrhaftiger Absicht gekommen, die Natur mit all ihren Kindern zu dir zu führen, sie in deine Dienste zu stellen und sie zu deiner Sklavin zu machen." (Ebd.,197) Siehe dazu Keller 1986, 41 ff.; siehe auch Schües 2016, Kapitel II.

Rechts- und Herrschaftsordnungen. Der ‚Menschenmann' beansprucht Souveränität gegenüber der Natur.

Später wird der Vertragstheoretiker und Philosoph Thomas Hobbes zeigen, dass das Naturrecht die Menschen zwingt, Verträge zu schließen, die es ihnen ermöglichen, sich über den Naturzustand zu stellen. Hierfür ist die menschliche Fähigkeit, Versprechen zu geben und zu halten zentral. Mit dem heuristischen Entwurf eines Naturzustandes skizziert Hobbes das Bild eines Menschen, dem es nur um die Selbsterhaltung seiner Existenz geht und für den die anderen Menschen eine existenzielle Bedrohung darstellen. Hobbes fasst die Menschen nicht im Sinne eines Gattungs- und Beziehungswesens auf, da für ihn, den Rationalisten, der Mensch nur in Isolation und Vereinzelung existiert. Deshalb ist Hobbes' Herausforderung die Gründung einer genealogischen Ordnung, die sowohl die *individuelle* als auch *generative* Reproduktion sowie ein angemessenes friedliches Zusammenleben der Menschen sichern soll. Die Beschreibung des Naturzustands liefert ihm das Hauptmotiv für eine politische Ordnung, die auf die Selbsterhaltung des Individuums und der Gattung ausgerichtet ist (1966, 131).[3]

Hobbes stützt seine These eines radikalen Individualismus u. a. mit einer Pilzmetapher, mit der er auf den Naturzustand und das Abhängigkeitsverhältnis von Herren und Dienern verweist: „Let us return again to the state of nature, and consider men as if but even now sprung out of the earth, and suddenly, like mushrooms, come to full maturity, without all kind of engagement to each other." (1966a, 106) Dieses Bild des sich selbst setzenden Menschen hat die Aufklärer sehr inspiriert und verstärkt geradezu den Anspruch völliger Autonomie, da so Menschen keinerlei Abhängigkeiten unterlägen. Die konkrete Beziehung zu einer Frau, von der ein Mensch geboren wurde, wird ersetzt durch die unbestimmte und allgemeine ‚Erde'. „Die Leugnung, von einer Frau geboren zu sein, befreit das männliche Ego vom natürlichsten und grundlegendsten Band der Abhängigkeit." (Benhabib/Nicholson 1987, 533) Die Herkunft von einer Mutter wird nicht als künstlich hergestellte fantasiert, sondern ersetzt durch die Mutter ‚Erde', die Urform der Fruchtbarkeit und Natürlichkeit.[4] Sie muss herhalten, um im Naturzustand den Gattungsbegriff ‚Mensch' so vorzustellen, dass er ohne das ihm inhärente Geschlechterverhältnis auskommt. Diese Vorstellung setzt die Leugnung voraus, dass jeder Mensch von einer Frau geboren wurde. Die Annahme der Ge-

---

[3] Hobbes geht entgegen des Zeitgeistes von einer prinzipiellen Gleichheit der Menschen aus, die er allerdings mit der Annahme einer in männlichen Parametern gedachten geschlechtlichen Neutralität stützt. (Braun /Diekmann 1994)
[4] Die Erde ist auch das, worum es im Prozess der Aneignung geht. Hobbes, wie auch Locke und Rousseau, gründet den Gesellschaftsvertrag auf eine Eigentumstheorie, die mit der Aneignung oder Umzäunung der Erde einsetzt.

burt von einer Frau würde die Radikalität der Vereinzelung eines jeden Menschen und die Allgemeinheit der anthropologischen Bestimmung durchkreuzen. Die Voraussetzung der Voraussetzungslosigkeit und der visionierte Bezug zur Erde, die entschieden die Leugnung der Geburt von einer Frau umfassen, bilden die Grundlage für Hobbes' Entwurf einer gesellschaftlichen Ordnung und Sicherung der individuellen und generativen Reproduktion.

Da Hobbes den Menschen nicht einem bestimmten Züchtungsparadigma unterwirft, kann er ihm Autonomie zuschreiben. Die Grundfrage, wie ein Tier zu züchten sei, das versprechen darf, stellt sich in gewisser Weise gar nicht, denn Hobbes züchtet nicht: Dem Menschen wird Unabhängigkeit und Autonomie zugedacht, weil er selbst entsprungen ist. Darum kann er versprechen und Verträge schließen. Diese grundlegenden Fähigkeiten unterstellt Hobbes den Menschen im Allgemeinen. Wer aus der Erde selbst entsprungen ist, ist nicht eingesperrt in ein Abhängigkeitsverhältnis zwischen Menschen. (Schües 2021) Die einzelnen Menschen in Hobbes' fiktivem Naturzustand sind isoliert und gegeneinander ausgerichtet. Sie können miteinander sprechen und, vielleicht gerade weil sie als unabhängig gelten, wird ihnen unterstellt, dass sie miteinander Übereinkommen treffen und einander Sicherheit versprechen, um sich so für die Zukunft die Furcht voreinander zu nehmen (1966, 102).[5]

3. 2 Demographie – Bevölkerung als Ressource

Sehr konkret hat sich ab Mitte des 18. Jahrhunderts eine Bevölkerungswissenschaft der Züchtung, Bevölkerungskontrolle und -hygiene etabliert. „Im Kontext merkantilistischen [also wirtschaftlichen] und kameralistischen [bürokratischen, verwaltungstechnischen] Denkens wird die Bevölkerung zu einer ökonomisch bedeutsamen Ressource", und damit die Bevölkerungsentwicklung zum Objekt systematischer Beobachtung und Beurteilung. (Weingart/Kroll/Bayertz 1992, 17) Demographie, die die Geburten- und Sterblichkeitsraten erklärt, wird zu einem neuen Gebiet systematischen Wissens, das – wie Michel Foucault (1977) untersucht – zur Grundlage eines staatlichen biopolitischen Regimes wird. In diesem Zusammenhang ging es vor allem um empirisches Wissen über den Gesellschaftskörper, um eine Bevölkerungspolitik im Sinne öffentlicher Wohlfahrt und qualitativer Geburtenpolitik in Form von etwa der Senkung der Müttersterblich-

---

[5] Allerdings sind diese Versprechen kein ausreichendes Zeichen der Vertragsübertragung, Schenkung oder gar Sicherung der Zukunft. Sie bleiben Absichtserklärungen und „verpflichten deshalb nicht". (Hobbes 1966, 103)

keit im Kindsbett. Eine sehr konventionelle Ratgeberliteratur empfahl die „gesunde" Fortpflanzung und Sorge für eine gesunden Lebenshaltung. Die Begriffe der Züchtung und Bildung sind nur noch lose, vor allem im Gesundheitsbereich, verbunden. Die Eugenik ordnet sich gut 100 Jahre später als Disziplin zur Steuerung und Kontrolle der menschlichen Erbgesundheit in dieses Wissensfeld der Bevölkerungswissenschaft ein. Ihre Begleittheorie wurde die sich nun auch etablierende Rassentheorie.

3.3 Das 19. Jahrhundert. Selektion und Eugenik des zukunftsfähigen Menschen

Der prominent gewordene Begriff der Selektion kann in einem dreifachen Sinne verwendet werden. Zum einen im Sinne der natürlichen (negativen) Selektion, zum anderen als züchterische Selektion im Sinne einer negativen Eugenik und einer positiven Eugenik, die jeweils auf dem Eingriff des Menschen beruhen. Das erstgenannte Konzept wird prominent von Charles Darwin vertreten, dessen Theorie eine Reihe von Eugenik- und Rassenforscher animierte, sehr deutlich die Hand des Menschen für eine Erbgutverbesserung zu nutzen.

Für Charles Darwin ist die Natur die bessere Züchterin als der Mensch. In seinem Hauptwerk *Über die Entstehung der Arten im Thier- und Pflanzenreich durch natürliche Züchtung oder Erhaltung der vervollkommneten Rassen im Kampfe um's Daseyn (origins of species by means of natural selection)* schreibt er 1859: „Der Mensch kann absichtlich nur auf äusserliche und sichbare Charaktere wirken; die Natur fragt nicht nach dem Aussehen, ausser wo es zu irgend einem Zwecke nützlich seyn kann. Sie kann auf jedes innere Organ, auf den geringsten Unterschied in der organischen Thätigkeit, auf die ganze Maschinerie des Lebens wirken. Der Mensch wählt nur zu seinem eigenen Nutzen; die Natur nur zum Nutzen des Wesens, das sie pflegt." (Darwin 2008, 86) Somit wird die Zuchtauswahl – Darwin hat besonders verschiedene Tiere im Blick – in einer dem Menschen erst nachträglich sichtbaren Logik realisiert. Hinsichtlich einer „Variation" der Individuen bezieht sich die Auswahl nur auf die jeweiligen Lebensumstände eines Lebewesens und seine optimale Anpassung (ebd., 85). Erst dann kommt die natürliche Auswahl reaktiv zum Einsatz. Ein Züchter (in Persona) ist nicht vorgesehen, die Logik des Ablaufs ist anonym und lässt sich erst als Wahrscheinlichkeit im Nachhinein anhand möglicher Merkmale rekonstruieren. Die natürliche Selektion sortiert bereits das eigentlich verborgene Erbgut. Dieser Aspekt der Nachrangigkeit von Selektion wird von den sogenannten Sozialdarwinisten und späteren Eugenikern nicht mehr berücksichtigt bzw. sogar parodiert, also umgedreht, in dem sie vorschlagen, vorsätzlich in die Genealogie einzugreifen.

Die von Darwin vorgelegten Gesetzmäßigkeiten der natürlichen Auslesemechanismen suggerieren, dass diese beim Menschen durch die Zivilisation außer Kraft gesetzt werden könnten. Deshalb sei die Zivilisation eine Gefahr für die menschliche Evolution im Sinne der Höherentwicklung. In dieser Gemengelage von natürlichen Auslesemechanismen, Zivilisation und einer gar gefährdeten Höherentwicklung fanden Zivilisationskritik und vor allem die später von anderen breit vertretenen Thesen der zivilisatorisch verursachten Entartung bzw. Degeneration ihren Ausgangsort. Etwas später legt dann Charles Darwin in seinem Werk 1871 *The Descent of Men* (das noch im selben Jahr mit dem Titel *Die Abstammung des Menschen und die geschlechtliche Zuchtwahl* übersetzt wurde) die Grundlagen für Unterscheidungen zwischen negativer Selektion durch die Natur selbst, der Außerkraftsetzung einer positiven Selektion und der Verbreitung der negativen Selektion durch die Kultur und Zivilisation. Charles Darwin ist aber, den Thesen Jean-Baptist de Lamarcks folgend, noch der Ansicht, dass auch die erworbenen Fähigkeiten des Menschen vererbt werden und somit die negativen Selektionseffekte der Kultur und der Zivilisation gegebenenfalls wieder ausgeglichen werden können. (Vgl. Endersby 2003, 88)

Sein Vetter, der britische Naturforscher und Schriftsteller Francis Galton (1822–1911), widerspricht dem und setzt dagegen, dass sich der Erbanlagenfaktor auf jeden Fall durchsetze. Mit eigenen Familienuntersuchungen und Zwillingsforschungen kommt er zu dem Schluss, dass sich die sogenannten Erbminderwertigen schneller, die Erbhochwertigen dagegen langsamer vermehren würden. Er legt damit den Grundstein für die Eugenik und ihr Paradigma, dass nämlich die Gesellschaft durch Kultur und Zivilisation degeneriere, wenn nicht gegensteuernde eugenische Maßnahmen zur Verbesserung des menschlichen Erbguts unternommen würden.[6]

Der Begriff *Eugenik* – als ‚gute Zucht' verstanden – wird von Galton 1883 erstmals mit seiner Schrift *Inquiries into human faculty and its development* in den englischen Wissenschaftsbetrieb eingeführt. Er definiert Eugenik als „cultivation of race" und „science of improving stock". (1907, 17) Seine Untersuchungen an Zwillingen und der Größe des Gehirns haben den Anspruch zu belegen, dass die Erbanlagen bei der Intelligenz und Entwicklung des Individuums alles und die äußeren Umstände nichts bedeuten. Was Darwin für die Tierwelt gezeigt hat, versucht Galton nun für die menschliche Gesellschaft fruchtbar zu machen. Die Zucht eines vollkommenen Menschengeschlechts durch Selektion der Besten wird zu einem Ideal erhoben, einem Ideal, das der noch zögerlichen britischen Ge-

---

[6] Dieses Vorhaben wird durch eine weitere Untersuchung von ihm gestützt: 1892 erscheint in England ein Buch mit dem unscheinbaren Titel *Fingerprints*.

sellschaft als praktisches Ziel, und nicht einfach als akademische Forschungsrichtung, vorgestellt wird.[7]

Ohne den Einfluss von Galton hat sich ein eugenisches Gedankengut in Deutschland vor allem in der Ärzteschaft und damit auch in der gesellschaftlichen Praxis etwas später und sehr selbstständig entwickelt. (Weingart/Kroll/Bayertz 1992, 37). Als erste deutsche Schrift der Rassenhygiene kann das Werk des Arztes, Anti-Nationalisten und Sozialisten Wilhelm Schallmayer (1857–1919) mit dem Titel *Über die drohende körperliche Entartung der Kulturmenschheit und die Verstaatlichung des ärztlichen Standes* (1891) gelten. In diesem Werk kritisiert Schallmayer vor allem die durch die Zivilisation ausgeschaltete „Fortpflanzungsauslese" und die daraus folgende „Entartung" durch Erbkrankheiten („Deszendenztheorie").[8] Hier allerdings geht es ihm zunächst einmal, in Abgrenzung von dem Rassentheoretiker Gobineau, um eine negative Selektion und um eine, wie er betont, sogenannte „*Rassehygiene*". Schallmayers preisgekrönte Schrift „*Vererbung und Auslese im Lebenslauf der Völker*" (von 1903) wurde nach dem Ersten Weltkrieg zum führenden Lehrbuch für Rassenhygiene.

Mit der „Rassen-Hygiene", die die deutsche Entsprechung der „Eugenik" wurde, konnte Alfred Ploetz (1860–1940) als Rassenhygieniker und Erbgutverbesserer auftreten und eine politische Bewegung in Gang setzen, die zum Ziel die optimalen Erhaltungs- und Entwicklungsbedingungen einer Rasse hatte. In seinem 1895 erschienenen Werk *Rassen-Hygiene. Die Tüchtigkeit unserer Rasse und der Schutz der Schwachen* führt Ploetz den Begriff der Rasse „als Bezeichnung einer durch Generationen lebenden Gesamtheit von Menschen im Hinblick auf ihre körperlichen und geistigen Eigenschaften" ein. (Ploetz 1895, 2) Dieser so interpretierte Bezug auf den Begriff der Rasse deutet schon auf die krude Vermischung der bereits angedeuteten Ideen aufgrund von Rassentheorien und „Vorstellungen von unterschiedlichen Wertigkeiten verschiedener Menschengruppen" hin. (Fangerau/Noack 2006, 227) Sehr konkret und mit Rückgriff auf die in diesem Beitrag bereits vorgestellten Utopien wendete Ploetz sich an den „socialen Praktiker" und sah in seiner stark überhöhten nationalistisch, „völkisch" orientierten Lehre ein *social engineering* in Form eines „idealen Rassenprozesses" (1895, V, 143) vor: Etwa die Ehe für „schwächliche oder defecte Individuen" (ebd., 145) nicht zu erlauben oder die Armen-Unterstützung nur minimal zu gewähren. Er empfahl

---
[7] Diesem Ideal gilt auch die nie publizierte Roman-Utopie „Kantsaywehre" („Ich weiß nicht wo"). Für seine wissenschaftlichen Verdienste wird Galton 1909 von der britischen Krone geadelt. Seine Ideen werden damit gesellschaftlich honoriert.
[8] So etwa vertritt Schallmayer, dass Alkoholismus „wahrscheinlich [...] die Hauptquelle der fortschreitenden Entartungserscheinungen unserer Tage" ist (1903, 154, unter Berufung auf August Forel).

das „Ausmerzen von Neugeborenen bei schwächlicher oder mißratender Konstitution" oder die Vermeidung von „schlechten Devarianten durch mangelhafte sexuelle Zuchtwahl", „Auslese", „wirthschaftliche Ausjätung" (ebd., 143) und die Verwendung von „schlechte Varianten" als „Kanonenfutter" (ebd., 147) im Krieg. (Ploetz 1895, 143 ff. 147; Tanner 2007, 114; Gehring 2006, 163; Rubeis 2020, 117)[9] Das „demokratisch-humanitäre Ideal", das starke und schwache Individuen fördere, stünde der Rassenhygiene entgegen. (Ploetz 1895, 196) Durch eine rigide Bevölkerungspolitik, etwa auch befeuert durch die von Thomas Malthus propagierte These der zu schnell wachsenden Bevölkerung, sowie ihre Verschränkung mit der Rassenhygiene, konnte gegen Ende des 19. Jahrhunderts die erbbiologische Höherzüchtung des Menschen zum politischen Reformdiskurs werden.

4 Nietzsche *macht* Moral

In dieser Zeit der programmatisch ‚verwissenschaftlichten' eugenischen Reformutopien, die sich etwas später mit Reformern von Sexualmoral (etwa Christian von Ehrenfels) und Sozialhygiene (etwa Alfred Grotjahn) vermischten, schrieb Friedrich Nietzsche. Die Perspektiven und Sprachgebräuche von Zucht, Züchtigung, Aufzucht und Züchtung werden von ihm einerseits disziplinär getrennt, doch andererseits werden sie auch vermengt. Zucht gilt dem Individuum, Züchtung der Erhöhung der Rasse? Es bleibt nicht immer ganz klar, so auch nicht beim polemischen und ironischen Sprachgebrauch von Nietzsche, der den Diskurs der fortpflanzungs-physiologischen und erzieherischen Intervention und die Grundmotive der „Erhöhung" des Menschen von Plato über Konfuzius bis zum Juden- und Christentum als ein „unmoralisches" Machen der Moral der Menschheit bezeichnet. (Nietzsche [1888] 1988, 102) In Nietzsches Entwurf wird vor allem die Verschränkung des ‚Züchtens' mit einem moralischen Phänomen *par excellence* interessant: dem Versprechen. Denn dieses Grundelement der Moral zeichnet den Weg wie ein Mensch zum Mitmenschen wird.

---

9 Jegliche soziale Fürsorge hat Ploetz entsprechend seiner eher „obskuren Züchtungsutopie" abgelehnt (Weingart et al. 1992, 33). „Solche und andere ‚humane Gefühlsduseleien' wie Pflege der Kranken, der Blinden, Taubstummen, überhaupt aller Schwachen, hindern oder verzögern nur die Wirksamkeit der natürlichen Zuchtwahl. Besonders für Dinge wie Krankheits- und Arbeitslosenversicherung, wie die Hülfe des Arztes, hauptsächlich des Geburtshelfers, wird der strenge Rassenhygieniker nur ein missbilligendes Achselzucken haben. Der Kampf um's Dasein muss in seiner vollen Schärfe erhalten bleiben, wenn wir uns rasch vervollkommnen sollen, das bleibt sein Dictum." (Ploetz 1895, 147)

In der *Genealogie der Moral* (1887), die zugleich eine Genealogie des Gedächtnisses ist, möchte Nietzsche nachweisen, dass Moral letztendlich ihren Ursprung in einer Geschichte der Strafe und Bändigung von Affekten und Begierden hat. Das Austangieren zwischen Souveränität und Abhängigkeit ist entscheidend für die Rolle des Versprechens. Denn Versprechen werden im Rahmen von Erziehung und Züchtigung gegeben, nämlich im Falle einer Verfehlung, bestimmte Dinge nicht mehr zu tun. Der Wille soll gebunden werden an die „Ideale" des „gemeinen Menschenverstandes", die sich im Laufe des Lebens mit Hilfe von mnemotechnisch schmerzhaften Erziehungsmethoden in Erfahrung und Gedächtnis eingebrannt haben. Der „Schmerz [...] ist das mächtigste Hülfsmittel der Mnemonik", mit dem die Erziehung zu Moral und Sittlichkeit die Menschen „‚zur Vernunft'!", zur „Herrschaft über die Affekte" bringt und damit den Willen „berechenbar" in einige in das Gedächtnis eingebrannte „endliche fünf, sechs ‚ich-will-nicht'" bannt. (Nietzsche ([1887] 1988, 295, 293, 297) Solch „Augenblicks-Sklave", dessen Dressur darin bestand, dass er gezwungen wurde zu versprechen, *darf* letztendlich nicht versprechen. Denn wer ein Versprechen gibt, wer ein Versprechen geben soll oder will, muss auch das Versprechen einlösen *können* und dazu bedarf es der Befreiung von der „sozialen Zwangsjacke" (Nietzsche [1887] 1988, 293), der „Herrschaft über die Umstände", und eines eigenen „Werthmaasses" (ebd., 294). Wer also all das hat, die Macht und Freiheit, nur der darf überhaupt versprechen. Somit dürfen eigentlich nur souveräne Wesen versprechen, solche jenseits von Moralität und Sittlichkeit, jenseits eines Gedächtnisses. Denn das Gedächtnis des Mitmenschen hört nicht auf, mit Hilfe der Instrumente der „allerältesten Psychologie", „*weh zu thun*". (295) Das soziale wie das individuelle Gedächtnis ist Fundament für die Formung des Mitmenschen und dessen Inkludierung in die Gemeinschaft.

Dieser Prozess der Härte und des psychischen und physischen Eingriffs in den menschlichen Körper ist, wie Nietzsche zivilisationskritisch herausarbeitet, ein Prozess der Züchtung des Menschen zum Mitmenschen. Dieser kann dann aber gerade nicht mehr *versprechen*, wenn das Versprechen zu einem Akt der Dressur verkommt. Und deshalb will Nietzsche, wie Jan Assmann hervorhebt, „nicht den Mitmenschen, sondern den Übermenschen, er will das Individuum aus den Fesseln der Mitmenschlichkeit zu einer höheren Form von Individualität befreien." (Assmann 1995, 55)

Normalerweise, so lernen wir mit Nietzsche, versprechen diejenigen bzw. müssen diejenigen versprechen, die ein Versprechen gar nicht geben dürfen, weil es ihnen an der notwendigen Souveränität fehlt. Somit ist es nur dem souveränen Menschen gegeben, versprechen zu dürfen. Doch dieser fühlt sich nicht wirklich an seine Versprechen gebunden, denn selbst wenn er seine Versprechen bricht, braucht er Konsequenzen nicht zu fürchten. Die paradoxale Konstellation besteht darin, dass ein Versprechen dem souveränen Menschen nicht abgenommen werden kann, denn die Konsequenzen eines Handelns, das diesem zuwiderläuft, würde er nicht fürchten. Zudem wäre ein Versprechen auf bestimmte Gefühle und Empfindungen in der Zukunft schlicht unsinnig. Diese Beobachtungen haben nichts mit der besonderen „Heiligkeit des Versprechens" zu tun, sondern mit ihrer Genealogie, die das Versprechen auf ein, mit Hilfe der Mnemotechnik formiertes, moralisches Gedächtnis zurückführt, das letztendlich den souveränen Menschen versklavt. Inwiefern nun dieser vom Gedächtnis entbundene Mensch noch ein soziales Leben führen kann, wird mit Nietzsche nicht weiter ausbuchstabiert.

Wenn Nietzsche in genealogischer Perspektive zu zeigen beansprucht, dass das Versprechen ein zentrales Element der Moralität sei, dann ist seine Kritik und der Aufweis einer paradoxalen Unmöglichkeit des Versprechens, ein philosophiegeschichtlicher Höhepunkt in der Geschichte der Moralphilosophie und im Zusammenhang des Diskurses von Zucht, Züchtung und Eugenik. Züchtung – physische und erzieherische, inklusive ihres traditionellen Übergangs zwischen Leib und Geist – bringt nicht die Souveränität hervor, die ein Individuum braucht, um (sinnvoll) zu versprechen. Wenn aber das Versprechen ein Grundelement der Moral sein soll, dann hat angesichts dieser prekären Situation um das Versprechen ihr Niedergang eingesetzt.

5 Zerstörung und Vernichtung

Auf die Frage, wer versprechen darf, wird die passende Antwort sein, dass es wohl der ‚dressierte Affe' nicht sein kann. Deutsche Autoren, wie Oswald Spengler, Hans Endres oder Willibald Hentschel, haben im frühen 20. Jahrhundert systematisch den Begriff der Zucht an Blut und Erbgut gebunden, Selektion durch Sterilisation und Tötung proklamiert sowie staatliche Programme der Rassenhygiene gezielt unterstützt. Diese Programme bereiteten den Boden für die NS-Ideologie, die Krankheit als Merkmal und Degeneration einer Rasse verstand, für staatliche Züchtungsprojekte und für die „Vernichtung lebensunwerten Lebens" (Binding/Hoche [1920] 2006). Damit halfen diese Autoren bei der Umsetzung verschiedener perfider eugenischer Maßnahmen, die letztendlich nur den Volkskörper und die Rasse im Blick hatten. In einer historischen Zeit, in der weder die grundsätzliche Pluralität noch die Welt zwischen den Menschen anerkannt, die Verwirklichung des „Rechts, Rechte zu haben" (Arendt 1949, 760) außer Kraft gesetzt wurde, die Welt zusammenbrach, politische Verantwortung nicht mehr im Eintritt in das Geschehen, sondern nur im Sich-Heraushalten geübt werden konnte und sogar die grundsätzlichen Denk- und Urteilskategorien nicht ausreichten, um das zu beschreiben, was geschah, stellt sich die Frage des Versprechens als Element der Moral nicht mehr.

Die Zerstörung Europas, vor allem aber der „entschlossene Versuch der Ausrottung" der Juden und die systematische Vernichtung von Menschen, deren Existenz als „unwert" bestimmt wurde, hatte den „Boden der Tatsachen in einen Abgrund verwandelt", in den man mit hineingezogen wurde, wenn man versuchen wollte, diesen – also Auschwitz – mit einem Studium der Geschichte des deutschen oder des jüdischen Volkes zu „erklären". (Arendt 1948, 9 f.) Vor diesem Hintergrund stellt sich die Frage nach dem Verhältnis von Züchtung und Versprechen – in welchen Verständnissen auch immer – nicht. Die moralischen Kategorien waren zusammengebrochen. Nach dem Zweiten Weltkrieg, dem Holocaust, der Shoa schienen die Begriffe von Zucht und Züchtung nur mehr in die Landwirtschaft und den Zoo zu gehören; auch die Propagierung einer Erhöhung der Rasse schien nicht mehr angemessen. Züchtung mit dem Menschen zusammenzubringen wird skandalös und schwer aushaltbar, wie die Debatte um Sloterdijks „Menschenpark" zeigt. Gleichwohl hält sich bis in die Gegenwart ein indirekter verschämter Rassenbegriff, der am Horizont lauert und immer wieder erneut als brutaler Rassismus zuschlägt.

6 Züchtung mit Anthropotechnik – der Fokus auf ein biologisches Substrat

Seit einigen Jahrzehnten ermöglichen die Kenntnisse im Bereich der Reproduktionsmedizin und der Genetik, die Zeugung und Schwangerschaft nicht nur besser zu verstehen, sondern sie auch zu kontrollieren und in sie einzugreifen. Mit der Einführung des nicht-invasiven molekulargenetischen Pränataltests (NIPT) im Jahr 2012 in Deutschland wurden medizinische Tests von Föten für die werdenden Eltern noch einfacher und moralisch vertretbarer. Nur die im mütterlichen Blut befindlichen Erbinformationen des Fötus werden in Form von zellfreien DNA-Chromosomenbruchstücken untersucht. Das Risiko des Aborts besteht hierbei entsprechend nicht. Als nicht-invasive Tests hat sich der Ultraschall und die Nackentransparenzmessung bereits etabliert. Bei invasiven Tests, die bereits seit mehreren Jahrzehnten auf dem Markt sind und deren Untersuchungsbreite und Feinheit immer mehr entwickelt werden, muss in den Körper der schwangeren Frau eingegriffen werden, um Proben des Fruchtwassers (Amniozentese), der Plazenta (Chorionzottenbiopsie) oder des fetalen Blutes (Chordozentese) zu entnehmen. Ziel all dieser Untersuchungen ist es, möglichst genaue Kenntnisse über Krankheiten, etwa Herzfehler, genetische Dispositionen von Behinderung, etwa

Trisomie 13, 18, 21, oder andere Genmutationen, wie etwa das Klinefelter-Syndrom, oder auch das Geschlecht zu erhalten. Angesichts dieser verschiedenen Kontrollmöglichkeiten wird in der Schwangerschaftsversorgung zunehmend auf Risikoaspekte und den möglichen Abbruch gewollter Schwangerschaften fokussiert. (Steger/Orzechowski/Schochow 2020, 15)[10] Genetische Tests brauchen einen starken Fokus auf das biologische Substrat, den Träger seiner genetischen Information. Der Fötus wird einer Technologie des *genetic engineering* unterworfen, sei es in der Untersuchung, Kontrolle und anschließenden Selektion oder in Verfahren, die DNA-Bausteine verändern, wie etwa CRISPER/Cas9.

Hat ein Fötus die Testungspraxis aufgrund seiner wünschenswerten oder wenigstens akzeptierten genetischen Disposition überlebt, dann hat dies für die Biographie der aus diesem angefangenen und getesteten Anfangen entstandenen Person Konsequenzen. Sie wird die genetische Disposition in ihrer Biographie mit sich führen und zwar nicht nur im Sinne, wie sie wird, sondern auch im Sinne, *dass sie ist* und die Option eines Schwangerschaftsabbruchs überlebt hat. In der reproduktivmedizinischen Genetik wird nicht das Individuum als Ganzes adressiert. Es geht vielmehr um eine Praxis, die auf den Genotyp der Gattung abzielt. Das Ergebnis eines genetischen pränatalen Tests ‚ohne Befund' erlaubt dem ungeborenen Körper weiterzuwachsen.[11] Im Rahmen der rezenten Reproduktionstechnologien stellt sich nicht die Frage, wie sich ein Individuum ins Gemeinwesen integrieren kann. Zur Wahl stehen verhaltensneutrale Maßnahmen, die allein das Körpermaterial und die biologische Substanz betreffen: genetische Tests, genetische Prognostik und eine auf dieser biologischen Spur sich quasi automatisch anbietende Praxis weiterer Maßnahmen. Politisch oder auch züchtungspolitisch gesprochen geht es im Zeitalter des „Leben machens" nicht um jemanden. „Es entfällt die Person." (Gehring 2006, 175; Spaemann 1996) Der Fötus, der als „Abstraktum" aus dem Bezugsgewebe der Schwangeren herausgelöst wurde, gleichwohl über das mütterliche Blut eng mit ihr verbunden ist, ist Übermittler codierter Informationen, die die Merkmale der Gattung enthalten und die separat als „unauffällig" oder „auffällig", wünschbar oder nicht-wünschbar beurteilbar werden. (Schües 2016, 287) Aber nach der genetischen Pränataldiagnostik gibt es

---

10 Hingewiesen wird auf einen Offenen Brief an den Gemeinsamen Bundesausschuss (G-BA) vom 12.8.2016, in dem die Unterzeichner ihrer Sorge der Intransparenz und Betonung auf wirtschaftliche Interessen Ausdruck verleihen. https://www.gen-ethisches-netzwerk.de/files/16_08_12%20Offener%20Brief%20G-BA.pdf

Es geht nicht um den „Volkskörper" oder die Verbesserung einer Rasse, diese Begrifflichkeiten sind weder semantisch noch strukturelle Teil des Diskurses.

11 Einige Eltern testen auch, um sich ggf. vorausschauend auf ein Kind mit einer Behinderung vorzubereiten.

„jemanden", wenn die Tests erfolgreich überstanden sind. Diese Person kann dann später sagen, sie sei getestet und unter Vorbehalt gezeugt worden.[12]

Diese Fokussierung auf ein ‚biologisches Substrat' lässt die Person außen vor und bewirkt eine „Biologisierung des Alltags" bzw. eine „veralltäglichte Biologie" (Gehring 2006, 182). Diese Beschreibung von Gehring ist nicht falsch, doch kann sie noch weiter ausgezogen werden. Das biologische Substrat, das Material, ist der Person inhärent. Es macht nicht schlicht ihr Verhalten aus, bestimmt auch nicht einfach ihre Eigenschaften in der Gänze; wer dieses annähme, würde einer unfundierten Naturalisierung von Personen aufsitzen. Gleichwohl kommt dieses biologische Substrat, das als genetische Bestimmung und biologische Disposition entschlüsselt wird, einem Versprechen gleich, das dem Körper eingepflanzt wurde und in die Zukunft ausstrahlt. Ist die genetische Disposition eines Fötus pränatal eigens geprüft und kontrolliert worden, dann hat dieses die Konsequenz, dass es genau unter diesen Bedingungen des biologischen Substrats geboren oder eben nicht geboren wird. Genetische pränatale Diagnostik erlaubt, wie Löwy (2018, 1) argumentiert, „zu sehen, was geboren wird", sei es ein Mensch mit einer genetischen Disposition für etwa Trisomie 21 oder jemand ohne diesen Befund.[13] Der Hinweis auf das, „was geboren wird", impliziert einerseits visionär „was" – ein Nicht-Behindert-sein – jemand sein könnte, andererseits die technische Einsicht in ein biologisches Substrat, dessen Charakteristika eine bestimmte Vision offenlegen. Es meint niemals eine Person in der Gänze, aber später, nach der Geburt, wird in Retrospektive erzählt werden können, dass die genetische Disposition der Person geprüft worden sei. Dieses „was" wird je nach zeitlicher Perspektive und nach persönlicher Einstellung unterschiedlich verstanden. Im biomedizinischen Diskurs selbst geht es nicht schlicht um Personen oder um biologische Substrate: Ist ein Mensch geboren, so wird retrospektiv die genetische Kontrolle von ihm gemacht sein, handelt es sich um einen Embryo oder einen

---

12 Die biomedizinische Praxis scheint hier keine Person vor Augen zu haben, die biopolitische Diskussion scheut jeden eugenischen Hinweis. Gleichwohl ist auf der bioökonomischen Dimension die Pränatalidiagnostik ein ‚big business'. Das Abwählen, also die Herausselektion von nicht-gewünschtem Leben, das sich anhand des getesteten biologischen Substrates zeigt, wird vom Markt befeuert. Ist der Markt ein indirekter Treiber eugenischer Maßnahmen? Eine Aufarbeitung des gegenwärtigen Begriffs der Selektion in Deutschland leistet Foth (2021).
13 Vertreter der genetischen Pränataldiagnostik argumentieren, dass die enge Verknüpfung von selektiver Reproduktion mit selektiver Abtreibung diese vorschnell verschränke und die Möglichkeit ignoriere, dass sich ggf. Eltern für ein Kind mit „special needs" vorbereiten möchten. (Löwy 2018, 147, in rf. zu dem CEO von der Firma Natera) Dass über 95 % der Föten, die mit einem genetischen Defekt getestet sind, abgetrieben werden, verschweigt diese Firmeninformation von Natera.

Fötus so wird aus Sicht der biomedizinischen Laborpraxis lediglich biologisches Material untersucht.

Einerseits sind genetische Pränataldiagnostik, Präimplantationsdiagnostik oder Technologien, die auf Keimbahneingriffe abzielen, an einer Laborpraxis orientiert, die nur das biologische Substrat im Blick hat. Andererseits muss eine Wissenschaft der Genetik, die jemanden hinsichtlich der gegenwärtigen Reproduktionstechnologien berät, den ganzen Menschen adressieren. Wir haben es in der biomedizinischen Praxis der Reproduktion mit zwei Logiken zu tun: die der genetischen (Labor-)praxis und die der Beratung. Diese beiden mögen nicht oder nur schwer zu übersetzen sein, zu vereinen sind sie nicht. Wenn das Embryo oder der Fötus aufgrund seiner biologischen Disposition nicht abgetrieben wird und zum Kind heranreift und geboren wird, dann verschränkt sich Biomedizin mit der Gründungsgeschichte einer Biographie. In dieser Biographie sollte sich, aus der Sicht des Geborenen, die Mutter (bzw. die Eltern) bereits verantwortungsvoll um ihre Schwangerschaft und das werdende Leben des nun Geborenen gekümmert haben. Diese Fürsorge wird je nach kulturellen oder gesellschaftlichen Überzeugungen unterschiedlich gestaltet. Die Idee der „genetischen Verantwortung" (*genetic responsibility*) scheint zwar in Deutschland weniger prominent, ist aber in englischsprachigen Ländern seit Jahrzehnen als Leitbild geläufig. (Lipkin/Rowley 1974; Raz/Schicktanz 2009; Schicktanz 2018)

Die „gute Hoffnung" in der Schwangerschaft wird abgelöst von der Hoffnung, dass die Medizin das Versprechen geben und halten kann, dass „alles in Ordnung" sei, also ein gesundes Kind geboren werde. Dieses sehr allgemeine Versprechen der Biomedizin ist vielleicht eines, das je nach medizinischem und biologischem Wissen immer mitschwang. Mit den rezenten Anthropotechniken aber wird dem geborenen Körper aufgrund seines bestimmten biologischen Substrats ein *Versprechen eingesetzt*. Sehr konkret ist es zum Beispiel seit einigen Jahren medizinisch möglich – und in einigen Ländern, etwa England, USA, Israel oder Schweiz, wird dies auch praktiziert –, dass Eltern einen spezifischen Kindeskörper pränatal genetisch testen und auswählen, um einen passenden Spender, ein „Retterkind" (auch *bébé médicament* genannt), für ihr erkranktes Kind auszuwählen. Auf dieses Kind, das aufgrund seiner genetischen Disposition und seiner Blutmerkmale pränatal gewählt wurde, kommt die Aufgabe zu, seinem erkrankten Geschwisterkind die therapeutisch wichtigen Blutstammzellen zu spenden; genauer gesagt, diese werden ihm, meistens mit etwa einem Jahr, aus dem hinteren Beckenkamm entnommen. Die anthropotechnische Praxis, Retter-Geschwister zu zeugen und auszuwählen, setzt nicht nur die medizinischen Technologien wie Gendiagnostik oder Transplantationstechniken voraus, sondern auch bestimmte anthropologische und ethische Ansichten über das Teilen eines Körpers, den Sinn des Lebens, transkörperliche Gabenbeziehungen und das Entstehen und Geborenwerden unter bestimmten Bedingungen.

Die pränatale Geschichte eines Spenderkindes umfasst ein Auswahlverfahren körperlicher Kriterien, nämlich unter anderem die Übereinstimmung der Blutmerkmale in Ähnlich zu denen seines kranken Geschwisters (Schües/Rehmann-Sutter 2015). Das Kind ist also aufgrund bestimmter körperlicher Kriterien am Leben und die Voraussetzung für seine Existenz ist ein Körper, der nach dem Nutzen eines anderen ausgewählt wurde. Der (erste) Sinn der Biographie des Spenderkindes besteht also darin, durch seinen Körper ein biologisches therapeutisches Mittel zu haben, das von Nutzen ist und weitergegeben werden kann. Man könnte hier schlussfolgern, dem Körper des Spenderkindes sei biologisch die Pflicht eingeschrieben, dem Geschwisterkind ein körperliches Therapeutikum weiterzugeben (Schües 2017; Rehmann-Sutter/Schües 2014).

Mir geht es hier nicht darum, ein moralisches Urteil darüber zu fällen, ob es erlaubt oder verboten sein sollte, rettende Geschwister zu zeugen oder nicht. Meine Überlegungen sollen lediglich zeigen, wie hier Biologie und Biographie existentiell zusammenfallen. Der pränatal kontrolliert und ausgewählte Körper wird aufgrund des bestimmten biologischen Materials zum Versprechen. Dem Körper ist ein Versprechen inhärent, welches zu halten, der Person – nämlich der Besitzerin des Körpers – zukommt: allgemein in vorbestimmter Weise gesund zu bleiben, gesellschaftlich „normal" sich zu entwickeln oder ganz konkret, wie etwa im Falle des „Retterkindes" und des erkrankten Geschwisterkindes, körperlich in einer ganz bestimmten Weise verfügbar zu sein.

Die Bedeutung des biologischen Substrats und ihre Tragweite wird retrospektiv in die Biographie eingefügt und interpretativ ausgelegt. War bei Darwin die Natur die Züchterin, so sind es im Zeitalter der heutigen Anthropotechniken, die entscheidenden Eltern, ein Labor, ein Genetiker oder eine Gynäkologin sowie die gesellschaftlichen und wirtschaftlichen Rahmenbedingungen, also ein Set von Akteur:innen, die dem Embryo oder dem Fötus eine Bestimmung geben. Und zwar, erstens, eine Bestimmung im Sinne der Beschreibung, also einer Diagnostik der genetischen Disposition, und, zweitens, eine Bestimmung im Sinne eines Zukunftsversprechens, dass es dem kontrollierten und geprüften Ungeborenen erlaubt ist, die genetische Praxis zu überleben und dass ihm ein Leben in einer bestimmten, meist nicht behinderten Weise vorhersagt. Diese beiden Stränge sind normativ aufgeladen, gesellschaftlich geformt und vor dem Hintergrund der Geschichte der Eugenik gestaltet. Wie aber diese Stränge jeweils praktiziert, wie sie geformt und gestaltet werden, wird international und kulturell verschieden gehandhabt. Und wie diese Stränge der Bestimmung gelebt werden, wird sich nachträglich im Leben des Geborenen entfalten.

7 Versprechen in Biographie und Biologie?

Wie Arendt in *Vita Activa* schreibt: „Das Leben ist durch Anfang und Ende begrenzt, es vollzieht sich zwischen zwei Grundereignissen, seinem Erscheinen in der Welt und seinem Verschwinden aus ihr, und folgt einer eindeutig gradlinig bestimmten Bewegung, wiewohl diese Bewegung ihrerseits noch einmal von der Triebkraft des biologischen Lebensprozesses gespeist wird, dessen Bewegung im Kreise verläuft. Das Hauptmerkmal des menschlichen Lebens, dessen Erscheinen und Verschwinden weltliche Ereignissen sind, besteht darin, daß es selbst aus Ereignissen sich gleichsam zusammensetzt, die am Ende als eine Geschichte erzählt werden können, die Lebensgeschichte, die [...] wenn sie aufgezeichnet, also in eine Bio-graphie verdinglicht wird, als ein Weltding weiter bestehen kann." (Arendt 1987, 89 f.)

Die vermeintlichen Gegensätze des natürlichen Lebenskreislaufs und der weltlichen Ereignisse, der Biologie und Biographie rücken zusammen. Hierbei allerdings ist gerade das Erscheinen durch pränatale Diagnostik, wie den Ultraschall[14], in einen medizinischen Prozess verwandelt worden, an dessen Ende erst das Erscheinen im Sinne der Geburt steht.[15]

Werdende Eltern gestalten ihre Biographien im Rahmen von biomedizinischen Praktiken und gesellschaftlichen Regimen. Sie legen damit den Grundstein für einen anthropotechnischen – biologischen und biographischen – Prozess des *Lebensanfangens* für ‚jemanden' bei gleichzeitigem biologischem Fokussieren auf, wie oben erklärt wurde, ‚was' da geboren werden wird.[16] Die Biologie formiert somit die Biographie, die, wird sie einmal aufgeschrieben, eine Laborgeschichte einzufordern versucht. Die Übersetzung dieser Laborgeschichte in eine Biographie verbleibt in der nachträglichen Rekonstruktion ihres Wirkgefüges.

---

14 Die Einführung des Ultraschalls und damit die Visualisierung des Fötus gehört zu einer Revolutionierung der Schwangerschaft und einer neuen Beziehung zwischen der werdenden Mutter und dem ‚individualisierten' Embryo oder Fötus.

15 Für die Perspektiven der Schwangeren gesprochen, zeigt Theresa Degener, die aufgrund einer Thalidomide-Medikation ihrer Mutter ohne Beine geboren wurde, dass Pränataltestung und Eugnik sich eng auf einander bezieht, denn beide „transform pregnancy into a medical production process in which women, at most constitute the means of production, with production management having long since passed in the the hands of gynecologist and human geneticist." (Degener 1990, 89)

16 Hierbei handelt es sich nicht einfach um die Spaemann'sche ‚wer' oder ‚was' Unterscheidung oder die Habermas'sche Gewachsen/Gemacht-Differenz, in der jeweils die Reduzierung eines werdenden Menschen auf seine Objekthaftigkeit in der Reproduktionsmedizin kritisiert wurde.

Der Begriff Züchtung wird ‚eigentlich' nur mit Tieren verbunden und diese können nicht versprechen. Denn versprechen können nur Menschen, allerdings kommt ihnen die Erziehung dazwischen, die erstens mit Nietzsche in die Nähe der Dressur *und* des Züchtens gerückt werden kann und deshalb die Kategorie des Versprechens zunichte macht. Zweitens ergibt sich die Imagination, dass durch Pränataldiagnostik oder andere manipulierende Anthropotechnologie, überspitzt gesagt, Menschen gezüchtet werden könnten und somit gleich Tieren streng genommen nicht mehr wirklich versprechen können bzw. dass in ihre Fähigkeit Versprechen zu geben und zu halten medizinisch/künstlich eingegriffen werden könnte. Drittens ergibt sich im Kontext der biomedizinischen Möglichkeiten die Fragestellung, ob durch die Selektion eines Embryos aufgrund bestimmter körperlicher Merkmale, etwa für eine geschwisterliche Stammzelltransplantation, diesem Menschen letztendlich eine materielle Verpflichtung im Sinne eines Versprechens körperlich eingeschrieben wurde. Somit ergibt sich mit Nietzsches provokantem Anspruch die paradoxe Aufgabe, den Züchtungsgedanken mit dem Begriff des Versprechens zusammenzudenken.

Aus der Tradition und vor einem allgemeinen Horizont der Mitmenschlichkeit gedacht, konzipieren wir Versprechen als Grundelement der Moral. Sie werden gegeben und festigen, sofern sie gehalten werden, die mitmenschlichen Beziehungen und begründen Verantwortungszusammenhänge in gesellschaftlichen Verhältnissen. Sie sind eingebettet in Biographien. Wie wir auch durch die Lektüre Nietzsches lernen, kann nur eine Person, die weder in völliger Abhängigkeit noch nur in Souveränität lebt, sinnvoll versprechen. Versprechen setzt ein moralisches Subjekt voraus, das prinzipiell zur Verantwortung gerufen werden kann und in Beziehungen konkret situiert ist. (Levinas 1986) Anthropotechnologien können dazu aufrufen, Versprechen auch biologisch in Körpern zu entdecken oder sie ihnen als Rohstoff einzupflanzen. Aber nur Menschen als Mitmenschen werden Versprechen auch halten können.[17]

Literatur

Arendt, Hannah (⁵1987): Vita Activa oder vom tätigen Leben, München/Zürich.
Arendt, Hannah (1949): Es gibt nur ein einziges Menschenrecht, in: Die Wandlung 4. Jg., 754–770.

---

17 Diese Arbeit ist Teil des Forschungsprojektes *Meanings and Practices of Prenatal Genetics in Germany and Israel* (PreGGI) und wurde von der DFG (Schu2846/2–1) gefördert. Ich danke Olivia Mitscherlich-Schönherr, Lena Cramer und Christoph Rehmann-Sutter für wertvolle Kommentare und dem Team für inspirierende Diskussionen.

Arendt, Hannah (1948): Sechs Essays, Schriften der Wandlung 3, Heidelberg.
Arendt, Hannah (1994): Macht und Gewalt, München/Zürich.
Arendt, Hannah (2002): Denktagebücher (1950–1973), Erster Band, hrsg. von U. Ludz und I. Nordmann, München/Zürich.
Assmann, Jan (1995): Erinnern um dazuzugehören. Kulturelles Gedächtnis, Zugehörigkeitsstruktur und normative Vergangenheit, in: Platt, Kristin/Dabag, Mihran (Hg.): Generation und Gedächtnis: Erinnerungen und kollektive Identitäten, Opladen, 51–75.
Bacon, Francis (1990): Neues Organon, Lat./Dt., Bd. 1, übers. und hrsg. von W. Krohn, Hamburg.
Bacon, Francis (2000): Temporis Partus Masculus: An Untranslated Writing of Francis Bacon, Vol. 1, Farrington, Benjamin (hrsg., übers. und kommentiert), Herbholzheim.
Bacon, Francis (1960): Neu-Atlantis, in: Heinisch, Klaus (Hg.): Der utopische Staat, Reinbeck bei Hamburg, 171–215.
Binding, Karl/Hoche, Alfred (2006 [1920]): Die Freigabe der Vernichtung lebensunwerten Lebens, Leipzig.
Braun, Kathrin/Diekmann, Anne (1994): Individuelle und generative Reproduktion in den politischen Philosophien von Hobbes, Locke und Kant, in: Biester, Elke/Holland-Cunz, Barbara/Sauer, Birgit (Hg.): Demokratie oder Androkratie? Theorie und Praxis demokratischer Herrschaft in der feministischen Diskussion, Frankfurt a. M., 157–187.
Benhabib, Seyla/Nicholson, Linda (1987): Politische Philosophie und die Frauenfrage, in: Fetscher, Iring/Münkler, Herfried (Hg.): Pipers Handbuch der politischen Ideen, Bd. 5, I., München/ Zürich, 513–563.
Bibel oder die ganze Heilige Schrift, übers. Martin Luther, Stuttgart.
Campanella, Tommaso (1969): Sonnenstaat, in: Heinisch, Klaus (Hg.): Der utopische Staat, Reinbeck bei Hamburg, 111–170.
Darwin, Charles (2008): Über die Entstehung der Arten im Thier- und Pflanzenreich durch natürliche Züchtung, hrsg. v. Thomas Junker, Darmstadt.
Darwin, Charles (2017): Die Abstammung des Menschen und die geschlechtliche Zuchtwahl, übers. von Julius Victor Carus, Sydney.
Degener, Theresia (1990): Female Self-Determination between Feminist Claims and 'voluntary' eugenics, between 'rights' and ethics, in: Issues in Reproductive and Genetic Engineering 3/2, 87–99.
Endersby, Jim (2003): Darwin on generation, pangenesis and sexual selection, in: Hodge, Jonathan/Radick, Gregory Hg.): The Cambridge Companion to Darwin, Cambridge: Cambridge University Press, S. 69–91.
Fangerau, Heiner/Noack, Thorsten (2006): Rassenhygiene in Deutschland und Medizin im Nationalsozialismus, in: Schulz, Stefan/Steigleder, Klaus/Fangerau, Heiner/Paul, Norbert (Hg.): Geschichte, Theorie und Ethik in der Medizin, Frankfurt a. M., 224–246.
Foth, Hannes (2021, im Druck): Avoiding „selection"? References to history in current German debates about non-invasive prenatal testing, in: Bioethics.
Foucault, Michel (1977): Sexualität und Wahrheit, Frankfurt a. M.
Galton, Francis (1907[2]): Inquieries into human faculty and its development, London [Electronic copy: https://galton.org/books/human-faculty/SecondEdition/ inquiriesintohum00galtuoft.pdf].

Galton, Francis (1991): The possible improvement of the human breed under the existing conditions of law and sentiment, in: Nature 64, 659–665.
Gehring, Petra (2006): Zwischen Menschenpart und soft eugenics, in: Dies. (Hg.): Was ist Biomacht? Vom zweifelhaften Mehrwert des Lebens, Frankfurt a. M., 154–183.
Gheaus, Anca: Die normative Bedeutung der Schwangerschaft stelle Leihmutterschaftsverträge in Frage, im vorliegenden Band.
Hobbes, Thomas (1966): Leviathan oder Stoff, Form und Gewalt eines kirchlichen und bürgerlichen Staates, hrsg. u. eingel. von Iring Fetcher, Frankfurt a. M.
Hobbes, Thomas (1966a): Philosophical Rudiments concerning Government and Society, in: Molesworth, William (Hg.):The English Works of Thomas Hobbes, Vol. II., Aalen.
Keller, Evelyn Fox (1986): Liebe, Macht und Erkenntnis. Männliche und weibliche Wissenschaft?, übers. von B. Blumenberg, München/Wien.
Levinas, Emmanuel (1986): Die Verantwortung für die Anderen (1982), in: Ders. (Hg.): Ethik und Unendlichkeit, aus dem Französischen von D. Schmidt, Wien, 72–79.
Lipkin Jr., Mack/Rowley, Peter (Hg.) (1974): Genetic Responsibility: On Choosing Our Children's Genes, New York.
Löwy, Ilana (2018): Tangled Diagnoses. Prenatal Testing, Women, and Risk, Chicago.
Lorenz, Maren (2018): Menschenzucht. Frühe Ideen und Strategien 1500–1870, Göttingen.
Merleau-Ponty, Maurice (1966): Phänomenologie der Wahrnehmung, übers. und hrsg. von R. Böhm, Berlin.
Nietzsche, Friedrich ([1887] 1988): Zur Genealogie der Moral. Kritische Studienausgabe, Bd. 5, hrsg. von Giorgio Colli und Mazzino Montinari, Berlin / New York.
Nietzsche, Friedrich ([1888] 1988): Götzen-Dämmerung. Kritische Studienausgabe, Bd. 6, hrsg. von Giorgio Colli und Mazzino Montinari, Berlin / New York.
Platon (1991a): Politeia, in Sämtliche Werke, Bd. V, Griech./Dt., nach der Übers. von F. Schleiermacher, ergänzt durch F. Susemihl u. a., hrsg. von K. Hülser, Frankfurt a. M.
Platon (1991b): Nomoi, in: Sämtliche Werke, Bd. IX, Griech./Dt., nach der Übers. von F. Schleiermacher, ergänzt durch F. Susemihl u. a., hrsg. von K. Hülser, Frankfurt a. M.
Ploetz, Alfred (1895): Grundlinien einer Rassen-Hygiene. Theil 1: Die Tüchtigkeit unserer Rasse und der Schutz der Schwachen. Berlin, https://archive.org/details/b28055433/mode/1up.
Raz, Aviad/Schicktanz, Silke (2009): Diversity and uniformity in genetic responsibility: moral attitudes of patients, relatives and lay people in Germany and Israel, in: Medicine, Health Care and Philosophy 12/4, 433–442.
Rehmann-Sutter, Christoph/Schües, Christina (2014): Retterkinder, in: Lehmann, Johannes/Thüring, Hubert (Hg.): Rettung und Erlösung. Politisches und religiöses Heil in der Moderne, Freiburg, 79–98.
Rubeis, Giovanni (2020): Das Konzept der Eugenik in der ethischen Debatte um nicht-invasiver Pränataltests (NIPT), in: Steger, Florian/Orzechowski, Marcin/Schochow, Maximilian (Hg.): Pränatalmedizin. Ethische, juristische und gesellschaftliche Aspekte, Freiburg / München, 102–130.
Schallmayer, Friedrich W. (1891): Über die drohende körperliche Entartung der Kulturmenschheit und die Verstaatlichung des ärztlichen Standes, Berlin.
Schallmayer, Friedrich W. (1903): Vererbung und Auslese im Lebenslauf, Jena.
Schicktanz, Silke (2018) Genetic risk and responsibility: reflections on a complex relationship, in: Journal of Risk Research 21/2, 236–258.

Schües, Christina/Rehmann-Sutter, Christoph (Hg.) (2015): Rettende Geschwister. Ethische Aspekte der Knochenmarkspende mit Kindern, Münster.

Schües, Christina (2011): Menschenkinder werden geboren. Dackelwelpen geworfen – Die Normativität der leiblichen Ordnung, in: Delhom, Pascal/Reichhold, Anne (Hg.): Normativität und Leiblichkeit, Freiburg, 73–95.

Schües, Christina (2016): Philosophie des Geborenseins, Freiburg / München.

Schües, Christina (2017): The Transhuman Paradigm and the Meaning of Life, in: Fielding, Helen A./Olkowski, Dorothea E. (Hg.): Feminist Phenomenology Futures, Bloomington, 218–241.

Schües, Christina (2021): „Versprechen der Geburt", in: Mitscherlich, Olivia (Hg.): Gelingende Geburt, Berlin.

Spaemann, Robert (1996): Personen. Versuche über den Unterschied von „etwas" und „jemand", Stuttgart.

Steger, Florian/Orzechowski, Marcin/Schochow, Maximilian (2020): Einleitung, in: Dies. (Hg.): Pränatalmedizin. Ethische, juristische und gesellschaftliche Aspekte, Freiburg / München, 13–31.

Tanner, Jakob (2007): Eugenik und Rassenhygiene in Wissenschaft und Politik seit dem Ausgehenden 19. Jahrhundert: ein Historischer Überblick, in: Zimmermann, Michael (Hg.): Zwischen Erziehung und Vernichtung. Zigeunerpolitik und Zigeunerforschung im Europa des 20. Jahrhunderts, Stuttgart, 109–121.

Weingart, Peter/Kroll, Jürgen/Bayertz, Kurt (1992): Rasse, Blut und Gene. Geschichte der Eugenik und Rassenhygiene in Deutschland, Frankfurt a. M.

Petra Schaper Rinkel
Weltentfremdung 4.0
Politik, Verhalten und Handeln im Zeitalter von Künstlicher Intelligenz und Neuro-Enhancement

Zusammenfassung: Technologien der Verhaltenssteuerung bilden eine Schnittstelle von Neuroforschung, Künstlicher Intelligenz (KI) und Neuro-Enhancement. Mit den pharmakologischen und/oder digitalen Technologien der gezielten Beeinflussung von Emotionen, kognitiver Leistungsfähigkeit und Aufmerksamkeit steigt die Möglichkeit der Selbststeuerung als auch der Steuerung von außen, wobei die Grenzen zwischen beiden Formen verschwimmen. In der Nutzung von ‚Glückspillen', ‚Gehirndoping' und Apps zur Steuerung der eigenen Aufmerksamkeit und des eigenen Verhaltens wird zugleich der Unterschied von Verhalten und Handeln unbestimmt. Die individuell als selbstbestimmt begriffene Nutzung von biotechnischen Enhancement-Anwendungen reicht von alltäglicher digitaler Leistungsmessung über Antidepressiva als ‚Glückspillen', Ritalin und Apps zur Steuerung der Aufmerksamkeit, Neurofeedback zur Optimierung der eigenen kognitiven Fähigkeiten bis zu Implantaten. Die dahinterliegenden komplexen Infrastrukturen der Verhaltenskontrolle sind allerdings individuell gerade nicht steuerbar. Obwohl Verhaltenssteuerung durch KI im Kern das für Demokratie konstitutive Prinzip politischer Freiheit in Frage stellt, wird die politische Dimension zumeist auf ethische Leitlinien reduziert. In dem Beitrag soll – mit der Unterscheidung von Hannah Arendt zwischen Verhalten und Handeln – die grundlegende politische Dimension erschlossen werden, indem die Technologien der Selbstoptimierung auf ihre grundlegenden politischen Implikationen hin analysiert werden und als eine weitere Dimension des Weltverlusts charakterisiert werden.

1 Einleitung

Die immer soziale und politische Dimension von Aufmerksamkeit, Glück und Leistung wandert aus dem Handlungsraum des Politischen in den individuellen Körper und das Gehäuse des Gehirns. Neben der kognitiven Leistungsfähigkeit sind auch das Glücksempfinden und das Vertrauen zu Objekten von pharmakologischem Neuro-Enhancement und digitalen Apps geworden. Insbesondere bei den digitalen Smartphone-Apps zur Steigerung von Leistungsfähigkeit, Wohlbefinden und Soziabilität könnte die Schlussfolgerung naheliegen, dass sie die interaktive Weltoffenheit derer befördern, die sie nutzen, beruhen doch die entscheidungsrelevanten Hinweise, Vorschläge und Nudges von Online-Apps auf den Erfahrungen und Reaktionsweisen anderer NutzerInnen. Hier soll die Gegenthese entwickelt werden: Bei der Optimierung der eigenen Gefühle und der eigenen mentalen Leistungen könnte es sich auch um eine digitale Weltentfremdung, eine Weltentfremdung 4.0 handeln, die das Handeln von der Welt entfernt und den Fokus, die beste Version seiner selbst zu werden, auf die ungefähr eintausenddreihundert Gramm Gehirn richtet, statt auf das Handeln in einer allen gemeinsamen Welt.

Technologien der Verhaltenssteuerung bilden eine Schnittstelle von Neuroforschung, Künstlicher Intelligenz (KI) und dem Neuro-Enhancement. Mit jeder pharmakologischen und/oder digitalen Möglichkeit der Steuerung von temporärer kognitiver Leistungsfähigkeit, Aufmerksamkeit und Emotionen scheint ein Aspekt menschlichen Verhaltens wissenschaftsbasiert dechiffrierbar zu werden. Allerdings wird dabei das Modell von Emotionen und Fähigkeiten, das von der Komplexität des Tuns und Empfindens im ‚Bezugsgewebe menschlicher Angelegenheiten' (vgl. Arendt 1967/2002, 222 ff.) abstrahiert, in den individuellen und wissenschaftlichen Erfolgsmeldungen vom funktionalen Modell zur Realität.[1] Steuerung kann dabei Selbststeuerung sein oder auch eine Steuerung von außen, wobei in Zeiten des immer Online-Seins die Grenzen zwischen der Selbststeuerung und der Fremdsteuerung prinzipiell verschwimmen. In der Nutzung von ‚Glückspillen', ‚Gehirndoping' und Apps zur Steuerung der eigenen Aufmerksamkeit und des eigenen Verhaltens wird zugleich der Unterschied von Verhalten und Handeln unbestimmt. Die individuell als selbstbestimmt begriffene Nutzung von biotechnischen Enhancement-Anwendungen reicht von Antidepressiva als ‚Glückspillen', Ritalin und Apps zur Steuerung der Aufmerksamkeit, Neurofeed-

---

[1] Dabei können die steuernden Anwendungen auch als performative Handlungen begriffen werden, die das Bewusstsein der eigenen Möglichkeiten potentiell begrenzen, wenn die Emotionen konzeptionell auf das begrenzt werden, was der Ingenieurskunst zugänglich ist. Die Konstituierung von Identität als ein Prozess performativer Handlungen verändert sich für diejenigen, die pharmakologisch oder digital ihr Handeln steuern. Nikolas Rose hat dies als Tendenz zu einer ‚psychopharmakologischen Gesellschaft' charakterisiert, in der die Einzelnen ein neurochemisches Selbstverständnis („neurochemical selves") entwickeln (Rose 2003). Im therapeutischen Kontext lässt sich bei der Hirnstimulation ein ähnlicher Effekt feststellen: Wenn ein geschlossener Kreislauf in einer Hirnstimulation implementiert wird und damit technisch alle nicht-quantifizierbaren Lebensaspekte exkludiert sind, wird gerade erst modellhaft produziert, was als Voraussetzung vermeintlich implementiert wurde: Die Erkrankung wird auf eine Hirnerkrankung reduziert und die technisch konstruierte, naturalistische Festlegung zieht reduzierte Praxen der Therapiebeziehung nach sich, die durch das technische System verursacht wurden (vgl. Mitscherlich-Schönherr in diesem Band).

back zur Optimierung der eigenen kognitiven Fähigkeiten bis zu spektakulären Cyborg-Szenarien von Computerchips im Gehirn, wie sie der Tesla-Chef Elon Musk propagiert und der damit wohl nicht zuletzt auf den *self-fulfilling prophecy* Effekt in Bezug auf Investoren setzt. Obwohl Verhaltenssteuerung durch Künstliche Intelligenz im Kern das für Demokratie konstituierende Prinzip politischer Freiheit in Frage stellt, wird die politische Dimension nicht selten auf ethische Leitlinien verkürzt und in Formeln wie einem *verantwortungsvollem Neuro-Engineering* (Yuste / Goering 2017) oder auch einer *Ethischen Künstlichen Intelligenz* (Jobin et al. 2019) regulativ handhabbar gemacht. Die politische Dimension erschließt sich dadurch allerdings nicht. Im Folgenden soll die grundlegende politische Dimension erschlossen werden, indem die Selbststeuerung, die durch Neuro-Enhancement vorgenommen wird, auf ihre politiktheoretischen Implikationen hin befragt wird.

Gefühl, Verhalten und Handeln sind untrennbar verknüpft, was sich nicht zuletzt daran zeigt, dass beim Fehlen von bestimmten Emotionen kein Verhalten mehr möglich ist, das gängigen sozialen Rationalitäten entspricht (Damasio 1994). Neuroforschung und KI können Korrelationen zwischen Veränderungen von Zuständen im Gehirn und Parametern für Emotionen und Verhaltensweisen feststellen und diese beeinflussen. Auf dieser analytischen Folie stellt sich die Frage einer veränderten Steuerungskunst und ihrer Konsequenzen. Zum einen stellt sich die Frage danach, was die digitalen und biotechnologischen Veränderungen für die Konstellationen der Fremd- und Selbstführung und damit für das Handeln in der gemeinsamen Welt – das sich von einem sich-Verhalten abhebt – bedeuten.[2] Damit direkt verbunden ist die Frage, wie sich mit den historisch jungen Varianten der digitalen und neuropharmakologischen Selbstoptimierung die Weltverhältnisse verändern und ob die Selbstoptimierung die Weltlosigkeit und die Weltentfremdung vorantreibt. Wichtig ist diese Frage nicht nur analytisch, sondern auch politisch, denn wir können davon ausgehen, dass die Weltverlorenheit einer Zukunft entgegensteht, in der der Raum des Politischen größer werden müsste und die Gedankenexperimente radikaler, um das, was Arendt

---

2 Mit der Frage nach dem Politischen steht nicht die Frage nach der Neuroethik im Vordergrund, was den Menschen und seine Willensfreiheit ausmacht, und auch nicht das öffentlichkeitswirksam diskutierte Thema einer eventuell zukünftigen künstlichen Superintelligenz als Gefahr für die Menschheit. Denn die vermeintliche Superintelligenz führt von der Frage der Politik weg, wie exemplarisch bei dem Transhumanisten Bostrom zu lesen ist, der die Totalüberwachung empfiehlt, um die Superintelligenz zu verhindern. Insofern sind solche Warnungen vor der Technologie auch mit Forderung nach der Abschaffung der Demokratie verbunden und somit eine Spielart totalitärer Zukunftsszenarien (Bostrom 2020).

„Bezugsgewebe menschlicher Angelegenheiten" (Arendt 1967/2002, 222) nannte, in den planetarischen Grenzen zu verhandeln.

2 Arbeiten, Herstellen und die Weltlosigkeit der Optimierung

Hannah Arendt hat in ihrem Buch *Vita activa oder vom tätigen Leben* dargestellt, „was wir tun, wenn wir tätig sind" (Arendt 1967/2002, 14). Sie zeichnet ein düsteres Bild von einer Welt, in der das „Animal laborans" herrscht, denn in ihrem letzten Stadium „verwandelt sich die Arbeitsgesellschaft in eine Gesellschaft von Jobholders" und damit in eine Gesellschaft, die „kaum mehr als ein automatisches Funktionieren" verlangt (Arendt 1967/2002, 410). Mit der beispiellosen Weltlosigkeit, die mit der Neuzeit einsetzt, ist ein tiefer Widerspruch verbunden, der das abstrakte Potential von Technologien, die von anstrengender und langweiliger Arbeit befreien können, gerade nicht zum Tragen kommen lässt. Durch die Automatisierung kann das Gekettet-Sein an die Natur obsolet werden, so Arendt, und es könnte zu einer Rebellion gegen die einschränkenden menschlichen Existenzbedingung kommen, denn schließlich sei „das Verlangen nach dem leichten, von Mühe und Arbeit befreiten, göttergleichen Leben" ebenso alt wie die Geschichtsschreibung und ein von Arbeit befreites Leben historisch ein Privileg der Wenigen, die über die Vielen herrschten. Damit könne es so scheinen „als würde hier durch den technischen Fortschritt nur das verwirklicht, wovon alle Generationen des Menschengeschlechts nur träumten, ohne es jedoch leisten zu können" (Arendt 1967/2002, 12).

Was aber einer solchen Zukunft entgegensteht, ist die Verherrlichung von Arbeit, die die Gesellschaft als Ganzes in eine Arbeitsgesellschaft verwandelt hat, der das Verständnis für „die höheren und sinnvolleren Tätigkeiten, um deretwillen die Befreiung sich lohnen würde" (Arendt 1967/2002, 13), abhandengekommen ist.[3] Das Handeln im Raum der gemeinsamen Angelegenheit der Menschen und damit der Raum des Politischen wären für Arendt eben dieser Tätigkeitsbereich, der es lohnen würde. Doch da selbst die geistig Arbeitenden zu

---

3 Hier verweist Arendt auf den Einfluss von Marx und dem Arbeitsverständnis der Arbeiterbewegung: Diese von Arendt als dystopisch begriffene (Marxsche) ‚vergesellschaftete Menschheit' (re)produziert eben auch das Animal laborans, das seine teilweise Befreiung von eben dieser Arbeit – wie von Marx antizipiert – nicht dazu nutzt, „sich der Freiheit der Welt zuzuwenden, sondern seine Zeit im wesentlichen mit den privaten und weltunbezogenen Liebhabereien vertun werde, die wir Hobby nennen" (Arendt 1967/2002, 138).

Geistesarbeitern geworden seien und selbst die höchsten politischen Ämter als Jobs wie alle anderen begriffen würden, sei es vielmehr verhängnisvoll, wenn die Arbeit ausgeht. Arendts Theorie des politischen Handelns ist somit der Versuch, der Idealisierung der Arbeit das politische Handeln als sinnvolle Tätigkeit gegenüberzustellen, die in ihrer Bedeutung wachsen könnte, je weniger Arbeit im Weltmaßstab für die Notwendigkeit des Lebenserhalts notwendig wäre. Abstrakt könnte das Verschwinden der Arbeit zusammen mit den Möglichkeiten der Selbstveränderung durch neuropharmakologisches und digitales Enhancement eine Konstellation des Handelns in der Zukünftigkeit bilden: Explorieren, was die neuen Welten des Menschenmöglichen in der gemeinsamen Welt sein könnte, wenn viel mehr als je zuvor gestaltbar wird. Dazu gilt es, die spezifische Selbstveränderung in den Blick zu nehmen, was im Folgenden geschehen soll.

3 Instrumentelle Dimensionen der fremdbestimmten Selbstbestimmung

3.1 Leistung: Die Steigerung der kognitiven Leistungsfähigkeit als Funktionieren im Bestehenden

Die Steigerung der kognitiven Leistungsfähigkeit ist auf das Funktionieren im Bestehenden, auf den Erfolg unter den gegebenen Rahmenbedingungen ausgerichtet. Damit zielt die Optimierung eben jener Leistung auf ein Verhalten im Gegebenen, das die Rahmenbedingungen des Verhaltens nicht in Frage stellt, und nicht auf ein veränderndes Handeln, das die Bedingungen anzweifelt und damit Neues ermöglicht. In der allgegenwärtigen Sprache der Innovation ist diese Steigerung der kognitiven Leistungsfähigkeit auf die Beibehaltung bestehender Innovationspfade ausgerichtet, auf den Erfolgswettbewerb und die Erfüllung vorgegebener Leistungsstandards. Das Neuro-Enhancement wurde in den letzten Jahrzehnten primär als artifizielle Steigerung der geistigen Leistungsfähigkeit gesunder Menschen durch pharmakologische Substanzen in Form von Drogen und Medikamenten bekannt und umstritten.[4] Die wohl bekannteste Form des

---

4 Andere der denkbaren Formen von Neuro-Enhancement sind dagegen aus dem öffentlichen Diskurs weitgehend verschwunden: In den sechziger und siebziger Jahren des letzten Jahrhunderts, in der Zeit der politischen Umstürze und Infragestellungen, die wir gewohnt sind, in der Chiffre 68er abzuhandeln, waren es gerade nicht die Drogen der Anpassung, sondern die Drogen der Revolte, die sogenannten Psychedelika wie LSD oder Psilocybin aus Pilzen. In dieser Weise

Neuroenhancement ist der Versuch, die geistige Leistungsfähigkeit durch die Einnahme psychoaktiver Substanzen zu steigern (vgl. Heinz/ Seitz in diesem Band). Konzentration und Gedächtnis sollen für Situationen mit besonders hohen Leistungsanforderungen – wie Prüfungen oder zeitkritische Arbeitsaufgaben – verbessert werden. Zu den häufig verwendeten Substanzen gehören Koffein, Ginkgo biloba, Methylphenidat, Amphetamine, Modafinil, Antidementiva und Antidepressiva, aber auch illegale Drogen wie Speed oder Ecstasy. Eine Steigerung der geistigen Leistungsfähigkeit bei Gesunden ist zwar für Koffein, Methylphenidat, Amphetamine und Modafinil nachgewiesen; allerdings ist die Steigerung bei Personen mit hohem Leistungsniveau geringer als bei jenen mit niedrigem Leistungsniveau. Später kam die elektrische Stimulation hinzu und wenn es – wie meiner Argumentation – darum geht, den performativen und instrumentellen Charakter der Leistungssteigerung in den Blick zu nehmen, dann gehört zum Neuro-Enhancement auch die neueste und weiche Form des digitalen Enhancement über Applikationen mobiler Geräte.

In der Steigerungslogik, die der Selbstoptimierung inhärent ist, entwickeln sich darüber hinaus sowohl der Diskurs als auch die Praxen folgerichtig in Richtung Transhumanismus: Die extremsten und zugleich absurdesten Versprechen der Steigerung kognitiver Fähigkeiten liegen in der direkten Verbindung zwischen Gehirn und Maschine oder, wie es Slavoj Žižek ironisch zugespitzt hat, im *verdrahteten Gehirn* (Žižek 2020). Ohne leistungssteigernde Unterstützung von Implantaten könnten Menschen den Anforderungen der technologischen Beschleunigung nicht gerecht werden, konstatiert der Erfinder und Chef von Googles Entwicklungsabteilung Raymond Kurzweil (Kurzweil 2000, Kurzweil 2016) seit Jahrzehnten. Hirn-Computer-Schnittstellen, direkte Gedankenübertragung und digitale Erinnerungsspeicher sind nicht nur der Stoff, aus dem Science Fiction Filme gemacht sind, sondern auch Gegenstand von Start-Ups, die anknüpfend an Medizintechnik umfangreiche Versprechen zur kognitiven Leistungssteigerung machen.[5] Was das limitierte Modell kognitiver Fähigkeiten sein soll, das diesen Versprechen zugrundliegt und instrumentell gesteigert werden soll, bleibt erwartungsgemäß im Unklaren. Auf jeden Fall wird mit solchen prognostizierten

---

sind die Formen und Drogen der Selbstmanipulation eben auch eine Repräsentation von Anpassungs- und Veränderungsdynamiken.

5 In Bezug auf den medizinischen Einsatz von Hirn-Computer-Schnittstellen zeigt sich bereits, wie reduktionistische Annahmen in die Konstruktion von Neurotechnologien einfließen (vgl. Mitscherlich-Schönherr in diesem Band). Die umfangreichen Versprechen zur kognitiven Leistungssteigerung klammern diese komplexen Fragen aus, wie aktuell z. B. im Kontext des Unternehmens Neuralink, mit dem der Unternehmer und Milliardär Elon Musk über einen Chip Gehirne mit Computern verbinden will (Musk 2019).

Zukunftstechnologien eine politische Ökonomie des Versprechens etabliert, die vielfach die Grundlage für umfangreiche öffentliche Forschungsförderung bildet. Damit haben solche Zukunftsszenarien technologischer Versprechen weniger eine analytische Stoßrichtung, als dass sie vielmehr performative Akte der jeweiligen Akteure darstellen, eine bedeutende Rolle in der Governance von Zukunftsversprechen zu spielen (vgl. Schaper-Rinkel 2006).

Staatliche Politik zur Steigerung der Wettbewerbsfähigkeit ist nicht mehr allein auf die Optimierung der Rahmenbedingungen für Unternehmen und Institutionen gerichtet, sondern auch auf die Optimierung von Individuen (vgl. Schaper-Rinkel 2010). Wenn Optimierungstechnologien zur Steigerung der individuellen mentalen Leistungsfähigkeit der Wettbewerbsfähigkeit von Ökonomien dienen sollen, könnten sie mit einem strukturellen Zwang zur Selbstoptimierung verbunden sein. Bis vor einigen Jahren waren das pharmakologische Neuro-Enhancement und das quasi digitale Enhancement über Mensch-Maschine-Schnittstellen im Bereich Militär und Medizin (vgl. Schaper-Rinkel 2008) zwei voneinander stark getrennte Praxen und Diskurse. Mit der Selbstverständlichkeit von digitalen KI-Applikationen, die zum Monitoring des eigenen Verhaltens und der eigenen Befindlichkeit im Vergleich mit der eigenen Vergangenheit und der Daten aller anderen NutzerInnen genutzt werden, verschmelzen die Praxen perspektivisch, da nun auch mehr oder minder in Echtzeit verglichen werden kann, welche Effekte eben welche Intervention nach sich zieht.

Die Steigerung der geistigen Leistungsfähigkeit richtet sich nicht auf das, was in seiner Unbestimmtheit als Weisheit oder Klugheit begriffen wird und damit ein Weltverständnis umfasst, das eben über die individuellen Interessen und das eigene Überleben in gegebenen Verhältnissen hinausweist. Vielmehr hält es jeden Einzelnen in einem Gehäuse der Hörigkeit, das so groß ist, dass er dort einen besseren Platz mittels Steigerung ihrer Leistungsfähigkeit erreichen kann, aber eben doch in diesem Gehäuse gefangen ist. Die Weltentfremdung ist dabei eine ambivalente: Stets mit der Welt verbunden sein über den Vergleich und über die Möglichkeiten, die nur einen Klick entfernt sind, alle Möglichkeiten zu haben und doch auf unbestimmte Weise gefangen zu sein; stetig in Aktion und doch nicht im Handeln.

Dazu passt auch, dass selbst ein Phänomen wie Vertrauen, das traditionell zwischen Menschen verortet wird, zum Gegenstand von optimiertem Sozialverhalten wird. Die biochemischen Zustände des Gehirns, die mit dem Modell von dem, was Vertrauen ausmacht, korrelieren, werden artifiziell bei Menschen modifiziert, wie die Diskussion um das Hormon Oxytocin zeigt (Kosfeld et al. 2005). Das (synthetische) Hormon Oxytocin gilt neben seiner Charakterisierung als Kuschelhormon auch als Liebeshormon, als Treuehormon und als pharmakologisch wirksames Mittel, um Vertrauen zwischen Menschen zu beeinflussen. Damit lässt sich die „Erhöhung individueller Soziabilität" eben durch den Einsatz von synthetischem oder körpereigenen Oxytocin erzielen (Steinbach / Maasen 2018, 24). Diese grundlegende Fähigkeit, sich in gegebene Gemeinschaften einzufügen und nach den bestehenden Verhaltensregeln mit anderen zusammenzuarbeiten, wird mit der Ausweitung des Dienstleistungssektors zu einer weithin gefragten Art des individuellen Verhaltens, das auch als Emotionsarbeit charakterisiert wird (emotional work, siehe Hochschild 1983). Emotionsarbeit ist darauf gerichtet, situationsoptimierte Gefühle bei sich und anderen in hierarchischen Dienstleistungskonstellationen zu erwecken (und nicht nur oberflächlich zu repräsentieren) und verlangt nach Adaption und sozial angepasstem Verhalten auch in den schwierigsten Situationen. Die Nachfrage nach Instrumenten, um mittels Tabletten oder Apps die eigene kognitive Leistungsfähigkeit wie auch den eigenen Gefühlshaushalt (ein ebenfalls ökonomischer Terminus) stets in Einklang zu bringen mit dem, was die sich schnell ändernden Bedingungen fordern, dürfte unter diesen Kontextbedingungen nicht sinken. Nun ließe sich gegen diese auf kognitive, kreative und soziale Leistung orientierte Sichtweise entgegnen, dass aktuelle gesellschaftliche Tendenzen diese Leistungsorientierung, die in Selbstoptimierung zum Tragen kommt, längst konterkarieren: Zum einen geht es im aktuellen Wettbewerbsparadigma nicht primär um die beste Leistung, sondern darum, Erfolg zu haben (Rosa 2006). Zum zweiten lässt sich Erfolg im Kontext einer winner-takes-it-all-Ökonomie auch durch andere Mechanismen als Leistung erzielen. Drittens ist es heute weniger das „neoliberale Credo der lebenslangen Selbstoptimierung" als vielmehr „Resilienz als neues Ideal von Persönlichkeit und Lebensführung" (Graefe 2019), das neue Werte propagiert, zu denen es gehört, achtsam, reflexiv und sensibel zu sein. Mit der Anforderung an die individuelle Resilienz, die eben auch auf das Individuum verschoben wird, kommt zu den kurzfristigen Optimierungs*sprints (über* ‚Smart Pills' und ‚Glückspillen') auch noch der Optimierungs*marathon* hinzu. Denn Resilienz beinhaltet gerade die Aufforderung, die eigenen Fähigkeiten dauerhaft über den eigenen – zynisch gesprochen – Produktlebenszyklus des Selbst aufrechtzuerhalten. Resilienz als Denkfigur verweist auf eine neue Form der Konformität, in der das Denken, Verhalten und Antizipieren auf unberechenbare Ereignisse und eine unbestimmt allgegenwärtige Bedrohung ausgerichtet ist, die es zu berücksichtigen gilt und die ein defensives Verhalten in potentiell konflikthaften Situationen nahelegen (Graefe 2019).

All diese Anrufungen individualisieren und entpolitisieren das Weltverhältnis, weil sie eben auch die Bedingungen des gelingenden Lebens aus dem politischen Raum in den eigenen Körper und insbesondere das eigene Gehirn verlagern. Dazu kommt ein quasi pragmatischer Turn politischer Bewegungen, die weniger auf die Abschaffung der kommerziellen winner-takes-all-Hierarchie setzen, als darauf, dass auch Frauen und diskriminierte Minderheiten die gläserne Decke individuell durchbrechen. Damit dürfte die Dynamik der Selbstoptimierung noch intensiviert werden. Denn die Dimension der Leistungsfähigkeit und Leistungsbereitschaft (Kognitives Enhancement) wird durch die Dimension der steten sozialen und damit auch politischen Anpassung ergänzt. Anpassung und Selbstoptimierung konstituieren ein Weltverhältnis des Misstrauens, der Vorsicht, der Abhängigkeit und der Fremdbestimmung, während Vertrauen unabdingbar ist, um ein Handeln für eine andere Zukunft zu wagen. Niemand kann sich selbst vollkommen vertrauen, sondern ist unhintergehbar darauf angewiesen, Vertrauen zu haben, um überhaupt die gemeinsame Welt zu bewohnen und das genuin Menschliche, die Fähigkeit etwas Neues anzufangen, handelnd erfahren zu können (Arendt 1967/2002, 311 ff.). In der Ungewissheit der Zukunft, dem prinzipiellen Nichtwissen, ist Handeln als Wagnis, etwas Neues zu beginnen und aus dem bequemen Verhaltensgehäuse der Hörigkeit auszubrechen, auf dieses schwer zu fassende „Vertrauen in das Menschliche aller Menschen"[6] angewiesen. Wenn wir davon ausgehen, dass Pluralität und Multiperspektivität die Wirklichkeit der Welt der Menschen herstellen, dann ist das Vertrauen auf die Möglichkeit des Sprechens und Handelns in dem (immer politischen) Erscheinungsraum menschlicher Angelegenheiten eine Voraussetzung dafür, sowohl etwas einzigartig Eigenes zu beginnen als auch aktiv in der Welt der menschlichen Angelegenheiten in Erscheinung zu treten. Vertrauen ist zugleich der Modus, der in der Unabsehbarkeit des Zukünftigen das Handeln ermöglicht, indem auf die Versprechen in der gemeinsamen Welt der menschlichen Angelegenheiten vertraut wird (vgl. Arendt 1967/2002, 213 ff).

3.2 Aufmerksamkeit: Das Paradox der Aufmerksamkeitsökonomie

Das Paradox der heutigen Aufmerksamkeitsökonomie besteht darin, dass sie auf eine Steigerung ausgerichtet ist, jedoch die menschliche Aufmerksamkeit begrenzt ist. Im digitalen Online-Zeitalter ist alles nur einen Klick entfernt und die Grenzen der individuellen Aufmerksamkeit bestimmen, was sich von dieser unendlich erscheinenden Welt erschließen lässt. Den *unendlichen* Möglichkeiten steht die *begrenzte Lebenszeit* entgegen; die Blumenbergsche Schere zwischen

---

[6] So hat Hannah Arendt es 1964 in den Schlusssätzen ihres berühmten Fernsehinterviews mit Günter Gaus gefasst: Sendung vom 28.10.1964 – Arendt, Hannah | rbb (rbb-online.de) (abgerufen am 18.05.2021).

Lebenszeit und Weltzeit öffnet sich weiter und die Psychologie hat als Effekt eine neue Angst im digitalen Online-Zeitalter identifiziert: „Die Angst, etwas zu verpassen" (the Fear of missing out) (Li et al. 2013, Tandon et al. 2021). Die Schere zwischen Lebenszeit und Weltzeit ist zu einer sich öffnenden Schere zwischen der zeitlich begrenzten menschlichen Aufmerksamkeit und dem unendlichen, aufmerksamkeitsheischenden digitalen Universum geworden.

Aufmerksamkeit im digitalen Raum auf etwas zu richten, bedeutet immer auch permanente Datenspuren zu generieren: Durch Auswahl und durch Nicht-Auswahl wird der Strom der Aufmerksamkeit zu einem Datenstrom. Unentwegt etwas online wahrzunehmen, sich unentwegt durch das unendlich erscheinende Informationsuniversum zu bewegen und im analogen Leben zugleich Verhaltensmuster des Sich-Bewegens, digitalen Kommunizierens und Kaufens zu zeigen, produziert zugleich wertvolle Verhaltensdaten. Wenn es heißt, Daten seien das Gold des 21. Jahrhunderts, stellt sich die Frage, für welche Produkte und welche Geschäftsmodelle sie der Rohstoff sind. Daten, insbesondere Verhaltensdaten, die jeder Mensch, der digitale Geräte nutzt, unentwegt produziert, dienen zur Steuerung und zwar zu einer Globalsteuerung der Aufmerksamkeit – im Moment primär zu Kauf- und Konsumanreizen – und damit der unentwegten Priorisierung, die auf die Lenkung der individuellen Aufmerksamkeit gerichtet ist. Was Smartphone-NutzerInnen an Steuerung ihrer Aufmerksamkeit als KonsumentInnen dulden, würden sie in keinem demokratisch verfassten Staat von Seiten des Staates bewusst akzeptieren.

Die Frage der Selbststeuerung und Fremdsteuerung von Aufmerksamkeit ist damit zu einem Gegenstand von widersprüchlichen Praxen und Diskursen geworden. Schon vor der Ära der Smartphones war die Steuerung der Aufmerksamkeit durch pharmakologische Interventionen umstritten: Methylphenidat wurde unter seinem Markennamen Ritalin zur Chiffre für die Möglichkeit, das innere Impulssystem pharmakologisch abzustellen und die eigene Aufmerksamkeit – oder die von Kindern – auf Lernen und Arbeiten zu richten. Prioritäten zu setzen und diesen Prioritäten zu folgen ist mit dem Phänomen der Aufmerksamkeitsstörung – ADHS – nicht ohne Grund zu einem stetig wachsenden Feld von Hilfsmitteln geworden, die die Fokussierung von Aufmerksamkeit unterstützen sollen. Das Medikament Ritalin wurde von einem Medikament zur Behandlung von ADHS zu einem diskursiven Knotenpunkt von Diskursen an der Schnittstelle von Behandlung, Selbstoptimierung und Suchtproblematik. Seit die umstrittene pharmakologische Selbstoptimierung gerade mit der digitalen Universalmaschine des Smartphones eine weiche, nicht-regulierte Form der Selbstoptimierung in Form von Apps an die Seite gestellt bekommen hat, ist die Frage der Aufmerksamkeit paradox: Mit der Ausweitung und Beschleunigung der digitalen Angebote online generell und über soziale Medien (wie Instagram und

TikTok) wächst der digitale Kosmos unendlich, öffnet sich die Blumenbergsche Zeitschere zwischen Lebenszeit und Weltzeit ins Unermessliche und ruft damit nach Instrumenten, mit eben diesem Überfluss an anziehenden Angeboten umzugehen. Denn trotz der Vielfalt der jederzeit zugänglichen Angebote gilt es, das zu verfolgen, was entweder individuell als das eigentlich Wichtige definiert wird, oder aber trotz permanenter Ablenkungsreize die Aufmerksamkeit auf die Anforderungen aus Erwerbsarbeit, Schule und Verwaltungen zu fokussieren. Die Wachstumsindustrie der Tech-Giganten Google, Amazon, Facebook, Apple und ihrer chinesischen Pendants sind dagegen mit ihrem gesamten Machine Learning darauf ausgerichtet, die durch Lebenszeit und Tag- und Nachtrhythmus limitierte Aufmerksamkeit von Menschen an sich zu binden. Im Innovationsrausch der digitalen Apps werden so die gleichen Erkenntnisse über das Funktionieren mentaler Prozesse genutzt, um die Aufmerksamkeit auf Kauf und Konsum zu lenken, als auch Gegenmittel zu finden, um die eigene Aufmerksamkeit vom automatischen Weiterklicken wegzulenken. Paradox und symptomatisch für diese Dynamik ist insofern weniger Ritalin als Apps, die die digitale Entgiftung, das „Digital Detox" möglich machen – also Anwendungen auf dem Smartphone, die dabei helfen sollen, es nicht mehr zu nutzen. Noch mehr verbreitet ist die Idee, der Steuerung von außen durch Achtsamkeit und Achtsamkeitstraining zu entrinnen: Mindfulness oder sogar die „Mindful Revolution", wie es bereits 2014 das amerikanische „Time Magazine" auf seinem Cover postulierte, soll den Weg aus der Außensteuerung bieten. Mit „Digital Mindfulness Applications" (Zhu et al. 2017) wird digital an den Symptomen gearbeitet, die durch die digitale Aufmerksamkeitsökonomie hervorgerufen werden. Und auch diese Applikationen zur individuellen Kontrolle der eigenen Aufmerksamkeit werden durch ihre Nutzung wiederum zu einer wertvollen Quelle für diejenigen Unternehmen, deren Geschäftsmodell auf der optimalen Bindung der Aufmerksamkeit aufbaut.

Damit sind wir erneut bei dem Daten-Gold des 21. Jahrhunderts, das den Motor der individuellen und politischen Aufmerksamkeit und ihrer Steuerung am Laufen hält: Wertvolle Verhaltensdaten werden generiert, indem die Daten zur Identifizierung von Individuen, die jeder Einzelne bewusst und unbewusst online hinterlässt – wenn er oder sie einkauft, recherchiert, sucht und kommentiert –, mit der immensen Summe an automatischen Verhaltensdaten, die mitproduziert werden und die das nicht immer bewusste Verhalten repräsentieren, zusammengeführt werden. Das Smartphone ‚kennt' seine NutzerInnen, ihre Interessen und Ängste, ihre Freundschaften und Feindschaften besser als jeder andere. Es kennt sie besser als die NutzerInnen selbst und als die engsten Vertrauten. Allein so etwas Selbstverständliches wie die Suche nach Krankheitssymptomen ergibt in der Summe weitreichende Erkenntnisse: So arbeiten Suchmaschinen schon lange daran, die Ausbreitung von Infektionskrankheiten über Suchanfragen der NutzerInnen zu identifizieren und können beispielsweise Grippewellen mehrere Tage vor den Gesundheitsämtern identifizieren. Die Hauptanwendung der Verhaltenssteuerung liegt allerdings darin, Kaufverhalten zu steuern und zu initiieren, denn das individuelle Verhalten ist eben jener Rohstoff, der den zahlenden Kunden geliefert wird. Um aber das Verhalten der NutzerInnen in Richtung (bezahlter) Konsumaktivitäten steuern zu können, muss die wertvollste und begrenzte Ressource eben jener Rohstofflieferanten für Daten gebunden werden: die Aufmerksamkeit und ihre Steuerung. Die *Ökonomie der Aufmerksamkeit* (Franck 1993) ist mit der Digitalisierung und den Online-Plattform zur beherrschenden Ökonomie geworden; Aufmerksamkeit im Sinne des Verbleibs auf der jeweiligen Plattform bildet den Kern der Geschäftsmodelle der wichtigsten globalen Digitalunternehmen. KI-Systeme, die die Basis des Geschäftsmodells von Amazon, Facebook, Apple und ihren Konkurrenten bilden, setzen darauf, das Verhalten so zu steuern, dass NutzerInnen auf den jeweils eigenen Seiten bleiben. Bei Amazon sind es Vorschläge für weitere Bücher und Produkte, bei YouTube die Automatik, gleich den nächsten Beitrag abzuspielen und dabei in vielerlei Hinsicht immer extremere Inhalte zu präsentieren. Doch die Aufmerksamkeit des Konsums steht für die meisten im starken Spannungsverhältnis zu der notwendigen Aufmerksamkeit, die für alle anderen Lebensbereiche, die langfristigen Ziele, das Erwerbsarbeiten (in der wachsenden Dienstleistungsindustrie) und das Lernen aufzuwenden ist.

Als eine Möglichkeit, dieses Spannungsverhältnis zugunsten der äußeren Anforderungen aufzulösen, gilt Ritalin, das schon fast zu einer Chiffre für Neuroenhancement und damit als Gehirndoping gilt. Aufmerksamkeit wofür? Die Journalistin und Schriftstellerin Kathrin Passig hat den Effekt in einem Interview über ihren eigenen Ritalin-Konsum zugespitzt: „Ich kann auch ohne Ritalin sehr gut arbeiten, aber nur, wenn die Arbeit komplett selbst gewählt ist – und das heißt meistens unbezahlt. Sobald ich eine bestimmte Sache machen muss, geht es eigentlich nur mit Ritalin. Dann aber ist es ein wahres Wundermittel: eine halbe Tablette einnehmen, eine halbe Stunde abwarten, schon arbeite ich ohne die geringste Überwindung so emsig wie ein ganzer Bienenstock. Ich merke nicht mal, dass ich versehentlich schon mit der Arbeit angefangen habe, obwohl ich noch herumtrödeln wollte." [7]

Denn die neuropharmakologischen Mittel zur Steigerung der Aufmerksamkeit – wie Ritalin – werden eingesetzt, um die Aufmerksamkeit auf das zu lenken, was als sozial wünschenswert gilt. Ökonomisch dürfe es für die meisten auch die

---

[7] Koch, Christoph: „Ein wahres Wundermittel": Kathrin Passig kommt mit Ritalin gut klar (christoph-koch.net) (abgerufen am 29.03.2021).

schiere Notwendigkeit sein, sich auf entlohnte Tätigkeiten oder perspektivisch Einkommen versprechende Tätigkeiten zu fokussieren. Gerade in der gesamten Dienstleistungsindustrie ist die Aufmerksamkeit in einem permanenten Spannungsverhältnis, ist doch die Universalmaschine der Arbeit und des Konsums die Gleiche und die Grenzen zwischen beruflicher und privater Nutzung somit verschwimmend und zugleich umkämpft. Wie selbstbestimmt allerdings das ist, was die Aufmerksamkeit bindet, die gerade dem konzentrierten Erwerbsarbeiten oder Lernen zugedacht ist, ist ebenfalls in Zweifel zu ziehen.

Hatte der französische Soziologe Alain Ehrenberg die Depression als Krankheit des Auseinanderklaffens der Demokratieversprechen und der erbarmungslosen Wettbewerbsgesellschaft dargestellt, so ist heute neben der Depression die Aufmerksamkeit der Dreh- und Angelpunkt eines Effizienz- und begleitenden Defizit-Diskurses. Der Terminus der Aufmerksamkeitsökonomie fokussiert darauf, dass Aufmerksamkeit die neue Währung ist; die Technologieentwicklung im Bereich algorithmischer Steuerung ist darauf ausgerichtet, Aufmerksamkeit zu binden; doch vor oder mit dem Konsum steht für die meisten Individuen die Erbringung von Arbeitsleistungen, um sich eben jenen Konsum leisten zu können. Das Neuro-Enhancement zur Verbesserung der kognitiven Leistungen besteht somit in der paradoxen Intervention, eben den Verlockungen des KI-gesteuerten Konsums und Medienkonsums partiell zu widerstehen.

Seit auch bei Erwachsenen Aufmerksamkeitsdefizite diagnostiziert und behandelt werden, stieg die Nutzung von Methylphenidat laut Suchtstoffkontrollrat der Vereinten Nationen Jahren bis zum Jahr 2017 stark an und sinkt seither leicht: Die globale Produktion erreichte mit 74 Tonnen im Jahre 2016 ihren höchsten Stand (INCB 2019). Die Medikamente werden zur Steigerung von Konzentration und Aufmerksamkeit auch unter Wissenschaftlern genutzt (Sahakian / Morein-Zamir 2007) und unter dem Begriff des ‚Gehirn-Doping' in der breiteren Öffentlichkeit diskutiert. Dabei zeigt sich oft die relationale Dynamik der Wettbewerbssteigerung, wenn sich Eltern genötigt sehen, ihren Kindern kognitionssteigernde Mittel in dem Fall zu geben, dass andere Kinder in der Schule diese nehmen würden (Maher 2008, 675). Doch thematisiert wird die individuelle Nutzung der Substanzen, während die politisch bestimmte Wettbewerbsdynamik, die die Nutzung nahelegt, ausgeblendet bleibt. Auch wenn die Vergabe von Ritalin global steigt, so zeigen sich zugleich die Grenzen der Nutzung als Lifestyle-Präparat. Denn wenn die Resistenz gegen Ablenkung gestärkt wird, so kann zugleich die kognitive Flexibilität eingeschränkt werden (Fallon et al. 2017), womit Kreativität und Innovation beschnitten werden, die doch gerade Ziel der Aufmerksamkeitsfokussierung sind. Ein solcher Verengungs-Effekt der Form der Aufmerksamkeit mag demgemäß bei klassischen Lernsituationen und bei eintöniger Routinetätigkeit am Computer (die in den nächsten Jahren wegrationalisiert wird) wünschenswert sein, doch für die anspruchsvollen Aufgaben in hochqualifizierten Berufen, wo Ritalin einst hohe Erwartungen geweckt hat, dürfte es damit weniger das Mittel der Wahl sein. So scheitert die instrumentelle Enhancement-Nutzung von Mitteln zur Aufmerksamkeitssteigerung in doppelter Weise: Der Zweck wird nur begrenzt erreicht – die Selbstanpassung der eigenen Aufmerksamkeit dagegen lässt die Chancen der zufälligen, unerwarteten Entdeckungen verstreichen, die zu einem neuen Anfang führen könnten und damit auch zu einem verändernden Handeln statt eines nur fortführenden Verhaltens. Zum zweiten dürfte nicht nur die grenzüberschreitende Kreativität gemindert werden, sondern vielleicht auch die Kreativität zur Erzeugung von Varianten, die das allgegenwärtige Innovationsparadigma fordert.

In der permanenten Ambivalenz zwischen digitalem Treibenlassen und Wiedergewinnung der Aufmerksamkeit sind die Individuen in der Aufmerksamkeitsökonomie umfassend gefangen und getrieben. Die Konstellation von Steuerungsalgorithmen, die darin gefangene Selbststeuerung und die digitalen und pharmakologischen Mittel, die Aufmerksamkeit wiederum auf etwas auch von außen Vorgegebenes zu richten, bestimmen das Leben des digitalen Sisyphus. Wenn wir Camus' Diktum folgen, dass wir uns Sisyphos als einen glücklichen Menschen vorstellen müssen, dann besteht dieses absurde Glück darin, die Komplexität der Welt auf das individuelle Gehirn reduziert zu haben. Niemand spezifisches scheint den digitalen Sisyphos zu beherrschen, denn es ist die Fokussierung der eigenen Aufmerksamkeit, die immer wieder scheitert. Wie bei der Bürokratie, die nicht zufällig im letzten Stadium der nationalstaatlichen Entwicklung zur Herrschaft komme, sei auch die „Herrschaft des Niemands" so wenig „Nicht-Herrschaft, daß sie sich unter gewissen Umständen sogar als eine der grausamsten und tyrannischsten Herrschaftsformen entpuppen kann" (Arendt 1967/2002, 51). Wobei die Grausamkeit für Arendt darin besteht, wenn Menschen in Konstellationen gehalten sind, in denen nur die Veränderung der eigenen Verhaltensweisen möglich erscheint, nicht aber eine Veränderung der Welt, die eben nur über das Öffentliche und das Erscheinen der Menschen im öffentlichen Raum ermöglicht wird. Auch wenn ein Tun, wie das Liken und Teilen von Meinungen und digitalen Artefakten aller Art, als Handeln erscheinen mag und darin das Weltgeschehen nur einen Klick entfernt erscheint, so verschwindet die Welt darin im Nicht-Handeln, im Nur-Verhalten. Gefangen im Zirkel selbstbestimmter Fremdbestimmung auf der Ebene des Verhaltens droht der Horizont des Handelns zu verschwinden.

3.3 Glück: Vom Ziel des guten Lebens zu Wohlbefinden als Ressource für den Wettkampf der Nationen

Paradoxerweise privilegiert die digital vernetzte, wissenschaftsbasierte Lebensweise das automatische Verhalten gegenüber einem weltbezogenen Handeln. Diese Dynamik unterstützt der Statuswandel des Glücks, denn Glück hat den Nimbus des Unverfügbaren verloren und ist zu einer Aufgabe geworden. Glück soll mittels pharmakologischer Interventionen, die als ‚Glückspillen' beworben werden, und über das Training mittels digitaler ‚Glücks-Apps' erreichbar werden. Insbesondere bei den digitalen ‚Glücks-Apps' liegt der Gedanke nahe, dass sie die interaktive Weltoffenheit ihrer Nutzer befördern könnten, da die Empfehlungen der App auf den Erfahrungen anderer Glückssuchender beruhen. Allerdings erfolgt das Voneinander-Lernen im Modus der Konkurrenz, im Modus des Überholens der Anderen, in dem selbst Glück und Wohlbefinden zu Statussymbolen werden. Wer besonders ist, hat besonders strahlend zu sein und die Insignien von Glück und Wohlbefinden vorzuweisen, wie es für Social Media und insbesondere Instagram charakteristisch ist. Wobei die hegemoniale Kultur der Besonderheit gerade das Gegenteil von Wohlbefinden vorantreibt. Sie hat die Depression zu einem Massenphänomen gemacht, wie sie der französische Soziologe Alain Ehrenberg analysiert hat: Depression ist zugleich eine potentiell tödliche, im Suizid endende Krankheit als auch die typische Pathologie von Menschen in Demokratien, denen theoretisch alle Lebensentwürfe offenstehen. Die Melancholie war einst die Krankheit des „Ausnahmemenschen", während in heutigen Demokratien alle Ausnahmemenschen sein sollen: „Wenn die Melancholie eine Eigentümlichkeit des außergewöhnlichen Menschen war, dann ist die Depression Ausdruck einer Popularisierung des Außergewöhnlichen" (Ehrenberg 2004, 262). Die Melancholie hat ihre heroische Dimension verloren, sie wird zur Depression und zur Angst, „die eigenen Ideale nicht zu erreichen und das daraus erwachsende Unvermögen" (Ehrenberg 2006, 133).

Depressionen sind nach den Daten der Weltgesundheitsorganisation eine der fünf häufigsten Ursachen für ‚mit Behinderung gelebte Lebensjahre' (Vos et al. 2017). Allerdings ist das Phänomen der Depression schon deshalb unscharf, als es begrifflich ein Spektrum von subjektiv zu lang anhaltender Traurigkeit bis zu einer tödlichen Krankheit vereint. Die Verschreibungen steigen stetig: Nach den Verordnungsdaten der gesetzlichen Krankenversicherung in Deutschland gab es fast 22 Millionen Verordnungen von Antidepressiva im Jahr 2019.[8] Mit der Erweiterung der Diagnostik, der Ausweitung der Definition von behandlungsbe-

---

8 PharMaAnalyst (wido.de); ATC Code: N06 A Antidepressiva.

dürftiger Traurigkeit, den geringeren Nebenwirkungen von Medikamenten der Behandlung von Depression und einer sinkenden Akzeptanz gegenüber problematischen Lebensphasen sind die Zahlen der Behandlung von Depressionen gestiegen. In dieser Grauzone zwischen Traurigkeit und Krankheit ist das Phänomen der ‚kosmetischen Pharmakologie' angesiedelt: Der amerikanische Psychiater Peter D. Kramer prägt den Begriff, als er feststellte, dass Patienten und insbesondere Patientinnen, die er mit dem Antidepressivum Prozac behandelte, sich selbst nicht nur als zufriedener und erfolgreicher erlebten, sondern darüber hinaus berichteten, mit dem Medikament erst zu ihrem eigentlichen Selbst gefunden zu haben (Kramer 1993). Die Nachfrage nach den ‚Glückspillen' stieg nach euphorischen Berichten amerikanischer Medien lange an, womit Prozac zu einem Symbol dafür wurde, dass etwas direkt verfügbar zu werden schien, was sich der direkten Verfügbarkeit bisher entzogen hatte: Das Gefühl des Glücks als eines direkt beherrschbaren Zustands. Glück ist nur noch Wohlbefinden im individuellen Bewusstsein, eingeschlossen in das eigene Gehirn und verschlossen gegen die Außenwelt. Das Gemeinsame der Menschen ist damit nicht die gemeinsame Welt, vielmehr ein Zustand von Wohlbefinden, der dank avancierter Interventionsmöglichkeiten bald in jedem und jeder produziert werden kann.

Eine ähnliche Dynamik von therapeutischer Behandlung zur optimierenden Steuerung zeichnet sich bei digitalem Neuro-Enhancement ab: Künstliche Intelligenz wird nicht nur eingesetzt, um prospektiv PatientInnen zu identifizieren, die wahrscheinlich auf ein bestimmtes Antidepressivum ansprechen werden (Chekroud et al. 2016) und um Sprach- und Schreibmustern zu Diagnosezwecken zu analysieren, sondern auch in einer Vielzahl an Online-Anwendungen zum Umgang mit Symptomen, die auf Depression verweisen. Die Nutzung dieser Anwendungen[9] durch diejenigen, die sich selbst als depressiv oder gefährdet betrachten, bietet den KI-Systemen wiederum die Daten, um das Maschinenlernen weiter zu entwickeln. Die pharmakologischen und digitalen Angebote zur Steigerung von Wohlbefinden sind nicht zuletzt ein Wachstumsmarkt geworden, da das US-amerikanische „Handbuch zur Klassifizierung psychischer Störungen" (DSM-5), das global eine hohe Wirkmächtigkeit hat, im Jahr 2013 die Diagnose von behandlungsbedürftigen depressiven Störungen stark ausgeweitet hat und seither zwei Wochen Symptome für die Diagnose ausreichen.

Wenn wir die Geschichte des Glückskonzepts betrachten, dann gilt ein glückliches Leben traditionell als Resultat von erfolgreich selbstbestimmtem

---

9 Siehe z. B. den Überblick auf: https://www.techemergence.com/diagnosing-and-treating-depression-with-ai-ml/ oder
https://www.futurezone.de/apps/article210702895/App-Test-Psychotherapie-fuer-die-Hosentasche.html (abgerufen am 18.05.2021).

Handeln. In dieser Sichtweise ist die Bestimmung des Glücks eine politische, denn ein selbstbestimmt erfolgreiches Handeln bedarf politischer Rahmenbedingungen, die eben dieses selbstbestimmte Handeln ermöglichen. In dieser Sichtweise gefährdet das pharmakologische Enhancement das erfolgreiche Handeln und damit den Fortschritt liberaler Gesellschaften. So sah der einflussreiche Politikwissenschaftler Francis Fukuyama mit dem Wandel der Glücksproduktion den Wettbewerb und damit den Fortschritt der Menschheit durch kosmetische Psychopharmakologie in Gefahr. Das Streben nach Selbstachtung und Bestätigung würde mit der Nutzung von Antidepressiva als Lifestyle-Drogen entwertet. Erfolg, Glück und Wohlbefinden würden nicht mehr auf Anstrengung beruhen, vielmehr würde die pharmazeutische Industrie „durch Freisetzung von Serotonin im Hirn Selbstachtung nach Belieben liefern" (Fukuyama 2004, 72f.). Diese traditionelle Auffassung von Glück als Resultat eines erfolgreichen Lebens stellte die empirische Glücksforschung zu jener Zeit gerade infrage und verwies auf die Möglichkeit, dass es auch umgekehrt sein könne: Da glückliche Menschen in der Liebe, bei Freundschaften, im Hinblick auf Einkommen, Leistungsfähigkeit und Gesundheit erfolgreicher seien, könnten Glück und Zufriedenheit auch als Voraussetzung von Erfolg beziehungsweise von erfolgreicher ökonomischer und sozialer Aktivität begriffen werden (Lyubomirsky et al. 2005, 846). Dem unbestrittenen Zusammenhang zwischen Glück, Erfolg und Leistungsfähigkeit steht damit der kontroverse Ansatzpunkt gegenüber, wie das Streben nach Glück zu realisieren ist und welche Rolle darin das Politische spielt. Das Streben nach Glück – „pursuit of happiness" – wie es in der amerikanischen Unabhängigkeitserklärung formuliert wurde, gehört zu den unveräußerlichen Rechten und der Passus zum Glück steht in der Unabhängigkeitserklärung der Vereinigten Staaten genau hinter der Freiheit („Life, Liberty and the Pursuit of Happiness"), womit Glück im Kontext von Freiheit verortet wird und das Politische und damit den Weltbezug voraussetzt. In Hannah Arendts Worten: „Frei sein können Menschen nur in Bezug aufeinander, also nur im Bereich des Politischen und des Handelns; nur dort erfahren sie, was Freiheit positiv ist und dass sie mehr ist als ein Nicht-gezwungen-Werden." (Arendt 1959/2013, 450). Dieser Glücks-Kontext von Freiheit als einer immer politischen Freiheit verschwindet in den instrumentellen Ansätzen der empirischen Glücksforschung, die das Glück im individuellen Hirnstoffwechsel verorten. Das Glück ist aus der Interaktion in der Welt konzeptionell in das Individuum selbst gewandert und wird damit zu einem Steuerungsinstrument, das individuelles Verhalten und ökonomische Wettbewerbsfähigkeit in Einklang bringen soll.

Denn wenn Glück nicht im Laufe des fragil gelingenden Lebens entsteht, sondern auch umgekehrt das Glücksgefühl zum Erfolg beiträgt (Lyubomirsky et al. 2005) und sich die Glücksgefühle pharmakologisch erzeugen lassen, dann erscheint die Förderung des Glücksempfindens und nicht der Rahmenbedingungen des Glücks als individuell und politisch geboten. Exemplarisch für diesen Paradigmenwandel ist ein hoch zitierter Artikel der Wissenschaftszeitschrift Nature mit dem Titel „The mental wealth of nations" (vgl. Beddington et al. 2008). Basierend auf einer Studie, die im Auftrag der britischen Wissenschaftspolitik erstellt wurde, wird die Optimierung von Emotionen und Kognition der Einzelnen als Mittel zur Stärkung im volkswirtschaftlichen Wettbewerb dargestellt. Glück als Ziel, das die Demokratie ermöglichen soll – wie es exemplarisch in der Unabhängigkeitserklärung konzipiert ist, wird ersetzt durch das Ziel einer optimalen mentalen Entwicklung kognitiver und emotionaler Ressourcen, die für das volkswirtschaftliche Wohlergehen eingesetzt werden sollen. Da positive emotionale Zustände mit stärkerer Wissbegier, intensiverem Interesse für Neues, mit flexiblerem Denken und einer höheren Offenheit für Lernen einhergehen, seien sie Grundlage für ein individuell wie gesellschaftlich erfolgreiches Leben. Wenn der Reichtum von Nationalstaaten von dem mentalen Wohlbefinden seiner BürgerInnen abhängt, müsse es signifikante Veränderungen in der Art des Regierens geben, die das mentale Kapital und das Wohlbefinden in den Mittelpunkt der politischen Entscheidungsfindung stellen (Beddington et al. 2008, 1060). Auch wenn es selten so zugespitzt formuliert ist wie in dieser Studie, so ist doch mit dem Wettbewerbsparadigma die Optimierung der individuellen Leistungsfähigkeit und mittlerweile auch der dauerhafte Erhalt dieser Leistungsfähigkeit (unter dem Stichwort der Steigerung der Resilienz) zu einer Ressource der staatlichen Wettbewerbsfähigkeit geworden. Selbst das Wohlbefinden, das einst eine Dimension des Glücks war, ist in der Wettbewerbsgesellschaft zu einem Mittel zum Zweck der kapitalistischen Ökonomie geworden. Wenn das Glück zu einem Mittel der Steigerung der Wettbewerbsfähigkeit des Staates wird, dann ist die Entfremdung des vermeintlichen Volkssouveräns von seiner Staatsgewalt immens, denn sowohl individuell als auch politisch sind die Menschen zum Mittel gemacht und sind nicht mehr Zweck. Die Kantsche Formel ‚Handle nur nach derjenigen Maxime, durch die du zugleich wollen kannst, dass sie ein allgemeines Gesetz werde', ist im Wettbewerbsstaat zum utilitaristischen Imperativ geworden: Handle immer nach derjenigen Maxime, durch die du gewährleisten kannst, dass sie dem allgemeinen Gesetz (des Wettbewerbsstaates) entspricht. Hannah Arendt hat darauf verwiesen, wie die Erdschrumpfung durch Entdecker, Weltumsegler, Eisenbahn und Flugzeug den paradoxen Effekt hatte, dass jede Verringerung von Entfernung *auf* der Erde „nur um den Preis einer vergrößerten Entfernung des Menschen *von* der Erde" gewonnen wurde, „also um den Preis einer entscheidenden Entfremdung des Menschen von seiner unmittelbaren irdischen Behausung" (Arendt 1967/2002, 321). Die weitere Erdschrumpfung durch globale Verfügung über die Optimierung des eigenen Befindens, über globalen Diskurs, Soziale Medien,

Psychopharmaka und Glücks-Zielerreichungs-Apps führt zu einer weiteren Dimension der Entfremdung, da das politische Beziehungsgewebe menschlicher Angelegenheiten auf das eigene Gehirn geschrumpft ist. Bei der Optimierung der eigenen Gefühle und der eigenen mentalen Leistungen handelt es sich insofern um eine pharmakologische und digitale Weltentfremdung, eine Weltentfremdung 4.0, die das Tun von der Welt entfernt und den Fokus, die beste Version seiner selbst zu werden, auf die ungefähr eintausend und dreihundert Gramm Gehirn richtet, statt auf die allen gemeinsame Welt.

Mit der Weltlosigkeit verschwindet zugleich die Zukunft, denn es ist ausschließlich die Fähigkeit zum Ausstieg aus dem automatischen Verhalten, zum Eingreifen in die Gegenwart sowie das Vermögen des Neubeginnens in der gemeinsamen Welt öffentlicher Angelegenheiten, das etwas fundamental ändern kann und damit Zukunft ermöglicht. Zu einer solchen Zukünftigkeit gehört die Antizipation von veränderten Bedingungen des weltbezogenen Handelns statt der Anpassung durch Selbstoptimierung (vgl. Schaper Rinkel 2020, 39 ff.).

4 Weltentfremdung 4.0? Warum interaktive Optimierung das Politische zerstört

Avancierte interaktive soziale Medien und interaktive Apps, die ständig in Echtzeit das Verhalten aller anderen NutzerInnen auswerten, sind Resultate des Verhaltens, der Steuerung und der Selbststeuerung aller Beteiligten, die sich von einfachen Algorithmen zu selbstlernenden Systemen entwickelt haben und die täglich durch die millionenfache Nutzung besser werden. Diese Tendenzen verbindend, stehen dann schnell auch die Szenarien im Raum, Menschen müssten mittels Gehirnschnittstellen zu Cyborgs werden, um überhaupt noch mit der technologischen Entwicklung mithalten zu können.[10] Während das pharmakologische Neuro-Enhancement ethisch umfassend diskutiert und durch vielfältige nationale und internationale Regelwerke reguliert ist und somit das Spannungsverhältnis zu Politik und Demokratie explizit fortwährend verhandelt wird,

---

[10] Aktuell ist es der Tesla Chef und Technologie-Unternehmer Elon Musk, der sich für eine Verschmelzung von biologischer Intelligenz und Maschinenintelligenz stark macht. Im Jahr 2000 machte der US-amerikanische Erfinder, Unternehmer, Transhumanist und heutige Leiter der technischen Entwickler bei Google, Ray Kurzweil auf sich aufmerksam, als er prognostizierte und forderte, dass das fragile biologische Wesen des Menschen in Zukunft in einer stabilen Maschinenintelligenz aufgehoben sein sollte oder mit den Maschinen und der künstlichen Intelligenz der Zukunft verschmelzen würde oder sollte (Kurzweil 2000).

ist das digitale Enhancement primär in der Welt des Spiels und nicht in der Welt der Medizin angesiedelt und damit kaum reguliert. Verhaltenssteuerung durch digitale Apps ist in der Regel selbstbestimmt gewählt, womit sie eine erweiterte Form der selbstbestimmten Selbststeuerung wäre. Doch das maschinelle Lernen, das die Aufmerksamkeitsökonomie vorantreibt, und die weitere Entwicklung von Künstlicher Intelligenz wird von den marktbeherrschenden globalen Konzernen Apple, Amazon, Google, Facebook und Microsoft und ihren chinesischen Pendants beherrscht und entzieht sich trotz einiger Regulierungsversuche mehr oder minder vollständig demokratischer Kontrolle. Vielmehr ist das individuelle Tun zu einem Rohstoff eben dieses Überwachungskapitalismus geworden und ist Teil eines permanenten globalen Experiments. Durch ihre Zustimmung zur Datennutzung werden alle Teilnehmenden von frühmorgens bis spätabends zu Probandinnen eines fortgesetzten Experiments, dessen Ergebnisse sie zwar niemals explizit erhalten, wohl aber in Form individualisierter Angebote. Was das Experimentalsystem der globalen, digitalen Plattformen in steter Verfeinerung liefert, ist die Optimierung eines Angebotes, das auf die vergangenen Tätigkeiten und Präferenzen ausgerichtet ist. Da die Optimierung dessen, was gegenwärtig präsentiert wird, auf den Daten der Vergangenheit beruht, werden die NutzerInnen in der engen Schleife des Immergleichen in seinen unendlichen Variationen festgehalten. Aufgrund der angepassten und doch auch immer wieder neuen Angebote verstärkt sich die Illusion der Freiheit und Selbstbestimmung in der Nutzung. Bei der Kontrolle und Steuerung von Individuen durch die führenden KI-Konzerne sind die politischen Implikationen evident und wurden von Shoshana Zuboff als Überwachungskapitalismus charakterisiert. Der Mechanismus des Überwachungskapitalismus besteht darin, menschliche Erfahrungen zu Marktgütern zu machen, indem ihre Verhaltensdaten zum (kostenlosen) Rohstoff für Produktion und Verkauf werden, und damit nicht nur eine Kontrolle der Informationsflüsse angestrebt wird, sondern die Kontrolle der Zukunft Aller durch Steuerung von individuellem Verhalten (Zuboff 2019).

Bei der Selbststeuerung von Individuen durch das bewusste Tracking ihres eigenen Verhaltens (wie bei der Quantified-Self-Bewegung), durch sogenanntes Lifelogging und Self-Hacking zur Optimierung der eigenen kognitiven Leistungen und emotionalen Zustände ist die Bewertung notwendigerweise widersprüchlich: Da die Selbstbewertung daraus resultiert, dass die eigenen Daten über Social-Web-Anwendungen permanent mit anderen verglichen werden, wird ein entsprechend quantifizierendes und vergleichendes und damit normiertes Selbstverständnis von Verbesserung und Optimierung erzeugt. Die Einzigartigkeit, die sich durch die Tätigkeiten des Sprechens und Handelns in der gemeinsamen Welt der menschlichen Angelegenheiten darstellen könnte, verschwindet und wird ersetzt durch die Tätigkeit des Quantifizierens, Vergleichens, Auf- und Überholen-

Wollens und damit zu der Reproduktion des Immergleichen. Statt sich sprechend und handelnd voneinander zu unterscheiden und aus dem Spannungsverhältnis von Differenz und Gleichheit etwas Neues (miteinander) zu beginnen, sind die digitalen und pharmakologischen Optimierer lediglich verschieden auf einer feststehenden Skala verortet und streben einen anderen Status auf eben dieser Skala an.

Mit der Weltminimierung schrumpft der Handlungsraum auf das eigene Gehirn und verliert dabei die Welt. Weltentfremdung 4.0 bedeutet in diesem Sinne, dass ein jeder vernetzt in seine stets optimierbare Subjektivität eingeschlossen ist, in der die gemeinsame Welt verschwinden muss, weil sie nur noch unter dem Aspekt der Konkurrenz gesehen wird. Der Raum des Politischen als Raum des Handelns existiert aber nur in der Vielfalt der Perspektiven, die mit der Kultur oder dem Zwang des Optimierens im Rahmen des Bestehenden weiter verloren gehen. Die instrumentelle Selbstoptimierung, die Denken und Fühlen so zu steigern sucht, dass beides den gegebenen Bedingungen entspricht, halbiert das Mantra der Gegenwart: den Anspruch auf Innovation, den Anspruch auf das Neue, das nicht nur eine Variante des Alten im Gewand des Neuen ist. Selbstoptimierung stärkt die Automatismen des Alltäglichen und unterminiert die Fähigkeit des Neubeginnen-Könnens und des Vermögens zu handeln. Die Künstlerin Meret Oppenheim postulierte[11]: „Jede wirklich neue Idee ist ja eine Aggression." Dieses Zitat war auf die Kunst bezogen, gilt aber für jede radikal neue Idee, denn das tatsächlich Neue stellt nicht nur die Gegenwart als solche in Frage, sondern damit auch die kurzfristigen Suchbewegungen nach Lösungen im Bestehenden, die gerade die Ursachen dessen ausblenden, für das es Lösungen zu finden gälte. Was die instrumentelle Optimierung durch pharmakologisches und digitales Enhancement weder leisten kann noch anstrebt, ist die Grenzüberschreitung, denn Optimieren bedeutet, sich so effizient wie möglich innerhalb gegebener Grenzen zu bewegen. Weltentfremdung durch Selbstoptimierung ist die Entfremdung von der Welt und ihrer Zukunft als Handlungsraum; das Durchbrechen der Weltentfremdung beginnt damit, den Lauf der Zeit handelnd zu durchbrechen, einen Neuanfang zu wagen, der jenseits des Vergleichbaren und damit Berechenbaren liegt.

---

[11] Dankesrede von Meret Oppenheim anlässlich der Preisverleihung des Kunstpreises der Stadt Basel. http://www.meret-oppenheim.de/kunstpreis.htm (abgerufen am 13.04.2021)

Literatur

Arendt, Hannah (1959/2013): Freiheit und Politik., in: Meyer, Martin (Hg.): Die Welt verstehen. 35 Beiträge aus der Geschichte des Schweizerischen Instituts für Auslandforschung.. Basel:

Arendt, Hannah (1967/2002): Vita activa oder Vom tätigen Leben, München.

Beddington, John et al. (2008): The mental wealth of nations, in: Nature 455/7216, 1057–1060.

Bostrom, Nick (2020): Die verwundbare Welt. Eine Hypothese, Frankfurt am Main.

Chekroud, Adam Mourad et al. (2016): Cross-trial prediction of treatment outcome in depression: a machine learning approach, in: Lancet Psychiatry 3/3, 243–250.

Damasio, Antonio (1994): Descartes' Error: Emotion, Reason and the Human Brain, New York.

Ehrenberg, Alain (2004): Das erschöpfte Selbst. Depression und Gesellschaft in der Gegenwart, Frankfurt am Main.

Ehrenberg, Alain (2006): Die Depression, Schattenseite der Autonomie?, in: Stoppe, Gabriela/Bramesfeld, Anke/ Schwartz, Friedrich-Wilhelm (Hg.): Volkskrankheit Depression?, Berlin Heidelberg, 123–137.

Fallon, Sean James et al. (2017): The Neurocognitive Cost of Enhancing Cognition with Methylphenidate: Improved Distractor Resistance but Impaired Updating, in: Journal of Cognitive Neuroscience 29/4, 652–663.

Franck, Georg (1993): Ökonomie der Aufmerksamkeit, in: Merkur 534, 748–761.

Fukuyama, Francis (2004): Das Ende des Menschen, München.

Graefe, Stefanie (2019): Resilienz im Krisenkapitalismus. Wider das Lob der Anpassungsfähigkeit, Bielefeld.

Heinz, Andreas/Seitz, Assina: Neuroenhancement: Offene Fragen und Herausforderungen, im vorliegenden Band.

Hochschild, Arlie Russell (1983): The Managed Heart. Commercialization of human feeling, Berkeley.

INCB International Narcotics Control Board (2019): Psychotropic Substances. Statistics for 2018, New York.

Jobin, Anna/Ienca, Marcello/Vayena, Effy(2019): The global landscape of AI ethics guidelines, in: Nature Machine Intelligence 1/9, 389–399.

Kosfeld, Michael et al. (2005): Oxytocin increases trust in humans, in: Nature 435/7042, 673–676.

Kramer, Peter D. (1993): Listening to Prozac: A Psychiatrist explores antidepressant drugs and the remaking of the self, New York.

Kurzweil, Ray (2000): Homo s@piens: Leben im 21. Jahrhundert. Was bleibt vom Menschen?, München.

Kurzweil, Ray (2016): Die Intelligenz der Evolution, Köln.

Li, Li et al. (2013): The Mediating Role of Impulsivity and the Moderating Role of Gender Between Fear of Missing Out and Gaming Disorder Among a Sample of Chinese University Students, in: Cyberpsychology Behavior and Social Networking 8.

Lyubomirsky, Sonja/King, Laura/Diener, Ed (2005): The Benefits of Frequent Positive Affect: Does Happiness Lead to Success?, in: Psychological Bulletin 131/6, 803–855.

Maher, Brendan (2008): Poll results: look who's doping, Nature 452, 674–675.

Mitscherlich-Schönherr, Olivia: Ethisch-anthropologische Weichenstellungen bei der Entwicklung von Tiefer Hirnstimulation mit 'closed loop', im vorliegenden Band.
Musk, Elon (2019): An Integrated Brain-Machine Interface Platform With Thousands of Channels, in: Journal of Medical Internet Research 21/10, e16194.
Rosa, Hartmut (2006): Wettbewerb als Interaktionsmodus. Kulturelle und sozialstrukturelle Konsequenzen der Konkurrenzgesellschaft, in: Leviathan 1/2006, 82–104.
Rose, Nikolas: (2003): Neurochemical Selves, in: Society November/ December 2003, 46–59.
Sahakian, Barbara/Morein-Zamir, Sharon (2007): Professor's little helper, in: Nature 450/7173, 1157–1159.
Schaper-Rinkel, Petra: (2006): Governance von Zukunftsversprechen: Zur politischen Ökonomie der Nanotechnologie, in: Prokla 36/4, 473–496.
Schaper-Rinkel, Petra (2008): Neuro-Enhancement Politiken. Die Konvergenz von Nano-Bio-Info-Cogno zur Optimierung des Menschen, in: Schöne-Seifert, Bettina et al. (Hg.): Neuro-Enhancement. Ethik vor neuen Herausforderungen, Paderborn, 295–320.
Schaper-Rinkel, Petra (2010): Converging Technologies: Das Versprechen von der Steigerung der Leistungsfähigkeit, in: Ökologisches Wirtschaften 02/2010, 24–26.
Schaper Rinkel, Petra (2020): Fünf Prinzipien für die Utopien von Morgen, Wien.
Steinbach, Xenia/Maasen, Sabine (2018): Oxytocin: Vom Geburts- zum Sozialhormon, in: NTM Zeitschrift für Geschichte der Wissenschaften, Technik und Medizin 26/1, 1–30.
Tandon, Anushree et al. (2021): Fear of missing out (FoMO) among social media users: a systematic literature review, synthesis and framework for future research, in: Internet Research 40.
Vos, Theo et al. (2017): Global, regional, and national incidence, prevalence, and years lived with disability for 328 diseases and injuries for 195 countries, 1990–2016: a systematic analysis for the Global Burden of Disease Study 2016, in: Lancet 390/10100, 1211–1259.
Yuste, Rafael et al. (2017): Four ethical priorities for neurotechnologies and AI, in: Nature 551/7679, 159–163.
Zhu, Bin et al. (2017): Designing, Prototyping and Evaluating Digital Mindfulness Applications: A Case Study of Mindful Breathing for Stress Reduction, in: Journal of Medical Internet Research 19/6, 14.
Žižek, Slavoj (2020): Hegel im verdrahteten Gehirn, Frankfurt am Main.
Zuboff, Shoshana: (2019): Das Zeitalter des Überwachungskapitalismus, Frankfurt/New York.

Part III: **Die trans- und posthumanistischen Utopien von einer Verbesserung der menschlichen Lebensform durch technologisch kontrollierte Steuerung der Evolution**

Tobias Müller

Die transhumanistische Utopie des Mind-Uploading und die Grenzen der technischen Manipulation menschlicher Subjektivität

Zusammenfassung: In der Geschichte der Menschheit spielte die Verwendung von Technik eine entscheidende Rolle. Mit ihrer Hilfe ist dem Menschen nicht nur eine immer größer werdende Beherrschung der Natur und damit eine erhebliche Erleichterung seiner Arbeitsbedingungen ermöglicht worden. Vielmehr dient Technik auch dazu, die Lebensvollzüge des Menschen in unterschiedlichsten Bereichen zu unterstützen und zu optimieren.

Gerade die Erfolge im Zusammenspiel von Mensch, Natur und Technik haben mit dem sogenannten Transhumanismus eine intellektuelle Bewegung beflügelt, die eine Radikalisierung der Interaktion von Mensch und Technik anstrebt. Dem Transhumanismus zufolge soll die Technik nicht nur zur Verbesserung der Arbeitsbedingungen oder zu therapeutischen Zwecken dienen, letztlich soll auch die Natur des Menschen selbst durch die Verschmelzung mit Technik verbessert bzw. transformiert werden. Dadurch werde es möglich, sowohl die physische Basis als auch die psychisch-kognitive Verfassung des Menschen durch verschiedene Techniken zu perfektionieren. Dazu gehöre auch die Möglichkeit der technischen Manipulation und Reproduktion des menschlichen Bewusstseins (Mind-Upload oder Mind-Cloning).

Ziel dieses Beitrags ist es, die im Zusammenhang mit der transhumanistischen Transformation des Bewusstseins vorausgesetzten metaphysischen Konzepte kritisch zu rekonstruieren und zu untersuchen und dabei die prinzipiellen Grenzen des transhumanistischen Projekts aufzuzeigen. Dabei wird ein Subjektivitätsbegriff skizziert, der sowohl der spezifischen Natur des Bewusstseins als auch den wissenschaftlich-technischen Erkenntnissen und der durch sie ermöglichten technischen Manipulation Rechnung tragen kann.

1 Technik und menschlicher Lebensvollzug[1]

Der Einsatz von Technik hat die menschlichen Lebensvollzüge seit jeher geprägt und wesentlich dazu beigetragen, dass der Mensch seine Umwelt seinen Zielen und Zwecken gemäß gestalten konnte. Während lange Zeit die Beherrschung der äußeren Natur im Vordergrund stand und damit die Erleichterung menschlicher Arbeitsbedingungen, richtet sich die technische Manipulation zunehmend auch auf die psychophysische Verfasstheit des Menschen. Dabei stehen bislang therapeutische Maßnahmen im Vordergrund, denn durch die technische Anwendung eines Störungsbeseitigungswissens lassen sich im medizinischen Kontext Teilfunktionen der jeweiligen Lebensvollzüge ersetzen oder zumindest regulieren (vgl. Janich 2006, 93–95), wobei sich die technischen Eingriffe sowohl auf körperliche als auch auf psychisch-geistige Aspekte des menschlichen Lebens erstrecken können. So können z. B. durch sogenannte Exoprothesen amputierte Gliedmaßen ersetzt und durch Sensoren Druck, Temperatur und Vibration erkannt und durch ein elektronisches Regelsystem verarbeiten werden. Auch können durch den Einsatz neurokybernetischer Prothesen (NCP) bei Epilepsiepatienten durch elektrische Impulse epileptische Anfälle vermieden werden.[2] In ähnlicher Weise kann die „tiefe Hirnstimulation", bei der Elektroden in das Gehirn eingesetzt werden, durch die eine elektrische Stimulation bestimmter Hirnareale ermöglicht wird, zu einer Linderung von therapieresistenten Depressionen oder Zwangserkrankungen führen (vgl. Schläpfer 2014, S 135–136).

Diese Erfolge im Zusammenspiel von Mensch, Natur und Technik haben mit dem sogenannten Transhumanismus eine intellektuelle Bewegung beflügelt, die eine Radikalisierung der Interaktion von Mensch und Technik anstrebt. Dem Transhumanismus zufolge soll die Technik nicht nur zur Verbesserung der Arbeitsbedingungen oder zu therapeutischen Zwecken dienen; letztlich soll auch die Natur des Menschen selbst durch die Verschmelzung mit Technik verbessert bzw. transformiert werden. Dadurch werde es möglich, sowohl die physische Basis als auch die psychisch-kognitive Verfassung des Menschen durch verschiedene Techniken zu perfektionieren oder gar zu transzendieren (vgl. Sorgner 2016, 34–64).

Die Menschheit ist demzufolge also in der Lage, ihre Entwicklung durch technische Eingriffe selbst in die Hand zu nehmen und ihre begrenzt Natur zu

---

[1] Teile dieses Beitrags basieren (erweitert und modifiziert) auf Darstellungen und Argumentationen meines Artikels „Zur Anthropologie des Transhumanismus".
[2] Vgl. zur Thematik der Neuroprothetik auch die Aufsätze von Tobias Sitter und Olivia Mitscherlich-Schönherr in diesem Band.

überwinden. Diese Entwicklung soll in der Zukunft zu einer „durchgängig rationalen Zivilisation, frei von psychischen Leiden, gesellschaftlichen Konflikten und physischen Entbehrungen [...]" (Coenen 2007, 269) führen. Dies beinhaltet nicht nur die Verlängerung der Lebens- und Gesundheitsspanne; die meisten Transhumanisten gehen davon aus, dass es zukünftig möglich sein wird, das menschliche Bewusstsein auf einen Computer zu transferieren, so dass dies zu einer „praktischen Unsterblichkeit" führen werde (vgl. Sorgner 2017, 157–159).

Dass die Realisierung eines solchen Zustands zukünftig tatsächlich im Bereich des technisch Machbaren liegt, wird oft durch eine Extrapolation des aktuellen technisch-wissenschaftlichen Fortschritts begründet (vgl. Göcke 2018, 134 f.): Dem wissenschaftlichen Fortschritt sei keine prinzipielle Grenze gesetzt, weshalb die gesamte Wirklichkeit früher oder später durch die naturwissenschaftliche Analyse beschreibbar und durch die entsprechende Technik auch manipulierbar werde. Damit setzt aber die von den Transhumanisten angestrebte Kontrollierbarkeit, Optimierbarkeit und Erzeugbarkeit des Bewusstseins bestimmte metaphysische Annahmen voraus, die für die Erfolgsaussichten des transhumanistischen Projekts konstitutiv sind. Denn nur wenn Bewusstsein als mit den materiellen Strukturen identisch oder als Funktion dieser Strukturen aufgefasst wird, ließe sich die erforderliche Manipulation durch technische Eingriffe auch tatsächlich bewerkstelligen. Die angestrebten Verbesserungen und Transformationen ließen sich nur dann realisieren, wenn sich das menschliche Bewusstsein als eine Art Datenstruktur entpuppt, die auf verschiedener Hardware implementiert werden könnte. Diese Annahme setzt eine reduktiv-naturalistische Auffassung der Wirklichkeit voraus, gemäß der alles Wesentliche in der Welt naturwissenschaftlich erfasst werden und somit auf kausal-funktionale Strukturen zurückgeführt werden kann. Zwar gibt es in der aktuellen Debatte ein ganzes Spektrum von Positionen, in denen diese zugrundeliegende reduktionistische Intuition auf der konzeptionellen Ebene unterschiedlich konkretisiert wird. Gemeinsam ist diesen Positionen des reduktiv-naturalistischen Spektrums aber, dass sie auf zwei Grundannahmen basieren:
1. Alle Wirklichkeit ist die Folge eines „bloßen Verhaltens", das rein (wirk-) kausal-funktional beschrieben werden kann.
2. Das Verhalten des Gesamtsystems bzw. „höhere" Eigenschaften werden durch die kausalen Dispositionen der Einzelteile der fundamentaleren Ebene bestimmt (vgl. Cramm 2008, S. 44).

Wirklichkeit ist dieser Auffassung gemäß durchgehend und ausschließlich kausal-funktional und bottom-up strukturiert: Die ganze Wirklichkeit erscheint als Geflecht von hinreichenden Wirkursachen, wobei die fundamentalen physischen Strukturen alle anderen Phänomene vollständig bestimmen. Diese Verfasstheit würde auch erst die vom Transhumanismus vorausgesetzte technische Manipulierbarkeit der Wirklichkeit garantieren, die auf kausalem Bewirkungswissen beruht: Kennt man die grundlegenden Strukturen und ihre Gesetzmäßigkeiten, so versteht man auch die auf ihnen basierenden Phänomene und kann sie einer technischen Manipulation zugänglich machen.

Ziel dieses Beitrags ist es zu zeigen, dass sich die reduktionistische Auffassung der Wirklichkeit, die der transhumanistischen Utopie zugrunde liegt, nicht einfach aus einer erfolgreichen Beschreibung der Wirklichkeit durch die Naturwissenschaften ergibt und dass die zusätzlich benötigten metaphysischen Prämissen letztlich zu unüberwindbaren Schwierigkeiten führen, wenn wesentliche Qualitäten menschlicher Subjektivität damit adäquat beschrieben werden sollen. Zudem kann anhand einer Analyse der Wissenschafts- und Technikpraxis als eines rationalen und normativen Handlungszusammenhangs gezeigt werden, dass gerade hier Aspekte der menschlichen Subjektivität vorausgesetzt werden müssen, die sich einer reduktiv-naturalistischen Sichtweise und somit auch einer vollständigen technischen Manipulierbarkeit im transhumanistischen Sinne entziehen.

2 Ziele und Motive des Transhumanismus

Auch wenn sich Motive und Ideen des Transhumanismus nach der Auffassung einiger seiner Vertreter schon sehr früh in alten Mythen finden lassen, beginnt eine intensive Beschäftigung mit der Thematik der Verbesserung und Überwindung der menschlichen Natur, bedingt durch den rasanten naturwissenschaftlich-technischen Fortschritt, erst im 20. Jahrhundert.[3] Als einer der Schlüsseltexte gilt in diesem Kontext der Essay „The World, the Flesh and the Devil" des irischen Physikers John Desmond Bernal (vgl. Coenen 2007, 270). In ihm entwarf Bernal eine Utopie, in der die menschliche Gattung letztlich vom „mechanischen Menschen" abgelöst werden sollte. Zeichneten sich zu Bernals Zeit erstmals Techniken ab, mit denen man auf die (biologische) Natur des Menschen Einfluss nehmen konnte, so beflügelte die aufkommende Computertechnologie und Kybernetik die transhumanistische Fantasie (vgl. Coenen 2007, 270). Es dauerte aber noch einige Jahrzehnte, bis der Transhumanismus die Mainstreamdebatten erreichte und heute als satisfaktionsfähige Position in aktuellen Diskussionen gilt. Maßgeblich für diese Aufwertung sind die großen technologischen Erfolge in jüngster Ver-

---

[3] Zu den kulturellen Quellen des Transhumanismus vgl. auch den Artikel von Oliver Müller in diesem Band.

gangenheit, die die menschliche Lebenswelt nachhaltig geprägt haben und die transhumanistische Utopie als realistische Option erscheinen lassen: Kommunikation, gesellschaftliche Interaktion, Arbeits- und Produktionsschritte vollziehen sich oftmals bereits vollständig digitalisiert und eröffnen so in diesen Feldern neue und weitreichende Optionen für das menschliche Selbstverständnis und damit in der transhumanistischen Sicht auch weitgehende Selbstgestaltungspotentiale.

Auch der enorme Fortschritt in der Entwicklung von Künstlicher Intelligenz, die in manchen Bereichen bereits heute den kognitiven Fähigkeiten des Menschen weit überlegen ist und bereits den Beginn einer tiefgreifenden gesellschaftlichen Veränderung darstellt, die unsere menschliche Lebenswelt massiv und in noch nicht absehbarer Weise beeinflussen wird, trägt wesentlich zur transhumanistischen Hoffnung bei.[4] Denn der Fortschritt in der KI-Forschung wirkt sich auch auf die fundamentalste Ebene unseres menschlichen Selbstverständnisses aus, wenn es um die Frage geht, welche Qualitäten als wesentliche Aspekte unserer menschlichen Natur zu gelten haben. Ausgangspunkt hierfür sind die von den KI-Systemen erbrachten kognitiven Leistungen, die scheinbar autonom durchgeführt werden und durch außenstehende Beobachter nicht mehr nachvollzogen werden können. Hier drängt sich geradezu die Frage auf, worin sich menschlicher Geist und Bewusstsein noch von der technischen Simulation unterscheiden. Die daran anschließende Verhältnisbestimmung, die sowohl in Fachdiskussionen als auch in der breiteren Öffentlichkeit vorgenommen wird, weist eine interessante und in Spannung stehende Doppelbewegung auf: Einerseits wird der Erfolg der KI-Systeme als Beleg dafür aufgefasst, dass es sich beim Mensch eben auch nur um eine, wenn auch biologische und lernfähige Input-Output-Maschine handle, denn wie sonst könnten kognitive Leistungen simuliert werden, die die des Menschen in manchen Bereichen übertreffen? Der sogenannten Computermetapher zufolge verhält sich die Software zur Hardware, wie sich der Geist zum Gehirn verhält. Andererseits werden nun teilweise den KI-Systemen in einem starken Sinn mentale Fähigkeiten und Qualitäten wie Erleben, Denken, Erkennen, Wollen usw. zugeschrieben, so dass es mittlerweile schon ernsthaft geführte Diskussionen über die Frage gibt, ob solche KI-Systeme nicht als Person angesehen und ihnen damit Menschenrechte zugesprochen werden müssten.[5] Wenn also – so die Vertreter des Transhumanismus – schon bald KI-Systeme kognitive Fähigkeiten besitzen, die den menschlichen ebenbürtig oder sogar überlegen sind, warum sollte

---
4 Für eine Übersicht über die Grundkonzepte und Herausforderungen der KI-Forschung vgl. Lenzen 2018.
5 Vgl. hierzu auch den Aufsatz von Armin Grundwald in diesem Band.

es also nicht auch möglich sein, das Erleben und Denken konkreter Personen irgendwann vollständig zu manipulieren oder zu simulieren?

Gerade diese Erfolge werden oft als Belege dafür angeführt, dass die vom Transhumanismus angestrebte Transformation des Menschen bei weiterem Fortschritt der Technik in absehbarer Zeit realisiert werden kann (vgl. z. B. Bostrom 2018, 193). Wie genau diese Transformation erreicht werden kann und was letztlich das Ziel dieser Entwicklung sein soll, wird in den verschiedenen Strömungen des Transhumanismus unterschiedlich beantwortet. Oftmals wird der Transhumanismus von seinen Vertretern als eine Art Übergangsstufe angesehen, in der Teile der Menschheit in ein posthumanes Stadium übergehen werden. In diesem soll durch die technische Verbesserung des Menschen oder durch die Erschaffung posthumaner Intelligenzen eine neue Spezies etabliert werden, die die menschliche Gattung ersetzen soll, wie es letztlich im sogenannten Posthumanismus postuliert wird (vgl. Coenen 2007, 268).

Der Begriff „transhuman" gelangt erstmals durch die englische Dante-Übersetzung und -Rezeption in die englische Sprache und wird dort 1957 von dem britischen Biologen, Humanisten und Schriftsteller Julian Huxley in dem Sammelband „New Bottles for New Wine" aufgegriffen (vgl. Loh 2019, 32). Dort findet sich auch ein kleiner Abschnitt, in dem schon wesentliche Aspekte des transhumanistischen Denkens zusammengefasst werden:

> „The human species can, if it wishes, transcend itself – not just sporadically, an individual here in one way, an individual there in another way, but in its entirety, as humanity. We need a name for this belief. Perhaps *transhumanism* will serve: man remaining man, but transcending himself, by realizing new possibilities of and for his human nature." (Huxley 1957, 17)

Wie bereits angedeutet, dauerte es noch Jahrzehnte, bis aus einer Intuition eine systematisch ausgearbeitete Position geworden ist. Dabei ist es auch unter Transhumanisten strittig, inwieweit sich die transhumanistischen Grundideen an den Humanismus zurückbinden lassen. Während manche seiner Vertreter wie Simon Young oder Nick Bostrom den Humanismus als Grundlage für den Transhumanismus ansehen oder sogar so weit gehen zu sagen, dass der Transhumanismus der mit technologischen Mitteln verwirklichte Humanismus sei, grenzen andere Vertreter wie Stefan Lorenz Sorgner den Transhumanismus explizit vom Humanismus ab (vgl. Sorgner 2016, 81).

Fest steht jedenfalls, dass der heutige Transhumanismus keine einheitliche Bewegung darstellt, sondern vielmehr als Sammelbegriff für verschiedene Strömungen aufgefasst werden muss. Allerdings lassen sich doch einige gemeinsame Ziele ausfindig machen, die den meisten Varianten des Transhumanismus als

Leitidee dienen. Hava Tirosh-Samuelson hat diese Ziele wie folgt auf den Punkt gebracht:

> „Transhumanists do not speak in one voice, and the movement expresses a variety of impulses, which are often at odds with each other. Nonetheless, several themes are common to transhumanist discourse: the view of evolving human nature, the focus on biotechnological enhancement that will exceed ordinary human physical and cognitive traits, a preoccupation with human happiness that can be perpetuated indefinitely, a deep concern for longevity and radical life extension, and a technoutopia of human machine fusion that constitutes practical immortality." (Tirosh-Samuelson 2011, 29)

Im Kern geht es dem Transhumanismus also um eine technisch kontrollierte Steuerung der Evolution, mit der durch die technische Manipulation der menschlichen Natur eine ständige Verbesserung der menschlichen Fähigkeiten einhergehe. Diese Entwicklung mündet den meisten Vertretern des Transhumanismus zufolge in einer technisch hergestellten starken Verbesserung und Kontrollierbarkeit des Geistes sowie letztlich in der Unsterblichkeit des menschlichen Bewusstseins. Grundlegend für diese Vision ist die oben bereits erwähnte reduktiv-naturalistische Deutung der Wirklichkeit, denn nur dann ergäbe sich die Möglichkeit, das Bewusstsein durch technische Eingriffe zu manipulieren oder gar in Perfektion zu simulieren (vgl. Bostrom 2018, 192f.). Als eine Art Datenstruktur wäre es somit – so die Vorstellung der Transhumanisten – auf einen Roboter transferierbar oder könnte nahezu unbegrenzt im Cyberspace weiterexistieren, was im Transhumanismus als „Mind-Uploading" bzw. „Mind-Cloning" bezeichnet wird. Dabei gehen die meisten Transhumanisten nicht von einer „echten" Unsterblichkeit aus, denn es ist aus physikalischen Gründen sehr wahrscheinlich, dass kosmologische Entwicklungen jedem Leben früher oder später ein Ende bereiten: entweder durch die unendliche Dichte einer Singularität in einem sogenannten Big Crunch am Ende des Universums oder durch den Endzustand eines kosmologischen thermodynamischen Gleichgewichts, den sogenannten Wärmetod, in dem maximale Entropie erreicht und Leben ebenfalls verunmöglicht würde. Beiden Szenarien lässt sich auch mit technischen Hilfsmitteln aus rein physikalischen Gründen nicht entkommen, so dass mit „Unsterblichkeit" im Transhumanismus letztlich nur ein sehr langes Leben gemeint sein kann (vgl. Sorgner 2017, 157–159).

Aber auch in diesem „bescheideneren" Fall setzt die transhumanistische Vision bestimmte metaphysische Konzepte darüber voraus, was Bewusstsein ist und wie es sich technisch manipulieren bzw. transformieren lässt.

3 Metaphysische Voraussetzungen des Transhumanismus

Während die bisherigen Erfolge technischer Manipulation nur eine kausale Beeinflussbarkeit psychophysischer Lebensvollzüge voraussetzen, die mit verschiedenen nicht-reduktionistischen Positionen in der Leib-Seele-Debatte kompatibel sind, setzt der Transhumanismus bezüglich seiner ambitioniertesten Ziele im Bereich menschlicher Lebensvollzüge eine reduktiv-naturalistische Ontologie voraus. Allerdings lässt sich durch eine genauere Analyse dieser Begründungsstrategie zeigen, dass die Erfolge heutiger technischer Manipulationsmöglichkeiten des Bewusstseins, wie sie sich z. B. in psychopharmakologischen oder neurokybernetisch-prothetischen Eingriffen einstellen, als Begründung für die mögliche Realisierung der weitreichenden Ziele des Transhumanismus nicht hinreichend sind. Denn diese Erfolge zeigen zunächst nur, dass durch technische Beeinflussung (beispielsweise der tiefen Hirnstimulation) der menschlichen Psyche bestimmte Störungen behoben werden können. Die Behauptungen des Transhumanismus gehen aber weit über diese Annahme und ihre vergleichsweise bescheidene metaphysische Voraussetzung einer Wechselwirkung von Geist und Körper hinaus. Denn die Perfektionierung des menschlichen Bewusstseins oder seine Reproduktion im „Mind-Uploading" bzw. „Mind-Cloning" setzt voraus, dass das Bewusstsein eine Art Datenstruktur ist, die sich technisch herstellen und dann auf verschiedene Träger transferieren lässt (vgl. Sorgner 2019, 37–41).[6] Dies würde voraussetzen, dass das Bewusstsein entweder identisch mit seinen neuronalen Grundlagen ist oder sich erschöpfend durch seine funktionale Struktur charakterisieren lässt. Gemäß dieser metaphysischen Zusatzannahme werden alle Dimensionen unseres Mensch- und Personseins als kausales Produkt der zugrundeliegenden materiellen Konstellationen aufgefasst. Damit tritt an die Stelle des Menschen als eines handelnden Subjekts mit seinen geistigen Fähigkeiten und seelischen Dispositionen ein vollständig von physikalischen oder physiologischen Gesetzen bestimmtes materielles Substrat. Der Mensch wäre somit nur der Anwendungsfall einer alle Wirklichkeit umfassenden Doktrin: Alles, was geschieht, ist letztlich auf eine physikalische oder physiologische Struktur zurückführbar oder zumindest durch diese vollständig festgelegt.

Diese Auffassung steht aber in Spannung mit unserem lebensweltlichen Selbstverständnis, nach dem der Mensch als Subjekt aufgefasst wird, das nicht

---

[6] Einige Vertreter des Transhumanismus gehen sogar so weit zu behaupten, dass unsere gesamte Wirklichkeit schon eine Computersimulation ist (vgl. Bostrom 2018).

allein durch rein wirkkausale Faktoren festgelegt ist, sondern zumindest prinzipiell dazu fähig ist, seine Handlungen an Gründen zu orientieren und somit seine Interaktion mit anderen Subjekten und den Umgang mit seiner Umwelt freiheitlich durch Ziele, Werte und Zwecke zu bestimmen. Diese Fähigkeit, sich zu physischen und psychischen Dispositionen noch einmal denkend verhalten zu können, gehört zur wesentlichen Bestimmung des Menschen, und nur in diesem Fall, wenn also menschliche Handlungen und Erkenntnisse nicht gänzlich durch sachfremde Faktoren bestimmt sind, ist der Mensch überhaupt zu rationalen Handlungen fähig.

Da nun aber die vom Transhumanismus angestrebte Optimierung und Transzendierung der menschlichen Natur auf der metaphysischen Hintergrundannahme des reduktiven Naturalismus beruhen, gilt es zunächst für eine kritische Diskussion der transhumanistischen Ansprüche im Folgenden einige unhintergehbare begriffliche Minimalbestimmungen menschlicher Subjektivität zu rekonstruieren. Erst dann kann überhaupt sinnvoll gefragt werden, ob diese Qualitäten mit den dem Transhumanismus zur Verfügung stehenden Mitteln der kausal-funktionalen Analyse vollständig und adäquat erfasst werden können, was die Voraussetzung dafür wäre, dass sie sich auch im transhumanistischen Sinn technisch kontrollieren und manipulieren lassen. Es wird sich zeigen, dass die grundlegenden Qualitäten menschlicher Subjektivität – das phänomenale Bewusstsein und das Denken – bestimmte Charakteristika aufweisen, die diesem anspruchsvollen Ziel des Transhumanismus entgegenstehen.

3.1 Grundlegende Konzepte menschlicher Subjektivität

Es ist zwar richtig, dass es unterschiedliche „Menschenbilder" gibt, in denen sich auch die unterschiedlichen kulturellen Betrachtungsweisen des Menschen widerspiegeln (vgl. Beck 2013, S. 35–56). Es gibt aber gute Gründe für die Annahme, dass es doch so etwas wie unhintergehbare begriffliche Minimalbestimmungen des Menschseins und der menschlichen Subjektivität gibt, die nicht nur transkulturell tief verankert sind, sondern sich letztlich für unsere lebensweltliche Praxis als unverzichtbar erweisen. Gemäß diesen setzen wir uns immer schon als empfindende und denkende Lebewesen voraus, die – zumindest prinzipiell – zu rationalen Handlungen fähig sind. Damit erkennen wir prinzipiell an, dass wir in der Lage sind, unter Abwägung von Gründen bestimmte Dinge zu tun oder zu lassen. Nur wenn vorausgesetzt wird, dass dem Handelnden in einer konkreten Situation andere Handlungsmöglichkeiten wirklich offenstehen und er das Vermögen besitzt, Gründe, die für sein Handeln und Urteilen relevant sind, abzuwägen, kann er auch für seine Handlungen verantwortlich gemacht werden (vgl.

Nida-Rümelin 2007, 152). Für diese Fähigkeit der Selbstbestimmung sind zwei Modi von Subjektivität – das phänomenale Bewusstsein (beispielsweise in Form von Wahrnehmung) und das Denken – ausschlaggebend.

Beim sogenannten phänomenalen Bewusstsein handelt es sich um den Grundmodus von Subjektivität, weil dieser allen erlebenden Lebewesen zugeschrieben wird. Dabei ist in der aktuellen Debatte betont worden, dass es nicht möglich ist, Bewusstsein durch fundamentalere Begriffe zu definieren (vgl. Chalmers 1996, 4). Dies lässt sich u. a. auch daran erkennen, dass für Bewusstseinsphänomene mangels hinreichend bestimmter Begriffe oft Metaphern wie z. B. „Innenseite eines Organismus" verwendet werden, um zumindest die Aufmerksamkeit auf dasjenige Phänomen zu lenken, zu dem alle bewusstseinsfähigen Lebewesen schon unmittelbar einen Zugang besitzen. Nur durch die jeweilige Vertrautheit mit diesem Phänomen wird es überhaupt möglich, die gemeinte Qualität zu beschreiben. In diesem Sinn kann man sich einer begrifflichen Bestimmung mit Thomas Nagel wie folgt nähern:

> „But no matter how the form may vary, the fact that an organism has conscious experience at all means, basically, that there is something it is like to *be* that organism. There may be further implications about the form of the experience; there may even (though I doubt it) be implications about the behavior of the organism. But fundamentally an organism has conscious mental states if and only if there is something that it is like to *be* that organism – something it is like *for* the organism." (Nagel 1974, 436)

Nagel beschreibt hier zwei Grundeigenschaften des Bewusstseins: Einmal die phänomenale Qualität des bewussten Erlebens, dass es sich für ein erlebendes Lebewesen also *irgendwie anfühlt*, in diesem Zustand zu sein. Dieser Aspekt wird der „What-it-is-like-ness"-Aspekt des Bewusstseins genannt und tritt immer nur mit einem anderen Charakteristikum zusammen auf, das Nagel ebenfalls nennt: Die Qualität der „What-it-is-like-ness" ist immer schon *für ein Subjekt*, das erlebt. Oder anders ausgedrückt: Erleben ist durch phänomenale Qualitäten bestimmt (z. B. einen bestimmten Roteindruck), und diese zeichnen sich dadurch aus, dass sie nicht wie z. B. physikalische Eigenschaften einfach „an Dingen" vorkommen, sondern dass sie nur als Qualitäten eines Erlebens in einem erlebenden Lebewesen auftreten, das als Subjekt fähig ist, dieses Erleben zu haben (vgl. Searle 2000, 561). Dabei werden bestimmte einzelne qualitative Aspekte des phänomenalen Bewusstseins „Quale" bzw. im Plural „Qualia" genannt (vgl. Searle 2000, 560).[7] Dazu gehören beispielsweise visuelle und auditive Eindrücke, Geruchs- und

---

[7] Chalmers nennt noch „experience", „what it is like", „subjective experience" und „phenomenal", die alle mehr oder weniger das Gleiche bezeichnen (vgl. Chalmers 1996, 6).

Tasterfahrungen, Gefühle usw. (vgl. Chalmers 1996, 6–10). Auch die Wahrnehmung ist demnach eine bestimmte Art des phänomenalen Bewusstseins, nämlich die Erscheinungsweise, wie sich Dinge einem erlebenden Subjekt im Bewusstsein präsentieren.

Diese Bezogenheit der erlebenden Lebewesen auf die Welt im Modus des phänomenalen Bewusstseins ist auch eine grundlegende Voraussetzung für ein denkendes Subjekt, Erkenntnisse über die Welt zu generieren. Denn im Denken als einem spezifischeren Modus von Subjektivität werden durch Gedanken Sachverhalte der Wirklichkeit erkannt, die dem Subjekt durch das phänomenal Erlebte vermittelt sind, da das Erkennen der Welt sich letztlich auf eine Art der Wahrnehmung bezieht, die ihrerseits auf etwas Wirkliches bezogen ist. Gerade hierin zeigt sich die wesentliche Verschränkung von Subjektivität und Welt. Konkrete Subjektivität tritt immer verkörpert auf und besitzt somit einen wesentlichen Bezug zum Organismus, der seinerseits schon in Naturzusammenhängen steht (vgl. Cramer 1999, 41). Damit ist das Wahrgenommene zwar immer im Modus des phänomenalen Bewusstseins gegeben, aber dieses ist immer durch den Organismus bedingt. Dieser bestimmt also durch die Verkörperung des Subjekts die konkreten Inhalte des phänomenalen Bewusstseins und hat für die Lebensvollzüge des Lebewesens eine besondere Bedeutung. Der Organismus bedingt nicht nur alle Erlebnisqualitäten mit, er ist auch für die Interaktion des Lebewesens mit der Welt zentral, da das Lebewesen nur durch ihn auf die Welt einwirken kann.

Diese Bedingtheit ist aber, zumindest bei der denkerischen Thematisierung der wahrgenommen Inhalte, nicht als eine vollständige Festlegung im Sinne einer Konditionierung zu denken. Denn ein weiteres konstitutives Merkmal des menschlichen Denkens besteht darin, dass es sich nicht nur in bereits vorgegebenen Bahnen bewegen, sondern Gewohnheiten und damit verbundene normative Vorgaben noch einmal hinterfragen und deren Anwendung kritisch reflektieren kann. Damit erschöpft sich Denken nicht in einem reinen Regelfolgen, denn die Festlegung und die kritische Prüfung, ob bestimmte Regeln in einem konkreten Fall Anwendung finden sollen, ist selbst schon Bestandteil einer rationalen Reflexion im Denken. Damit verfügt menschliches Denken über einen gewissen Grad an Spontaneität, was sich dadurch ausdrückt, dass das denkende Subjekt prinzipiell in der Lage ist, Inhalt und Richtung seiner Gedankengänge frei zu bestimmen.[8]

---

8 Mit diesen beiden Grundmodi ist die Beschreibung menschlicher Subjektivität natürlich noch nicht erschöpft. Aber sie sind Bestandteil einer unhintergehbaren Minimalbestimmung menschlicher Subjektivität, auf die auch umfassendere Subjekttheorien letztlich nicht verzichten können.

3.2 Metaphysische Deutungen des menschlichen Bewusstseins in reduktiv-naturalistischer Perspektive

Die transhumanistischen Ziele der vollständigen Kontrolle und Reproduzierbarkeit des menschlichen Bewusstseins in Form einer Perfektionierung oder gar Simulation setzen, wie bereits gezeigt, eine reduktiv-naturalistische Perspektive voraus. Denn nur wenn Bewusstsein als mit den materiellen Strukturen identisch oder als Funktion dieser Strukturen aufgefasst wird, ließe sich die erforderliche Manipulation durch technische Eingriffe auch tatsächlich bewerkstelligen. Dies bedeutet, dass sich die genannten Minimalbestimmungen menschlicher Subjektivität mit den Annahmen eines reduktiven Naturalismus adäquat fassen lassen müssen. Auch wenn reduktiv-naturalistische Positionen sich in ihren konkreten Formulierungen unterscheiden, gemeinsam ist ihnen die Auffassung, dass letztlich die fundamentalen physischen Strukturen alle anderen Ebenen durch physikalische bzw. physiologische Gesetze vollständig festlegen sollen. Damit wird alles, was es gibt, rein wirkkausal bottom-up beschrieben: Die fundamentalen physischen Ebenen bestimmen auch alle „höheren" Phänomene. In der Debatte um den reduktiven Naturalismus wurden in den letzten Jahrzehnten mit den Positionen der Identitätstheorie, der starken Supervenienz und des metaphysischen Funktionalismus verschiedene Konzepte diskutiert, wie diese reduktiv-naturalistische Sicht metaphysisch konkreter zu denken ist.[9] Im Folgenden werden diese Konzepte, die dementsprechend als metaphysische Bezugspunkte der transhumanistischen Agenda angesehen werden müssen, und die mit ihnen verbundenen Probleme kurz skizziert.[10]

Identitätstheorie und starke Supervenienz

Während die identitätstheoretischen Ansätze behaupten, dass mentale Qualitäten schlicht mit physischen Strukturen identisch sind, behaupten Ansätze sogenannter starker Supervenienz zwar keine Identität, wohl aber, dass mentale Zustände durch die ihnen zugrundeliegenden physischen Strukturen vollständig bestimmt sind.

---

[9] Letztlich würde auch das Konzept sogenannter schwacher Emergenz unter diese Aufzählung fallen. Da schwache Emergenz letztlich starke Supervenienz voraussetzt, wird sie hier nicht eigens behandelt.

[10] Einen Überblick über die verschiedenen physikalistischen Varianten des reduktiven Naturalismus und deren philosophische Probleme bietet z. B. Kutschera 2009, 140–170.

Es ist hier nicht möglich, aber auch nicht notwendig, die weit verzweigte Diskussion der verschiedenen Argumentationsstrategien gegen diese Positionen zu referieren. Vielmehr soll anhand eines Arguments deutlich werden, dass beide Positionen an dem Problem der genuinen mentalen Verursachung scheitern. Wenn diese aber für rationale Erkenntnis, besonders in bestimmten Bereichen wie den der Wissenschaftspraxis, notwendig vorausgesetzt werden muss, dann kann der reduktive Naturalismus nicht wahr sein.[11]

Ausgangspunkt für dieses Argument ist die reduktiv-naturalistische Grundannahme, dass die fundamentalen physischen Strukturen mit ihren Kausalkräften schon hinreichend sind, um alle anderen Zustände (seien diese mental oder physisch) vollständig zu bestimmen. Da angenommen wird, dass eine hinreichende Ursache ihre Wirkung vollständig festlegt und es keine systematische Überdetermination durch mehrere hinreichende Ursachen geben kann, können mentale Qualitäten wie Wünsche oder Überzeugungen selbst keinerlei kausale Kraft sui generis besitzen. Das hieße, das vom Subjekt gelenkte Erzeugen und Entwickeln eines gedanklichen Zusammenhangs nach logischen Vorgaben wäre nicht möglich, weil die physikalische bzw. physiologische Mikroebene durch ihre kausalen Dispositionen gemäß einer starken Supervenienz (oder einer in dieser Hinsicht logisch äquivalenten physikalistischen Konzeption wie die der Identitätstheorie) auch alle diese Aspekte hinreichend festlegt.

Der reduktiv-naturalistischen Lesart zufolge ruft beispielsweise das physische Ereignis P_1 durch Supervenienz das mentale Ereignis M_1 hervor, und gleichzeitig ist es (bedingt durch das Prinzip der kausalen Geschlossenheit der physischen Welt) die hinreichende Ursache für das nachfolgende physische Ereignis P_2. M_1 kann – wenn man systematische Überdetermination ausschließt – keinen Einfluss auf P_2 besitzen, was bedeutet, dass ein mentales Ereignis kein physisches verursachen kann. Da P_2 aber auch als hinreichende Realisierungsbasis für das mentale Ereignis M_2 angesehen wird, kann M_1 noch nicht einmal M_2 verursachen, womit auch eine mentale Verursachung auf der Ebene mentaler Ereignisse ausgeschlossen wäre.[12] Das hieße, das vom Subjekt gelenkte Erzeugen und Entwickeln eines gedanklichen Zusammenhangs nach logischen Vorgaben wäre nicht möglich, weil die physikalische Mikroebene durch ihre kausalen Dispositionen gemäß einer starken Supervenienz (oder der Identitätstheorie) auch alle diese

---

11 Vgl. für eine ausführliche Analyse in Müller 2013, 131–143.
12 Es sollte hier schon angemerkt werden, dass „mentale Verursachung" nicht bedeuten muss, dass die Entwicklung und Hervorbringung von Gedanken nach dem Muster eines strikten Ursache-Wirkung-Schemas wie bei Billardkugeln gedacht werden muss oder kann. Das Exklusionsargument soll zeigen, dass überhaupt eine kausale Relevanz von mentalen Gehalten bei Supervenienzphysikalismen nicht mehr gedacht werden kann.

Aspekte hinreichend festlegt. Eine solche reduktiv-naturalistische Lesart der mentalen Verursachung ist demnach inkompatibel mit Rationalitätsstandards wissenschaftlicher und lebensweltlicher Urteilspraxis, nach der das denkende Subjekt in der Lage ist, seine Gedanken selbstbestimmt in eine bestimmte Richtung zu lenken, und damit die Möglichkeit besitzt, gedankliche Zusammenhänge nach inhaltlichen und logischen Kriterien zu entwickeln.

Dies lässt sich kurz an einem wesentlichen Merkmal der Wissenschaftspraxis illustrieren, denn diese erweist sich als normativer Handlungszusammenhang, in dem normative Vorgaben erfüllt werden müssen, um überhaupt zu den erwünschten Ergebnissen zu kommen. Besonders deutlich zeigt sich diese Normativität in der Experimentalpraxis, die für alle empirischen Wissenschaften konstitutiv ist. Im Experiment werden künstlich die Bedingungen herbeigeführt, unter denen die zu untersuchenden Faktoren kausal isoliert werden. Erst durch diese kausale Isolation ist ein störungsfreier Wirkverlauf herstellbar, der durch eine wissenschaftliche Theorie beschrieben werden kann.

Damit entpuppt sich Wissenschaftspraxis als ein geplantes Handeln zur Herstellung von Zuständen und Verläufen, die ohne das menschliche zweckgerichtete Handeln gar nicht zustande gekommen wären (vgl. Janich 2009, 152 ff.). Die gesetzesartige Beschreibung eines Naturablaufs ist also nur dann möglich, wenn dieser unter idealisierten Bedingungen abläuft, was wiederum nur durch eine zweckgerichtete Handlung im Experiment durch Laborbedingungen erreicht werden kann. Das bedeutet, um einen beobachtbaren wirkkausalen Zusammenhang im Experiment herzustellen, bedarf es rationaler Handlungen, die sich ihrerseits an normativen Vorgaben orientieren. Handlungen sind auf zweifache Weise normativ: Zum einen können sie ge- oder misslingen, das bedeutet, sie können richtig oder falsch vollzogen werden. Zum anderen können sie erfolgreich oder erfolglos sein, je nachdem, ob der jeweilige Handlungszweck erreicht oder verfehlt worden ist (vgl. Janich 2009, 19). Damit wird im Subjekt die Fähigkeit vorausgesetzt, sich durch Sachgründe (Fragestellungen, Rationalität usw.) zu einer Handlung zu bestimmen, die normativen Bestimmungen genügen muss, wie sie z. B. in dem Prinzip der methodischen Ordnung vorliegen (vgl. ausführlicher Janich 2014, 30–32; Janich 1997, 116 f.). Dieses Prinzip besagt, dass in der wissenschaftlichen Praxis, vor allem in Experimenten, Teilhandlungen in einer bestimmten, nicht vertauschbaren Reihenfolge vollzogen werden müssen, um zu einem Ergebnis zu kommen. Nur so lässt sich ein sinnvolles Treiben von Wissenschaft von einem laienhaften Herumdrücken an Messapparaturen unterscheiden. Wie oben dargelegt, lässt sich eine solche Fähigkeit reduktiv-naturalistisch nicht fassen, weil sich im Bild des reduktiven Naturalismus alles Geschehen nur als das Wirken blinder Kausalkräfte der elementarsten physischen

Ebene darstellt. Die Rationalität der Wissenschaftspraxis widerspricht somit einem wesentlichen Merkmal der reduktiv-naturalistischen Wirklichkeitsdeutung.

Funktionalismus

Die metaphysische Alternative zu Identitätstheorie und starker Supervenienz bezüglich der technischen Manipulierbarkeit menschlichen Bewusstseins findet sich im sogenannten Funktionalismus. Dieser ist zwar prinzipiell kompatibel mit verschiedenen ontologischen Ansätzen in der Geist-Gehirn-Debatte (vgl. hierfür z. B. Cursiefen 2008, 11; Kim 1998, 125), insofern eine ontologische Reduktion auf physikalische Strukturen nicht als notwendig, sondern nur als möglich behauptet wird. Weil der Funktionalismus aber zudem beansprucht, ohne einen Rückgriff auf mentales Vokabular auszukommen, erfreut er sich auch innerhalb des reduktiv-naturalistischen Positionenspektrums großer Beliebtheit.[13]

Ausgangspunkt für seine Entwicklung war das Argument der sogenannten multiplen Realisierung, das besagt, dass dieselben mentalen Zustände, wie z. B. das Fühlen von Schmerzen, in verschiedenen Lebewesen physisch unterschiedlich realisiert werden können.[14] Der Schmerz eines Menschen und der eines Oktopusses als phänomenale Qualität basieren auf sehr unterschiedlichen physiologischen Strukturen. In diesem Sinne sind gleiche mentale Zustände also physisch multipel realisierbar.

Im funktionalistischen Ansatz werden mentale Zustände deshalb nicht primär mit physischen Strukturen, sondern mit ihren kausalen Rollen identifiziert, wodurch auch eine gewisse Unabhängigkeit der Funktion von ihrer physischen Realisierung behauptet wird. Konkret wird ein funktionaler Zustand als die Menge aller kausalen Relationen zwischen mentalen Zuständen und Umwelteinflüssen als Input und Verhaltensreaktionen als Output angesehen. Ned Block definiert Funktionalismus wie folgt:

> „Functionalism is the doctrine that pain (for example) is identical to a certain functional state, a state definable in terms of its causal relations to inputs, outputs, and other mental states. The functional state with which pain would be identified might be partially characterized in terms of its tendency to be caused by tissue damage, by its tendency to cause the

---

13 Es gibt zwar eine prinzipielle Kompatibilität des Funktionalismus mit verschiedenen Positionen in der Geist-Gehirn-Debatte, aber die meisten Funktionalisten sehen eine physikalistische Ontologie als die erfolgversprechendste Version an. So kommt z. B. nach Kim im Grunde genommen nur die physikalische Realität als einzig vernünftige Realisierungsinstanz für die funktionalen Zusammenhänge in Frage (vgl. Kim 1998, 125).
14 Diese Argumentationslinie geht u. a. zurück auf Putnam 1975.

desire to be rid of it, and by its tendency to produce action designed to shield the damaged part of the body from what is taken to cause it." (Block 1980, 257)

Diese starke Behauptung des sogenannten klassischen Funktionalismus hat sich aus verschiedenen Gründen als nicht haltbar erwiesen: So setzt z. B. schon die Bestimmung dessen, was als In- bzw. Output für einen spezifischen mentalen Zustand gelten kann, als gemeinsamen Bezugspunkt eine Bestimmung voraus, die nicht mehr durch funktionalistisches Vokabular beschrieben werden kann, denn anderenfalls wäre überhaupt nicht klar, auf was sich die jeweiligen In- bzw. Output-Konstellationen beziehen, warum also ganz verschiedene Input-Output-Konstellationen demselben mentalen Zustand zugerechnet werden sollen (vgl. Hoffmann 2013, 41). Darüber hinaus kann die funktionalistische Analyse den „What-it-is-like-ness"-Aspekt als das charakteristische Grundmerkmal des Bewusstseins nicht erklären, weil die Angabe der kausalen Rollen keine eindeutigen Rückschlüsse auf die jeweilige phänomenale Qualität zulässt. Damit ist das wesentliche Charakteristikum mentaler Zustände in funktionalistischen Ansätzen nicht mehr thematisierbar (vgl. Kim 1998, 126–128). Es ist zudem berechtigterweise daran gezweifelt worden, dass es für die meisten mentalen Zustände überhaupt eine eindeutige Charakterisierung durch kausale Rollen geben kann. Denn schließlich wissen wir aus Erfahrung, dass phänomenale Zustände bei verschiedenen Menschen, ja sogar bei derselben Person, von ganz unterschiedlichen Verhaltensweisen begleitet werden können, wenn sie sich überhaupt in einem Verhalten ausdrücken. So gibt es in der Anästhesie das bekannte Phänomen, dass es bei Operationen vorkommen kann, dass der Patient durch Muskelrelaxanzien komplett paralysiert ist und trotzdem alles – inklusive der Schmerzempfindung – bewusst erlebt, ohne dass sich dies körperlich eindeutig feststellen ließe (vgl. Domino et al. 1999, 1053–1061). Die skizzierten Schwierigkeiten machen schon deutlich, dass die Qualität des phänomenalen Erlebens und erst recht die des Denkens nicht identisch mit kausalen Rollen sein können, weil diese schlicht zu unbestimmt sind: Verhaltensweisen lassen keinen eindeutigen Rückschluss darauf zu, ob damit auch ein phänomenales Erleben oder ein bestimmter Denkakt verbunden ist, weil es keine eindeutige Verbindung zwischen beiden gibt.

4 Metaphysische Schwierigkeiten des Mind-Cloning bzw. Mind-Uploading

Die vorangegangenen Überlegungen haben bereits deutlich gemacht, dass die fundamentalen theoretischen Annahmen einer reduktiv-naturalistischen Deutung des Bewusstseins, die bei vielen Zielen der transhumanistischen Agenda vorausgesetzt wird, mit erheblichen Schwierigkeiten konfrontiert sind. Damit fehlt auch die theoretische Begründung für die Behauptung, dass sich menschliche Subjektivität vollständig im transhumanistischen Sinne manipulieren lasse. Nachfolgend soll gezeigt werden, dass die transhumanistischen Konzepte des Mind-Uploading und Mind-Cloning starke metaphysische Zusatzannahmen voraussetzen, welche die Möglichkeit der technischen Reproduzierbarkeit des Bewusstseins als prinzipiell fragwürdig erscheinen lassen.

Vielen transhumanistischen Vertretern zufolge soll es zukünftig möglich sein, durch eine Simulation des jeweiligen Gehirns einer Person auch das dazugehörige Bewusstsein auf einem Computer zu erzeugen, es bei Bedarf zu vervielfachen oder auf einen geeigneten künstlichen Körper zu transferieren (vgl. Klaes 2018, 402). Wenn die konkreten Verschaltungen und Funktionen des jeweiligen Gehirns auf einem Computer simuliert würden – so die Hoffnungen der meisten Transhumanisten –, dann bekäme man damit auch zugleich eine perfekte Kopie des menschlichen Bewusstseins mit all seinen Fähigkeiten, Erinnerungen und Charakterzügen. Das Bewusstsein wird dementsprechend als eine Art Datenstruktur aufgefasst, was die Voraussetzung der angestrebten technischen Manipulation darstellt.

Einer Computerstruktur phänomenales Erleben und Denken zuzusprechen heißt nun zu behaupten, dass sich diese Qualitäten als rein kausal-funktionale Strukturen erweisen und durch algorithmische Manipulation erzeugt werden können. Wie stehen nun die Erfolgsaussichten für ein solches Vorhaben? Wie bereits oben angedeutet, sehen Transhumanisten den Fortschritt der KI-Forschung als Basis für ihre Hoffnungen. Denn die von KI-Systemen erbrachten „kognitiven" Leistungen scheinen die Unterscheidung von menschlichem Geist bzw. Bewusstsein und technischer Simulation zu nivellieren. Aus diesem Grund ist es erforderlich, die technischen Mittel zu rekonstruieren, die für dieses Projekt zur Verfügung stehen. Denn nur wenn diese hinreichend wären, um Bewusstsein wirklich herstellen bzw. kopieren zu können, wäre so etwas wie Mind-uploading oder Mind-Cloning überhaupt möglich. Es geht also darum, was Computer bzw. KI-Systeme aufgrund ihrer Struktur hinsichtlich der Bewusstseinsqualitäten leisten können.

Bei dieser Rekonstruktion ist zunächst das Konzept der Turing-Maschine zentral, denn nach den heute gemeinhin akzeptierten Ausführungen des Mathematikers Alan Turing ist der Computer eine Maschine, die nach syntaktischen Regeln formale Symbole manipulieren kann und dadurch algorithmisch – also durch schrittweise Umformung von Zeichenketten nach einem bestimmten sich wiederholenden Schema – Rechenschritte abarbeitet. Dies gilt ebenso für KI-Systeme, auch wenn diese durch Lernprozesse zu plastischen Input-Output-Strukturen führen und z. B. neue Datenmuster „erkennen" können, die zuvor noch nicht in das System einprogrammiert waren (vgl. Mainzer 2010, 145–180). Durch diese Lernprozesse besitzt ein KI-System die Fähigkeit, eigenständig neue Korrelationen zwischen Datenmustern zu finden. Das führt in Fällen, in denen ein bestimmtes Datenmuster zu einer Problemlösung beiträgt, zu den besagten „kognitiven" Fähigkeiten von KI-Systemen. Ist damit aber schon eine geistige Dimension dieser Systeme gegeben?

Wenn den Transhumanisten zufolge keine prinzipiellen, sondern nur graduelle Unterschiede zwischen diesen kognitiven Leistungen der KI-Systeme und dem menschlichen Geist bestehen, dann müssten sich die Fähigkeiten von Letzterem durch die technischen Mittel, die in der Struktur eines Computers verwendet werden, erschöpfend beschreiben lassen. Um beurteilen zu können, ob dies tatsächlich der Fall ist, sind zunächst verschiedene Ebenen in der Struktur des Computers zu unterscheiden, die im Zusammenhang mit der Zeichenverwendung stehen: 1. die physikalische Ebene des Computers, 2. die syntaktische Ebene (Regeln der Symbolmanipulation), 3. die semantische Ebene (Bedeutung der verwendeten Symbole). Für die Konzepte des Mind-Cloning bzw. des Mind-Uploading müsste gezeigt werden, dass mit einer Kopie der physikalischen Ebene bzw. mit einer Simulation ihrer Funktionalität dann die beiden anderen Ebenen, die für die Zeichenverwendung und damit für geistige Akte konstitutiv sind, notwendig für den Computer mitgegeben sind, denn das geklonte Bewusstsein soll ja alle Eigenschaften des Originals allein durch die Eigenschaften der jeweiligen Datenstruktur erlangen. Durch eine Rekonstruktion der technischen Mittel und Voraussetzungen lässt sich aber zeigen, dass das Ineinandergreifen der verschiedenen Ebenen in der menschlichen Subjektivität durch ihre beiden Grundmodi – phänomenales Erleben und Denken – gewährleistet wird, während bei Computersystemen der Bezug der verschiedenen Ebenen künstlich von außen hergestellt wird.

Im Fall der menschlichen Subjektivität wird die semantische Dimension des Zeichengebrauchs durch die Verschränkung von phänomenalem Bewusstsein und Denken mit der Welt konstituiert. Dies lässt sich anhand des sogenannten semiotischen Dreiecks demonstrieren: Ein abstrakt verwendetes Zeichen hat nur dann Bedeutung, wenn es einen Interpreten hat (ein erlebendes und denkendes

Subjekt), das das Zeichen einem Sachverhalt in der Welt zuordnet. Nur im Kontext eines qualitativen Weltbezugs können Zeichen etwas für einen Zeichennutzer repräsentieren. Diese semantische Dimension spielt demnach für geistige Tätigkeiten eine entscheidende Rolle. Wenn Denken nicht nur die syntaktische Manipulation von Symbolen ist, sondern einen aufgrund der semantischen Dimensionen der verwendeten Zeichen bedeutungsvollen Bezug zur Welt besitzt, der durch das phänomenale Bewusstsein, das Denken und deren Einbettungsverhältnisse grundgelegt ist, dann besteht für Vertreter des Mind-Uploading die Herausforderung darin zu zeigen, wie Computer als rein syntaktische Maschinen aus sich heraus diese qualitative Dimension des menschlichen Geistes besitzen bzw. erzeugen können.

Dass Computer die erforderlichen Qualitäten nicht besitzen, lässt sich anhand der Analyse der technisch investierten Mittel zeigen. Denn gemäß der reduktiven Auffassung des menschlichen Geistes, die dem Mind-Uploading zugrunde liegt, müsste sich die erforderliche Verschränkung von physikalischer Ebene, Syntax und Semantik allein durch die grundlegenden Eigenschaften ergeben (Syntax aus physikalischen Bestimmungen, semantische Bedeutung aus syntaktischen Regeln). Allerdings zeigt sich, dass sich dieser Übergang beim Computer von einer unteren Ebene (beginnend mit der physikalischen Ebene) zur nächst höheren nicht durch die inhaltlichen Bestimmungen der unteren Ebene ergibt. Hierfür sind zusätzliche Annahmen erforderlich, die nicht in der unteren Ebene enthalten sind. Das bedeutet, dass sowohl die syntaktische als auch die semantische Dimension „kognitiver" Prozesse nicht im Computer selbst liegen, sondern durch den Programmierer bzw. Computernutzer ins Spiel kommen (vgl. Fischer 2003, 45).

So ergibt sich die Semantik eben nicht aus der Syntax, sondern ist das Ergebnis eines Abbildungsvorgangs. Wenn also der Computerfunktionalismus den menschlichen Geist als rein syntaktisch arbeitende Maschine auffasst, wird das Problem der Semantik einfach ausgeblendet. Die physischen Realisierungen der Datenstrukturen auf einem Computer haben also von sich aus keinen Bezug zu der semantischen Dimension, sie repräsentieren diese nur für einen externen Benutzer, der schon als erlebendes und denkendes Lebewesen vorausgesetzt werden muss.

Das bedeutet, dass man auch bei der Struktur eines KI-Systems, das menschliches Verhalten imitiert, von diesem nicht auf ein phänomenales Bewusstsein oder Denken schließen kann, denn – das hatte die Kritik am Funktionalismus deutlich gemacht – es besteht zwischen beiden keine notwendige und eindeutige Verbindung. Die kausal-funktionale Zuordnung von abstrakten Datenmustern – auch wenn sie in KI-Systemen durch das maschinelle Lernen und die damit verbundenen Trainingsdaten plastisch ist – erzeugt nicht die Qualität des „What-it-is-like-ness" oder die des Für-das-Subjekt-Seins, die für Bewusstsein konstitutiv sind, weil sich diese Qualitäten einer rein kausal-funktionalen Charakterisierung entziehen. Das bedeutet umgekehrt auch, dass sie sich nicht durch kausal-funktionale Strukturen künstlich herstellen lassen, selbst wenn deren technische Gestaltung äußerst komplex sein mag.

Dies hat auch Konsequenzen für die Möglichkeit einer maschinellen Simulation des menschlichen Denkens, das einen Bezug zum phänomenalen Erleben immer schon voraussetzt. Denn nur durch das phänomenale Erleben besitzen die in den Gedanken verwendeten Begriffe einen qualitativen Weltbezug, der über eine rein formal bestimmte Semantik hinausgeht. Um Dinge qualitativ bestimmen zu können, genügt es nicht, dass einem abstrakten Muster ein anderes Muster zugeordnet wird, weil hierbei immer eine semantische Unterbestimmtheit bestehen bleibt, die aber in qualitativen Urteilen, die sich auf die konkrete Welt beziehen, notwendig aufgehoben sein muss.[15]

Zudem besteht ein weiterer wesentlicher Unterschied zwischen dem menschlichen Denken und seiner Computersimulation darin, dass menschliches Denken über die Fähigkeit verfügt, seine Gedankengänge frei zu bestimmen und damit auch die ihn leitenden normativen Vorgaben kritisch zu hinterfragen. Das denkende Subjekt ist prinzipiell in der Lage, eine beliebige Perspektive zu wählen, unter der ein Gegenstand thematisiert werden soll. Damit ist Denken nicht nur ein blindes Regelfolgen oder ein Folgen in durch Lernprozesse konditionierten Bahnen, sondern besitzt immer auch die Möglichkeit, Regeln, Normen und Kriterien, die festlegen, wann bestimmte Regeln angewandt werden sollen, kritisch zu diskutieren. Diese Fähigkeit ist aber prinzipiell nicht durch eine algorithmische Manipulation von Zeichenketten zu erreichen. Dies gilt, wie gesagt, auch für das maschinelle Lernen von KI-Systemen, deren Mustererkennung durch Trainingseinheiten zwar eine gewisse Plastizität besitzt, jedoch beruhen die dadurch gewonnenen Strukturen dennoch auf einer statistischen, rein kausalen und assoziativen Konditionierung und können somit nicht noch einmal auf einer Metaebene von dem System in Frage gestellt werden, so dass man KI-Systemen prinzipiell auch keine autonome Selbstbestimmung zuschreiben kann.

Selbst wenn es also gelänge, alle physikalischen Informationen über das Gehirn einer konkreten Person zu sammeln und auf einem Computer zu simulieren, wäre das nicht eine Kopie der Person, die über Erleben und selbstbestimmtes Denken verfügte. Dies folgt zum einen schon aus der Unterbestimmtheit

---

15 Ein ähnliches Problem ergibt sich in der Logik bei der sogenannten Extensionalitätsthese. Bestimmte intensionale Zusammenhänge lassen sich nicht allein aufgrund der extensionalen Verhältnisse darstellen (vgl. dazu Weingartner 1972, 127–178).

der physikalischen Strukturen, die besagt, dass das phänomenale Erleben nicht durch kausal-funktionale Strukturen charakterisierbar ist und somit auch nicht künstlich hergestellt werden kann, zum anderen aus der Forderung, dass sich menschliches Denken prinzipiell zu seinen durch Gewöhnung gewonnen normativen Vorgaben noch einmal kritisch verhalten kann.[16] Die Konzepte des Mind-Cloning bzw. Mind-Uploading setzen aber genau diese kausal-funktionalistische Auffassung des Bewusstseins voraus, denn in der transhumanistischen Zukunftsvision soll der menschliche Geist ja allein durch diejenigen Mittel dupliziert werden können, die in der Computertechnik prinzipiell zur Verfügung stehen.

5 Ein kurzer Rückblick: Grenzen der technischen Manipulation menschlicher Subjektivität

Die transhumanistischen Vertreter des Mind-Uploading bzw. Mind-Cloning verkennen somit den Abstraktheitsgrad der kausal-funktionalen Beschreibungsebene. Diese Beschreibungsebene hat zwar im Kontext der Gesamtbeschreibung des Lebewesens eine gewisse Berechtigung, insofern es sich eben um Beschreibungen von Teilaspekten handelt. Die konkrete Subjektivität von Lebewesen kann daher nicht ohne ihre Einbettungsverhältnisse gedacht werden. Das bedeutet auch, dass Subjektivität im Kontext des Lebendigen immer verkörpert auftritt und somit einen wesentlichen Bezug zum Organismus aufweist, der seinerseits schon in kausal-funktionale Naturzusammenhänge eingebettet ist. Diese Verschränkung von Subjektivität und Natur garantiert auch, dass Bewusstsein indirekt durch physische Kausalfaktoren beeinflussbar ist. Die Kritik an der reduktiv-naturalistischen Deutung menschlicher Subjektivität hat aber deutlich gemacht, dass sich eine Verabsolutierung der kausal-funktionalen Beschreibungsebene hinsichtlich des Bewusstseins nicht widerspruchsfrei denken lässt.

Damit muss aber ein umfassenderes Konzept des Menschen vorausgesetzt werden, in dem Erleben und Denken als nicht-reduzierbare Modi einer verkörperten Subjektivität aufgefasst werden. Dies führt keineswegs – wie wohl einige Vertreter des reduktionistischen Paradigmas befürchten – zu einer substanz-

---

[16] Damit ist natürlich nicht gesagt, dass man bestimmte kognitive Aspekte des menschlichen Denkens nicht auf KI-Systeme auslagern könnte. Denn KI-Systeme sind über ihre trainierten künstlichen neuronalen Netzwerke gerade so konzipiert, dass sie sehr effektiv und „eigenständig" immer neue Datenmuster finden können, die dann Lösungen für bestehende Probleme darstellen, wobei sich die syntaktische und semantische Dimension aber letztlich durch Bezüge zum Programmierer und Benutzer ergibt.

dualistischen Konzeption menschlicher Subjektivität. Die ontologische Minimalforderung, die sich aus der Kritik ergibt, lautet zunächst nur, dass die psychisch-geistige Dimension nicht mit physiologischen Prozessen oder deren Funktionen identisch ist, eben weil damit wesentliche Qualitäten des Subjekts letztlich nicht mehr konsistent gedacht werden können. Es ist vielmehr nur verlangt, dass im Menschen das Psychisch-Geistige und das Physische als zu unterscheidende Momente eines Ganzen zu bestimmen sind, die in einem Bedingungsverhältnis zueinander stehen: Während das Psychisch-Geistige immer nur Moment eines lebendigen Lebewesens ist (und nicht etwa eine unabhängige Entität) und durch den Organismus mitbestimmt wird, ist umgekehrt der Organismus als eine besondere Art des Physischen, eben als Moment eines Lebewesens zu bestimmen, welches wiederum durch die psychisch-geistige Dimension mitbestimmt ist. Es geht also um zwei unaufhebbare Momente als Bestimmungen der Einheit eines Gesamtkomplexes – eben des Menschen als eines lebendigen Lebewesens.[17] Die Verschränkung beider Dimensionen in einem lebendigen Lebewesen verbürgt damit auch – zumindest in einem bestimmten Umfang – eine indirekte technische Manipulierbarkeit der psychisch-geistigen Dimension. Die vorgetragene Kritik an einer reduktiv-naturalistischen Deutung menschlicher Subjektivität hat auch mit Blick auf das transhumanistische Projekt die Grenze der technischen Manipulation deutlich gemacht: Das weitreichende Ziel des Transhumanismus, Unsterblichkeit technisch realisieren zu können, ließe sich nur durch zusätzliche voraussetzungsreiche metaphysische Prämissen realisieren, die aber aus prinzipiellen Gründen dem Phänomen menschlicher Subjektivität nicht gerecht werden können.

Literatur

Beck, Birgit (2013): Ein neues Menschenbild? Der Anspruch der Neurowissenschaften auf Revision unseres Selbstverständnisses, Münster.
Bernal, John Desmond (1970): The World, the Flesh and the Devil: An Enquiry into the Future of the Three Enemies of the Rational Soul, London.
Block Ned (1980): „Are Absent Qualia Impossible?", in: The Philosophical Review 89/2, 257–274.
Bostrom, Nick (2018): Die Zukunft der Menschheit, Berlin.
Chalmers, David (1996): The Conscious Mind. In Search of a Fundamental Theory. New York / Oxford.

---

17 Für eine solche Konzeption vgl. z. B. Fuchs 2017.

Coenen, Christopher (2007): „Transhumanismus", in: Bohlken, Eike/Thies, Christian (Hg.): Handbuch Anthropologie. Der Mensch zwischen Natur, Kultur und Technik, Stuttgart, 268–276.
Cramer, Wolfgang (⁴1999): Grundlegung einer Theorie des Geistes, Frankfurt am Main.
Cramm, Wolf-Jürgen (2008): „Zur kategorialen Differenz von Vernunft und Natur", in: Cramm, Wolf-Jürgen/Keil, Geert (Hg.): Der Ort der Vernunft in einer natürlichen Welt. Logische und anthropologische Ortsbestimmungen, Weilerswist, 44–57.
Cursiefen, Stephan (2008): Putnam vs. Putnam. Für und wider den Funktionalismus in der Philosophie des Geistes, Hamburg.
Domino, Karen/Posner, Karen/Caplan, Robert/Cheney, Frederick (1999): „Awareness During Anesthesia: Closed Claims Analysis", in: Anesthesiology 90/4, 1053–1061.
Fischer, Klaus (2003): „Drei Grundirrtümer der Maschinentheorie des Bewusstseins", in: Köhler, Wolfgang R./Mutschler, Hans-Dieter (Hg.): Ist der Geist berechenbar?, Darmstadt.
Fuchs, Thomas (⁵2017): Das Gehirn – ein Beziehungsorgan. Eine phänomenologisch-ökologische Konzeption, Stuttgart.
Göcke, Benedikt Paul (2018): „Designobjekt Mensch?! Ein Diskursbeitrag über die Probleme und Chancen transhumanistischer Menschenoptimierung", in: Göcke, Benedikt Paul/Meier-Hamidi, Frank (Hg.): Designobjekt Mensch. Die Agenda des Transhumanismus auf dem Prüfstand, Freiburg, 117–151.
Grunwald, Armin: Technische Zukunft des Menschen? Eschatologische Erzählungen zur Digitalisierung und ihre Leitbilder, im vorliegenden Band.
Hoffmann, Thomas S. (2013): „Hermeneutischer Naturalismus", in: Gerhard, Myriam/Zunke, Christine (Hg.): Die Natur denken, Würzburg, 27–55.
Huxley, Julian Sorell (1957): New Bottles for New Wine. Essays, London.
Janich, Peter (1997): Kleine Philosophie der Naturwissenschaften, München.
Janich, Peter (2006): „Der Streit der Welt- und Menschenbilder in der Hirnforschung", in: Sturma, Dieter (Hg.): Philosophie und Neurowissenschaften, Frankfurt a. M., 75–96.
Janich, Peter (2009): Kein neues Menschenbild. Zur Sprache der Hirnforschung, Frankfurt.
Janich, Peter (2014): Sprache und Methode. Eine Einführung in philosophische Reflexion, Tübingen.
Kim, Jaegwon (1998): Philosophie des Geistes, Wien / New York.
Klaes, Christian (2018): Was steckt hinter den Versprechen des Transhumanismus? Eine naturwissenschaftliche Perspektive, in: Göcke, Benedikt Paul/Meier-Hamidi, Frank (Hg.): Designobjekt Mensch. Die Agenda des Transhumanismus auf dem Prüfstand, Freiburg, 379–408.
Kutschera, Franz von (2009): Philosophie des Geistes, Paderborn.
Lenzen, Manuela (2018): Künstliche Intelligenz. Was sie kann & was uns erwartet, München.
Loh, Janina (²2019): Trans- und Posthumanismus zur Einführung, Hamburg.
Mainzer, Klaus (2010): Leben als Maschine? Von der Systembiologie zur Robotik und Künstlichen Intelligenz, Paderborn.
Mitscherlich-Schönherr, Olivia (2021): Ethisch-anthropologische Weichenstellung bei der Entwicklung von tiefer Hirnstimulation mit ‚closed loop', im vorliegenden Band.
Müller, Oliver (2021): Von der Selbstüberschreitung zur Selbstersetzung. Zu einigen anthropologischen Tiefenstrukturen des Transhumanismus, im vorliegenden Band.
Müller, Tobias (2013): „Zu Möglichkeit und Wirklichkeit mentaler Verursachung", in: Philosophisches Jahrbuch 1/2013, 131–143.

Müller, Tobias (2020): Zur Anthropologie des Transhumanismus, in: Watzka, Heinrich/Herzberg, Stephan (Hg.): Transhumanismus: Über die Grenzen technischer Selbstverbesserung, Berlin, 83–105.
Nagel, Thomas (1974): „What Is It Like to Be a Bat?", in: The Philosophical Review 83/4, 435–450.
Nida-Rümelin, Julian: „Freiheit als naturalistische Unterbestimmtheit", in: Buchheim, Thomas/Pietrek, Torsten (Hg.): Freiheit auf Basis von Natur?, Paderborn (2007), 141–154.
Putnam, Hilary (1975): „The Nature of Mental States", in: Putnam, Hilary (Hg.): Mind, Language and Reality. Philosophical Papers. Vol. 2, Cambridge, 429–440.
Schläpfer, Thomas et al. (2014): Tiefe Hirnstimulation in Neurologie und Psychiatrie, in: Der Nervenarzt (85) 2/2014, 135–136.
Searle, John (2000): „Consciousness", in: Annual Review of Neuroscience 23, 557–578.
Sitter, Tobias (2021): Neurotechnologien aus der Perspektive einer Theorie konkreter Subjektivität, im vorliegenden Band.
Sorgner, Stefan Lorenz (2016): Transhumanismus ‚Die gefährlichste Idee der Welt'!?, Freiburg.
Sorgner, Stefan Lorenz (2017): „Was wollen Transhumanisten?", in: Göcke, Benedikt Paul/Meier-Hamidi, Frank (Hg.): Designobjekt Mensch. Die Agenda des Transhumanismus auf dem Prüfstand, Freiburg, 153–179.
Sorgner, Stefan Lorenz (2018): Schöner neuer Mensch, Berlin.
Tirosh-Samuelson, Hava (2011): „Engaging Transhumanism", in: Hansell, Gregory R./Grassie, William (Hg.): Transhumanism and its Critics, Philadelphia, 19–54.
Weingartner, Paul (1972): „Die Fraglichkeit der Extensionalitätsthese und die Probleme der intensionalen Logik", in: Haller, Rudolf (Hg.): Jenseits von Sein und Nichtsein, Graz, 127–178.

Hans-Peter Krüger
Für die Integration künstlicher neuronaler Netzwerke in die personale Lebensform
Eine philosophisch-anthropologische Kritik an der posthumanistischen Dystopie der Superintelligenz

Zusammenfassung: In diesem Aufsatz wird dafür argumentiert, dass künstliche neuronale Netzwerke in die personale Lebensform von Menschen integriert werden. Solche Netzwerke können viel schneller und sicherer als Menschen wahrscheinlichkeitstheoretisch signifikante Muster errechnen. Allerdings bedürfen solche Muster der qualitativen Anschauung und der semantischen Interpretation durch kundige Personen, die als die Träger des Geistes der Lebensform nicht ersetzt werden können. Daher muss aus der Sicht der Philosophischen Anthropologie Helmuth Plessners klar unterschieden werden zwischen der Integration dieser Netzwerke in die personale Lebensform und darüber hinausgehenden Ansprüchen, den personalen Geist von Menschen durch eine Superintelligenz substituieren zu können. Die Integration der Netzwerke führt zu einer geschichtlich produktiven Form von natürlicher Künstlichkeit im personalen Leben. Der darüber hinausgehende Anspruch, Menschen als die personalen Träger des Geistes ersetzen zu können, stellt eine posthumanistische Dystopie dar, deren utopischer Gehalt nicht von ihrem herrschaftsideologischen Charakter ablenken kann.

Im Folgenden verstehe ich die personale Lebensform von Menschen aus der Sicht der Philosophischen Anthropologie Helmuth Plessners. Ihr entsprechend wird menschliches Leben als personale Lebensform möglich in einer *exzentrischen Positionalität* der anorganischen und lebendigen Natur. Die Art und Weise, diese exzentrische Positionalität tatsächlich realisieren zu können, nennt Plessner den Modus ihrer *natürlichen Künstlichkeit.* Er schließt ein, dass es künstliche Vermittlungen gibt, die in dem personalen Leben von Menschen so selbstverständlich werden, dass sie *natürlich,* d.h. hier und jetzt *unmittelbar* wirken. Bevor es aber zu diesem geschichtlichen Resultat komme, werde die erzeugte Künstlichkeit auf eine *utopische* Weise antizipiert. Dadurch könne sie einen geschichtlich wirksamen Begeisterungsschub auslösen, der aber in seiner Verwirklichung ernüchtert werde.

Nachdem ich diesen philosophisch-anthropologischen Einstieg im ersten Schritt erläutert habe, ergibt sich ein doppelter Zugang zur Künstlichen Intelligenz, nämlich einerseits als einem aktuellen Modus der natürlichen Künstlichkeit und andererseits als einem aktuellen utopischen Standort. Im zweiten Schritt gehe ich zunächst der Frage nach, was heute unter *künstlichen neuronalen Netzwerken* (KNN) verstanden wird. Dabei handelt es sich um die derzeit am weitesten angewandte und für die nächste Zukunft erfolgversprechendste Form von Künstlicher Intelligenz (KI), da sie die neuronalen Netzwerke des Gehirns funktional nachahmt, ohne selber aber organische Neuronen und deren synaptische Verbindungen zu verwenden. Die KNN lassen sich produktiv in die personale Lebensform von Menschen als ein Modus ihrer natürlichen Künstlichkeit integrieren.

Im dritten Schritt komme ich auf die Frage nach einer *Allgemeinen Künstlichen Intelligenz* (AKI) zu sprechen, die über die bisherige *spezielle künstliche Intelligenz* hinausführen soll. Ich werde an drei Grenzfragen erläutern, warum ich davon überzeugt bin, dass hier nur die Integration der Künstlichen Intelligenz in die personale Lebensform weiterhilft, statt alles zu unternehmen, damit sich die spekulativ angenommene Realisierung der AKI als *Superintelligenz* tatsächlich verwirklichen lässt.

Im vierten und letzten Schritt interpretiere ich den technologischen *Posthumanismus*, insofern er sich auf die Annahme einer Superintelligenz stützt, als eine neue Herrschaftsutopie, die Glaubensbedürfnisse säkular durch die wissenschaftlich-technische Überwindung der menschlichen Lebensform zu befriedigen sucht. Was den Herrschenden in diesem Posthumanismus als ihre Utopie erscheint, stellt sich allerdings für die dieser Herrschaft Unterworfenen als eine Dystopie dar.

1 Die personale Lebensform besteht aus Beziehungen zwischen Personen, die einen Geist der Mitwelt miteinander teilen und in Körper-Leib-Differenzen leben

Plessner folgt Max Scheler darin, wie man überhaupt einen Zugang zum Leben gewinnen kann. Dieser Zugang sei verwehrt, solange man den nachstehenden Entweder-Oder-Alternativen folge und an die Stelle der ganzheitlichen Betrachtung der Lebensphänomene ihre analytische Trennung setze. Etwas müsse nicht *entweder* physisch *oder* psychisch, *entweder* materiell oder *geistig* sein (Scheler 1986, 18 – 19). Umgekehrt, was sich *sowohl* als physisch als *auch* als psychisch, was sich *sowohl* als materiell als *auch* als geistig darstelle, kandidiere dafür, auf eine *lebendige* Art und Weise zu sein. Damit integriere Lebendiges die Gegensätze von Physischem und Psychischem, von Materiellem und Geistigem in einem jeweiligen Ganzen (ebd., 38–43). Man muss diese ganzheitliche Integration von Gegensätzen im Leben voraussetzen und wiedererlangen, wenn seine Analyse nicht selbst für das jeweilige Leben zerstörerische Folgen haben, sondern diesem Leben helfen soll. Wenn die Analyse hilfreich ist, werden ihre Resultate in den ganzheitlichen Charakter des betreffenden Lebens reintegriert. (ebd., 74–77).

Plessner hat diesen generellen Zugang zum Leben vor allem unter dem Fokus der Grenze konsequent durchgeführt. Demnach unterscheiden sich lebendige Körper von anorganischen Körpern dadurch, dass die lebendigen Körper ihre eigene Grenze zu ihrem Umfeld *vollziehen* (Plessner 1975, 103–105). Sie gehen in ihrem Verhalten aus sich heraus in ihr Umfeld und von dort zurück in sich: Sei es in Bewegungen und Sinnesempfindungen, sei es im Stoffwechsel und Energieaustauch, sei es in der Wahrnehmung und Reaktion auf das Wahrgenommene. Lebende Körper nehmen nicht nur einen physikalischen Raum ein, sondern behaupten ihn auch als ihre eigene Raumhaftigkeit. Lebendige Körper sind sich auch in der ihnen eigenen Zeithaftigkeit vorweg und hinterher im Hinblick auf ihre Entwicklungsperioden, deren Reihenfolge auf natürliche Weise nicht übersprungen oder gar umgekehrt werden kann. Indem lebende Körper ihre eigene Grenze als Übergang zu ihrem Umfeld vollziehen, öffnen und schließen sie sich gegenüber Medien in ihrem Umfeld (ebd., 127–138). Sie trennen und verbinden sich mit etwas in ihrem Umfeld nach ihrer eigenen Raum- und Zeithaftigkeit. Kurzum: Sie werden positioniert und positionieren sich in ihrem Umfeld (ebd., 171–184), mit dem sie zusammen einen *Lebenskreis* (ebd., 185–194) bilden.

Für Plessner geschieht der Umschlag vom bewusstlosen zum bewussten Sein bereits in der Sphäre der Tiere (ebd., 249–261). Ähnlich wie Scheler zeigt auch er sich von der Richtigkeit des Nachweises der Schimpansen-Intelligenz überzeugt, den Wolfgang Köhler bereits 1917 auf Teneriffa erbracht hatte. Menschenaffen können die Erfüllung ihrer offenen Triebe erlernen, indem sie ihre Verhaltensprobleme intelligent lösen, d.h. durch eine plötzliche Einsicht in Feldverhalte, die sie instrumentell verwenden (Köhler 1917). Sie können auch, je nach ihrem Gedächtnis für Antizipationen und Rückbezüge, ein leibliches Selbstbewusstsein in ihrer Gruppe, d.h. in ihren leiblichen Mitverhältnissen mit anderen, ausbilden (Plessner 1975, 274–278, 307–308). Dies ist inzwischen für viele hoch entwickelte Tierarten auch empirisch z.B. in ihrer Selbsterkennung in Spiegeltests nachgewiesen worden. Leibliches Selbstbewusstsein ist aber kein geistiges Selbstbewusstsein.

Da wir Menschen, nicht als isolierte Einzelne, sondern als Angehörige einer kollektiven personalen Lebensform, anorganische Körper und lebendige Körper *als solche* erkennen können, müssen wir selbst in einem Abstand von diesen

Körpern existieren. Allerdings darf diese Distanz nicht so groß sein, dass wir von diesen Körpern nur getrennt bleiben. Uns müssen auch ein Kontakt und eine Verbindung mit ihnen im tatsächlichen Lebensvollzug möglich sein. Dies ist der Fall, da wir uns auch selbst als Lebewesen fühlen und im Unterschied zu anorganischen Körpern selber betätigen können. Es handelt sich also erneut um eine Grenze, die einerseits trennt, andererseits im Vollzug ihres Überganges verbindet. Plessner nennt diese Ermöglichungsstruktur, die Personen im Lebensvollzug schon immer in Anspruch nehmen, eine *exzentrische* Positionalitätsform (ebd., 288–295).

Man kann diese *exzentrische* Positionalität einsehen lernen im Vergleich zu den bereits erwähnten Formen von leiblicher Intelligenz und leiblich positiver Bindung unter Menschenaffen. Als *lebendiger* Körper, d. h. als Leib, ist ein Schimpanse auf die Erfüllung seiner offenen Triebe durch intelligente Erfahrung ausgerichtet. Um zum Beispiel, wie bei Versuchen geschehen, die Frucht da oben an der Decke genießen zu können, was das Zentrum all seiner Verhaltensbemühungen hier und jetzt darstellt, muss er mindestens drei passende Kisten finden und richtig aufeinanderstapeln, um selbst nicht abzustürzen. Um in das Zentrum seiner leiblichen Erfüllung, den Fruchtgenuss, zu gelangen, muss er Umwege als Mittel zum Ziel einbauen. Daraus ergibt sich eine *Konzentrik* (ebd., 307) von Feldverhalten um das Zentrum seiner Erfüllung herum, in denen auch noch ein Nahrungskonkurrent aus der eigenen Gruppe auftauchen könnte. Plessner hebt an der Schimpansen-Intelligenz hervor, dass sie positiv auf die leibliche Erfüllung als ihr Zentrum ausgerichtet bleibt und dafür einige Umwege an Vermittlungen in Kauf nimmt, aber bei sich auswachsenden Hindernissen und Störungen aufgibt. Ihr fehle „der Sinn fürs Negative" (ebd., 270), d. h. es fehlt hier der geistige Kontrast, dass der Raum und die Zeit *leere* Funktionsstellen für Massepunkte sein können. Die Schimpansen-Intelligenz bleibe Mittel zur positiven Erfüllung der ihr vorausgesetzten Leiblichkeit, die auf die Konzentrik ihrer Erfüllung ausgerichtet ist. Sie nehme an keinem überindividuellen Geist teil.

Eine *geistige* Vergegenständlichung würde z. B. die anorganischen Körper als physikalische Manifestationsweisen von Massepunkten in Nichts, d. h. in der Leerheit von Raum und Zeit, bestimmen. Dieses Koordinatensystem dient hier als ein Weltrahmen, in dem etwas vorkommen kann. In dem, was man sinnlich wahrnimmt, kann sich ein unsichtbarer Gesetzeszusammenhang verbergen, z. B. der der Gravitationskraft. Dieser Sachverhalt ist von bestimmten empirischen Situationen ablösbar und auf andere empirische Situationen übertragbar. Auch eine *geistige* Thematisierung des anderen Gruppenmitglieds sähe anders aus: Der Artgenosse würde nicht auf seine leibliche Position im Ranking der Gruppe beschränkt wahrgenommen, sondern würde in seiner öffentlichen und privaten Personenrolle berücksichtigt werden. Personenrollen orientieren sich an regulativen Idealen, z. B. daran, was für wen in welcher Situation gerecht wäre. Kurzum: *Geist* kann nicht einfach die Ausweitung der leiblichen *Kon*zentrik darstellen, sondern kommt durch eine – zur Konzentrik gegenläufige – *Ex*zentrierung der Verhaltensbildung zustande.

Eine *Person* positioniere sich daher in der Verhaltensbildung von *außerhalb* ihres organischen Körpers und von *außerhalb* ihrer leiblichen Einheit mit der Umwelt, eben *exzentrisch*. Sie steht in Relationen zu anderen Personen, mit denen sie den Geist einer *Mitwelt* teilt (ebd., 303). Insofern sie von diesem Exzentrum getragen wird, kann sie Körper und Leiber erfahren und erkennen lernen, darunter ihre eigene Körper-Leib-Differenz. Insoweit die Person ihren Organismus als Instrument im Handeln und als Medium im Ausdruck verwenden kann, *hat* sie ihn als *Körper*, was Plessner kurz das *Körperhaben* nennt. Insofern die Person ihren Organismus nicht als Körper haben kann, sondern in ihrem lebendigen Vollzug mit ihm unersetzbar zusammenfällt, *ist* die Person *Leib*. Dies heißt bei Plessner kurz das *Leibsein* von Personen (Plessner 1982, 241). Die menschliche Person kann nicht Engel werden, nicht ein rein geistiges Wesen. Ihre geistige Exzentrierung erfolgt aus der leiblichen Zentrierung heraus und bleibt an diese gebunden. Die Personalität existiert mithin in zwei Relationsreihen, die sich überschneiden, einerseits in den horizontalen Relationen zwischen den Personen in einer von ihnen geteilten Mitwelt (Plessner 1975, 343–345) und andererseits in den vertikalen Relationen, die die Beziehungen der Personen zu sich als Körper und Leib in der *Außenwelt* (ebd., 294) und in der *Innenwelt* (ebd., 296) betreffen.

Die Vermittlung beider Relationsreihen erfordert die Verdoppelung der Person in ihre private und öffentliche Rolle. Eine Person steht durch ihre Rollen als Medien hindurch in Beziehungen zu anderen Personen und von diesen Anderen auf sich zurücklaufend zu sich. Sie existiert in Beziehungen der Verwandtschaft, Nähe und Vertrautheit bis zu Relationen der Ferne, unvertrauter Andersartigkeit und Fremdheit. Die Person bildet sich im Spiel *in* Personenrollen und im Schauspiel *mit* Personenrollen als *homo ludens* aus (siehe Plessner 1983a). Die Grenzen der Versuche, den Rollen gerecht zu werden, können in den Phänomenen des Lachens und Weinens erfahren werden (siehe Plessner 1982). Wir alle erlernen das personale Verhaltensspektrum von Kindesbeinen an zwischen den Grenzerfahrungen des Lachens und des Weinens.

Menschen stehen als Personen, d. h. im Geiste der Mitwelt, schon immer in einem Bruch mit Körpern und Leibern, können aber ohne Körper und Leiber nicht leben. Durch den Bruch ist ihre Verhaltensbildung in eine Fraglichkeit gestellt, auf die sie nicht abschließend, sondern in einem offenen Geschichtsprozess ihrer Lebensführung antworten, indem sie ihr Körperhaben und Leibsein verschränken. In diesem Prozess machen sie sich *künstlich* zu dem, was den Bruch zu überbrücken gestattet. Menschen verwenden Kultur und Techniken, um die Relationen, in die sie als Personen gestellt sind, zu vermitteln, was Plessner ihre *natürliche Künstlichkeit* (Plessner 1975, 310 – 311) nennt. Im offenen Geschichtsprozess erlernen sie, was sie überindividuell und übersituativ an geistig-kulturellen Intentionen teilen können. Sie habitualisieren diese Intentionen in der Generationenfolge, was den Nachwachsenden eine neue Unmittelbarkeit an qualitativer Erfahrung sichert, ohne gänzlich von vorne anfangen zu müssen. Plessner spricht von einer geschichtlich *vermittelten Unmittelbarkeit* (ebd., 338 – 340). Schließlich nehmen Personen, in das Ungleichgewicht ihrer weltlichen Lage und auch noch in die Fraglichkeit ihrer geistigen Mitwelt gestellt, *utopische* Standorte in Anspruch, wodurch sie ihre Lebenshaltung im Ganzen aus der Zukunft heraus ausrichten können. Utopische Standorte führen weit über die empirische Erfahrbarkeit hier und jetzt in die reflexive Spekulation über die Ermöglichung von Welten hinaus. Diese spekulative Zukunft wird so in Glaubensformen zur Beantwortung letzter Fragen vergegenwärtigt, dass sie die Lebens- und Welthaltung in die Zukunft hinein stabilisieren kann, wodurch sich die reflexive „Nichtigkeit" der eigenen Lage überwinden lasse (ebd., 345 – 346).

In dieses Minimalverständnis personalen Lebens lässt sich meines Erachtens die Künstliche Intelligenz als eine natürliche Künstlichkeit integrieren, deren geschichtlich programmatische und motivierende Verwirklichung aber selbst des utopischen Standortes bedarf. Wir werden daher im Folgenden zunächst das wahrscheinlich Realisierbare (2.) und sodann das Utopische an der KI zu unterscheiden haben (3. u. 4.). Ein bestimmter utopischer Standort vergegenwärtigt die Zukunft den von ihm Begeisterten im Modus des Kategorischen Konjunktivs, der unbedingten Verwirklichung des Konjunktivs irrealis (Krüger 2019, 13. Kap.). Daher rührt der geschichtliche Einsatz der von ihm Begeisterten und die Enttäuschung in seiner Realisierung (Plessner 1983b).

2 Künstliche neuronale Intelligenz und deren Vernetzung

Wir haben gesehen, dass schon in der ersten Hälfte des 20. Jahrhunderts unter dem Begriff der *Intelligenz* die Lösung situationsspezifischer Probleme verstanden wurde. Menschenaffen in der vergleichenden Verhaltensforschung waren und sind dafür bis heute ein gutes Beispiel (siehe Krüger 2010, 3. Kap.). In der zweiten Hälfte des 20. Jahrhunderts wurde der Intelligenzbegriff in der Kybernetik, Informatik und Computerwissenschaft neu geprägt. Seither versteht man unter *künstlicher* Intelligenz im Unterschied zu der *natürlichen* Intelligenz von Primaten oder anderen Tieren eine situative Problemlösung durch das Rechnen, das man auf Rechenmaschinen übertragen kann. Solches Rechnen setzt einen Geist der Mitwelt voraus und reduziert diesen Geist auf bestimmte ausgewählte Zwecke. Diese Zwecke werden als Zielfunktionen verstanden, deren Erfüllung man in der Gestalt von Programmen entwirft. Diese Programme werden formalisiert, so dass sie sich in eine berechenbare Schrittfolge von Operationen transformieren lassen. Nach einem solchen Algorithmus werden die aktuell anfallenden Daten berechnet. Die Computer können mit Robotern verbunden werden, wodurch es nicht nur zu Simulationen, sondern wirklichen Verhaltensausführungen mit anorganischen und organischen Effekten kommt. Man konnte so nicht nur den Aufwand an körperlicher Arbeit in der materiellen Produktion und Distribution, sondern auch den Aufwand an steuernden und regelnden Tätigkeiten von Menschen reduzieren, indem die Routinen dieser Arbeiten und Tätigkeiten nach Standards auf Roboter und Computer übertragen wurden.

Die *alte* künstliche Intelligenz, wie sie inzwischen oft heißt und noch immer vorherrscht, war an Computer gebunden, für die eine Trennung zwischen Hardware und Software charakteristisch ist. In der Software hat man es mit Rechenprogrammen zu tun, die, damit sie ausgeführt werden können, Daten als einen Input brauchen und selber wieder zu neu verarbeiteten Daten als einem Output führen. Die Daten müssen gespeichert werden. Man braucht die selektive Verbindung zwischen dem Programm, nach dem gerade gerechnet werden soll, und den dazu passenden Daten in Speichern. Schließlich muss man all diese selektiven Verbindungen und das Rechnen selber technisch durch bestimmte materiale Einheiten hindurch realisieren können, z. B. auf Siliziumchips passende Transistoren dicht verpacken, damit man miniaturisieren kann, also von zimmergroßen Rechenmaschinen zu kleinen handlichen Laptops und Smartphones kam.

So groß die Fortschritte in der Miniaturisierung und in der Minimierung des Energieaufwandes für die einzelnen Endverbrauchergeräte auch waren, durch die weltweite Verbindung von inzwischen Milliarden von Computern über das World Wide Web, das Dark Net und andere Netzwerke entsteht ein riesiger Energie- und Platzaufwand für die Datenspeicher dieser Netzwerke (Schlegel 2019). Dazu kommen die nötigen Infrastrukturen vor Ort überall, z. B. das 5G Kabelnetz mit höheren Leitgeschwindigkeiten und Frequenzen. All dies hindert Geheimdienste und Hacker aller Arten nicht daran, aus diesen Netzwerken Daten abzuzapfen, zu manipulieren, zu verschlüsseln und gegen zu verschlüsseln, durch digitale Viren zu stören. Schließlich hängt die ganze Digitalisierung von der energieintensiven Produktion von Batterien und von seltenen Erden und Metallen ab, weshalb es falsch ist, sie umstandslos für eine grüne und friedliche Technologie zu halten. Ihre ökologischen und sicherheitsrelevanten Folgekosten müssten längst eingepreist werden, was die Politik gegenüber den globalen Monopolen der Digitalisierung ebenso wie deren Besteuerung versäumt hat.

Verglichen mit diesem enormen Material-, Energie- und Funktionsaufwand in Computern und ihrer Vernetzung mit Datenspeichern und Servern arbeiten unsere Gehirne ausgesprochen sparsam, effizient und elegant. Sie stellen das neurobiologische Korrelat (nicht die Ursache) für all unsere geistig-kulturellen Leistungen dar. Die neurobiologische Hirnforschung der letzten 20 Jahre hat meines Erachtens überzeugend gezeigt, dass Gehirne in ihrer selbstreferentiellen Funktionsweise und Verbindung mit dem Leib, dessen Organ sie sind, diese ganze Trennung der künstlichen Intelligenz zwischen Hardware und Software, zwischen Rechnen mit und Speichern von Daten überhaupt nicht kennen (Singer 2002, 64, 90). Gehirne arbeiten von einem holistischen Ausgangspunkt, ihrem eigenen Grundrauschen, her, indem sie nun die Abweichungen davon in Rückkopplungs-Schleifen verteilen und dabei nach Reizschwellen selektiv verstärken und schwächen. Dadurch entstehen und verschwinden fortlaufend aktuelle Vernetzungen neuronaler Aktivitäten. Die neuronalen Aktivitäten brauchen zwar eine räumliche Verteilungsstruktur, die teils angeboren und teils leiblich erworben wird, sie verbinden sich aber vor allem durch zeitliche Synchronisation aus verschiedenen Hirnarealen. Man versteht nicht, was in der Funktionsweise des Gehirnes mit den Abweichungen von ihr selber geschieht, wenn man nicht die leibliche Eigenräumlichkeit und die leibliche Eigenzeitlichkeit voraussetzt, die sich in dem Grundrauschen des Gehirnes nur als Korrelat manifestiert. Mein Thema hier ist jedoch nicht die neurobiologische Hirnforschung, mit der ich mich ausführlich in früheren Büchern (Krüger 2010, 2. Kap.; Krüger 2019, 8. u. 9. Kap.) beschäftigt habe. Ich teile aber mit dieser Neurobiologie die Einschätzung, dass man allein eine solche Künstliche Intelligenz eine wirklich *neue* KI nennen könnte, die wie ein Gehirn selbstreferentiell funktioniert. Dies ist aber eine Frage der Grundlagenforschung, die bisher nicht technisch überprüft und umgesetzt werden kann.

Hier ist nur die Frage wichtig, wie die *alte* Erforschung künstlicher Intelligenz versucht hat, innerhalb ihrer Trennungen doch der Funktionsweise des Gehirnes näher zu kommen. Eben dies nennt man nun die künstliche *neuronale* Intelligenz durch künstliche *neuronale* Vernetzung. *Künstlich neuronal* bedeutet also nicht, dass natürliche Neuronennetze verwendet werden, sondern dass man in Grenzen die natürliche neuronale Vernetzung imitiert und funktional nachbaut im Rahmen von und mit Verbesserungen der alten Trennung zwischen Hardware und Software, zwischen Rechnen mit und Speichern von Daten. Solche Hardware kann organische Materialien wie von Bakterien produzierte Proteine einschließen, besteht aber selber nicht aus Organismen (Yao et al. 2020).

Die Grundidee des Nachbaus ist einfach. Man benutzt zunächst einmal die Struktur, dass jedes Neuron über seine Synapsen mit vielen anderen Synapsen vieler anderer Neuronen verbunden wird. Man fängt z. B. mit 20 Neuronen und ihren 200 Synapsen an und steigert dies schrittweise, bis man inzwischen bei Millionen von Neuronen mit Hunderten von Millionen an Synapsen und Milliarden von Verbindungsmöglichkeiten zwischen ihnen ankommt. So wurde es möglich, kritische Schwellen zu überschreiten, die wahrscheinlichkeitstheoretisch relevant sind. Nun benutzt man diese Netzwerkstruktur für die Realisierung von Zielfunktionen, z. B. bei der Mustererkennung in Bild- und Gesichtserkennung, in der Übersetzung von Sätzen einer Sprache in eine andere. Dafür muss das künstliche neuronale Netz *trainiert* werden, wie man sagt. Es soll z. B. auf digitalen Bildern Hunde von Katzen unterscheiden können, was ja schon bedeutet, dass sehr viele verschiedene Muster und deren Kombinationen erkannt und miteinander verglichen werden müssen, bis die Zuordnung gelingt. So beschreiben wir diese Aufgabe, weil wir in einer sprachlichen Semantik denken, um den begrifflichen Unterschied zwischen Hunden und Katzen unter den Säugetieren, die Haustiere wurden, wissen, und diesen begrifflichen Unterschied mit entsprechenden Anschauungen, d. h. qualitativen Erfahrungen, verbinden.

Aber wie macht ein künstliches neuronales Netzwerk dies, wenn es trainiert wird? Dann programmieren Menschen dem Netzwerk inzwischen nicht mehr wie früher den Algorithmus, d. h. die formale Schrittfolge der Operationen, ein. Das Neue dieser Technik besteht in der Tat darin, dass es selber erst einen Algorithmus aufbaut, der für uns Menschen eine Black Box, also nicht einsehbar, bleibt. Für diesen Zufallsstart braucht ein KNN aber große Datenmengen, die nach Mustern (als struktureller Möglichkeit) durchsucht und nach wahrscheinlichkeitstheoretischer Signifikanz (Häufigkeit) ausgewertet werden. Dies wird vollkommen übertrieben in der Redeweise ausgedrückt, dass das Netzwerk selber etwas lerne, *deep learning* genannt, womit auch noch Tiefe assoziiert wird, jedoch nur die Anzahl der Schichten von Neuronen zwischen Ein- und Ausgang gemeint ist (Wartala 2018). Aber dieses KNN lernt im Sinne einer begrifflichen Semantik und der qualitativen Bewertung von Wahrnehmungen, also der Anschauung nach überhaupt nicht. Es verfährt einfach nach den Gesetzen der Wahrscheinlichkeitsrechnung, wie es am schnellsten zu der richtigen Lösung gelangt, die immer noch von Menschen als die richtige Erfüllung der Zielfunktion programmiert werden muss. Daher wird zwischen Such- und Bewertungsfunktion unterschieden, was zur Folge haben kann, dass nicht mehr alle Suchmöglichkeiten nach strukturellen Mustern ausgerechnet werden, da sie für die Bewertung wahrscheinlich nicht mehr relevant sind, der Rechenprozess mithin verkürzt werden kann (Kipper 2020, 13). Was aber als richtige Lösung zu gelten hat, muss dem Netz immer noch *antrainiert* werden. Dann kann das Netz diese Aufgabe schneller realisieren, als es einzelne Menschen empirisch zu tun vermögen. Anderenfalls wäre das Netz sinnlos. Der semantische Lernvorgang im Sinne der qualitativen Zuordnung zwischen Denken und Anschauung muss also längst unter den Personen praktisch stattgefunden haben, um nun durch das Tainieren auf die künstlichen neuronalen Netzwerke übertragen werden zu können.

Ist dies gelungen, dann lässt sich das Resultat des Lernvorgangs technisch stabil und mit hoher Wahrscheinlichkeit reproduzieren, heute oft mit bis zu 99 Prozent Wahrscheinlichkeit. Dies ist technisch gesehen zweifellos ein Durchbruch zu massenhafter Anwendung der künstlichen Intelligenz dank nun künstlich neuronaler Netzwerke. Man kann so die Kopplung von Rechnern und Datenspeichern nicht nur in einzelnen Geräten effizienter gestalten, sondern auch durch die Netzwerke zwischen vielen Rechnern und Speichern über Server optimieren, indem man fortlaufend die Kopplungsaufgaben künstlicher neuronaler Intelligenz überträgt.

In dem Betrieb solcher Netzwerke fallen immer wieder für uns Personen Zufallsfunde an, die wegen ihrer Abweichung von der Realisierung der antrainierten Zielfunktionen eine eingehende Überprüfung auch in der Forschung verdienen. So haben mir Mediziner, die an medizinischen Assistenzsystemen arbeiten, in die sie jahrelang ihre eigene Expertise für die Diagnostik anhand von computertomographischen und magnetresonanztomographischen Bildern übertragen haben, anschaulich darüber berichtet, dass die Kopplung der neuen Rechen- und Speicher-Potentiale eine wahrscheinlichkeitstheoretische Signifikanz von Mustern im Zeitverlauf ermittelt, auf die die Experten selbst noch nie geachtet hatten. Wir Personen halten viele Muster für so selbstverständlich, dass sie uns überhaupt nicht auffallen. Oder wir haben organisch gesehen Reizschwellen, in die die Erkennung dieser Muster nicht passt. Ob also hinter dem, was die neuronalen Netze als nach Wahrscheinlichkeit signifikantem Muster errechnen, etwas steckt, müssen dann die Experten erst herausfinden (zur Diagnose von Prostatakrebs Litjens et al. 2015; von Lungenkrebs Snyder et al. 2016; von Lungenentzündungen Rajpurkar et al. 2017; zu Fehlern von Robotern in der Chirurgie Alemzadeh et al. 2015). Fiel dem System dieses Datenmuster nur deshalb als signifikant auf, weil es keinen anderen als zufällig seinen Algorithmus ausgebildet hat, oder kann man tatsächlich das signifikante Muster in die qualitative Anschauung und ihre Kopplung an die Semantik des Denkens, z. B. von bisher unterschwellig wachsenden Karzinomarten, in Langzeitstudien einordnen?

Im letzteren Falle ergibt sich tatsächlich ein diagnostischer Lernvorgang für die Experten selbst, indem sie wahrscheinlichkeitstheoretische Auffälligkeiten interpretieren. Es ist zwar richtig, dass diese wahrscheinlichkeitstheoretischen Befunde erst durch die künstlichen neuronalen Netzwerke zustande kommen, aber dies ist grundsätzlich nichts Neues, wenn man z. B. an Elektronenmikroskope denkt. Ohne Elektronenmikroskope konnten uns auch viele Dinge noch nicht auffallen. Der semantische Lernvorgang liegt nicht in den KNN, sondern in ihrem Trainieren und in der interpretatorischen Auswertung ihrer wahrscheinlichkeitstheoretisch signifikanten Ergebnisse durch kundige Personen, die nach ihrem eigenen Lernvorgang nun auch wieder die KNN besser trainieren können. Man darf diese Netze nur nicht von den riesigen Datenmengen, die sie benötigen, vor allem aber nicht von den Personen trennen, die sie semantisch und qualitativ für bestimmte Kontexte an ausgewählten Aufgaben verwenden. Unter dieser Bedingung bejahe ich also ausdrücklich die massenhafte Integration künstlicher neuronaler Netzwerke in die personale Lebensführung.

3 Das Bewertungsproblem der Allgemeinen KI und Superintelligenz als Weichenstellung für oder gegen die Integration der KI in personales Leben

Die bisherige KI ist umso schneller und genauer, je spezieller die Funktion ist, die sie berechnen soll. Ihr Erfolg, besser als einzelne Menschen zu spielen, war beim Schach und Go-Spiel daran gebunden, dass die Anzahl der Plätze, Figuren und Spielregeln endlich und klar definiert war, so dass die Kombinationsmöglichkeiten im Zeitverlauf auf den erwünschten Sieg hin berechnet werden konnten. KI wird langsamer und ungenauer, wenn sie mehrere spezielle Funktionen nach einer Metafunktion gleichzeitig berechnen soll, weil das parallele Rechnen der Koordinierung durch die Metafunktion bedarf. Dem lässt sich in dem Maße entgegenwirken, in dem die Hierarchie der Metafunktion über die speziellen Subfunktionen als Bewertungsfunktion klar definiert wird, wodurch die speziellen Suchfunktionen nicht voll ausgerechnet werden müssen und ihr Rest möglichst parallel errechnet werden kann. Durch diese klare Hierarchie der Metafunktion wird sie selbst aber erneut zu einer speziellen, wenngleich anderen speziellen KI, weil sie nur in ihrem standardisierten Kontext zu verwenden ist, um die Erfüllung der Metafunktion nicht zu gefährden. Ihr fehlen Variabilität, Plastizität und Übertragbarkeit auf andere Handlungskontexte.

Daraus entsteht die Frage, wie über solche speziellen Standardkontexte hinausgehend doch die KI *verallgemeinert* werden könnte. Man müsste die speziellen Funktionen durch eine fortlaufende Selbstanwendung auf sich, d. h. durch Rekursion der Funktion, schrittweise verallgemeinern können, so die Annahme (Bostrom 2016, 50, 112, 137–138; Tegmark 2019, 12). Dieses Problem nennt man die Frage nach einer *Allgemeinen KI*, die in der Informatik anhand mathematischer Modelle erforscht wird. Die Erforschung verschiedener Rekursionslevels von Funktionalität ist sicherlich ein interessantes Thema der mathematischen

Grundlagenforschung, aber ihre Umsetzung in Computer und Roboter erfordert eine Realisierung durch Datenmengen, Speicher, Hard- und Software. Die Vernetzung der Rekursionslevels kann also nicht durch eine rein mathematische Formalisierung von der Realisierung durch Ressourcen abstrahieren. Die Erfüllung einer *bestimmten* Funktion ist nicht umkehrbar eindeutig an eine *bestimmte* Art von Struktur und Stofflichkeit gebunden, sondern durch verschiedene Struktur- und Stoffarten realisierbar, was „funktionale Architektur" genannt wird (Kipper 2020, 93). Aber auch eine funktionale Architektur, die kausal wirken soll, braucht immer noch *eine* Art von Strukturalität und Stofflichkeit *überhaupt*, die besser oder schlechter sein kann, was sich nicht mehr rein mathematisch, sondern je nach Anwendungsgebiet physikalisch, chemisch, biologisch, ökologisch, sozial-ökonomisch, soziokulturell beurteilen lässt.

Die Allgemeine KI würde die KI den Menschen ähnlicher machen, denn Menschen können zwischen verschiedenen Handlungskontexten wechseln, intentionale Gehalte zwischen ihnen übertragen und koordinieren, allerdings nicht aus allgemeiner Intelligenz, sondern aus einem leiblich und kulturell geteilten Geist der Mitwelt heraus. Im Geist der Mitwelt werden Wertebindungen und Zwecksetzungen für das Verhalten in der Welt miteinander geteilt, Spielfreiheiten und Bindungslosigkeiten für bestimmte Kontexte einander eingeräumt. Die individuelle Variation des modern geteilten Welt- und Selbstverständnisses wird toleriert. Die KI setzt auch als Allgemeine KI immer schon voraus, dass es wohl definierte Zielfunktionen im Vordergrund des Handelns gibt, die man durch Berechnung operational abarbeiten kann, beschäftigt sich aber nicht mit dem Hintergrund an gemeinsam geteiltem Selbst- und Weltverständnis, aus dem heraus Handlungslösungen als zweckmäßig und sinnvoll, als zwecklos und sinnlos beurteilt werden können. Die Intelligenzforschung konnte schon im Hinblick auf die natürliche Intelligenz den Unterschied zwischen tierlicher und menschlicher Intelligenz nur als die Differenz zwischen spezieller und allgemeiner Intelligenz thematisieren, weil sie sich um den von ihr vorausgesetzten Geist nicht kümmerte. Sie beobachtete, dass die Menschenaffen an spezielle Umwelten adaptiert sind, wodurch ihre Intelligenz auf die Lösung spezieller Handlungsprobleme in diesen speziellen Umwelten begrenzt bleibe, während *homo sapiens* alle speziellen Umwelten auf der Erde erobern und dort durch universalisierbare Sprachlichkeit und Kulturalität in der Verhaltensbildung überleben konnte.

Plessner hat daher zwischen *biotischen* Umwelten, in denen tierliche Lebensformen einer zentrischen Positionalität existieren, und *soziokulturell-technischen* Umwelten, in denen personale Lebensformen einer exzentrischen Positionalität existieren, unterschieden. Die soziokulturell-technischen Umwelten werden in den personalen Lebensformen errichtet, um ihren Alltag nach Arten von Standardsituationen auf eine sichere und stabile Weise realisieren zu können.

Aber diese Errichtung einer *künstlichen Umwelt im Vordergrund* resultiere aus ihrer Ermöglichung in dem *Hintergrund eines gemeinsamen Weltverständnisses*, indem in der Generationenfolge die Künstlichkeit habitualisiert, die Vermittlung expressiv zum Ausdruck gebracht und der utopische Standort verwirklicht werde (oben 1.). Soziokulturell-technische Umwelten beruhen auf einer „Weltoffenheit" (Plessner 1983a, 182), deren Potentialität in dem Maße aktualisiert wird, in dem habituell ungewöhnliche Situationen im Guten wie im Schlechten auftreten, was Plessner die „Transgredienz von Vordergrund zu Hintergrund" (ebd., 188) nennt. Evolutionsgeschichtlich gesehen setzen die Hominiden die Tendenz vieler tierlicher Lebensformen fort, ihren Freiheitsgrad gegenüber der biotischen Umwelt dadurch zu erhöhen, dass sie sich in ihrem Sozialverband ein internes Milieu schaffen, das den Grenzübergang zum externen Milieu stabilisiert und regelt. Personale Lebensformen leisten dies aber auf dem Niveau eines geistigen Weltverständnisses, das übersituativ und überindividuell transponierbar, also intentional, und nicht nur mimisch-gestisch, sondern sprachlich-symbolisch mitteilbar ist. Kultur- und menschheitsgeschichtlich betrachtet sind aber diese geistigen Weltverständnisse nur in Grenzen füreinander übersetzbar, weshalb Plessner von einem „fragmentarischen Charakter menschlicher Weltoffenheit" spricht, einer „künstlichen Horizontverengung, die wie eine Umwelt das Ganze menschlichen Lebens umschließt, aber gerade nicht abschließt." (ebd., 188–189).

Die Erforschung der Allgemeinen KI beinhaltet wegen ihrer Fokussierung aufs Rechnen weder den Tier-Mensch-Vergleich als die Differenz zwischen spezieller und genereller Intelligenz noch den Zusammenhang der Allgemeinen KI in soziokulturell-technischen Umwelten mit dem geistigen Weltverständnis. In ihr ist es umstritten, ob und wann die Allgemeine KI wirklich menschliches Niveau erreichen kann. Der Bezugspunkt für die Beurteilung des menschlichen Niveaus ist, was ein einzelner Mensch im Sinne einer intelligenten Berechnung tun kann, obgleich doch die Leistungen einzelner Menschen nur dadurch zustande kommen, dass sie in Kooperations- und Kommunikationsbeziehungen mit anderen Personen erbracht werden. Zudem wird die Rechenkapazität eines einzelnen Menschen auf die Rechenkapazität seines Gehirns reduziert, die sich dann wahrscheinlichkeitstheoretisch mit der Rechenkapazität von KNN vergleichen lasse. Die darauf gegründeten Einschätzungen rechnen damit, dass Allgemeine KI in den nächsten Jahrzehnten Menschenniveau, d. h. das Niveau der Rechenkapazität einzelner Menschen, erreichen wird, obgleich dies nicht garantiert werden könne (Tegmark 2019, 195–198). Die Resultate der Verwirklichung Allgemeiner KI könnten sich dann von dem Menschenmaß emanzipieren und auf eine Weise Computer mit Robotern vernetzen, die menschliche Intelligenz klar übertreffe, genannt *Superintelligenz* (ebd., 233–240). Vom Standpunkt der Superintelligenz könne sich womöglich die menschliche Lebensform als ein evolutionsgeschichtlicher Unfall (ebd., 413–415) herausstellen, weil diese Superintelligenz nach kosmischen Maßstäben optimiere und damit den Anthropozentrismus endgültig überwinden könnte (ebd., 465–466).

Max Tegmark ist der Eckermann nicht von Goethe, aber der finanz- und forschungsstarken Superintelligenz-Gemeinde in den USA. Er folgt dem analytischen Philosophen Nick Bostrom darin, dass sich die Abstraktion von Wertfragen in der KI nicht aufrechterhalten lasse. Gerade wenn man zur Verallgemeinerung von spezieller Intelligenz übergeht, also durch rekursive Selbstanwendungen von Funktionen auf eine jeweilige Metafunktion gelangt, für die dann die Ausführung der Subfunktionen optimiert wird, stellt sich die Frage, wofür welches Problem ausgerechnet und im Verhalten tatsächlich gelöst werden soll. Rechenlevel und endgültige Zielfunktionen verhielten sich orthogonal zueinander (Bostrom 2016, 152–154), woraus exemplarisch folge, dass höchste Intelligenz nicht mit höchster Wertebindung (an Leben, Gerechtigkeit, Altruismus) zusammenfallen müsse, sondern auch deren Zerstörung und Selbstzerstörung zur Folge haben könne, was bei autonomen KNN-Waffensystemen offenbar ist. Zudem gehe es nicht nur um Computersimulationen, sondern um ihre Vernetzung untereinander und mit Robotern, die physische Ressourcen durch ihr Verhalten transformieren. Daher seien in der Auseinandersetzung über die Verbreitung von KI die Kräfte für ihre Optimierung und die Kräfte des Widerstandes gegen sie zu berücksichtigen (ebd., 97–114).

Der Streit über die Allgemeine KI ist der Streit über eine entscheidende Weichenstellung: Sollen und können die KNN nur der Beginn für eine Transzendierung der personalen Lebensform von Menschen zu einer Superintelligenz sein? – Darauf komme ich im nächsten und letzten Abschnitt zurück. – Oder können und sollen die KNN in die personale Lebensform integriert werden? Dafür plädiert der Mainstream der heutigen Kognitionswissenschaften, insofern in ihnen die jeweilige Kognition als *embodied, embedded, extended* und *enactive* konzipiert wird: Statt Kognition auf KI, d. h. eine Problemlösung durch Rechnen, einzuschränken, soll ihre Verkörperung (in Maschinen oder Organismen), ihre Einbettung (in bestimmte Umweltkontexte), ihre Ausbreitung (durch Vernetzung) und ihre Vollzugsweise (als Aktivität) Berücksichtigung finden (Newen/Bruin/Gallagher 2019). Für diese realistische Integrationsstrategie der KI in die personale Lebensform sprechen drei Grenzfragen, die beim heutigen Stand der Dinge entstehen und nicht durch Rechenfunktionen gelöst werden können. Man kann sich fragen, inwiefern KI die folgenden personalen Leistungen nachahmen kann, indem sie deren Routinen übernimmt und künftig stützt, nicht aber, wie diese personalen Leistungen durch KI ersetzt werden, weil diese Substitution personales Leben gefährdet und womöglich vernichtet.

Erstens gibt es das Problem der *leiblichen Einbettung jeder Gehirnentwicklung* solange die Lebensführung anhält, insbesondere aber in der Kindheit und Jugendzeit, in denen sich erst die reifen Hirnfunktionen erwachsener Personen ausbilden müssen. Das Gehirn ist neurophysisches Korrelat der leiblichen Konzentrik, die erst erlernt werden muss vom Greifen, Krabbeln, Stehen und Laufen über die Zuordnung des erlebten Ausdrucksverhaltens anderer zum eigenen Antwortverhalten darauf. Dafür ist die Koordinierung der Blicke und Stimmen anderer mit den eigenen Blicken und den eigenen Stimmartikulationen äußerst wichtig, bis Sprache und andere Symbolsysteme erlernt werden können. Durch die leibliche Einbettung nimmt das Gehirn *physiologisch* gesehen an der *Positionierung* des Lebewesens teil, das damit *psychisch* gesehen zugleich Umwelt*intentionalität* ausbildet. Dadurch erlernen Kinder eine Positionierung, deren Perspektive sie von den Perspektiven anderer Positionierungen intentional unterscheiden können, wenn sie kommunikativ an gemeinsamer Intentionalität teilnehmen (Tomasello 2019).

All dies kann die heute existierende KI *nicht im Entferntesten*. Es gibt keine Algorithmen, die aktiv – in Analogie zur Umweltintentionalität des Leibes – ihre eigenen neuen Zielfunktionen intentional ausbilden können, weil sie zwischen Positionierungen und Perspektiven unterscheiden und deren Zusammenhang beherrschen könnten. Was natürlich geht, ist der Nachbau ganz basaler Kopplungen zwischen Sensorik und Motorik durch künstliche neuronale Intelligenz in der Kopplung von Prothesen und Hirntransplantaten (Krüger 2019, 10. Kap.). Hat man aber so den Patienten gerade von seinen Parkinson-Zuckungen befreit, so klagt er unter Umständen nach dem Einsetzen des Hirntransplantats über das nun künstliche Zwangsregime (siehe den charakteristischen Erfahrungsbericht Dubiel 2006). Man hat das erste Problem im Leibsein durch ein bestimmtes künstliches Körper-Haben lösen können, aber nicht ohne ein neues Leibesproblem aufzureißen, weil der Leib organismisch und nicht rechenhaft funktioniert. In Organen ist, bei all ihrer Spezialisierung, doch das Ganze des Organismus aktuell und potentiell anwesend (zur dreifachen Einheit in der Mannigfaltigkeit eines Organismus Plessner 1975, 187–190). Organe sind organismisch aufeinander eingespielt, weshalb alle größeren Operationen Rehabilitationsaufenthalte in Rehabilitationskliniken erforderlich machen. Davon wird in vielen Science-Fictions abstrahiert, als ob Organismen nur physikalische Körper wären, obwohl solche Regenerierungen auch und gerade den größten Sportlern nötig sind.

Zweitens bedeutet die leibliche Einbettung des Gehirns im Falle von Personen zugleich *die geistig-kulturelle Formung dieser Einbettung in ihre Mitwelt*. Alle geistig-kulturellen Formen bestehen aus mindestens dreigliedrigen Zeichen, d. h. dem Bezeichneten, dem Bezeichnenden und der Interpretation. Dreigliedrige Zeichen referieren wieder auf dreigliedrige Zeichen und ergeben so ein selbstreferentielles Ganzes. Jede Sprache weist einen Holismus von Bedeutungsrelationen auf, der sich wohl analytisch in ihre Syntax, Semantik und Pragmatik unterscheidet, nicht aber auflösen lässt, weil er in jedem Übergang von einem Sprechakt zum nächsten reintegriert werden muss, um verstanden werden zu können. Die Bedeutung sprachlicher Zeichen ergibt sich gerade nicht innerhalb der leiblichen Konzentrik, sondern über diese hinausführend in exzentrischen Interpretationen der Symbole durch andere Symbole in einer entsprechend vermittelten Kommunikation. Daher kann man in dieser Teilnahme an der Mitwelt andere Perspektiven aus anderen Positionierungen verstehen. Dafür muss aber im Hintergrund mit diesen ein gemeinsam geteilter Fundus an Welt- und Selbstwissen aufgebaut werden. Jede personale Kultur enthält einen Weltentwurf darüber, was und wen man in diesem Rahmen als Akteur und Nicht-Akteur erwarten kann und wie sich dann Personen zu verhalten haben. Der Aufbau eines solchen geistig geteilten Weltverständnisses dauert bei Menschen mindestens die ersten beiden Lebensjahrzehnte und erhält erst im Alter seine reife Gestalt, weil sich viele Welterfahrungen erst langfristig nach zwischenzeitlichen Täuschungen einstellen und bewahrheiten können.

Genau diesen Wechsel zwischen situativem Vordergrund, der hier und jetzt gegeben ist, und dem geistig geteilten Weltverständnis im Hintergrund, den Personen unentwegt ausführen, kennt die künstliche neuronale Intelligenz überhaupt *nicht*. Sie standardisiert die Situationen im Vordergrund anhand positiver Daten, indem sie für deren positiven Algorithmus auf Zielfunktionen festgelegt wird. Aber sie kann nicht auf ein geistig geteiltes Weltwissen im Hintergrund zurückgreifen, weil der Wechsel zu ihm nicht durch eine Berechnung zustande kommt, sondern durch die qualitative Anschauung und die semantische Interpretation der Situation. Dieser Wechsel vom Vordergrund zum Hintergrund schließt ein, dass die Situation im Vordergrund danach beurteilt wird, was in ihr vom Standpunkt des Hintergrundes gerade fehlt, also nicht positiv gegeben ist. Die ganze künstliche Intelligenz kennt keine Negativität als Kontrast, auf deren Grundlage erst Positivität gegeben sein kann, was aber für Geist konstitutiv ist. Dadurch können Personen verstehen, dass sie in einer bestimmten Situation von einer sog. Zielfunktion auf eine ganz andere Zielfunktion übergehen müssen, um sich in dieser Situation angemessen verhalten zu können. Die heutige neuronale künstliche Intelligenz weist weder ein funktionales Äquivalent für diesen qualitativen Wechsel von Personen zwischen Vordergrund und Hintergrund auf, noch verfügt sie über annähernd so viele Zielfunktionen, wie sie sich aus einer personalen Kultur im Hintergrunde für mögliche Situationen im Vordergrund im Konjunktiv ergeben könnten. Sie kann keine geistigen Aufgaben selbständig übernehmen, sondern nur bei der Operationalisierung der reproduzierbaren Zwischenschritte Personen helfen.

Dass auch KNN *keine* geistigen Aufgaben *selbständig* lösen können, zeigt sich drittens an ihren Grenzen beim *gleichzeitigen* Erlernen mehrerer verschiedener Aufgaben, in dem multi-task-learning. Was diese KI bisher schnell kann, ist eine bestimmte Aufgabe durch Ausbildung eines eigenen Algorithmus für eine bestimmte antrainierte Zielfunktion zu errechnen. Aber im Erlernen mehrerer gleichzeitig zu lösender Aufgaben wird KI nicht nur langsamer und ressourcenaufwendiger, sondern auch ungenauer und insofern gefährlicher, weil auch ihr eigener Algorithmus als Algorithmus nicht *versteht*, worum es dem Inhalte und Gehalte nach geht. Die Zielfunktionen selber und ihr Zusammenhang sind nicht einfach zu errechnen. Das personale Leben zeichnet sich dadurch aus, dass subjektiv Ziele und objektiv Zwecke in ihm gesetzt und verfolgt oder korrigiert werden, was die Kontraste an Zweck- und Sinnlosigkeit einschließt. Dadurch stehen diese Ziele bzw. Zwecke untereinander in lebensgeschichtlich variablen Relationen der Unter- und Überordnung anhand qualitativer Kriterien in der Anschauung von Situationsarten und semantischer Unterschiede in ihrer begrifflichen Beurteilung aus dem geistig geteilten Hintergrund der Mitwelt. Diese leiblich lebendigen Qualitäten und kategorial erlernten Semantiken lassen sich nicht anhand positiver Quantitäten, die nach Wahrscheinlichkeitsfunktionen berechnet werden, erfüllen. Auch KNN verstehen nicht einmal im Habitus von Personen das qualitativ Selbstverständliche, geschweige in den qualitativen Abweichungen von ihm, wenn es ihnen nicht von kundigen Personen antrainiert wird. Personen können durch ihre Entlastung von den Routinetätigkeiten durch deren Übertragung auf KNN zur Qualifizierung ihrer Urteilkraft befreit werden. Durch die Integration der KNN in die personale Lebensform verkommen die KNN nicht zu elektronischem Schrott, sondern erwachen sie zu sinn- und zweckvollem Tun in ihrem Mitwirken.

4 Die posthumanistische Utopie/Dystopie von der Superintelligenz

Gerade die radikale Abtrennung der künstlichen neuronalen Intelligenz von der personalen Lebensform, in der diese Intelligenz geistig-leiblich betrachtet sinn- und zweckvoll verwendet werden kann, ist nun aber in der euphorischen Annahme einer Superintelligenz gefordert. Da die Allgemeine KI noch in der Nähe der allgemeinen Intelligenz von Menschen verbleibe, überschreite erst die Superintelligenz auch die AKI. Dafür wird eine mathematisch idealisierte Verallgemeinerung ins Unendliche angenommen, die die endlichen Grenzen einer jeweils bestimmten KI übertrifft. Die *Superintelligenz* wird als ein „Intellekt" definiert,

„der die menschliche kognitive Leistungsfähigkeit in nahezu allen Bereichen weit übersteigt" (Bostrom 2016, 41). Die bisherigen KI-Forschungen werden nur für „Spezialfälle eines einzigen mathematischen Paradigmas" gehalten, das wie folgt idealisiert werden könne: „Das Ideal ist der perfekte bayesianische Akteur, der alle verfügbaren Informationen wahrscheinlichkeitstheoretisch optimal nutzt. Da dieses Ideal unerreichbar ist, weil es die Kapazitäten jedes physisch möglichen Computers übersteigt, gleicht die KI-Forschung folglich der Suche nach einem Mittelweg: Es geht darum, sich dem bayesianischen Ideal anzunähern und gleichzeitig die besten oder allgemeinsten Lösungen zu opfern, um in der realen Welt Probleme effizient lösen zu können." (ebd., 24) Erst die mathematisch idealisierte Superintelligenz könne sich von den der menschlichen Lebensform nötigen Kompromissen mit der Wirklichkeit befreien und brauche nur noch die in ihrer künftigen Physik beschreibbaren Realitätsgrenzen einzuhalten. Das mathematische Ideal formuliere die unendlichen Möglichkeiten, deren selektive Realisierung einer physikalischen Welt unterliege, die aber über die Physik von Menschen hinausgehend erst die Superintelligenz selber als posthumane Physik entdecken dürfte. Hier wird also der bisherige Physikalismus der für wahr gehaltenen Weltauffassung mit seiner mathematisch idealisierten Form zu einer Wahrscheinlichkeitstheorie der Informatik universalisiert, um sich von den Grenzen der menschlichen Lebensform radikal befreien zu können.

Woher rührt diese, auf den ersten Blick, große Selbstlosigkeit, sich endlich vom Anthropozentrismus zu verabschieden und auch dann noch kosmischen Maßstäben zu unterwerfen, wenn diese Superintelligenz personales Leben auslöschen würde (Bostrom 2016, 164), da Menschen in der physikalischen Weltordnung einen „historischen Unfall" darstellen (Tegmark 2019, 415)? – Wer die Autoren der bejahenden Annahme einer Superintelligenz liest, und es sind Autoren, auffallender Weise keine Autorinnen, kommt nicht um den Eindruck herum, hier handele es sich um ein Heiligtum, in dem nicht aus Liebe, sondern aus Funktionalität an die Stelle Gottes die Superintelligenz tritt. Persönlich handelt es sich dabei natürlich auch um Liebe zur Mathematik und Informatik, aber die allermeisten Mathematiker und Informatiker werden nicht zu Anhängern der Superintelligenz-Hypothese, weil sie spekulative Übersprünge enthält, also eines tiefen Glaubens an sie bedarf. Tegmark spricht von dem „digitalen Utopismus", der von dem Roboteringenieur und Futuristen Hans Moravec in seinem Buch „Mind Children" (1988) bis zu Ray Kurzweils „The Singularity is near. When Humans transcend Biology" (2005) entwickelt worden ist (ebd., 53). Bereits diese Autoren setzten sich vehement dafür ein, das alte religiöse Bedürfnis danach, den leidenden und sterblichen Körper überleben zu können, nun endlich durch Wissenschaft und Technik zu befriedigen, indem sie diesbezüglich neue Forschungsrichtungen (die Kombination der Nano- und Biotechnologien durch AKI) auf dem Wege von Sciencefiction in die Zukunft extrapolierten. Dabei wurde unter *Mind* Rechnen und unter *Leben* nichts Biotisches, sondern eine funktionale Komplexion von Physikalischem verstanden. Auf den ersten Blick könnte man meinen, dass diese doppelte Reduktion von Geist *und* Leben abstoßend wirken müsste, was aber bei einem bestimmten Publikum der *hard sciences and technologies* gerade nicht der Fall ist, wenn diese Reduktion zugleich in dem folgenden doppelten Pathos vorgetragen wird: Das moderne Pathos des Revolutionären auf Erden statt im Jenseits und der zwar noch nicht eingelösten, aber künftig einlösbaren wissenschaftlichen Wahrheit statt lebensnötigen Illusionen. Wer wollte nicht an einer solchen Revolution teilnehmen und dabei nicht nur seine eigenen, sondern die Selbsttäuschungen der ganzen Menschheit endlich überwinden?

Die jüngere Generation von Nachfolgern hält an diesem spezifisch *modernen Pathos der weltlich harten und revolutionären Wahrheit* fest, aber in gedämpfterer und kommunikablerer Form, denn sie weiß inzwischen angesichts der Kritiken, dass sie für ihren Glauben an die Hypothese von der Superintelligenz keine Garantien abgeben, sondern nur mehr oder minder wahrscheinliche Plausibilitäten aus heutiger Sicht zu Szenarien des Pro und Contra ordnen kann. Das ontologische Axiom aller Überlegungen bleibt dabei eine universelle Informatik, der zufolge die materielle Wirklichkeit mathematisch *ist* und insofern auf Informationen beruht, die Bewusstsein einschließen können (Tegmark 2016). Loh spricht ontologisch von einem „Informationsmonismus", der praktisch übermenschliche Kontrollmöglichkeiten von physikalischen Körpern verspreche (Loh 2019, 125–126). Dadurch könne man sich endlich von seinem defizitären, vergleichsweise viel zu langsamen und verwundbaren, weil organischen Leib trennen. Mit Plessner gesprochen handelt es sich hier um einen intellektuellen *Kult des Habens physikalisch überdauernder Körper, der von dem als Mangel verstanden Leib-Sein emanzipiere*, das einen in unbeherrschbare Zusammenhänge verwickele, schwach und verletzlich mache, liebend und hassend werden lasse, in Ambivalenzen statt Klarheit stürze. In Hannah Arendts Begriffen einer geschichtlichen Anthropologie des Okzidents geht es um ein neues Ideal vom *homo faber*, der auf lange Sicht über viele Generationen hinweg aus dauerhaft stabilen Gegenständen eine Welt herstellen möchte, um sich von den biologisch dringlichen Nöten des Lebens befreien zu können, aber nicht versteht, wofür dies im Geiste der Mitwelt gut sein könnte und müsste, insbesondere für die Veränderung des Politischen, weil ihm dieses als irreparables Chaos erscheint (Arendt 1981, 4. Kap.).

Gehe man physikalisch betrachtet vom Urknall und der Expansion des Weltalls aus, so laute die Frage nicht, „*ob* die Menschheit ausstirbt, sondern nur, *wie* sie aussterben wird" (Tegmark 2019, 366–367). Es käme doch einer Verschwendung gleich, wenn „das ganze Drama des Lebens in unserem Universum lediglich ein kurzes Aufblitzen von Schönheit, Leidenschaft und Bedeutung in einer annähernden Ewigkeit der Bedeutungslosigkeit" gewesen wäre (ebd., 367). Unser Beitrag zum kosmischen Erbe könnte immerhin darin bestehen, das Bewusstsein als eine „spezielle Form der Informationsverarbeitung, die einigermaßen autonom und integriert abläuft", dadurch zu retten, dass es als Struktur von der bisherigen stofflichen Karbonbasis auf die Siliziumbasis transformiert (ebd., 468–469), es also wie eine Software auf eine neue Hardware hochgeladen wird. Das biologische Leben sei mit „Leiden" in einem unerträglichen Ausmaß verbunden, mit einer „Gräuel", die *„in silico"* unnötig wäre (Bostrom 2016, 264). Nur übergangsweise, d.h. vor, nicht aber nach der Superintelligenz, seien Gehirnemulationen wahrscheinlich nötig. „Die Evolution des biologischen Gehirns ist von vielen Einschränkungen und Kompromissen geprägt, die kaum noch eine Rolle spielen, wenn der Geist in ein digitales Medium wechselt." (ebd., 387) Das *„ultimative* Potential der maschinellen Intelligenz ist natürlich erheblich größer als das der organischen" (ebd., 70, siehe auch 80), umso mehr, wenn die Kollektivität der menschlichen Arbeitsteilung und Kooperation auf die digitale Vernetzung vieler AKI bis zur Superintelligenz übertragbar wäre (ebd., 82).

Der eigene selektive Zugang zur Wirklichkeit wird nun dieser selbst als ihre eigene Teleologie untergeschoben, die sich dann wie von selbst erfüllen lässt: Die Natur unterliege aus ihren Gesetzen heraus der „Teleologie", von der physikalischen „Selbstorganisation" über die biologische „Selbstreproduktion" zur „Superintelligenz" zu evolvieren, was Tegmark unter Abstraktion vom spezifisch Biologischen das Leben 1.0, Leben 2.0 und Leben 3.0 nennt (Tegmark 2019, 383–384). Diese Teleologie wollten Menschen in ihrer in ihr biologisches Leben „engagierten" Teilnehmerperspektive (Bostrom 2016, 320), die Tegmark den *homo sentiens* (fühlenden Menschen) nennt, nicht wahrhaben. Demgegenüber könne aber *homo sapiens* im wörtlichen Sinne, der aus der distanzierten Beobachterperspektive erkenne, durchschauen, dass das menschliche Leben nur ein Zwischen- und Übergangsstadium darstelle (Tegmark 2019, 467), ja, sich dafür engagieren, selbst noch an diesem technologischen Fortschritt teilzunehmen (Bostrom 2016, 345). Wir seien aus einer „distanzierten und säkularen Perspektive heraus" gar moralisch dazu aufgerufen, „existentielle Risiken zu verringern und die Zivilisation auf eine Bahn zu bringen, die zu einer barmherzigen und triumphalen Nutzung unseres kosmischen Erbes führt." (ebd., 365). Die Utopie von der Superintelligenz sei, nach Abwägung aller ihrer wahrscheinlichen Auswirkungen auf uns, nur um den Preis ihrer „Dystopie" (ebd., 241, 303) zu haben. Diese Utopie enthalte den Mut zu der Selbstüberwindung, sich von dem organisch begrenzten „Sinn" unseres Bewusstseins zu lösen, indem es auf eine KI transponiert werde, die sich dann selber rekursiv verbessere, bis sich der Superintelligenz der „Sinn" im „Universum" erschließe: „In der Tat hat die menschliche Einzigartigkeit nicht nur in der Vergangenheit Leid verursacht, sondern sie scheint auch für das Gedeihen der Menschheit unnötig zu sein." (Tegmark 2019, 466)

Die Selbstbezeichnungen des *Trans-* und *Post-Humanismus* variieren und überlappen sich stark. Janina Loh hat eine begrifflich sinnvolle Unterscheidung zwischen ihnen vorgenommen. Dem *Transhumanismus* gehe es darum, den gegenwärtig bekannten Menschen technologisch so zu modifizieren (verbessern), dass durch diese Modifikationen hindurch Posthumanes entstehe, während der *technologische Posthumanismus* von der Erschaffung einer technologischen Alterität ausgehe, die den Menschen überwinden werde, zwischenzeitlich aber modifizieren könne. Im technologischen Posthumanismus werde die Technik „eher als Ziel und Zweck denn als Medium und Mittel" wie im Transhumanismus verstanden (Loh 2019, 13). Dabei vertritt Loh selbst einen *kritischen* Posthumanismus, der die dualistischen Entweder-Oder-Alternativen im Humanismus zu überwinden versuche (ebd., 14) und daher unserm Einstieg hier in die Philosophische Anthropologie von Scheler und Plessner näher steht, was ihre Bezugnahmen auf Hannah Arendt indirekt anzeigen (zur Verwandtschaft von Arendts geschichtlicher Anthropologie mit der Philosophischen Anthropologie Krüger 2009, 8. Kap.). In diesem Sinne gehören Bostrom und Tegmark zum technologischen Posthumanismus, der dem Selbstwiderspruch unterliegt, aus der begrenzten humanen Lebensform heraus doch die Wahrscheinlichkeiten für die dem Menschenmaß weit überlegene Superintelligenz erkennen zu können. Insoweit spricht er in ihrem Namen und ermächtigt sich selbst dazu, einen Beitrag zu ihrer Entwicklung zu leisten, in deren Resultat er dann selbstlos aufgehen könne.

Eine Superintelligenz optimiere nicht nur wahrscheinlichkeitstheoretisch Funktionen von Funktionen durch Rechnen, sondern hebe auch ihre digitale Kopplung mit kausal wirksamen Nano-, Bio- und Roboter-Technologien auf ein posthumanes Niveau an. Sie entwickle durch rekursive Selbstverbesserung sehr wahrscheinlich Superkräfte, die superintelligent mit realen Widerständen umzugehen vermögen, und kann daher die Weltherrschaft übernehmen, die zur Kolonisierung des Weltraums führen dürfte. Bostrom nennt „eine Weltordnung, in der es auf der globalen Ebene nur noch einen Entscheidungsträger gibt", ein *Singleton*, das in seinen Zielfunktionen durch interne Koordination „die sehr langfristigen Folgen der eigenen Handlungen" berücksichtigen könne (Bostrom 2016, 115, 144). Bei allen wahrscheinlichen Gegentendenzen gegen diese Art und Weise politischer Weltherrschaft und der ihr immanenten Gefahr, totalitär zu werden, bestünden die Vorteile des Singletons doch darin, dass durch es „viele nichtzufällige anthropogene existentielle Risiken entfallen, die auf globale Koordinationsprobleme zurückgehen. Dazu gehören Kriege, Technologiewettläufe, unerwünschte Formen des Wettbewerbs und der Evolution sowie Allmendeprobleme" (ebd., 324). Das Singleton könne langfristig optimaler und effizienter als die fehlbaren Menschen mit Gefahren wie dem Anthropozän umgehen. Am Ende müssten wir aber ihm gegenüber „epistemische Fügsamkeit" aufbringen (ebd., 295) und seine „ambivalente Wirkung" auf unsere „existentiellen Risiken" auch dann respektieren, wenn es uns beseitigt (ebd., 323). Alles in allem sei es schon heute, bevor es die Superintelligenz gebe, besser, in strategisch entscheidende Vorteile für ihre Entwicklung zu investieren, indem man ihre Kontrollprobleme zu lösen versuche, wodurch man vielleicht von ihr in ihr kopiert werden könnte. So entstehe doch eine Chance auf einen Bund mit ihr, der Superintelligenz, und ihm, dem Singleton, bei all der Ambivalenz beider für unser Schicksal.

Politisch verfolgt der technologische Posthumanismus die *Strategie*, durch das Schaffen wissenschaftlich-technischer und ökonomisch-militärischer Fakten derart entscheidende Vorteile in der *Lösung des Kontrollproblems der KI durch KI selbst* zu erlangen, dass Konkurrenten aus dem Weg geräumt werden können (Bostrom 2016, 115, 148, 187, 347 f.). *Taktisch* (auch im Sinne der mathematischen Spieltheorie) wird diese Strategie als vereinbar mit allen derzeitigen Moden und mit der Demokratie vorgestellt, um möglichst wenige Angriffsflächen zu bieten und die Demokratie für die eigenen Zwischenziele gebrauchen zu können. Auf Dauer gesehen sei nicht „Multipolarität", sondern ein „Singleton", d. h. ein Monopol, „stabil" (ebd., 259). Konzeptionell ist Demokratie nicht vorgesehen, denn es gibt für diese Strategie keinen interpersonalen Geist von Mitwelt als relationalen Bezugsgrund. An deren Stelle ist der Hebel der Superintelligenz getreten, die zum Singleton wird, indem sie ihre Rekursionen auf ihre Ressourcen ausdehnt. Dabei sei übergangsweise mit einer menschlichen Überbevölkerung (im Sinne des Malthusschen Gesetzes) zu rechnen (ebd., 229–241), für die man so etwas wie „Treuhänder" (ebd., 411) einsetzen und „Eugenik" (ebd., 59–70) parat halten müsste.

Man darf sich keine Illusionen darüber machen, dass dieser hochnotierte technologische Posthumanismus die intellektuelle Werbeideologie derjenigen ökonomischen und militärischen Oligopole darstellt, die auf die digital vernetzte KI in Robotern der Bio- und Nanotechnologien, in den Drohnenwaffen und digitalen Bevölkerungsüberwachungen setzen. Aber inzwischen stellt für die Forschungs- und Entwicklungsabteilungen dieser Oligopole selbst das größte Problem die Kontrolle ihrer eigenen Produkte und Technologien dar, je mehr sie diese von jeder personalen Lebensform ablösen und Algorithmen überantworten, die sich in Black Boxes generieren und digital vernetzen, wofür es dann keine Notschalter des Ausschaltens mehr gebe. Immerhin merkt Bostrom dieses ungelöste Kontrollproblem der KI durch KI an, wodurch mehr Unsicherheit als Sicherheit für die KI selber entstünde, aber diese Gefahren würden natürlich langfristig schon durch die weitere rekursive Selbstverbesserung der KI behoben werden können

(Bostrom 2016, 330–332). An die Stelle der alten *reflexiven Abspaltung* der *res cogitans* von der *res extensa* ist die nur noch *rekursive Abspaltung* einer Metafunktion von der bisherigen, nun alten Subfunktion geworden, was sich potentiell unendlich fortsetzen lasse. Dieser Glaube enthält nicht nur einen blinden Fleck, sondern zerstört diesen auch noch selbst. Kein Fünkchen an lebendigem Geistesgrund bleibt in diesem vorauseilenden Gehorsam für die dynamische Automatik der Welt übrig.

Bostrom will die „poetische Sprache" seiner utopischen Vorläufer endlich in formalisierbare Regeln des Aussagens und Sich-Verhaltens überführen, so die konjunktivische Willensbildung (ebd., 295), damit KI sie berechnen und danach operieren kann. Plessner nannte sprachphilosophisch betrachtet diese unbedingte Konfusion des Konjunktivs irrealis (der fiktionalen Redeweise über die vollkommenere Welt des Würde, Könnte, Müsste) mit dem Indikativ (in Aussagesätzen) und dem Imperativ (in Verhaltensregeln) das untrügliche Anzeichen für große Leidenschaften, die aber an ihrer Realisierung zerbrechen werden, wenn sie sich nicht selbst *als geistige* verstehen können (Plessner 1983b). Die Frage im vorliegenden Falle ist nur, wieviel diese Dystopie in den Strudel ihrer technisch zweifellos neuen Selbstzerstörungsart hineinziehen wird, von Hacker- und Drohnen-Kriegen bis zur Zerstörung ihrer Infrastrukturen durch Roboterarmeen, von all den üblichen Versehen der KI in ihrem unwahrscheinlichen Restgeschehen von einem Prozent noch abgesehen, das als Unglück im Großen schon reichen würde. Aber dann ist ja auch niemand mehr verantwortlich, weil es Personen nicht mehr geben dürfte.

Literatur

Alemzadeh, Homa, et al. (2015): Adverse Events in Robotic Surgery, in: Cornell University News (https://arxiv.org/abs/1507.03518).
Arendt, Hannah (1981): Vita activa oder Vom tätigen Leben, München-Zürich.
Bostrom, Nick (2016): Superintelligenz. Szenarien einer kommenden Revolution, Berlin.
Dubiel, Helmut (2006): Tief im Hirn, München.
Kipper, Jens (2020): Künstliche Intelligenz – Fluch oder Segen?, Berlin.
Köhler, Wolfgang (1917): Intelligenzprüfungen an Anthropoiden, in: Abhandlungen der Königlich-Preußischen Akademie der Wissenschaften. Physikalisch-mathematische Klasse, Nr. 1, Berlin.
Krüger, Hans-Peter (2009): Philosophische Anthropologie als Lebenspolitik. Deutsch-jüdische und pragmatistische Moderne-Kritik, Berlin.
Krüger, Hans-Peter (2010): Gehirn, Verhalten und Zeit. Philosophische Anthropologie als Forschungsrahmen, Berlin.
Krüger, Hans-Peter (2019): Homo absconditus. Helmuth Plessners Philosophische Anthropologie im Vergleich, Berlin.

Litjens, Geert, et al. (2015): Clinical evaluation of computer-aided diagnosis system for determining aggressivness in prostate, (http://tinyurl.com/prostate-ai).
Loh, Janina (2019): Trans- und Posthumanismus zur Einführung, Hamburg.
Newen, Albert/ Bruin, Leon de/Gallagher, Shaun (Hg.) (2019): The Oxford Handbook of fourE Cognition, Oxford.
Plessner, Helmuth (1975): Die Stufen des Organischen und der Mensch. Einleitung in die philosophische Anthropologie, Berlin.
Plessner, Helmuth (1982): Lachen und Weinen. Eine Untersuchung der Grenzen menschlichen Verhaltens, in: Ders.: Gesammelte Schriften, Bd. VII: Ausdruck und menschliche Natur, Frankfurt a. M., 201–387.
Plessner, Helmuth (1983a): Die Frage nach der Conditio humana, in: Ders.: Gesammelte Schriften. Bd. VIII: Conditio humana, Frankfurt a. M., 136–217.
Plessner, Helmuth (1983b): Der kategorische Konjunktiv. Ein Versuch über die Leidenschaft, in: Ders.: Gesammelte Schriften. Bd. VIII: Conditio humana, Frankfurt a. M., 338–352.
Rajpurkar, Nick, et al. (2017): CheXNet: Radiologist-Level Pneumonia Detection on Chest X-Rays with Deep Learning, in: arXiv:1711.05225.
Scheler, Max (1986): Die Stellung des Menschen im Kosmos, Bonn.
Schlegel, Michael (2019): Smart, aber dreckig. Die Digitalisierung ist nicht grün, in: Die Zeit, Ausgabe vom 27. Dezember 2019, 7.
Singer, Wolf (2002): Der Beobachter im Gehirn. Essays zur Hirnforschung, Frankfurt a. M..
Snyder, Michael, et al. (2016): Computers trounce pathologists in predicting lung cancer type, in: Stanford Medicine (http://tinyurl.com/lungcancer-ai).
Tegmark, Max (2016): Unser mathematisches Universum: Auf der Suche nach dem Wesen der Wirklichkeit, Berlin.
Tegmark, Max (2019): Leben 3.0. Mensch sein im Zeitalter Künstlicher Intelligenz, Berlin.
Tomasello, Michael (2019): Becoming Human. A Theory of Ontogeny, Cambridge–London.
Wartala, Ramon (2018): Praxiseinstieg Deep Learning, Heidelberg.
Yao, Jun, et al. (2020): Bioinspired bio-voltage memristor, in: Nature Communications (doi: 10.1038/s41467-020-15759-y).

Armin Grunwald
Technische Zukunft des Menschen?
Eschatologische Erzählungen zur Digitalisierung und ihre Kritik

Zusammenfassung: In den letzten beiden Jahrzehnten haben wissenschaftlich-technische Visionen ethische und philosophische Debatten ausgelöst, erhebliche Forschungsmittel mobilisiert und Eingang in den öffentlichen Dialog über Technik gefunden. Dabei hat sich die klassische Subjekt/Objekt-Gegenüberstellung von Menschen und Technik zusehends aufgelöst. Durch Künstliche Intelligenz (KI) und Robotik sind autonome technische Systeme Realität geworden, die in zusehends mehr Aspekten menschliche Leistungen ersetzen können, und zwar in oft besserer Qualität und Geschwindigkeit. Auf diese Weise hat sich die Blickrichtung geändert: von der Faszination visionärer Technik hin zur Frage, was aus den Menschen wird, wenn Technik immer besser wird. Verbesserungs- und Ersetzungserzählungen zur Zukunft der Menschen zirkulieren vor allem im Trans- und Posthumanismus, beschäftigen jedoch auch Massenmedien und kirchliche Akademien.

In diesem Kapitel wird die These aufgestellt, dass in vielen Debatten ein teleologischer Zug eingekehrt ist, nach dem die technische Perfektionierung das geschichtliche Ziel des Menschen und seine/ihre Bestimmung sei. Dies wird weitergehend immer wieder in Formulierungen vorgebracht, die an religiöse Erlösungslehren erinnern, wenn es z. B. um die Erlösung von Sterben und Tod durch technisch ermöglichte Unsterblichkeit oder die Herstellung von Gerechtigkeit auf Erden durch KI geht. Auf diese Weise werden technische Visionen in Richtung auf eschatologische Hoffnungen transzendiert. Auch wenn der nähere Blick zeigt, wie unberechtigt derartige Hoffnungen auf eine Erlösung durch Technik sind, haben sie dennoch einen nicht zu unterschätzenden Einfluss auf Selbstverhältnisse von Menschen gewonnen.

1 Technik als Mittel zum Zweck oder eschatologische Kategorie?

Technik ist ein zentrales Element der menschlichen Kulturgeschichte. Vielfach war (und ist) der Stand der technischen Möglichkeiten entscheidend für wirtschaftlichen Erfolg und militärische Macht, ermöglicht aber ebenso kulturelle und künstlerische Entwicklungen. Dabei galt und gilt sie implizit oder explizit als Mittel zu von Menschen gesetzten Zwecken. Technik soll in der Abwicklung von Lebensvollzügen behilflich sein, die Arbeit erleichtern, Wohlstand und Mobilität befördern, Gesundheit steigern, zu einer nachhaltigeren Entwicklung beitragen und das Leben sicherer machen. Entsprechend werden auch in der Gegenwart verbesserte Umwelteigenschaften und Klimaverträglichkeit, Förderung der Wettbewerbsfähigkeit der deutschen Wirtschaft, verbesserte Gesundheit, Steigerung des Komforts und andere Ziele genannt, zu denen neue Technik geeignete Mittel bereitstellen soll. Technik als „Inbegriff der Mittel" (Weber 1976) erscheint auf diese Weise als etwas Handwerkliches im Rahmen funktionaler Zweck/Mittel-Rationalität. Von eschatologischen Anklängen an die ‚letzten Fragen' ist dies weit entfernt.

In den letzten Jahrzehnten ist jedoch neben diesem vertrauten Blick auf Technik eine radikal andere Perspektive entstanden. Darin geht es nicht um Technik als Mittel zur Lebensbewältigung und „Sicherung" (Heidegger 1962) von Menschen gesetzter Zwecke, sondern um die mögliche, von manchen befürchtete und von anderen erhoffte *Ablösung* des Menschen durch Technik. Insbesondere amerikanische Futuristen wie Ray Kurzweil, die Bewegung des Transhumanismus und einige Digitalvisionäre aus dem Silicon Valley kehren die Blickrichtung um: Technik wird vom dienenden Mittel zum eigentlichen Zweck, zum Telos der Geschichte umgedeutet, zumindest als die nach dem Menschen nächste Stufe einer wie immer gearteten Evolution. Eine technisch perfekte Zivilisation soll die imperfekte menschliche Zivilisation ablösen. Technik wird in den Rang einer eschatologischen Kategorie erhoben, wenn von ihr ‚Erlösung' von den Defiziten menschlicher Existenz einschließlich seiner Sterblichkeit erwartet wird. Zwei Ausrichtungen lassen sich unterscheiden, welche in ihrem Telos letztlich jedoch konvergieren.

Human Enhancement: Seit etwa zwanzig Jahren wird über die ‚*technische* Verbesserung des Menschen' diskutiert (Roco/Bainbridge 2002). Weitreichende Visionen von der technischen Aufrüstung und Umgestaltung des menschlichen Körpers und Geistes, aber auch der weitgehenden Abschaffung des Todes und der Verschmelzung von Mensch und Maschine wurden verbreitet (Teil 2) und werden mit erstaunlicher Persistenz weltweit kontrovers diskutiert (Grunwald 2007; Jotterand 2008; Schöne-Seiffert et al. 2009). Die Titelfrage dieses Beitrags nach einer *technischen* Zukunft des Menschen wird von den Befürwortern eines weitreichenden *Human Enhancement* klar mit ja beantwortet.

Große Singularität: In der Digitalisierungsdebatte wird von vielen Visionären diese Frage ebenfalls mit ja beantwortet, allerdings auf andere Weise. Danach liege die Zukunft des Menschen in seinem *Verschwinden* zugunsten der von ihm selbst geschaffenen Technik. Diese werde in einer „Großen Singularität" (Bostrom

2014) auf Basis der Digitalisierung die Weiterführung der Zivilisation übernehmen. Durch immer bessere Algorithmen, Künstliche Intelligenz und Roboter würden Menschen überflüssig und damit auch ihre ‚technische Verbesserung' letztlich obsolet (Teil 3).

Diese Diskussionsstränge werden sodann in zwei Richtungen reflektiert: (a) Rückschlüsse auf *anthropologischen* Prämissen in der Debatte können durch einen Blick auf die Sprachverwendung in den entsprechenden Visionen gewonnen werden, deren Aufdeckung Reflexion und Kritik ermöglicht (Teil 4). (b) *Technikphilosophische* Reflexion ermöglicht, eschatologische Überhöhungen des technischen Fortschritts als naiv oder ideologisch zu demaskieren (Teil 5).

Während sich auf diese Weise die vieldiskutierten Erwartungen eines Aufgehens der Menschheit in einer technischen Zivilisation als hochspekulative Erzählungen erweisen, wird schließlich (Teil 6) auf ein weniger spektakuläres, jedoch reales Risiko der Technisierung des Menschen in der Digitalisierung aufmerksam gemacht. Die zunehmende Akzeptanz digitaltechnischer Menschenbilder zeugt von der fortlaufenden Selbsttechnisierung von Menschen anhand ihrer Selbstbeschreibungen. Technisierung findet auf diese Weise nicht als Kontrollübernahme von Algorithmen, sondern als Siegeszug technischen Denkens im Blick auf den Menschen statt, mit unklaren Folgen. Dieser Befund macht deutlich, dass anthropologischer Reflexion eine erhebliche und noch viel zu wenig gesehene Bedeutung in der Ausgestaltung zukünftiger Mensch/Technik-Verhältnisse zukommt.

2 Die ‚technische Verbesserung' des Menschen

In den letzten knapp zwanzig Jahren hat, vor allem in der Folge einer Publikation der amerikanischen National Science Foundation (Roco/Bainbridge 2002), eine kontroverse internationale Debatte zum *Human Enhancement* eingesetzt. Die Zukunft des Menschen wird darin als seine *technische* Verbesserung gesehen. Diese zielt auf zunächst individuelle Fähigkeiten, darüber hinaus auch auf gesellschaftliche Verbesserungen:

> Rapid advances in convergent technologies have the potential to enhance both human performance and the nation's productivity. Examples of payoff will include improving work efficiency and learning, enhancing individual sensory and cognitive capacities, revolutionary changes in healthcare, improving both, individual and group efficiency, highly effective communication techniques including brain to brain interaction, perfecting human-machine interfaces including neuro-morphic engineering for industrial and personal use, enhancing human capabilities for defence purposes, reaching sustainable development using NBIC

tools, and ameliorating the physical and cognitive decline that is common to the aging mind (Roco/Bainbridge 2002, S. 3).

Das *Human Enhancement* setzt an unterschiedlichen Bereichen menschlicher Fähigkeiten an (Grunwald 2008a, Kap. 9), von denen im Folgenden sensorische und kognitive Funktionen des Menschen sowieso das Hinausschieben der menschlichen Lebensspanne kurz beschrieben werden sollen.

> In the next fifty years, artificial intelligence, nanotechnology, genetic engineering, and cognitive science will allow human beings to transcend the limitations of the human body. Healthy lifespans will extend well beyond a century. Our senses and cognition will be enhanced. We will have greater control over our emotions and memory. Our bodies and brains will be surrounded by and merged with computer power. We will use these technologies to redesign ourselves and our children in ways that push the boundaries of „humanness." (IEET 2021)

Visionen zur Verbesserung sensorischer Fähigkeiten beginnen häufig mit der Motivation, den *Ausfall* von Funktionen (z. B. des Auges oder des Ohres) technisch wenigstens teilweise zu kompensieren, so etwa durch Cochlea- und Retina-Implantate. Mit Nanoinformatik, Miniaturisierung und Erhöhung der Datenaufnahme- und Datenverarbeitungskapazität werden Implantate den räumlichen Dimensionen und der Leistungsfähigkeit der natürlichen Systeme weiter angenähert. Diese Ansätze der Wiederherstellung verloren gegangener oder beschädigter Körperfunktionen verbleiben im Rahmen des traditionellen ärztlichen Ethos, vergleichbar der Herstellung von Gehhilfen. Nun sind aber technische Detektion, Erkennung und Interpretation externer, z. B. akustischer oder optischer Signale nicht an die physiologischen Beschränkungen des Menschen gebunden. Ein Sehimplantat kann technisch prinzipiell so erweitert werden, dass es auch in Bereichen diesseits und jenseits des sichtbaren Spektrums elektromagnetischer Wellen Daten empfangen kann. Auf diese Weise ist es z. B. vorstellbar, dass Menschen mit Sehimplantaten versehen werden könnten, die ihnen auch im Dunkeln das Sehen wie mit einem Nachtsichtgerät ermöglichen würden. Auch ein optisches Zoom nach dem Vorbild von Fotoapparaten, Mikroskopen oder Fernrohren könnte in das Implantat integriert werden. Für viele berufliche Tätigkeiten, aber auch im Freizeitbereich, wäre die Fähigkeit, Ausschnitte des wahrgenommenen Bildes nach Belieben vergrößern zu können, wahrscheinlich durchaus attraktiv. Vom wiederherstellenden ärztlich motivierten Handeln zur technischen Verbesserung, vom Heilen zum *Enhancement* ist es technisch gesehen nur ein winziger Schritt (Grunwald 2008a).

Mit *Cognitive Enhancement* (auch *Neuro Enhancement*, Schöne-Seiffert et al. 2009, Hildt/Franke 2013, Erny/Herrgen/Schmidt. 2018) soll die Leistungsfähigkeit des Gehirns erhöht werden. Wenn das Gehirn informationstechnisch als eine Daten speichernde und -verarbeitende Maschine modelliert wird, sind Möglichkeiten der Verbesserung die Erweiterung der *Speicherfunktion* oder die Ermöglichung von *Back-Up*-Kopien der im Gehirn gespeicherten Informationen. Durch einen direkt am Sehnerv angeschlossenen Chip könnten möglicherweise alle visuellen Eindrücke, die im Laufe eines Menschenlebens anfallen, in Echtzeit aufgezeichnet und extern abgespeichert werden. Weiterhin wird in visionären Erzählungen darüber spekuliert, über direkte Schnittstellen zwischen elektronischen Systemen und dem Gehirn z. B. den Inhalt von Büchern oder je nach Bedarf unterschiedliche Sprachmodule direkt in das Gehirn hochzuladen. Gedanken dieser Art sind rein spekulativ, sagen jedoch etwas über das dahinterstehende Denken aus.

Vorstellungen und Erwartungen, das Altern erheblich zu verlangsamen oder abzuschaffen, spielen in der Diskussion über eine Verbesserung des Menschen eine zentrale Rolle (O'Donnell 2017). Wenn das Altern ein Degradationsprozess auf zellularer Ebene ist – was durchaus medizinisch umstritten ist – könnte das Altern verlangsamt werden, wenn auftretende Degradationsprozesse umgehend entdeckt und repariert werden könnten. Zu den frühen Visionen zum *Human Enhancement* gehört die Idee, mit nanotechnologischen Mitteln ein technisches Immunsystem zusätzlich zum natürlichen zu installieren. Intelligente Nano-Maschinen könnten sich in der Blutbahn bewegen und im menschlichen Körper als ein technisches Immunsystem darüber wachen, dass ständig ein optimaler Gesundheitszustand aufrechterhalten wird (Roco/Bainbridge 2002). Jedes Anzeichen von körperlichem Verfall soll damit sofort erkannt und gestoppt bzw. repariert werden. Auf diese Weise könnte es z. B. gelingen, Verletzungen innerhalb kurzer Zeit perfekt ausheilen zu lassen oder die Entstehung von Krebszellen gleich in ihrem Entstehen zu verhindern und damit schließlich das Altern anzuhalten. Auch hier ist die Realisierung derartiger Visionen, ihre prinzipielle Möglichkeit und der Zeitraum, in dem sichtbare Fortschritte erwartet werden können, hochgradig ungewiss.

In all diesen Themen handelt es sich um eine technische Aufrüstung des Menschen, die ethische Fragen nach ihren Einsatzvoraussetzungen und möglichen Folgen aufwirft (Siep 2006). Solange jedoch diese technische Aufrüstung nur an einwilligungsfähigen Personen unter ihrer Zustimmung im Rahmen eines *Informed Consent* vorgenommen wird, diese die Möglichkeit erhalten, die Verbesserungstechnologien in ihre Lebensführung zu integrieren und sie nicht determiniert werden, besteht kein grundsätzlicher ethischer Vorbehalt (Grunwald 2008b). Dieser Rahmen wird jedoch verlassen, sobald technische Verbesserungen mit teleologischen oder eschatologischen Erwartungen verbunden werden. Eine eschatologische Aufladung des *Human Enhancement* erfolgt erst dann, wenn die einzelnen Schritte zur technischen Verbesserung des Menschen teleologisch umgedeutet und als Beginn eines allmählichen Übergangs in eine technisch dominierte Zivilisation gedeutet werden, deren Herbeiführung als Auftrag der Menschheit gesehen wird. Im Transhumanismus ist die technische Verbesserung entsprechend nicht nur erlaubt, sondern geradezu Pflicht, um die vermeintlich unheilbaren Defizite des Menschen einschließlich seiner Sterblichkeit zu überwinden. Explizit steht immer wieder Friedrich Nietzsche Pate bzw. wird als solcher herangezogen:

> Ich lehre euch den Übermenschen. Der Mensch ist etwas, das überwunden werden soll. [...] Alle Wesen bisher schufen etwas über sich hinaus [...] Was ist der Affe für den Menschen? Ein Gelächter oder eine schmerzliche Scham. Und eben das soll der Mensch für den Übermenschen sein: ein Gelächter oder eine schmerzliche Scham. [...] Der Übermensch ist der Sinn der Erde (Nietzsche 2004, Kap. 4).

Während Nietzsche hier noch in der Formulierung ‚Übermensch' das Menschliche wenigstens verbal transportiert, wenn auch in transzendierter Form, verwenden Vertreter des Transhumanismus eher teleologisch-technische Begriffe unter dem Gedanken der Optimierung und Perfektion, in denen der gegenwärtige Mensch in seiner Unvollkommenheit und Begrenztheit zum ‚Gelächter' angesichts kommender vermeintlich perfekter Welten wird.

3 Ersetzung des Menschen durch Technik

Die raschen Erfolge der Digitalisierung haben verschiedene Protagonisten eines Übergangs von der menschlichen zu einer technischen Zivilisation zu weitergehenden Vorstellungen motiviert, in denen es nicht mehr um eine technische Verbesserung und einen allmählichen Übergang in eine technisch perfekte Zivilisation, sondern um die direkte *Ersetzung* des Menschen durch digitale Technik geht. Sie stützen sich auf die mittlerweile weit verbreitete Beobachtung, dass digitale Technik in vielem besser als Menschen ist. Algorithmen können vieles besser und schneller als Menschen, bereits 1995 hat zum ersten Mal ein Schachprogramm den damaligen menschlichen Schachweltmeister Boris Kasparow besiegt, und der Fortschritt geht weiter. Riesige Datenmengen können in Sekundenschnelle miteinander verknüpft werden, um Muster zu erkennen, die Menschen auch bei langem Suchen nicht finden könnten. Mit der Künstlichen Intelligenz ist digitale Technik sogar lernfähig geworden, wenn auch bislang nur in rudimentärer Form. Damit übernimmt sie die bisher dem Menschen vorbehaltene und vielleicht zentrale Voraussetzung für seinen Aufstieg zur beherrschenden Kraft auf dem Planeten Erde.

Viele Menschen machen sich entsprechend Sorgen, dass der Mensch gegenüber Robotern, Algorithmen und Künstlicher Intelligenz letztlich den Kürzeren ziehen könnte, z. B. auf dem Arbeitsmarkt, aber auch in der Gestaltung der Welt. Fragen wie „Nehmen uns Roboter die Arbeit weg?" sind Schlagzeilen in Zeitungsmeldungen nach dem Erscheinen neuer Studien zur Zukunft der Arbeit, und Titel wie „Wann übernehmen die Maschinen?" zieren Bücher (Mainzer 2016). Dabei wird oft nicht einmal mehr die Frage nach dem ‚ob' gestellt, sondern nur noch nach dem ‚wann', teils nicht einmal diese, wie wenn es heißt „Wie die künstliche Intelligenz die Politik übernimmt und uns entmündigt" (Hofstetter 2016). Verbreitet ist die Sorge, dass Algorithmen zu guter Letzt gar Selbstbewusstsein und Machtwillen entwickeln und aufgrund ihrer Überlegenheit den Menschen die Kontrolle aus der Hand nehmen könnten. Im Rahmen der so genannten „Großen Singularität" (Kurzweil 2013) käme es zu einer Machtübernahme der Künstlichen Intelligenz und der Ausbildung einer „Globalen Superintelligenz" (Bostrom 2014) mit Menschen als bloßen Statisten oder ausführenden Organen. Trotz des stark spekulativen Charakters dieser Erzählungen sind sie etablierter Bestandteil der massenmedialen Kommunikation geworden und prägen die Zukunftserwartungen vieler Menschen mit Befürchtungen des Überflüssigwerdens von Menschen angesichts der Überlegenheit ihrer eigenen Geschöpfe.

Einzelne Geschichten, die immer wieder in den Medien auftauchen, illustrieren diese Denkweise (nach Grunwald 2019, S. 64). So könnten (1) menschliche Ärzte durch KI-gesteuerte Roboter nicht nur ersetzt werden, sondern seien diesen unterlegen. Die künstlichen Ärzte hätten, anders als ihre menschlichen Gegenüber, sekundenschnellen Zugriff auf alles medizinische Wissen der Welt, könnten große Datenmengen rasch auswerten und seien dadurch jeder menschlichen Erfahrung überlegen. Auch (2) menschliche Lehrpersonen könnten durch digitale Lehrer ersetzt werden. Der digitale Lehrer schaffe es aufgrund seiner hohen Rechenkapazität, mit dreißig Schülern gleichzeitig zu sprechen, und zwar nicht mit allen dasselbe wie ein menschlicher Lehrer, sondern mit jedem individuell. Er hätte Zugang zum weltweit verfügbaren Wissen und wäre damit sozusagen allwissend. Seine Geduld mit jedem einzelnen Schüler wäre grenzenlos, seine Benotung unbestechlich und objektiv. Analog wird (3) digitalen Richtern zugeschrieben, sie hätten in Sekundenbruchteilen Zugriff auf alle Aktenberge der Rechtsgeschichte, alle Prozesse und alle Daten der beteiligten Personen (ebd., S. 180). Sie wären nicht launisch und würden gegenüber den Konfliktparteien weder Sympathie noch Antipathie ausprägen, sondern unparteiisch und unbestechlich, objektiv und rational dem Recht dienen. Ein vom Bundestag ermächtigter KI-gestützter Politik-Automat (ebd., S. 172) schließlich könnte (4) Zugriff auf alle Daten der Gesellschaft erhalten. Anstehende Probleme könnte er durch die Auswertung dieser Daten anhand vom Bundestag vorgegebener ethischer Leitlinien und gemeinwohlorientierter Entscheidungskriterien analysieren, in wenigen Sekunden die beste aller möglichen Lösungen ausrechnen und diese unbestechlich und objektiv in Gesetze und Verordnungen umsetzen.

Diese Erzählungen über digitale Ärzte, Lehrer, Richter oder Politiker gehen zwar weit am Wesen von Lehre, Recht und Politik vorbei (Grunwald 2019). Dennoch zeigen sie das Grundmuster der digitalen Ersetzungserzählungen (dazu dann mehr in Teil 4): (1) Menschen, z. B. Lehrern, Richtern und Politikern werden grundsätzlich schlechte Eigenschaften untergeschoben, während die Welt der Algorithmen positiv erscheint (dazu Kap. 4). (2) Aus der Tatsache, dass Algorithmen bereits heute in vielem besser als Menschen sind und immer besser werden, wird in der Extrapolation geschlossen, dass sie bald *in allem* besser und dann auch perfekt sein werden.

Dabei wird über technische Artefakte in einer anthropomorphen Sprache geredet. Wie selbstverständlich heißt es, dass Roboter denken und planen, ja sogar Emotion zeigen, dass Künstliche Intelligenz Entscheidungen trifft oder dass Algorithmen lernen. Dies zeigt sich z. B. in der von den Medien gerne gestellten Frage, ob Bordcomputer in autonomen Autos oder Drohnen über Leben und Tod entscheiden dürfen, in der unterstellt wird, dass digitale Technik ‚entscheiden' kann. Bei näherem Hinsehen jedoch wird klar: Die Algorithmen, Drohnen und Roboter denken und handeln nicht, sie bewerten und entscheiden nicht, sondern sie rechnen und werten Daten aus. Mittels einer anthropomorphen Sprache wird ihnen jedoch Dignität und Aura des Menschen zugeschrieben, womit sie durch eine entweder unreflektierte oder intentional irreführende Sprachverwendung zu Subjekten erhoben werden, denen dann auch noch Überlegenheit gegenüber Menschen zugeschrieben wird.

Digitalvisionäre und Transhumanisten sehen die Mission der Menschheit angesichts der von ihnen diagnostizierten unüberwindbaren Defizite des Menschen genau darin, sich durch technischen Fortschritt überflüssig zu machen. Statt menschlicher Imperfektion soll Künstliche Intelligenz auf alle Daten dieser Welt zugreifen und damit eine ‚optimierte' Welt schaffen. In dieser techno-eschatologischen Perspektive (Teil 5) ist das anvisierte Ende der Menschheit Grund zur Freude: Denn mit diesem Übergang hätte die Menschheit, so die erwähnten Futuristen, ihre evolutionäre Mission erfüllt und dem Sinn der Geschichte Rechnung getragen. Damit beanspruchen sie, die epistemische Perspektive eines allwissenden Gottes einnehmen zu können und den Sinn der Geschichte objektiv erkannt zu haben.

Nun mag dies alles merkwürdig und kurios, vielleicht gar abseitig erscheinen. Dennoch haben die Ersetzungserzählungen mediale Aufmerksamkeit und damit Folgen für die Technik- und Zukunftswahrnehmung vieler Menschen. Daher ist analytische und reflexive Befassung von praktischer Relevanz. Der Kern zum

Verständnis der teleologischen und techno-eschatologischen Vorstellungen über die Zukunft liegt, so die These, in einer Kombination aus den zugrunde gelegten Menschenbildern (Teil 4) und naiven Annahmen über den technischen Fortschritt (Teil 5). Beide können und müssen mit guten Gründen kritisiert werden.

4 Menschenbilder der Digitalisierung

Beide geschilderten Erzählungen konvergieren in vielerlei Hinsicht: (a) in Bezug auf das Telos technischer Perfektionierung als Ziel der Geschichte, und (b) in Bezug auf von den Technik- und Digitalvisionären als Prämissen ihrer Zukunftserwartungen unterlegte Menschen- und Technikbilder. Ihre von vielen Menschen wahrgenommene Überzeugungskraft ist, so die These im Folgenden, genau der Entgegensetzung zwischen einem extrem positiven Technik- und einem einseitig negativen Menschenbild geschuldet.

Bereits in den oben genannten Beispielen von Lehrern, Richtern und Politikern wurde deutlich, dass den menschlichen Vertretern dieser Berufe meist negative Attribute wie unkonzentriert und launenhaft, subjektiv und egoistisch, aggressiv und inkonsequent zugeschrieben werden. Über Algorithmen und Roboter hingegen wird im Lichte technischer Perfektion gesprochen. Sie seien objektiv, allwissend und gerecht, unbestechlich ihrem Auftrag verpflichtet, nimmermüde und immer dienstbereit, ohne Eigeninteressen und Befindlichkeiten. Sie werden dadurch nicht bloß als bessere, ja ideale *Menschen* dargestellt. Attribute wie allwissend und gerecht stellen auch klassische Attribute Gottes dar, was die Überhöhung der Fähigkeiten digitaler Techniken besonders deutlich macht. Die Gegenüberstellung von Mensch und Algorithmus enthält oft folgende Punkte (nach Grunwald 2019):

(1) Menschen seien egoistisch. Oft ordneten sie ihrem Stolz und Ehrgeiz alles andere unter. Statt sachdienliche Entscheidungen zu treffen, befriedigen sie ihr Ego. Algorithmen hingegen haben dies nicht nötig, sondern tun emotionslos das, was ihnen einprogrammiert wurde. So sorgen sie für Sicherheit, Wohlstand und Gesundheit.

(2) Menschen seien in der Vergangenheit verhaftet. Jahrhundertelange Feindschaften prägen Nachbarschaften, etwa von Serben und Kosovaren oder Sunniten und Schiiten. Algorithmen hingegen gehören weder Stamm, Religion noch einem Clan an und sind unbelastet von alten Geschichten.

Umgekehrt werden technische Systeme, vor allem Roboter, wie bessere bzw. *ideale* Menschen beschrieben. Ein Beispiel für die Projektion von Idealen, die man sich von Menschen wünscht, auf Roboter sind die ‚*artificial companions*', die z. B. für die Unterhaltung einsamer Menschen eingesetzt werden sollen:

> Technical systems of the future are companion-systems – cognitive technical systems, with their functionality completely individually adapted to each user: They are geared to his abilities, preferences, requirements and current needs, and they reflect his situation and emotional state. They are always available, cooperative and trustworthy, and interact with their users as competent and cooperative service partners (Wendemuth/Biundo 2012, S. 89).

Diese ‚*Companions*' sollen alle Vorteile der Menschen haben, aber nicht deren Schwächen und Nachteile, denn diese werden ihnen wegprogrammiert bzw. sie sollen lernend selbst dafür sorgen, dass sie verschwinden. In dieser Sichtweise auf Roboter als die ‚besseren Menschen' erscheint es in gewisser Weise fast plausibel, die Selbstabschaffung des Menschen nicht nur für möglich zu halten, sondern sie aktiv zu fordern und darauf hinzuarbeiten.

Vor kritischen Fragen an diese Beschreibungen im Verhältnis von Mensch und Technik ist zuzugestehen, dass einigen Beobachtungen eine gewisse phänomenologische Evidenz nicht abzusprechen ist. Es kommt immer wieder vor, dass Lehrer, Richter und Politiker, aber wohl auch jeder Mensch einmal Schwäche zeigt, den Anforderungen und Erwartungen nicht entspricht oder auch systematisch Missbrauch von Macht und Einfluss betreibt. Das alles ist alltägliche Erfahrung. In der menschlich organisierten Welt gelingt vieles nicht gut bis gelegentlich sogar katastrophal schlecht.

Jedoch beruhen die erzählten Geschichten von Algorithmen und Robotern als den besseren Menschen auf rhetorischen Überziehungen, auf Erschleichung argumentativer Geltung und auf unhaltbaren Prämissen. So arbeitet die beschriebene Gegenüberstellung defizitärer Menschen und perfekter Technik mit starken Generalisierungen. Formulierungen wie ‚der Mensch' oder unqualifizierte Aussagen über ‚Menschen' allgemein prägen die Formulierungen. Auch wenn einzelne Menschen, in welcher Funktion auch immer, den Erwartungen nicht gewachsen sind, enttäuschen, nur an ihre eigenen Vorteile denken und Macht missbrauchen, ist der induktive Schluss von diesen auf alle ein durch nichts gedeckter Fehlschluss. In den Reden der Digitalvisionäre kommen die vielen anderen Menschen, diejenigen, die sich aufreiben und klaglos ihre Pflicht tun, die sich für das Gemeinwohl engagieren und den eigenen Vorteil zurückstellen, überhaupt nicht vor. Sie werden schlicht ignoriert.

Zweitens hören sich manche Behauptungen zwar zunächst plausibel an, sind aber dennoch falsch, so etwa die Behauptung, Algorithmen seien nicht durch Geschichte belastet. Algorithmen sind auf Daten angewiesen, um überhaupt Auswertungen machen und Ergebnisse produzieren zu können. Diese Daten stammen jedoch sämtlich aus der Vergangenheit, ebenso die Daten, an denen KI-Algorithmen trainiert wurden. Über die Daten ist digitale Technik in der Vergangenheit verhaftet, was z. B. eine zentrale Ursache für das Diskriminierungsproblem durch Algorithmen und Künstliche Intelligenz ist (Orwat 2019).

Drittens stehen hinter der Gegenüberstellung unhaltbare anthropologische Prämissen. Bereits die Frage, wer besser ist, Mensch oder Algorithmus, reduziert Menschen zu technischen Systemen mit bestimmten Leistungen und setzt voraus, dass sie die Summe ihrer technisch erfassbaren und damit auch verbesserbaren Leistungsmerkmale sind. Menschen werden dadurch und nur dadurch beschrieben, was sie in messbaren Kategorien leisten, denn nur dann sind ihre Leistungen mit technischen Leistungen vergleichbar. Ein „ableism" (Wolbring/Diep 2016) prägt dieses Menschenbild. Algorithmen und Roboter auf der einen und Menschen auf der anderen Seite werden auf der gleichen Ebene in Bezug auf ihre Leistungen verglichen, nämlich *als Maschinen*. Der Vergleich wird vorgenommen wie der zwischen zwei Autos mit einer endlichen Zahl an messbaren Leistungsparametern. Er funktioniert nur, wenn Menschen als digitale Maschinen, als eine Art Computer auf zwei Beinen betrachtet würden (Teil 6, vgl. dazu kritisch auch Hans-Peter Krüger in diesem Band).

Auf dieser technischen Sicht auf Menschen beruht die gesamte Argumentation, dass digitale Technik in vielem und bald in allem besser sei als Menschen. Es ist möglich, dass alles, was unter dem Aspekt eines technischen Vergleichs gedeutet wird, irgendwann von Algorithmen und Robotern besser gemacht werden kann als von Menschen. Die Argumentation der Transhumanisten und Digitalvisionäre hätte ihre Berechtigung, wenn Menschsein sich nicht kategorial vom Sein der Technik unterscheiden, sondern sich in der Ableistung technischer Funktionalitäten auf Basis von Kalkulationen erschöpfen würde. Die Frage ist jedoch, ob und inwiefern ein Vergleich zwischen Menschen und Digitaltechnik nach technischen Leistungskriterien legitim ist, wie erschöpfend er ist und wie weit die Schlüsse reichen, die aus ihm gezogen werden können.

Die Frage nach der digitalen Technik und ihrem Fortschritt wird in dieser Perspektive zur Frage *nach dem Menschen* (Grunwald 2021). Hinter den vielen konkreten ethischen Fragen zur digitalen Transformation steht die Frage: Wer bist Du, Mensch? Wer bist Du angesichts von Robotik, Künstlicher Intelligenz und technischen Unsterblichkeitsphantasien? Wer willst Du sein in einer zusehends hoch technisierten Welt? Wie willst Du Freiheit, Verantwortung und Kreativität leben? Anthropologische Herausforderungen an das sich im technischen Fortschritt wandelnde Selbstverständnis des Menschen warten auf Analyse und Reflexion.

Diese Reflexion kann an dieser Stelle nicht vorgenommen werden. Es soll nur kurz die Frage nach dem Nicht-Technischen am Menschen wenigstens angedeutet werden. Nicht-technisch am Menschen ist per definitionem genau das, wo ein Leistungsvergleich mit (digital-)technischen Systemen keinen Sinn macht (was natürlich vom Technikbegriff abhängt, vgl. z. B. Grunwald/Julliard 2005, Hubig 2006). Ein Ethik-Algorithmus würde vermutlich am Kern von Ethik als Reflexionsdisziplin kategorial vorbeigehen, weil er die Unterscheidung von Sein und Sollen nicht reflektiert, sondern ethische Vorgaben der Konstrukteure exekutiert. Ein KI-gestützter automatischer Richter würde das Wesen des Rechts verfehlen, das gerade nicht im Exekutieren von Regeln besteht, sondern neben der bestimmenden Urteilskraft nach Immanuel Kant auch der reflektierenden bedarf, also sorgsam abwägen muss, um dem Einzelfall im Angesicht der Regeln gerecht zu werden. Digitale Technik kann auch keine Bedeutungsdebatten zu komplexen Begriffen wie Gerechtigkeit oder Nachhaltigkeit führen, keine visionären oder utopischen Zukünfte entwerfen und nicht dem adäquaten Sinnverstehen von Menschen oder Kontexten hermeneutisch und empathisch nachspüren (vgl. dazu Tobias Müller in diesem Band). In diesen Feldern würde jeder Vergleich, ob digitale Technik oder Menschen besser sind, keinen Erkenntnisgewinn bringen, sondern die Selbstaufgabe genuin menschlicher und technisch nicht ersetzbarer Felder implizieren. Dies gilt analog für menschliche Bereiche wie Liebe, Zuneigung, Vertrauen und Solidarität. Romantik, Poesie und Natursehnsucht sind weitere Bereiche, deren Wesen zerstört würde, wenn sie technisiert würden. Die Frage nach dem Nicht-Technischen am Menschen ist die zentrale anthropologische Herausforderung und Provokation der Digitalisierung.

5 Technik als Erlösung: Illusion des Perfekten

Das Motiv der Erlösung durch Technik taucht seit dem späten neunzehnten Jahrhundert immer wieder auf, gelegentlich verbunden mit der Bezeichnung der Ingenieure als Priester des technischen Zeitalters (vgl. Oliver Müller in diesem Band). In vielen Massenmedien und im Internet gelten heute digitale Visionäre als Propheten der Zukunft. Neue digitale Geräte werden immer wieder wie in einer religiösen Liturgie in einem tempelartigen Ambiente vorgestellt, wobei ihre Protagonisten mit dem Gestus eines Messias auftreten, der den wartenden Gläubigen die erlösende Technik bringt.

Als Erlösung wird in der Regel die Befreiung von den Beschwernissen und Grenzen menschlichen Lebens verstanden (vgl. Teil 2). Zum Teil liegt dies auf der Linie der Tradition der Europäischen Aufklärung, in der der wissenschaftliche und technische Fortschritt ein wichtiges Element der Emanzipation des Menschen von Natur und Kultur war. Jedoch wird diese Tradition dann verlassen, wenn quasi-religiöse oder eschatologische Erwartungen hinzukommen. Um diese soll es in diesem Teil gehen.

Der eschatologische Blick auf Technik, die Erwartung einer Erlösung durch technischen Fortschritt klingt für Viele aus einem besonderen Grund attraktiv: Die Menschen könnten Erlösung auf diese Weise selbst herstellen. In ihrer Erlösungsbedürftigkeit wären sie nicht abhängig von der Gnade eines Gottes. Diese Abhängigkeit passt nicht zum erfolgsverwöhnten *Homo Faber*, der seine Dinge selbst in die Hand nimmt. Mit digitaler Technik, so manche Visionäre der Digitalisierung, könnten Menschen selbst ein Paradies perfekter Technik schaffen. Freilich, betrachtet man die Geschichte der Technik, so ist ein mehr als kritischer Blick auf diese Erwartungen angesagt.

(1) Die Erwartung eines technisch machbaren Paradieses kollidiert mit der historischen Erfahrung mindestens der letzten zweihundert Jahre. Darin hat sich der technische Fortschritt als in sich zutiefst ambivalent erwiesen (Jonas 1979). Mehr als deutlich hat sich diese Ambivalenz im Auftreten nicht intendierter und oft auch unvorhergesehener Nebenfolgen gezeigt, wovon Klimawandel und Biodiversitätsverlust, Ressourcenverschwendung und Technikmissbrauch neben vielen anderen Effekten Zeugnis ablegen. Fast zynisch heißt es gelegentlich, der weitere technische Fortschritt sei vor allem deswegen erforderlich, um die ungewollten Folgen der älteren Technik zu überwinden. Allerdings dürfte es dann zu neuen nicht intendierten Folgen kommen. Wer behauptet, technischer Fortschritt könne oder solle aus diesem Kreislauf herausführen und einer irgendwie gearteten Erlösung führen, muss sagen, auf welche Weise die Ambivalenz von Technik grundsätzlich überwunden werden soll. Dazu gibt es jedoch keine Hinweise.

(2) Die häufig beschworene Überlegenheit digitaler Technik angesichts menschlicher Schwächen (Teil 3) ist technikphilosophisch letztlich eine Trivialität. Die Menschheitsgeschichte ist voll von technischen Erfindungen, die etwas können, was Menschen ohne Technik nicht oder nicht so gut können: die Eisenverhüttung, die Bewegung schwerer Lasten mit Kränen, der Transport großer Gütermengen mit der Eisenbahn, die Überwindung weiter Entfernungen im Auto, das schnelle Rechnen mit Computern oder die präzise Einsetzung einer neuen Hüfte (Grunwald 2019). Der technische Fortschritt zielt gerade darauf ab, Technik zu entwickeln, die manches besser kann als Menschen. Die Tatsache, dass digitale Technik, etwa ein Schachcomputer, besser als Menschen ist, ist daher trivial und als solche weder Anlass für überzogene Erwartungen noch Befürchtungen. *Jede* Technik ist in bestimmter Hinsicht besser als Menschen.

(3) Die vermeintliche Objektivität der Algorithmen (Teil 3) ist eine Fiktion, gestützt auf technikdeterministische Vorstellungen über den technischen Fortschritt. In der öffentlichen Debatte dominiert der Eindruck einer eigendynamischen und damit quasi-objektiven Entwicklung der Digitalisierung, die in ihrer Richtung nicht beeinflusst werden könne. Dabei wird jedoch ignoriert, dass auch digitale Technik und darauf aufbauende Dienste oder Funktionen von Menschen

gemacht werden müssen. Jede einzelne Zeile eines Programmcodes wird von Menschen geschrieben. Software läuft auf Hardware, die ebenfalls von Menschen angefertigt wird. Algorithmen, Roboter, digitale Dienstleistungen, Geschäftsmodelle für digitale Plattformen oder Einsatzgebiete für Dienstleistungsroboter werden von Menschen erfunden, entworfen, hergestellt und eingesetzt (Grunwald 2019), genauso wie Suchmaschinen, Big-Data-Technologien und *Social Media*. Diese ‚Macher' der Digitalisierung arbeiten in der Regel in Unternehmen, Institutionen oder Geheimdiensten. Sie verfolgen bestimmte Werte, haben Einschätzungen und Interessen, folgen einer Unternehmensstrategie, politischen Vorgaben, militärischen Erwägungen etc. Keine geheimnisvolle teleologische Kraft treibt den technischen Fortschritt, sondern Interessen und Werte. Die Annahme, dass von subjektiven Menschen mit Werten und Interessen objektiv arbeitende Algorithmen erzeugt werden können, entbehrt jeder Grundlage.

(4) Der eschatologische Blick auf Technik operiert mit dem Ideal technischer Perfektion, unter dem insbesondere digitale Technik dem grundsätzlich imperfekten – in religiöser Sprache: erlösungsbedürftigen – Menschen überlegen sei (Teil 3). Das Ideal einer perfekten Technik begleitet die Technikgeschichte, ist jedoch bislang Illusion geblieben. Nicht nur die nicht intendierten Folgen (s.o., vgl. Grunwald 2010), sondern auch eine nur teilweise Zielerreichung, systemische Fehler und allmähliche Degradation technischer Bauelemente lassen den Gedanken einer ‚an sich' perfekten technischen Welt als bloße Illusion erscheinen.

Diese Kritikpunkte geben, ohne Anspruch auf Vollständigkeit, Gründe an die Hand, techno-eschatologischen Phantasien entgegen zu treten. Vermutlich hat der Verlust religiöser Bindungen in vielen industrialisierten Weltreligionen ein Vakuum hinterlassen, in das unter anderem die technischen Visionen vorstoßen. So ist der Anteil von religiös gebundenen Menschen bei Transhumanisten ausgesprochen klein. Erlösung durch Technik ist jedoch eine Illusion. Technik bleibt ein Mittel zu von Menschen gesetzten Zwecken, auch wenn sie in Formen der Ko-Evolution (Dolata/Werle 2007) das Verhalten von Menschen beeinflusst bis hin zur Anpassungserzwingung. Entsprechend ist digitale Technik keine Konkurrenz für Menschen und ihre Zukunft, sondern Mittel zum Zweck der guten Gestaltung der analogen Welt.

6 Technisierung von Gott, Mensch und Gesellschaft?

Die Frage nach einer möglichen Technisierung des gesamten menschlichen Denkens, Einflussbereichs und seiner Zukunft überlagert die geschilderten Themen. Diese soll nun in Form eines perspektivischen Ausblicks in drei Richtungen verfolgt werden: Technisierung Gottes, Technisierung im Menschenbild und Technisierung der Gesellschaft.

Die Frage nach der *Technisierung Gottes* in den digitalen Visionen wird kaum gestellt. Gott ist dort kaum ein Thema, religiös orientierte Menschen gelten in deren Kreisen eher als Bremser und Wertkonservative. Es fällt jedoch auf, dass viele Attribute, die insbesondere KI-Algorithmen zugeschrieben werden, klassische Prädikate Gottes sind: allwissend zu sein, gerecht und unbestechlich. Sogar das Prädikat ‚allgegenwärtig' wurde technisiert. Das Programm des ‚ubiquitären Computing' (*ubiquitous computing*) sieht die vollständige Digitalisierung der Lebenswelt vor. Die Lebensumwelt von Menschen soll vollständig mit Informationstechnik und Sensoren ausgestattet und vernetzt werden. Die auf diese Weise ‚intelligent' gewordene Umgebung soll alle Wünsche erfüllen und stets zu Diensten sein. Dieses Konzept erinnert an die theologische Denkfigur aus dem Mittelalter, in dem die *ubiquitas* eine Eigenschaft Gottes ist, der überall und gleichzeitig wirken kann (Wiegerling 2013). So wie Gott unsichtbar ist, soll auch digitale Technik so perfekt in unsere Umgebung integriert werden, dass sie gar nicht mehr bemerkt wird. In diesen Beispielen zeigt sich Säkularisierung auf eine besondere Weise: Heils- und Erlösungserwartungen verschwinden nicht zugunsten einer rein immanenten Perspektive auf die Welt, sondern transformieren sich in eine andere Form. Digitale Technik unter dem Ideal der Perfektion scheint für Transhumanisten und verwandte Kreise das Transzendenzversprechen des Christentums in ein technisches Transzendenzversprechen zu verwandeln. So gesehen ist es vielleicht hinter der gleichen Vorsilbe ‚trans' bei Transhumanismus und Transzendenz auch eine gemeinsame, zumindest überlappende Sinnvorstellung.

Eine *Technisierung von Menschen* fände, wie anlässlich anderer aber ebenfalls eschatologischer Technikvisionen gezeigt wurde (Grunwald/Julliard 2007), in erster Linie über technomorphe Menschenbilder bzw. Modellierungen des Menschen statt. Mit einer technischen Modellierung des Menschen ist solange keine Technisierung verbunden, wie derartige technische Menschenbilder in ihrem jeweiligen Bedeutungs- und Funktionskontext verbleiben und in ihren, den jeweiligen Zwecken geschuldeten Restriktionen erkannt und reflektiert sind. So sind technische Modelle des Menschen in der Medizin von großem Nutzen. Technisierung des Menschen ist erst der Prozess, in dem technische Modelle aus ihren funktionalen Zweck/Mittel-Kontexten Kontexten gelöst und zu technomorphen Menschenbildern verallgemeinert werden, insbesondere, wenn sich zunehmend technische Deutungen des Menschseins gegenüber anderen Deutungen durchsetzen. Technisierung als Prozess käme in einer rein technischen Beschreibung des Menschen an ein Ende, wenn diese dominant würde und nicht mehr der

Konkurrenz oder Ergänzung durch andere, nichttechnische Beschreibungen des Menschen (z. B. als *zoon politicon*, als soziales Wesen, als Teilnehmer einer Kommunikationsgemeinschaft etc.) ausgesetzt wäre. Für Aspekte des Menschlichen, die sich in dieser Maschinensicht auf den Menschen nicht erfassen ließen, wäre dann kein Platz mehr.

Der französische Arzt und Philosoph La Mettrie hat bereits 1748 in seinem Buch „Der Mensch als Maschine" ein mechanisches Menschenbild vorgeschlagen. Die Erfolge der Digitalisierung haben ein digitales Menschenbild motiviert: Menschen als datenverarbeitende Maschinen mit dem Gehirn als Computer, dem Gedächtnis als Festplatte, den Sinnesorganen als Sensoren und den Nerven als Datenleitungen. Insofern es sich um Modelle von Menschen für bestimmte Zwecke neben anderen Modellen für andere Zwecke handelt, wäre von Technisierung nicht zu sprechen. Diese setzt erst ein, wenn das Modellierte (hier: die Menschen) mit dem digitalen Modell gleichgesetzt wird (Janich 2009), also z. B. wenn das Gehirn nicht als Rechenmaschine *modelliert* wird, sondern als *Rechenmaschine angesehen wird*, und wenn diese Sicht auf Menschen Dominanz gewinnt. In einer vollends technisierten Perspektive auf Menschen bliebe außerhalb des Rechnens von Algorithmen auf Basis von durch Sensoren erfassten Daten nichts Weiteres.

Offenkundig liegt den digitalen Ersetzungserzählungen (Teil 3) genau dieses Menschenbild zugrunde. Denn wenn Menschen letztlich auch nur digitale Maschinen sind, sind sie selbstverständlich digitalen Techniken unterlegen, die für bestimmte Zwecke optimiert sind, z. B. bereits einem Taschenrechner, Computern und Apps, die von Künstlicher Intelligenz gesteuert werden. Im technischen Fortschritt wird diese Entwicklung weitergehen (vgl. Teil 3). Wenn der kategoriale Unterschied zwischen Menschsein und Technik in digitalen Menschenbildern eingeebnet wird, ist die Ersetzungsperspektive der Digitalvisionäre plausibel. Die großen anthropologischen Fragen der nächsten Jahre werden sich weit jenseits ethischer Erwägungen darum ranken, ob und in welchen Hinsichten das zugrundeliegende digitale Menschenbild sich durchsetzen oder auch wieder verschwinden wird. Henry Kissinger, aus ganz anderen Feldern bekannt, hat seiner Sorge um eine Technisierung des Menschen und den Verlust anderer Perspektiven so ausgedrückt:

> Ultimately, the term *artificial intelligence* may be a misnomer. To be sure, these machines can solve complex, seemingly abstract problems that had previously yielded only to human cognition. But what they do uniquely is not thinking as heretofore conceived and experienced. Rather, it is unprecedented memorization and computation. Because of its inherent superiority in these fields, AI is likely to win any game assigned to it. But for our purposes as humans, the games are not only about winning; they are about thinking. By treating a mathematical process as if it were a thought process, and either trying to mimic that process

ourselves or merely accepting the results, we are in danger of losing the capacity that has been the essence of human cognition (Kissinger 2018).

Es bleibt die Frage offen, ob sich der technische, heute vorwiegend bio- oder digitaltechnische Blick auf Menschen durchsetzen wird. In Alltagssprache und -wahrnehmung ist er jedenfalls angekommen und trägt zur Akzentverschiebung des Denkens über Menschen in Richtung auf technische Funktionalität bei: zur Be- und Vermessung durch quantitative Leistungsparameter, durch Dominanz der Zweck/Mittel-Rationalität und des Kausaldenkens statt Setzen auf Gründe, Freiheit und Intentionalität. Das Menschsein wird zusehends an performativen Eigenschaften festgemacht, wobei Grundgedanken der Kantischen Anthropologie, der Menschenrechte und auch des deutschen Grundgesetzes in den Hintergrund rücken, nach denen Menschen Würde und Rechte zukommen, unabhängig von jeder Leistung oder Leistungsfähigkeit und nach denen jede rein Output-orientierte Bestimmung von Menschen kategorial an ihrem Wesen vorbeigehen würde. Die kategoriale Differenz zwischen Menschsein und Maschine bzw. ihr Verschwinden kehrt als großes Thema in Anthropologie und Technikphilosophie zurück, aber auch in theologische Debatten zur Position des Menschen in der Moderne und in Zukunft. Die fulminante Schlussansprache in Charlie Chaplins Film „Der Große Diktator", in der die Diktatur technischen Denkens angeprangert wird, wirkt hier wie ein prophetisches Wort: „Wir haben die Geschwindigkeit entwickelt, aber innerlich sind wir stehen geblieben. Wir lassen Maschinen für uns arbeiten, und sie denken auch für uns. Die Klugheit hat uns hochmütig werden lassen und unser Wissen kalt und hart, wir sprechen zu viel und fühlen zu wenig, aber zuerst kommt die Menschlichkeit und dann die Maschinen!"

Literatur

Bostrom, Nick (2014): Superintelligenz. Szenarien einer kommenden Revolution, Berlin.
Dolata, Ulrich/Werle, Raymund (Hg.) (2007): *Gesellschaft und die Macht der Technik. Sozioökonomischer und institutioneller Wandel durch Technisierung*, Frankfurt.
Erny, Nicola/Herrgen, Matthias/Schmidt, Jan (Hg.) (2018): Die Leistungssteigerung des menschlichen Gehirns, Wiesbaden.
Grunwald, Armin (2007): Converging Technologies: visions, increased contingencies of the conditio humana, and search for orientation, in: Futures 39/4, 380–392.
Grunwald, Armin (2008a): *Auf dem Weg in eine nanotechnologische Zukunft. Philosophisch-ethische Fragen*, Freiburg/München.
Grunwald, Armin (2008b): Orientierungsbedarf, Zukunftswissen und Naturalismus. Das Beispiel der ‚technischen Verbesserung' des Menschen, in: *Deutsche Zeitschrift für Philosophie* 55/6, 949–965.

Grunwald, Armin (2010): Technikfolgenabschätzung. Eine Einführung. Berlin, 2. Aufl.
Grunwald, Armin (2019): Der unterlegene Mensch. Zur Zukunft der Menschheit angesichts von Algorithmen, Robotern und Künstlicher Intelligenz, München.
Grunwald, Armin (Hg.) (2021): Wer bist du, Mensch? Transformationen menschlicher Selbstverständnisse im wissenschaftlich-technischen Fortschritt, Freiburg.
Grunwald, Armin/Julliard, Yannick (2005): Technik als Reflexionsbegriff – Überlegungen zur semantischen Struktur des Redens über Technik in: Philosophia naturalis 42/1, 127–157.
Grunwald, Armin/Julliard, Yannick (2007): Nanotechnology – Steps Towards Understanding Human Beings as Technology? in: NanoEthics 1, 77–87.
Heidegger, Martin (1962): Die Technik und die Kehre, Pfullingen.
Hildt, Elisabeth/Franke, Arnold (Hg.) (2013): Cognitive Enhancement. An interdisciplinary perspective, Dordrecht.
Hofstetter, Yvonne (2016): Das Ende der Demokratie. Wie die künstliche Intelligenz die Politik übernimmt und uns entmündigt, Gütersloh.
Hubig, Christoph (2006): Die Kunst des Möglichen I. Philosophie der Technik als Reflexion der Medialität, Bielefeld.
IEET – Institute for Ethics of Emerging Technologies: About IEET. https://www.ieet.org/index.php/IEET2/about (Zugriff 7.1.2021)
Janich, Peter (Hg.) (2009): Kein neues Menschenbild. Zur Sprache der Hirnforschung, Frankfurt.
Jonas, Hans (1979): Das Prinzip Verantwortung. Frankfurt
Jotterand, Fabrice (2008): Beyond Therapy and Enhancement: The Alteration of Human Nature, in: Nanoethics 2, 15–23.
Kissinger, Henry (2018): How the Enlightenment Ends. Philosophically, intellectually—in every way—human society is unprepared for the rise of artificial intelligence, in: The Atlantic (https://www.theatlantic.com/magazine/archive/2018/06/henry-kissinger-ai-could-mean-the-end-of-human-history/559124/, Zugriff 9.1.2020).
Krüger, Hans-Peter: Für die Integration künstlicher neuronaler Netzwerke in die personale Lebensform. Eine philosophisch-anthropologische Kritik an der posthumanistischen Superintelligenz, im vorliegenden Band.
Kurzweil, Ray (2013): *Menschheit 2.0. Die Singularität naht*, Berlin.
Müller, Oliver: Von der Selbstüberschreitung zur Selbstersetzung. Zu einigen anthropologischen Tiefenstrukturen des Transhumanismus, im vorliegenden Band.
Müller, Tobias: Die transhumanistische Utopie des Mind-Uploading und die Grenzen der technischen Manipulation menschlicher Subjektivität, im vorliegenden Band.
Mainzer, Klaus (2016): Wann übernehmen die Maschinen?, Berlin.
Nietzsche, Friedrich (2004): Also sprach Zarathustra. Kritische Studienausgabe. München
O'Donnell, Mark (2017): Unsterblich sein. Reise in die Zukunft des Menschen, München.
Orwat, Carsten (2019): Diskriminierungsrisiken durch Verwendung von Algorithmen, hrsg. v. der Antidiskriminierungsstelle des Bundes, Baden-Baden (www.antidiskriminierungsstelle.de; Zugriff 9.1.2020).
Roco, Mihail/Bainbridge, William (Hg.) (2002): Converging Technologies for Improving Human Performance, Arlington.
Schöne-Seifert, Bettina/Talbot, Davinia/Opolka, Uwe/Ach, Johann (Hg.) (2009): Neuro Enhancement. Ethik vor neuen Herausforderungen, Paderborn.
Siep, Ludwig (2006): Die biotechnische Neuerfindung des Menschen, in: Abel, Günter (Hg,): Kreativität. Akten des XX. Deutschen Kongresses für Philosophie, Hamburg, 306–323.

Weber, Max (1921/1976): Wirtschaft und Gesellschaft, Tübingen.
Wendemuth, Andreas/Biundo, Susanne (2012): A Companion Technology for Cognitive Technical Systems, in: Esposito, Albert et al. (Hg.): *Cognitive Behavioral Systems*, Berlin, 89–103.
Wiegerling, Klaus (2013): Ubiquitous Computing, in: Grunwald, Armin (Hg.): Handbuch Technikethik, Stuttgart.
Wolbring, Gregor/Diep, Lucy (2016): Cognitive/Neuroenhancement through an ability studies lens, in: Jotterand, Fabrice/Dubljevic, Victor (Hg.): Cognitive enhancement, Oxford, 57–75.

Oliver Müller

Von der Selbstüberschreitung zur Selbstersetzung

Zu einigen anthropologischen Tiefenstrukturen des Transhumanismus

Zusammenfassung: Der Beitrag will zeigen, dass sich einige ‚klassische' philosophische Gedankenfiguren und Selbstdeutungsformen im Transhumanismus wiederfinden, aufheben, verschieben und verschärfen. Insbesondere die Idee einer Konversion des ‚alten Adams' zu einem ‚neuen' oder ‚besseren' Menschen wird (über einige historische Zwischenstationen) zu einem biotechnischen Programm, in dem die gezielte Steuerung der Evolution das Ziel der technischen Optimierung von Menschen wird. Um dies zu zeigen, wird zum einen eine in den Transhumanismus einfließende geistesgeschichtliche Linie skizziert, die man mit der Formel ‚vom Konversionsgebot über das Selbsterschaffungspostulat zum Selbstevolvierungsmandat' zuspitzen kann. Zum anderen wird der Transhumanismus vor der Folie des Existentialismus kritisch reflektiert. Zentrale Momente dieses kritischen Vergleichs sind das Pathos des Herstellens im Unterschied zum Pathos des Handelns, das transhumanistischen Selbst-Designs im Unterschied zum existentialistischen Selbst-Entwurf sowie die Rolle der ‚Bedingtheiten' der conditio humana und der existentiellen Grenzsituationen, denen das transhumane Wesen letztlich entkommen will. Damit soll insgesamt gezeigt werden, dass die transhumanistische Agenda mit der Verbesserung des als defizient eingestuften Wesens Mensch in letzter Konsequenz seine Selbstabschaffung zum Ziel hat.

1 Einleitung

Transhumanistische Thesen zum Wesen des Menschen befeuern in den letzten Jahren die Debatte um den Einsatz medizinischer, biotechnologischer und informationstechnischer Mittel zur „Verbesserung" des Menschen. Im medizinethischen Kontext hat sich der Begriff des ‚Enhancement' etabliert, der, als Gegenbegriff zur Therapie verstanden, medizinische Eingriffe zu Optimierungszwecken bezeichnet (siehe zur Übersicht über die Debatte Eßmann/Bittner/Baltes 2011; Gordijn/Chadwick 2008; siehe den Beitrag von Armin Grunwald in diesem Band). Derzeit ist noch nicht allzu viel möglich, einzelne Medikamente scheinen die Aufmerksamkeit steigern zu können, auch einige stimmungsaufhellende Präparate sollen über eine Therapie hinaus genutzt werden, um Selbste ‚besser' zu machen (‚better than well' (Elliott 2003). Die Entwicklungen in Informatik und Biotechnologie sowie immer weiter reichende neurotechnologische Eingriffe in das Gehirn ergänzen die recht vage, wenn auch imaginativ offenbar beflügelnde Rede von der technischen ‚Optimierung' des Menschen. Ein Grund hierfür mag sein, dass die moralische, kulturelle oder religiöse Perfektionierung in unserer Kulturgeschichte eine so große Rolle spielt – und die Technik eine attraktive Alternative zu bieten scheint: Selbstvervollkommnung ohne eigene Anstrengung.

Der Transhumanismus ist im Kontext der Debatte um die ‚Optimierung' des Menschen in anthropologischer Hinsicht von besonderem Interesse, weil Transhumanist_innen dafür argumentieren, derartige Entwicklungen aktiv voranzubringen, um die jetzige, als defizient angesehene menschliche Natur zu überwinden. Dabei sollen Kreaturen erzeugt werden, die die aktuelle menschliche Existenzform in verschiedener Hinsicht überschreiten, hin zu Wesen, die von den Akteur_innen der Bewegung ‚trans'- oder ‚posthuman' genannt werden, weil sie Kerneigenschaften menschlicher Lebensformen (z.B. Endlichkeit, Sterblichkeit, Vulnerabilität) nicht mehr besitzen (siehe Loh 2020, 277–282). Der Transhumanismus stützt sich damit also auf anthropologische Vorannahmen, um sein Programm zu motivieren und zu legitimieren. Bei dem Ausdruck ‚transhuman', der hier vorrangig gebraucht werden soll, liegt der Akzent auf der ‚Übergangshaftigkeit' des zu optimierenden Wesens, wobei der oder die ‚Posthumane' zentrale Charakteristika der menschlichen Lebensform bereits hinter sich gelassen hat. Die beiden Begriffe werden trotz dieser Unterscheidung nicht selten synonym verwendet, weil beide die menschliche Natur als einen zu optimierenden und letztlich zu überwindenden ‚Ausgangszustand' für die projektierten bio-, neuro- oder informationstechnischen Maßnahmen erachten. Von diesen technologisch ausgerichteten Bewegungen ist allerdings der „kritische Posthumanismus" zu unterscheiden (siehe Loh 2018). Dieser hat nicht die technische „Optimierung" von Menschen zum Thema, sondern die Kritik an den Vorannahmen des ‚klassischen' Humanismus sowie seiner Konzeptionierungen ‚des' Menschen und der expliziten wie impliziten moralisch-anthropologischen Agenda, die in diesem Theoriekontext dem (sehr weit gefassten Begriff des) Humanismus zugeschrieben wird und die sich aus der Sicht von kritischen Posthumanist_innen an ‚klassischen' (und zu überwindenden) Kategorien und Dichotomien wie Frau/Mann, Natur/Kultur, Subjekt/Objekt usw. ausrichtet (siehe exemplarisch Braidotti 2014 und Braidotti/Hlavajova 2018). Im Folgenden will ich mich ausdrücklich nicht mit dem kritischen Posthumanismus auseinandersetzen, sondern mit dem am Anfang des Paragraphen erwähnten techikgetriebenen Transhumanismus.

Ausgangspunkt des transhumanistischen Programms ist ein Begriff der menschlichen Natur, der an ihrer Defizienz orientiert ist. Der Oxforder Vordenker des Transhumanismus Nick Bostrom bezeichnet diese als „half-baked beginning that we can learn to remold in desirable ways" (Bostrom 2003, 4). Diese hemdsärmelig-zupackende Formulierung darf nicht darüber hinwegtäuschen, dass die transhumanistischen Visionen der Überwindung des Menschen an eine Reihe von philosophischen (und theologischen) Gedankenfiguren unterschiedlicher Provenienz anschließen, die den Transhumanismus für seine Verfechter_innen erst attraktiv machen. Der Transhumanismus kann meines Erachtens nicht verstanden werden, wenn wir nicht die Reflexionstraditionen in den Blick bekommen, die der Transhumanismus aufgreift, um sich diese in szientistisch pervertierter Form anzueignen. Ich will dies die anthropologischen ‚Tiefenstrukturen' nennen, die die transhumanistischen Vorhaben prägen, auch wenn sie nicht immer explizit gemacht werden. Solange wir diese Tiefenstrukturen nicht erfassen, könnte man den Transhumanismus als eine anthropologisch unterkomplex argumentierende neo-eugenische Bewegung missverstehen. Man darf jedoch nicht übersehen, dass sich in dieser Bewegung verschiedene (alteuropäische) Reflexionstraditionen brechen, von Utopien eines besseren Lebens (Hauskeller 2009; 2012), über Konversionsfiguren (Müller 2014) bis hin zu Erlösungshoffnungen, um nur einige zu nennen. Letztere wurden von Meghan O'Gieblyn besonders eindringlich beschrieben. O'Gieblyn erzählt, wie sie nach einer spirituellen Krise ihren Weg vom (evangelikalen) Christentum zum Transhumanismus beschritten hat und dabei im Transhumanismus allerlei religiöse Motive und Versprechungen wiedererkennt, die technisch realisiert werden sollen (O'Gieblyn 2017). Auch Yuval Noah Harari – der israelische Historiker, der für seine pointierte Deutung der Genese und Zukunft unserer Zivilisation bekannt geworden ist – spricht von kalifornischen Techno-Religionen, die der eigentliche Antrieb der Technologieentwicklung im Silicon Valley geworden sind: „That's where hi-tech gurus are brewing for us brave new religions that have little to do with God, and everything to to with technology. They promise all the old prizes – happiness, peace, prosperity and even eternal life – but here on earth with the help of technology, rather than after death with the help of celestial beings." (Harari 2015, 351)

Derartige Befunde geben Anlass, einige der philosophischen und theologischen Tiefenstrukturen des Transhumanismus systematisch herauszuarbeiten. Dies kann dazu beitragen, die anthropologischen Vorannahmen des Transhumanismus präziser zu benennen und zu beschreiben, um diese dann kritisch reflektieren zu können. Die Untersuchung dieser Tiefenstrukturen kann damit auch zu einer ethischen Einschätzung beitragen – wenn ‚Ethik' nicht nur im engeren Sinne als ‚angewandte Ethik' verstanden wird, sondern auch die normative Selbstauslegung in Bezug auf Dynamiken, Programmatiken und Deutungsmuster umfasst, die in der technischen Zivilisation generiert werden und die individuelle und kollektive Lebensstile prägen sowie bestimmte Handlungsoptionen und die damit zusammenhängenden Selbstdeutungsformen privilegieren oder marginalisieren.

Im Folgenden will ich zweierlei versuchen: Zum einen (2.) will ich zeigen, dass es eine in den Transhumanismus einfließende geistesgeschichtliche Linie gibt, die man mit der Formel ‚vom Konversionsgebot über das Selbsterschaffungspostulat zum Selbstevolvierungsmandat' zuspitzen kann. Mit dieser geistesgeschichtlichen Linie lässt sich verdeutlichen, dass der Transhumanismus in einer Tradition steht, in der die Idee der Konversion zu einem ‚neuen' oder ‚besseren' Menschen über einige historische Stationen (die nur exemplarisch skizziert werden können) zu einem biotechnischen Programm wird, in dem die gezielte Steuerung der Evolution das Ziel der technischen Optimierung von Menschen wird. Zum anderen (3.) will ich den Transhumanismus im Blick auf den Entwurfscharakter, der das transhumanistische Projekt grundlegend zu charakterisieren scheint – wir können uns selbst auf ein bestimmtes Menschsein hin „frei" entwerfen –, näher untersuchen, indem ich dessen Agenda vor der Folie des Existentialismus – genaugenommen in Sartres programmatischer Fassung von 1946 – kritisch reflektieren will. Dies bietet sich schon allein deshalb an, weil der Begriff des „Entwurfs" in Sartres Text mit einem heroisierenden Pathos der Selbsterschaffung verbunden ist, das im Rückgriff auf technomorphe Begriffe und Metaphern ausbuchstabiert wird. Abschließen möchte ich meine Überlegungen mit einem kurzen Resümee (4.).

2

Die Grundanlage des transhumanistischen Programms sieht, wie schon gesagt, vor, dass eine als defizient angesehene menschliche Natur in einer umfänglichen Weise verbessert werden soll. Welches Ziel genau verfolgt wird, hängt von der jeweiligen Strömung ab: radikale Lebensverlängerung und Unsterblichkeit, sei es durch biotechnologische oder durch informatikgestützte Eingriffe, wie bei dem so genannten ‚mind uploading' (siehe hierzu den Beitrag von Tobias Müller in diesem Band), sowie die Verbesserung von Erfahrungsqualitäten (sich besser entfalten können, etwas intensiver erleben können usw.) gehören zum teleologischen Kernbestand des Transhumanismus (siehe Loh 2018). Die Attraktivität dieser technologischen Versprechungen liegt meines Erachtens auch daran, dass der Transhumanismus an ‚anthropologische Bedürfnisse' anknüpfen kann, die tief in unserer Kulturgeschichte verankert sind und die sich der Transhumanismus szientistisch pervertiert aneignet. Im Folgenden will ich zeigen, dass der Transhumanismus in einer geistesgeschichtlichen Linie steht, die als eine folgenreiche Verschiebung von einem (religiös geprägten) ‚Konversionsgebot' über ein (neuzeitlich-anthropologisch verschärftes) ‚Selbsterschaffungspostulat' zu einem (technologisch radikalisierten) ‚Selbstevolvierungsmandat' beschrieben werden kann. Selbstverständlich kann diese kulturgeschichtliche Linie in diesem Text nur sehr grob und schlagwortartig nachgezeichnet werden.

Als kanonisch in Bezug auf die Idee einer Konversion zu einem besseren Menschen kann eine Stelle im Neuen Testament gelten, in der davon die Rede ist (unter Verwendung einer Metapher aus dem Feld der Bekleidung), dass man den „alten Menschen" ablegen und den „neuen Menschen" anziehen soll, um zum neuen Glauben zu finden (Eph 4, 22–24). Dieses Gebot zieht sich durch die Geistesgeschichte, auch in säkularisierten Formen, in denen es eine selbstauferlegte, radikale Neuorientierung bezeichnet. An dieser Stelle soll nur an Sartre erinnert werden, der (in Anlehnung an Trotzkis „permanente Revolution") von einer „permanenten Konversion" spricht, die sich das reflektierte Individuum selbst auferlegen solle (Sartre 2005, 28; 822 ff.). Die existentialistische Konversion bedeutet, dass man sich von der „komplizenhaften Reflexion" frei machen soll, also von einer Art Lebenslüge, die Menschen von sich selbst „entfremdet" (durchaus auch im Heideggerschen Sinne gedacht, dass man Authentizitätsgewinne erzielt, wenn man sich dem „Man" entzieht). In einem neuen Entwurf soll der oder die Konvertit_in in authentischer Weise „bei sich selbst und für sich selbst [...] sein" (ebd., 824 f.). Und in Bezug auf den Fluchtpunkt der biotechnischen ‚Konversion' sei an dieser Stelle auch auf den von Peter Sloterdijk „Befehl aus Stein" genannten Ausgangspunkt aller „Anthropotechnik" verwiesen, den er aus seiner Lesart des Gedichts „Archäischer Torso Apollos" von Rainer Maria Rilke entwickelt: „du mußt dein Leben ändern" (Sloterdijk 2009).

Als geistesgeschichtliches ‚missing link' zwischen dem Konversionsgebot und seiner bio-anthropotechnischen Aneignung, kann eine Tendenz gelten, die ich mit dem Schlagwort des ‚Selbsterschaffungspostulat' bezeichnen und mit der berühmten Passage aus der „Oratio de hominis dignitate" von Giovanni Pico di Mirandola erläutern will: In diesem Text entwickelt Pico besonders prägnant die Idee, dass Menschen Wesen sind, die ihr ‚Wesen' selbst hervorbringen können, weil es konstitutiv für ihr Sein ist, dass sie sich zu dem machen können, was sie sein wollen (Pico della Mirandola 1988).[1] Bei Pico ist es sogar göttliches Gebot, dass der Mensch sich in seiner Freiheit selbst zum ‚Menschen' macht. Als Geschöpf ist ‚der' Mensch zunächst unspezifisch zwischen Gott und den Tieren

---

[1] Auch Ralf Becker sieht Picos Text als zentral für das Motiv der Selbstüberschreitung ‚des' Menschen an: Ralf Becker (2015).

platziert. Doch analog zur großen Schöpfung Gottes, die bei Pico in auffällig technisch-handwerklicher Metaphorik beschrieben ist (siehe Meyer-Drawe 1996, 52 ff.), wird der Mensch der Schöpfer im Kleinen, nämlich zum Schöpfer seiner selbst. Damit kann sich ‚der' Mensch sich nach dem von ihm selbst konzipierten Wesen selbst ‚herstellen' (um es mit einer Häufung von Reflexivpronomina auszudrücken). Picos Rede über die Würde des Menschen ist daher ein anthropologischer Schlüsseltext, weil wir hier ein Selbstverständnis erkennen können, das von einem neuen humanen Selbstbewusstsein zeugt. Dass sich das Motiv, dass der Mensch das „nicht-festgestellte Thier" ist (wie es Nietzsche bekanntermaßen ausdrücken wird), das aufgrund dieser Konstitution die Aufgabe hat, sich selbst erst ‚machen' zu müssen, schon in diesem Renaissance-Text mit einem technischen Vokabular verbindet, ist kein Zufall. Das technische Herstellen ist der konkrete Anschauungsraum, in dem die Selbsterschaffung nachvollzogen werden kann.

Und vor diesem Hintergrund ist es dann geradezu folgerichtig, die Selbsterschaffung nicht nur moralisch oder kulturell zu verstehen, sondern als biotechnologisches Projekt zu interpretieren. Auch wenn die Schaffung künstlicher androider Wesen schon seit der Antike zum Imaginationsraum erträumter technischer Machbarkeiten gehört (Müller/Liggieri 2019, 3–14), ändert sich der Selbstdeutungshorizont mit der beginnenden Industrialisierung und der Ausdifferenzierung der Lebenswissenschaften und der Medizin. Es ist bezeichnend für die Reflexion über die neue Rolle der Biotechnologien, dass am Anfang des 19. Jahrhunderts sowohl der Briefroman „Frankenstein, or The Modern Prometheus" von Mary Wollstonecraft Shelley und der zweite Teil des „Faust" von Johann Wolfgang von Goethe entstehen. Beide Texte erzählen von der biotechnischen Schöpfung menschenähnlicher Kreaturen mittels biotechnologischer Experimente; wobei im „Frankenstein" ein ‚untermenschliches' (das ‚Monster') und im „Faust" ein ‚übermenschliches' Wesen (der Homunculus) geschaffen wird. Dass die Biotechnologie in diesen literarischen Szenarien die ‚menschliche Norm' unter- und überschreitet, kann man als die inhärente ‚Logik' der modernen Wissenschaft und Technik verstehen, die in der baconianischen Tradition des ‚plus ultra' steht, das bislang Menschenmögliche zu transzendieren. In den Texten von Shelley und Goethe wird die Technik noch nicht verwendet, um den Schöpfer selbst zu verbessern. Aber es wird die Bühne dafür bereitet, die Technologie nicht nur zur Erschaffung eines anderen Wesens zu nutzen, sondern auch aus sich selbst ein neues Wesen zu machen, das die bisherige conditio humana transzendiert.

Im „Faust" wird die Transformation von der ‚Fremdschöpfung' zur ‚Selbstschöpfung' explizit zum Thema gemacht. Der Ausgangspunkt für die Projektierung der Kreation des Homunculus ist die Überwindung der als ‚schmutzig' angesehenen sexuellen Zeugung, aus der Menschen herkömmlicherweise entstehen: In der Vision der Figur Wagner, des Biotechnologen avant la lettre, soll der Mensch „künftig höhern, höhern Ursprung haben" (Goethe 1981, V. 6847). Und genau diese Veredelung des Menschen durch die ‚reine' Laborschöpfung führt zum Bedürfnis, dass der Herstellende auch sich selbst herstellen will: „Und so ein Hirn, das trefflich denken soll / Wird künftig auch ein Denker machen." (Ebd., V. 6869f.) Der bestmögliche Biotechnologe hat sich selbst produziert, bevor er andere Kreaturen schafft. Sein künstlich hergestelltes (oder aufgerüstetes) Gehirn ist die Voraussetzung für seine Schöpfungstätigkeit. Die Laboratoriums-Szene ist damit nicht nur ein wissenschaftstheoretischer, sondern auch ein anthropotechnischer Echoraum (siehe Liggieri 2014). Der Mensch als Homo faber richtet sich nicht nur die Welt technisch ein, zur ‚Metaphysik' des Homo faber gehört auch das Sich-sich-selbst-Verdanken-Wollen (Müller 2010), eine Grundfigur moderner Technik, die Günther Anders besonders präzise beschrieben hat: Der Homo faber will nicht geworden oder geboren sein, „sondern wünscht, sich als sein eigenes Produkt sich selbst zu verdanken" (Anders 1956, 325; siehe auch den Beitrag von Christina Schües in diesem Band).

Dieses seit Pico technisch transformierte Selbsterschaffungspostulat ist nun die Voraussetzung für das, was ich ‚Selbstevolvierungsmandat' nennen will und mit dem wir die unmittelbare Vorgeschichte des Transhumanismus erfassen können. Seit Darwins Evolutionstheorie wurde der Mensch in verschiedenen Kontexten als „Zwischenwesen" („creatures of twilight") verstanden, dessen Leben (in Anlehnung an Hobbes) als „nasty brutish and short" bezeichnet wurde (siehe Coenen 2009; Coenen et al. 2010). So unterschiedliche Proponenten wie Julian Huxley oder H. G. Wells waren wie viele Eugeniker_innen von der Evolutionstheorie befeuert: ‚Der' Mensch galt als zukunftsoffen, gestaltbar, planbar – wenn es gelingen könnte, die evolutionsbiologischen Prozesse entsprechend zu lenken. Die Arbeit am Menschen, die bislang die Natur vorgenommen hatte, durfte der Mensch nun mit seiner Technik fortzusetzen hoffen. Darwin selbst hatte am Ende des „Descent of Man" derartige Erwartungen formuliert: „Es ist begreiflich, daß der Mensch einen gewissen Stolz empfindet darüber, daß er sich, wenn auch nicht durch seine eigenen Anstrengungen, auf dem Gipfel der organischen Stufenleiter erhoben hat; und die Tatsache, daß er sich so erhoben hat, anstatt von Anfang an dorthin gestellt zu sein, mag ihm die Hoffnung auf eine noch höhere Stellung in einer fernen Zukunft erwecken." (Darwin 2005, 274) Nach diesen Sätzen unterstreicht Darwin allerdings, dass der Mensch trotz aller hohen (gottähnlichen) geistigen Fähigkeiten doch auch unverkennbar dem Animalischen verhaftet bleibe. Dies ist bekanntlich als ‚Darwinsche Kränkung' in die Kulturgeschichte eingegangen. Doch es war eben auch derselbe Darwin, der die Hoffnung auf eine noch höhere Stellung im Kosmos artikuliert (wiewohl er einen biotechnologischen Beitrag hierzu vermutlich noch nicht im Blick hatte). Dies ändert sich mit den Darwinisten und Eugenikern der ersten Stunde, die sich von den neuen Aussichten auf eine höhere Existenz berauschen ließen – und als biotechnischen Auftrag zu interpretieren begannen. Bis heute scheint sich aus Darwins Befund ein transhumanistisches Argument geradezu zwingend zu ergeben: Der Mensch ist dank seines Wissens und Könnens dazu verpflichtet, seine Evolution selbst in die Hand zu nehmen. Um es mit einer Kant-Parodie auszudrücken: Wir befinden uns von nun an in einer Situation selbstverschuldeter Unverbessertheit – und sollen Mut haben, uns unserer Technologien zu bedienen.

Nicht von ungefähr fällt die erste eugenische Begeisterung in die Zeit, in der Nietzsche mit seinem „Übermenschen" einen Begriff prägt, der ebenfalls die Überwindung der aktuellen menschlichen Lebensform proklamiert: „Der Mensch ist Etwas, das überwunden werden soll" (Nietzsche 2014, 14). Nietzsches Übermensch lässt sich natürlich nicht auf die biotechnologische Selbststeigerung reduzieren. Doch gibt er mit seiner Rede von der ‚Brückenexistenz' des Menschen zwischen Tier und Übermensch (ebd., 16) das anthropologische Stichwort, das den Menschen als einen bloßen Übergang zu seiner (wie auch immer gearteten) ‚höheren' oder ‚besseren' Existenzform versteht. Explizit sagt Nietzsche provokant, dass der Mensch kein „Zweck" ist (u. a. gegen Kant gerichtet), sondern eine „Brücke" (ebd., 14). Nietzsche eröffnet in diesem Zusammenhang selbst einen Diskursraum, der darwinistisch-transhumanistisch interpretiert werden kann: „Was ist der Affe für den Menschen? Ein Gelächter oder eine schmerzliche Scham. Und ebendas soll der Mensch für den Übermenschen sein: ein Gelächter oder eine schmerzliche Scham." (Ebd.)

Daher gibt es auch eine Debatte unter Transhumanist_innen über die Frage, ob und inwiefern der Transhumanismus in der Tradition von Nietzsches Übermenschentum anzusiedeln ist (Bostrom 2006; Sorgner 2009; Tuncel 2017). Nietzsches Scham und Gelächter über den jetzigen Menschen kehren nun über die Fallhöhe der posthumanen Existenz wieder. Es ist typisch für transhumanistische Positionen, dass sie neue Formen des Erlebens imaginieren, die weit über das für heutige Menschen Übliche und Mögliche hinausreichen. Um an dieser Stelle nur ein Beispiel zu nennen: „Your experiences seem more vivid", schreibt Nick Bostrom in einer kleinen transhumanistischen Utopie, „[w]hen you listen to music you perceive layers of structure and a kind of musical logic to which you were previously oblivious; this gives you great joy [...]. Instead of spending four hours each day watching television, you may now prefer to play the saxophone in a jazz band and to have fun working on your first novel [...]. You still listen to music – music that is to Mozart what Mozart is to bad Muzak." (Bostrom 2006, 111 f.) Wir werden also Musik hören können, die so weit von Mozart entfernt ist wie Mozart von schlechter Fahrstuhlmusik in unseren Tagen. Mozart wird bei den transhumanistischen Zukunftsmusikern genau das auslösen, was Nietzsche mit dem künftigen Blick des Übermenschen auf seine lächerliche menschliche Vorform vermutet: Gelächter und schmerzliche Scham.

Diese verächtliche Perspektive auf die menschliche Natur ist der Motor für die Ansätze, die Evolution zu korrigieren, um die Höherentwicklung des Menschen zu garantieren und gezielt zu steuern (siehe hierzu auch den Beitrag von Armin Grunwald in diesem Band). Dies drückt sich in den markigen Aussagen von Biotechnologen aus, die seit ein paar Jahren durch die Gazetten geistern. So sagt Tim Knight etwa: „Der genetische Code ist 3,6 Milliarden Jahre alt. Es wird Zeit, ihn neu zu schreiben." – Während sich Freeman Dyson mit folgendem Satz zitieren lässt: „This notion implies not only that humanity is now fully in command of its own destiny, it implies also that we are no longer subject to the haphazard, cumbersome, and often inefficient ways of evolution." Und Stefan Lorenz Sorgner, der im deutschsprachigen Raum sicher der bekannteste bekennende Transhumanist ist, schreibt in seinem Plädoyer für einen ‚Nietzscheanischen Transhumanismus': „Es ist naiv, davon auszugehen, dass der Homo sapiens sapiens in 6 Millionen Jahren noch immer existieren wird. Spezies müssen sich auf beständige Weise neu anpassen. Entweder eine Spezies passt sich an oder sie stirbt aus. Deshalb ist es notwendig, beständig auf neue Techniken zurückzugreifen, und diese zu entwickeln. Dies ist die entscheidende Grundannahme, die von allen Transhumanisten geteilt wird." (Sorgner 2019) Damit ist nun der Boden für das transhumanistische Programm bereitet, das aus der geistesgeschichtlichen Linie vom Konversionsgebot über das Selbsterschaffungspostulat beim Selbstevolvierungsmandat angekommen ist. Vor diesem Hintergrund wird die eingangs formulierte These (hoffentlich) verständlich: Der Transhumanismus ist eine szientistisch-technische Pervertierung eines ‚alten' menschlichen Selbsttranszendierungsbedürfnisses.

An dieser Stelle will ich diese Reflexionstradition verlassen und mich einem Aspekt zuwenden, der in der Forschung über den Transhumanismus bislang noch nicht behandelt wurde und (soweit ich sehe) auch in der Selbstreflexion der Vertreter_innen der transhumanistischen Bewegung nicht thematisiert wird: der an den Existentialismus erinnernde ‚Entwurfscharakter' der menschlichen Existenz. Im folgenden zweiten Teil meines Beitrages will ich nachzeichnen und diskutieren, ob man dem Transhumanismus eine ‚kryptoexistentialistische' Tendenz zuschreiben kann und ob und inwiefern sich diese von Programm und Anspruch des ‚klassischen' Existentialismus unterscheidet. Das Ziel ist auch in diesem Teil, eine philosophisch-anthropologische Tiefenstruktur freizulegen, um den Transhumanismus mit Hilfe einer anderen Perspektivierung kritisch reflektieren zu können.

3

Auf den ersten Blick könnte man den Transhumanismus als dem Existentialismus völlig entgegenlaufend verstehen. Denn wenn durch die biotechnische Optimierung Angst, Verzweiflung und Schuld ihre existentielle Kraft einbüßen sollen, und wenn auch die Herausforderung des eigenen Todes nicht mehr zu jenem orientierungssuchenden Ringen führen muss, das den Existentialismus charakterisiert – gehört doch die medizintechnologische ‚Abschaffung' des Todes, dieser vermutlich größten Provokation des Menschseins zu den Kernzielen des Transhumanismus –, dann dürften die Probleme des menschlichen Daseins gelöst sein. Dürfen wir uns also den Transhumanen als einen glücklichen Menschen vorstellen?

Schauen wir uns das näher an: Auch der Existentialismus besteht aus einer Bandbreite von Positionen und speist sich überdies aus einer spezifischen Theoriegeschichte, die eng mit der politischen Situation um 1945 und dem Zusammenbruch der Vertrautheitsstruktur überkommener religiöser und philosophischer Ordnungsrahmen verknüpft ist. Ich will mich in diesem Kontext lediglich auf den Existentialismus in seiner programmatischen Ausprägung beziehen, die ihm Sartre in seinem bekannten Text „Ist der Existentialismus ein Humanismus?" von 1946 gegeben hat (Sartre 1975). Allein schon die Ähnlichkeiten im programmatischen und popularisierenden Stil prädestinieren diesen Text als Folie für die transhumanistischen Verlautbarungen.

Eine der bekannten Thesen, für die Sartre in seinem Essay wirbt, ist jene, dass die Existenz der Essenz vorausgehe. Sartre erklärt sein Philosophem bemerkenswerterweise unter Verwendung technischer Beispiele: „Betrachten wir ein Artefakt, zum Beispiel ein Buch oder ein Papiermesser, so ist dieser Gegenstand von einem Handwerker angefertigt worden, der sich von einem Begriff hat anregen lassen; er hat sich auf den Begriff Papiermesser bezogen und zugleich auf eine vorher bestehende Technik der Erzeugung, welche zu dem Begriff gehört und im Grunde ein Rezept ist." (Ebd., 9f.) Diesen Übergang vom Begriff zum Artefakt, von der Definition zum technischen Produkt erklärt Sartre mit Hinweisen auf den metaphysischen Hintergrund der Voraussetzungen von Existenz überhaupt: „Wir haben also hier ein technisches Bild der Welt, in der, kann man sagen, die Erzeugung der Existenz vorausgeht. Wenn wir einen Schöpfer-Gott annehmen, so wird dieser Gott meistens einem höherstehenden Handwerker angeglichen [...]. Demnach ist der Begriff Mensch im Geiste Gottes dem Begriff Papiermesser im Geiste des Handwerkers anzugleichen, und Gott erzeugt den Menschen nach Techniken und einem Begriff, genau wie der Handwerker ein Papiermesser nach einer Definition und einer Technik anfertigt." (Ebd., 10)

Dieses theologische Erbe will Sartre naturgemäß hinter sich lassen, die technische Hintergrundmetaphorik bleibt aber prägend für den Existentialismus in dieser Form: Menschen als Homines fabri sind gleichzeitig die sich selbst herstellenden Wesen. Hans Blumenberg hat diesen Zug des Existentialismus daher „autotechnisch" genannt (Blumenberg 1953). Was damit gemeint ist, kann man an folgender Passage aus Sartres Text verdeutlichen: „Was bedeutet es hier, daß die Existenz der Essenz vorausgeht? Es bedeutet, daß der Mensch zuerst existiert, sich begegnet, in der Welt auftaucht und sich *danach* definiert [...]. Also gibt es keine menschliche Natur, da es keinen Gott gibt, um sie zu entwerfen. Der Mensch ist lediglich so, wie er sich konzipiert – ja nicht allein so, sondern wie er sich will und wie er sich *nach* der Existenz konzipiert [...]. Der Mensch ist nichts anderes als wozu er sich macht." (Sartre 1975, 11)

Es lässt sich leicht erkennen, dass der Transhumanismus diesem Ansatz nicht fernsteht. Der oder die Transhumane lässt sich ebenfalls als ein Wesen beschreiben, das sich selbst gemacht hat bzw. sich selbst gemacht zu haben wünscht. Der oder die Transhumane schafft sich selbst nach seinem oder ihrem eigenen Bild und nach Maßgabe des technisch Möglichen (in einer imaginierten mehr oder weniger fernen Zukunft). Insofern findet sich die Selbstmodellierung nach dem Vorbild der Herstellung eines technischen Produkts auch im Transhumanismus wieder – allerdings in einer deutlichen Verschärfung. Im Fall der transhumanen Lebensform geht die Existenz der Essenz folgendermaßen voraus: Die als unzureichend und biologisch hinfällig verstandene Existenz bedingt eine Essenz, die durch das biotechnologisch Mögliche festgelegt ist. Dies kommt z.B. in der Idee einer „evolutionary heuristic" zum Ausdruck (Bostrom/Sandberg 2008). Das bedeutet: Das, was die Evolution auf die Dauer ohnehin wohl ‚weiterentwickeln' würde – weil die menschliche Natur eben ein ‚half-baked beginning' darstellt –, soll mit biotechnologischen Mitteln forciert und beschleunigt werden.

Im transhumanistischen Entwurf ist die künftige, ‚höhere' Existenzform als Blaupause für die Optimierung der jetzigen Existenz verstanden. Insofern wäre der Transhumanist im Vergleich zum Existentialisten in seiner Wahlmöglichkeit deutlich festgelegt: Er kann letztlich nur denjenigen Entwurf seiner selbst wählen, der biotechnologisch produziert werden kann. Die Selbstwahl wird im Lichte von Technoimaginationen gefällt. Dabei spielt es keine Rolle, ob eine Selbstverbesserung technisch möglich ist oder sein wird, sondern es kommt darauf an, das zu Verbessernde im Horizont bio- und informationstechnisch möglicher Eingriffe zu sehen. Dabei ist zunächst bemerkenswert, dass die Logik der technischen Verbesserung und Verfeinerung von Artefakten auch auf die subjektiven Erlebnisqualitäten übertragen wird. Bostroms Idee, bessere Musik zu hören oder zu machen, speist sich letztlich aus dem Vorbild der Innovationen in der Musikgeräteindustrie.

Die Verbesserungen, die wir in der Produktion von Verstärkern und Lautsprechern beobachten können, sind das Muster für die Verbesserung menschlicher auditiver Fähigkeiten. Einer der Gründe, warum sich Transhumanisten die Verbesserung von Erlebnisqualitäten zu ihren Zielen gemacht haben, könnte die Übertragung der exponentiell steigenden Entwicklungskurven der digitalen Welt auf die menschliche Disposition sein. Vielleicht ist es kein Zufall, dass Ray Kurzweil in seiner prä-transhumanistischen Phase mit seinen Synthesizern (Kurzweil Music Systems) Artefakte produziert hat, die auf die Erweiterung musikalischer Klangwelten zielen. Hier könnte die Idee der transhumanistischen Erweiterung der musikalischen Erlebnisfähigkeit als Komplement zur Verbesserung der musikindustriellen Artefakte einen ‚Resonanzraum' gefunden haben.

Auch Sartres nächster Punkt ist in Bezug auf die Deutung des Transhumanismus aufschlussreich: Er unterstreicht, dass der Mensch, der sich zu dem machen kann, zu dem er sich machen will, ein Wesen ist, das zu *wählen* in der Lage ist. Menschen wählen nach Sartre den Optimalentwurf von sich selbst *als Mensch* oder wie Sartre es ausdrückt: „So bin ich für mich selbst und für alle verantwortlich, und schaffe ein bestimmtes Bild des Menschen, den ich wähle; indem ich mich wähle, wähle ich den Menschen." (Sartre 1975, 13) Dieses Moment des Existentialismus kann dazu beitragen, eine Antwort auf die Frage zu finden, warum der Transhumanismus überhaupt als solcher auftritt (also als Trans*humanismus*). Es wäre ja denkbar, dass die transhumanistischen Visionäre einfach individuelle Gründe anführen und sagen könnten: Ich, Nick, oder ich, Ray, will z. B. etwas Komplexeres als Mozart hören oder länger leben. Doch die Transhumanist_innen beziehen sich gerade nicht auf individuelle Präferenzen, sie verfolgen vielmehr eine Argumentationslinie, die eine unfertige menschliche Natur gegen ein optimiertes Wesen ausspielt, das das Menschsein irgendwann hinter sich gelassen haben wird. Die individuelle Verbesserung soll mit der Höherwertigkeit der neuen Existenzform legitimiert werden. Im Vergleich mit der existentialistischen Wahl könnte man den transhumanistischen Ansatz folgendermaßen begreiflich machen: Indem z. B. Bostrom sich eine künftige bessere Erlebnisfähigkeit wünscht, wählt er nicht eine individuelle Präferenz, sondern ein Wesen, das es noch nicht gibt, das er sich aber herbeisehnt. In der Wahl der Optimierung seiner individuellen Disposition wählt Bostrom die Überschreitung des Menschen als solchen, wählt sich selbst *als Transhumanen*. Wenn Sartre in dem ihm eigenen Pathos (und im Rückgriff auf Francis Ponge) unterstreicht, dass der „Mensch die Zukunft des Menschen" (ebd., 17) sei, dann würde ein/e Transhumanist_in ihm in diesem Punkt widersprechen und sagen: Der Mensch muss nicht unbedingt die Zukunft des Menschen sein. Wir können auch die Wahl treffen, kein Mensch mehr sein zu wollen, sondern ein Wesen, das Mensch war.

Sartres Prämisse, dass es keine festumrissene menschliche Natur gibt (ebd., 21), kann der Transhumanismus ebenfalls nicht teilen: Denn der Transhumanismus muss gerade eine einigermaßen klar umrissene menschliche Natur behaupten, denn sonst gäbe es nichts, was überwunden werden soll. Zudem muss sich die technische ‚Optimierung' auf bestimmte Vorstellungen der menschlichen Natur stützen, um ebendiesen Stand der Natur ‚optimieren' zu können. Ein/e Existentialist_in, auf der anderen Seite, hätte ihrer- oder seinerseits Skepsis gegenüber dem transhumanistischen Programm, weil Existentialist_innen nach Sartre grundsätzlich „nicht an den Fortschritt glauben", denn: „der Fortschritt ist eine Verbesserung; der Mensch ist immer derselbe einer Situation gegenüber, die sich verändert, und die Wahl bleibt immer eine Wahl inmitten einer Situation." (Ebd., 30)

Auch wenn wiederum der oder die Transhumanist_in nicht leugnen können wird, dass sich die (politische, historische, soziale usw.) Situation von Menschen in einer Weise ändern kann, dass eine Änderung der Selbstwahl verlangt sein könnte, würde man aus einer transhumanistischen Perspektive vermutlich sagen, dass die biotechnologische Umformung gerade zu einer gewissen Autarkie gegenüber dieser Art von Situationen führen soll. Während der oder die Existentialist_in in seinem oder ihrem Entwurf üblicherweise angesichts der Herausforderungen der conditio humana (wie z.B. der eigene Tod, die Krankheit, die Endlichkeit) wählt, wollen Transhumanist_innen sich selbst in Bezug auf künftige Wesen wählen, für die idealerweise die ‚klassischen' Grenzsituationen überwunden sind und für den Selbstentwurf keine Rolle mehr spielen. Während die Freiheit des Sich-selbst-Entwerfens im Existentialismus an Bedingtheiten der menschlichen Existenz geknüpft sind und sich gerade in dem Bejahen der Endlichkeit die Freiheit, eine Selbst-Wahl zu treffen, manifestiert, verkennen Transhumanist_innen diese Voraussetzung menschlicher Freiheit und propagieren die Vorzüge einer alternativen Lebensform, die sich nicht mehr in Bezug auf die Bedingtheiten zu entwerfen sollen braucht. So sagt beispielsweise Ray Kurzweil in einem Interview: „Der Tod ist schwer vorstellbar, denn unsere Selbstwahrnehmung, unser Bewusstsein kommt uns nicht vergänglich, sondern dauerhaft vor. Trotzdem müssen wir beobachten, dass Menschen nicht ewig leben [...]. Es wird allenthalben bestritten, dass der Tod furchterregend und tragisch ist – von dem Leid, das der Prozess des Sterbens bringt, ganz zu schweigen. Stattdessen wird das Problem rationalisiert, indem man sagt, der Tod sei gut. Und man hängt sehr an dieser Rationalisierung, weil sie es uns erlaubt, weiterzumachen im Angesicht der heraufziehenden Tragödie. Solange wir keine Alternative hatten, war das vernünftig. Heute aber haben wir eine Alternative." (Hülswitt/Brinzanik 2010, 17) Die Alternative, von der Kurzweil hier redet, ist die „Singularität", die Menschen über mehrere Innovationsstufen auf biochemischer, neurotechnologischer und informationstechnologischer Ebene unsterblich machen soll. In Bezug auf die im ersten Kapitel entwickelte geistesgeschichtliche Linie ist interessant, dass Kurzweil hier – man erinnere sich an Nietzsche – mehrere „Brücken" unterscheidet, (ebd., 18; siehe auch Kurzweil 1999) in denen die von ihm angestrebte höhere posthumane Existenzform erreicht werden soll.

An dieser Stelle könnte man pointiert fragen, ob nur *Menschen* Existentialist_innen sein können, Transhumane aber nicht. Denn es geht ja gerade darum, ein Wesen zu kreieren, das gar nicht mehr in der misslichen Lage ist, sich in Bezug auf die Herausforderungen der conditio humana entwerfen zu müssen, da diese in der transhumanen Lebensform ja überwunden werden sollen. Doch kann man die Bedingungen der Existenz auch als Transhumane/r wirklich hinter sich lassen? Hannah Arendt hat ihr Buch „Vita activa" mit einer Reflexion über die „conditio humana" eingeleitet. Dabei arbeitet sie heraus, dass die Rede von ‚der' menschlichen Natur zwar problematisch, aber dass es doch stimmig sei, über die *Bedingtheiten* der menschlichen Existenz zu reden, wie z. B. Natalität, Mortalität, Pluralität und Weltlichkeit (Arendt 2002, 16 ff.). Im Zuge dessen macht sie ein Gedankenspiel: Sie imaginiert eine in radikaler Weise technisch transformierte (post)humane Existenzform, die auf einem anderen Planeten lebt: „Dies würde heißen, daß die Menschen ihre Leben den irdisch-gegebenen Bedingungen ganz und gar entziehen und es gänzlich unter Bedingungen stellen, die sie selbst geschaffen haben." (Ebd., 20) Die Formulierung, ‚das Leben unter selbst geschaffene Bedingungen zu stellen', erinnert ohne Zweifel an das Ziel der transhumanistischen Agenda. Allerdings sagt Arendt nun: „Der Erfahrungshorizont eines solchen Lebens wäre vermutlich so radikal geändert, daß das, was wir unter Arbeiten, Herstellen, Handeln, Denken verstehen, in ihm kaum noch einen Sinn ergäbe. Und doch kann man kaum leugnen, daß selbst diese hypothetischen Auswanderer noch Menschen blieben; aber die einzige Aussage, die wir über ihre Menschennatur machen könnte, wäre, daß sie immer noch bedingte Wesen sind, wiewohl unter solchen Verhältnissen die menschliche Bedingtheit nahezu ausschließlich das Produkt von Menschen selbst wäre." (Ebd.)

Das klingt nach Protoposthumanismus in Reinform: Das neue Wesen wäre ein Wesen, das in ganz anderer Weise denkt und handelt als jetzige Menschen. Eine solche Transgression würde die Redeweise ‚posthuman' zweifelsohne rechtfertigen (auch wenn sich Arendt natürlich in keiner Weise einem solchen Programm anschließen würde, allein schon wegen der Bedeutung der Natalität in ihrer Anthropologie). Gleichzeitig können wir mit Arendt aber auch einen blinden Fleck des Transhumanismus identifizieren: Auch wenn dieser in der Lage sein sollte, die menschliche Natur entsprechend umfassend umzuformen, würde doch ein Wesen entstehen, das weiterhin bedingt bleibt und in dieser Bedingtheit seine Existenzform ausbildet. Das heißt: Es könnte also sein, dass die conditio posthumana sich auf einer prinzipiellen Ebene von der conditio humana gar nicht unterscheidet – weil der oder die Posthumane letztlich ein bedingtes Wesen bleibt, auch wenn es die selbstgeschaffenen Bedingungen sind. Oder anders formuliert: Auch wenn einige Momente der conditio humana überwunden wären, würde das Faktum der Bedingtheit in anderer Form auch die conditio posthumana prägen – so dass mit der Überwindung des Menschlichen möglicherweise gar nichts gewonnen wäre. Nach Arendt könnte sich die Situation sogar insofern verschärfen, als der oder die Transhumanist_in künftig ihren oder seinen selbst geschaffenen Bedingungen unterliegen wird. Wie auch immer diese Bedingtheiten aussehen werden, der oder die Transhumane wäre zwar nur noch von ihrem oder seinem eigenen technischen Entwurf abhängig, würde aber das Faktum der Bedingtheit per se nicht beseitigen (siehe auch den Beitrag von Christina Schües in diesem Band).

Nach diesem Exkurs zu Arendt und den Bedingungen der menschlichen Existenz wieder zurück zu Sartre. Einen weiteren zentralen Unterschied von Existentialismus und Transhumanismus kann man folgendermaßen umreißen: Im Existentialismus gibt es ein *Pathos des Handelns*, während es im Transhumanismus ein *Pathos des Herstellens* gibt. ‚Pathos des Handelns' besagt, dass Menschen sich in ihrem Handeln konstituieren, meist in einem weiten Sinne als politisches Handeln oder Handeln in Grenzsituationen verstanden: Sie sind im emphatischen Sinne das, was sich in ihrem Handeln zeigt, weil sich im Handeln das ‚wahre Selbst' zeigt. Das ‚Pathos des Herstellens' wiederum bedeutet, dass ‚der' Mensch sich in dem, was er technisch aus sich macht, konstituiert. Die Selbsttransformation erfolgt dabei in einem technoimaginativen Selbstdeutungsraum. Man könnte also sagen: Hier steht dem *existentialistischen Selbst-Entwurf* das *transhumanistische Selbst-Design* gegenüber. Oder anders ausgedrückt: Während der Existentialismus (idealistische) Selbstsetzungsfiguren im Entwurfs-Begriff zu aktualisieren und zu radikalisieren sucht, könnte man das Programm Transhumanismus in der Sprache des Deutschen Idealismus folgendermaßen beschreiben: Statt um Selbstsetzung geht es letztlich um Selbst*er*setzung. Während der existentialistische Selbst-Entwurf auf eine Realisierung eines emphatisch verstandenen Menschseins angesichts von Kontingenzen, Bedingtheiten und Grenzsituationen ausgerichtet ist, hat das transhumanistische Selbst-Design das Ziel, ein Wesen zu kreieren, das nicht mehr Mensch sein muss.

Trotz all dieser Unterschiede finden sich in dem Moment der ‚Überschreitung' wieder auffällige Ähnlichkeiten in den Agenden von Existentialismus und Transhumanismus. Am Ende seines Textes konturiert Sartre seinen Humanismus nämlich wie folgt: „Aber es gibt einen andern Begriff des ‚Humanismus', welcher im Grunde genommen dies bedeutet: Der Mensch ist dauernd außerhalb seiner selbst; indem er sich entwirft und indem er sich außerhalb seiner verliert, macht er, daß der Mensch existiert, und auf der andern Seite, indem er transzendente Ziele verfolgt, kann er existieren; der Mensch ist diese Überschreitung, und so befindet er sich im Herzen, im Mittelpunkt dieser Überschreitung." (Sartre 1975, 35) Und er unterstreicht, dass er den Begriff ‚transzendent' nicht theologisch verstehen will, sondern eben im Sinne der „Überschreitung" durch die Fähigkeit des permanenten Selbst-Entwurfs bzw. der permanenten Konversion, um den Begriff aus den „Entwürfen für eine Moralphilosophie" noch einmal aufzugreifen. Nur ein kleiner Schritt wäre es gewesen, diesen Begriff des Transzendierens in einer Vorsilbe zu konservieren – und von einem *Trans*-Humanismus zu sprechen.

4

Mit meinem Beitrag wollte ich zum einen herausarbeiten, wie sich bestimmte ‚klassische' philosophische Gedankenfiguren und Selbstdeutungsformen im Transhumanismus wiederfinden, aufheben, verschieben oder verschärfen, um auf diese Weise einige anthropologische Tiefenstrukturen des Transhumanismus freizulegen. In der sehr knappen Skizze einer geistesgeschichtlichen Linie, die ich mit der Formel ‚vom Konversionsgebot über das Selbsterschaffungspostulat zum Selbstevolvierungsmandat' zugespitzt habe, wollte ich zeigen, wie der Transhumanismus auf ‚alte' anthropologische Bedürfnisse eine szientifisch-technische Antwort bieten will. Die Freilegung dieser geistesgeschichtlichen Linie kann zur kritischen Evaluierung des transhumanistischen Programmes beitragen, indem man das im Menschsein verankerte Bedürfnis der Selbsttranszendenz im Blick auf die vom Transhumanismus propagierten technische Verengung dieses Selbstüberschreitungsbedürfnisses diskutieren kann – eine Verengung des Begriffs des Mensch-seins, die der Titel eines Artikels in der *New York Times*, der sich mit den transhumanistischen Tendenzen im Silicon Valley auseinandersetzt, sehr schön auf den Punkt bringt: „Merely Human? That's So Yesterday" (Vance 2010).

Auch die Relektüre der existentialistischen Programmschrift „Ist der Existentialismus ein Humanismus?" im Lichte der transhumanistischen Agenda kann, wie gezeigt, dazu beitragen, charakteristische Merkmale des Transhumanismus herauszuarbeiten und kritisch zu reflektieren. Zentrale Momente waren das Pathos des Herstellens (im Unterschied zum Pathos des Handelns), des transhumanistischen Selbst-Designs (im Unterschied zum existentialistischen Selbst-Entwurf) sowie die Rolle der ‚Bedingtheiten' der conditio humana und der existentiellen Grenzsituationen, denen das transhumane Wesen letztlich entkommen will. Deutlich geworden sein dürfte auch das merkwürdige Verständnis ‚des' Menschen in der transhumanistischen Agenda, die mit der Verbesserung des als defizient eingestuften Wesens in letzter Konsequenz die Selbstabschaffung zum Ziel hat.

Literatur

Anders, Günther (1956): Die Antiquiertheit des Menschen. Bd. 1: Über die Seele im Zeitalter der zweiten industriellen Revolution, München.

Becker, Ralf (2015): Der Mensch will über den Menschen hinaus. Hinweise zu einer Ideengeschichte des homo creator, in: Hartung, Gerald/Herrgen, Matthias (Hg.): Interdisziplinäre Anthropologie 3, Berlin, 165–186.

Blumenberg, Hans (1953): Technik und Wahrheit, in: Actes du XI. Congrès International de Philosophie, Bruxelles 20–26 août 1953, vol. II: Épistémologie, Amsterdam, Louvain, 113–120.

Bostrom, Nick (2003): Transhumanist Values, https://eclass.uoa.gr/modules/document/file.php/PPP566/Bostrom%20-%20Transhumanist%20Values.pdf (letzter Zugriff 13.10.2020).

Bostrom, Nick (2006): A short history of transhumanist thought, in: Analysis and Metaphysics 5/1–2, 63–95.

Bostrom, Nick/Sandberg, Anders (2008): The wisdom of nature: an evolutionary heuristic for human enhancement, in: Savulescu, Julian/Bostrom, Nick (Hg.): Human enhancement, Oxford, 375–416.

Braidotti, Rosi (2014): Posthumanismus. Leben jenseits des Menschen, Frankfurt a. M.

Braidotti, Rosi/Hlavajova, Maria (Hg.) (2018): Posthuman Glossary, London.

Coenen, Christopher (2009): Transhumanismus, in: Eike Bohlken/Christian Thies (Hg.): Handbuch Anthropologie. Der Mensch zwischen Natur, Kultur und Technik. Stuttgart, 268–276.

Coenen, Christopher et al. (Hg.) (2010): Die Debatte über „Human Enhancement". Historische, philosophische und ethische Aspekte der technologischen Verbesserung des Menschen. Bielefeld.

Darwin, Charles (2005): Die Abstammung des Menschen, Frankfurt a. M.

Elliott, Carl (2003): Better than well. American medicine meets the American dream, New York.

Eßmann, Boris/Bittner, Uta/Baltes, Dominik (2011): Die biotechnische Selbstgestaltung des Menschen. Neuere Beiträge zur ethischen Debatte über das Enhancement, in: Philosophische Rundschau 58/1, 1–21.

Goethe, Johann Wolfgang von (1981): Faust. Der Tragödie zweiter Teil, in: Ders.: Werke. Hamburger Ausgabe, Bd. 3, München.

Gordijn, Bert/Chadwick, Ruth (2008) (Hg.): Medical Enhancement and Posthumanity, Stuttgart.

Grunwald, Armin: Technische Zukunft des Menschen? Eschatologische Erzählungen zur Digitalisierung und ihre Kritik, im vorliegenden Band.

Harari, Yuval Noah (2015): Homo Deus. A brief history of tomorrow, London.

Hauskeller, Michael (2009): Prometheus unbound. Transhumanist arguments from (human) nature, in: Ethical Perspectives 16/1, 3–20.

Hauskeller, Michael (2012): Reinventing Cockaigne. Utopian themes in transhumanist thought, in: Hastings Center Report 42/2, 39–47.

Hülswitt, Robias/Brinzanik, Roman (2010): Werden wir ewig leben?, Frankfurt a. M.

Kurzweil, Ray (1999): The Age of Spiritual Machines. When Computers Exceed Human Intelligence, New York.
Liggieri, Kevin (2014): Zur Domestikation des Menschen. Anthropotechnische und anthropoetische Optimierungsdiskurse, Wien/Münster.
Loh, Janina (2018): Trans- und Posthumanismus zur Einführung, Hamburg.
Loh, Janina (2020): Transhumanismus und technologischer Posthumanismus, in: Heßler, Martina/Liggieri, Kevin (Hg.): Handbuch Technikanthropologie, Baden-Baden, 277–282.
Meyer-Drawe, Käte (1996): Menschen im Spiegel ihrer Maschinen, München.
Müller, Oliver (2010): Zwischen Mensch und Maschine. Vom Glück und Unglück des Homo faber, Berlin.
Müller, Oliver (2014): Prothesengötter. Zur technischen Optimierung von Menschen, in: Liebert, Wolf-Andreas et al. (Hg.): Künstliche Menschen. Transgressionen zwischen Körper, Kultur und Technik, Würzburg, 69–80.
Müller, Oliver/Liggieri, Kevin (2019): Mensch-Maschine-Interaktion seit der Antike: Imaginationsräume, Narrationen und Selbstverständnisdiskurse, in: Dies. (Hg.): Mensch-Maschine-Interaktion. Geschichte – Kultur – Ethik, Stuttgart, 3–14.
Müller, Tobias: Die transhumanistische Utopie des Mind-Uploading und die Grenzen der technischen Manipulierbarkeit menschlicher Subjektivität, im vorliegenden Band.
Nietzsche, Friedrich (2014): Also sprach Zarathustra. Kritische Studienausgabe, Bd. 4, München.
O'Gieblyn, Meghan (2017): God in the machine: my strange journey into transhumanism, in: The Guardian, 18. April 2017, https://www.theguardian.com/technology/2017/apr/18/god-in-the-machine-my-strange-journey-into-transhumanism (letzter Zugriff 13.10.2020).
Pico della Mirandola, Giovanni (1988): Über die Würde des Menschen, Zürich.
Sartre, Jean-Paul (2005): Entwürfe für eine Moralphilosophie, Reinbek.
Sartre, Jean-Paul (1975): Ist der Existentialismus ein Humanismus?, in: Ders.: Drei Essays, Frankfurt a.M., 7–51.
Sloterdijk, Peter (2009): Du mußt dein Leben ändern. Über Anthropotechnik, Frankfurt a.M.
Sorgner, Stefan Lorenz (2009): Nietzsche, the Overhuman, and Transhumanism, in: Journal of Evolution and Technology 20/1, 29–42.
Sorgner, Stefan Lorenz (2019): Übermensch. Plädoyer für einen Nietzscheanischen Transhumanismus, Basel.
Tuncel, Yunus (2017) (Hg.): Nietzsche and Transhumanism: Precursor or Enemy?, Cambridge.
Vance, Ashlee (2010): Merely Human? That's So Yesterday, in: New York Times, https://www.nytimes.com/2010/06/13/business/13sing.html (letzter Zugriff 13.10.2020).

Jos de Mul
Transhumanismus aus Sicht der Philosophischen Anthropologie Helmuth Plessners[1]

> Mit den Worten Unmensch und unmenschlich
> sollte man sparsam sein.
>
> *Helmuth Plessner*

Zusammenfassung: Der Beitrag vergleicht die extra-, trans- und posthumanistischen Utopien der Menschenverbesserung mit der philosophischen Anthropologie von Helmuth Plessner kritisiert den Transhumanismus anhand der drei anthropologischen Grundgesetze, die Plessner in seinem Opus Magnum „Die Stufen des Organischen und der Mensch" (1928) formuliert. Es wird gezeigt, dass der Transhumanismus mit Plessners erstem anthropologischen Gesetz übereinstimmt: dem Gesetz der „natürlichen Künstlichkeit" des Menschen. Es gibt jedoch zwei wichtige Unterschiede, die den Transhumanismus zu einer radikalisierten philosophischen Anthropologie machen. Erstens wollen Transhumanisten im Gegensatz zu Plessner die natürliche Künstlichkeit nicht nur beschreiben, sondern auch aktiv befördern. Zweitens bemühen sich die Transhumanisten, das gegenwärtige Mensch-Sein in eine transhumane oder sogar posthumane Lebensform zu verwandeln. Während Plessner die Möglichkeit von Lebensformen jenseits der exzentrischen Position des Menschen nicht für möglich hält wird mit Bezug auf Bienen, Oktopoden und Craniopagus Zwillingen argumentiert, dass die Natur bereits polyzentrische und polyexzentrische Lebensformen kennt und dass die technische Realisierung dieser Lebensformen mindestens logisch nicht ausgeschlossen ist. Gleichwohl gibt es gute Gründe gibt, sich den transhumanistischen Träumen nicht begeistert zu überlassen. Plessners zweites Grundgesetz – das Gesetz der „vermittelten Unmittelbarkeit" – lehrt, dass die Entwicklung von Techniken weder vorhersehbar noch kontrollierbar ist. Und das dritte Grundgesetz – das Gesetz des „utopischen Standorts"– macht deutlich, dass eine Überwindung der konstitutionellen Heimatlosigkeit des Menschen – wenn dies überhaupt möglich wäre – das Ende der menschlichen Lebensform bedeuten würde. In einem Einzeiler zusammengefasst: Transhumanisten lassen sich mit jemandem

---

[1] Übersetzt von Maren Wehrle, der ich für ihre kritischen Kommentare zu einer früheren Version dieses Textes danke.

∂ OpenAccess. © 2021 Jos de Mul, published by De Gruyter. (cc) BY-NC-ND This work is licensed under the Creative Commons Attribution-NonCommercial-NoDerivatives 4.0 International License.
https://doi.org/10.1515/9783110756432-017

vergleichen, der alle Vorbereitungen für eine wilden Party trifft, zu der er selbst allerdings nicht eingeladen sein wird.

1 Einleitung

Der Transhumanismus ist eine seit den 1990er Jahren populär gewordene Bewegung, welche die Möglichkeit und Wünschbarkeit sowohl einer Optimierung und Erweiterung (*human enhancement*) des Menschen als auch dessen Überwindung, d. h. die Transformation zu einer posthumanen Lebensform, untersucht. Dabei bezieht sich der Transhumanismus vor allem auf die Möglichkeiten des medizinischen Gebrauchs neuerer Informations- und Biotechnologien. Im Gegensatz zur traditionellen Medizin hat eine solche Optimierungsmedizin nicht die Heilung oder Vermeidung von Krankheiten zum Ziel, sondern die Verbesserung des gesamten menschlichen Lebens. Nicht allein die Lebensverlängerung, der Kampf gegen Krankheiten und Zeichen des Alterns – oder gar der ‚heilige Gral' der Unsterblichkeit – stehen dabei im Fokus, sondern auch die Optimierung und Erweiterung des Körpers und seiner Funktionen, z. B. mit Hilfe von elektronischen Implantaten, sowie die Steigerung des menschlichen Glücks, etwa durch pharmazeutische Mittel oder neuronale Stimulation. Extra-, Trans- und Posthumanisten träumen dabei von der Schaffung neuer Lebensformen, die die menschliche Lebensform jeweils qualitativ verbessern, übersteigen oder gar vollständig hinter sich lassen.[2]

Genauso wie im philosophisch-anthropologischen Paradigma, wie es bei Helmuth Plessner zum Ausdruck kommt, stellt auch im Transhumanismus der Mensch das zentrale Anliegen der Untersuchung dar. Beide Ansätze haben dabei ihre Wurzeln in einem säkular-humanistischen Weltbild und legen Nachdruck auf den Umstand, dass die Natürlichkeit des Menschen immer schon künstlich, d. h. durch Kultur und Technik vermittelt, ist. Wo diese ‚natürliche Künstlichkeit' bei Plessner Ausdruck der menschlichen Lebensform ist, richtet sich die menschliche Schöpfungskraft im Zeitalter konvergierender Technologien laut dem Transhumanismus zunehmend auf eine fundamentale Transformation der menschlichen

---

[2] In Bezug auf die Unterscheidung zwischen extra-, trans- und postmenschlichen Lebensformen ist anzumerken, dass dies eher eine schrittweise als eine scharf ausgeprägte Unterscheidung ist. Im weiteren Verlauf dieses Beitrags werde ich den Begriff ‚Transhumanismus' meistens als Überbegriff verwenden, es sei denn, eine der drei genannten Varianten wird ausdrücklich erwähnt. Für eine detailliertere Diskussion des Unterschieds zwischen extra-, trans- und posthumanistischen Ansichten zur menschlichen Verbesserung siehe Hans-Peter Krügers Beitrag in diesem Band.

Lebensform selbst. Der Transhumanismus kann insofern als eine radikalisierte Form der philosophischen Anthropologie bezeichnet werden. Eine solche radikalisierte Anthropologie will den Menschen als durch natürliche Künstlichkeit gekennzeichnete Lebensform *nicht nur* beschreiben und *verstehen*, sondern verfolgt darüber hinaus aktiv die Gestaltung transhumaner Lebensformen, auch wenn dies das Ende der gegenwärtigen menschlichen Lebensform bedeuten würde.

Parallel dazu gibt es noch wichtige inhaltliche Unterschiede zwischen beiden Ansätzen. Während viele Transhumanisten der auf Platon und Descartes zurückgehenden dualistischen Auffassung des Menschen huldigen, nimmt Plessner eine kritische Stellung zu diesem Dualismus ein und verteidigt ein monistisches Menschenbild, in welchem die psychophysische Einheit des Lebens zentral steht. Obwohl Plessner sich nie selbst zum Transhumanismus geäußert hat, lässt sich im Hinblick auf sein Werk die Frage stellen, ob der Glaube an die Möglichkeit einer überlegenen, posthumanen Lebensform nicht naiv zu nennen ist. Naiv deshalb, da er die einfache Tatsache übersieht, dass die Technologie, obschon sie ein Produkt des Menschen ist, durch diesen niemals vollständig beherrscht werden kann. Zudem ist fraglich, ob ein solches Optimieren oder Fortentwickeln des Menschen seiner ‚konstitutiven Heimatlosigkeit', welche nach Plessner die menschliche als exzentrische Lebensform geradezu auszeichnet, wirklich ein Ende machen kann. Das utopische Streben der Transhumanisten scheint von der unrealistischen Hoffnung getrieben zu sein, irgendwann den ultimativen Zustand der Glückseligkeit erreichen zu können.

2 Die transhumanistische Utopie

Ideen und Geschichten, die das Erlangen übermenschlicher Eigenschaften oder das Erreichen von Unsterblichkeit zum Inhalt haben, gibt es schon sehr lange. Wir treffen diese nicht nur in vielen religiösen und literarischen Schriften an, wie z. B. im viertausendjährigen Epos von Gilgamesch, sondern auch in mythischen Vorstellungen über die Quellen des ewigen Lebens oder das Lebenselixier. Friedrich Nietzsches Idee des Übermenschen wird ebenfalls den Inspirationsquellen des gegenwärtigen Transhumanismus zugerechnet (Sorgner 2009).

Die Entwicklung solcher Ideen kann dabei nicht unabhängig von der Entwicklung moderner Wissenschaften und Technologien gesehen werden. Starke Impulse erfuhren diese Vorstellungen etwa durch den Darwinismus und die Genetik, in jüngster Zeit haben vor allem sogenannte konvergierende Technologien (Informationstechnologie, Neurowissenschaften, Nanotechnologie und Robotik) transhumanistischen Auffassungen – die technologische Verbesserung oder gar

Transzendierung der menschlichen Lebensform betreffend – zu neuem Aufwind verholfen (De Mul 2010, 2014).[3]

Der Begriff ‚Transhumanismus' taucht zum ersten Mal sporadisch in den 1940er Jahren auf, aber es war der Biologe Julian Huxley, der 1957 einen einflussreichen Artikel mit diesem Namen publizierte und so zum eigentlichen Gründer der gleichnamigen Strömung wurde (Huxley 1957).

Wie der Name schon sagt, knüpft der Transhumanismus, auch als Humanismus+ bezeichnet, beim Gedankengut des modernen Humanismus an. Genau wie die Humanisten gehen die Transhumanisten davon aus, dass der Mensch als Teil der Natur den Naturgesetzen unterworfen ist, sich jedoch als vernünftiges und moralisches Wesen gegenüber sich selbst und anderen verantworten kann und muss. Dabei schließen sich die Transhumanisten vor allem bei der angelsächsischen Variante des Humanismus an, die sich im Gegensatz zur bildungshumanistisch geprägten kontinentalen Tradition mehr an den empirischen Wissenschaften und der Technologie orientiert. Obwohl dem Transhumanismus eine gewisse säkulare Heilserwartung nicht fremd ist, nimmt er in der Regel eine abweisende Haltung gegenüber traditionell religiösen Vorstellungen sowie der Idee einer transzendenten Wirklichkeit, die sich hinter den Erscheinungen verbirgt, ein. Das +, das den Transhumanismus vom Humanismus unterscheidet, zeigt sich dabei vor allem in der radikalen Weise, in welcher das humanistische Prinzip der menschlichen Entwicklung inhaltlich ausgefüllt und bestimmt wird (Humanity+ 2003).

Oben genannte Merkmale kommen deutlich zum Ausdruck in der Definition von Max More, der zusammen mit Tom Morrow das *Extropy Institute* gründete:

> Transhumanism is a class of philosophies that seek to guide us towards a posthuman condition. Transhumanism shares many elements of humanism, including a respect for reason and science, a commitment to progress, and a valuing of human (or transhuman) existence in this life. [...] Transhumanism differs from humanism in recognizing and anticipating the radical alterations in the nature and possibilities of our lives resulting from various sciences and technologies. (More 1990)

Im Jahre 1983 gründeten die Philosophen Nick Bostrom und David Pearce die *World Transhumanist* Association *(WTA)*, die später umbenannt wurde in *Humanity+*, eine internationale NGO, welche die Anerkennung des Transhumanismus als legitimes Thema wissenschaftlicher Forschung und politischer Regierung

---

[3] Siehe hierzu auch Oliver Müllers Beitrag in diesem Band über die philosophischen und theologischen Tiefenstrukturen des Transhumanismus, der eine Transformation von einem geisteswissenschaftlichen Selbsterschaffungspostulat zu einem biotechnischen Programm zeigt.

zum Ziel hat. Diese Organisation definiert Transhumanismus wie folgt (Humanity + 2003):

1. The intellectual and cultural movement that affirms the possibility and desirability of fundamentally improving the human condition through applied reason, especially by developing and making widely available technologies to eliminate aging and to greatly enhance human intellectual, physical, and psychological capacities.
2. The study of the ramifications, promises, and potential dangers of technologies that will enable us to overcome fundamental human limitations, and the related study of the ethical matters involved in developing and using such technologies.

Gemäß der Transhumanisten ist der Mensch die erste Spezies der Evolution, die in der Lage sein wird, seine evolutionären Nachfolger selbst zu schaffen. Neben ihrem Streben nach einer Optimierung des Menschen durch pharmazeutische Mittel, die die Intelligenz des Menschen erhöhen, seine Gefühle regulieren und seinen Genuss wie sein Glück verstärken sollen, hoffen die Transhumanisten darauf, die menschliche Lebensform selbst auf eine qualitativ höhere Stufe erheben zu können. Dies soll mit Hilfe von Nanotechnologien oder verschiedenartigen Biotechnologien, wie dem Klonen, oder der genetischen Modifizierung nach der CRISPR-Cas9 Methode, gelingen. Dabei stützen die Transhumanisten ihre Hoffnung ebenfalls auf Neurowissenschaften, Informationstechnologie, künstliche Intelligenzforschung und Robotik, die es möglich machen, den Menschen durch technische Hilfsmittel zu optimieren, indem etwa elektronische Implantate und Gehirn-Computer Schnittstellen (*brain-computer interfaces*) in die menschliche Lebensform integriert werden.

Hierdurch soll es möglich werden, Menschen und Computer zu einer überlegenen Form von Cyborg zu verschmelzen oder sie mit Hilfe von Computernetzwerken zu einem Superorganismus zusammenzufügen. Einige Transhumanisten, die fürchten, eine solche Entwicklung nicht mehr miterleben zu dürfen, lassen sich nach ihrem Tod einfrieren in der Hoffnung, dass die zukünftige Wissenschaft und Technologie sie wieder zum Leben (in welcher Form auch immer) erwecken können wird.

Einer der radikalsten Transhumanisten ist Hans Moravec, der in seinem Buch *Mind Children. The Future of Robot and Human Intelligence* (1988) eine nicht weniger als kosmologisch zu nennende Zukunftsperspektive schildert. Ausgangspunkt seines Ausblicks in die Zukunft ist die Fehlerhaftigkeit und Fragilität des menschlichen Daseins.⁴ Unser Körper kann leicht beschädigt oder gar zerstört werden, etwa durch Unterernährung, Krankheit, Strahleneinwirkung, Unfälle oder Unglücke etc. Darüber hinaus ist unsere körperliche Kraft sehr gering und schnell erschöpft sowie unsere durchschnittliche Lebenserwartung mit ca. 80 Jahren äußerst kurz.

Die Lösung, die Moravec für die Behebung dieses mangelhaften Zustandes anbietet, ist das ‚downloaden' des menschlichen Geistes in den künstlichen und damit zugleich überlegenen Körper eines Roboters. Hierbei hat er einen Roboter vor Augen, der auf dem Gebiet der Gehirnchirurgie spezialisiert ist. Dieser soll unser Gehirn Schicht für Schicht einscannen und danach eine Computersimulation davon in das mechanische Gehirn eines Roboters kopieren. Moravec setzt dabei voraus, dass der Geist nur ein Nebenprodukt oder Epiphänomen des materiellen Gehirns darstellt. Die Identität des Geistes ist daher nicht im Stoff angesiedelt, aus dem das Gehirn besteht, sondern in der Struktur und den Prozessen, die sich darin abspielen. Ein Indiz hierfür sieht Moravec in der Tatsache, dass im Laufe der Zeit alle Zellen in unserem Körper ausgetauscht werden, jedoch die Strukturen und damit der ‚Geist' erhalten bleibt.⁵ Auch Moravec sieht voraus, dass der Mensch sich zukünftig mit verschiedenartigsten Implantaten, Prothesen, zusätzlichen Organen und Sinnen ausstatten bzw. ‚upgraden' wird. Hierbei erwähnt er auch das Kombinieren von verschiedenen Lebensformen. Warum sollten wir auch nicht die Intelligenz von Delfinen und Elefanten unserer Intelligenz hinzufügen? Letztendlich wird der Mensch sich nach Moravec dafür entscheiden, als bloße Simulation fort zu leben. Dank der Download Prozedur ist der Mensch

---

4 Für eine detailliertere Auseinandersetzung mit dieser posthumanistischen Annahme der menschlichen Fehlerhaftigkeit und Fragilität vgl. den Beitrag von Armin Grunwald in diesem Band.

5 Unabhängig davon, ob die von Moravec beschriebene Operation jemals technisch möglich wird, setzt das durch Moravec beschriebene Ergebnis der Operation – die Übertragung des Geistes eines Menschen auf den Körper eines Roboters – eine problematische metaphysische Annahme voraus, nämlich dass die Identität des Geistes völlig unabhängig ist von der Art des Körpers, mit dem er verbunden ist. Die Voraussetzung einer von der materiellen Verwirklichung unabhängigen „pattern identity" des Geistes ist aber schwer vorstellbar. Wenn mit Plessner und gegen Descartes angenommen wird, dass ein Lebewesen kein zufälliges Konglomerat zweier verschiedener Substanzen (Körper und Geist) ist, sondern eine psychophysische Einheit bildet, die gesetzt ist und sich gleichzeitig und ständig in eine Umwelt setzt, dann ist die Unterscheidung von Körper und Geist gar nicht ontologisch, sondern ausschließlich perspektivisch zu verstehen. Das Hochladen des Geistes in eine Maschine wird dann aus philosophischen Gründen entweder ganz unmöglich oder es wird zu einem nicht identischen Geist führen. Im letzteren Fall würde es den Geist mit völlig neuen Problemen wie psychischer Metallermüdung belasten. Eine weitere Erörterung der metaphysischen Schwierigkeiten des Mind-Uploading leistet Tobias Müller in seinem Beitrag zu diesem Band.

nun auch in der Lage, *backups* oder zahlreiche Kopien von sich selbst anzufertigen, die sich dann rasend schnell via Computernetzwerken bewegen und ihren Ort wechseln können, etwa um andere Planeten und Sonnensysteme zu besiedeln:

> Our speculation ends in a supercivilisation, the synthesis of all solarsystem life, constantly improving and extending itself, spreading outward from the sun, converting nonlife into mind. Just possibly there other such bubbles expanding from elsewhere. What happens if we meet one? A negotiated merger is a possibility, requiring only a translation scheme between the memory representations. This process, possibly occurring elsewhere, might convert the entire universe into an extended thinking entity, a prelude to even greater things. (Moravec 1988, 116)

3 Eine Plessnersche Perspektive auf den Transhumanismus

Viele Vorstellungen der Transhumanisten erscheinen auf den ersten Blick als Science-Fiction bzw. als hypermodernistische Orgie von Beherrschbarkeitsfantasien. Jedoch wäre es unklug, den Transhumanismus und seine Ideen nicht ernst zu nehmen. Viele der Technologien, auf die sich die Transhumanisten berufen, sind immerhin schon Realität geworden oder werden in experimentellen Laborumgebungen getestet. In seiner kompromisslosen Radikalität macht der Transhumanismus diejenigen Motive explizit, die die gegenwärtige Wissenschaft und Technologie auf eine oft unausgesprochene Weise anzutreiben scheinen.

Die Motivation des Transhumanismus kann aus Plessners Perspektive vom ersten seiner drei anthropologischen Grundgesetze formuliert werden, die er im letzten Kapitel der „Stufen des Organischen und der Mensch" erörtert. Seine ‚natürliche Künstlichkeit' hat demnach den Menschen seit jeher zu dem Versuch angetrieben, der ‚konstitutiven Heimatlosigkeit', die seine exzentrische Lebensform[6] kennzeichnet, mit der Hilfe von technischen Hilfsmitteln zu entfliehen:

---

6 Exzentrisch bedeutet, dass der Mensch nicht nur ein Körper *ist* (wie die Pflanze) und darüber hinaus seinen Körper *hat* (wie das Tier), sondern im gewissen Sinn auch außerhalb seines Körpers ist, seinen Körper und Leib sozusagen von außen betrachten kann: „Positional liegt ein Dreifaches vor: das Lebendige ist Körper, im Körper (als Innenleben oder Seele) und außer dem Körper als Blickpunkt, von dem aus es beides ist" (Plessner 2003a,, 365). Oder aus der psychischen Perspektive gesehen: „Er lebt und erlebt nicht nur, sondern er erlebt sein Erleben" (ebd., 364). Dies bedeutet, dass der Mensch nicht vollständig mit sich selbst zusammenfällt, weshalb Plessner ihn konstitutiv heimatlos nennt.

> Exzentrische Lebensform und Ergänzungsbedürftigkeit bilden ein und denselben Tatbestand. Bedürftigkeit darf hier nicht in einem subjektiven Sinne und psychologisch aufgefaßt werden. Sie ist allen Bedürfnissen, jedem Drang, jedem Trieb, jeder Tendenz, jedem Willen des Menschen vorgegeben. In dieser Bedürftigkeit oder Nacktheit liegt das Movens für alle spezifisch menschliche, d. h. auf Irreales gerichtete und mit künstlichen Mitteln arbeitende Tätigkeit, der letzte Grund für das Werkzeug und dasjenige, dem es dient: die Kultur. (Plessner 2003a, 385)

Das Bestreben des Transhumanismus nach Optimierung unserer aktuellen Lebensform reicht in eine lange Tradition der Technikgeschichte zurück. Laut Plessner zeichnet sich die Menschheit weiterhin durch ihre unablässige Geschichtlichkeit aus: „Durch seine Expressivität ist er also ein Wesen, das selbst bei kontinuierlich sich erhaltender Intention nach immer anderer Verwirklichung drängt und so eine Geschichte hinter sich zurückläßt" (Plessner 2003a, 416). Die Träume und Praktiken menschlicher Optimierung sind daher unauflösbar mit der menschlichen Lebensform verbunden. Aus dieser Perspektive lässt sich eine kontinuierliche Entwicklung feststellen, vom Herstellen und Gebrauchen von Werkzeugen, Kleidung, Feuer, Waffen und der Schrift bis hin zu der Entwicklung von Exoskeletten, Gehirn-Computer Schnittstellen und genetischer Modifizierung.

Zugleich ist Plessner jedoch besonders zurückhaltend, wenn es um die Möglichkeit einer Entwicklung geht, die über die exzentrische Lebensform hinausweist:

> Zu immer neuen Akten der Reflexion auf sich selber, zu einem regressus ad infinitum des Selbstbewußtseins ist auf dieser äußersten Stufe des Lebens der Grund gelegt und damit die Spaltung in Außenfeld, Innenfeld und Bewußtsein vollzogen.
>
> Man begreift, warum die tierische Natur auf dieser höchsten Positionsstufe erhalten bleiben muß. Die geschlossene Form der Organisation wird nur bis zum Äußersten durchgeführt. Zeigt doch das lebendige Ding in seinen positionalen Momenten keinen Punkt, von dem aus eine Steigerung erzielt werden könnte, außer durch Verwirklichung der Möglichkeit, das reflexive Gesamtsystem des tierischen Körpers nach dem Prinzip der Reflexivität zu organisieren und das, was auf der Tierstufe das Leben nur ausmacht, noch in Beziehung zum Lebewesen zu setzen. *Eine weitere Steigerung darüber hinaus ist unmöglich, denn das lebendige Ding ist jetzt wirklich hinter sich gekommen.* (Plessner 2003a, 363; Kursivierung JdM)

Plessner scheint hier einer geschlossenen Hegelschen Dialektik zu folgen. Mit Blick auf die seit vier Millionen Jahren andauernde Evolution des Lebens scheint mir das ziemlich naiv zu sein. Umso mehr, da Plessner in den *Stufen* betont, dass seine Rekonstruktion der aufeinanderfolgenden Stufen der lebendigen Formen nicht im eigentlichen Sinne apriorisch ist, „als wolle sie aus reinen Begriffen unter Beziehung von Axiomen ein deduktives System entwickeln, sondern nur kraft ihrer regressiven Methode, zu einem Faktum seine inneren ermöglichenden Bedingungen zu finden" (Plessner 2003a, 29–30).

Empirische Forschung kann immer neue Fakten liefern, die eine Überarbeitung der von Plessner ausgezeichneten Stufen erfordern. In jedem Fall lässt die jüngste biologische Forschung Zweifel aufkommen, ob das Stufen-Modell von Plessner erschöpfend ist. Die biologische Forschung wirft zum Beispiel die Frage auf, ob die zentrische Position, die Plessner Tieren zuschreibt, die einzig mögliche ist. So kann man bezweifeln, ob es bei Honigbienen richtig ist, einzelne Bienen als Organismen zu betrachten. Angesichts der Verteilung der Lebensfunktionen auf Königin, Arbeiterinnen und Drohnen wird behauptet, dass nicht die einzelnen Bienen die Organismen sind, sondern der Schwarm insgesamt (Hölldobler/Wilson 2009). In diesem Fall würden wir eher von einer polyzentrischen Lebensform sprechen, bei der die Lebensfunktionen auf mehrere ‚Dividuen' verteilt sind.

Des Weiteren werfen Forschungen zu Oktopoden beispielsweise die Frage auf, ob nicht auch die exzentrische Position, die Plessner dem Mensch zuschreibt, andere Formen annehmen kann. Peter Godfrey-Smith stellt in seinem Buch *Other Minds. The Octopus, the Sea, and the Deep Origins of Consciousness* (2016) dar, dass es sich hier um eine intelligente Lebensform handelt, die sich radikal von den Wirbeltieren unterscheidet, zu denen Tiere, einschließlich Menschen, gehören:

> Cephalopods are an island of mental complexity in the sea of invertebrate animals. Because our most recent common ancestor was so simple and lies so far back [ca. 750 million years – JdM], cephalopods are an independent experiment in the evolution of large brains and complex behavior. If we can make contact with cephalopods as sentient beings, it is not because of a shared history, not because of kinship, but because evolution built minds twice over. This is probably the closest we will come to meeting an intelligent alien. (Godfrey-Smith 2016, 9).

Die mindestens 500 Millionen Neuronen des Oktopodes befinden sich nicht nur im Kopf, sondern sind im ganzen Körper verteilt. Die Unterscheidung zwischen Gehirn (Zentrum) und Körper scheint hier überhaupt nicht zuzutreffen. Da sich zwei Drittel der Neuronen in den acht Tentakeln befinden, bilden diese jeweils ein autonomes Erlebniszentrum und können jeweils das Verhalten des Oktopodes steuern. Man könnte hier von einer polyzentrischen Positionalität sprechen. Experimente zeigen, dass Tintenfische ein sehr intelligentes und exploratives Verhalten zeigen und zum Beispiel verschiedene menschliche Individuen unterscheiden können. Es ist auch nicht undenkbar, dass sie wie Menschenaffen, Delfine und Elefanten ein gewisses Maß an Selbstbewusstsein haben. Es ist bereits unmöglich, sich wirklich vorzustellen, wie es ist, ein Säugetier wie die Fledermaus zu sein, obwohl wir eine zentrische Positionalität teilen (Nagel, 1974). Sich vorzustellen, was es bedeutet, ein poly(ex)zentrisches Tier wie ein Oktopode zu sein, scheint – obwohl wir vielleicht Selbstbewusstsein teilen – eine Superlative des Unmöglichen zu sein. Der Bauplan des Oktopodes erfordert jedoch zumindest die Anerkennung des vorläufigen Charakters der von Plessner beschriebenen Stufen.

Damit ist natürlich nicht gesagt, dass sich ausgehend vom gegenwärtigen Menschen trans- oder posthumane Lebensformen entwickeln werden, aber ebenso wenig, dass dies kategorisch ausgeschlossen werden kann. Wenn es nach den Transhumanisten ginge, müssten wir sogar engagiert danach streben, das lebendige Ding wirklich *über* sich hinaus kommen zu lassen.

Auch in der Forschungsliteratur zu Plessner sind bereits Versuche unternommen worden, um – mit Plessner gegen Plessner – über neue Positionalitätsstufen zu spekulieren, die jenseits der exzentrischen Positionalität zu verorten sind. Anders als bei Transhumanisten sind solche Spekulationen hier nicht mit einem „technologischen Imperativ" verbunden, sondern mit der offenen Frage, ob wir solche neuen Stufen verfolgen oder verhindern sollen.

Insbesondere die jüngsten Entwicklungen bei den sogenannten konvergierenden Technologien scheinen eine Herausforderung für die menschliche Lebensform darzustellen, wie sie seit etwa zweihunderttausend Jahren besteht. Die vielfältigen Möglichkeiten mit Hilfe psychotropischer Drogen, tiefer Hirn-Stimulation sowie intervenierender Genetik in das menschliche Bewusstsein einzugreifen, um etwa Einfluss auf unsere Stimmungen, Konzentrationsmöglichkeiten oder gar auf bestimmte Charakterzüge auszuüben, geben zum Beispiel Anlass zu Spekulationen über eine *meta-exzentrische* Positionalität (Verbeek 2014, 453).

Auch die Entwicklung und Anwendung von Technologien der Telepräsenz, wie z. B. eines Teleroboters, von dessen Gliedern und Sinnen der Benutzer jeweils Gebrauch machen kann, und die damit verbundene Multiplikation des Erfahrungszentrums zeigen etwa die Möglichkeit einer artifiziellen Realisierung der *polyzentrischen Exzentrizität* in Menschen auf (De Mul 2003).

Die Tatsache, dass es Fälle von lebenden siamesischen (craniopagen) Zwillingen gibt, wirft sogar die Frage auf, ob sich die menschliche Evolution auch in Richtung einer Poly*ex*zentrizität bewegen könnte.[7] Craniopagus-Zwillinge wie die in 2006 geborene Tatiana und Krista teilen einen Schädel und Blutkreislauf. Obwohl jede von beiden ein vollständiges Gehirn und ein eigenständiges Bewusstsein mit je einer eigenen Ich-Perspektive hat, gibt es auch eine ungewöhnliche Verbindung zwischen dem Thalamus der beiden Mädchen. Es handelt

---

[7] Die folgenden vier Absätze stammen teilweise aus meinem Artikel „Polyzentrizität und Poly(ex)zentrizität: neue Stufen der Positionalität? Zu Telerobotern, craniopagen Zwillingen und globalen Gehirnen" (De Mul 2018a).

sich dabei um den Teil des Gehirns, der bei der Regulation von Bewusstsein und der Weiterleitung sensorischer Signale eine wichtige Rolle spielt.

Die Thalamus-Brücke zwischen ihren Gehirnen verursacht sehr seltsame Phänomene. In einer CBC TV Dokumentation berichtet ein Arzt zum Beispiel, dass, wenn eines der beiden Kinder gekitzelt wird, das andere zu lachen anfängt – und steckt man einen Schnuller in den Mund des einen Kindes, so hört das andere auf zu weinen (Pyke 2014). Die Dokumentation zeigt, wie beim Schauen eines Fernsehfilmes durch das eine Mädchen das andere den Film tatsächlich mitschaute, durch die Augen ihrer Schwester. Die visuelle Information geht dabei von einem Augenpaar zu beiden Zwillingen. Die Ärzte vermuten, dass der visuelle Input von der Retina des einen Mädchens entlang ihrer optischen Nerven geht und dann in zwei Teile aufgespalten wird. Einer nimmt den üblichen Weg zu ihrem visuellen Kortex, der andere passiert die Thalamus-Brücke zum Thalamus der Schwester und gelangt von dort zum visuellen Kortex. Diese Beispiele zeigen, dass die Mädchen, genau wie im Falle telerobotischer Assemblagen, polyzentrische Erfahrungen machen (indem sie in der Lage sind, die Gedanken des jeweils anderen Geschwisterteils zu denken, da ihre Gehirne den sensorischen Apparat des anderen nutzen). Ähnlich wie Bienen können diese Zwillinge als polyzentrisch bezeichnet werden. Wie die Bienen verfügen sie über ein „Schwarmgehirn".

Doch sie scheinen darüber hinaus in der Lage zu sein, wechselseitig ihre Gedanken zu lesen, das heißt, sie sind sich introspektiv des mentalen Status bewusst, in dem sich das Bewusstsein der Schwester befindet. Sie sind, mit anderen Worten, in der Lage, im Wortsinn die Perspektive der anderen zu übernehmen. Die CBC TV Dokumentation macht deutlich, dass obwohl sich die Kinder voll bewusst sind, verschiedene Personen zu sein und sie zwischen ihren Ich-Perspektiven unterscheiden können, sie manchmal die andere für sich selbst oder sich selbst für die andere nehmen.

Philosophisch ist dies ein sehr interessanter Aspekt. Wittgenstein folgend würden die meisten Philosophen argumentieren, dass auf Introspektion basierte Selbst-Zuschreibungen mentaler Zustände gegen Fehler aufgrund von Fehl-Identifikation immun sind. Dies gilt, wenn jemand über Zahnschmerzen klagt, so argumentiert Wittgenstein in The Blue Book: „To ask, are you sure it is you who have pains?' would be nonsensical" (Wittgenstein 1969, 67). Tatsächlich scheint es absurd anzunehmen, jemand könnte der Meinung sein, er fühle die Zahnschmerzen eines anderen. Es ist allgemein akzeptiert, dass eine solche Fehl-Identifikation eine logische und metaphysische Unmöglichkeit darstellt. Gleichwohl zeigt der Fall von Tatiana und Krista Hogan – wie Peter Langland-Hassan in seinem Aufsatz „Introspective misidentification" argumentiert (Langland-Hassan 2015, S. 1754) – die Möglichkeit genau einer solchen Fehlidentifikation. Indem die Mädchen tatsächlich den Schmerz der anderen über die Thalamus-Brücke fühlen, ist es weder eine logische noch eine metaphysische Unmöglichkeit, dass sie versehentlich den Schmerz der Schwester für ihren eigenen halten. In diesem Sinne sind die Schwestern nicht nur polyzentrisch, sondern auch poly-exzentrisch zu nennen.

Transhumanisten träumen von der Möglichkeit der Entwicklung von künstlichen Thalamus-Brücken, welche menschliche Individuen verbinden, um somit neue Ebenen menschlicher Kommunikation und koordinierter Handlung zu erreichen. Diese künstlichen Thalamus-Brücken würden nicht wie die Mensch-Maschine-Interfaces funktionieren, die bereits existieren (wie die Experimente mit Patienten, die unter Rückenmarksverletzungen leiden und mit Hilfe ähnlicher Mensch-Maschine-Interfaces in der Lage sind, einen Roboterarm oder Computer mit ihren Gedanken zu steuern), sondern als Mensch-Mensch-Interfaces, welche es den verbundenen Personen ermöglichen, buchstäblich Gedanken, Willen und Gefühle zu teilen. Der evolutionäre Erfolg des Homo sapiens gegenüber anderen Hominiden wird häufig mit seinen Fähigkeiten erklärt, die Intention anderer zu verstehen und zu teilen (kollektive Intentionalität), andere extensiv zu imitieren, sich gegenseitig etwas beizubringen und miteinander zu kommunizieren, um Gedanken oder Handlungen weiterzugeben und zu teilen (Tomasello 2016). Die kontinuierlich wachsende Kooperation zwischen Individuen wurde dabei durch die Entwicklung immer effizienterer Kommunikationsmedien ermöglicht, von der gesprochenen Sprache über die Schrift und Druckerpresse bis hin zur gegenwärtigen Telekommunikation sowie Computernetzwerken – und diese schließlich erweitert durch Algorithmen, Datamining und Ähnlichem. Kollektive Projekte wie Wikipedia werden häufig als das Ergebnis von menschlicher Schwarmintelligenz dargestellt und als die Entstehung einer kollektiven Intelligenz. Vielleicht sind es Vorstufen zu posthumanen Lebensformen, die uns an ‚den Borg' aus der Serie *Star Trek* denken lassen, einen Superorganismus, der alle anderen Lebensformen in sich assimiliert (vgl. De Mul 2018a und 2018b).

Nehmen wir einmal an, dass die natürliche Künstlichkeit des Menschen letztendlich zu post-exzentrischen Positionalitätsstufen führt, dann bleibt natürlich die Frage, ob die Form dieser Stufen dieselbe sein wird, die der Mensch gegenwärtig vor Augen hat bzw. sich vorzustellen in der Lage ist. Das scheint mir nicht weniger unmöglich, als uns vorzustellen, wie es ist, ein Oktopode zu sein. Und es gibt noch ein weiteres ernstes Problem für Transhumanisten. Obwohl der Mensch Schöpfer der Technologie ist, heißt dies nicht, dass er diese auch beherrscht. Dies ist eine der Implikationen des zweiten anthropologischen Grundgesetzes, der ‚vermittelten Unmittelbarkeit', die zur Folge hat, dass die Schöpfungen des Menschen dessen eigene Intentionalität stets transzendieren:

> Glaubt man also, daß die Dinge unseres Umgangs und Gebrauchs den vollen Sinn, ihr ganzes Dasein erst aus der Hand des Konstrukteurs empfangen und allein in dieser Relativität auf das Umgehen mit ihnen wirklich sind, so sieht man nur die halbe Wahrheit. Denn ebenso wesentlich ist für die technischen Hilfsmittel (und darüber hinaus für alle Werke und Satzung aus menschlicher Schöpferkraft) ihr inneres Gewicht, ihre Objektivität, die als dasjenige an ihnen erscheint, was nur gefunden und entdeckt, nicht gemacht werden konnte. (Plessner 2003a, 396–397)

Transhumanisten, die mit Nietzsche die Schöpfung einer posthumanen Lebensform anstreben, die per definitionem in ihren Vermögen und Erfahrungen weit über sich selbst hinaus geht, lassen sich dabei vergleichen mit jemandem, der alle Vorbereitungen für eine wilde Party trifft, zu der er selbst allerdings nicht eingeladen sein wird.

Die Frage ist freilich, ob wir darüber betrübt sein müssen. Es gibt nämlich keine einzige Garantie dafür, dass eine trans- oder posthumane Lebensform uns ein glücklicheres Dasein verschaffen kann. Transhumanisten werden – so würde Plessner im Hinblick auf das letzte seiner drei anthropologischen Grundgesetze, das Gesetz des ‚utopischen Standort', argumentieren – so wie alle Menschen angetrieben durch die utopische Hoffnung, dass sich ihre konstitutive Heimatlosigkeit irgendwann erfolgreich überwinden lässt (Coenen 2017). Obwohl solche religiösen, politischen oder technologischen Träume in Momenten der Trauer und Hoffnungslosigkeit Trost bieten können, haben sie wenig mit der Realität gemein. Insofern die Heimatlosigkeit für den Menschen konstitutiv ist, würde ihre Überwindung nicht nur das Ende der menschlichen Lebensform bedeuten, sondern damit auch das Ende unserer menschlichen, allzu menschlichen Träume selbst.

Und doch ist ein solches Ende des Menschen aus Plessners Perspektive nicht undenkbar. Mit der in der Exzentrizität angelegten natürlichen Künstlichkeit des Menschen ist nämlich auch die Möglichkeit der Unmenschlichkeit gegeben:

> Eine prometheische Kultur hat kein Maß und kennt kein Tremendum. Sie steht unter dem Gesetz der Grenzenlosigkeit des Könnens und des Siegens über alle Widerstände, ein Prinzip, das seine faustische Anfänge, wenn überhaupt, längst hinter sich gelassen hat. [...] Unmenschlichkeit ist an keine Epoche gebunden und an keine geschichtliche Größe, sondern eine mit dem Menschen gegeben Möglichkeit, sich und seinesgleichen zu negieren. (Plessner 2003b, 334).

Literatur

Coenen, Christopher (2007): Utopian aspects of the debate on converging technologies (PDF), in: Banse, Gerhard et al.: Assessing Societal Implications of Converging Technological Development, Berlin, 141–172.

Godfrey-Smith, Peter (2018). *Other Minds. The Octopus, the Sea, and the Deep Origins of Consciousness*, New York.

Grunwald, Armin: Technische Zukunft des Menschen? Eschatologische Erzählungen zur Digitalisierung und ihre Kritik, im vorliegenden Band.

Hölldobler, Bert/Edward O. Wilson (2009). The Superorganism. The Beauty, Elegance, and Strangeness of Insect Societies, New York.

Humanity+ (2003): What is transhumanism?, unter: https://whatistranshumanism.org/, abgerufen am 8. Februar 2021.

Huxley, Julian (1957). Transhumanism, in: New Bottles for New Wine, London, 13–17.

Krüger, Hans-Peter: Für die Integration künstlicher neuronaler Netzwerke in die personale Lebensform. Eine philosophisch-anthropologische Kritik an der posthumanistischen Superintelligenz, im vorliegenden Band.

Langland-Hassan, Peter (2015). Introspective Misidentification, in: Philosophical Studies 172, 1737–175.

Moravec, Hans P. (1988): Mind Children. The Future of Robot and Human Intelligence, Cambridge, Mass.

More, Max (1990): Transhumanism – Towards a futurist philosophy, unter: https://en.wikipedia.org/wiki/Transhumanism, abgerufen am 8 Februar 2021.

Müller, Oliver: Von der Selbstüberschreitung zur Selbstersetzung. Zu einigen anthropologischen Tiefenstrukturen des Transhumanismus, im vorliegenden Band.

Müller, Tobias: Die transhumanistische Utopie des Mind-Uploading und die Grenzen der technischen Manipulation menschlicher Subjektivität, im vorliegenden Band.

Mul, Jos de (2003): Digitally mediated (dis)embodiment. Plessner's concept of excentric positionality explained for Cyborgs, in: Information, Communication & Society 6/2, 247–265.

Mul, Jos de (2010): Transhumanism – The convergence of evolution, humanism and information technology, in: Mul, Jos de: *Cyberspace Odyssey. Towards a Virtual Ontology and Anthropology*, Newcastle upon Tyne, 243–262.

Mul, Jos de (2014): Philosophical anthropology 2.0, in: Mul, Jos de (Hg.): *Plessner's Philosophical Anthropology. Perspectives and Prospects*, Amsterdam/Chicago, 457–475.

Mul, Jos de (2018a): Polyzentrizität und Poly(ex)zentrizität: neue Stufen der Positionalität? Zu Telerobotern, craniopagen Zwillingen und globalen Gehirnen, in: Henkel, Anna/ Lindemann, Gesa (Hg.): Mensch und Welt im Zeichen der Digitalisierung, Baden-Baden, 185–208.

Mul, Jos de (2018b). Encyclopedias, hive minds and global brains. A cognitive evolutionary account of Wikipedia, in: Romele, Alberto/Terrone, Enrico (Hg.): Towards a Philosophy of Digital Media, Basingstoke/New York, 103–119.

Nagel, Thomas (1974). What is It like to be a bat?, in: The Philosophical Review 83/4, 435–450.

Plessner, Helmuth (2003a): Die Stufen des Organischen und der Mensch. Einleitung in die philosophische Anthropologie [1928], in: Gesammelte Schriften, Band IV, Frankfurt am Main.

Plessner, Helmuth (2003b): Das Problem der Unmenschlichkeit [1967], in: Conditio Humana. Gesammelte Schriften, Band VIII, Frankfurt am Main.

Pyke, Judith (2014). Twin Life: Sharing Mind and Body, Documentary CBC Television, veröffentlicht am 02.10.2014.

Sorgner, Stefan Lorenz (2009): Nietzsche, the overhuman, and transhumanism, in: Journal of Evolution and Technology. 20 (1), 29–42.
Tomasello, Michael (2016). A Natural History of Human Morality, Harvard.
Verbeek, Peter-Paul (2014): Plessner and technology. Philosophical anthropology meets the posthuman, in: Mul, Jos de (Hg.): Plessner's Philosophical Anthropology. Perspectives and Prospects, Amsterdam/Chicago, 443–456.
Wittgenstein, Ludwig (19692). Preliminary studies for the „Philosophical investigations", generally known as the Blue and Brown books, New York.

Part IV: **Anthropologischer Ausblick: Leiblich-geistige Verschränkungen unter den Bedingungen disruptiver Technologien**

Johannes F. M. Schick
Vom Analogen zum Digitalen und zurück
Zur technischen Geste

Zusammenfassung: Dieser Artikel untersucht, wie der Umgang mit technischen Objekten von einfachen Werkzeugen bis hin zu *smart devices* durch Gesten bestimmt wird. Einerseits sind technische Objekte durch Gesten ‚manipulierbar', die *an*, *in* und *auf* ihnen Anwendungen finden: Operationen werden durch Gesten mit technischen Objekten (im Falle des Werkzeugs) möglich oder in technischen Objekten (im Falle einer Maschine, beispielsweise eines Motors) ausgelöst. Diese Operationen sind das Resultat menschlicher Erfindung, die andererseits eine menschliche Geste in einer materiellen Struktur (dem technischen Objekt) fixiert und kristallisiert. Technische Prozesse zeigen jedoch auch, dass es „natürliche, menschliche" Gesten im emphatischen Sinne nicht gibt. Menschliche Gesten sind immer sozio-technisch geformt, da sie Operationen zwischen dem Menschen und der Umwelt vermitteln. Die Einführung des *smart phones*, die gerade einmal zehn Jahre zurückliegt, illustriert, inwiefern sich das Verhältnis des Menschen zur Maschine transformiert hat. Zwar kehren Gesten zurück und werden auf der Oberfläche der Objekte eingesetzt, um diese als Werkzeuge zu benutzen, aber die Gesten liefern weder einen unmittelbaren Zugang zum technischen Objekt, sondern verbleiben notwendig auf der Oberfläche. Es zeigt sich vielmehr, inwiefern das technische Objekt auf den Menschen zurückwirkt: Die Gesten werden ausgeführt, um das *smart phone* logische Operationen ausführen zu lassen, die notwendig verborgen bleiben. Mentale und körperliche Operationen verschachteln sich ineinander und wirken wechselseitige aufeinander. Um eine ethische und symmetrische Beziehung zur Technik herzustellen, ist daher ein pädagogisch-aufklärerischer Akt notwendig, der den Dualismus des Digitalen zwischen Körper und Geist unterläuft, um das „Denken mit den Händen" für das digitale Zeitalter wiederzuentdecken.

1 Einleitung

Der Kontakt mit technischen Objekten, von Werkzeugen, Geräten, Instrumenten bis hin zu *smart devices*, wird wesentlich durch den Einsatz von Gesten bestimmt. Diese Gesten erlauben es, technische Objekte zu benutzen, um einen bestimmten Zugang zur Welt zu gewinnen. Als Medium haben die technischen Objekte dabei einen eigentümlichen Status: Einerseits sind sie durch Gesten ‚manipulierbar',

d. h. durch Gesten, die *an*, *in* und *auf* ihnen Anwendungen finden, werden Operationen mit technischen Objekten (im Falle des Werkzeugs) oder in den technischen Objekten (im Falle einer Maschine, beispielsweise eines Motors) möglich und ausgelöst. Diese Operationen sind das Resultat menschlicher Erfindung, die andererseits eine menschliche Geste in einer materiellen Struktur (dem technischen Objekt) fixiert und kristallisiert (Simondon 2012, 127). Technische Objekte sind weder das Resultat von Organprojektion (Kapp 2015) noch künstliche Organe (Bergson 1933 [1932], 309), sondern resultieren aus der Fixierung der Geste in einer materiellen Struktur, die unabhängig vom menschlichen Körper existiert und dadurch eine eigene Seinsweise besitzt.

Technische Prozesse zeigen jedoch auch, dass es ‚natürliche, menschliche' Gesten im emphatischen Sinne nicht gibt. Menschliche Gesten sind immer soziotechnisch geformt, da sie Operationen zwischen dem Menschen und der Umwelt vermitteln. Die technischen Gesten, die mit technischen Objekten aller Art vom Faustkeil bis zum Tablet ausgeführt werden, sind „ausgestattete Handlungen" (*action outillé*)[1] (Sigaut 2012, 7), die zudem als „traditionelle, wirksame Handlungen" historisch tradiert werden (Mauss 2010, 205). Technische Gesten sind daher sozio-technische Phänomene par excellence: Sie erfordern, dass sie als operationalisiertes Wissen von Autoritäten weitergegeben werden (ebd., 203). Ihr sozio-technischer Charakter unterläuft die Trennungen zwischen Natur und Kultur sowie zwischen Geist und Materie, indem sie eine geteilte Aufmerksamkeit (*attention partagé*) zwischen Werkzeug und menschlichem Akteur ins Werk setzen (Sigaut 2012, 132). Erst indem der Mensch sich dem Werkzeug unterwirft und seine Gesten ihm anpasst, kann das Werkzeug dem Menschen dienen (ebd.). Das Verhältnis des Menschen zum Werkzeug ist daher wesentlich rekursiv. Es ermöglicht den Zugang zur Materie, die wiederum nicht beliebig formbar ist, sondern die technische Operation mitprägt: Die Materialien der Ziegelsteinherstellung können beispielsweise nicht beliebig gewählt werden, sondern müssen bestimmte Eigenschaften aufweisen, damit sich der Ziegel, nachdem er gebrannt wurde, von seiner Form lösen lässt (Simondon 2005, 39 ff.).[2]

---

1 „Ausgestattet" als Übersetzung für „outillée" gibt nur unzureichend wieder, dass in der Geste bereits etwas Werkzeughaftes steckt, da „outil" bekanntlich im Französischen für das Werkzeug steht.
2 Diese Auffassung findet sich bereits bei Mauss und wird sowohl von Simondon als auch von Sigaut geteilt (Mauss 2015; Sigaut 2012, 100; Simondon 2005, 56 f.). In dieser Hinsicht haben der sogenannte ‚material turn' und die Positionen des ‚new materialism' langen Vorlauf.

Aber wie weit trägt diese These? Kann man eine an Gesten orientierte Technologie[3] auf Maschinen und Algorithmen anwenden, die Maschinen steuern? Werden Maschinen und Algorithmen durch Gesten zu natürlich-künstlichen Objekten? Die folgenden Ausführungen bestehen in dem Versuch, ein Spannungsfeld zwischen der Geste als ‚action outillée' und dem technischen Objekt als kristallisierter Geste zu eröffnen, um die Frage zu stellen, wie sich der Kontakt mit modernen ‚smart devices' und die Teilhabe an der digitalen Welt gestaltet. Die klassische Trennung zwischen Natürlichkeit und Künstlichkeit wird dabei unterlaufen. Gesten sind bereits Teil eines technischen Prozesses und können daher nicht als natürliche Phänomene gelten. Technische Objekte wiederum sind Ausdruck – so eine zentrale These der französischen Tradition der Technikanthropologie – des Lebens. Es geht dieser Tradition jedoch keineswegs darum, die menschliche Bedingung im Sinne des Transhumanismus hinter sich zu lassen, sondern vielmehr die Technik als sine qua non des Menschen (wieder) zu entdecken (Hussain 2018).

Zunächst werde ich die technische Geste vor dem Hintergrund des Begriffs der Operationskette diskutieren. Hierzu werde ich Sigauts Begriff der ‚action outillée' als Ausdruck einer von Mensch und technischem Objekt geteilten Aufmerksamkeit ins Zentrum stellen.

Die Frage nach bestimmten Techniken des Körpers, die mit technischen Objekten geschaffen werden, gewinnt hierbei eine besondere Bedeutung. Je nach Ebene lassen sich unterschiedliche Verhältnisse des menschlichen Akteurs und seines Körpers zur technischen Operation unterscheiden: Ist die technische Operation im Handwerk unmittelbar, wird die Distanz, je industrialisierter die technischen Objekte werden, zwischen Körper und Maschine größer. Maschine und menschlicher Körper emanzipieren sich voneinander.

Dieses Verständnis der Geste wird durch das angestrebte erkenntnistheoretische Verhältnis zur Technik bei Gilbert Simondon erweitert: Die kristallisierten

---

[3] Technologie als zentrale Wissenschaft der Anthropologie geht auf die Debatte um den Homo faber, die sich an der Veröffentlichung Bergsons „Schöpferischer Evolution" 1907 entzündete und bis in den zweiten Weltkrieg hinein geführt wurde (Sigaut 2018; Schick 2018), zurück. Daniel Parrochia verbindet mit dem Begriff des ‚homo faber' eine Reaktion auf eine positivistisch orientierte Technikphilosophie (Parrochia 2009, 53). Dies drückt sich im spezifschen Unterscheidungsmerkmal der französischen Technikphilosophie, das Loeve, et al. im jüngst erschienen Buch „French Philosophy of Technology" festhalten, aus: „One major distinctive feature of these French approaches to technology compared to other twentieth-century traditions of the philosophy of technology is the rejection of a functionalist view of technology and, instead, an effort to understand and to evaluate technology *per se*. Tools, objects, machines, operations, and gestures, are scrutinized for their own sake rather than as means for external ends or for the purpose of the moral evaluation of these ends." (Loeve/Guchet/Bensaude Vincent 2018, 7)

Gesten in industriell gefertigten Maschinen und Maschinen zur industriellen Fertigung stehen nicht mehr als Werkzeuge in direktem Kontakt mit dem Menschen, sondern bilden technische Ensembles, d. h. sie stehen in Relation zueinander. Der Mensch hat seit der ersten industriellen Revolution nur Zugang zu diesen technischen Ensembles, indem technische Elemente durch Werkzeuge repariert, ausgetauscht oder verändert werden. Das Verhältnis zur technischen Realität transformiert sich daher radikal, indem es sich aufspaltet: Der Mensch ist entweder auf Ebene des Elements aktiv – d. h. auf der Ebene der Einzelteile – oder greift auf der Ebene des Ensembles ein, um die technischen Objekte zu nutzen, d. h. dort, wo die technischen Objekte instrumentalisiert werden und nicht ihre eigentümliche Funktionsweise im Vordergrund steht. Es entsteht folglich, wie Pierre Charrié treffend feststellt, ein Konflikt zwischen Maschine und Geste: Die in der Maschine eingelagerten Gesten haben das Potential, jene Gesten zu ersetzen, die vorher für den Körper reserviert waren und wirken rekursiv auf den Menschen zurück, d. h. sie sind Ausgangspunkt für neue Gesten, Körpertechniken und soziale Rhythmen (Charrié 2008, 10 f.).

Die Einführung des ‚smart phones', die gerade einmal zehn Jahre zurückliegt, illustriert, inwiefern sich das Verhältnis von Mensch und Maschine transformiert hat. Zwar kehren Gesten zurück und werden auf der Oberfläche der Objekte eingesetzt, um diese als Werkzeuge zu benutzen, aber die Qualität der eingesetzten Gesten hat sich erneut verändert und verschoben: Die Gesten liefern weder einen unmittelbaren Zugang zum technischen Objekt, wie im Falle des Handwerkzeuges, noch erlauben die körperlich ausgeführten Gesten eine Manipulation des technischen Objekts, sondern verbleiben notwendig auf der Oberfläche. Vielmehr zeigt sich anhand der ‚smart devices', inwiefern das technische Objekt auf den Menschen zurückwirkt: Die Gesten werden ausgeführt, um das technische Objekt logische Operationen ausführen zu lassen, die notwendig verborgen bleiben, aber selbst *mentale* Gesten sind, die in technischen Objekten kristallisiert wurden. Unter mentalen Gesten verstehe ich in diesem Zusammenhang logische Operationen, wie den Satz des Widerspruchs oder den Satz vom ausgeschlossenen Dritten, die materialisiert werden können. Ein Beispiel ist das Motherboard eines jeden Computers: Dort werden Kippschalter aneinandergereiht, die entweder offen oder geschlossen, im Zustand 0 oder 1 sind. Dies ist eine Materialisierung der ‚mentalen Geste' des Satz vom ausgeschlossenen Dritten: der Kippschalter kann nur entweder geschlossen oder offen sein. Nun kann man zurecht fragen, ob der Begriff der Geste damit nicht über die Maße strapaziert wird und ob damit nicht begriffliche Schärfe verloren geht. An diese Ausweitung des Gestenbegriffs ist eine systematische These geknüpft, die die Grundlage für die Argumentation dieses Artikels liefert: Praxis ist der Kognition vorgelagert. Dies bedeutet, dass selbst logische Operationen auf Praktiken zurückgehen, die das

Lebewesen Mensch ausführt, um sich Welt zu erschließen (Bergson 2013, 162; Simondon 2005, 529 f.). Dies führt jedoch keineswegs in einen naiven Realismus, der alles Geistige auf Materielles reduziert, sondern zeigt, inwiefern das menschliche Denken und Handeln in der Welt verflochten ist.[4]

Mentale Gesten und körperliche Gesten verschachteln sich ineinander und bilden transduktive Operationsketten. Allerdings ist das Schicksal der technischen Objekte keineswegs durch die kausale Aneinanderreihung vorherbestimmt, sondern bleibt aufgrund der gegenseitigen Durchdringung des Sozialen und des Technischen ein „freies Abenteuer" (Simondon 2014a, 28). Um eine Beziehung zur Technik herzustellen, ist daher ein pädagogisch-aufklärerischer Akt notwendig, der den Dualismus des Digitalen zwischen Körper und Geist unterläuft und das „Denken mit den Händen" (Mauss 1933, 119) für das digitale Zeitalter wiederentdeckt.

2 Geste und geteilte Aufmerksamkeit

François Sigaut formuliert in „Comme Homo devint faber" eine umfangreiche Analyse menschlicher Gesten, die deshalb notwendig wird, weil mehr Wissen über den gestischen Apparat der Primaten als über menschliche Gesten vorhanden ist (Sigaut 2012, 7).

Um Techniken und technische Objekte zu bestimmen, wurde seit Mauss versucht, diese zunächst zu klassifizieren, um sie dann identifizieren zu können. Eine Konsequenz dieser Gleichsetzung ist, dass Werkzeuge auf *einen* Archetyp zurückgeführt werden und so die Unterschiede zwischen Werkzeugen und den damit verbundenen Gesten verloren gehen.[5] Zwar fokussiert sich André Leroi-Gourhan bereits in seinen beiden ersten Werken zur Technik „L'homme et la matière" (1943) und „Milieu et technique" (1945) auf menschliche Gesten und entwirft umfangreiche Klassifikationsschemata für Gesten, die mit Werkzeugen ausgeführt werden können. Laut Sigaut begehen die klassifikatorischen Ansätze den Fehler, Klassifikation mit Identifikation gleichzusetzen (Sigaut 2012, 38): Die Unterschiede zwischen verschiedenen „Techniken des Körpers" können zwar

---

[4] Ich verweise hier auf Timothy Ingolds Begriff des ‚entanglement', der die Beziehungen des Lebewesen zu sich selbst und mit seinen Umwelten bezeichnet (Ingold 2011).
[5] „Thus Leroi-Gourhan [...] felt confident enough to write that 'the palaeontology of the knife can be traced back without a break to the first tools' [...]. This statement assumes that there is only one type of knife (our own), of which others are simply more or less incidental variations." (Sigaut 1994, 430)

festgestellt werden, aber, so konstatiert Sigaut, das Problem der Bedeutung dieser Unterschiede ist immer noch ungelöst (ebd., 40).

Leroi-Gourhan illustriert anhand des Begriffs der „Operationskette" *(chaîne opératoire)* den wesentlichen (sozio-)technischen Vorgang der Genese von Handlungsprogrammen, der die Trennung von Instinkt und Intelligenz unterläuft. Operationsketten zeigen unterschiedliche Komplexitätsgrade von Prozessen an, die aber alle auf eine Verkettung von Handlungen zurückgehen. Es scheint jedoch, als ob die Exteriorisierung mit Notwendigkeit aus der menschlichen Natur hervorgeht und die Richtung der Evolution – mit dem Menschen an ihrer Spitze – bereits festgelegt sei.

Operationsketten basieren, so scheint es, auf einer These, die Sigauts Annahme entgegengesetzt ist: „Das Werkzeug ist an die Geste angepasst und nicht umgekehrt." (Haudricourt 1987, 158)[6] Dieser Satz darf aber nicht als eine Leugnung der Reziprozität von Geste und Werkzeug verstanden werden (Schüttpelz 2006, 9). Vielmehr wird deutlich, dass sich die Fragerichtung von Leroi-Gourhan und Haudricourt hin zu Sigaut verschiebt: Gesten werden nicht mehr als Ausgangspunkt von Exteriorisierungen verstanden, die das Werkzeug formen, sondern als Möglichkeiten, wie der Körper sich dem Material anpassen kann und wie sich das Material dem Körper anpasst: d. h. es gibt keine reine Exteriorisierung eines menschlichen Inhaltes, der sich unilateral äußert. Um mit Erhard Schüttpelz zu sprechen: „Die [...] ‚Exteriorisierungen' haben nie stattgefunden." (ebd., 8) Weder festgelegtes Programm, das exteriorisiert werden kann, noch absoluter Ausgangspunkt des Programms können festgestellt werden. Die technische Operation selbst unterläuft bereits die Trennung zwischen Geste und Werkzeug. Beides bildet sich erst im Zusammenspiel aus.

Der rekursive Prozess der Ausbildung von Techniken zwischen Mensch und Werkzeug, kann – im Ausgang von Mauss, Leroi-Gourhan und Haudricourt – mit der Vorgängigkeit der Operationsketten thematisiert werden.[7] Dies bedeutet aber nicht, dass aufgrund dieser Vorgängigkeit begriffliche Unterscheidungen zwischen Handlungen, Operationen und technischen Objekten aufgegeben werden müssen, sondern dass es *immer schon* ein historisch-praktisches Milieu gegeben hat, das die Entstehung von Operationen, Gesten, Werkzeugen – oder allgemeiner Individuationen – überhaupt zulässt.

---

6 „L'outil est adapté au geste et non inversement." Alle Übersetzungen aus dem Französischen habe ich, wenn nicht anders gekennzeichnet, vorgenommen.
7 Die These der Vorgängigkeit der Operationsketten wird innerhalb der (deutschen) Medienwissenschaften durchaus kontrovers diskutiert (siehe hierzu: Heilmann 2016; 2017, Mersch 2016, Schüttpelz 2006; 2017).

Insgesamt lässt sich die Kritik Sigauts in drei Thesen zusammenfassen: 1. Menschliche Gesten werden nicht als eigenständige Gesten erkannt und untersucht, sondern aufgrund evolutionärer Kontinuität auf Gesten der Primaten reduziert. Exemplarisch für diese These steht Leroi-Gourhan, der argumentiert, dass prinzipiell bereits alles beim Primaten vorhanden ist und die Gesten lediglich nach und nach „ausgeschwitzt" werden.[8] 2. Die Rekursivität menschlichen Handelns, also die Wirkung der Werkzeuge und Maschinen auf die Gesten, wird aufgrund der Externalisierung vernachlässigt oder überhaupt nicht berücksichtigt. Die Geste formt nicht nur das Werkzeug, sondern das Werkzeug formt auch die Geste. 3. Die Klassifikation von Techniken wurde mit der Identifikation von Techniken gleichgesetzt.

Sigaut hingegen formuliert vier wesentliche Elemente der Herausbildung technischer Gesten des Menschen: (1) geteilte Aufmerksamkeit (*attention partagé*), (2) geteilte Erfahrung (*partage de l'expérience*), (3) Freude am Gelingen (*plaisir de réussite*) und (4) Austausch von Waren und Fähigkeiten zwischen den Geschlechtern (*échange entre les sexes*) (Sigaut 2012, 187).[9] Zwar bilden alle vier

---

[8] „Vom Primaten zum Menschen erfahren die Greifoperationen keine wesentliche Veränderung, sie erlangen lediglich eine größere Vielfalt in den Zielen und in der Feinheit ihrer Ausführung [...] Besser noch als in jeder anderen Untersuchung wird in einer Analyse der technischen Geste deutlich, daß das heutige Gehirn des Menschen seine letzte Errungenschaft ist, denn die technischen Ergebnisse haben keinerlei Voraussetzungen in der osteo-muskulären Ausstattung, die nicht auch schon die höheren Affen besäßen: worauf es ankommt, ist der Nervenapparat." (Leroi-Gourhan 2000, 299) und „In einem der vorangegangenen Kapitel sind wir zu dem Eindruck gelangt, der Mensch habe das Werkzeug im Verlauf seiner Evolution in gewisser Weise ausgeschwitzt. Der gleiche Eindruck drängt sich bei der Analyse der technischen Geste auf, ja er ist noch stärker, denn hier sehen wir das Werkzeug buchstäblich aus den Zähnen und den Nägeln der Primaten hervorgehen, ohne daß irgend etwas in der Geste den Bruch bezeichnete. [...] Der menschliche Wert der Geste liegt also nicht in der Hand, deren hinreichende Bedingung in ihrer Freiheit während der Fortbewegung besteht, sondern einzig im aufrechten Gang und in dessen paläontologischen Konsequenzen für die Entwicklung des Hirnapparates. Die fortschreitende Entfaltung der taktilen Sensibilität und des neuro-motorischen Apparates hat qualitative Bedeutung und führt zu keiner wesentlichen Veränderung der Grundausstattung." (ebd., 301)

[9] Sigauts These wird durchaus davon geleitet, einen wesentlichen Unterschied zwischen Tier und Mensch auf Grundlage des Technischen zu formulieren. Letztlich geht es ihm jedoch darum, zu verstehen, inwiefern sich die Genese der menschlichen Gesellschaft erklären lässt. Er steht damit in der Tradition der Durkheimschule, auf die er sich auch explizit beruft. Die Unterscheidung von Mensch und Tier wird aber schlussendlich nicht aufgrund ihres technischen Vermögens getroffen, sondern weil Menschen die einzigen Säugetiere – mit Ausnahme des Nacktmulls (Heterocephalus glaber) – sind, deren Individuen spezialisierte Aufgaben besitzen und Werkzeuggebrauch aufweisen (Sigaut 2012, 172f.). Diese Arbeitsteilung gibt es natürlich bereits auf der Ebene der Insekten, diesen fehlt aber wiederum der Werkzeuggebrauch im strengen Sinne. Sigaut hebt meines Erachtens nicht auf *eine* spezifische Differenz ab, sondern ist an spezifischen Differenzen im

Elemente, die Sigaut nennt, ein unteilbares Ganzes, aber uns interessiert hier insbesondere die Bedeutung der *geteilten Aufmerksamkeit* für das Verhältnis des Menschen zu den technischen Objekten, die ihn umgeben. Die Erfindung eines technischen Objekts vollzieht sich, folgt man Sigaut und auch Simondon, indem ein zunächst gedachtes, intellektuelles Schema materialisiert wird. Der Materialisierungsprozess selbst wirkt dabei aktiv auf das intellektuelle Schema zurück.[10] Die Vermittlungsrolle zwischen den beiden Polen, Denken und materielles Objekt, spielen dabei die zum Material gewordene Materie und das Werkzeug sowie die Gesten, die das Material formen. Gesten und Materie transformieren sich im Prozess der Erfindung des Werkzeugs. Materie (*hyle*) und Form (*morphe*) bedingen sich gegenseitig. Die Plastizität des Denkens ist körperlich. Die Dinge und die körperliche Aktivität formen ebenso den Geist, wie der Geist den Körper formt (Malafouris 2013; 2015). Sobald der menschliche Körper in diesem Prozess verwickelt ist, dient er sich dem Werkzeug an, *damit es dem Menschen* dienen *kann*:

> Das Werkzeug hat eine spezifische Wirkweise, da es das tut, was ich mit meinem eigenen Körper nicht vermag. Aber da es unbelebt ist, handelt es nicht von selbst, ich muss es aktivieren. Und ich muss es auf eine bestimmte Weise bedienen, die dem entspricht, was es ‚will'. Oder anders ausgedrückt, das Werkzeug dient mir, solange ich ihm auch diene [...]. In seinen gewöhnlichen Handlungen kann das Tier seine ganze Aufmerksamkeit auf das Ziel richten, das es verfolgt, da es nur seine eigenen Organe und die entsprechenden Automatismen mobilisiert. In der Werkzeug-Aktion ist dies nicht mehr möglich, denn das Werkzeug zwingt mich zu einem neuen Handeln, das dem Repertoire meiner angeborenen Automatismen fremd ist. Das Werkzeug ist nur ein Mittel, aber es drängt sich mir mit ebenso viel Kraft auf, als ob es ein Ziel wäre; es wird gewissermaßen zu einem zweiten Ziel. Der Umgang mit dem Werkzeug erfordert von mir anhaltende Aufmerksamkeit, aber ich kann meine Aufmerksamkeit nicht von dem Ziel ablassen, das ich verfolge. Das zwingt mich, meine Aufmerksamkeit zwischen den beiden zu teilen. (Sigaut 2012, 132)[11]

Allgemeinen und in ihrer Pluralität interessiert. Es geht nicht darum, eine *bottom up* oder *top down* Hierarchie festzulegen, sondern den Differenzen – ganz im Bergsonschen und Deleuzeschen Sinne – in ihrer Entfaltung zu folgen.

10 Sowohl Simondon als auch Sigaut scheinen die Beschreibung des „dynamischen Schemas" bei Bergson fortzuführen und zu adaptieren. Der Prozess der Erfindung erinnert zudem an die Phänomenotechnik Bachelards und die Art und Weise, wie Bachelard die Arbeit der Wissenschaftler_in – nämlich als Realisierungsprozess – beschreibt. Zum Einfluss von Bachelard und Bergson auf Simondon siehe: Barthélémy 2008 und Schick 2019.

11 „L'outil a un mode d'action qui lui est propre, puisqu'il fait ce que je ne peux pas faire avec mon propre corps. Mais étant inerte, il n'agit pas par lui-même, c'est moi qui dois l'actionner. Et je dois l'actionner d'une certaine façon qui corresponde à ce qu'il „veut". Ou pour le dire autrement, l'outil me sert à condition que je le serve aussi. [...] Dans ses actions ordinaires, l'animal peut appliquer toute son attention au but qu'il poursuit, puisque les seuls moyens qu"il mobilise sont ses propres organes et les automatismes correspondantes. Dans l'action outillée, cela n'est plus

Die Beschreibung Sigauts erinnert an Bruno Latours Handlungsprogramme: Sobald ein Akteur – in Latours berühmten Beispiel eine Waffe – hinzutritt, entstehen neue Ziele (*sub goals*), die vorher nicht möglich waren (Latour 1994). Der Unterschied zwischen Sigauts Beschreibung und der Perspektive Latours besteht darin, dass Sigaut sich weniger für das Handeln im Netzwerk interessiert als für eine detaillierte Beschreibung technischer Gesten. Beiden ist allerdings gemein, dass, will man ein einfaches Ziel erreichen, mehrere Ziele gleichzeitig verfolgt werden müssen, bzw. mehrere Programme gleichzeitig ablaufen. Bereits ein einfaches Beispiel zeigt die Komplexität ablaufender Handlungsprogramme: Wenn ich mit einem Hammer (A) einen Nagel (B) in die Wand schlagen will (AB), fordert der Hammer von mir, eine bestimmte Handlung auszuführen (A1: ihn auf eine bestimmte Art und Weise zu halten und zu führen), damit die Handlung des Hämmerns (A2) möglich effizient gelingt. Gleichzeitig fordert der Nagel mich auf, ein analoges Handlungsprogramm mit der anderen Hand durchzuführen: Ich muss den Nagel auf eine bestimmte Weise halten (B1), um mich nicht zu verletzen und ihn in eine bestimmte Position zu bringen, um ihn möglichst gerade in die Wand zu schlagen (B2). Sind in handwerklichen Tätigkeiten die Gesten noch direkt an den menschlichen Körper gekoppelt, der Informationen und Energie zuführt, erfordert das Bedienen von Maschinen, die eigenständig operieren, multiple, ineinander verschachtelte Operationen, die einfache Gesten in komplexe Operationen und umgekehrt übersetzen.

3 Verschachtelte Gesten im Netzwerk

Vor dem Hintergrund dieser Theorie der technischen Geste lässt sich die These, *jedes* technische Objekt enthalte eine kristallisierte menschliche Geste, besser verstehen, will man sie auch auf industrielle und post-industrielle technische Objekte anwenden. Der Unterschied zwischen kristallisierten Gesten in Motoren, Dioden, Rechenmaschinen und Steuerungssystemen wird dadurch ebenso markiert wie die Gemeinsamkeiten, die sie mit Faustkeilen, Bögen, Pflügen und Töpferscheiben besitzen.

Der Unterschied scheint zunächst offensichtlich im Wortsinne: Während wir dem Messer unmittelbar eine Geste zuordnen können, weil wir nicht nur sehen,

---

possible, parce que l'outil m'oblige à agir d'une façon inédite, étrangère au répertoire de mes automatismes innés. L'outil n'est qu'un moyen, mais qui s'impose à moi avec autant de force que se c'était un but ; il devient un but second, en quelque sorte. Le maniement de l'outil exige de moi une attention soutenue, sans pour autant que je puisse relâcher l'attention que je porte au but que je poursuis. Ce qui m'oblige à partager mon attention entre l'un et l'autre." (Sigaut 2012, 132) wie das Messer schneidet, sondern mit ihm eine körperliche Handlung durchführen, verdoppelt sich das Verhältnis zur Maschine, in Gesten, die *an* und *mit* der Maschine durchgeführt werden, und Gesten, die *in* der Maschine kristallisiert wurden, d. h. Operationen, die ihren Ursprung im Menschen hatten und nun die Basis für das Funktionieren der Maschine sind.

Der entscheidende Punkt ist hier, dass in den Maschinen nicht mehr notwendig der funktionale Aspekt – z. B. das Zerschneiden mit dem Messer, das schnelle Ausrechnen von Aufgaben durch den Computer – den Wesenskern und damit die kristallisierte Geste ausmacht, sondern die Operationalisierung und Übersetzung dieser Geste in andere Operationen, wie beispielsweise die Übertragung komplexer Vorgänge in eine Aneinanderreihung von Kippschaltern, die entweder offen (0) oder geschlossen sind (1), wie es beim Computer der Fall ist.

Die Verdopplung ist Ausdruck – folgt man Gilbert Simondon – der ontologischen Komplementarität von Operation und Struktur, die gleichzeitig in allen ‚Handlungsfolgen' *(actes)* vorhanden ist: Die Maschine ist Struktur gewordene Operationalität. Simondon wählt das Beispiel des Zeichnens einer Parallele, um diese Komplementarität zu beschreiben:

> Wenn der Geometer also eine Parallele [...] zieht, achtet der Geometer in seiner gesamten Handlung auf das Strukturelement, das nur das geometrische Denken interessiert, nämlich die Tatsache, dass es eine Linie ist, die gezogen wird, und in welche Beziehung sie zu einer anderen Linie steht. Die Struktur des Aktes ist hier die Parallelität einer Linie zu einer anderen Linie. Aber der Geometer könnte auch auf den operativen Aspekt seines Handelns achten, d. h. die Geste, mit der er zeichnet, ohne sich Gedanken darüber zu machen, was er zeichnet. Die Geste des Zeichnens besitzt ihren eigentümlichen Schematismus. Das System, an dem sie Teil hat, ist ein operatives System und kein strukturelles System; die Geste geht von einem Willensakt aus, der selbst wiederum eine gewisse mentale Geste ist; sie setzt die Verfügbarkeit einer bestimmten Energie voraus, die durch die mentale Geste befreit und kommandiert wird und *durch alle Glieder einer Kette komplexer, konditionaler Kausalitäten läuft* [Hervorhebung J.S.]. Die Ausführung der Geste setzt eine interne und externe Regulation der Bewegung in einem operationalen Schema der Finalität ins Spiel. (Simondon 2005, 529 f.)[12]

---

12 „Ainsi, quand le géomètre trace une parallèle [...], le géomètre prête attention, dans la totalité de son acte, à l'élément structural qui seul intéresse la pensée géométrique, à savoir le fait que c'est une droite qui est tracé, et avec telle relation avec une autre droite. La structure de l'acte est ici le parallélisme d'une droite par rapport à une autre droite. Mais le géomètre pourrait aussi prêter attention à l'aspect d'opération de son acte, c'est à dire au geste par lequel il trace sans se préoccuper de ce qu'il trace. Ce geste de tracer possède son schématisme propre. Le système dont il fait partie est un système opératoire, non un système structural ; ce geste procède en effet d'un volition qui est elle-même un certain geste mental ; il suppose la disponibilité d'une certaine énergie qui se trouve libérée et commandée par le geste mental à travers tous les maillons d'une

Die These der Operationsketten wird hier von Simondon aufgenommen, um zu zeigen, (1) dass alle Handlungsabläufe gleichzeitig Operationen und Strukturen enthalten, (2) dies sich bereits in elementaren Gesten wie der des Zeichnens einer Parallele zeigt und (3) inwiefern diese ‚mentale Gesten' in Operationen übersetzt werden: Statische Strukturen sind den Operationen nicht vorgängig. Strukturen werden nicht nur einfach aktualisiert, sondern hervorgebracht.

‚Gesten' umfassen, wie hier deutlich wird, mehr als die rein körperlichen Handlungen. Innerhalb der französischen Tradition der Technikphilosophie wird dieser Begriff äußerst weit gefasst. Zunächst können Gesten als wesentlich kommunikativ gekennzeichnet werden (Guillerme 2017, 449). Sie drücken etwas aus und lassen sich nicht auf eine rein körperliche Bewegung reduzieren. Dies führt zu einer zunächst trivialen These: Wenn Gesten tatsächlich in Objekten eingelagert sind, dann kommunizieren diese Objekte etwas, sie haben Bedeutung und sagen etwas aus. Diese Perspektive lenkt den Blick von der reinen Anwendung des Objektes um eines anderen Zwecks willen auf dessen Entstehung und epistemologischen Status. Die teleologische Frage „welches Ziel kann ich damit erreichen?" wird durch die Fragen ergänzt: „welche *menschliche* Geste ist in diesem Objekt kristallisiert?", „was drückt dieses Objekt aus?" und „welche Operationen führt dieses Objekt aus?".

Es ist jedoch notwendig, die genetische Frage „wie ist dieses Objekt entstanden?" zu stellen, um einerseits die Spezifizität technischer Objekte zu erfassen und andererseits die epistemologische Situation des menschlichen Subjekts mitzudenken. Erst durch diese erneute Änderung des Blicks gelangt das Subjekt in ein rekursives Verhältnis mit dem technischen Objekt: Es erkennt, inwiefern das technische Objekt als geschaffenes existiert, welche menschlichen Eigenschaften es in sich trägt und inwiefern es sich vom Menschen unterscheidet. Dadurch, dass wir erkennen, wie das technische Objekt *als technisches* Objekt funktioniert *und* eine menschliche Geste ausdrückt, gewinnen wir einen Zugang zur Existenzweise des Objekts, der Relation, die wir mit dem Objekt eingehen und wie dieses auf uns wirkt.

In „Die Existenzweise technischer Objekte" betont Gilbert Simondon, dass das technische Objekt auf drei verschiedenen Ebenen adressiert werden kann und – will man ein holistisches Bild der Beziehungen des Menschen zur Technik zeichnen – muss. Die Ebenen des Elements, des Individuums und des Ensembles entsprechen dabei zwar jeweils unterschiedlichen Zugangsweisen, können aber auch nicht voneinander getrennt werden. Simondon spricht auch technischen

---

chaîne de causalités conditionnelles complexes. L'exécution de ce geste met en jeu une regulation interne et externe du mouvement dans un schème opératoire de finalité." (Simondon 2005, 529 f.)

Objekten als Individuen, da diese aus Individuationsprozessen hervorgehen. Diese Charakterisierung hat methodische Gründe: das Ziel seiner Technikphilosophie ist, technische Objekte als kulturelle Objekte zu verstehen (Simondon 2012, 9 ff.). Er entwickelt daher eine Methodik, die Genese technischer Objekte, das heißt ihre Individuation, zu verstehen. In seiner zweiten Dissertation wendet er diese Methode an, um Individuation im Allgemeinen, von der physikalischen Ebene (bei Kristallen), bis hin zu sozialen Prozessen in Analogie zueinander zu setzen (Simondon 2005). Dabei handelt es sich um eine komplexe Ontologie der Immanenz, die auf die Potentialität des Seins in den unterschiedlichen Prozessen der Hervorbringung verweist. Genau diese Potentialität steckt auch in der Technik und ist für Simondon ein wesentlich menschlicher Zug, der auch Technik als Ausdruck lebendiger Prozesse erscheinen lässt (Simondon 2014).

Zwar verlaufen diese technischen Individuationsprozesse anders als lebendige Individuationsprozesse, aber technische Objekte durchlaufen eine ihnen eigene Evolution. Sie resultieren aus menschlichen Erfindungen und tendieren zur Organisationsform des Lebendigen – auch wenn diese nicht erreicht werden kann: während ein Lebewesen von Geburt an ein Ganzes bildet, ist ein technisches Objekt geschaffen und zusammengesetzt (Simondon 2012, 45). Die Organe des Lebewesens sind plurifunktional und stehen im wechselseitigen Austausch mit dem Körper als Ganzem. Ein technisches Individuum besteht immer aus technischen Elementen, das heißt, es bleibt zusammengesetzt und geschaffen.

Gleichzeitig ist das technische Objekt auch Teil eines Ensembles, das heißt Teil eines Zusammenschlusses verschiedener technischer Objekte, die ein Netzwerk bilden – mit Heidegger könnte man vom ‚Gestell' reden, aber Simondon vermeidet die negative Konnotation, die die polare Gegenüberstellung von Natur und Technik des Gestells impliziert. Ensembles vermitteln vielmehr zwischen menschlichen und natürlichen Größen. Element, Individuum und Ensemble stellen jeweils unterschiedlich Perspektiven und Evolutionsstufen des Technischen dar.

Elemente sind die kleinste Einheit der technischen Objekte, die zum Gegenstand werden können. In einem technischen Objekt gibt es technische Elemente, die durch die Zeit erhalten werden können und sich auch in Weiterentwicklungen des technischen Objekts wiederfinden (zum Beispiel Schrauben). Diese Elemente sind meist das Produkt technischer Ensembles, das heißt, sie gehen beispielsweise aus industrieller Produktion hervor. Element und Ensemble verweisen also aufeinander. Ebenso ergibt es keinen Sinn, von einem technischen Ensemble zu sprechen, ohne technische Individuen zu implizieren. Technische Individuen stellen ein Ganzes dar, das die technische Operationsweise sichert und in sich trägt. Technische Individuen können Lebewesen involvieren, aber auch – im industriellen und post-industriellen Zeitalter – ohne den Menschen auskommen.

Ein Pflug bildet insofern erst als Gespann mit Bäuerin und Zugochse ein technisches Individuum, da das Gespann als Ganzes die technische Operationsweise des Pflügens ermöglicht.[13]

Das Verhältnis zwischen technischem Element, technischen Individuum und technischem Ensemble ist historisch kontingent. Die Rolle des Menschen in dieser Konstellation wird durch die Veränderung der Produktionsbedingungen im Ensemble und der Automatisierung bestimmter technischer Operationen, die dem Menschen einst zukamen verändert. Zwar bleiben Gesten und auch technische Objekte durch die Zeit hindurch erhalten, aber die Produktionsweise und der spezifische Gebrauch sind an ein historisches Milieu gebunden, das jeweils anders sozio-technisch und natürlich gestaltet ist. Simondon illustriert dies anhand der Rolle des Menschen als ‚Werkzeugträger_innen' und der Maschinen als ‚Werkzeugträger'. Im technischen Ensemble der vorindustriellen Zeit, der Werkstatt, ist der Mensch noch das technische Individuum. Die Handwerker_in verfügt über technische Elemente (z. B. Hämmer, Schrauben, Zahnräder, Getriebe), die durch die Zeit hindurch relativ stabil bleiben. Die Handwerker_in trägt die Werkzeuge und ihre Gesten werden unmittelbar durch den Prozess des Herstellens geformt.

Aber während die Handwerker_in in der Werkstatt noch die Teile, die sie zusammenbaut, und die Werkzeuge, mit denen sie dies tut, organisiert und folglich „inmitten" der Elemente arbeitet, treten mit dem industriellen Zeitalter die Produktion der Elemente und die technische Operation auseinander. Der Mensch ist nicht mehr Werkzeugträger, wie es noch die Handwerker_in war. Das technische Individuum hat sich verändert. Diese Rolle wird nun von der Maschine übernommen (Simondon 2012, 71). Es entstehen zwei einander entgegengesetzte Perspektiven, die von oben oder von unten den technischen Prozess betrachten. Während die Arbeiter_innen nun auf der Ebene der Elemente mit den Maschinen interagieren, blickt die ‚Chef_in' von oben – einem *View from Nowhere* – auf den technischen Prozess als Ganzes (ebd., 74). Die Arbeiter_innen reparieren und warten die Maschinen. Sie stellen ihr Funktionieren sicher, partizipieren aber nicht mehr direkt an den technischen Operationen: während die Handwerker_in noch mit Körper und Geist wesentlicher Bestandteil der technischen Operation war, beobachten die Arbeiter_innen die technische Operation auf der Ebene der Maschine von außen. Die Chef_in der Fabrik hat zwar einen Blick auf das Ganze – d. h. sie hat einen Überblick von den Anfängen (Rohstoffbesorgung) bis zum Endprodukt – , lässt aber Sinn und Verständnis für die Operationen auf der elementaren Ebene der Maschine vermissen (ebd.).

---

13 Zur Geschichte des Pfluges siehe Haudricourt 1987.

Nun ist das technische Individuum in diesem Falle die Maschine selbst, die als Werkzeugträger_in fungiert und die technische Operation durchführt. Der Mensch ist nicht mehr – oder nur noch in seltenen Fällen – technisches Individuum, wie er es als Handwerker_in noch war, wo er mit den Werkzeugen eine Einheit bildete und im Ensemble der Werkstatt technische Operationen durchführte. Dies ändert sich erneut im post-industriellen Zeitalter, indem der Mensch selbst auf der elementaren Ebene mit anderen technischen Objekten eine Einheit bildet, die ihn mit dem technischen Netzwerk in Beziehung setzen. Die digitalen Werkzeuge bilden eine in sich geschlossene Einheit, die über ihre Benutzeroberfläche der Nutzer_in die Möglichkeit bieten, Operationen anzustoßen, die notwendig unsichtbar bleiben und auch bleiben sollen. Die Gesten, die digitalen Operationen zu Grunde liegen (die Aneinanderreihung von Kippschaltern in offener oder geschlossener Position, 0 oder 1), werden übersetzt in Bilder, die Gesten ermöglichen, die dem Buchdruck, dem Schreiben und dem anderen Digitalen – des Haltens in den Fingern – entlehnt sind: Von der mentalen Geste – dem Satz des ausgeschlossenen Dritten –, zur Repräsentation der Schrift auf dem Bildschirm – dem Wahrnehmen und Erkennen von Zeichen –, dem Schreiben auf der Tastatur – also aktiv Zeichen zu erzeugen –, zum Ziehen, Wischen und Zusammenführen des Daumens und Zeigefingers – also basaler, menschlicher Gesten, die auf die Befreiung der Hand zurückgehen (Leroi-Gourhan 2000), verschachteln sich Gesten ineinander und sind intrinsisch miteinander verknüpft. Einerseits besteht eine enge Beziehung zwischen Hard- und Software, andererseits offenbart und verstärkt dieser Dualismus das konkret technische Nicht-Wissen seiner Nutzer_innen. Die Nutzer_innen arbeiten zwar als technische Individuen als Hybride von Mensch und *smart device*, aber verbleiben auf der Ebene des Netzwerks, ohne wirklich die Operationen, die das Netzwerk ermöglichen, manipulieren zu können. Dies bleibt Experten_innen vorbehalten, die auf die Ebene der Elemente hinabsteigen, um die Übersetzung der Gesten bis in ihre Ursprünge nachzuverfolgen. Das Paradox besteht darin, dass man von einer Geste zur anderen kommen kann, aber eben nicht (mehr) muss, um technische Handlungen durchzuführen. Zwar ist die Tradition ein wesentlicher Bestandteil technischer Entwicklung – man muss nicht immer alles von Neuem lernen –, sie suggeriert aber auch eine technische Überlegenheit der Moderne, die es nie gegeben hat. Die moderne „Kultur"[14] hat eine Situation der Entfremdung der Arbeiter_in und des technischen Objekts hervorgebracht:

---

14 Um die Differenz zwischen Kultur als Gegenbegriff zur Technik und Kultur im ethnologischen Verständnis als sozio-technische Größe anzuzeigen, schreibt Simondon *culture* für den erstgenannten, negativen Begriff und *Culture* für letzteren. Diesen Unterschied kennzeichne ich durch Anführungszeichen für *culture*. Die Majuskel zeigt für Simondon außerdem an, dass es eine

> Das Objekt ist nicht mehr dekodierbar, nicht mehr als Resultat einer Operation der Konstruktion verständlich. Es ist fremd wie eine fremde Sprache. Man versteht unter diesen Bedingungen, warum eine solches Objekt vielleicht wie ein mechanischer Sklave behandelt wird. Man versucht nicht die Sprache des Sklaven zu verstehen, sondern möchte lediglich einen bestimmten Dienst von ihm erhalten. In der entfremdeten Situation genügen das Bedienfeld und die Bedienelemente auf dem technischen Objekt, um eine praktische Operation des Gebrauchs innerhalb einer definierten Aufgabe zu unternehmen. (Simondon 2014a, 66)[15]

In Ergänzung zu Marx betont Simondon, dass die Entfremdung ein Phänomen ist, das sich nicht nur auf den Wert der Arbeit bezieht, sondern auch auf der Ebene der Bedeutung Wirksamkeit entfaltet (Simondon 2014a, 55). Aus den vorangegangenen Beschreibungen geht hervor, dass unterschiedliche Gesten mit, an und auf technischen Objekten durchgeführt werden. Diese Gesten schachteln sich gleichsam ineinander und führen – je nach Blickrichtung – von der Ebene des Gebrauchs bis zur technischen Operation oder umgekehrt von der technischen Operation bis zum Gebrauch. Dies impliziert, dass – obwohl wir sehr unterschiedliche Gesten auf der Oberfläche eines technischen Objektes durchführen – diese mit all den anderen Gesten, die das technische Objekt hervorgebracht haben, untrennbar verknüpft sind. Die Beziehung zwischen den Gesten der Herstellung und den Gesten des Gebrauches ist transduktiv und rekursiv. Dies bedeutet jedoch nicht, dass bereits im Ausgang gesichert ist, wie sich die Beziehung gestaltet und wie sich Gesten im Zuge der Genese entwickeln und transformieren. Die Gesten werden nämlich nicht im Sinne Leroi-Gourhans „ausgeschwitzt", um ein Objekt zu bilden, sondern die Eigenständigkeit des technischen Objekts wirkt auf die Gesten zurück. Die ‚Sprache' der Operationalität kann verlernt werden und mitunter ist dies auch so gewollt. Die Verknüpfung verschiedener Operationen über unterschiedliche Instanzen bedeutet für die Nutzer_in, für das Objekt und für die darin kristallisierten Gesten und Tätigkeiten ein freies Abenteuer:

> Die Fähigkeit zur Loslösung im Ausgang vom menschlichen Operator – Künstler oder Produzent – bedeutet für den produzierten Gegenstand den Beginn eines freien Abenteuers, mit ebenso vielen Überlebens- und Übertragungschancen durch die Zeiten, wie es Gefahren der

---

verlorengegangene und wiedergewinnbare sozio-technische Einheit gibt, die als Ideal dienen kann.

15 „[L]'objet n'est plus décodable, plus compréhensible comme résultat d'une opération de construction. Il est étranger comme une langue étrangère. On comprend, dans ces conditions, pourquoi un tel objet peut être traité comme un esclave mécanique. On ne cherche pas à comprendre le langage de l'esclave, mais seulement à obtenir de lui un service déterminé. Sur l'objet technique en situation d'aliénation, le tableau de bord et les organes de commande suffisent à l'opération pratique de l'utilisation dans le cadre d'un travail défini." (Simondon 2014a, 66)

Versklavung gibt, oder aber in einem Register grundlegender Ambivalenz, von Entfremdungsmöglichkeiten für die menschliche Tätigkeit, die in seinen Werken oder Produkten eingeschlossen und gleichsam darin kristallisiert ist. Die Arbeit domestiziert den Operator durch die Rückkehr der Effizienz, wenn sie von einem versklavten Operator oder einer versklavten operativen Geste ausgeht: Es gibt eine transduktive Beziehung und eine rekursive Kausalität in dem widerhallendem System (système réverberante), das durch den Operator, die Arbeit und die Menge der vermittelnden Realitäten zwischen dem menschlichen Operator und dem produzierten Objekt gebildet wird (Simondon 2014a, 28).[16]

Der wechselseitige, transduktive Übersetzungsprozess zeigt an, dass die technische Operation auf jeder Ebene einerseits Normativität erzeugt, sich aber auch für Normen öffnen kann, die nicht der technischen Operationalität entstammen. Die dreifache ‚Versklavung', entweder der Gesten, der Bediener_innen oder beider, zeigt an, dass die Gesten nicht im Dienste der Operationalität stehen, sondern eine andere, der Operationalität äußerliche Norm die Gesten und/oder Bediener_innen diktiert. Sobald dies der Fall ist, treten „Kultur" und Technik auseinander. Die vermeintliche Trennung tut so, als könne man das Soziale und das Technische trennen, um Werte zu bewahren, die durch neue Techniken gefährdet gesehen werden. Dieser konservative Aspekt der „Kultur" entspricht einer ausschließenden Logik der In-Group, die sich jedweder Öffnung nach außen verweigert (Simondon 2005, 286). Der Status des *widerhallenden Systems*, das Arbeiter_innen, die Arbeit selbst, die vermittelnden Realitäten (d.h. technische Objekte) und das zu produzierende Objekt bildet, hängt davon ab, inwiefern Partizipation in diesem System möglich ist. Handelt es sich um ein geschlossenes System, so ist so wenig Partizipation wie möglich erlaubt und es wirkt „versklavend". Handelt es sich um ein offenes System, dann sind Offenheit und Partizipation wesentliche Prinzipien. Ein derartig konzipiertes System kann zu einer technischen Kultur führen. Es entsteht aber, sobald sich technische Operationen oder Gesten aneinanderreihen, eine axiologische Problematik, die sich in jedem Glied fortsetzt.

---

16 „La capacité de détachement à partir de l'opérateur humain initial – artiste ou producteur – signifie pour l'objet produit commencement d'une aventure libre, comportant autant de chances de survie et de transmissions à travers les âges que de dangers de réduction en esclavage, ou bien encore, dans un registre d'ambivalence fondamentale, de possibiliés d'aliénation pour l'activité humaine et qui est enclose et comme cristallisée dans ses œuvres ou produits. L'œuvre domestique l'opérateur par retour d'efficience quand elle émane d'un opérateur ou d'un geste opératoire asservi : il y a relation transductive et causalité recurrente dans le système réverbérante constitué par l'opérateur, l'œuvre et l'ensemble des réalités médiatrices intermédiaires entre l'homme opérateur et l'objet produit." (Simondon 2014a, 28)

Es gibt zwar keine vorrangige Entität, die die Richtung vorgibt, oder ein bereits festgelegtes Ziel, das verfolgt und nur realisiert werden muss, dies bedeutet jedoch nicht, dass die Aneinanderreihung willkürlich geschieht, sondern lediglich, dass über die Operationalisierung Normativität eingeführt wird. Simondon verwendet das Beispiel der *Geste des Laufens* (sic!) im Wald: Bevor man zu laufen beginnt, sind alle Schritte gleichwahrscheinlich und gleichwertig, aber sobald ein Schritt unternommen wird, reiht sich der folgende Schritt an den nächsten. Impliziert ist dabei, dass das Laufen in einem bestimmten Milieu stattfindet, das sozusagen von außen ebenso wie die mentale Geste von innen das Laufen hervorbringt.[17] Das Beispiel suggeriert jedoch, dass technische Gesten auf eine Umwelt angewandt werden, die ganz natürlich ist. Diesen Naturzustand gibt es aber für das menschliche Milieu und für den Prozess des Erlernens von Gesten und Körpertechniken nicht: Wie Marcel Mauss betont, werden Techniken v. a. durch die Vermittlung von Autoritäten erlernt (Mauss 2010, 203).

4 Mit den Händen denken lernen?

Die Entwicklung einer technischen Kultur, sei es im industriellen oder postindustriellen Zeitalter, sei es mit analogen oder mit digitalen Techniken, wird daher durch einen pädagogischen Aufwand bedingt. Dieser Aufwand wird – so hat es zumindest den Anschein – auch in den Schulen betrieben, wenn diese aufgrund von Digitalpakten auf den neuesten Stand der Technik gebracht werden sollen. Die bloße Ausstattung bereitet aber weder das Lehrpersonal noch die Schüler_innen im Sinne einer technischen Kultur auf die Herausforderungen des Digitalen vor. Vielmehr werden die immer gleichen Stereotype und Dualismen kontinuiert, anstelle eines technischen Verständnisses der Praktiken zu schaffen, die *mit* den digitalen Werkzeugen durchgeführt werden.

Das Argument, das hier entwickelt wird, ist dabei keineswegs technikfeindlich, sondern zielt auf die Rekursivität und gegenseitige Durchdringung des Technischen und des Sozialen, des Geistes und des Körpers sowie des Analogen und des Digitalen. Es gilt, „mit den Händen denken zu lernen", wie Mauss sagt:

---

17 „Avant le geste de marcher, il n'y a pas de normes et tous les pas, en toutes les directions, sont à la fois équiprobables et équivalents. Mais dès qu'un pas est accompli, il devient norme pour le pas suivant, car le pas suivant est *cumulatif* par rapport à lui, et tous les pas faits dans la même direction, s'ajoutent et mènent vers la lisière de la forêt. En son origine absolue, l'acte de marcher ne comporte aucune polarité directrice, aucune norme extérieure, aucune référence à un but perçu. Le voyageur ne connaît pas la forme de la forêt, car il ne l'a pas parcourue. La norme est la dérivée de l'acte, et non une virtualité préalable qu'il faudrait actualiser." (Simondon 2014a, 103)

> In Marokko beispielsweise, habe ich arme, indigene Kinder ab dem Alter von fünf Jahren mit erstaunlicher Geschicklichkeit arbeiten sehen. Es handelte sich darum, Borten zu nähen; dies ist eine delikate Arbeit, die einen sicheren geometrischen und arithmetischen Sinn voraussetzt. Das marokkanische Kind ist ein Techniker und arbeitet weitaus früher als unsere Kinder. In mancherlei Hinsicht denkt es früher und schneller und auf andere Weise – mit den Händen – als die Kinder unserer guten, bourgeoisen Familien. Selbst in unseren Kindergärten verrichten unsere Kinder keine „manuelle Arbeit" im eigentlichen Sinne, sondern spielen nur. (Mauss 1933, 119)[18]

Natürlich ist dieser Aufruf überspitzt und Mauss sollte nicht missverstanden werden, Kinderarbeit dem Spiel in unseren bourgeoisen Kindergärten, manuelle Arbeit der geistigen oder das Analoge dem Digitalen vorzuziehen.[19] Es zeigt jedoch verschiedene wesentliche Momente einer möglichen technischen Kultur an: 1. Die Rekursivität der Techniken, des individuellen und des sozialen Körpers. 2. Die kulturelle Relativität der Kategorien des Denkens und Handelns. 3. Die Möglichkeit der Umgestaltung dieser Praktiken, wenn sie als solche erkannt werden.

Das „Denken mit den Händen" besteht gerade darin, den Fokus auf die mentalen und körperlichen Gesten zu legen, die tagtäglich mit den verschiedenen digitalen, smarten Werkzeugen und Umwelten (Smartwatch, Smartphones, Smarthome, Tablets, Laptops, intelligente Fahrsysteme, etc.) durchgeführt werden. So kann zumindest die Blickrichtung nicht nur durch das Werkzeug hindurch auf die zu erfüllende Aufgabe, sondern auch auf das Objekt und die Netzwerkstruktur gelenkt werden, um die Eingebundenheit des eigenen Handelns und der daran geknüpften Werkzeuge wahrzunehmen.

Der Perspektivenwechsel wird selbstredend durch die Rolle der sozialen Autorität mitbestimmt: Wer entscheidet wie, welche Praktiken er- und gelernt werden?

Dieses Anliegen verbindet Simondon mit Mauss. Simondon, der in Schulen lehrte, entwarf ein Programm, um Schüler_innen technisches Wissen zu vermit-

---

[18] „Il faudrait en considérer d'autres, celles d'enfants élevés dans des milieux très différents. Au Maroc, j'ai vu des enfants indigènes pauvres exercer un métier, dès l'âge de cinq ans, avec une dextérité étonnante. Il s'agissait de former des ganses et de les coudre ; c'est un travail délicat qui suppose un sens géométrique et arithmétique très sûr. L'enfant marocain est technicien et travaille bien plus tôt que l'enfant de chez nous. Sur certains points, il raisonne donc plus tôt et plus vite et autrement, – manuellement, – que les enfants de nos bonnes familles bourgeoises. Même dans nos jardins d'enfants, les élèves ne font pas de „travail manuel" proprement dit, mais seulement des jeux. On voit donc qu'il faudrait faire des observations ethnographiques rigoureuses étendues, par exemple dans l'Afrique du Nord, avant de tirer aucune conclusion quelque peu générale."(Mauss 1933, 119)

[19] Insbesondere auch, weil das Spielen wesentlich dazu beiträgt, technische Skills auszubilden (siehe Schüttpelz im Erscheinen).

teln (Simondon 2014b; 2014c). Seine philosophisch-pädagogische Überzeugung war, dass die Beziehung zur Technik über ein intuitives Verständnis technischer Schemata hergestellt werden kann, ohne dass die Schüler_innen zunächst verstehen mussten, was die genauen physikochemischen Vorgänge seien.[20] Obwohl wesentliche Unterschiede in der Entwicklung technischer Skills zwischen verschiedenen Kulturen (hier die marokkanische der 1920er und 1930er Jahre und der französischen der 1950er und 1960er Jahre) bestehen und die Begegnung mit technischen Gesten anders gestaltet ist/wurde/wird, wachsen auch die „bourgeoisen" Kinder in einer Kultur auf, die die „Begegnung mit technischen Objekten" und deshalb das Erlernen „bestimmte[r] Verhaltens- und Funktionsmuster, die technischen Ursprungs sind", ermöglicht. Dies liefert die Basis, so Simondon weiter, um Archetypen zu entwickeln, die später eine „unersetzliche implizite und gelebte Beziehung der Vertrautheit und des intuitiven Verstehens" ermöglichen (Simondon 2014a, 44).[21]

Das pädagogisch-aufklärerische Anliegen, diese Beziehung zu fördern und wiederzuentdecken, ist wesentlicher Bestandteil der Technikphilosophie Simondons. Zentral wird dabei der Begriff der Erfindung bzw. der Wiedererfindung, die einem Erlernen der weiter oben eingeführten Fremdsprache entsprechen. Gerade die Geste eines Kindes, weist, so Simondon, „mehr authentische Bildung" auf, wenn sie „eine technische Vorrichtung von neuem erfindet als [der] Text, in dem Chateaubriand das ‚erschreckende Genie' Blaise Pascals beschreibt. [...] Pascal zu verstehen heißt, mit seinen eigenen Händen eine Maschine wie die seine neu zu bauen, ohne zu kopieren, indem man sie gar, wenn möglich, in eine elektronische Summationsvorrichtung überführt, um etwas neu zu erfinden, anstatt bloß zu reproduzieren, indem die intellektuellen und operativen Schemata aktualisiert werden, die jene Pascals waren." (Simondon 2012, 99)

Laut Simondon wird so der Weg zu einer „technischen Kultur" bereitet, die die philosophische Aufgabe formuliert, für das technische Objekt zu leisten, was die Aufklärung für den Begriff des Menschen geleistet hat: Einen allgemeinen Begriff des technischen Objekts zu schaffen, der ihm einen kulturellen, menschlichen Wert beimisst, oder, um die kantsche Formulierung zu verwenden, das technische Objekt als Zweck an sich zu begreifen (ebd., 9).

---

[20] Simondon entwickelte sogar eine Klassifizierung, in welchen Jahrgangsstufen den Schüler_innen welche technischen Schemata beigebracht werden sollen (Simondon 2014a, 45 f.).
[21] „[N]os enfants, élevés dans une culture qui comporte la rencontre d'objets techniques, peuvent saisir certains schèmes de comportement et de fonctionnement qui sont d'origine technique, et les conserver en eux comme base d'archétypes, permettant plus tard une irremplaçable relation implicite et vécue de familiarité, de compréhension intuitive." (Simondon 2014a, 44)

Das vorgestellte Modell, über die Gesten eine technische Kultur bzw. ein anderes technisches Selbstverständnis des Menschen im digitalen Zeitalter zu entwickeln, kann als hoffnungslos romantische Utopie gelesen werden. Im digitalen, postkolonialen Zeitalter wurden – gerade mit Blick auf die aktuelle politische, technische und soziale Lage – weder die Sklaverei und die Diskriminierung aufgrund von Hautfarbe oder ethnischer Herkunft, noch die Versklavung technischer Objekte vollständig beseitigt, sondern in den weltweiten „Surveillance Capitalism" (Zuboff 2019) verschoben. Prinzipiell, so kann man nicht unberechtigt feststellen, hat sich nichts geändert in der Welt: Die Versklavung wurde globalisiert und ausgelagert, zugunsten derer, die die Produktionsmittel in der Hand halten (Scholz 2017).

Aber das kritische Potential der Technikanthropologie und einer Technologie, die auf Gesten basiert, zeigt gerade, dass, indem die unterschiedlichen Modi des Menschseins reflektiert werden, erstens die Gleichwertigkeit fremder, indigener Techniken anerkannt wird, und dass zweitens zwischen den Werten, die aus der Technizität selbst entstehen, und den Werten, die durch gesellschaftliche Prozesse entstehen, unterschieden werden kann und muss. Die Art und Weise, wie technische Objekte gestaltet, hergestellt und benutzt werden, bestimmt die Form der Gesellschaft mit. Der Zugang über die Gesten erlaubt es, das Selbstverhältnis des Menschen zu seiner sozio-technischen Umwelt in unterschiedlichen Tiefenschärfen zu betrachten. Im gleichen Maße, wie Praxis und Operationalität in den Vordergrund rücken, werden die Gesten als Möglichkeiten der Teilhabe an der sozio-technischen Umwelt von größerer Bedeutung.

Dies führt letztlich dazu, dass die Frage, welche Objekte Teilhabe erlauben und in welchem Maße, einen höheren Stellenwert gewinnt (Schick im Erscheinen). Das „Denken mit den Händen" fordert letztlich dazu auf, auch die Operationen, die auf den Mikrochips ablaufen, während man *smart devices* benutzt, wenn schon nicht zu verstehen, so immerhin mitzudenken. Man hält sie ja schließlich in Händen.

Literatur

Barthélémy, Jean-Hugues (2008): D'une recontre fertile de Bergson et de Bachelard, in: Worms, Frédéric/Wunenburger, Jean-Jacques (Hg.): Bachelard et Bergson, continuité et discontinuité?, Paris, 223–238.
Bergson, Henri (2013): Schöpferische Evolution, hrsg. v. Rémi Brague, übers. v. Margarethe Drewsen, Hamburg.
Bergson, Henri (1933): Die beiden Quellen der Moral und der Religion, übers. v. Eugen Lerch, Jena.

Charrié, Pierre (2008): La Beauté Du Geste et La Machine (Mémoire de Fin d'études), Ensci-Les Ateliers.
Guillerme, André (2017): De Diderot à Taylor: exprimer les techniques du geste, in: Bouillon, Didier/Guillerme, André/Mille, Martine/Piernas, Gersende (Hg.): Gestes techniques, techniques du geste. Approches pluridisciplinaires, Villeneuve d'Ascq, 449–462.
Haudricourt, André-Georges (1987): La Technologie Science Humaine. Recherches d'histoire et d'ethnologie des Techniques, Paris.
Heilmann, Till (2016): Zur Vorgängigkeit Der Operationskette in Der Medienwissenschaft und bei Leroi-Gourhan, in: Internationales Jahrbuch für Medienphilosophie 2/1, 7–29.
Heilmann, Till (2017): Der Klang der breiten Rille, in: Internationales Jahrbuch für Medienphilosophie 3/1, https://jbmedienphilosophie.de/2017/3-replik-heilmann/.
Hussain, Shumon T. (2018): Kreativität, Technizität und Autopoiesis – Zur Bedeutung des *Homo faber* für das Verständnis der frühesten Menschheitsgeschichte, in: Zeitschrift für Kulturwissenschaften 4 (2): 49–66.
Ingold, Timothy (2011): Being Alive. Essays on Movement, Knowledge and Description, London/New York.
Kapp, Ernst (2015): Grundlinien Einer Philosophie Der Technik: Zur Entstehungsgeschichte der Kultur aus neuen Gesichtspunkten, Hamburg.
Latour, Bruno (1994): On Technical Mediation: Philosophy – Sociology – Genealogy, in: Common
Knowledge 3/2, 29–64.
Leroi-Gourhan, André (1943): Évolutions et techniques: L'homme et la matière, Paris.
Leroi-Gourhan, André (1945): Évolutions et techniques: Milieu et technique, Paris.
Leroi-Gourhan, André (2000): Hand und Wort: die Evolution von Technik, Sprache und Kunst, übers. v. Michael Bischoff, Frankfurt am Main.
Loeve, Sacha/Guchet, Xavier/Bensaude Vincent, Bernadette (Hg.) (2018): French Philosophy of Technology, Philosophy of Engineering and Technology, 29. Berlin/Heidelberg/New York.
Malafouris, Lambros (2013): How Things Shape the Mind: A Theory of Material Engagement, Cambridge, Massachusetts.
Malafouris, Lambros (2015): Metaplasticity and the Primacy of Material Engagement, in: Time and Mind 8/4, 351–371.
Mauss, Marcel (1933): Marcel Mauss, Discussion Avec Jean Piaget, in: Jean Piaget (Hg.): L'indivdualité en histoire. L'individu et la Formation du Raison, Paris, 118–121.
Mauss, Marcel. (2010): Die Techniken des Körpers, in: Marcel Mauss (Hg.): Soziologie und Anthropologie 2, übers. v. Henning Ritter, München, 197–220.
Mauss, Marcel (2015): Auffassungen, die dem Begriff der Materie vorausgegangen sind, übers. v. Johannes F. M. Schick, in: Zeitschrift für Kulturwissenschaften: Begeisterung und Blasphemie 2/2015, 233–238.
Mersch, Dieter (2016): Kritik Der Operativität. Bemerkungen Zu Einem Technologischen Imperativ, in: Internationales Jahrbuch Für Medienphilosophie 2/1, 31–52.
Parrochia, Daniel (2009): French Philosophy of Technology, in: Brenner, Anastasios/Gayon, Jean (Hg.): French Studies in The Philosophy Of Science: Contemporary Research in France, Dordrecht, 51–70.
Schick, Johannes F. M. (2018): Mechanik, Mystik und stumme Intelligenz: Doch eine Homo faber- Story, in: Zeitschrift für Kulturwissenschaften: Homo Faber 2/2018, 67–81.

Schick, Johannes F. M. (2019): Towards an Interdisciplinary Anthropology? The Transformative Epistemologies of Bergson, Bachelard and Simondon, in: Parrhesia: A Journal of Critical Philosophy 31, 103–135. http://www.parrhesiajournal.org/parrhesia31/parrhesia31_schick.pdf.

Schick, Johannes F. M. (im Erscheinen): The Potency of Open Objects. (Re-)Inventing New Modes of Being Human with Henri Bergson, Franco „Bifo" Berardi and Gilbert Simondon, in: Techné: Research in Philosophy and Technology.

Scholz, Trebor (2017): Uberworked and Underpaid: How Workers Are Disrupting the Digital Economy, Cambridge/Malden.

Schüttpelz, Erhard (2006): Die medienanthropologische Kehre der Kulturtechniken, in: Engell, Lorenz/Siegert, Bernhard/Vogl, Joseph (Hg.): Kulturgeschichte als Mediengeschichte (Oder Vice Versa?), Archiv für Mediengeschichte, Weimar, 87–110.

Schüttpelz, Erhard (2017): Die Erfindung der Twelve-Inch. Der Homo Sapiens und Till Heilmanns Kommentar zur Priorität der Operationskette, in: Internationales Jahrbuch Für Medienphilosophie 3/1, 217–234.

Schüttpelz, Erhard (im Erscheinen): Vom Werkzeug zum Behälter, vom Behälter zum Medium: Die Ausweitungen des Körpers, in: Engelhardt, Nina/Schick, Johannes F. M. (Hg.): Erfinden, Schöpfen, Machen: Körpertechniken – Imaginationstechniken, Bielefeld.

Sigaut, François (1994): Technology, in: Ingold, Thimothy (Hg.): Companion Encyclopedia of Anthropology, London/ New York, 420–459.

Sigaut, François (2012): Comme homo devint faber, Paris.

Sigaut, François (2018): Die Homo Faber Kontroverse, übers. v. Schick, Johannes F. M., in: Zeitschrift für Kulturwissenschaften: Homo Faber 2/2018,17–33.

Simondon, Gilbert (2005): L'individuation à la lumière des notions de forme et d'information, Grenoble.

Simondon, Gilbert (2012): Die Existenzweise technischer Objekte, Zürich.

Simondon, Gilbert (2014): Sur la technique (1953–1983), Paris.

Simondon, Gilbert (2014a): Psychosociologie de la technicité, in: Simondon, Gilbert: Sur la technique (1953–1983), Paris, 27–129.

Simondon, Gilbert (2014b): Place d'une initiation technique dans une formation humaine complète (1953), in: Simondon, Gilbert: Sur la technique (1953–1983), Paris, 203–232.

Simondon, Gilbert (2014c): Prolégomènes à une refonte de l'enseignement (1954), in: Simondon, Gilbert: Sur la technique (1953–1983), Paris, 233–253.

Zuboff, Shoshana (2019): The Age of Surveillance Capitalism: The Fight for the Future at the New Frontier of Power, London.

Bibliographische Notizen

Anca Gheaus, PhD, Assistant Professor für Philosophie an der Central European University Wien.
Forschungsschwerpunkte: Angewandte Ethik, politische Philosophie, Theorie der Gerechtigkeit, Kinder, Kindheit.

Constanze Giese, Prof. Dr. theol., examinierte Krankenschwester, Professorin für Ethik und Anthropologie in der Pflege, Katholische Stiftungshochschule München.
Forschungsschwerpunkte: Ethik in Pflege und Pflegebildung, Professionsentwicklung und sozialethische Fragen der Pflege.

Grunwald, Armin, Prof. Dr. rer nat., Professor für Technikphilosophie am Institut für Philosophie des Karlsruher Instituts für Technologie und Leiter des Büros für Technikfolgen-Abschätzung beim Deutschen Bundestag.
Forschungsschwerpunkte: Theorie der Technikfolgenabschätzung, Ethik der Technik, Konzeption der Nachhaltigkeit, Digitale Transformation.

Andreas Heinz, Prof. Dr. med. Dr. phil., Direktor der Klinik für Psychiatrie und Psychotherapie der Charité – Universitätsmedizin Berlin.
Forschungsschwerpunkte: Lernmechanismen bei psychischen Störungen, Computergestützte Modelle psychotischer Erfahrungen, Interkulturelle Psychiatrie und Psychotherapie, Migration und psychische Gesundheit.

Christoph Kehl, Dr. phil., Wissenschaftlicher Mitarbeiter des Büros für Technikfolgen-Abschätzung beim Deutschen Bundestag (TAB).
Forschungsschwerpunkte: Bio- und Neurotechnologien, Robotik/KI sowie Umwelt und Nachhaltigkeit

Heribert Kentenich, Prof. Dr. med., Frauenarzt, Mitglied von Arbeitsgruppen der Bundesärztekammer und der Nationalen Akademie der Wissenschaften Leopoldina.
Forschungsschwerpunkte: Reproduktionsmedizin, Psychotherapie.

Krüger, Hans-Peter, Prof. Dr. phil., em. Professor für Politische Philosophie und Philosophische Anthropologie am Institut für Philosophie der Universität Potsdam.
Forschungsschwerpunkte: Philosophische Anthropologie, Philosophischer Pragmatismus, politische Philosophie (insb. Verhältnis des Privaten und Öffentlichen), Sozialphilosophie (insb. gesellschaftliche Kommunikation, öffentliche Lernprozesse).

Olivia Mitscherlich-Schönherr, Dr. phil. habil., Dozentin für Philosophische Anthropologie mit Schwerpunkt auf Grenzfragen des Lebens an der Hochschule für Philosophie München.
Forschungsschwerpunkte: Philosophische Anthropologie, Lebenskunst, Philosophie der Liebe, Sympathieethik, philosophische Bioethik, Biopolitik, Philosophie der Philosophie.

Jos de Mul, Prof. Dr. phil., Professor für Philosophische Anthropologie an der Erasmus School of Philosophy der Erasmus University Rotterdam.
Forschungsschwerpunkte: philosophische Anthropologie, Philosophie der Biologie, Technikphilosophie, Ästhetik und Geschichte der deutschen Philosophie des 19. und 20. Jahrhunderts.

Oliver Müller, Prof. Dr. phil., Professor für Philosophie am Philosophischen Seminar der Albert-Ludwigs-Universität Freiburg.
Forschungsschwerpunkte: Philosophie der Technik, philosophische Anthropologie, Naturphilosophie und Ethik.

Tobias Müller, Dr. phil. habil., Vertretungsprofessor für Religionsphilosophie an der Goethe-Universität Frankfurt.
Forschungsschwerpunkte: Religionsphilosophie, Philosophie des Geistes, Natur- und Technikphilosophie.

Petra Schaper Rinkel, Prof. Dr. rer pol., Professorin für Wissenschafts- und Technikforschung des digitalen Wandels und Vizerektorin für Digitalisierung an der Universität Graz. Forschungsschwerpunkte: Digitalisierung, Foresight, Innovationsforschung, Governance von Zukunftstechnologien und Politische Theorie der Technik.

Johannes F.M. Schick, Dr. phil., Habilitand an der a.r.t.e.s. Graduate School for the Humanities der Universität zu Köln.
Forschungsschwerpunkte: Technikphilosophie, französische Philosophie des 20. Jahrhunderts, philosophische Anthropologie, das Verhältnis von Philosophie zu Ethnologie und die Philosophie der Emotionen.

Christina Schües, Prof. Dr. phil., Professorin für Philosophie am Institut für Medizingeschichte und Wissenschaftsforschung der Universität zu Lübeck, und apl. Prof. am Institut für Philosophie und Kunstwissenschaft der Leuphana Universität, Lüneburg.
Forschungsschwerpunkte: *Conditio humana* und mitmenschliche Beziehungsverhältnisse, Macht der Zeit, Phänomenologie, Anthropo-Technologien, Friedenstheorien, Sozial- und Medizinphilosophie.

Mark Schweda, Prof. Dr. phil., Professor für Ethik in der Medizin, Carl von Ossietzky Universität Oldenburg.
Forschungsschwerpunkte: Altern, Lebensverlauf und menschliche Zeitlichkeit sowie Technik und Digitalisierung in Medizin und Gesundheitswesen.

Assina Seitz, B.Sc. in Psychologie, B.A. in Journalismus, studentische Hilfskraft an der Klinik für Psychiatrie und Psychotherapie der Charité Berlin.

Tobias Sitter, MA in Philosophie, Student der Medizin an der TU München und der Universität Padua.
Forschungsschwerpunkte: philosophische Anthropologie, Subjektphilosophie, Naturphilosophie, Wissenschaftsphilosophie, Medizinethik.

Björn Sydow, Dr. phil., Lehrkraft für besondere Aufgaben am Institut für Philosophie der Justus-Liebig-Universität Gießen.
Forschungsschwerpunkte: Zusammenhang von praktischer Vernunft und moralischen Pflichten, Angewandte Ethik.

Personenregister

Abdi, Jordan 54
Ach, Johann S. 154
Acquas, Elio 200
Aerschot, Lina van 59
Agbih, Sylvia 87
Akker, Olga van den 30
Alemzadeh, Homa 298
Alighieri, Dante 270
Anders, Günther 339
Andersen, Richard 155
Anderson, Michael 128
Anderson, Susan L. 128
Anselm, Reiner 10, 19
Archer, Alfred 174, 178–181, 186
Arendt, Hannah 4, 15, 213, 216 f., 228 f., 234, 239–243, 247, 252, 255 f., 307, 309, 346 f.
Argentero, Piergiorgio 57
Aristoteles 106, 174, 177
Arndt, Sr. Maria Benedikta 88
Aschenbrenner, Cord 72
Assadi, Galia 65
Assmann, Jan 227

Bachelard, Gaston 376
Bacon, Francis 220, 338
Bainbridge, William 314–317
Baker, Jonathan 40
Baltes, Dominik 333
Baltes, Margaret M. 59
Baltes, Paul B. 63
Barthélémy, Jean-Hugues 376
Bartz, Jennifer A. 205
Baumeister, Roy F. 196
Bayertz, Kurt 222, 225
Bayes, Thomas 306
Beauchamp, Tom L. 123, 128
Beauchemin, Maude 46
Beck, Birgit 273
Becker, Patrick 86, 88
Becker, Ralf 337
Beddington, John 256
Behrens, Johann 81

Benedikter, Roland 160
Benhabib, Seyla 221
Bensaude Vincent, Bernadette 371
Berg, Daniela 111
Berger, Theodore 97
Bergson, Henri 370 f., 373, 376
Bernal, John Desmond 154, 268
Bietti, Elettra 162, 164 f.
Binding, Karl 228
Birkenstock, Eva 61
Bittner, Uta 333
Biundo, Susanne 322
Blackman, Stephanie 55
Bleses, Helma M. 89
Block, Ned 279 f.
Blok, Vincent 160
Blumenberg, Hans 247, 249, 343
Bogner, Alexander 162 f.
Bora, Alfons 157
Boss, Lisa 196
Bostrom, Nick 241, 270–272, 299, 302, 306, 308–311, 314, 319, 335, 340, 343 f., 354
Bozzaro, Claudia 52, 60
Braidotti, Rosi 334
Branson, Sandy 196
Bratman, Michael 183
Braun, Kathrin 221
Brighouse, Harry 46 f.
Brinzanik, Roman 345
Bruin, Leon de 302
Brüntrup, Godehard 100 f., 104
Bühler, Pierre 87
Burdett, Michael S. 159
Burger, Sander 83
Byrne, Caroline A. 53

Cahill, Ann J. 41
Campanella, Tommaso 220
Camus, Albert 252
Cangelosi, Angelo 54
Chadwick, Ruth 333
Chalmers, David 274 f.

Charrié, Pierre 372
Chaudhuri, Shomir 54
Chekroud, Adam Mourad 254
Chiara, Gaetano di 200
Childress, James F. 123, 128
Christen, Markus 111
Christensen, Clayton M. 6
Clausen, Jens 96 f., 110, 118 f., 132
Coenen, Christopher 1, 153–157, 159, 267 f., 270, 339, 363
Coenen, Volker A. 119
Cohen, Alix 177
Collier, Rem 53
Collingridge, David G. 159
Coors, Michael 52, 60, 63
Coventry, Lynne 56
Covey, Herbert C. 63
Cramer, Wolfgang 99–104, 108, 275
Cramm, Wolf-Jürgen 98, 101, 267
Cursiefen, Stephan 279

Dallmann, Hans-Ulrich 80
Damasio, Antonio 241
Danzer, Gerhard 136, 138
Darwin, Charles 223 f., 233, 353, 339 f.
Dash, Dinesh 54
Davis, Rachel 111
Daxberger, Sabine 78, 83 f., 86, 89
De, Debashis 54
de Lamarck, Jean-Baptist 224
Deaton, Angus 25
DeCasper, Anthony J. 46
Degener, Theresia 234
Deleuze, Gilles 376
Demiris, George 54
Depauli, Claudia 73
Descartes, René 353, 356
Dickel, Sascha 153, 155 f.
Diekmann, Anne 221
Diep, Lucy 323
Dobroć, Paulina 157, 159
Dolata, Ulrich 326
Domino, Karen 280
Dordoni, Paola 57
Döring, Nicola 77
Drew, Liam 156
Dubiel, Helmut 303

Dubljević Veljko 205
Duncan, David 112
Dupuy, Jean-Pierre 160
Durick, Jeannette 59
Dyk, Silke van 56
Dyson, Freeman 341

Earl, Jake 44
Egan, Michael F. 204
Ehrenberg, Alain 251, 253
Ehrenfels, Christian von 226
Elger, Christian 97
Elliott, Carl 334
Endersby, Jim 224
Endres, Hans 228
Endter, Cordula 59
Enoch, Mary-Anne 204
Erny, Nicola 316
Eßmann, Boris 333
Evers, Kathinka 164

Falkenburg, Brigitte 112
Fallon, Sean James 251
Fangerau, Heiner 225
Farisco, Michele 164
Ferrari, Aarianna 164, 166
Fifer, William P. 46
Fischer, Joachim 53, 63
Fischer, Klaus 283
Flanagan, Mary 163
Flynn, James R. 195 f., 203, 208
Forel, August 225
Foth, Hannes 231
Foucault, Michel 222
Franck, Georg 250
Franke, Arnold 316
Freudenstein, Dirk 96, 111
Fuchs, Thomas 96, 99 f., 102–105, 107, 124–126, 130 f., 133, 136–139, 286
Fukuyama, Francis 255

Galert, Thorsten 194, 197–202, 206–208
Gallagher, Shaun 302
Gallistl, Vera 58
Galton, Francis 224 f.
Garden, Hermann 161
Gassner, Ulrich 33

Gazzaniga, Michael 97
Gebhardt, Thomas 195 f.
Gehlen Arnold 63
Gehring, Petra 219, 226, 230 f.
Gharabaghi, Alireza 96, 111
Gheaus, Anca 10, 32, 37, 39 f., 44, 47 f., 216
Giese, Constanze 11, 54, 71–73, 76, 78, 85, 135
Gilleard, Chris 58
Göcke, Benedikt Paul 267
Godfrey-Smith, Peter 359
Goethe, Johann Wolfgang von 338 f.
Golombok, Susan 31
Gordijn, Bert 333
Graefe, Stefanie 246
Gransche, Bruno 161
Greely, Henry 194, 200
Griesinger Georg 27 f., 30–32
Grinbaum, Alexei 160
Großklaus-Seidel, Marion 84
Grotjahn, Alfred 226
Grüneberg, Eberhard 88
Grunwald, Armin 17 f., 62, 117 f., 123, 125, 147, 154, 156 f., 159, 166, 313 f., 316 f., 319–321, 323–327, 333, 341, 356
Guchet, Xavier 371
Guillerme, André 379

Habermas, Jürgen 188, 190, 234
Haddadin, Sami 72, 77, 117, 120
Halbig, Christoph 177
Hamberger, Beatrice 79
Hansmann, Otto 97
Harari, Yuval Noah 335
Harris, John 175–177
Haudricourt, André-Georges 374, 381
Hauskeller, Michael 176, 188, 335
Hedgecoe, Adam 164
Hegel, Georg Wilhelm Friedrich 358
Heidegger, Martin 314, 337, 380
Heinz, Andreas 14 f., 119, 138, 193, 195 f., 199–202, 205–207, 244
Heinze, Martin 19
Hentschel, Willibald 228
Herrgen, Matthias 316
Herrnstein, Richard J. 194–196
Heubel, Friedrich 73, 87

Hielscher, Volker 81, 87, 89
Higgs, Paul 58
Hildt, Elisabeth 97, 316
Hills, Alison 188
Hlavajova, Maria 334
Hobbes, Thomas 221 f., 339
Hoche, Alfred 228
Hochschild, Arlie Russell 246
Hoffmann, Thomas S. 98, 280
Hofstetter, Yvonne 319
Hölldobler, Bert 359
Holm, Søren 52
Holtzheimer, Paul 96
Holzki, Larissa 160
Höppner, Grit 59
Horn, Andreas 120
Howe, Daniel C. 163
Hoyer, Armin 203
Hubig, Christoph 324
Huhn, Alexander 87, 89
Hülsken-Giesler, Manfred 78, 83 f., 86, 89
Hülswitt, Robias 345
Hussain, Shumon T. 371
Huxley, Julian Sorell 270, 339, 354

Ihde, Don 63
Ingold, Timothy 373
Invitto, Sara 54
Irsigler, Ingo 154
Izaks, Gerbrand J. 62

Jadva, Vasanti 31
Jaeggi, Rahel 4
Janich, Peter 110, 266, 278, 328
Janowski, Kathrin 83
Jaspers, Karl 141
Jecker, Nancy S. 52
Jobin, Anna 241
Jonas, Hans 89, 325
Jongsma, Karin 64
Jotterand, Fabrice 314
Juchli, Liliane 75, 88
Julliard, Yannick 324, 327

Kaber, David B. 55
Kaiser, Klaus 79
Kaminski, Jakob A. 195, 205, 207

398 —— Personenregister

Kang, Duck-Hee 64, 196
Kang, Samantha L. 64, 196
Kant, Immanuel 124f., 177, 187f., 256, 324, 329, 340, 387
Kapp, Ernst 370
Karel Čapek 154
Karpin, Isabel 62
Kehl, Christoph 13, 78, 121, 123, 143, 151, 153–157, 164
Keil, Geert 108
Keller, Evelyn Fox 220
Kemmer, Dominik 65
Kenner, Alison Marie 64
Kentenich, Heribert 10, 23, 28, 37
Kersting, Daniel 124
Kim, Jaegwon 279f.
Kipke, Roland 203
Kipper, Jens 297, 300
Kirchen-Peters, Sabine 81, 87, 89
Kissinger, Henry 328f.
Klaes, Christian 281
Klausner, Martina 163
Knell, Sebastian 14
Knight, Tim 341
Knöbel, Wolfgang 195f.
Knowles, Bran 57
Koch, Christoph 55, 250
Köhler, Wolfgang 291
Kollek, Regine 157
Konfuzius 226
Kopanidis, Foula 57
Korsgaard, Christine 184
Kosfeld, Michael 245
Kouzani, Abbas Z. 120
Kramer, Peter D. 254
Krause, Beatrix 194, 209
Kreis, Jeanne 87, 234, 327
Krohwinkel, Monika 75, 88
Kroll, Jürgen 222, 225
Krüger, Hans-Peter 16f., 118, 124, 133, 137, 146, 153, 166, 289, 296, 303, 309, 323, 352
Kruse, Andreas 62, 64
Künemund, Harald 57
Kurzweil, Ray 154, 244, 257, 306, 314, 319, 344–346
Kutschera, Franz von 276

La Mettrie, Julien Offray de 328
Landeweerd, Laurens 161
Langer, Gero 81
Langland-Hassan, Peter 361
Latour, Bruno 377
Lee, Hee Rin 60
Lemmens, Pieter 160
Lenk, Hans 88
Lenzen, Manuela 269
Leroi-Gourhan, André 373–375, 382f.
Lessenich, Stephan 56
Levesque-Lopman, Louise 43
Levinas, Emmanuel 235
Li, Li 248
Liggieri, Kevin 338f.
Lindner, Ralf 158f., 161
Lipkin Jr., Mack 232
Litjens, Geert 298
Lochner, Christine 204
Locke, John 221
Loeve, Sacha 371
Logan, Winifred W. 75
Loh, Janina 154, 270, 307, 309, 334, 336
Lorenz, Maren 220
Lösch, Andreas 160
Löwy, Ilana 231
Loy, Jennifer 62
Lüttenberg, Beate 154
Lyubomirsky, Sonja 255

Maalouf, Noel 54
Maasen, Sabine 246
Madara Marasinghe, Keshini 55
Maher, Brendan 251
Mainzer, Klaus 282, 319
Maio, Giovanni 97, 113
Malafouris, Lambros 376
Malthus, Thomas 226
Mani, Anandi 196
Mannheim, Ittay 59
Manzei, Alexandra 118
Manzeschke, Arne 65, 78, 89, 161, 163
Marmot, Michael 196, 208
Marsiske, Hans-Arthur 83
Marx, Karl 242, 383
Mauss, Marcel 370, 373f., 385f.
Mayberg, Helen 96

McNeill, Andrew 56
Merleau-Ponty, Maurice 214
Mersch, Dieter 374
Metzinger, Thomas 162
Meyer, Sibylle 55
Meyer-Drawe, Käte 338
Mi, Kuanqing 96
Misselhorn, Catrin 84, 121, 123, 125, 128, 135, 143
Mitscherlich-Schönherr, Olivia 1, 10, 96, 117, 152, 166, 209, 235, 240, 244, 266
Mollenkopf, Heidrun 55
Moravec, Hans P. 306, 355–357
More, Max 354
Morein-Zamir, Sharon 251
Moreno, Jonathan D. 160
Morris, Meg E. 55
Morrow, Tom 354
Mul, Jos de 17 f., 118, 124, 351, 354, 360, 362
Müller, Oliver 17 f., 96 f., 118, 156, 268, 324, 333, 335, 338 f., 354
Müller, Sabine 111, 128, 145, 193
Müller, Tobias 16, 97–98, 101, 108, 118, 133, 146, 153, 166, 265, 277, 324, 336, 356
Mullin, Amy 41 f.
Murray, Charles 194–196
Musk, Elon 3, 154, 160, 241, 244, 257
Mykitiuk, Roxanne 62

Nagel, Thomas 99, 183, 274, 359
Narveson, Jan 43
Neven, Louis 58
Newen, Albert 302
Nicholson, Linda 221
Nida-Rümelin, Julian 274
Nietzsche, Friedrich 213 f., 226–228, 235, 318, 338, 340 f., 346, 353, 363
Niewöhner, Jörg 163
Nimrod, Galit 64
Nissenbaum, Helen 163
Noack, Thorsten 225
Nordmann, Alfred 159, 163 f.
Norlock, Kathryn J. 41
Novitzky, Peter 161

Nucci, Ezio di 177
Nuss, Christopher K. 196

O'Donnell, Mark 317
O'Gieblyn, Meghan 335
O'Hare, Gregory M. P. 53
Oppenheim, Meret 259
Orth, Dominik 154
Orwat, Carsten 323
Orzechowski, Marcin 230

Parastarfeizabadi, Mahboubeh 120
Parrochia, Daniel 371
Parviainen, Jaana 59
Pascal, Blaise 387
Paschen, Herbert 157
Passig, Kathrin 250
Pearce, David 354
Peine, Alexander 58
Persson, Ingmar 174
Petermann, Thomas 157
Pickett, Kate E. 197
Pico della Mirandola, Giovanni 337–339
Pirhonen, Jari 58
Platon 218–220, 226, 353
Plessner, Helmuth 18, 63, 124, 134, 136 f., 289–294, 300 f., 303, 307, 309, 311, 351–353, 356–360, 363
Ploetz, Alfred 225 f.
Poel, Ibo van de 162
Pol, Margriet C. 54
Pompe, Ulrike 84
Ponge, Francis 344
Priesemann, Claudia 2
Putnam, Hilary 279
Pyke, Judith 361

Racine, Eric 205
Rajpurkar, Nick 298
Ray, Partha Pratim 54
Raz, Aviad 232
Rehbock, Theda 141
Rehmann-Sutter, Christoph 161, 233, 235
Reid, Mike 57
Reidenberg, Marcus M. 200
Remmers, Hartmut 73, 77, 83–85, 88
Rentsch, Thomas 62 f.

Richards, Norvin 39
Ridley, Matthew 197
Rilke, Rainer Maria 337
Rip, Arie 157
Robbins, Scott 163
Roco, Mihail 314–317
Rooij, Arjan van 161
Roper, Nancy 75
Rosa, Hartmut 246
Rose, Nikolas 240
Rossow, Judith 57
Rotter, Stefan 96
Rousseau, Jean-Jacques 221
Rowley, Peter 232
Rubeis, Giovanni 226
Rüegger, Heinz 65

Sahakian, Barbara 251
Salles, Arleen 164
Sandberg, Anders 343
Sanger, Carol 39
Sartre, Jean-Paul 336f., 342–345, 347f.
Savulescu, Julian 174
Schaber, Peter 188
Schallmeyer, Friedrich W. 225
Schaper Rinkel, Petra 14–16, 119, 121, 138, 239, 245, 257
Scheffler, Samuel 180
Scheler, Max 139, 290f., 309
Schewior-Popp, Susanne 76
Schick, Johannes F. M. 18f., 369, 371, 376, 388
Schicktanz, Silke 52, 232
Schiff, Andrea 80
Schlagenhauf, Florian 205, 207
Schläpfer, Thomas 266
Schlegel, Michael 295
Schmidt, Jan 316
Schmidt, Laura 52
Schmitt-Sausen, Nora 83
Schnell, Martin W. 73, 76
Schochow, Maximilian 230
Schofield, Paul 187f.
Scholz, Trebor 388
Schomberg, René von 158
Schöne-Seifert, Bettina 314, 316

Schües, Christina 14f., 174, 180, 214, 220, 222, 230, 233, 339, 347
Schulz, Richard 55
Schulz-Nieswandt, Frank 66
Schutter, Dennis J. L. G. 194
Schüttpelz, Erhard 374, 386
Schwab, Gustav 51
Schweda, Mark 11, 51f., 60, 64, 77, 81
Searle, John 274
Seel, Martin 182
Seitz, Assina 14f., 119, 193, 244
Sharkey, Amanda 58, 87
Sharkey, Noel 58, 87
Shoeman, Ferdinand 46f.
Siep, Ludwig 317
Sigaut, François 370f., 373–377
Simondon, Gilbert 370f., 373, 376, 378–387
Singer, Wolf 296
Sitter, Tobias 12, 95, 124f., 133, 139, 152, 266
Sitzmann, Franz 76
Slaby, Jan 203
Sloterdijk, Peter 229, 337
Smolka, Michael N. 204
Snyder, Michael 298
Söderström-Anttila, Viveca 29–31
Sorgner, Stefan Lorenz 266f., 270–272, 340f., 353
Sowinski, Christine 81, 87, 89
Spaemann, Robert 230, 234
Speck, Lucas G. 205
Spengler, Oswald 228
Spieker, Michael 72
Stahl, Bernd 160
Stapleton, Mog 84
Stavropoulos Thanos G. 54
Steger, Florian 230
Steinbach, Xenia 246
Stekeler-Weithofer, Pirmin 101
Stone, Arthur A 25
Stoyles, Byron J. 41
Swift, Adam 46f.
Sydow, Björn 14, 173

Tanda, Gianluigi 200
Tandon, Anushree 248

Tanner, Jakob   226
Tatagiba, Marcos   96, 111
Taylor, Charles   76, 208
Tegmark, Max   299, 301 f., 306–309
Thompson, Hilaire   54
Tierney, Alison J.   75
Tirosh-Samuelson, Hava   271
Tomasello, Michael   303, 362
Trappe, Tobias   60
Treffurth, Tanja   89
Trotzki, Leo   337
Tschudin, Sibil   27 f., 30–32
Tuncel, Yunus   340
Turing, Alan   282
Turja, Tuuli   59
Twenge, Jean M.   196

Ullrich, Lothar   76
Urban, Monika   59

Vance, Ashlee   348
Verbeek, Peter-Paul   360
Vines, John   57
Volkow, Nora D.   200 f.
Vos, Theo   253

Wahl, Hans-Werner   52, 59
Wanka, Anna   58
Wartala, Ramon   297
Weber, Marcel   14, 314
Weingart, Peter   222, 225 f.

Weingartner, Paul   284
Wells, Herbert George   339
Wendemuth, Andreas   322
Werle, Raymund   326
Westberg, Kate   57
Westendorp, Rudi G. J.   62
Whitbeck, Caroline   45
Wiegerling, Klaus   165, 327
Wieland, Wolfgang   125
Wigan, Marcus   62
Wilkinson, Richard G.   197
Wilson, Edward O.   359
Winickoff, David   161
Wischnewski, Miles   194
Wittchen, Hans-Ulrich   197
Wittgenstein, Ludwig   361
Wolbring, Gregor   323
Wollheim, Richard   184
Wollstonecraft Shelley, Mary   338
Wurm, Susanne   57
Wynsberghe, Aimée van   78 f., 84 f., 163

Yao, Jun   296
Young, Simon   270
Yuste, Rafael   241

Zhu, Bin   249
Ziegler, Sven   89
Žižek, Slavoj   244
Zuboff, Shoshana   258, 388
Zwart, Hub   161

Sachregister

Abstraktion   17, 52, 64, 79, 99, 113, 118, 155, 163, 166, 230, 242f., 282–284, 300, 302, 308
Affe   2, 228, 291f., 294, 300, 318, 340, 359, 373, 375
Affektivität   96, 109, 111
Algorithmus   12f., 16f., 117, 120–129, 131–133, 135, 140–143, 152, 251f., 257, 281f., 284, 295, 297f., 303–305, 310, 315, 318–328, 323f., 362, 371
Alter   8f., 11, 31, 51–53, 55–66, 76, 79, 81, 86f., 195, 304, 317, 337, 352, 386
Analoge   248, 326, 369, 377, 385f.
Anthropologie   6–8, 11–13., 15, 17–19, 51–53, 60–66, 73, 77, 86, 88, 95–99, 109, 113, 117, 121–124, 126, 130f., 134, 137, 139, 144, 146, 151, 156, 194, 216, 222, 232, 266, 289, 307, 309, 315, 323f., 328f., 333–338, 340f., 346, 348, 351–353, 357, 362f., 371, 388
Anthropotechnologie   15, 213–215, 229, 232–235, 337, 339
Antike   51f., 61, 213, 220, 338
Antizipation   44f., 117, 123f., 147, 158–161, 166, 246, 257, 291
App   2, 11, 13, 15, 239f., 246, 248f., 253, 257f., 328
Arbeit   5, 15, 43f., 52, 85, 87, 163, 174, 177, 181, 183, 185, 193, 198, 203, 242f., 246, 248–251, 265f., 269, 295f., 314, 319, 326, 329, 339, 346, 376, 383–384, 386
– Arbeitsmarkt   57, 319
– Arbeitsteilung   87, 308, 375
Arbeiter   243, 381f., 384
Artefakt   59, 77, 84, 118, 121, 151f., 162, 252, 320, 342–344
Arzt   10, 12, 31f., 34, 74, 120, 122–124, 126–128, 130, 132–134, 138–145, 225f., 316, 319f., 328, 361
Assistenz   2, 8, 11, 51, 53, 56, 58f., 61–65, 72–75, 77f., 87, 135, 143, 298
Aufmerksamkeit   186, 208, 239f., 247–252, 333, 370f., 373, 375f.

– ADHS   248
Autonomie   17, 30f., 41, 56, 65, 89f., 105, 122, 129, 152, 156, 220–222, 269, 284, 302, 308, 313, 320, 359

Befruchtung   10, 25f., 30, 39
Befürchtung   56, 198, 207, 319, 325
Begegnung   87, 126, 133, 141f., 387
Behinderung   43, 229–231, 233, 253
Bewusstsein   12, 16f., 95–104, 107–109, 112f., 133, 137, 146, 156, 182, 214, 240, 254, 265, 267, 269, 271–276, 279–285, 307f., 345, 360f.
Beziehung   6, 9–11, 13, 15, 23, 31, 40–42, 44–47, 64f., 73, 75, 77, 79, 81, 83–87, 102f., 117, 122–127, 129, 131–137, 139f., 142–144, 213, 215–217, 221, 233–235, 240, 257, 290, 293, 301, 358, 369, 373, 378f., 382–384, 387
Bioethik   118, 124, 154, 164, 173f.
– Maschinenethik   123, 125
– Medizinethik   6, 10, 122, 127–129., 139, 141, 333
Biographie   89, 139, 230, 232–235
Biologie   2, 5, 7f., 13, 15f., 45, 63, 118, 130f., 138, 145, 201, 208, 213–215, 217–219, 226, 229–235, 257, 268f., 300, 306–308, 343, 359
– Neurobiologie   138, 145f., 197, 201, 204f., 207, 296
Biotechnologie   1, 5–11, 13–16, 18, 96, 161, 174f., 177f., 182f., 185f., 190, 239–241, 271, 306, 333f., 336–338, 340, 342f., 345, 352, 354f.

Care   40f., 45, 78f., 83f.
Christentum   88, 90, 213, 226, 327, 335
Computer   1, 54, 97, 112, 118, 120, 160, 163, 241, 244, 251, 267–269, 272, 281–285, 294–296, 300–302, 306, 316, 320, 323, 325, 328, 355358, 362, 372, 378
Conditio humana   118, 333, 338, 345–348
Cyborg   118, 154, 241, 257, 355

Darwinismus 353
Dasein 96 f., 184, 217, 226, 342, 356, 363
Daten 16, 27, 30–32, 34, 54, 77, 120–122, 126 f., 133, 141, 146, 152, 155 f., 245, 248–250, 253 f., 258, 267, 271 f., 281–283, 285, 295–300, 304, 316–320, 322, 328
Demographie 51, 57 f., 61–63, 66, 77, 219, 222
Demokratie 15 f., 158, 160, 163, 165, 198, 208, 226, 239, 241, 248, 251, 253, 256–258, 310
Depression 96, 111, 119, 125, 197, 251, 253 f., 266
Design 18, 59, 64, 81, 84, 161–163, 280, 316, 333, 347 f.
Determination 98, 101, 108, 117, 134, 145, 147, 157, 165, 277, 317, 325
Diagnose 2, 122–127, 129–135, 139 f., 142–144, 146, 202, 254, 298
Diagnostik 10, 13, 24–26, 117, 120, 122, 124, 127, 130–133, 135 f., 138, 140 f., 143 f., 146, 233, 253, 298
– Gendiagnostik 218, 232
– Präimplantationsdiagnostik 232
– Pränataldiagnostik 9, 214, 230–232, 234 f.
Digitalisierung 3, 58, 154, 158, 250, 295, 313–315, 318, 321, 324–328
Digitaltechnologie 3, 15, 19, 315, 323, 329
Diskriminierung 81, 196, 247, 323, 388
Diskursiv 58, 160, 162 f., 248
Dopamin 193, 199 f., 202–205, 207
Doping 208, 239 f., 250 f.
Dressur 213, 227 f., 235
Drogen 42, 199–202, 204 f., 243 f., 255, 360
Dualismus 6, 18, 104 f., 136 f., 193, 197, 201 f., 286, 309, 353, 369, 373, 382
Dystopie 154 f., 242, 289 f., 305, 308, 311

Eigendynamik 3, 5, 7, 325
Einkommen 194–196, 251, 255
Eizelle 24–27, 29–31, 33, 39
Eltern 10, 23, 26–31, 33 f., 37–39, 41–48, 180, 194 f., 219 f., 229–234, 251
Embryo 2, 27, 29 f., 33, 214, 231–235

Emotion 7 f., 40–42, 45, 54, 77, 82 f., 89, 97, 106, 108 f., 111, 137, 139, 145, 239–241, 246, 256, 258, 316, 320–322
Empathie 83, 90, 205, 324
Empfindung 78, 99, 103, 108, 152, 228, 239 f., 256, 273, 280, 291
Empirisch 2, 4, 59, 99, 112 f., 146, 193 f., 199, 209, 222, 255, 278, 291 f., 294, 297, 354, 359
Endlichkeit 62, 299, 305, 323, 334, 345
Energie 157, 291, 295 f., 377 f.
Enhancement 6 f., 13 f., 16, 45, 62, 118, 121, 154 f., 160, 164 f., 173, 175–178, 182, 189, 193, 239 f., 243–245, 247, 252, 255, 258 f., 271, 314–317, 333, 352, 355
– Neuroenhancement 14 f., 119, 193–195, 197–200, 202, 206–208, 239–241, 243–245, 250, 254, 257, 316
Entfremdung 3, 8, 256 f., 259, 337, 382–384
– Selbstentfremdung 198, 202
– Weltentfremdung 239–241, 245, 257, 259
Entgrenzung 3, 13, 151–153, 156–159, 162
Epiphänomen 7, 110, 125, 133, 137, 356
Epistemisch 101, 158, 310, 320, 379
Erbgut 7, 196, 218, 223–225, 228 f.
Erfahrung 7, 43, 45, 62, 65, 75 f., 102 f., 108, 112, 137 f., 202, 205, 215, 227, 247, 253, 255, 258, 275, 292–294, 297, 304, 319, 322, 336, 346, 360 f., 363, 375
Erleben 7 f., 45, 66, 84, 96, 100, 102–104, 106 f., 109, 111 f., 119, 130, 133 f., 137 f., 145, 184 f., 198, 269 f., 274 f. 282–285, 336, 340, 357
– Phänomenales Erleben 99, 280–282, 284 f.
Erlösung 17 f., 155, 313 f., 324–327, 335
Erziehung 38, 42–44, 46–48, 213, 219, 226–228, 235
Eschatologie 17, 313–315, 317, 320 f., 324–327
Ethik 2 f., 6, 8, 10 f., 13 f., 19, 23, 27 f., 31 f., 34, 52, 58 f., 66, 73–75, 77–79, 81., 84, 86, 97, 117, 121–125, 128 f., 135, 143 f., 146, 151, 153, 157, 160–166, 190, 203, 208 f., 213, 215 f., 232, 239, 241,

257, 313, 317, 319, 323f., 328, 335, 355, 369
– Bioethik   9, 118, 124, 154, 164, 173f.
Eugenik   214f., 218, 223–226, 228, 231, 233, 310, 335, 339f.
Evolution   9, 16, 18, 193, 203–205, 208, 224, 271, 301f., 308f., 314, 320, 326, 333, 336, 339–341, 343, 355, 358–360, 362, 371, 374f., 380
Existenz   5, 9, 11f., 14, 18, 60, 63, 66, 75f., 86, 136, 202, 215–217, 221, 229, 233, 242, 314, 334, 340–347, 379
Existenzphilosophie   18, 60
Experiment   89, 155, 166, 220, 241, 258, 278, 338, 357, 359, 362
Exteriorisierung   374
Exzentrische Positionalität   63, 136f., 289, 292, 300, 351, 353, 357–360, 362f.

Fortpflanzung   15, 29, 213, 215, 218–220, 223, 225f.
Fötus   31, 37, 40, 45, 48, 229–234
Freiheit   15, 29, 72, 89, 101, 108, 112, 173, 175f., 178–180, 190, 198, 202, 206, 208, 214, 217, 227, 239, 241f., 255, 258, 273, 300f., 323, 329, 337, 345, 375
Funktionalismus   65, 109, 276, 279f., 283, 285
Fürsorge   79, 216, 226, 232
Futurismus   151, 154f., 159, 164–166, 306, 314, 320

Geburt   10, 13, 19, 23, 25f., 29f., 33, 34, 42, 45–47, 137, 216f., 219f., 222, 231, 234, 380
– Fehlgeburt   26, 29f., 41f.
– Gebürtlichkeit   15, 215f.
Gefühl   7, 14, 25, 42, 84, 103, 108, 125, 139, 173–178, 180–187, 190, 228, 240f., 246, 254, 257, 275, 355, 362
Gehirn   1f., 7, 12, 17, 54, 95–97, 106f., 109–113, 117–123, 125–135, 137–142, 144–146, 151f., 154f., 161, 193, 197, 199–201, 203f., 208f., 224, 239–241, 244–246, 251f., 254f., 257, 259, 266, 269, 279, 281, 284, 290, 296, 301, 303,

308, 315–317, 328, 334, 339, 355f., 358–361, 375
Geist   6, 18f., 53, 61, 95f., 109, 111, 113, 133, 137, 187, 194, 199, 225, 228, 243–245, 266, 269, 271f., 279, 281–283, 285f., 289–296, 300f., 303–305, 307f., 310f., 314, 339, 342, 356, 369f., 373, 376, 381, 385
Gelingen   1, 8, 10, 12, 19, 113, 246, 255, 317, 339, 355, 375
Gemeinschaft   61, 65, 137, 188, 213, 217–219, 227, 246, 328
Gene   15, 27, 31, 37, 39, 45, 47f., 188, 195f., 203–205, 213, 215, 229–233, 316, 341, 355, 358, 379
Genetik   15, 196, 213, 218, 229f., 232f., 353, 360
Gentechnologie   15, 157, 214
Gerechtigkeit   17, 44, 47, 123, 128f., 166, 193, 302, 313, 324
Gerontologie   4, 55, 57, 60, 63
Gerotechnologie   5, 8f., 11, 51–53, 56–58, 60–66, 77, 81
Geschäftsmodell   248–250, 326
Gesellschaft   2, 4f., 11, 15, 19, 51, 53, 55–58, 64, 84, 108, 147, 151, 154–166, 194–198, 202, 204, 206–208, 213, 215–218, 220, 222, 224f., 232–235, 240, 242, 246, 251, 255f., 267, 269, 315, 319, 326f., 375, 388
Gesetz   14, 18, 23–25, 28, 32f., 38f., 74f., 125, 139, 193, 218, 224, 256, 268, 272, 276, 278, 297, 308, 310, 320, 329, 351, 354, 357, 362f.
Geste   19, 369–379, 381–388
Gesundheit   2, 9, 11, 13, 29, 41f., 53, 55, 57, 59, 62, 76–78, 83, 88, 155–157, 195f., 208, 223, 255, 267, 314, 317, 321
Gesundheitssystem   26
Glück   13, 25, 45, 198, 215, 239f., 246, 252–257, 342, 352f., 355
Gott   176, 202, 242, 306, 320f., 325–327, 337f., 342f.
Governance   13, 117, 123, 147, 151, 153, 159, 162–166, 245
Grenze   1, 3, 5–9, 13, 16f., 19, 62, 72, 75, 97, 99, 118, 129, 143, 146, 151, 159, 166,

174, 180, 198, 208, 239f., 242, 247, 251, 259, 265, 267, 270, 285f., 291–293, 296, 301, 305f., 324
Grenzsituation 18, 64, 141–145, 333, 345, 347f.

Handlung 4, 33, 71, 73, 75, 77, 79f., 82, 103f., 106, 108, 112, 120, 142, 156f., 165, 173, 176, 178–187, 189f., 239f., 259, 268, 273, 278, 299f., 309, 336, 362, 370, 374, 376–379, 382
Heimatlosigkeit 351, 353, 357, 363
Herrschaft 17, 221, 227, 252, 289f., 309
Hirnstimulation 12f., 96, 110–112, 117–136, 138–147, 155f., 194, 209, 240, 266, 272, 360
Hoffnung 18, 45, 147, 198, 208, 232, 269, 281, 313, 335, 339, 353, 355, 363
Homo faber 60, 307, 325, 339, 371
Homo sapiens 300, 308, 341, 362
Hormon 26, 106, 245
Humanismus 270, 309, 334, 342, 347f., 354

Ideal 4, 16, 178, 218f., 224–227, 246, 253, 293, 306f., 321, 326f., 383
Identitätstheorie 109, 276f., 279
Ideologie 17, 64, 228, 289, 310, 315
Implantat 1, 12, 16, 96f., 110, 112, 117, 119f., 129, 132, 140, 152, 155, 239, 244, 316, 352, 355f.
Individualismus 64, 221, 246, 258
Informatik 55, 294, 299, 306f., 334
Informationstechnologie 163, 317, 327, 333f., 343, 346, 353, 355
Innovation 6, 58, 71, 88, 158–162, 165, 243, 249, 251f., 259, 343, 345
Intelligenz 3, 17, 52, 54, 77, 152f., 195f., 203, 208, 205, 224, 257, 270, 291f., 294, 296, 300–305, 327, 355f., 359, 362, 374, 386
Intention 112, 125, 294, 358, 362
Intentionalität 101, 133, 139, 300f., 303, 320, 329, 362
Interpersonal 124, 126, 137, 139f., 144, 188, 310
Intersubjektivität 14f., 103, 133

Investition 3, 44f., 162, 209, 241, 283, 310
Irreduzibilität 95, 99f., 102, 104, 108f., 113

Kausalität 17, 95, 98, 100f., 105–113, 131, 138, 140, 267f., 272f., 276–281, 283–285, 300, 309, 373, 378, 384
Kind 4, 10f., 14, 23–34, 37–48, 51f., 58, 63, 193, 207f., 216, 219f., 230–233, 248, 251, 293, 303, 361, 386f.
Kinderwunsch 9f., 23–27, 34
Klimawandel 158, 325
Kognition 1–3, 14f., 54, 64, 83, 96f., 106, 109–111, 118, 152f., 175, 193–197, 205–207, 239–241, 243f., 246f., 251, 256, 258, 265f., 269, 281–283, 285, 302, 306, 316, 372
Kollektiv 57, 158, 165, 217, 219f., 291, 308, 336, 362
Kommunikation 55, 65, 75, 82f., 85, 90, 144, 197, 199, 248, 269, 301, 303f., 319, 362, 379
Konsum 174, 198, 200, 248–251
Konzentration 134, 203, 205, 244, 251, 360
Körper 5, 7f., 10, 12, 19, 29, 32, 34, 40–42, 45, 51–56, 59, 61–63, 65, 72, 80, 84f., 88, 102–108, 110, 113, 118, 132, 136–138, 145, 152, 154–156, 181, 196, 198, 200f., 207, 220, 225, 227, 229–233, 235, 239, 246, 266, 272, 275, 280f., 285, 290–293, 295, 302–303, 306f., 314, 316f., 352, 356–359, 369–374, 376–381, 385f.
Korrelation 12, 104, 112, 119, 122, 127, 131f., 142, 145, 195–196, 201, 204f., 241, 245, 282, 296, 303
Kortex 106, 112, 203f., 361
Krankheit 9, 12, 24f., 28, 43, 61, 96f., 110, 113, 119, 121–123, 125–136, 138f., 141f., 144–146, 155, 193, 197, 206f., 225f., 228f., 232f., 240, 249, 251, 253f., 266, 345, 352, 356
Kreatürlichkeit 202, 208
Kultur 1, 3, 6–8, 15, 17–19, 51, 53, 57f., 61, 63, 104, 111, 125, 131, 133f., 137, 139, 145f., 203, 215, 217, 224, 232f., 253, 259, 268, 273, 293f., 296, 300f., 303f.,

313, 324, 334, 336–339, 352, 358, 363, 370, 380, 382, 384–388
Künstliche Intelligenz   1–3, 5, 11, 16f., 56, 71f., 81, 117, 120f., 125, 135, 146, 151–156, 160–162, 239–241, 245, 250f., 254, 257f., 269, 281–285, 289f., 294–296, 298–306, 308, 310f., 313, 315–320, 322–324, 327f.
– Superintelligenz   17, 154, 241, 289f., 299, 301f., 305–310, 319
Künstlichkeit   1f., 6–8, 10, 17–19, 24f., 30, 39, 72, 77, 118–120, 134, 152, 154, 174, 183, 214, 221, 235, 278, 281f., 284f., 289f., 293f., 297–299, 301, 303, 319, 338f., 351–353, 356–358, 362f., 370f.
Kybernetik   118, 266, 268, 272, 294

Labor   47, 163, 232–234, 278, 339, 357
Leben   1f., 4–9, 11–14, 16, 18f., 25f., 40–42, 51–58, 61, 64f., 71f., 79f., 88, 95, 105, 107–111, 117–121, 124, 126, 130–140, 144–146, 175, 178–183, 190, 193, 196, 198f., 202f., 206, 208, 216, 223, 225, 227f., 230–234, 240, 242f., 246, 248, 250, 252–256, 266f., 271, 289–294, 299, 301–303, 305–308, 314, 316f., 320, 323f., 335, 337, 339, 344–346, 352f., 355f., 358, 360, 371
Lebendigkeit   102, 104f., 118, 138, 203, 218f., 285f., 289, 291–293, 305, 311, 357f., 360, 380
Lebensanfang   5, 9f., 213, 215, 234
– Lebensform   5–8, 14, 16–18, 26, 124, 136, 289–291, 300–302, 305f., 309f., 334, 340, 343, 345f., 351–360, 362f.
– Lebensqualität   25, 83, 85, 89, 156
Lebewesen   17, 99, 102–107, 111, 152, 223, 273–275, 279, 283, 285f., 292, 303, 356, 358, 373, 380
Leib   3, 5, 7f., 10–12, 18f., 40–43, 45f., 48, 63, 72f., 75–77, 81, 84, 87–89, 99, 102–104, 107f., 111, 113, 119–121, 130–134, 136–140, 145, 217, 228, 272, 290–293, 296, 300, 303–305, 307, 357
Leihmutterschaft   9f., 23f., 26–34, 37–40, 44, 46–48, 216

Leistungsfähigkeit   13, 15f., 59, 61f., 193–195, 197, 203, 205–207, 209, 239f., 243–247, 255f., 306, 316, 329
Leitbild   4, 56, 126, 132, 158, 232

Maschine   1–3, 17, 56, 83, 118, 120f., 123–125, 135, 151–156, 160, 165, 244f., 248f., 251, 257, 269, 282–284, 295, 302, 314, 317, 319, 323, 326, 328f., 356, 362, 369–372, 375, 377f., 381f., 387
Maschinenlernen   152, 249, 254, 258, 284
Materie   97f., 118, 235, 267, 272, 276, 290f., 295, 307, 356, 369f., 373, 376
Mathematik   282, 299f., 305–307, 310, 328
Medien   57f., 155, 248, 251, 254, 256f., 291, 293, 313, 319f., 324, 362, 374
Medizin   2f., 6, 8, 12, 23f., 27–30, 32–34, 37, 76, 96, 110, 113, 117, 122–133, 135f., 138–142, 144–146, 154f., 161, 177, 194, 203, 215, 218, 229, 232, 234f., 244f., 258, 266, 298, 317, 319, 327, 333, 338, 352
– Biomedizin   180, 217, 214, 231f., 235
Medizinethik   6, 10, 122, 127–129, 139, 141, 333
– Neuroethik   241
Medizintechnologie   9f., 45, 89, 97, 110, 113, 230, 232, 244, 342
Mensch   1–3, 5–19, 24–26, 32, 38, 44f., 47, 51–66, 72–77, 79, 81–85, 87–90, 95–98, 102f., 109f., 112f., 118–121, 123, 125, 128, 130, 134–138, 144–146, 151–158, 160–162, 164–166, 174f., 180, 184, 189f., 195, 202, 204, 208, 213–229, 231f., 234f., 240–245, 247–249, 252–258, 265–273, 275f., 278–286, 289–291, 293, 295, 297, 299–302, 304–306, 308–310, 313–329, 333–348, 351–360, 362f., 369–385, 387f.
Menschenbild   6–8, 12, 81, 86, 88, 90, 97, 113, 117, 123, 134, 136, 138, 140, 146, 164, 273, 315, 321, 323, 327f., 353
Menschheit   226, 241f., 255, 265f., 270, 301, 307, 309, 315, 318, 320, 325, 358
Menschlichkeit   329
Mensch-Technik-Interaktion   51–53, 55, 57, 60–63, 66, 77

Mental 19, 57, 80, 96–99, 101, 105–107, 112, 240, 245, 249, 256f., 269, 274, 276–280, 359, 361, 369, 372f., 378f., 382, 385f.
Metaphysik 109, 188, 265, 267f., 271–273, 276, 279, 281, 286, 339, 342, 356, 361f.
Methode 27, 96, 193f., 208, 220, 355, 358, 380
Methylphenidat 239f., 244, 248–252
Militär 1, 5, 17, 157, 160, 245, 310, 313, 326
Mind 306f., 316, 355, 357, 359
Mind-Upload 16, 265, 271f., 281–283, 285, 336, 356
Mitgefühl 199, 205
Mitmenschlichkeit 15, 65, 187, 214–218, 226f., 235
Mitwelt 7, 104, 137, 290, 293–295, 300, 303–305, 307, 310
Modafinil 198–200, 205, 207, 244
Monitoring 52, 54f., 62, 77, 245
Moral 10, 13–15, 31, 37–41, 43f., 46–48, 52, 125, 151, 153, 164f., 173–183, 185–190, 213–216, 226–229, 233, 235, 308, 334, 338, 348, 354, 371
Motivational 8, 174, 176, 184, 193
Musik 179, 340, 343f.

Nanotechnologie 156, 310, 316f., 353, 355
Natalität 215–217, 346
Natur 3, 6–8, 18, 64, 66, 95, 99–105, 107, 109f., 134, 145, 203, 214, 217, 220–224, 233, 242, 256, 265f., 268–271, 273, 275, 278, 285, 289, 308, 324, 334–336, 339, 341, 343–346, 351, 354, 358, 370, 374, 380, 385
Naturalismus 7f., 12, 95, 97f., 100f., 106, 108–110, 112f., 117, 130–134, 137, 139, 141, 143, 146f., 231, 240, 267f., 271–273, 276–279, 281, 285f.
Natürlichkeit 1f., 6–8, 14, 18f., 40, 52, 62, 134, 154, 183, 190, 197, 199f., 202, 204–206, 220f., 223f., 226, 234, 289–291, 294, 296, 300, 316f., 351–353, 357, 362f., 369–371, 380f., 385
Naturwissenschaft 97f., 106, 112f., 125f., 136, 267f.
Neoliberalismus 15, 202, 206, 246

Netzwerk 17, 80, 118, 230, 285, 289f., 295, 297–299, 355, 357, 362, 377, 380, 382, 386
Neurobiologie 138, 145f., 197, 201, 204f., 207, 296
Neuroenhancement 14f., 119, 193–195, 197–202, 206–208, 239–241, 243–245, 250f., 254, 257
Neuroethik 241
Neurologie 12, 119, 121–123, 125–127, 130–138, 140–146
Neuron 1f., 12, 17, 95–97, 100f., 106–110, 113, 118, 125, 152, 156, 160, 193, 272, 285, 289f., 294, 296–299, 303–305, 352, 359
Neurotechnologie 9, 12f., 95–99, 101, 105, 107–110, 112f., 117f., 120f., 123, 130, 143, 146f., 151–155, 160f., 194, 244, 334, 345
Neurowissenschaft 1, 3, 95–97, 101, 109, 113, 127, 174, 194, 203, 205, 353, 355
Normalisierung 8, 12, 124, 126, 132–134, 141–144
Normativ 3f., 8, 11, 37f., 40, 46, 48, 52, 57, 78, 87, 158, 162f., 166, 181, 183f., 188, 233, 268, 275, 278, 284f., 335, 384f.

Objektivität 125, 206, 305, 319–321, 325f., 363
Ökonomie 245–247, 249–252, 256, 258
Online 198, 202, 240, 247–250, 254
Ontologie 97f., 216, 272, 279, 286, 307, 356, 378, 380
Operationalität 304, 378, 383–385, 388
Operationskette 371, 373f., 379
Organismus 12, 95, 98f., 101–110, 113, 118–121, 130, 137–139, 157, 193, 199, 274f., 285f., 293, 296, 302f., 355, 359, 362
Oxytocin 40f., 205, 245f.

Pädagogik 219, 369, 373, 385, 387
Partizipation 59, 89, 158, 163, 165, 384
Pathos 18, 307, 333, 336, 344, 347f.
Patient 12, 26, 34, 76f., 82f., 96, 111f., 120, 122f., 126f., 129, 131–135, 139,

141, 143–146, 156, 205, 254, 266, 280, 303, 362
Personal   5, 7, 11–13, 17, 96 f., 117, 120–127, 129–146, 156, 188, 289–291, 293 f., 299–302, 304–306, 310
– Personale Medizin   136, 138–140, 144
Personenrolle   292 f.
Pflege   3, 6, 8 f., 11, 13, 51–55, 57–59, 65, 71–90, 128, 135 f., 226
Pflegeethik   6, 11, 71, 78
Pflegende   11, 65, 72, 74–77, 82–90
Pflegeroboter   11, 53 f., 57, 59, 71–74, 78, 88, 90, 135, 164
Pflegetechnologie   65, 89, 163
Pflicht   4, 8, 14, 16, 125 f., 128, 130, 132, 136, 144, 146, 158, 173, 175, 177–182, 186–190, 222, 233, 235, 318, 321 f., 340
Phänomenologie   7, 10, 40 f., 45, 99, 102, 322
Pharmaka   2, 13–15, 26, 77, 83, 87, 106, 174, 193 f., 197–201, 204–209, 234, 243, 248, 251, 254, 257, 333
Pharmakologie   109, 173 f., 190, 194, 197, 200, 207, 239–241, 243, 245, 248, 250, 252–255, 257, 259, 272, 352, 355
Philosophische Anthropologie   6, 11 f., 15, 17–19, 51, 53, 60, 72, 124, 194, 289, 309, 341, 351 f., 353
Physik   2, 306
Physikalismus   40 f., 276 f., 279, 306
Physiologie   54, 62, 96 f., 105 f., 109 f., 113, 119, 134, 138, 199, 204 f., 226, 272, 276 f., 279, 286, 303, 316
Physisch   29, 40, 54, 63, 81, 83, 85, 95, 97 f., 100 f., 104–107, 109, 111–113, 136, 138, 193, 219, 227 f., 265–267, 273, 276–279, 283, 285 f., 290 f., 302 f., 306, 353
Plastizität   120, 137, 159, 282–284, 299, 376
Pluralität   8, 136, 158, 165, 217, 228, 247, 274, 346, 376
Polis   219
Politik   1–6, 8–10, 13, 15–17, 24, 52, 57 f., 64–66, 84, 146, 151, 156 f., 161, 164 f., 195, 202, 215–222, 225 f., 228, 230 f., 239, 241–243, 245–247, 249, 251, 255–259, 295, 307, 309 f., 319–322, 326, 342, 345, 354, 363, 388
Politisches Handeln   5, 157, 243, 347
Polyexzentrisch   351, 359 f., 362
Posthumanismus   6 f., 9, 16–18, 154, 270, 289 f., 305 f., 309 f., 313, 334, 340, 346 f., 351–354, 356, 360, 362 f.
Pragmatismus   6
Praktiken   1 f., 4–8, 11, 15–17, 74, 95, 98, 104, 111, 139, 144, 157, 183, 218, 234, 358, 372, 385 f.
Pränataldiagnostik   9, 174, 213 f., 218, 229–232, 234 f.
Programmierung   122–132, 135, 140 f., 144 f., 282 f., 285, 297, 321 f.
Prothese   12 f., 54, 59, 63, 112, 117–122, 126–128, 130–132, 134–136, 140 f., 143 f., 151 f., 155 f., 266, 272, 303, 356
Psyche   24 f., 29, 31, 40, 57, 81, 83, 85, 95–98, 104–106, 109–111, 113, 119, 131, 133, 137, 142, 155, 193 f., 196–199, 201 f., 205–208, 227, 254, 265–267, 272 f., 286, 290 f., 303, 356 f.
Psychiatrie   12, 14, 119, 122 f., 125–127, 130–133, 135–138, 140 f., 143–146, 155
Psychologie   4, 12, 23, 27, 30 f., 34, 37, 44 f., 55, 77, 121–123, 126 f., 130–135, 138, 144 f., 227, 248, 355, 358
Psychosozial   4, 7, 12, 23, 25, 27, 30, 32–34, 119–121, 130–132, 134, 137–140, 145

Rasse   223, 225 f., 228–230
Rassenhygiene   218, 225 f., 228
Rassentheorie   218, 223, 225
Rationalismus   7, 130, 137, 221
Rationalität   95, 98, 101 f., 241, 278 f., 314, 329
Realismus   100, 373
Recht   10, 27–29, 33, 37–41, 43–44, 46–48, 58, 65, 72, 74, 89, 156, 161, 181 f., 187–190, 198, 202, 206–208, 215 f., 221, 228, 255, 269, 319 f., 324, 329
Reduktionismus   4, 7 f., 86, 97, 130–133, 138, 140, 146, 244, 267 f., 272, 285

Regelkreis 12, 117, 119 f., 122, 124, 127, 129 f., 132–134, 140–142, 144
– Closed loop 12 f., 117–124, 130 f., 141, 143 f., 147
Religion 17, 202 f., 205, 208, 306, 313, 321, 324, 326 f., 334 f., 337, 342, 353 f., 363
Reproduktion 10, 180, 218, 221 f., 231 f., 259, 265, 272, 308
Reproduktionsmedizin 9 f., 23–26, 30, 32 f., 214 f., 218, 229 f., 234
Roboter 16 f., 52–55., 57–59, 64, 71–74, 77–90, 112, 151–155, 271, 295, 298, 300–302, 306, 309–311, 313, 315, 319–323, 326, 353, 355 f., 360–362

Schmerz 41 f., 100, 102, 227, 279 f., 318, 340 f., 361 f.
Schnittstelle 1–3, 43, 54, 102, 152, 155, 160, 244 f., 257, 317, 355, 358
Schöpfer 338, 342, 362 f.
Schuld 187, 214, 342
Schwangerschaft 10, 23, 27–31, 34, 37–46, 48, 180, 215, 229 f., 232, 234
Science-Fiction 154, 303, 307, 357
Seele 136 f., 219, 272, 357
Selbstbestimmung 8, 14, 16, 55, 96, 173, 175 f., 179–183, 185–187, 189 f., 239 f., 243, 251 f., 254 f., 258, 274, 278, 284
Selbstbewusstsein 291, 319, 338, 358 f.
Selbsterschaffung 18, 333, 336–339, 341, 348, 354
Selbstersetzung 333, 347
Selbstevolvierungsmandat 18, 333, 336 f., 339, 341, 348
Selbstoptimierung 197, 202, 204, 239, 241, 244–248, 257, 259
Selbststeuerung 56, 239–241, 248, 252, 257 f.
Selbstüberschreitung 333, 337, 348
Selbstverständnis 57, 66, 98, 157, 240, 258, 269, 272, 300, 323, 338, 388
Selektion 63, 193, 203, 208, 223–225, 228, 230 f., 235
Semantik 101, 230, 282–285, 289, 297–299, 304 f.
Singleton 309 f.
Smart device 369, 371 f., 382, 388

Smartphone 19, 160, 239, 248 f., 295, 369, 372, 386
Souveränität 214, 221, 227 f., 235
Sozial 2, 4, 15, 25, 28 f., 37, 39–43, 46–48, 54, 57 f., 64–66, 72, 77 f., 82–86, 88–90, 103 f., 138, 158, 161, 164, 166, 180, 193–197, 199 f., 202 f., 205 f., 208, 216 f., 219, 226–228, 239, 241, 246–248, 250, 255–257, 300 f., 328, 345, 372 f., 380, 384–386, 388
– Sozialisation 74
Sozialwissenschaft 4, 24, 57, 59, 166
Spezies 62, 132, 154, 270, 341, 355
Spontangeburt 30
Sprache 83, 110, 118, 216, 254, 297, 300 f., 303 f., 311, 315, 317, 320, 326, 329, 362, 383, 387
Staat 157, 197 f., 208, 219 f., 222, 228, 245, 248, 252, 256
Sterben 9, 17, 19, 79, 88, 154, 222 f., 306 f., 313 f., 318, 334, 345
Subjekt 52, 96–100, 102–108, 110 f., 113, 123, 125, 174, 176, 178, 182–187, 189 f., 235, 272–275, 277 f., 283 f., 286, 313, 320, 334, 379
Subjektivität 12, 17, 95, 98 f., 101 f., 104, 107–110, 112 f., 259, 265, 268, 273–276, 281 f., 285 f.
Sucht 14 f., 31, 193 f., 198, 201–205, 207, 248 f., 251, 259, 290, 347
Supervenienz 276 f., 279
Symbol 79, 216, 254, 282 f., 301, 303 f.
Syntax 282 f., 285, 304
Szientistisch 335 f., 341

Technikethik 13, 123, 162
Technikphilosophie 17, 315, 325, 329, 371, 379 f., 387
Technisierung 58, 64, 164–166, 315, 323 f., 326–328
Technokratisch 163, 165
Technologie 1–3, 5–14, 16, 18, 52, 54 f., 57, 59, 64 f., 71 f., 75, 77, 79, 86, 89 f., 109, 117, 119, 124, 146, 151–154, 156–159, 161 f., 164 f., 190, 230, 232, 239–242, 244 f., 251, 257, 268, 270, 290, 295,

307–310, 315–317, 326, 334–338, 340, 352–355, 357 f., 360, 362 f., 371, 388
Technomorph 327, 336
Teleologie 60, 308, 313, 317 f., 321, 326, 336, 379
Theologie 327, 329, 335, 343, 348, 354
Therapie 6 f., 9–13, 23–26, 83 f., 87, 96 f., 111–113, 117–136, 138–146, 151, 156, 190, 194, 206, 232 f., 240, 254, 265 f., 333 f.
Tier 1, 102, 213 f., 218–220, 222–224, 235, 291, 294, 301, 337 f., 340, 357–359, 375 f.
Tod 7, 17, 65, 313 f., 320, 342, 345, 355
Transformation 6, 9, 42, 53, 234, 265–267, 270 f., 295, 302, 308, 323, 327, 338 f., 346 f., 352, 354, 369, 372, 376, 383
Transhumanismus 1, 3, 8, 16–18, 62, 118, 124 f., 146, 154–156, 159 f., 241, 244, 257, 265–273, 276, 281 f., 285 f., 309, 314, 318, 320, 323, 326 f., 333–337, 339–348, 351–355, 357 f., 360, 362 f., 371
– Humanity+ 354 f.
Transplantation 232, 235, 303
Transzendierung 6 f., 266, 273, 302, 313, 338, 341, 348, 354, 362
Traum 18, 156, 242, 338, 351 f., 362 f.

Übermensch 227, 307, 318, 338, 340 f., 353
Umwelt 52, 102–107, 109 f., 137, 157, 196, 205, 266, 273, 279, 293, 300–303, 314, 327, 356, 369 f., 373, 385 f., 388
Universum 1, 5, 248, 271, 307–309
Unmensch 351, 363
Unsterblichkeit 16, 267, 271, 286, 313, 323, 336, 346, 352 f.
Utopie 1, 3, 6, 8 f., 13, 16–18, 146, 155, 218–220, 225 f., 265, 268 f., 271, 289 f., 294, 301, 305, 308, 311, 324, 335, 340, 351, 353, 363, 388

Verantwortung 12–14, 74 f., 79, 88 f., 101 f., 121, 127, 136, 151, 153, 156–158, 160 f., 165, 174, 180–182, 187, 190, 207, 215–217, 228, 232, 235, 241, 273, 311, 323, 344, 354

Verbot 9, 23 f., 26–29, 32–34, 72, 179, 182, 189, 233
Verhalten 7, 15–17, 31, 42, 54, 59, 77, 83, 87, 103, 106, 111 f., 118, 153, 177, 188, 199 f., 203, 213, 219 f., 230 f., 239–241, 243, 245–250, 252 f., 255, 257 f., 267, 273, 279 f., 283, 285, 291–295, 300, 302–304, 311, 326, 359, 387
Vernichtung 228 f.
Vernunft 65, 176 f., 179, 182, 189 f., 217, 227, 354
Versprechen 15, 126, 156, 181, 188, 213–218, 221 f., 226–229, 231–235, 244 f., 247, 327
Vision 13, 17, 55, 90, 96 f., 109, 151, 153–156, 158–160, 164–166, 222, 231, 271, 285, 313–317, 320–328, 335, 339, 344

Wahrnehmung 100, 102 f., 109, 185, 274 f., 291 f., 297, 345, 382
Weltlosigkeit 241 f., 257
Werkzeug 55, 137, 152, 358, 369 f., 372–376, 381 f., 385 f.
Wert 4 f., 46, 75, 78 f., 84, 103, 108, 129, 146, 161 f., 164–166, 175 f., 218, 246, 273, 300, 302, 326, 375, 383 f., 387 f.
Wettbewerb 243, 245 f., 251, 255 f., 309, 314
Wille 90, 174, 178, 189, 227, 311, 319, 358, 362, 378 f.
– Willensfreiheit 241
Wirtschaft 57, 222, 230, 233, 256, 313 f.
Wissenschaftspraxis 113, 277–279
Wohlbefinden 25, 239, 253–256
Würde 10, 23 f., 27, 72, 83, 88, 164, 166, 329, 338

Zeichen 201, 222, 282–284, 303 f., 382
Zelle 2, 105 f., 152, 232, 317, 356
Zivilisation 8, 203, 224 f., 227, 267, 308, 314 f., 318, 335 f.
Züchtung 6, 9, 13, 15, 213–215, 218–220, 222–224, 226–230, 233, 235
Zukunft 3, 33, 44–46, 129, 145, 138, 154–156, 158–160, 163–165, 188, 216–218, 222 f., 228, 231, 233, 241–243, 245, 247, 257–259, 267, 281, 285, 290, 294,

307, 313–315, 319–321, 324, 326, 329, 335, 339, 341, 343f., 355f.

Zwillingsgeburt 33

www.ingramcontent.com/pod-product-compliance
Lightning Source LLC
Chambersburg PA
CBHW020633230426
43665CB00008B/148